Fritz Merten

Der Chemielaborant

Teil 3
Organische Chemie

Schroedel Schulbuchverlag

ISBN 3-507-**91055**-1

Druck A 5 4 3 2 / Jahr 1985 84 83

Alle Drucke der Serie A sind im Unterricht parallel verwendbar.
Die letzte Zahl bezeichnet das Jahr dieses Druckes.

Satz: Satz-Zentrum West oHG, Dortmund

Herstellung: Konkordia GmbH, Bühl/Baden

Vorwort

Der 3. Band „Organische Chemie" schließt an Band 1 „Allgemeine Chemie, Grundlagen der Laborpraxis, Chemische Analyse" und an Band 2 „Anorganische Chemie" in systematischer Reihenfolge an.

Auch der vorliegende Band 3 „Organische Chemie" wurde neu bearbeitet, damit liegen alle drei Bände des Lehrbuches „Der Chemielaborant" in Neubearbeitung vor.

Bei der Auswahl der Inhalte und deren Gliederung wurden neue Entwicklungen in Laboratorium und Technik, in der Anwendung und Bedeutung chemischer Produkte sowie didaktisch-pädagogische Gesichtspunkte gleichermaßen berücksichtigt. Mit ausgewählten Beispielen wird versucht, den gesellschaftlichen Bezug der Chemie herzustellen.

Die von früheren Auflagen her bekannte Gliederung der „Organischen Chemie" wurde bei der Neubearbeitung umgestellt. Jetzt werden zunächst die vier Bindungsarten in den Molekülen organischer Verbindungen – Einfachbindung, Doppelbindung, Dreifachbindung, aromatische Bindung – mit ihren typischen Merkmalen abgehandelt. Dann schließen sich die Verbindungsklassen mit ihren funktionellen Gruppen an. Es können so wichtige übergeordnete Strukturmerkmale herausgearbeitet werden. Gerade in der organischen Chemie mit ihrer großen Zahl von Verbindungen ist es notwendig, den Zusammenhang zwischen der Struktur der Moleküle und den Eigenschaften ihrer Verbindungen zu erkennen. Die neue Gliederung soll dem Ziel dienen, diese Zusammenhänge stärker verständlich zu machen. Damit soll weiter erreicht werden, das Auswendiglernen von stofflichen Eigenschaften zu begrenzen, aber Transferdenken zu fördern.

Um die typischen Merkmale der genannten Bindungsarten in organischen Molekülen zu verstehen und ihr Verhalten bei chemischen Reaktionen zu deuten, wurde das Orbitalmodell des Kohlenstoffatoms zugrundegelegt, in Anlehnung an die entsprechenden Betrachtungen in Band 2. Dem Verständnis des Ablaufs organischer Reaktionen soll die Einführung der Reaktionsmechanismen der vier Grundreaktionsarten sowie reaktionsenergetischer Überlegungen dienen. Gegenüber früheren Auflagen wurde damit das theoretische Rüstzeug der organischen Chemie gezielt und angemessen erweitert.

Sicherheitsbewußtes Handeln ist eine vorrangige Aufgabe im Laboratorium. Grundlage dafür ist die Kenntnis der möglichen Gefährdung durch Chemikalien und Einrichtungen. Den Fragen der Sicherheit wurde daher besondere Aufmerksamkeit gewidmet. Dabei sind die durch gesetzliche Bestimmungen vorgegebenen Begriffe und Anleitungen berücksichtigt worden.

Eine moderne Chemieausbildung muß den gesellschaftlichen und technischen Bezug der Naturwissenschaften angemessen berücksichtigen, dazu gehören die Versorgung mit Rohstoffen, wirtschaftliche Daten, die technisch-industrielle Herstellung und Anwendung von Produkten und die davon ausgehenden Probleme der Umweltbeeinflussung. Erdöl und Kohle haben eine überragende Bedeutung als Chemierohstoffe. Petrochemie und Kohlechemie werden daher ausführlich behandelt und auf wirtschaftlich oder technologisch begründete Wandlungen wird eingegangen. Damit wird auch der spezielle Lehrstoff für die in der Erdöl-Industrie und die im Steinkohlenbergbau ausgebildeten Chemielaboranten abgedeckt.

Das Sachwort-Register wurde auch unter dem Gesichtspunkt erstellt, wichtige Sachthemen, die an verschiedenen Stellen des Lehrbuches behandelt werden, leicht zusammenstellen zu können. Das soll ein übergreifendes, problemorientiertes Lernen fördern. Sachthemen können die Grundlage für Unterrichtsprojekte sein.

Im Frühjahr 1981 Fritz Merten

Inhaltsverzeichnis

Einführung

1 Organische Chemie

Die Organische Chemie ist die Chemie der **Verbindungen des Kohlenstoffs.**

Der Begriff Organische Chemie wurde 1807 von Berzelius geprägt. Er faßte in diesem Teilgebiet der Chemie alle Verbindungen zusammen, deren organische Natur oder Herkunft bekannt waren, d.h. diese Verbindungen mußten eine Beziehung zum tierischen oder pflanzlichen Organismus haben, z.B. im Tier- oder Pflanzenreich vorkommen. – In Gegensatz dazu standen die anorganischen Verbindungen aus dem leblosen Mineralbereich.

Man glaubte damals, daß die Synthese organischer Verbindungen aus den Grundstoffen nur in der lebenden Zelle möglich sei. Eine Synthese außerhalb des lebenden Organismus wurde z.B. von Berzelius energisch bestritten. Alle Versuche, organische Verbindungen durch Synthesen im Laboratorium herzustellen, waren bis in diese Zeit vergeblich gewesen. Darum wurde gefolgert, daß die Synthese organischer Verbindungen von einer Lebenskraft abhängig sei, die nur die lebende Zelle besitzt.

Dieses, wie wir heute wissen, Vorurteil konnte auch durch die 1828 von Wöhler durchgeführte **Harnstoffsynthese** (s. S. 234) nur langsam überwunden werden, obwohl bei dieser Synthese von anorganischen Verbindungen ausgegangen und im Laboratorium ohne Mitwirkung lebender Zellen, ein typisch organischer Stoff, der Harnstoff synthetisiert wurde, dessen Eigenschaften und Herkunft eindeutig bekannt waren, da er vorher aus Harn isoliert worden war.

Nach einer Schätzung gab es im Jahre 1975 über 2 Millionen bekannter organischer Verbindungen, zu denen jährlich etwa 50000 neue Verbindungen hinzukommen. Dieser sehr großen Zahl organischer Verbindungen, die von einem tragenden Element, dem Kohlenstoff, gebildet werden, stehen nur etwa 100000 bekannte anorganische Verbindungen gegenüber, die von etwa 90 Elementen aufgebaut werden.

Wenn der Kohlenstoff als tragendes Element eine so große Zahl von Verbindungen mit unterschiedlicher Molekülstruktur aufbauen kann, ist das auf seine besonderen Eigenschaften bei der Verbindungsbildung zurückzuführen. Der Kohlenstoff nimmt bezüglich dieser Eigenschaft eine Sonderstellung unter den Elementen ein.

Bei der Synthese organischer Verbindungen im Laboratorium und in der Technik wird aber nicht vom elementaren Kohlenstoff, z.B. Graphit, ausgegangen, weil dieser zu reaktionsträge ist. **Rohstoffe** für organische Verbindungen sind die Bodenschätze **Erdöl** und **Erdgas** (gebildet aus tierischer Substanz) sowie **Kohle** (aus pflanzlicher Substanz entstanden). Diese Rohstoffe werden zunächst in reaktionsfähige Verbindungen umgewandelt, die dann die Ausgangsstoffe für die Synthesen der großen Zahl organischer Verbindungen sind.

Einige Verbindungen des Kohlenstoffs werden nicht der Organischen Chemie zugeordnet. Die Carbonate, die ihm zugrunde liegende Kohlensäure, die Oxide CO und CO_2 sowie einige davon abgeleitete Verbindungen sind in ihren Eigenschaften anorganischen Verbindungen so ähnlich, daß sie bei diesen miterfaßt werden.

Für die Zuordnung einer Verbindung zur organischen oder anorganischen Verbindungsgruppe sind heute nicht Herkunft oder Art der Synthese maßgebend, sondern Zusammensetzung und Eigenschaften. Daß organische Verbindungen Beziehung zum lebenden Organismus haben, ist auf die besonderen Eigenschaften dieser Kohlenstoff-Verbindungen zurückzuführen.

Die organische Chemie war ursprünglich die Chemie der Naturstoffe. Kohlenstoff-Verbindungen bilden die Grundlage aller Lebensvorgänge. Die Bau- und Betriebsstoffe der menschlichen und tierischen Organismen, Eiweißstoffe, Kohlenhydrate und Fette, sowie die Gerüststoffe der Pflanzen, Cellulose und Lignin, gehören zu den organischen Verbindungen.

Organischen Ursprungs sind auch die Bodenschätze Steinkohle, Braunkohle, Erdöl und Erdgas, die aus organischen Verbindungen zusammengesetzt sind und als Rohstoffe für die Gewinnung organischer Stoffe genutzt werden.

Die Produkte der organischen Chemie haben heute Bedeutung für alle Bereiche des menschlichen Lebens und der Technik. Einige bedeutende Beispiele sind Kunststoffe, Chemiefasern, Heilmittel, Kosmetika, Dünger, Schädlingsbekämpfungsmittel, Wasch- und Reinigungsmittel, Farbstoffe.

Einige dieser Produkte können die menschliche Gesundheit oder die Umwelt beeinträchtigen, ihre Eigenschaften und Wirkungen müssen daher genau erforscht werden.

2 Zusammensetzung und Eigenschaften organischer Verbindungen

In organischen Verbindungen können neben **Kohlenstoff** im wesentlichen folgende Elemente vertreten sein:

- **Wasserstoff,**
- Sauerstoff und Stickstoff,
- Chlor, Fluor, Brom, Iod,
- Schwefel.

Die **Häufigkeit** dieser Nichtmetalle in organischen Verbindungen nimmt in der genannten Reihenfolge ab. Wasserstoff ist am häufigsten vertreten. Eine große Zahl organischer Verbindungen bestehen nur aus Kohlenstoff und Wasserstoff und werden daher **Kohlenwasserstoffe** genannt. Die Unterschiede liegen bei dieser Verbindungsklasse in der Molekülgröße (Zahl der C-Atome im Molekül) und in der Molekülstruktur.

Die in der Natur vorkommenden Rohstoffe Erdöl, Erdgas und Kohle sind Gemische einer großen Zahl von Kohlenwasserstoffen.

Sind neben Kohlenstoff und Wasserstoff weitere Elemente in organischen Verbindungen enthalten, liegen neue Verbindungen und Verbindungsklassen wie Halogenkohlenwasserstoffe, Alkanole oder Carbonsäuren vor.

Auch **Metallatome** können in organische Moleküle aufgenommen werden. Diese Verbindungsgruppe nennt man dann **metallorganische Verbindungen,** wenn das Metallatom mit einem Kohlenstoffatom direkt verbunden ist.

Für die Ermittlung der Zusammensetzung und die Aufstellung der Formel einer Verbindung sind verschiedene Methoden anzuwenden. Am Beispiel der Verbindung Ethanol sind die einzelnen Schritte dargestellt.

Methode	Beispiel Ethanol C_2H_5OH
Qualitative Analyse	C, H, O
Elementaranalyse	w(C) = 0,522; w(H) = 0,13; w(O) = 0,348 Empirische Formel: $(C_2H_6O)_n$
Bestimmung der molaren Masse	46 g/mol Molekülformel: C_2H_6O (Summenformel)
Weitere Untersuchungen, z.B. durch physikalische Methoden	OH-Gruppe (alkoholisch) Rationelle Formel: C_2H_5OH

Für die Charakterisierung einer Verbindung durch ihre chemischen und physikalischen Eigenschaften sind weitere Untersuchungen notwendig.

Die chemischen Eigenschaften einer Verbindung, d.h. ihr Verhalten bei Reaktionen mit anderen Verbindungen, sowie die physikalischen Eigenschaften, z.B. der Aggregatzustand oder der Schmelzpunkt, werden im wesentlichen durch zwei Faktoren bestimmt:

- **Bindungsart** zwischen den Atomen im Molekül und
- **Zwischenmolekulare Kräfte** zwischen den Molekülen.

Hier gibt es zwischen organischen und anorganischen Verbindungen deutliche Unterschiede.

Anorganische Verbindungen sind meistens feste Stoffe, z.B. Salze, die sich leicht in Wasser, Säuren oder Laugen auflösen, erst oberhalb 500 °C schmelzen, Temperaturen über 1000 °C ohne Zersetzung aushalten, nicht oder schwer verdampfbar und unbrennbar sind. Die Lösungen leiten den elektrischen Strom (Elektrolyt), Gase, wie SO_2 und HCl, oder Flüssigkeiten wie H_2SO_4, lösen sich leicht in Wasser und zeigen dabei elektrolytische Dissoziation in Ionen, sie werden zu Elektrolyten.

Organische Verbindungen sind vielfach Gase oder Flüssigkeiten, die sich mit Wasser nicht mischen und Nichtelektrolyte sind. Die Flüssigkeiten haben niedrige Siedepunkte und lassen sich leicht verdampfen. Feste Stoffe treten bei organischen Verbindungen nur auf, wenn große Moleküle vorliegen; sie haben niedrige Schmelzpunkte. Die meisten organischen Verbindungen werden bei Temperaturen oberhalb 500 °C gespalten und sind bei Gegenwart von Sauerstoff brennbar.

Die **typischen Eigenschaften** organischer Verbindungen und der Zusammenhang zwischen ihrer Molekülstruktur und den Eigenschaften werden verständlich, wenn die Bindungsart innerhalb der Moleküle und die Kräfte zwischen den Molekülen betrachtet werden.

3 Bindung und Struktur organischer Moleküle

Das C-Atom ist das Zentralatom in organischen Molekülen. Der Aufbau der Elektronenhülle des C-Atoms, d.h. die Anzahl und energetische Anordnung der Valenzelektronen, bedingt seine Sonderstellung. Bei der Verbindungsbildung führt das zu folgenden typischen Merkmalen organischer Verbindungen:

- Es entstehen Moleküle mit festen Elektronenpaarbindungen, d.h. diese haben hohe Bindungsenergien. Eine Ionenstruktur wird hier nicht angetroffen.
- In einem Molekül können sich C-Atome in beliebiger Zahl miteinander verbinden, was zu sehr großen Molekülen (Makromolekülen) führen kann.
- C-Atome sind immer vierbindig.
- Die räumliche Anordnung der Bindungselektronenpaare um das C-Atom führt zu einer typischen Struktur organischer Moleküle (Tetraeder-Anordnung).
- Zwei C-Atome in einem Molekül können untereinander Mehrfachverbindungen (Doppel- und Dreifach-Bindungen) eingehen.

Im einzelnen sind diese typischen Merkmale wie folgt zu erklären:

Es gibt keine Kohlenstoff-Verbindungen mit Ionenstruktur.

Wenn das Kohlenstoffatom bei einer Verbindungsbildung ein Ion mit Edelgaskonfiguration bilden will, müßte es entweder seine vier Valenzelektronen abgeben oder vier Valenzelektronen von anderen Atomen aufnehmen. Aus energetischen Gründen können sich aber weder C^{4+}- noch C^{4-}-Ionen bilden.

Für die Entstehung von Ionen, d.h. die Abgabe oder Aufnahme von Elektronen, sind bestimmte Energiebeträge erforderlich, zur Bildung positiver Ionen die **Ionisierungsenergie** und zur Bildung negativer Ionen die **Elektronenaffinität.** Diese Energien müssen durch die Reaktionsenergie aufgebracht werden, wenn sich die Reaktionspartner (Atome) verbinden.

Ob ein Elektron leicht oder schwer von einem Atom abgelöst wird, hängt von der Größe der **Ionisierungsenergie** des Atoms ab. Je weiter ein Elektron vom Atomkern entfernt ist und je mehr innere Elektronen die anziehende Wirkung des Atomkerns abschirmen, desto geringer ist die Ionisierungsenergie. Das erste Elektron eines Atoms hat die kleinste Ionisierungsenergie, weil es von einem elektrisch neutralen Atom abgetrennt wird. Weitere Elektronen müssen dann aus einem einfach oder mehrfach positiv geladenen Ion abgelöst werden, was höhere Energie erfordert.

Das Außenelektron des „großen" Natriumatoms ist leicht abzutrennen: Natrium hat eine kleine Ionisierungsenergie von 492 kJ/mol. Die Ionisierungsenergie des Cäsiums ist noch geringer (372 kJ/mol), deshalb ist Cäsium reaktionsfreudiger als Natrium.

Das **C-Atom** (0,077 nm) ist wesentlich kleiner als das Na-Atom (0,186 nm). Für die Abtrennung des ersten Elektrons des C-Atoms sind 1090 kJ/mol notwendig, das entspricht etwa der Ionisierungsenergie für das erste Elektron des Edelgases Krypton, das bekanntlich keine Ionen bildet. Die Abgabe des zweiten Elektrons aus dem (angenommenen) einfach positiven C-Ion erfordert bereits 2353 kJ/mol.

Zum Vergleich: Bei der Bildung von Kohlenwasserstoffverbindungen werden folgende **Reaktionsenergien** (Bildungsenthalpien) frei.

CH_4 75 kJ/mol,
CO_2 395 kJ/mol,
CF_4 928 kJ/mol.

Für Kohlenstoff ist daraus zu folgern: Keine chemische Reaktion, an der Atome des Kohlenstoffs beteiligt sind und bei der ein Elektronenübergang zur Erreichung der Edelgaskonfiguration stattfinden könnte, hat eine Reaktionsenergie in einer Größe, die die Ionisierungsenergie (für vier Elektronen) übersteigt. Positive Ionen kann der Kohlenstoff daher nicht bilden. Der Kohlenstoff folgt damit der Gesetzmäßigkeit im Periodensystem, daß bei Elementen innerhalb einer Periode von links nach rechts die Neigung der Atome, in den elektropositiven Zustand überzugehen, abnimmt, weil die Ionisierungsenergien steigen.

Die Bildung negativer Ionen, d.h. die Aufnahme von Elektronen durch ein Atom oder Ion, hängt von der Höhe einer anderen Energieschwelle, der **Elektronenaffinität** ab.

Bei der Aufnahme des ersten Elektrons durch ein Atom wird Energie frei. Um ein zweites Elektron zu übertragen, muß Energie aufgewandt werden, weil dieses Elektron von einem negativ geladenen Teilchen (Abstoßung) aufgenommen werden muß. Beim Kohlenstoff wären je Atom vier Elektronen aufzunehmen, um eine Edelgaskonfiguration zu erreichen. Es gibt aber keine Reaktion, an der Kohlenstoff beteiligt ist, die eine so große Reaktionsenergie liefert, daß die Elektronenaffinität (für vier Elektronen) überschritten wird, Kohlenstoff kann daher auch keine negativen Ionen bilden.

Kohlenstoff-Verbindungen enthalten **Moleküle,** in denen **Atombindungen** (Elektronenpaarbindungen) wirksam sind. Die Elektronenpaarbindungen zwischen C-Atomen untereinander und zwischen C-Atomen und den Atomen anderer Elemente sind feste Bindungen, d.h. sie haben **hohe Bindungsenergien.**

Wenn eine Verbindungsbildung durch Elektronenübergang und Ionenbildung aus energetischen Gründen bei Kohlenstoff-Atomen nicht möglich ist, kann es zu einer anderen Art von Bindung kommen, wenn sich Atome nähern. Die Elektronen des einen Atoms geraten in den Anziehungsbereich des Atomkerns des anderen Atoms. Auf diese Weise können zwei Atome einander festhalten. Die Valenzelektronen werden bevorzugt in den Raum zwischen den Atomkernen gezogen, weil dort die Anziehungskräfte der beiden Atomkerne auf die Elektronen am größten sind. Die Bindung zwischen den Atomen wird durch die (negativ geladenen) Elektronen zwischen den (positiv geladenen) Atomkernen bewirkt. Aus zwei oder mehreren Atomen entsteht ein Molekül. Diese Bindungsart bezeichnet man als **Atombindung, Elektronenpaarbindung** oder kovalente Bindung. Zwei Elektronen bilden ein Bindungselektronenpaar, jedes Atom hat ein Elektron dazu geliefert.

Bindungen von C-Atomen untereinander und von C-Atomen zu Atomen anderer Elemente sind immer Atombindungen. Kohlenstoff ist in seinen Verbindungen **vierbindig,** d.h. von seinen Atomen gehen vier Elektronenpaarbindungen aus (Begründung weiter unten).

```
    H              H              H     H
    |              |              |    /
H—C—H         H—C—Cl         H—C—N
    |              |              |    \
    H              H              H     H
```

Die Atombindungen des Kohlenstoffs, seiner Atome untereinander oder mit den Atomen anderer Elemente, sind feste Bindungen, wie die hohen Bindungsenergien zeigen, auch im Vergleich zu anderen Atombindungen.

Bindung	Bindungsenergie kJ/mol
C—C	347
N—N	163
O—O	146
S—S	226
C—H	415
C—O	359
C—N	291
C—Cl	340

13.1 Bindungsenergien

Wegen ihrer hohen Bindungsenergie sind die Atome des Kohlenstoffs, wie die keines anderen Elementes, in der Lage, beliebig lange **Ketten von C-Atomen** durch Elektronenpaarbindungen zu bilden. Es können daher kleine bis sehr große Moleküle (Makromoleküle) gebildet werden; so gibt es z.B. bei den Kohlenwasserstoffen eine Verbindungsreihe (homologe Reihe, s. S. 24), in der sich jede Verbindung von der vorhergehenden und der folgenden um ein C-Atom im Molekül unterscheidet.

Die hohen Bindungsenergien der (C—C)- oder der (C—H)-Bindung werden verständlich, wenn das Orbitalmodell des C-Atoms herangezogen wird (s. S. 14).

C-Atome sind vierbindig mit gleicher Bindungsenergie für jede Elektronenpaarbindung. Die Bindungsrichtungen zeigen in die Ecken eines Tetraeders (Tetraederstruktur).

Diese Fakten lassen sich nur mit Hilfe des **Orbitalmodells** des Kohlenstoffatoms erklären.

Kohlenstoff hat folgende **Elektronenanordnung:**

$1s^2\ 2s^2\ 2p^2$ oder genauer $1s^2\ 2s^2\ 2p_x^1\ 2p_y^1$

Nur einzelne **ungepaarte** Elektronen sind bindungsfähig. Jedes C-Atom besitzt zwei ungepaarte Valenzelektronen, je eines im $2p_x$- und $2p_y$-Orbital. Danach könnte Kohlenstoff nur zweibindig (zweiwertig) sein, mit Wasserstoff würde die Verbindung CH_2 gebildet, die aber nicht beständig ist. Die aus der Elektronenanordnung abgeleitete Zweibindigkeit steht ferner im Widerspruch zur Zusammensetzung bekannter stabiler Verbindungen wie CH_4, CCl_4 oder CO_2, in denen der Kohlenstoff vierbindig ist.

Daraus muß gefolgert werden, daß sich nicht nur die beiden 2p-Elektronen ($2p_x$und $2p_y$) an Bindungen beteiligen, sondern auch die beiden 2s-Elektronen. Hier tritt eine weitere Schwierigkeit auf. Die 2s-Elektronen sind gepaart und damit nicht bindungsfähig. Ferner haben Elektronen in 2s- und 2p-Orbitalen unterschiedliche Energien, so daß daraus ungleiche Bindungsstärken für je zwei der Elektronenpaarbindungen folgen müßten.

Reaktionen mit CH_4 zeigen aber, daß in seinem Molekül alle vier H-Atome gleich stark gebunden sind.

Um diese Widersprüche zu umgehen, wird beim Kohlenstoff angenommen, daß unmittelbar vor einer Reaktion die Außenelektronen des Kohlenstoffs durch Energiezufuhr aus dem Grundzustand in den **energiereichen Valenzzustand** angehoben werden. Dabei werden zunächst die beiden 2s-Elektronen entkoppelt. Ein Elektron besetzt das noch freie $2p_z$-Orbital (nach der **Regel von Hund**).

		1s	2s	$2p_x$	$2p_y$	$2p_z$
Grundzustand	C	↑↓	↑↓	↑	↑	
Anregung Entkoppelung	C*	↑↓	↑	↑	↑	↑

Nach der Entkopplung findet eine energetische Angleichung der vier Elektronen statt, genannt **sp^3-Hybridisierung,** weil ein s- und drei p-Elektronen beteiligt sind. Danach stehen je C-Atom vier Elektronen mit gleicher Energie in vier **Hybridorbitalen** für Elektronenpaarbindungen zur Verfügung.

Aus einem s- und drei p-Orbitalen haben sich durch „Mischen" die vier Hybridisierungsorbitale gebildet, die eine besondere räumliche Form haben (Bild 14.2) und für Bindungen (Überlappung) besonders geeignet sind.

Die Energie für die Überführung der Außenelektronen des C-Atoms vom Grund- in den Valenzzustand wird der Reaktionsenergie entnommen. Für die Teilschritte bis zur Hybridisierung werden insgesamt 272 kJ/mol gebraucht. Bei Bildung einer (C—C)-Bindung werden 356 kJ/mol und bei der Bildung einer (C—H)-Bindung 416 kJ/mol frei. Durch die Hybridisierung werden zwei neue Bindungsmöglichkeiten geschaffen, weil zwei 2s-Elektronen zu Valenzelektronen gemacht wurden; auch beim Aufbau dieser Bindungen wird Reaktionswärme frei. Nur ein Teil der Reaktionswärme wird also für die Hybridisierung gebraucht.

Nach ihrer Entstehung stoßen sich die einzelnen Hybridorbitale (Elektronenwolken) ab. Gleiche Abstoßung untereinander ist bei gleichem Abstand gegeben. Das tritt ein, wenn die Hybridorbitale in die Ecken eines **Tetraeders** zeigen, in dessen Mittelpunkt der C-Atomkern steht. sp^3-Hybridorbitale sind also in die Ecken eines Tetraeders gerichtet (Tetraederstruktur des C-Atoms) mit Bindungswinkeln von 109°28′! Wegen gleicher Energie der Elektronen und symmetrischer Struktur des Bindungsmodells sind die vier Bindungen gleichwertig.

Mit Hilfe des Orbitalmodells des C-Atoms ist auch zu erklären, daß (C—C)- und (C—H)-Bindungen zu den festen Bindungen mit hoher Bindungsenergie zählen (Tab. 13.1).

Je stärker Orbitale überlappen, desto fester ist eine Bindung. Der Grad der Überlappung ist bei festem Atomabstand für die s-Orbitale am kleinsten und für die Hybridorbitale (q-Orbitale) am größten, etwa im Verhältnis

$s : p : q = 1 : 1{,}7 : 2$

14.2 Kohlenstoff-Tetraeder

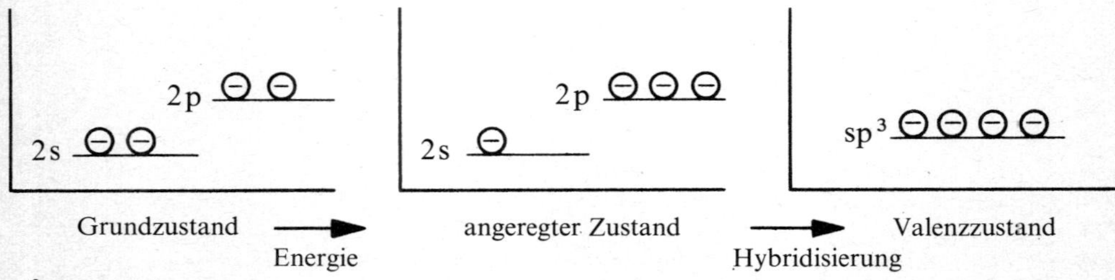

14.1 sp^3-Hybridisierung

Der kleine Atomradius des C-Atoms sowie die besondere Form seiner Hybridorbitale begünstigen eine starke Überlappung.

Kohlenwasserstoffe sind **stabile** und **reaktionsträge** Verbindungen.

Mit Hilfe der hohen **Bindungsenergien** der (C—C)- und (C—H)-Bindungen sind diese Eigenschaften zu erklären.

Wenn z.B. durch Oxidation in einen Kohlenwasserstoffmolekül Wasserstoff durch Sauerstoff ersetzt werden soll, muß zunächst eine (C—H)-Bindung gelöst werden und dann eine (C—O)-Bindung geknüpft werden. Zum Lösen jeder (C—H)-Bindung ist mehr Energie notwendig (415 kJ/mol) als bei der Bildung jeder (C—O)-Bindung frei wird (359 kJ/mol). Es bietet also energetisch keinen Vorteil, wenn Wasserstoff durch Sauerstoff ersetzt wird. Bei normaler Temperatur sind Kohlenwasserstoffe daher oxidationsbeständig.

Die Reaktionsträgheit von (C—C)- und (C—H)-Bindungen ist weiter dadurch zu erklären, daß diese Bindungen **nicht oder nur wenig polar** sind. Bindungen zwischen gleichen Atomen haben keine Differenz der Elektronegativitäten ($\Delta EN = 0$), für die (C—H)-Bindung ist $\Delta EN = 0{,}4$. Auch die (C—H)-Bindung ist praktisch unpolar. Zur Elektronegativität siehe Seite 16.

Ein weiterer Grund für die Reaktionsträgheit von Kohlenwasserstoffverbindungen ist, daß jedes C-Atom im vierbindigen Zustand **abgesättigt** ist.

```
                 H
                 |
Methan CH4   H—C—H
                 |
                 H
```

Das rechte Nachbarelement im Periodensystem, der Stickstoff, bildet eine Wasserstoffverbindung Ammoniak NH_3, die ein **nichtanteiliges** Elektronenpaar im Molekül enthält. Dieses steht für Bindungen zu anderen Molekülen zur Verfügung.

```
                  H
                  |
Ammoniak NH3     |N—H
                  |
                  H
```

Links vom Kohlenwasserstoff steht im Periodensystem das Bor. Seine Wasserstoffverbindung Boran BH_3 hat im Gegensatz zum NH_3 eine **Elektronenpaarlücke,** die durch ein Elektronenpaar eines Reaktionspartners aufgefüllt werden kann.

```
              H
              |
Boran BH3     B—H
              |
              H
```

NH_3 und BH_3 sind reaktionsfreudige Verbindungen, CH_4 dagegen ist reaktionsträge und nur durch Energiezufuhr, z.B. bei hohen Temperaturen oder bei Belichtung mit energiereicher UV-Bestrahlung reaktionsbereit (s. S. 30).

(C—C)- und (C—H)-Bindungen können nur durch hohe Temperaturen (über 600 °C) aufgebrochen werden. Dieses wird beim technischen Verfahren des Crackens erreicht; dabei werden langkettige Moleküle in kleinere Moleküle zerlegt.

Kohlenstoff-Atome können **Mehrfach-Bindungen** bilden (Doppel- und Dreifachbindungen).

Als Element der 2. Periode neigt Kohlenstoff, wie Stickstoff und Sauerstoff, zur Bildung von **Doppelbindungen** (Doppelbindungsregel).

C-Atome können mit sich oder mit anderen Atomen (z.B. des Sauerstoffs oder Stickstoffs) solche Doppelbindungen eingehen, weil die Atome so klein sind, daß nach Herstellen der normalen Bindung sich die p-Orbitale genügend nahekommen und dabei **überlappen,** was zu einer zusätzlichen Bindung führt. Nähere Einzelheiten über das Zustandekommen einer Doppelbindung siehe Seite 40. Kohlenstoff kann auch Dreifachbindungen bilden.

Daß Doppelbindungen festere Bindungen als Einfachbindungen sind, verursacht durch zusätzliche Bindungskräfte, zeigen die Werte der Bindungsenergien:

C=C 594 kJ/mol C=O 740 kJ/mol

Allerdings wird nicht die doppelte Bindungsstärke erreicht. Zum Vergleich: C—C 347 kJ/mol.

4 Funktionelle Gruppen

Kohlenwasserstoffe sind stabile Verbindungen; ihre Moleküle sind reaktionsträge, weil (C—C)- und (C—H)-Bindungen hohe Bindungsenergien haben und **unpolar** sind, so daß diese Moleküle kaum in Wechselwirkung mit Molekülen anderer Verbindungen treten können.

Diese unpolare Struktur der Kohlenwasserstoff-Moleküle kann dadurch geändert werden, daß andere Atome (Heteroatome), wie Chlor, Sauerstoff oder Stickstoff in die Moleküle eingebaut werden. Wird z.B. Chlor an Kohlenstoff gebunden, entsteht eine **polare (C—Cl)-Bindung,** weil das Bindungselektronenpaar vom Chlor stärker angezogen wird als vom Kohlenstoff und dadurch in Richtung auf das Chloratom verschoben wird. Chlor ist **elektronegativer** als Kohlenstoff, die Elektronendichte am Chlor ist größer als am Kohlenstoff. Die Schreibweise für eine solche polare Bindung ist

$$\rangle C \rightarrow Cl \quad \text{oder} \quad \rangle C \blacktriangleleft Cl \quad \text{oder} \quad \rangle \overset{\delta+}{C} - \overset{\delta-}{Cl}$$

$$\text{oder} \quad \rangle C^{\oplus} - Cl^{\ominus}$$

Alle Symbole sollen andeuten, daß eine geringe (teilweise) Ladungsverschiebung innerhalb einer Bindung stattgefunden hat.

4.1 Elektronegativitäten

Der **Grad der Polarität** kann aus der Differenz der Elektronegativitäten (Δ EN) der an der Bindung beteiligten Atome abgeschätzt werden. Die **Elektronegativität** ist die Fähigkeit von Atomen (Atomkernen), in einer Bindung das Bindungselektronenpaar anzuziehen. Die Elemente haben unterschiedliche Elektronegativität, weil die anziehende Kraft von Atomkernen auf Außen- oder Bindungselektronen durch innere Elektronen abgeschirmt wird. Bei verschiedenen, an einer Bindung beteiligten Atomen wird das Bindungselektronenpaar unterschiedlich stark angezogen. Je stärker ein Bindungselektronenpaar angezogen wird, desto polarer ist die Atombindung, d.h. desto stärker ist die Ladungsverschiebung innerhalb der Bindung. Da es bei einer Bindung darauf ankommt, zu wissen, welches Atom die stärkere Anziehungskraft auf bindende Elektronen ausübt, sind die Elektronegativitäten Vergleichwerte (Tab. 16.1).

H 2,1						
Li 1,0	Be 1,5	B 2,0	C 2,5	N 3,0	O 3,5	F 4,0
Na 0,9	Mg 1,2	Al 1,5	Si 1,8	P 2,1	S 2,5	Cl 3,0
K 0,8	Ca 1,0	Ga 1,6	Ge 1,8	As 2,0	Se 2,4	Br 2,8
Rb 0,8	Sr 1,0	In 1,7	Sn 1,8	Sb 1,9	Te 2,1	I 2,5
Cs 0,7	Ba 0,9	Ti 1,8	Pb 1,8	Bi 1,9	Po 2,0	At 2,2

16.1 Elektronegativitäten

Beispiele:

Bindung C—Cl $\Delta EN = 3{,}0 - 2{,}5 = 0{,}5$

Bindung C—O $\Delta EN = 3{,}5 - 2{,}5 = 1{,}0$

Die Polarität der (C—O)-Bindung ist größer als die der (C—Cl)-Bindung.

In einer Bindung geht von Heteroatomen wie Cl, O oder N ein **Elektronenzug** aus, so daß am Kohlenstoff ein Elektronenunterschuß, d.h. eine positive Ladung auftritt:

$$\rangle C^{\oplus} - Cl^{\ominus} \qquad \rangle C^{\oplus} - O^{\ominus} - \qquad - C^{\oplus} - N^{\ominus} \langle$$

In metallorganischen Verbindungen, bei denen ein Metall-Atom an ein C-Atom gebunden ist, spricht man vom **Elektronendruck der Metallatome,** die den positiveren Ladungszustand bevorzugen. Kohlenstoff erhält dadurch eine negative Ladung:

$$\rangle C^{\ominus} - Mg^{\oplus} - \qquad - C^{\ominus} - Li^{\oplus}$$

Kohlenstoff ist elektronegativer als Metalle. Vergleicht man diese Eigenschaften der Elemente mit ihrer Stellung im Periodensystem, stehen rechts vom Kohlenstoff die elektronegativeren, links die elektropositiveren Elemente.

Einen schwachen „Elektronendruck" üben auch Alkylgruppen aus. Ist z.B. eine CH_3-Gruppe an Kohlenstoff gebunden, hat das C-Atom der CH_3-Gruppe eine schwach positive Aufladung und das andere C-Atom entsprechend eine schwach negative Ladung.

4.2 Gruppenelektronegativitäten

Die Polarität einer Bindung wird nicht nur durch die Elektronegativität einzelner Atome der Bindung, sondern auch vom Bindungszustand der Atome, z.B. durch Doppelbindung oder Dreifachbindung, beeinflußt. Man spricht hier von Gruppenelektronegativitäten.

So haben C-Atome in unterschiedlichem Bindungszustand verschiedene Elektronegativitäten:

H_3C–H: 2,34 $H_2C{=}CH$–H: 2,97 $HC{\equiv}C$–H: 3,29 C_6H_5–H: 3,01

So ist die (C—H)-Bindung der Alkane ($\Delta EN = 2{,}3 - 2{,}1 = 0{,}2$) praktisch unpolar. Dagegen hat die (C—H)-Bindung neben einer Dreifachbindung höhere Polarität ($\Delta EN = 3{,}3 - 2{,}1 = 1{,}2$) mit einer höheren Elektronendichte an Kohlenstoff. Der „positive" Wasserstoff wird dadurch reaktionsfähiger (s. S. 58).

Die durch unterschiedliche Elektronegativitäten erreichte Elektronenverschiebung führt innerhalb eines Moleküls zu Positionen erhöhter (negative Ladung) oder verminderter Elektronendichte (positive Ladung). Dieses sind bei der Mehrzahl organischer Reaktionen diejenigen Stellen eines Moleküls, die auf andere Moleküle anziehende Kräfte ausüben und so zum Ausgangspunkt von Reaktionen werden.

In Anlehnung an Ionen aus anorganischen Verbindungen, die allerdings freie geladene Teilchen sind, spricht man bei organischen Reaktionen von einem krypto-ionischen Reaktionsablauf oder (vereinfacht) von einem Ionen-Reaktionsmechanismus (s. S. 44).

Atomgruppen, von denen Reaktionsbereitschaft der Moleküle und ein bestimmte Reaktionsweise (Funktion) ausgeht, bezeichnet man als **funktionelle Gruppen** organischer Verbindungen.

Hier sind zu nennen:

—Cl, —Br, —J, —F
—OH
$—NO_2$, $—NH_2$
$—SO_3H$
—CHO, >CO, —COOH, —C≡N

Doppel- und Dreifachbindungen zwischen C-Atomen

>C=C< —C≡C—

sind ebenfalls als funktionelle Gruppen zu erwähnen, weil auch von diesen ein besonderes Reaktionsverhalten der Moleküle ausgeht.

4.3 Induktiver Effekt

Der von funktionellen Gruppen ausgehende Elektronenzug (oder -druck) ist nicht auf die Bindung an das jeweilige C-Atom beschränkt, sondern kann sich, wenn eine Kette von C-Atomen vorhanden ist, auf das übrige Bindungssystem des Moleküls fortpflanzen. Diese Wirkung nimmt allerdings mit der Entfernung stark ab, beeinflußt werden noch die nächste, eventuell die übernächste Bindung:

—C—C(3)◄C(2)◄C(1)◄Cl

Die Anziehung der Elektronen durch das Cl-Atom der (C—Cl)-Bindung führt zu einem Elektronenunterschuß am 1. C-Atom. Dieses C-Atom versucht den Unterschuß auszugleichen, indem es Elektronen der Bindung zwischen dem 1. und 2. C-Atom zu sich herüberzieht. Über das 2. C-Atom geht dieser Effekt kaum noch hinaus.

Funktionelle Gruppen haben dadurch auch Einfluß auf die Elektronenverteilung (Polarität) im benachbarten Molekülteil und beeinflussen damit auch dessen Reaktionsverhalten.

Die Beeinflussung des Reaktionsverhaltens und die Steigerung der Reaktionsfähigkeit durch funktionelle Gruppen in Molekülen bezeichnet man als induktiven Effekt **(I-Effekt).**

Man spricht von einem **minus-I-Effekt** (−I-Effekt), wenn die funktionelle Gruppe Elektronenzug ausübt, so daß ein positiv geladenes C-Atom entsteht. Umgekehrt spricht man bei Elektronendruck durch die funktionelle Gruppe vom **plus-I-Effekt** (+I-Effekt).

$\overset{\delta+}{M}—\overset{\delta-}{C}$<	(>C—H)	>$\overset{\delta+}{C}—\overset{\delta-}{X}$
+I-Effekt	I = O	−I-Effekt

Induktive Effekte, von funktionellen Gruppen ausgehend, können sich auch auf an Kohlenstoff gebundene H-Atome auswirken, weil ein Elektronenunterschuß am C-Atom auch dadurch ausgeglichen werden kann, daß die (C—H)-Bindung polarisiert wird:

—C—C◄C(H▲)(H▼)◄X

Dieses führt zu einer Lockerung bzw. größeren Reaktionsfähigkeit der H-Atome an diesem C-Atom.

5 Organische Reaktionen

Organische Stoffe werden in steigender Menge, mit verbesserten Qualitäten und wechselnden Eigenschaften vom Verbrauchermarkt gefordert. Eine wichtige Voraussetzung für die Herstellung von neuen und verbesserten organischen Verbindungen ist das Vorhandensein geeigneter Reaktionen, mit deren Hilfe – von den Rohstoffen ausgehend – über bisweilen viele Reaktionsschritte das Endprodukt in gewünschter Menge und Qualität hergestellt werden kann.

Stoffe, von denen ausgegangen wird, bezeichnet man als Ausgangs- oder Einsatzstoffe, hergestellte Stoffe als Endprodukte.

Ausgangsstoffe → Endprodukte

Die Darstellung einer Reaktion erfolgt durch die **Reaktionsgleichung,** wobei die Verbindungen durch ihre Formeln angegeben werden:

Beispiel:

$$C_6H_6 + HNO_3 \rightarrow C_6H_5NO_2 + H_2O$$

Anhand dieser Reaktionsgleichung werden **stöchiometrische Berechnungen** (Berechnung der Massen der Ausgangsstoffe oder Endprodukte, Umsatz, Ausbeute) durchgeführt.

Bei **Gleichgewichtsreaktionen,** die in der organischen Chemie häufig vorkommen, setzt man den Doppelpfeil:

Beispiel:

$$C_2H_5OH + CH_3COOH \rightleftharpoons CH_3COOC_2H_5 + H_2O$$

Es ist üblich, über oder unter den Reaktionspfeil die **Reaktionsbedingungen** (Druck, Temperatur und Katalysator) mit anzugeben:

Beispiel:

$$CO + 3\,H_2 \xrightarrow[\text{250 bar, 380 °C}]{ZnO/Cr_2O_3} CH_3OH$$

Für die Beurteilung des Reaktionsablaufs ist auch die Kenntnis der **Reaktionswärme** (Reaktionsenthalpie) notwendig, die vereinfacht bei exothermen Reaktionen auf der Seite der Endprodukte, bei endothermen Reaktionen auf der Seite der Ausgangsstoffe genannt wird:

Beispiele:

$$CH_4 + Cl_2 \rightarrow CH_3Cl + HCl + 140\ kJ$$
$$C + H_2O + 210\ kJ \rightarrow CO + H_2$$

5.1 Reaktionsarten

Die in der organischen Chemie wichtigsten Reaktionen sind **Substitution** und **Addition.** Bei Substitutionsreaktionen werden in organischen Molekülen z. B. H-Atome durch funktionelle Gruppen oder auch eine funktionelle Gruppe durch eine andere ersetzt (ausgetauscht). Beispiel siehe Seite 31!

Bei Additions-Reaktionen findet eine Zusammenlagerung von Molekülen statt. Beispiel siehe Seite 43. Werden viele kleine Moleküle (Monomere) addiert und entsteht dabei ein Makromolekül (Polymeres), spricht man von Polyaddition oder Polymerisation (s. S. 46).

Weitere typische organische Reaktionen sind **Eliminierung, Kondensation** und **Umlagerung.** Bei der Eliminierung wird aus einem Molekül (intramolekular) ein „Teil" als Molekül abgespalten. Die Eliminierung ist die Umkehrung der Addition. Beispiel siehe Seite 138.

Die Kondensation ist die Zusammenlagerung zweier Moleküle mit geeigneten funktionellen Gruppen und Austritt eines „kleinen" Moleküls wie H_2O oder HCl, das sich zwischen den beiden Molekülen abspaltet (intermolekular). Die Kondensation ist eine Addition mit nachfolgender Eliminierung. Beispiel siehe Seite 80. Sind an der Kondensation viele Moleküle beteiligt, spricht man von **Polykondensation;** dieses ist eine wichtige Reaktion zur Herstellung von Chemiefasern.

Bei Umlagerungen wandern Atome oder Atomgruppen innerhalb eines Moleküls oder das C-Gerüst des Moleküls wird umgebaut. Ein Beispiel ist die Isomerisierung (s. S. 32).

Das **Spalten** (Zerlegen) organischer Moleküle durch Wärme (Cracken, Pyrolyse) ist eine wichtige Reaktion der technischen organischen Chemie (s. S. 99).

Oxidation und **Reduktion** findet in den funktionellen Gruppen organischer Moleküle statt (s. S. 137) oder ist eine Anlagerung von Sauerstoff (s. S. 47) oder von Wasserstoff (s. S. 196).

Elektrolysen werden mit organischen Stoffen nur selten durchgeführt.

Die meisten organischen Reaktionen sind **katalytische Reaktionen,** d. h. sie laufen nur bei Gegenwart von Katalysatoren ab.

5.2 Ablauf organischer Reaktionen

Bei einer Reaktion müssen Moleküle zusammenstoßen. Von ihrer Geschwindigkeit, ihrer Energie, hängt es ab, ob eine Reaktion stattfindet. Im ersten Schritt müssen Bindungen im Molekül getrennt werden, dazu ist Energie erforderlich. Dann werden neue Bindungen hergestellt, wobei Energie abgegeben wird. Von dieser Energiebilanz ist abhängig, ob eine Reaktion ablaufen kann (s. S. 116).

Die Spaltung einer Bindung, der erste Reaktionschritt, ist abhängig von

- dem Molekülbau
- der Elektronegativität von Atomen oder Atomgruppen im Molekül
- den Reaktionsbedingungen (Temperatur, Belichtung, Katalysator, Art des Lösungsmittels u. a.)

Es gibt zwei Arten der Spaltung von Bindungen, bei denen reaktionsfähige Teilchen entstehen, die dann weiterreagieren.

Homolytische Spaltung

Unpolare oder wenig polare Bindungen in Molekülen bilden **Radikale:**

A—B → A● +●B

Je ein Elektron des Bindungselektronenpaares verbleibt bei einem Molekülteil, dem Radikal. Da einzelne Elektronen sich wieder zu Elektronenpaaren vereinigen wollen, sind Radikale sehr reaktionsfähige Teilchen.

Die Radikalbildung durch homolytische Spaltung einer Bindung findet vor allem in der Gasphase oder unpolaren Lösungsmitteln statt und wird durch Lichteinstrahlung oder die Zugabe anderer Radikale (Startradikale) ausgelöst und katalysiert.

Heterolytische Spaltung

Hierbei entsteht ein **Ionenpaar:**

$A—B \rightarrow A^{\oplus} + |B^{\ominus}$

Das Bindungselektronenpaar bekommt der Bindungspartner, der die größere Elektronegativität besitzt. Solche Ionen, die aus organischen Molekülen entstehen, sind nur in geringer Zahl vorhanden und wenig stabil, man spricht daher von **Krypto-Ionen** („verborgene" Ionen), zum Unterschied von den stabilen Ionen anorganischer Verbindungen, z. B. den Salzen.

Begünstigt wird die heterolytische Spaltung durch Lösungsmittel mit hoher Polarität ihrer Moleküle, weil dann die gebildeten Ionen durch Solvatation stabilisiert werden.

Weiterreaktion

Radikale und Ionen sind der reaktionsfähige Zwischenzustand der Moleküle vor der Weiterreaktion.

Radikale vereinigen sich leicht zu stabilen Molekülen. Die Einzelelektronen bilden ein Bindungselektronenpaar.

Das Ion $A^{\oplus}$ hat eine Elektronenlücke und sucht einen Bindungspartner, der ein Elektronenpaar zur Verfügung stellen kann, um zur Bindung zu gelangen. Das Teilchen $A^{\oplus}$ ist elektronensuchend oder **elektrophil.**

Das Ion $|B^{\ominus}$ besitzt ein Elektronenpaar und sucht einen Bindungspartner, der eine Elektronenlücke, d. h. nur einen „Kern" hat. $|B^{\ominus}$ ist kernsuchend oder **nucleophil.**

Reaktionsmechanismus

Bei organischen Reaktionen sind nicht nur die optimalen Herstellungsbedingungen der Endprodukte oder eine gute Ausbeute wichtig. Die Kenntnis des Reaktionsablaufs, der Reaktionsmechanismus, kann Aufschluß darüber geben, warum Nebenprodukte entstehen, oder bietet einen Ansatzpunkt für eine Beeinflussung des Reaktionsablaufs, z. B. Lenkung zu besonderen Endprodukten.

Die reaktionsfähigen Zwischenverbindungen sind für den Reaktionsablauf besonders wichtig. Deswegen kann man die Einteilung und Kennzeichnung organischer Reaktionen danach vornehmen.

Beispiele:

Addition	elektrophil (s. S. 44)
	nucleophil (s. S. 186)
Substitution	elektrophil (s. S. 76)
	nucleophil (s. S. 133)
	radikalisch (s. S. 117)

Triebkraft organischer Reaktionen

Vereinfacht kann man sagen, daß eine Reaktion dann von selbst abläuft, wenn Energie abgegeben wird, d. h. wenn es sich um eine exotherme Reaktion handelt. Die Endprodukte haben dann einen geringeren Energieinhalt als die Ausgangsstoffe (Bild 20.1). Dieses trifft für die meisten organischen Reaktionen zu. ΔH nennt man die Reaktionsenergie (Reaktionsenthalpie).

Es gibt auch Reaktionen, die endotherm sind, d. h. Energiebedarf haben, und trotzdem von selbst ablaufen. Zum Verständnis der Triebkraft dieser Reaktionen muß eine weitere Energiegröße, die Entropie ΔS eingeführt werden. Reaktionsenthalpie und -entropie gemeinsam bestimmen, ob eine Reaktion freiwillig abläuft. Dazu siehe Teil 1, Seite 74.

Zusammenstöße zwischen Molekülen führen nur dann zu einer Reaktion, wenn die Teilchen eine Mindestenergie haben, die **Aktivierungsenergie.** Die Zahl der Teilchen, die die Aktivierungsenergie besitzen oder überschreiten, wächst mit zunehmender Temperatur.

Vor einer Reaktion muß daher häufig den Ausgangsstoffen Energie (Wärme, Licht) zugeführt werden, um die Aktivierungsenergie aufzubringen. Durch Katalysatoren kann die Aktivierungsenergie herabgesetzt werden.

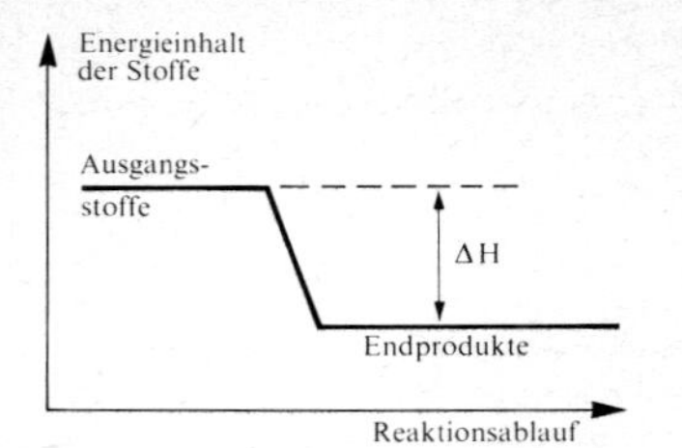

20.1 Energieinhalt der Stoffe vor und nach der Reaktion

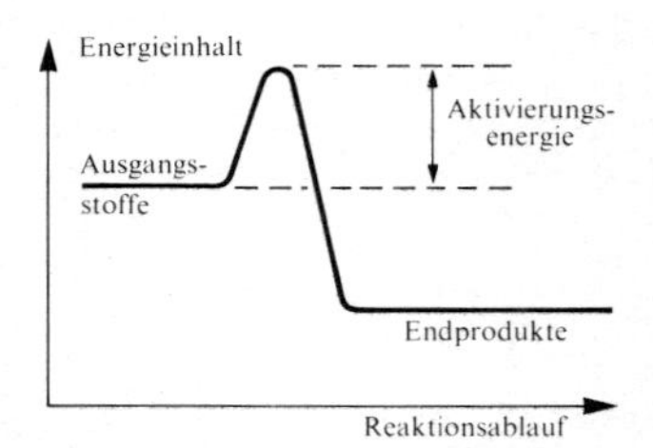

20.2 Aktivierungsenergie

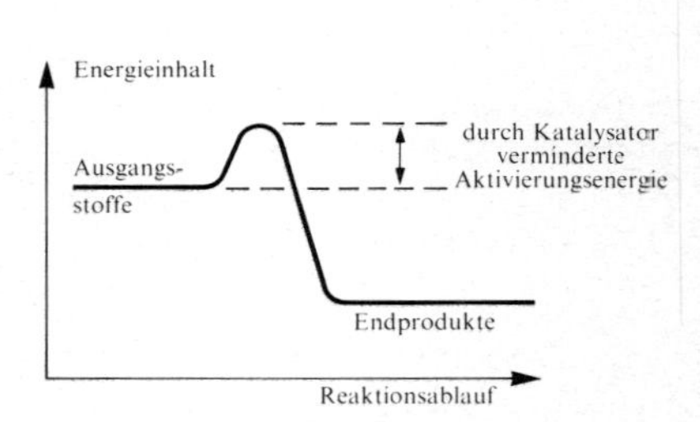

20.3 Aktivierungsenergie, durch Katalysator herabgesetzt

Reaktionsgeschwindigkeit

Mit Hilfe energetischer Überlegungen kann vorausgesagt werden, ob eine Reaktion möglich ist oder nicht. Aber viele Reaktionen, die freiwillig ablaufen müßten, finden bei Zimmertemperatur trotzdem nicht statt, weil die Reaktionsgeschwindigkeit zu gering ist.

Die Geschwindigkeit vieler organischer Reaktionen ist deswegen gering, weil

- geladene Teilchen (Ionen) nicht oder nur in geringer Zahl vorhanden sind,
- Bindungen mit hoher Bindungsenergie (s. S. 13) gelöst werden müssen und
- der Zusammenstoß der Moleküle oft mit bestimmter Orientierung zueinander, z. B. bei funktionellen Gruppen, erfolgen muß (sterische Effekte).

Die Reaktionsgeschwindigkeit ist von der Höhe der Aktivierungsenergie abhängig, die dazu dient, Bindungen zu lösen. Durch höhere Reaktionstemperatur und die Anwesenheit von Katalysatoren wird ebenfalls die Reaktionstemperatur erhöht.

5.3 Sicherheit und Gesundheit

Viele organische Verbindungen gehören zu den gefährlichen Arbeitsstoffen. Begriffsbestimmungen, Unterscheidungen der Eigenschaften solcher Stoffe sowie Vorsichtsmaßnahmen sind in der Rechtsverordnung über gefährliche Arbeitsstoffe, kurz **Arbeitsstoff-Verordnung** genannt, enthalten. Die letzte Novellierung dieser Rechtsverordnung wurde am 29. 7. 1980 veröffentlicht.

Arbeitsstoffe sind Ausgangs-, Hilfs- und Betriebsstoffe einschließlich Zubereitungen, aus denen oder mit deren Hilfe Gegenstände erzeugt oder Dienstleistungen erbracht werden.

Bei den gesundheitsschädlichen Arbeitsstoffen unterscheidet man zwischen Umgang und Einwirkung.

Umgang ist das Herstellen, Wiedergewinnen, Vernichten, Lagern, Abfüllen oder Befördern gesundheitsschädlicher Arbeitsstoffe.

Einwirkung ist überall dort anzunehmen, wo das Risiko besteht, daß ein gefährlicher Arbeitsstoff akut oder chronisch eine Gesundheitsschädigung verursacht. Beim Umgang mit krebserregenden Stoffen ist das Vorliegen einer Einwirkung in der Regel zu unterstellen.

Hinsichtlich ihrer gefährlichen Eigenschaften werden Arbeitsstoffe gemäß Arbeitsstoff-Verordnung eingestuft als

- **sehr giftig**
- **giftig**
- **mindergiftig (gesundheitsschädlich)**

  Die Giftigkeit oder Toxizität eines gefährlichen Arbeitsstoffes wird durch den LD 50- und LC 50-Wert charakterisiert.

  LD 50-Wert: Darunter versteht man die mittlere tödliche Menge eines Stoffes oder einer Zubereitung, die nach Verbringen in den Magen (oral) oder auf die Haut (perkutan oder dermal) von Ratten von deren Körper aufgenommen wird und die Hälfte der Versuchstiere tötet. Sie wird ausgedrückt in mg pro kg Körpergewicht (mg/kg).

  LC 50-Wert: Dieser ist die mittlere tödliche Konzentration eines Stoffes oder einer Zubereitung, die nach Aufnahme über die Atemwege (inhalativ) innerhalb eines bestimmten Zeitraumes die Hälfte der Versuchstiere (Ratten) tötet. Sie wird ausgedrückt in ppm pro Stunde.

- **ätzend**

  Arbeitsstoffe, die am Kaninchen nach 30 Minuten dauernder Berührung mit der Haut in einer Menge von 0,5 ml oder 0,5 g innerhalb von 7 Tagen das Gewebe zerstören (Gewebstod oder Nekrose).

- **reizend**

  Arbeitsstoffe, die am Kaninchen nach 30 Minuten dauernder Berührung mit der Haut in einer Menge von 0,5 ml oder 0,5 g innerhalb von 3 Tagen Entzündungen hervorrufen.

- **explosionsgefährlich**

  Hier gibt es eine besondere Verordnung über explosionsgefährliche Stoffe.

- **brandfördernd**

  Stoffe, die unter Sauerstoffabgabe mit brennbaren Stoffen so reagieren können, daß die brennbaren Stoffe erheblich schneller abbrennen als in Luft.

- **hochentzündlich**

  Flüssige Stoffe, die einen Flammpunkt (s. S. 32) unter 0 °C und einen Siedepunkt von höchstens 35 °C haben.

- **leicht entzündlich**

  Flüssige Stoffe mit einem Flammpunkt unter 21 °C.

- **entzündlich**

  Flüssige Stoffe mit einem Flammpunkt zwischen 21 °C und 55 °C.

- **krebserzeugend** (karzinogen, kanzerogen)

  Arbeitsstoffe, die in der MAK-Wert-Liste in Abschnitt III in den Gruppen A 1 (beim Menschen krebserzeugend) und A 2 (im Tierversuch krebserzeugend) aufgeführt sind.

- **fruchtschädigend** (teratogen)

  Eigenschaft eines Arbeitsstoffes, schädigend auf die Frucht im Mutterleib (Fötus) zu wirken und Mißbildungen hervorzurufen.

- **erbgutverändernd** (mutagen)

  Eigenschaft eines Arbeitsstoffes, die Erbstrukturen (Genanlagen) in den Zellkernen zu verändern.

MAK-Wert (Maximale Arbeitsplatzkonzentration) ist die höchstzulässige Konzentration eines Arbeitsstoffes als Gas, Dampf oder Schwebstoff in der Luft am Arbeitsplatz, die nach dem gegenwärtigen Stand der Kenntnis auch bei wiederholter und langfristiger, in der Regel täglich 8-stündiger Einwirkung, jedoch bei Einhaltung einer durchschnittlichen Wochenarbeitszeit von 40 Stunden im allgemeinen die Gesundheit der Beschäftigten nicht beeinträchtigt.

MAK-Werte sind in einer Liste aufgeführt, die die Senatskommission zur Prüfung gesundheitsschädlicher Arbeitsstoffe der Deutschen Forschungsgemeinschaft jährlich herausgibt. Der MAK-Wert gilt in der Regel für die Einwirkung des reinen Stoffes, er ist nicht ohne weiteres für einen Bestandteil eines Gemisches anwendbar. Die MAK-Werte werden in ppm, d. h. cm^3 Arbeitsstoff in 1 m^3 Luft angegeben.

TRK-Wert (Technische Richtkonzentration) TRK-Werte werden nur für solche gefährlichen Arbeitsstoffe benannt, für die z. Zt. keine toxikologisch-arbeitsmedizinisch begründeten MAK-Werte aufgestellt werden können. Die Einhaltung der TRK-Werte am Arbeitsplatz soll das Risiko einer Beeinträchtigung der Gesundheit vermindern, vermag dieses jedoch nicht vollständig auszuschließen.

6 Einteilung organischer Verbindungen

Die Zahl organischer Verbindungen ist sehr groß. Eine Einteilung in bestimmte Verbindungsklassen mit gleichen Merkmalen der Verbindungen ist notwendig und zweckmäßig.

Für die Einteilung gibt es mehrere Gesichtspunkte.

Einteilung nach der Zusammensetzung

- Kohlenwasserstoffe
- Kohlenwasserstoffe mit Heteroatomen (Cl, O, N) z. B. Halogen-Kohlenwasserstoffe oder Alkanole.

Einteilung nach der Molekülstruktur und Zusammensetzung

- Verbindungen mit **offener Kette** (Aliphaten)
  Normale Aliphaten: Gerade Ketten ohne Seitenketten, d.h. ohne Verzweigung

  C—C—C—C—C—C

  Verzweigte Aliphaten: Ketten mit Seitenketten (Verzweigung)

  C—C—C—C—C—C (mit Seitenketten C am 2. und 4. C-Atom)

- Verbindungen mit **Ringstruktur** (Cyclen)
  Cycloaliphaten, auch alicyclische Verbindungen genannt:

  (Sechsring aus C-Atomen)

  Aromatische Verbindungen mit besonderem Bindungssystem

  (Sechsring mit Kreis) oder (Sechsring mit abwechselnden Doppelbindungen)

  Carbocyclische Verbindungen, wenn im Ring nur C-Atome vorkommen.

  Heterocyclische Verbindungen, wenn im Ring auch andere Atome, wie O, S, N vorkommen.

  (Fünfring mit O und zwei Doppelbindungen) oder (Fünfring mit O und Kreis)

Einteilung nach funktionellen Gruppen

Stärker als die äußere Molekülstruktur (Ketten, Verzweigungen, Ringe) bestimmen funktionelle Gruppen die chemischen Eigenschaften einer Verbindung, d.h. ihr Verhalten bei Reaktionen mit anderen Verbindungen.

Gleiche funktionelle Gruppen haben gleiches Reaktionsvermögen und lassen sich nach gleichen Methoden herstellen. Die verschiedenen Bindungen in Molekülen, Einfach-, Doppel-, Dreifach- und aromatische Bindung, können in diesem Sinne den funktionellen Gruppen zugeordnet werden. An funktionellen Gruppen orientiert sich auch die Nomenklatur der Verbindungen, so daß diese Art der Einteilung besonders zweckmäßig ist.

—C—C—	Einfachbindung (aliphatisch und cyclisch)
>C=C<	Doppelbindung
—C≡C—	Dreifachbindung
(Benzolring)	Aromatische Bindung
—Cl (—F, —Br, —I)	Halogen-Verbindungen
—OH	Alkanole (Alkohole) und Phenole
—CHO	Alkanale (Aldehyde)
>CO	Alkanone (Ketone)
—COOH	Carbonsäuren
—COR	Carbonsäure-Derivate
$—NO_2$	Nitro-Verbindungen
$—NH_2$	Amine Amino-Verbindungen
—C—Me (C mit vier Bindungen)	Metallorganische Bindung

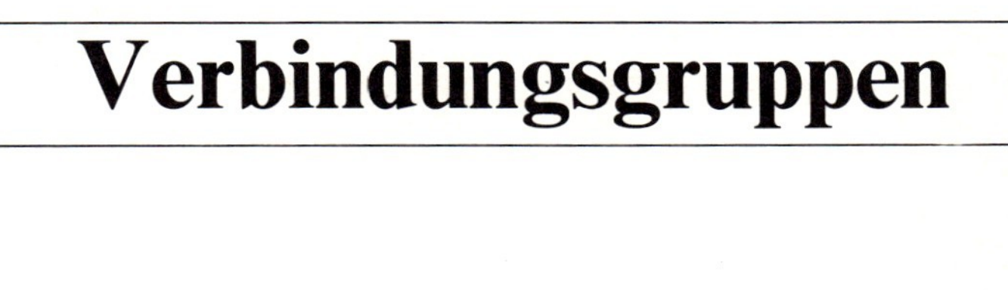
Verbindungsgruppen

7 Alkane

Eine große Zahl organischer Verbindungen enthalten neben Kohlenstoff nur noch Wasserstoff; diese Gruppe von Verbindungen nennt man daher auch **Kohlenwasserstoffe.** Die einfachste Klasse der Kohlenwasserstoffe sind die Alkane.

Die Bezeichung Alkane entspricht der systematischen Bezeichnungsweise für organische Verbindungen (s. S. 27). Vor Einführung der Bezeichnung Alkane für diese einfachste Klasse der Kohlenwasserstoffe hatten sich noch andere Namen eingebürgert, die zum Teil heute noch gebraucht werden, z.B.:

- **Methan-Kohlenwasserstoffe,** weil von der einfachsten Verbindung der Alkane, dem Methan, alle weiteren Verbindungen dieser Reihe abgeleitet werden.
- **Gesättigte Kohlenwasserstoffe,** weil in diesen Verbindungen alle Bindungen des Kohlenstoffs durch einfache Bindung mit sich selbst oder mit Wasserstoff abgesättigt sind.
- **Paraffine,** weil die Verbindungen dieser Gruppe, wie man frühzeitig erkannte, reaktionsträge sind, d.h. nur geringes Reaktionsvermögen (Affinität) gegenüber anderen Verbindungen zeigen (parum affinis = geringe Affinität).
- **Aliphaten,** weil es sich hier um Kohlenstoff-Verbindungen handelt, deren Moleküle offene Ketten bilden. Diese Bezeichnung ist aber auch für andere Verbindungsklassen gebräuchlich, wenn eine Unterscheidung zwischen kettenförmigen (aliphatischen) und ringgeschlossenen (cyclischen) Verbindungen getroffen werden soll.

Die einfachste Verbindung der Alkane enthält nur ein C-Atom und wird Methan genannt; es hat die Formel CH_4. Weitere Verbindungen entstehen, wenn nacheinander C-Atome hinzutreten, sich mit den schon vorhandenen C-Atomen verbinden, wie es für organische Verbindungen charakteristisch ist, und die noch freien Bindungen durch Wasserstoff abgesättigt werden:

CH_4, C_2H_6, C_3H_8, C_4H_{10}, C_5H_{12}, C_6H_{14} ...

Jedes Glied dieser Reihe ist ein Alkan-Kohlenwasserstoff. Die gesättigte Natur dieser Verbindungen läßt sich leicht überprüfen. Greifen wir die Verbindung C_4H_{10} heraus. Vier C-Atome besitzen insgesamt 16 Bindungsmöglichkeiten (Valenzen, Elektronen). Davon werden 6 für die Bindung der C-Atome untereinander verbraucht, da

C—C—C—C

vier C-Atome durch 3 Bindungselektronenpaare (= 6 Elektronen) verbunden werden. Die restlichen 10 „Bindungen" werden durch Wasserstoff ersetzt, so daß die Formel C_4H_{10} resultiert.

Jedes Glied obiger Reihe unterscheidet sich von seinem vorhergehenden und dem folgenden Nachbarn um eine CH_2-Gruppe. Eine solche Reihe von Verbindungen, in der sich die Glieder jeweils um eine bestimmte Atomgruppe, meist eine CH_2-Gruppe, unterscheiden, nennt man eine **homologe Reihe.** Die einzelnen Glieder der Reihe bezeichnet man entsprechend als Homologe. Die Alkane bilden also eine homologe Reihe, die sich von dem Anfangsglied der Reihe, dem CH_4, ausgehend aufbauen läßt.

Für Verbindungen homologer Reihen läßt sich immer eine allgemeine Summenformel aufstellen. Diese lautet für

Alkane: $\boxed{C_nH_{2n+2}}$

Für n müssen nacheinander die Zahlen 1, 2, 3, 4 ... eingesetzt werden, um die einzelnen Glieder der homologen Reihe der Alkane zu erhalten:

$n = 1$:	$C_1H_{2\cdot 1+2}$	oder	CH_4	Methan
$n = 2$:	$C_2H_{2\cdot 2+2}$	oder	C_2H_6	Ethan
$n = 3$:	$C_3H_{2\cdot 3+2}$	oder	C_3H_8	Propan
$n = 4$:	$C_4H_{2\cdot 4+2}$	oder	C_4H_{10}	Butan

usw.

Die Kettenlänge der Moleküle der Verbindungen ist nicht begrenzt.

In der Natur, z.B. im Erdöl, kommen Verbindungen vor, die aus sehr großen Molekülen bestehen. So wird aus dem Rückstand der Erdöl-Destillation ein Paraffinwachs (s. S. 33) gewonnen, das bis C_{60}-Kohlenwasserstoffe enthält.

Auch synthetisch werden sehr große Moleküle (Makromoleküle) hergestellt. So kann der Kunststoff Polyethylen Moleküle mit einer Molekülmasse bis 200000 enthalten, d.h. hier müssen etwa 25000 CH_2-Gruppen miteinander in einem Molekül verbunden sein.

7.1 Struktur der Alkane

7.1.1 Methan

Der Aufbau des Methan-Moleküls folgt unmittelbar aus der Vierbindigkeit des Kohlenstoffs und den Tetraederrichtungen für die vier Bindungen (s. S. 13), die durch Wasserstoff ersetzt werden.

```
   H
   |
H—C—H          CH₄
   |
   H
```

25.1 *Molekülmodell des Methans*

Ein übersichtliches Modell des Methan-Moleküls erhält man (Bild 25.1), wenn die Atome durch Kugeln und die Bindungen zwischen den Atomen durch Stäbchen dargestellt werden **(Kugelstäbchen-Modell,** s. S. 62). Die Stäbchen werden mit den Bindungswinkeln in die Kugel des Kohlenstoffs eingesetzt.

Die Winkel zwischen den Bindungen betragen 109° 28′. Der Abstand der Wasserstoffatome vom Kohlenstoff, der sogenannte (C—H)-Abstand, ist für alle gleich und beträgt 0,109 nm.

7.1.2 Ethan

Das Ethan ist das zweite Glied der homologen Reihe der Alkane und enthält zwei C-Atome, die miteinander verbunden sind. Die übrigen Valenzen sind durch Wasserstoff abgesättigt.

```
   H  H
   |  |
H—C—C—H          H₃C—CH₃          C₂H₆
   |  |
   H  H
```

Bei der Aufstellung des räumlichen Modells des Ethans (Bild 25.2) müssen die Valenzwinkel des C-Tetraeders erhalten bleiben.

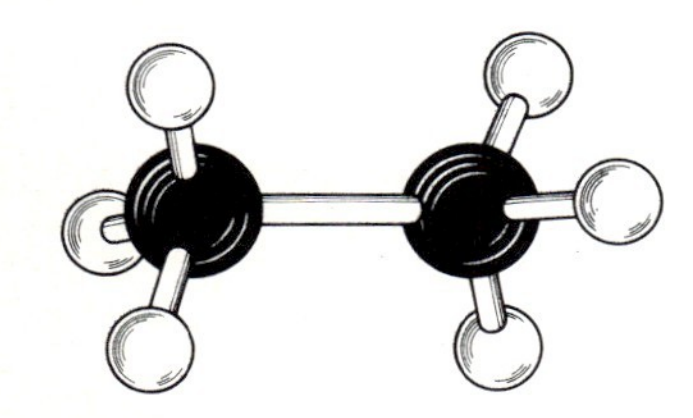

25.2 *Molekülmodell des Ethans*

Der Abstand der beiden C-Atome, genannt (C—C)-Abstand, beträgt 0,154 nm. Der (C—H)-Abstand ist auch hier 0,109 nm, wie er auch schon beim Methan gefunden wurde. Diese bei den einfachen Alkanen gefundenen Abstände und Bindungswinkel werden auch bei den folgenden, höheren Alkanen mit gleichen Werten angetroffen.

7.1.3 Propan

Auch beim Propan, das drei C-Atome enthält, und allen weiteren Alkanen müssen bei der Aufstellung von Strukturmodellen die Vierbindigkeit des Kohlenstoffs sowie die Bindungswinkel des Tetraeders erhalten bleiben (Bild 25.3).

```
   H  H  H
   |  |  |
H—C—C—C—H          H₃C—CH₂—CH₃          C₃H₈
   |  |  |
   H  H  H
```

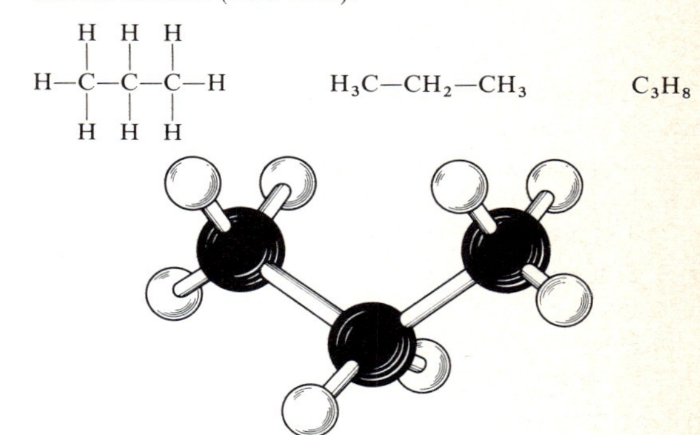

25.3 *Molekülmodells des Propans*

Am Beispiel der rationellen Formel des Propans kann man die allgemeine Formel der Alkane C_nH_{2n+2} ableiten, die auch für alle weiteren Glieder dieser homologen Reihe gilt. Sind mehrere C-Atome durch einfache Bindungen miteinander verknüpft und die restlichen Bindungen mit Wasserstoff besetzt, so entstehen Verbindungen, die an den Enden der Kette je drei und allen übrigen C-Atomen je zwei H-Atome besitzen, d.h. endständige C-Atome tragen drei, mittelständige C-Atome zwei H-Atome. Auf n C-Atome kommen demnach zunächst doppelt soviel H-Atome, also 2n H-Atome, vermehrt um je ein weiteres H-Atom, das an jedem Ende der Kette zusätzlich noch gebunden ist. Daraus folgt also: n C-Atome besitzen (2n + 2) H-Atome. Damit ist die allgemeine Formel für die Alkane C_nH_{2n+2} erklärt.

7.1.4 Butan

Butan besitzt vier C-Atome. Wenn man vom Propan mit drei C-Atomen ausgeht, gibt es für den Eintritt des vierten C-Atoms zwei Möglichkeiten; entweder setzt sich das neue C-Atom ans Ende der Kette (a) oder es verbindet sich mit dem mittleren C-Atom, der

CH_2-Gruppe des Propan-Moleküls (b)

(a) $CH_3—CH_2—\underset{\uparrow}{CH_3}$ (b) $CH_3—\underset{\uparrow}{CH_2}—CH_3$

Daraus folgen verschiedene Strukturen für das Butan-Molekül, eine gestreckte Kette (a) und eine gestreckte Kette mit Verzweigung (b). Die noch freien Bindungen werden wie üblich durch Wasserstoff besetzt:

(a) $CH_3—CH_2—CH_2—CH_3$ C_4H_{10} (b) $CH_3—\underset{\displaystyle CH_3}{\underset{|}{CH}}—CH_3$ C_4H_{10}

In beiden Fälle ist eine CH_2-Gruppe hinzugekommen. Im Falle (b) hat ein H-Atom der „mittelständigen" CH_2-Gruppe die neu eintretende CH_2-Gruppe ergänzt, so daß eine „endständige" CH_3-Gruppe daraus wurde.

Beim Butan C_4H_{10} tritt uns damit eine neue Erscheinung entgegen. Bei derselben Summenformel C_4H_{10} gibt es zwei verschiedene Strukturformeln für diese Verbindung. Man nennt diese Erscheinung **Isomerie.** Isomere Verbindungen sind solche, die bei gleicher Summenformel verschiedene Strukturformeln besitzen und deswegen unterschiedliche chemische und physikalische Eigenschaften zeigen. Weitere Betrachtungen über Isomerie siehe Seite 29.

Die Verbindung des Butans mit gerader Kette (a) bezeichnet man als normal-Butan, abgekürzt n-Butan. Die isomere Verbindung dazu, das Butan mit einer „Verzweigung" an der geraden Kette (b), nennt man iso-Butan, abgekürzt i-C_4H_{10}. Für die Unterscheidung dieser beiden Strukturen spricht man allgemein von geraden und verzweigten Ketten oder auch von der Haupt- und der Seitenkette.

Die entsprechenden Strukturmodelle zeigt Bild 26.1 und 26.2. Während n-Butan als gestrecktes Molekül angesprochen werden kann, nähert sich i-Butan mehr einer kugeligen, gepackten Form.

Von der äußeren Molekülform werden die physikalischen Eigenschaften einer Verbindung (Siedepunkt, Dichte) beeinflußt. Auch das Verhalten von Molekülen bei Reaktionen kann von dem Molekülbau abhängen, wenn das Molekül an einer bestimmten Stelle reaktionsfähig ist (funktionelle Gruppe) und die Annäherung der Moleküle eines Reaktionspartners behindert wird (sterische Hinderung).

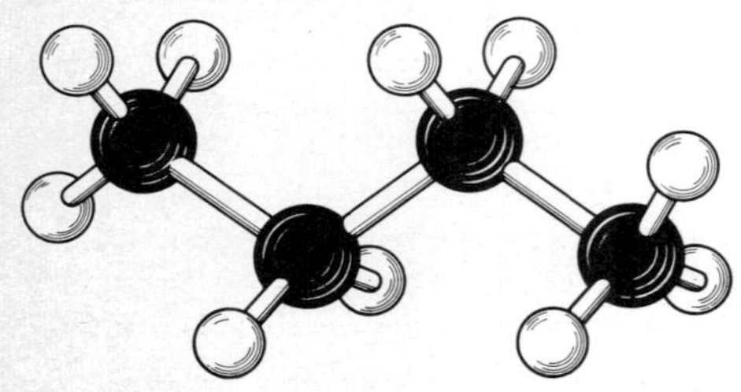

26.1 Molekülmodell n-Butan

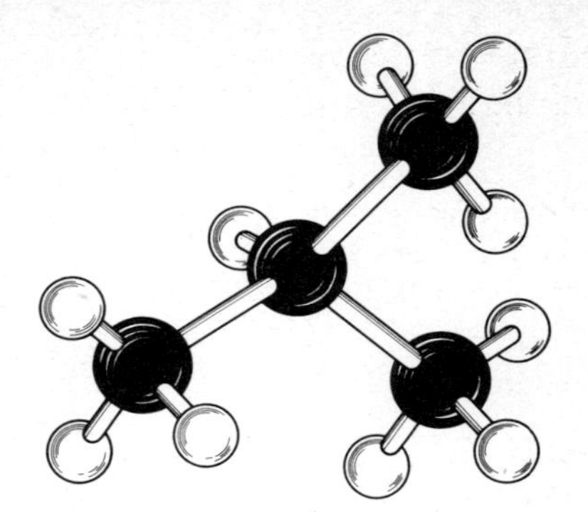

26.2 Molekülmodell i-Butan

7.1.5 Höhere Alkane

Die Zahl der Isomere der nächsten Glieder der homologen Reihe, Pentan und Hexan, ist größer als beim Butan (s. Tab. 29.1). Die weiteren Überlegungen sollen daher auf die normalen, gestreckten Moleküle beschränkt bleiben.

$CH_3—CH_2—CH_2—CH_2—CH_2$ oder $CH_3—(CH_2)_3—CH_3$
n-Pentan C_5H_{12}

$CH_3—(CH_2)_4—CH_3$
n-Hexan C_6H_{14}

$CH_3—(CH_2)_5—CH_3$
n-Heptan C_7H_{16}

Die Modelle lassen erkennen, daß gestreckte Moleküle eine Zick-Zack-Form besitzen, in deren Eckpunkten die C-Atome sitzen. Die in Bild 26.3 dargestellte ebene Anordnung wird man infolge der freien Drehbarkeit um die (C—C)-Bindungen nur selten antreffen; den gestreckten Molekülen der normalen Alkane kommt also in Wirklichkeit mehr eine spiralige Form zu.

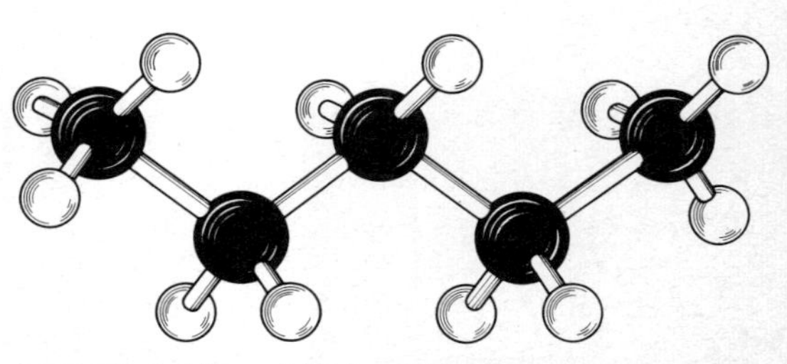

26.3 Molekülmodell des n-Pentans

7.2 Bezeichnung organischer Verbindungen (Nomenklatur)

Eine eindeutige Benennung organischer Verbindungen ist angesichts der überaus großen Zahl unterschiedlicher, zum Teil aber sehr ähnlicher Verbindungen besonders notwendig.

7.2.1 Trivialnamen

Solange nur wenige Verbindungen bekannt waren, gab man ihnen Namen, die auf ihre Herkunft, auffällige Eigenschaften, besondere Reaktionsweise oder andere hervortretende Merkmale bezogen waren. Diese überlieferten, älteren Bezeichnungen, die sich durch ihre häufige Anwendung fest eingebürgert haben, nennt man heute Trivialnamen; sie enthalten gewöhnlich keinen Hinweis auf die Struktur der Verbindung.

So können die Bezeichnungen der ersten vier Verbindungen der Alkan-Reihe als Trivialnamen bezeichnet werden: Methan, Ethan, Propan, Butan. Eine gewisse Gesetzmäßigkeit ist aber in diesen Bezeichnungen bereits enthalten; so enden alle Namen auf -an, der charakteristischen Endsilbe der Alkane.

Vom 5. Glied der Reihe der Alkane, dem Pentan, an wird eine bestimmte Systematik angewandt: Als Vorsilben werden die griechischen oder lateinischen Zahlwörter für die Zahl der in der Verbindung enthaltenen C-Atome gesetzt und dann die Endung -an angefügt. So entstehen dann die Namen: Pentan, Hexan, Octan usw.

Die große Zahl bekannter organischer Verbindungen, besonders nach der Auffindung der Isomere (s. S. 29) und ihrer Erklärung durch die unterschiedliche Struktur der Moleküle, ergab immer mehr die Notwendigkeit einer eindeutigen, systematischen und übersichtlichen Bezeichnungsweise, die sich bei Beachtung bestimmter Regeln auf alle organischen Verbindungen übertragen ließ. Dieses neue System bezeichnet man als die Genfer Nomenklatur organischer Verbindungen. Die überlieferten älteren Bezeichnungen können weiterhin gebraucht werden; so ist zu erklären, daß einige Verbindungen mehrere Namen tragen.

7.2.2 Genfer Nomenklatur

Dieses System eindeutiger Benennung organischer Verbindungen wurde erstmals 1892 auf einer internationalen Konferenz in Genf aufgestellt, in der Folgezeit verbessert und dann international anerkannt und eingeführt. Die Namen der Verbindungen werden von der Struktur der Moleküle, dem eindeutigen und sichersten Unterschiedsmerkmal, abgeleitet, so daß Verwechslungen ausgeschlossen sind. Ferner wird es dadurch möglich, umgekehrt aus dem Namen der Verbindung die Strukturformel des Moleküls aufzustellen.

Das Genfer Nomenklatursystem enthält eine Reihe von Regeln, die allgemeine Anwendbarkeit besitzen und sich deswegen auf alle Klassen von Verbindungen übertragen lassen.

Für die Benennung der Alkane gelten folgende Regeln:

- Die Endung der Namen für Alkane ist: **-an.**
- Für **normale Alkane** gelten die eingeführten, schon genannten Namen. Die ersten vier Glieder der homologen Reihe behalten ihre Trivialnamen, vom 5. Glied an werden die griechischen bzw. lateinischen Zahlwörter als Anfangssilben gesetzt.

Sind Isomere vorhanden, kennzeichnet man die normale Verbindung durch den Buchstaben n- (normal), z.B. n-Octan.

Bei **verzweigten** Alkanen sind folgende Regeln zu beachten:

- Das zu benennende Molekül wird in **Hauptkette** und **Seitenketten** zerlegt; die Hauptkette ist dabei die längste im Molekül vorhandene Kette von C-Atomen. Die C-Atome der Hauptkette werden dann von einem Ende ausgehend durchlaufend numeriert.

Beispiel:

```
1  2     4  5  6  7
C—C—C—C—C—C—C
   |     |
   C     C
```

Die Lage der Seitenketten ist damit an den C-Atomen 2 und 4 der Hauptkette festgelegt.

Die Numerierung der Hauptkette ist so zu legen, daß die C-Atome mit Verzweigung die kleinstmöglichen Ziffern erhalten.

Beispiel:

```
5  4  3  2  1              1  2  3  4  5
C—C—C—C—C                  C—C—C—C—C
         |                          |
         C  richtig!                C  falsch!
```

Die Hauptkette verleiht der Verbindung ihren Grundnamen; die obengenannte Verbindung mit sieben C-Atomen ist daher ein Heptan mit Seitenketten, die gesondert bezeichnet werden müssen.

- Die **Namen der Seitenketten** werden von den Alkanen abgeleitet, in dem die Endsilbe -an durch -yl ersetzt wird, weil es sich dabei um Gruppen handelt, die ein H-Atom weniger besitzen als die zugehörigen Alkane. Die allgemeine Bezeichnung ist **Alkyl-Gruppen.**

CH_3—	Methyl-	C_4H_9—	Butyl-
C_2H_5—	Ethyl-	C_5H_{11}—	Pentyl-
C_3H_7—	Propyl-	C_6H_{13}—	Hexyl-

- Die **Stellung einer Seitenkette** (Alkylgruppe) wird durch die Ziffer des C-Atoms gekennzeichnet, an das die Gruppe gebunden ist. Die Ziffer wird durch einen Bindestrich vom Namen getrennt. Numerierung und Name der Seitenkette werden in dieser Reihenfolge als Vorsilben dem Grundnamen des Moleküls vorangestellt. Die Alkylgruppen werden in alphabetischer Reihenfolge genannt.

```
  1   2    3    4
H3C—CH—CH2—CH3
     |
     CH3
```
2-Methyl-butan

```
  1   2    3    4    5    6
H3C—CH—CH2—CH—CH2—CH3
     |         |
     CH3       C2H5
```
4-Ethyl-2-methyl-hex-an

Sind an einem C-Atom zwei gleiche Gruppen gebunden, setzt man die Ziffern doppelt und verwendet außerdem die Vorsilbe di-. Verschiedene Gruppen am gleichen C-Atom werden nacheinander alphabetisch benannt.

```
             CH3
  4    3    2|  1
H3C—CH2—C—CH3
             |
             CH3
```
2,2-Di-methyl-butan

```
             CH3
  1    2    3|  4     5     6     7
H3C—CH2—C—CH2—CH2—CH2—CH3
             |
             C2H5
```
3-Ethyl-3-methyl-hept-an

Wenn Verzweigungen in der Seitenkette benannt werden müssen, werden auch die C-Atome der Seitenkette numeriert und der Name der Seitenkette in Klammern gesetzt.

6-(1,2-dimethylpropyl)-2-methyl-undecan

```
      2              5
CH3—CH—(CH2)3—CH—(CH2)4—CH3
      |              |
      CH3          1 CH—CH3
                     |
                   2 CH—CH3
                     |
                     CH3
```

7.3 Physikalische Eigenschaften

Die Anfangsglieder der homologen Reihe der Alkane mit ihren wichtigsten physikalischen Eigenschaften zeigt Tabelle 29.1.

Von den normalen Alkanen sind bei Zimmertemperatur die Verbindungen CH_4 bis C_4H_{10} **Gase,** C_5H_{12} bis $C_{17}H_{36}$ **Flüssigkeiten** und ab $C_{18}H_{38}$ **feste Stoffe.** Butan C_4H_{10} und Propan C_3H_8 lassen sich aber leicht unter Druck verflüssigen und haben in dieser Form als Flüssiggas technische Bedeutung.

Die **Dichten** der normalen Alkane steigen regelmäßig an, bleiben aber unter der Dichte des Wassers.

Die **Siedepunkte** der geradkettigen, normalen Verbindungen steigen mit zunehmender C-Zahl im Molekül regelmäßig an. Trägt man die Zahl der Kohlenstoffatome in Abhängigkeit vom Siedepunkt in ein Diagramm ein, läßt sich durch die Punkte eine regelmäßig steigende Kurve legen. Die Unterschiede zwischen den Siedepunkten benachbarter Glieder der homologen Reihe werden nach den höheren Verbindungen hin geringer. Das hat Bedeutung für die Praxis, wenn die Verbindungen durch Destillation getrennt werden sollen. Die niederen Alkane haben größere Siedepunktdifferenzen und lassen sich deswegen leichter destillativ trennen als die höheren Verbindungen.

Alkane lösen sich nicht in Wasser. Beim Vermischen mit Wasser bilden sich zwei Schichten, die Alkane mit der geringeren Dichte schwimmen auf dem Wasser. Die Nichtlöslichkeit der Alkane in Wasser ist darauf zurückzuführen, daß die neutralen Moleküle der Alkane mit Wassermolekülen nicht in Wechselwirkung treten können. Löslichkeit in Wasser tritt dann ein, wenn sich die Moleküle des gelösten Stoffe und die polaren Moleküle des Wassers anziehen. Die Löslichkeit ist um so höher, je stärker die Anziehung ist.

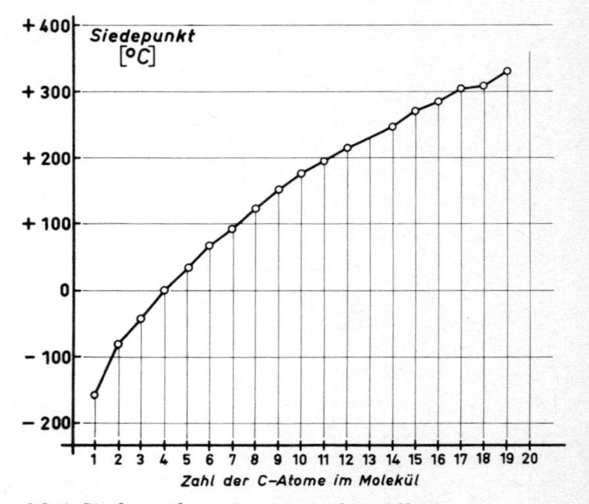

28.1 Siedepunkte von normalen Alkanen

Name	Summenformel	molare Masse g/mol	Smp. °C	Sdp. °C	Dichte in g/ml bei 20 °C
Methan	CH_4	16,04	−184	−164	gasförmig
Ethan	C_2H_6	30,07	−172	− 89	gasförmig
Propan	C_3H_8	44,10	−190	− 45	gasförmig
n-Butan	C_4H_{10}	58,12	−135	− 0,5	gasförmig
n-Pentan	C_5H_{12}	72,15	−130	36	0,6263
n-Hexan	C_6H_{14}	86,18	− 94	69	0,6594
n-Heptan	C_7H_{16}	100,21	− 91	98	0,6836
n-Octan	C_8H_{18}	114,23	− 57	126	0,7022
n-Nonan	C_9H_{20}	128,26	− 51	151	0,7177
n-Decan	$C_{10}H_{22}$	142,29	− 30	174	0,7298
n-Undecan	$C_{11}H_{24}$	156,31	− 26	196	0,7414
n-Dodecan	$C_{12}H_{26}$	170,34	− 12	215	0,7511
n-Tridecan	$C_{13}H_{28}$	184,37	− 6	234	0,7595
n-Tetradecan	$C_{14}H_{30}$	198,40	6	253	0,7616
n-Pentadecan	$C_{15}H_{32}$	212,42	10	271	0,7689
n-Hexadecan	$C_{16}H_{34}$	226,45	18	280	0,7751
n-Heptadecan	$C_{17}H_{36}$	240,48	19	303	0,7763
n-Octadecan	$C_{18}H_{38}$	254,50	28	317	0,7767
n-Nonadecan	$C_{19}H_{40}$	268,53	31	330	0,7786
n-Eicosan	$C_{20}H_{42}$	282,56	38		0,7788

29.1 Physikalische Daten von Alkanen

7.4 Isomerie

Für die drei Alkane CH_4 Methan, C_2H_6 Ethan und C_3H_8 Propan gibt es nur eine Strukturformel, da die C-Atome bei diesen Verbindungen nur in einer geradkettigen Anordnung gebunden sein können. Neben dem geradkettigen Molekül tritt erstmalig in der Reihe der Alkane beim Butan C_4H_{10} auch ein verzweigtes Molekül auf.

Diese Erscheinung bezeichnet man als **Isomerie** und die beiden Verbindungen als **Isomere.** Vom C_4H_{10} Butan gibt es zwei Isomere: n-Butan (gerade Kette) und i-Butan (verzweigte Kette).

n—C_4H_{10}: $H_3C{-}CH_2{-}CH_2{-}CH_3$

i—C_4H_{10}: $H_3C{-}CH(CH_3){-}CH_3$

Summenformel	Strukturformel	Name	Smp. °C	Sdp. °C
C_4H_{10}	$H_3C{-}CH_2{-}CH_2{-}CH_3$	n-Butan	−135	− 0,5
	$H_3C{-}CH(CH_3){-}CH_3$	2-Methyl-propan i-Butan	−145	−10
C_5H_{12}	$H_3C{-}CH_2{-}CH_2{-}CH_2{-}CH_3$	n-Pentan	−130	36
	$H_3C{-}CH(CH_3){-}CH_2{-}CH_3$	2-Methyl-butan i-Pentan	−159	28
	$H_3C{-}C(CH_3)_2{-}CH_3$	2,2-Dimethyl-propan Neopentan	− 20	9,5

29.2 Physikalische Daten von Isomeren

Die Isomerie ist eine Erscheinung der Kohlenstoffverbindungen, die durch die Verknüpfung der C-Atome untereinander möglich wird und eine wesentliche Ursache für die große Zahl der Kohlenstoff-Verbindungen darstellt.

Isomere Verbindungen besitzen dieselbe Summenformel, aber verschiedene Strukturformeln. Physikalische und chemische Eigenschaften werden überwiegend von der Struktur des Moleküls bestimmt. Isomere Moleküle verleihen daher den zugehörigen Verbindungen unterschiedliche Eigenschaften (Tab. 29.1).

Durch die Elementaranalyse kann man Isomere nicht unterscheiden, da sie aus der gleichen Art und Zahl der Atome bestehen und deswegen bei der Auswertung der Analysenergebnisse **dieselbe empirische Formel** liefern. Aus demselben Grunde liefert die Molekülmasse für isomere Verbindungen identische Werte. Hinweise für das Vorliegen von Isomeren geben physikalische Eigenschaften, z. B. Schmelzpunkt, Siedepunkt, Dichte u.a. oder verschiedenes Verhalten bei chemischen Reaktionen.

Mit steigender Zahl der C-Atome im Molekül werden auch die Isomeriemöglichkeiten größer.

C-Zahl der Alkane	Zahl der Isomeren
C_4	2
C_5	3
C_6	5
C_7	9
C_8	18
C_9	35
C_{10}	75
C_{15}	4347
C_{20}	366319

30.1 Zahl der Isomeren

Isomere treten nicht nur bei Alkanen auf, sondern auch bei allen anderen Verbindungsklassen. Dazu gibt es noch verschiedene Arten der Isomerie. Die Isomerie, die auf der unterschiedlichen Verknüpfung der C-Atome in den Molekülen beruht, bezeichnet man allgemein als **Strukturisomerie.**

Physikalische Eigenschaften der Isomere

Von den möglichen Isomeren einer Verbindung hat die normale Verbindung mit gerader, unverzweigter Kette stets den höchsten **Siedepunkt** (Tab. 29.2). Der Siedepunkt sinkt, je stärker die Verzweigung wird. Man kann allgemein sagen, daß der Siedepunkt von isomeren Verbindungen um so höher liegt, je größer die Symmetrie des Moleküls ist; unter den Isomeren hat die normale Verbindung die höchste Symmetrie und daher auch den höchsten Siedepunkt.

Isomere Verbindungen	Smp. °C	Sdp. °C
Hexane C_6H_{14}		
n-Hexan	− 94	69
2-Methyl-pentan	−154	60
3-Methyl-pentan	(−118)	63
2,2-Dimethyl-butan	− 99	50
2,3-Dimethyl-butan	−129	58
Heptane C_7H_{16}		
n-Heptan	− 91	98
2-Methyl-hexan	−118	90
3-Methyl-hexan	−119	92
2,2-Dimethyl-pentan	−125	79
2,3-Dimethyl-pentan		90
2,4-Dimethyl-pentan	−119	81
3,3-Dimethyl-pentan	−135	86
3-Ethyl-pentan	−119	93
2,2,3-Trimethyl-butan	− 25	81

30.2 Physikalische Eigenschaften von Isomeren

Wie bei den Siedepunkten besteht auch bei den **Schmelzpunkten** eine Abhängigkeit vom Verzweigungsgrad der Isomeren (Tab. 30.2).

Zur Unterscheidung der Isomere durch ihre physikalischen Eigenschaften können besonders der Schmelzpunkt und der Siedepunkt herangezogen werden, weil diese Eigenschaften, wie die Tabellen 29.1 und 30.2 gezeigt haben, besonders stark von der Struktur der Moleküle beeinflußt werden. In anderen Eigenschaften, z.B. Dichte, Brechungsindex, Dampfdruck usw., sind wesentlich geringere Unterschiede zwischen den Isomeren vorhanden.

7.5 Chemische Eigenschaften und Reaktionen

7.5.1 Allgemeines

Alkane sind im allgemeinen ausgesprochen reaktionsträge. Diese Eigenschaft hat dieser Verbindungsklasse schon frühzeitig den Namen „Paraffine" eingetragen. Bei Zimmertemperatur kann man z.B. n-Hexan mit konzentrierten Säuren, wie HNO_3 oder H_2SO_4, mit starken Oxidationsmitteln, wie Kaliumpermanganat oder Kaliumdichromat, oder konzentrierten Laugen zusammenbringen; eine Reaktion tritt nicht ein. Zum Teil widerstehen die normalen Alkane auch noch drastischeren Reaktionsbedingungen.

Die **Reaktionsträgheit** der Alkane beruht auf der hohen Bindungsenergie der (C—C)- und (C—H)-

Bindung (s. S. 13). In verzweigten Verbindungen sind die (C—H)-Bindungen des Verzweigungs-C-Atoms etwas reaktionsfähiger, weil die Bindungsenergien etwas geringer sind (Tab. 31.1). Man unterscheidet dabei H-Atome, die an **primäre, sekundäre** und **tertiäre** C-Atome gebunden sind.

$$H_3C-CH_2-H \quad \text{(primär)} \qquad H_3C-CH_2-CH_3 \quad \text{(sekundär)} \qquad H_3C-CH(CH_3)-CH_3 \quad \text{(tertiär)}$$

primär sekundär tertiär

Primäre C-Atome sind mit einem, sekundäre C-Atome mit zwei und tertiäre C-Atome mit drei anderen C-Atomen verbunden.

(C—H)-Bindung	Bindungsenergie kJ/mol
primär	415
sekundär	395
tertiär	382

31.1 Bindungsenergien

Reaktionsbereitschaft der Alkane ist durch höhere Temperatur, durch Bestrahlung mit energiereichem UV-Licht zu erreichen. Bei den Reaktionen werden meistens H-Atome durch andere Atome oder Molekülgruppen, z.B. funktionelle Gruppen (s. S. 16), ersetzt (substituiert).

Substitutionsreaktionen sind die typischen Reaktionen der (C—H)-Bindung und der Alkane.

Beispiel:

$$C_2H_6 + Cl_2 \rightarrow C_2H_5Cl + HCl$$

Ein H-Atom wurde durch ein Cl-Atom ersetzt. Der substituierte Wasserstoff bildet ein Nebenprodukt (HCl).

Der Reaktionsmechanismus der Substitution verläuft über Radikale (s. S. 117).

7.5.2 Chlorierung

Unter Chlorierung versteht man Reaktionen, die unter Einwirkung von Chlor auf organische Verbindungen und der katalysierenden Wirkung von Licht verlaufen. Besondere technische Bedeutung hat die Chlorierung des Methans CH_4 (s. S. 33).

$$CH_4 + Cl_2 \xrightarrow{300\,°C} CH_3Cl + HCl$$

$$CH_4 + 2\,Cl_2 \xrightarrow{300\,°C} CH_2Cl_2 + 2\,HCl$$

Im Methan wird dabei der Wasserstoff durch Chlor ersetzt; es entstehen sogenannte chlorierte Methane.

Allgemein kann man durch Chlorierung von Alkanen chlorierte Alkane, die neue interessante Verbindungen sind (s. S.123), herstellen. Der Begriff „Chlorierung" sollte immer dann angewandt werden, wenn Wasserstoff (an C gebunden) durch Chlor ersetzt wird.

7.5.3 Sulfochlorierung

Bei dieser Reaktion wirkt Chlor mit Schwefeldioxid gleichzeitig auf Alkane ein; katalysierend wirkt wieder Bestrahlung mit UV-Licht und hohe Temperatur. Aus Propan entstehen auf diese Weise zwei Produkte zu gleichen Teilen:

$$C_3H_8 + Cl_2 + SO_2 \xrightarrow{50\,°C} CH_3-CH(SO_2Cl)-CH_3 + CH_3-CH_2-CH_2-SO_2Cl + HCl$$

Werden bei diesem Verfahren höhere Alkane (C_{15} bis C_{18}) eingesetzt, erhält man Waschrohstoffe, weil durch Einführung der Sulfochlorid-Gruppe und anschließenden Ersatz des Chlors durch Natrium die sonst wasserunlöslichen Alkane wasserlöslich werden.

7.5.4 Nitrierung

Diese Reaktion verläuft bei Alkanen nur langsam, weil das Nitrierungsmittel, die konz. Salpetersäure, nur langsam einwirkt. Der Wasserstoff wird dabei durch die NO_2-Gruppe ersetzt.

Geht man von einem verzweigten Kohlenwasserstoff (Isobutan) aus, verläuft die Nitrierung mittels konz. Salpetersäure nur mit 22% Ausbeute.

$$H_3C-CH(CH_3)-CH_3 + HNO_3 \xrightarrow{150\,°C} H_3C-C(NO_2)(CH_3)-CH_3 + H_2O$$

7.5.5 Cracken

Darunter versteht man Reaktionen, bei denen langkettige Alkane, aber auch andere Verbindungen, eingesetzt und durch hohe Temperaturen gespalten werden. Oberhalb etwa 500 °C brechen Kohlenstoff-Kohlenstoff-Bindungen auf, so daß die größeren Moleküle in zwei oder mehr Bruchstücke zerlegt werden. Zum Teil wird dabei auch molekularer Wasserstoff abgespalten oder Kohlenstoff abgeschieden.

Das Cracken bezeichnet man auch als thermische Zersetzung oder Pyrolyse. Crackprozesse gehören heute mit zu den wichtigsten Verfahren der organischen Chemie.

7.5.6 Isomerisierung

Dieses Verfahren hat Bedeutung für Verbindungen, die Isomere besitzen, z.B. für Alkane mit mehr als drei C-Atomen im Molekül. Die Überführung eines Isomers in ein anderes bezeichnet man als Isomerisierung. Dieser Reaktion gegenüber sind Alkane im allgemeinen sehr resistent, weil damit eine strukturelle Änderung des Moleküls verbunden ist. Bei Gegenwart geeigneter Katalysatoren sind aber auch diese Reaktionen durchführbar.

So kann man z.B. bei 30 °C n-Butan mit Aluminiumbromid/Bromwasserstoff als Katalysatoren teilweise zu i-Butan umsetzen:

$$H_3C{-}CH_2{-}CH_2{-}CH_3 \rightarrow$$

$$\underset{20\%}{H_3C{-}CH_2{-}CH_2{-}CH_3} + \underset{80\%}{H_3C{-}\underset{\displaystyle CH_3}{\underset{|}{CH}}{-}CH_3}$$

7.5.7 Oxidation

Die vollständige **Verbrennung** von Alkanen mit Luftüberschuß, die der Reaktion nach eine Oxidation ist, liefert CO_2 und H_2O:

z.B. $C_3H_8 + 5O_2 = 3CO_2 + 4H_2O$

Die dabei freiwerdende Wärme kann zur Energieerzeugung dienen.

Alkane sind **brennbar.** Ihre Verbrennungswärmen haben hohe Werte (Tab. 32.1).

In Mischung mit Luft oder Sauerstoff bilden Alkane explosible Mischungen. Eine Entzündung kann stattfinden, wenn die **Explosionsgrenzen** erreicht und der Flammpunkt überschritten wird. Die untere und obere Explosionsgrenze zeigt Tabelle 32.1.

Wichtig für die organische Chemie sind gelenkte Oxidationsreaktionen. Die **Oxidierbarkeit** steigt mit der Kettenlänge einer Verbindung. Sekundäre C-Atome werden bevorzugt angegriffen.

Unterwirft man Alkane bestimmter Kettenlänge (C_{15} bis C_{20}) einer schonenden Luftoxidation, so entstehen höhere Carbonsäuren, die zur Herstellung von Seifen oder Fetten geeignet sind.

Als Oxidationsmittel kommen auch hier die in der anorganischen Chemie üblichen Verbindungen in Frage: Schwefelsäure H_2SO_4, Salpetersäure HNO_3, Kaliumdichromat $K_2Cr_2O_7$, Braunstein MnO_2, Wasserstoffperoxid H_2O_2 und andere sowie auch der durch Katalysatoren aktivierte Sauerstoff, rein oder als Luft. Um die Reaktionen außerhalb der Explosionsgrenzen durchführen zu können, muß entweder mit einem Luft/Sauerstoff- oder Alkan-Überschuß gearbeitet werden.

7.5.8 Sicherheitstechnische Kennzahlen von Gasen, Dämpfen und Flüssigkeiten

Viele organische Stoffe sind an der Luft entflammbar und können in Mischung mit Luft oder Sauerstoff explodieren. Um diese Gefahren auszuschließen, ist für sicheres Arbeiten in Laboratorium und Betrieb die Kenntnis von sicherheitstechnischen Kennzahlen von besonderer Bedeutung.

Der **Flammpunkt** ist die niedrigste Temperatur in °C, bei der sich aus der zu prüfenden Flüssigkeit (unter festgelegten Bedingungen) Dämpfe in solcher Menge entwickeln, daß sie an der Luft durch eine Flamme entzündet werden können. Nach ihrem Flammpunkt werden brennbare Flüssigkeiten in Gruppen und Gefahrklassen eingeteilt (s. S. 37).

Die **Zündtemperatur** eines brennbaren Stoffes ist die nach einer festgelegten Arbeitsweise ermittelte niedrigste Temperatur, bei der eine Entzündung des brennbaren Stoffes an der Luft von selbst stattfindet.

Die **untere bzw. obere Explosionsgrenze** von Gasen und Dämpfen ist die Zusammensetzung (meistens in φ angegeben), bei der das betreffende Gas/Luft- oder Gas/Sauerstoff-Gemisch gerade nicht mehr zündfähig ist.

Gas	Verbrennungswärme kJ/m^3 im Normzustand	Explosionsgrenzen in Luft (φ in %) untere	obere	Zündtemperatur °C
Methan	42000	5,0	15,0	650
Ethan	37800	3,0	12,5	515
Propan	34200	2,1	9,5	470
n-Butan	30600	1,5	8,5	365

32.1 Sicherheitstechnische Kennzahlen

7.6 Einzelne wichtige Alkane

7.6.1 Methan

Methan ist ein farbloses, geruchloses Gas, das mit Sauerstoff oder Luft explosive Gemische bildet. CH_4/Luft-Gemische mit $\varphi(CH_4) = 0{,}05$ bis 0,15 sowie CH_4/O_2-Gemische mit $\varphi(CH_4) = 0{,}06$ bis 0,55 sind explosiv. Die Verbrennung erfolgt nach der Reaktion: $CH_4 + 2O_2 = CO_2 + 2H_2O$.

Das **Erdgas** besteht zum überwiegenden Teil, bis $\varphi = 0{,}98$, aus Methan (s. S. 98).

Beim **Inkohlungsprozeß der Steinkohle** (s. S. 106), d.h. beim Übergang von Pflanzen der Urzeit zur Steinkohle, bildet sich Methan, das beim Abbau der Kohlenflöze frei wird und sich in den Stollen ansammelt. Das Grubengas enthält daher Methan. Da bereits $\varphi(CH_4) = 0{,}06$ in Luft explosiv sind, geben die Gasgemische zu heftigen Grubenexplosionen, den schlagenden Wettern, Anlaß.

Im **Sumpfgas** ist vorwiegend CH_4 neben N_2 und CO_2 enthalten. Es entsteht durch die Fäulnis pflanzlicher und tierischer Reste, begünstigt durch Fäulnisbakterien und bei Luftabschluß (anaerobe Bedingungen), im Schlamm von Sümpfen und Seen und heißt deswegen auch Faulgas. Dieser Prozeß wird heute ausgenutzt, um aus den organischen Feststoffen der Abwässer unter besonders begünstigten Bedingungen (Belebtschlamm-Prozeß) Methan zu gewinnen, das in vielen Städten schon als Heizgas verbraucht wird.

Verwendung des Methans:

$+ O_2$	→ Synthesegas $CO + H_2$ Folgeprodukte: Methanol, Treibstoffe, Oxo-Produkte
$+ Cl_2$	→ Chlorierte Methane (s. S. 123) CH_3Cl, CH_2Cl_2, $CHCl_3$ und CCl_4
$+ NH_3$	→ Cyanwasserstoff HCN (s. S. 236)
Lichtbogen	→ Ethin C_2H_2 (Acetylen), Ruß
Heizgas	→ Heizwert: 37800 kJ/m^3

7.6.2 Ethan, Propan und Butane

Die wichtigste Quelle für diese Gase ist das **Erdölgas,** das bei der Destillation des Erdöls anfällt (s. S. 96). Die Gasmischung wird verflüssigt und dann durch Tieftemperaturdestillation in die reinen Gase zerlegt.

Aus Ethan und Propan werden durch Dehydrierung die wichtigen Alkene Ethylen und Propylen gewonnen (s. S. 48).

Das Gemisch aus Propan und Butan ist unter der Bezeichnung Flüssiggas als Treibgas für Vergasermotoren oder als Heizgas, z.B. beim Camping, einsetzbar.

7.6.3 Höhere Alkane

Das **Erdöl** ist ein Gemisch von Alkanen mit C-Zahlen von C_1 bis größer als C_{50}. Die Produkte der Erdölverarbeitung, Benzin, Petroleum, Dieselkraftstoff, Heizöl, Bitumen und Paraffin, sind daher ebenfalls Gemische von Alkanen, die je nach Siedebereichen bestimmte Molekülgrößen enthalten (s. S. 91).

Als **Paraffine** bezeichnet man die feste, weiche bis harte Masse, die aus überwiegend geradkettigen, gesättigten C_{20}- bis C_{60}-Kohlenwasserstoffen (n-Paraffinen) besteht (molare Massen 300 bis 850 g/mol).

Einzelne Paraffin-Sorten unterscheidet man nach ihrem Erstarrungsintervall: Weichparaffin (40 bis 45 °C), Mittelparaffin, Tafelparaffin (45 bis 55 °C) und Hartparaffin (über 55 °C).

Gereinigtes Paraffin (gebleicht und entölt) dient als Grundmasse zur Herstellung von Kerzen, Bohnerwachs, Schuhcremes und wird in der Papier- und Pappenindustrie verarbeitet.

Öliges Paraffin (Paraffingatsch) mit ebenfalls vorwiegend geradkettiger C_{12}- bis C_{20}-Verbindungen ist ein gesuchter Rohstoff für Grundchemikalien, aus denen synthetische Waschrohstoffe hergestellt werden.

7.7 Darstellung von Alkanen im Laboratorium

Die genannten Vorkommen der Kohlenwasserstoffe der Alkan-Reihe zeigen, daß fast immer Gemische auftreten. Die Trennung bereitet wegen der vielen Isomere besonders bei den höheren Verbindungen große Schwierigkeiten. Einige niedere Alkane (C_1 bis C_4) werden wegen ihrer Bedeutung für Synthesen in reiner Form gebraucht; ihre Trennung wird daher technisch durchgeführt.

Für wissenschaftliche Untersuchungen oder Synthesen im Laboratorium, bei denen reine Alkane benötigt werden, greift man nicht auf die erwähnten Gemische zurück, sondern stellt die erwünschten Verbindungen in reiner Form her. Dabei geht man gewöhnlich von anderen Verbindungen aus, die sich leichter in reiner Form darstellen lassen.

Reine Alkane werden gewonnen

- aus Halogenalkanen nach der Wurtzschen Reaktion (s. S. 122);
- aus Carbonsäuren oder deren Salzen (s. S. 210);
- aus metallorganischen Verbindungen (s. S. 240).

8 Cycloalkane

Neben Verbindungen, deren Molekülgerüst aus geraden oder verzweigten Ketten von C-Atomen aufgebaut ist, kennt die organische Chemie auch eine große Zahl weiterer Verbindungen, die ringgeschlossenen oder cyclischen Molekülaufbau aufweisen.

Cycloalkane sind ringgeschlossene Alkanketten. Sie sind nicht nur ihrer Struktur nach echte Alkane, sondern zeigen auch in ihren chemischen Eigenschaften ein analoges Verhalten.

Die allgemeine Formel der Cycloalkane lautet

Cycloalkane: $\boxed{C_nH_{2n}}$ oder $\boxed{(CH_2)_n}$ $(n > 2)$

Die daraus entstehende homologe Reihe der Cycloalkane umfaßt folgende Glieder:

$\underset{n=3}{C_3H_6}$ $\underset{n=4}{C_4H_8}$ $\underset{n=5}{C_5H_{10}}$ $\underset{n=6}{C_6H_{12}}$ $\underset{n=7}{C_7H_{14}}$ ... usw.

Cycloalkane sind wie Alkane **gesättigte Verbindungen.** Besonders wichtig sind Verbindungen mit 5 und 6 C-Atomen im Cycloalkan-Ring. Diese sind daher auch in der Natur anzutreffen, z.B. im Erdöl. Man faßt hier diese Cycloalkane, die auch Seitenketten tragen können, unter dem Namen **Naphthene** zusammen.

8.1 Struktur der Cycloalkane

Eine Ringbildung durch Bindung mehrerer Kohlenstoffatome untereinander ist von 3 C-Atomen an möglich. Das einfachste Cycloalkan ist Cyclopropan.

Cyclopropan. Bei diesem sind drei C-Atome durch Einfachbindungen miteinander verknüpft. Die anderen Bindungen sind durch Wasserstoff ersetzt, so daß der Ring aus CH_2-Gruppen aufgebaut ist. Da alle (C—C)-Bindungsabstände gleich sind, hat das Molekül die Form eines gleichseitigen Dreiecks mit C-Atomen in den Ecken, also einen symmetrischen Aufbau. Beim Molekülaufbau ist die Vierbindigkeit des Kohlenstoffs gewahrt. Der Bindungswinkel ist 60°, zeigt also eine beträchtliche Abweichung vom Tetraeder-Bindungswinkel des Kohlenstoffs (109°28′).

```
    H2
    C
   / \
H2C———CH2
```
$(CH_2)_3$ C_3H_6

Cyclobutan. Die C-Atome sitzen in den Ecken eines Quadrates; das Cyclobutan-Molekül hat einen symmetrischen und ebenen Molekülaufbau. Der Bindungswinkel von 90° zwischen den C-Atomen des Ringes zeigt ebenfalls eine Abweichung vom Tetraederwinkel, die hier aber geringer ist als beim Cyclopropan.

```
H2C—CH2
 |   |
H2C—CH2
```
$(CH_2)_4$ C_4H_8

Cyclopentan. Das Molekül hat die Form eines ebenen, regelmäßigen Fünfecks. Die Schreibweise (2. und 3. Formel) bringt das nicht exakt zum Ausdruck, ist aber in der angegebenen Form allgemein üblich.

Die Bindungswinkel im regelmäßigen Fünfeck zwischen den C-Atomen betragen 108°; hier beträgt die Abweichung vom Tetraederwinkel nur 1°28′.

```
    H2
    C——CH2              H2C——CH2
H2C<     |      oder     |     |
    C——CH2              H2C   CH2
    H2                      CH2
```
oder ⬠ $(CH_2)_5$ C_5H_{10}

Cyclohexan. Im regelmäßigen Sechseck, das der Molekülstruktur des Cyclohexans zugeordnet werden kann, sind die Bindungswinkel 120°. Um eine ebene Sechseckstruktur zu ermöglichen, müßten die C-Valenzwinkel von 109°28′ auf 120° geweitet werden.

```
     H2 H2
     C—C
    /   \
H2C       CH2
    \   /
     C—C
     H2 H2
```
oder ⬡ $(CH_2)_6$ C_6H_{12}

Man hat gefunden, daß im Cyclohexan die Tetraederwinkel des Kohlenstoffs mit 109°28′ eingehalten werden. Allerdings geht dem Molekül die ebene Struktur dabei verloren. Die Struktur des Cyclohexans wird verständlich, wenn man das Sechseck von der Seite betrachtet. Die Tetraederwinkel können nur dann gewahrt bleiben, wenn das Sechseck die Form einer „Wanne" oder eines „Sessels" annimmt.

Hierbei liegen zwei gegenüberliegende C-Atome auf der gleichen oder der entgegengesetzten Seite der Molekülebene, die durch die anderen vier C-Atome gegeben wird (Bild 35.1).

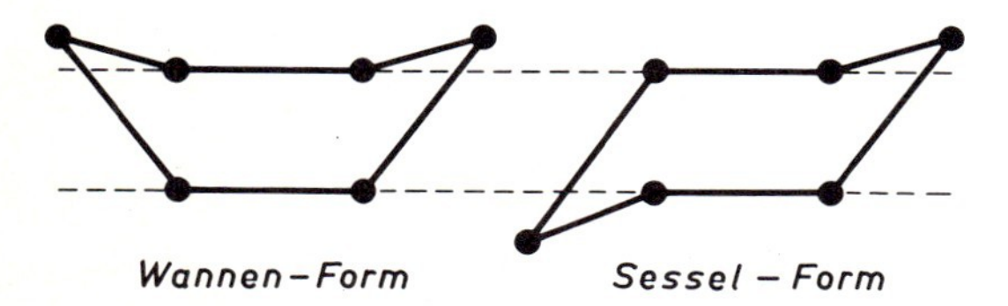

35.1 Modelle des Cyclohexan-Moleküls

Wannen- und Sessel-Molekülform des Cyclohexans müßten eigentlich zwei Isomere sein. Diese sind aber noch nicht gefunden worden. Man erklärt das mit der Möglichkeit, daß beide Formen leicht ineinander „umklappen" können.

Cycloheptan und Cyclooctan, die weiteren Glieder, sind wie Cyclohexan keine ebenen Moleküle mehr.

Nomenklatur der Cycloalkane. Die Namen dieser Kohlenwasserstoffe werden gebildet, indem man vor den Namen der normalen Alkane mit gleicher C-Zahl die Vorsilbe **„Cyclo-"** setzt, z. B. Cyclo-pentan, Cycloheptan.

8.2 Physikalische Eigenschaften

Aggregatzustand: Die beiden ersten Glieder der homologen Reihe sind Gase. Dann folgen farblose Flüssigkeiten mit benzinähnlichem Geruch.

Wie die Alkane sind Cycloalkane in Wasser unlöslich, aber mit organischen Lösungsmitteln gut **mischbar.**

Die **Dichten** der Cycloalkane steigen mit zunehmender C-Zahl regelmäßig an, sie liegen aber über denen vergleichbarer Alkane mit gleicher C-Zahl.

Beispiel:
n-Pentan 0,6264 g/ml; Cyclopentan 0,754 g/ml

Auch die **Siedepunkte** der Cycloalkane liegen 10 bis 20 °C höher als die der Alkane mit gleicher C-Zahl.

Beispiel:
n-Heptan 98 °C; Cycloheptan 118 °C

In der Reihe der **Schmelzpunkte** fällt der relativ hohe Schmelzpunkt des Cyclohexans auf. Das hat Bedeutung bei der technischen Gewinnung dieser Verbindung.

8.3 Chemische Eigenschaften und Reaktionen

Bezüglich der **Reaktionsfähigkeit** der Cycloalkane muß man eine Abstufung vornehmen. Man unterscheidet dabei „kleine" Ringe (C_3 und C_4), normale oder „mittlere" Ringe (C_5 und C_6) und „große" Ringe (C_7 usw.).

Die kleinen Ringe sind instabil und daher reaktionsfähig. Dabei ist Cyclopropan noch reaktionsfähiger als Cyclobutan. Einfache Reaktionen mit diesen beiden Verbindungen führen zur Ringöffnung.

Cyclobutan reagiert nicht mit Brom; die Hydrierung muß bei drastischeren Bedingungen vorgenommen werden als beim Cyclopropan. Das zeigt besonders die abgestufte Reaktionsfähigkeit. – Bei allen Reaktionen entsteht aus dem Cycloalkan durch Ringöffnung ein normales Alkan.

Die Verbindungen mit mittleren Ringen, Cyclopentan und Cyclohexan, unterscheiden sich dagegen nicht von den normalen Verbindungen Pentan und Hexan. Sie sind reaktionsträge und kommen auch aus diesem Grunde häufig zusammen mit den Alkanen vor. In besonderen Reaktionen, z.B. Chlorierung, Oxidation usw. verhalten sich Cyclopentan und Cyclohexan wie die normalen Alkane.

Auch Verbindungen mit großen Ringen (vom Cycloheptan aufwärts) zeigen ein chemisches Verhalten wie

Name	Formel $(CH_2)_n$	C_nH_{2n}	molare Masse g/mol	Smp. °C	Sdp. °C	Dichte in g/ml bei 20 °C
Cyclopropan	$(CH_2)_3$	C_3H_6	42,08	−127	−34	gasförmig
Cyclobutan	$(CH_2)_4$	C_4H_8	56,11	−80	12	gasförmig
Cyclopentan	$(CH_2)_5$	C_5H_{10}	70,14	−94	50	0,751
Cyclohexan	$(CH_2)_6$	C_6H_{12}	84,16	6,5	81	0,778
Cycloheptan	$(CH_2)_7$	C_7H_{14}	98,19	−12	118	0,812
Cyclooctan	$(CH_2)_8$	C_8H_{16}	112,22	14	147	0,830

35.2 Physikalische Daten von Cycloalkanen

Verbindung	Molekülaufbau			Abweichung vom Tetraederwinkel	Deformation jedes Winkels
	Vieleck	Winkelsumme	Bindungswinkel		
Cyclopropan	Dreieck	180°	180 : 3 = 60°	+49° 28′	+24° 44′
Cyclobutan	Quadrat	360°	360 : 4 = 90°	+19° 28′	+ 9° 44′
Cyclopentan	Fünfeck	540°	540 : 5 = 108°	+ 1° 28′	+ 44′
Cyclohexan	Sechseck	720°	720 : 6 = 120°	−10° 32′	− 5° 16′
Cycloheptan	Siebeneck	900°	900 : 7 = 128° 34′	−19° 6′	− 9° 33′
Cyclooctan	Achteck	1080°	1080 : 8 = 135°	−25° 32′	−12° 46′

36.1 Deformation der Bindungswinkel von Cycloalkanen

normale Alkane. Die höheren Verbindungen wollen die Tetraederwinkel des Kohlenstoffs einhalten und müssen dabei aus der ebenen in eine räumliche Molekülanordnung übergehen. Damit wird eine Angleichung an die normalen Alkane erreicht.

Begründung für die abgestufte Reaktionsfähigkeit der Cycloalkane
(Bayersche Ringspannungstheorie)

In der Reaktionsfähigkeit der Cycloalkane begegnen wir einer Abstufung, die von den normalen Alkanen her nicht bekannt ist. Die Reaktionsfähigkeit besteht gewöhnlich in einer Ringöffnung beim Angriff anderer Verbindungen und ist daher eine Frage der Stabilität des Ringbindungssystems. Cyclopropan ist sehr reaktionsfähig, Cyclobutan wesentlich weniger, und Cyclopentan, Cyclohexan und die höheren Cycloalkane sind dann mit den reaktionsträgen Alkanen vergleichbar.

Diese Unterschiede liegen in der Ringstruktur der Cycloalkane begründet. Die Ringbildung ist bei den kleinen Ringen (C_3, C_4) nur möglich, wenn die normalen Bindungswinkel des Kohlenstoffs (Tetraederwinkel, 109° 28′) verzerrt, d.h. aus ihrer Normallage abgebogen werden. Jede Winkelabweichung führt nach Bayer zu einer Ringspannung, die für die Reaktionsfähigkeit verantwortlich ist. Je größer die Abweichung, desto höher die Reaktionsfähigkeit. Wie groß die Abweichung ist, läßt sich ausrechnen; sie ist abhängig von der Gliederzahl des Ringes. Eine Winkelverkleinerung erhält ein positives, eine Winkelvergrößerung ein negatives Vorzeichen. Die Ergebnisse für die Verbindungen der homologen Reihe der Cycloalkane zeigt Tabelle 36.1.

Erklärung: Der Molekülaufbau der Cycloalkane (Namen: 1. Spalte) läßt sich durch regelmäßige, symmetrische Vielecke (Dreieck, Quadrat, Fünfeck usw.) wiedergeben, da der Abstand zwischen allen C-Atomen gleich ist (2. Spalte). Die Vielecke sind bei den einfachen Molekülen (bis C_5) ebene Flächen. – Die Winkelsumme in den regelmäßigen Vielecken ist bekannt (3. Spalte). – Aus diesen kann durch Division durch die Zahl der Ecken die Größe des Einzelwinkels, d.h. der Bindungswinkel eines Ring-C-Atoms, errechnet werden (4. Spalte). – Die 5. Spalte zeigt die Abweichung vom Tetraederwinkel. – Da von einer Winkelabweichung immer zwei Bindungen betroffen werden, teilt man die Abweichung durch 2 und nennt diese einer einzelnen Bindung zuzuordnende Abweichung die Deformation des Bindungswinkels (6. Spalte).

Die Werte zeigen, daß das Cyclopropan die größte Winkelabweichung besitzt und daher die größte Reaktionsfähigkeit haben muß. Cyclobutan ist im Vergleich dazu weniger reaktionsfähig. Cyclopentan und Cyclohexan haben keine oder nur geringe Winkelabweichung.

Vom Cycloheptan an wären bei ebenen Molekülen größere Winkelausweitungen notwendig. Dieses wird aber nicht beobachtet. Die Moleküle wollen die Tetraederwinkel wahren und verlassen die Ebene beim Molekülaufbau. Die Sessel- bzw. Wannenform des Cyclohexan ist eine Möglichkeit, einen spannungsfreien Ring aufzubauen.

8.4 Einzelne wichtige Cycloalkane

8.4.1 Cyclopentan C_5H_{10}

Cyclopentan C_5H_{10} oder Pentamethylen ist eine benzinartig riechende, leichtsiedende Flüssigkeit. Sie ist im Erdöl nur in sehr kleiner Menge vorhanden.

Durch fraktionierte Feindestillation niedrigsiedender Fraktionen des Erdöls (Benzin) kann reines Cyclopentan erhalten werden.

8.4.2 Methylcyclopentan C_6H_{12}

Methylcyclopentan C_6H_{12} kann in Benzinfraktionen

$—CH_3$

mit den Siedegrenzen 40 und 120° bis zu 10% enthalten sein. Es kann aus diesen ebenfalls durch Feindestillation in reiner Form abgetrennt werden. – Methylcyclopentan ist isomer mit Cyclohexan. Letzteres kann man daher durch Umlagerung von Methylcyclopentan herstellen.

Cyclohexan C_6H_{12} oder Hexamethylen ist das tech-

nisch wichtigste Cycloalkan. In der Erdöl-Siedefraktion 40 bis 120 °C kann es bis 12% vorkommen. Es wird aber auch in großer Menge synthetisch hergestellt.

Gewinnung bzw. Herstellung:

1. Aus Leichtbenzin durch Ausfrieren. Benzin-Kohlenwasserstoffe (C_5 bis C_7), die zusammen mit Erdgas an die Erdoberfläche kommen und von diesem abgetrennt werden, enthalten relativ viel Cyclohexan. – Da dieses einen relativ hohen Erstarrungspunkt (Schmelzpunkt, s. S. 35) gegenüber anderen ähnlichen Verbindungen hat, kann es durch mehrmaliges Ausfrieren aus dem Gemisch in reiner Form erhalten werden.

2. Hydrierung von Benzol mit H_2 und Ni- oder Pt-Katalysatoren bei niedriger Temperatur (s. S. 73).

Reaktionen des Cyclohexans. Eine Nitrierung mit HNO_3 verläuft ebenso schwierig wie bei Alkanen (s. S. 31), diese Reaktion wird aber durchgeführt und liefert Nitrocyclohexan.

Die Chlorierung muß ähnliche Bedingungen wie bei Alkanen wählen (hohe Temperatur, Belichtung); es entsteht Chlor-cyclohexan. Die Chlorierung kann bei größerem Cl_2-Überschuß noch weitere H-Atome substituieren.

Verwendung: 1. Lösungsmittel. 2. Ausgangsprodukt für einfache Derivate (Chlor-, Nitro-). 3. Ausgangs- oder Zwischenprodukt für die Herstellung von Adipinsäure (s. S.213), einer technisch sehr wichtigen Verbindung. 4. Ausgangsstoff für Hexachlor-cyclohexan (siehe weiter unten!).

Methylcyclohexan C_7H_{14} ist eine Flüssigkeit (Smp.

CH_3

−127 °C, Sdp. 101 °C), die von allen Cycloalkanen im Erdöl in der größten Menge vorkommt; die Siedefraktion des Erdöls von 40 bis 120 °C kann bis 30% Methylcyclohexan enthalten.

Es kann daher aus dieser Fraktion durch Feindestillation rein abgetrennt werden.

Hexa-chlor-cyclohexan $C_6H_6Cl_6$ wird aus Cyclo-

Cl Cl Cl Cl Cl Cl

hexan durch Chlorierung hergestellt und bildet mehrere Isomere.

Ein Isomer, eine bräunliche Substanz mit dem Schmelzpunkt 112,5 °C, ist unter dem Handelsnamen Gammexan ein wichtiges Schädlingsbekämpfungsmittel.

8.4.3 Gruppe und Gefahrklasse brennbarer Flüssigkeiten

Als brennbare Flüssigkeiten gelten

- Flüssigkeiten mit einem Flammpunkt,
- Flüssigkeiten, deren Dampfdruck bei 50 °C 3 kg/cm^2 nicht überschreitet,
- Flüssigkeiten, die zu einer der nachstehenden Gruppen gehören:

Gruppe A: Flüssigkeiten, die einen Flammpunkt nicht über 100 °C haben und hinsichtlich der Wasserlöslichkeit nicht die Eigenschaften der Gruppe B aufweisen.

Gefahrklasse I: Flüssigkeiten mit einem Flammpunkt unter 21 °C

Gefahrklasse II: Flüssigkeiten mit einem Flammpunkt zwischen 21 °C und 55 °C

Gefahrklasse III: Flüssigkeiten mit einem Flammpunkt von 55 °C bis 100 °C.

Gruppe B: Flüssigkeiten mit einem Flammpunkt unter 21 °C, die sich bei 15 °C in jedem beliebigen Verhältnis in Wasser lösen oder deren brennbare flüssige Bestandteile sich bei 15 °C in jedem Verhältnis in Wasser lösen.

Die **Verdunstungszahl** ist ein Anhaltpunkt dafür, in welcher Zeit und in welchem Maße bei freier Flüssigkeitsoberfläche mit der Bildung explosionsfähiger Mischungen zu rechnen ist. Sie ist definiert als eine Verhältniszahl, die angibt, um wieviel langsamer eine Flüssigkeit unter gleichen Verhältnissen verdunstet als die Vergleichsflüssigkeit Diethylether. Benzol hat die Verdunstungszahl 3, d.h. es verdunstet 3 mal langsamer als Diethylether.

9 Alkene

Eine weitere Gruppe von **Kohlenwasserstoffen,** d.h. Verbindungen, die nur aus Kohlenstoff und Wasserstoff bestehen, sind die Alkene, für die die allgemeine Formel

Alkene: $\boxed{C_nH_{2n}}$ $(n > 1)$

gefunden wurde. Die homologe Reihe von Verbindungen, die sich aus dieser allgemeinen Formel ableitet, umfaßt die Glieder

$\overset{n=2}{C_2H_4}$ $\overset{n=3}{C_3H_6}$ $\overset{n=4}{C_4H_8}$ $\overset{n=5}{C_5H_{10}}$ $\overset{n=6}{C_6H_{12}}$ ... usw. (s. S. 43).

Jedes Glied unterscheidet sich vom vorhergehenden und vom folgenden um eine CH_2-Gruppe.

Ein Vergleich dieser Formeln mit den Gliedern gleicher C-Zahl der Alkan-Reihe, z.B. C_3H_6 ... C_3H_8 oder C_4H_8 ... C_4H_{10}, zeigt, daß bei den Alkanen im Molekül jeweils zwei H-Atome fehlen; das bringt auch die obige allgemeine Formel zum Ausdruck. Hier sind also im Gegensatz zu den Alkanen nicht alle Valenzen des Kohlenstoffs durch Wasserstoff abgesättigt. Alkene sind daher ungesättigte Verbindungen, zum Unterschied von den Alkanen, den gesättigten Verbindungen.

Neben der systematischen Bezeichnungsweise Alkene (Genfer Nomenklatur, s. S. 41) sind noch andere Benennungen gebräuchlich:

Ethylen-Kohlenwasserstoffe, nach dem Anfangsglied und der einfachsten Verbindung dieser Reihe benannt, und

Olefine, weil die gasförmigen Anfangsglieder der Reihe bei der Reaktion mit Brom ölige, mit Wasser nicht mischbare Flüssigkeiten (ölbildendes Gas, gas oléfiant).

9.1 Struktur der Alkene

Die räumliche Anordnung der Atome im Molekül läßt sich auch bei den Alkenen an einfachen Molekül-Modellen am besten darstellen. Das einfachste Molekül hat das Anfangsglied dieser Reihe, das Ethen C_2H_4.

Beim Aufbau der Modelle müssen die zwei Grundtatsachen der Struktur von C-Verbindungen berücksichtigt werden; die Vierbindigkeit des Kohlenstoffs und das Tetraedermodell für die Richtungen der vier Valenzen.

9.1.1 Ethen C_2H_4

Aus der Formel C_2H_4 folgt, daß zwei Valenzen der beiden C-Atome nicht durch Wasserstoff abgesättigt sind, wenn man davon ausgeht, daß von den insgesamt 8 Elektronen beider C-Atome 2 zur Bindung der C-Atome untereinander und 4 zur Bindung der vier H-Atome an Kohlenstoff verbraucht werden. Um die zwei noch „freien" Bindungen unterzubringen, wird zwischen den beiden C-Atomen eine zusätzliche Bindung hergestellt; im Ethen C_2H_4 werden also die beiden C-Atome durch eine Doppelbindung miteinander verknüpft. Während bei den Alkanen ausschließlich Einfachbindungen zwischen den C-Atomen auftraten, enthalten die Alkene mindestens eine Doppelbindung; daneben sind im Molekül auch Einfachbindungen vorhanden.

Für den eingangs erwähnten ungesättigten Charakter der Alkene ist eine Doppelbindung verantwortlich. Die hier zur Doppelbindung der C-Atome untereinander zusätzlich verbrauchten Valenzen können nicht mehr durch Wasserstoff besetzt werden.

Mit dieser Vorstellung kann für Ethen die Elektronen- und auch die Valenzstrichformel aufgebaut werden, wenn jedes bindende Elektronenpaar durch den Valenzstrich ersetzt wird.

```
H       H          H       H
 ˙.   .˙            \     /
  C::C               C=C
 .˙   ˙.            /     \
H       H          H       H
```

Elektronenformel — Valenzstrichformel

$H_2C{=}CH_2$ rationelle Formel — C_2H_4 Summenformel

Die Doppelbindung besteht aus vier Elektronen oder zwei Bindungselektronenpaaren. Das Modell zeigt ein ebenes Molekül, die beiden C- und die vier

H-Atome liegen in einer Ebene. Die beiden Bindungen der Doppelbindung zwischen den C-Atomen liegen über und unter der Molekülebene, aber ebenfalls in einer Ebene (Doppelbindungsebene), die zur Molekülebene senkrecht steht.

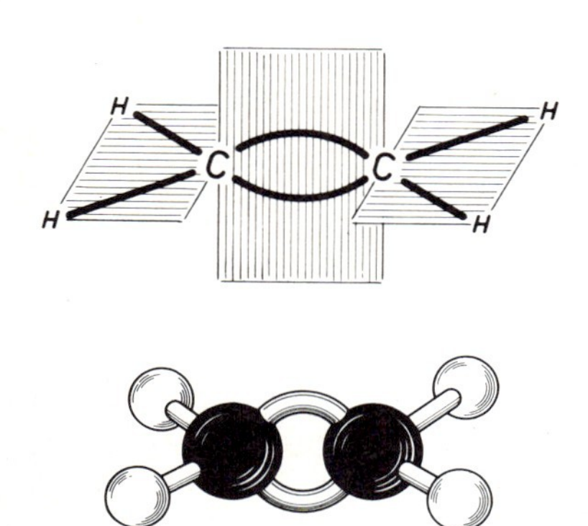

39.1 Molekülmodell des Ethens

9.1.2 Propen C_3H_6

Propen besitzt drei C-Atome; diese werden durch eine Doppelbindung und eine Einfachbindung miteinander verbunden:

```
H       CH₃
 \     /
  C=C            CH₂=CH—CH₃        C₃H₆
 /     \
H       H
```

Das Molekülmodell des C_3H_6 läßt sich vom Ethen ableiten, wenn ein H-Atom durch die CH_3-Gruppe ersetzt wird. Deswegen liegt auch das C-Atom der hinzutretenden CH_3-Gruppe der Molekülebene des Ethens.

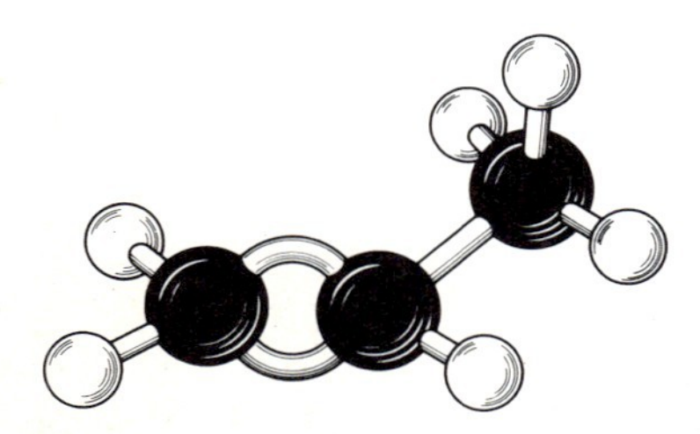

39.2 Molekülmodell des Propens

9.1.3 Butene C_4H_8

Vom Buten C_4H_8 gibt es **vier Isomere,** die durch die Lage der Doppelbindung sowie durch deren besondere Merkmale bedingt sind. Die Lage der Doppelbindung kann entweder endständig oder mittelständig sein:

$CH_3—CH_2—CH=CH_2$	$CH_3—CH=CH—CH_3$
1-Buten	2-Buten
endständige Doppelbindung	mittelständige Doppelbindung

(siehe dazu: Nomenklatur der Alkene, S. 41).

Das Molekülmodell des 1-Buten zeigt Bild 39.3. Drei C-Atome bilden, wie beim Propen, eine Molekül-Ebene; das C-Atom 4 (CH_3-Gruppe) besetzt eine der Bindungen des C-Atoms 3 und liegt deswegen nicht in der Molekülebene. Welche Stelle die CH_3-Gruppe am C-Atom 3 einnimmt, ist gleichgültig und führt nicht zu einem neuen Isomer, da beide C-Atome (3 und 4) sich um die Einfachbindungen zwischen den C-Atomen 2 und 3 drehen können. Es gibt deswegen nur ein 1-Buten.

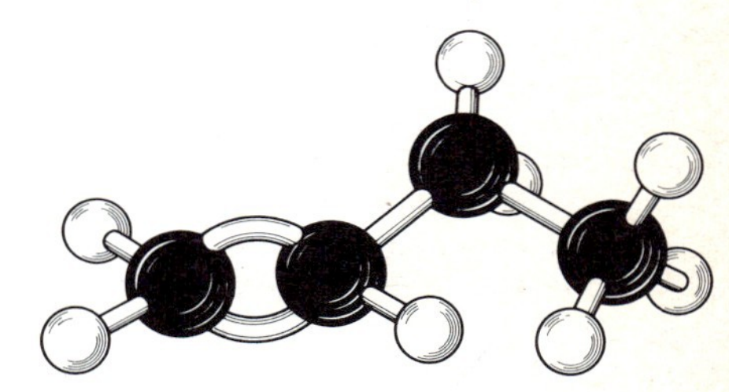

39.3 Molekülmodell des 1-Buten

Für das 2-Buten gibt es zwei weitere Struktur-Möglichkeiten und damit zwei Isomere. Das 2-Buten kann man vom Ethen ableiten, indem je ein H-Atom an den beiden C-Atomen durch eine CH_3-Gruppe ersetzt wird. Im Falle a liegen die CH_3-Gruppen auf der gleichen Seite der Doppelbindung (cis), im Falle b auf verschiedenen Seiten (trans). Ein Umklappen der beiden Strukturformen ineinander kann nicht mehr eintreten, da die freie Drehbarkeit um die (C=C)-

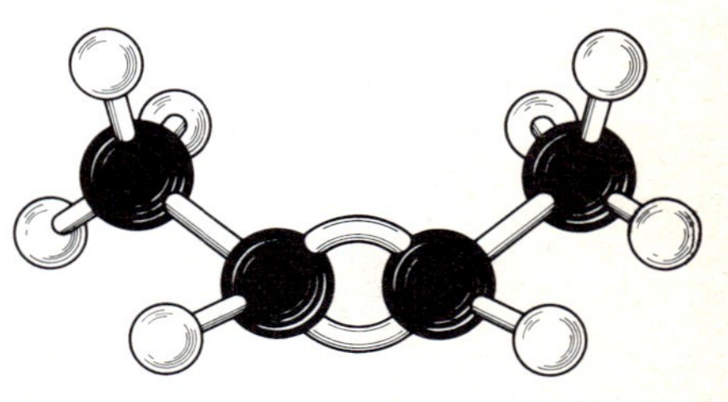

39.4 Molekülmodell des cis-2-Buten

Bindung durch die Anwesenheit der Doppelbindung unmöglich geworden ist. Die freie Drehbarkeit einer (C—C)-Einfachbindung ist bei einer Doppelbindung aufgehoben. Alle vier C-Atome des 2-Buten liegen in einer Ebene.

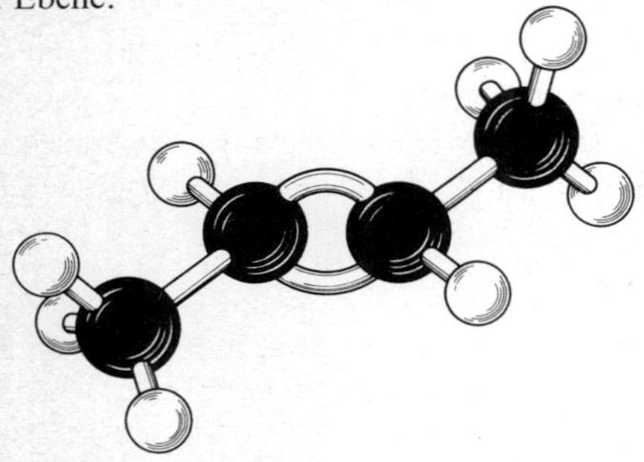

40.1 Molekülmodell des trans-2-Buten

Die **cis-trans-Isomere** stellt man auch in der üblichen Schreibweise der Valenzstrichformeln entsprechend dar:

```
H       H     H        CH3    CH3        CH3
 \     /       \      /          \      /
  C=C           C=C        und     C=C
 /     \       /      \          /      \
H       H    CH3        H       H        H
Ethen         trans-2-Buten       cis-2-Buten
```

Schließlich gibt es noch das 2-Methyl-propen oder Isobuten, bei dem beide CH_3-Gruppen an das gleiche C-Atom gebunden sind, wenn man wieder vom Ethen als Grundmolekül ausgeht. Alle C-Atome liegen auch hier in einer Ebene. Die Schreibweise stellt diese Verbindung, wie obiger Name sagt, als Abkömmling des Propens dar:

```
CH3—C=CH2        2-Methyl-propen oder Isobuten
    |
    CH3
```

9.2 Doppelbindung

Bildung und besondere Merkmale

Ein Vergleich der **Bindungsenergien** zeigt, daß Doppelbindungen festere Bindungen als Einfachbindungen sind:

C=C 594 kJ/mol C—C 347 kJ/mol

Es wird aber nicht die doppelte Bindungsstärke erreicht, was auf einen besonderen Charakter der Doppelbindung hindeutet.

Daß zusätzliche Bindungskräfte in der Doppelbindung wirken, folgt auch aus der Verkürzung des **Bindungsabstandes:**

C=C 0,134 nm C—C 0,154 nm

Beide Merkmale einer Doppelbindung, höhere Bindungsenergie und Verkürzung des Bindungsabstandes gegenüber einer Einfachbindung, lassen erwarten, daß Alkene noch reaktionsträger als Alkane sind. Das gegenteilige Verhalten wird aber bei chemischen Reaktionen beobachtet; Alkene sind wesentlich reaktionsfähiger als Alkane, sie reagieren z. B. leicht mit Brom oder Halogenwasserstoffen (s. S. 44).

Das Zustandekommen von Doppelbindungen und das Verhalten von Molekülen mit Doppelbindungen bei chemischen Reaktionen wird verständlich, wenn das **Orbitalmodell** für C-Atome und ihre Bindung herangezogen wird.

Die Atome des Kohlenstoffs können, wie die Atome anderer Elemente der 2. Periode, Doppelbindungen bilden (Doppelbindungsregel). Beim Kohlenstoff können seine Atome untereinander oder auch mit Atomen anderer Elemente solche Doppelbindungen bilden.

Beispiele:

C=C	C=O	O=C=O	C=N
	Carbonyl	CO_2	

Das Zustandekommen von Doppelbindungen und ihre besonderen Eigenschaften können erklärt werden, wenn angenommen wird, daß am C-Atom eine **sp^2-Hybridisierung** stattfindet.

Nach der Entkopplung der 2s-Elektronen und dem Übergang in den angeregten Zustand hybridisieren das s-, das p_x- und das p_y-Elektron. Das p_z-Elektron nimmt nicht an der Hybridisierung teil (Bild 40.2).

2s ⊖⊖ 2p ⊖⊖ | 2s ⊖ 2p ⊖⊖⊖ | sp^2 ⊖⊖⊖ 2p ⊖

Grundzustand → (Energie) angeregter Zustand → (Hybridisierung) Valenzzustand

40.2 sp^2-Hybridisierung

Es entstehen dadurch drei **Hybridorbitale** mit der Energie des sp^2-Zustandes, das p_z-Orbital verändert sich nicht.

sp^2-Hybridorbitale liegen in einer Ebene. Beim C-Atom liegen die Hybridorbitale in der x, y-Ebene (Bild 41.1), senkrecht dazu steht das p_z-Orbital. Jedes der vier Orbitale hat ein einzelnes, bindungsfähiges Elektron.

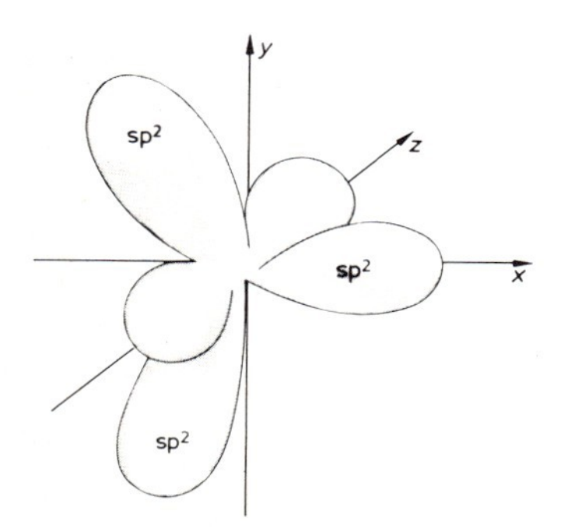

41.1 sp^2-Hybridorbitale

Wenn sich zwei C-Atome mit sp^2-Hybridisierung verbinden, bildet sich eine **Doppelbindung** zwischen ihnen. Zunächst überlappt je ein sp^2-Orbital der beiden C-Atome, so daß eine (C—C)-Bindung entsteht, als **σ-Bindung** bezeichnet.

Die beiden C-Atome haben sich dabei soweit genähert, daß auch die p_z-Orbitale, bedingt durch ihre besondere Form überlappen können: dadurch entsteht eine zusätzliche Bindung, als **π-Bindung** bezeichnet. Insgesamt ist eine Doppelbindung, bestehend aus einer σ-Bindung und einer π-Bindung entstanden.

Werden die an jedem C-Atom noch vorhandenen beiden Hybridorbitale durch Bindung mit Wasserstoff (σ-Bindungen) abgesättigt, entsteht das Ethenmolekül C_2H_4 (Bild 41.2).

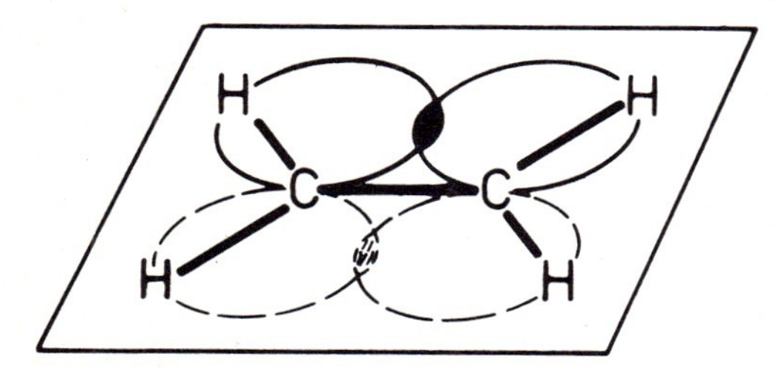

41.2 Elektronenwolken des Ethen-Moleküls

Aus Bild 41.2 folgt, daß die σ-Bindungen (sp^2-Orbitale) die Molekülebene des C_2H_4-Moleküls bilden: die x, y-Ebene wird zur Molekülebene. Die beiden π-Elektronen befinden sich in Elektronenwolken (p_z-Orbitale) oberhalb und unterhalb der Molekülebene.

Die aus dem Molekül herausragenden π-Elektronenwolken begünstigen Reaktionen und erhöhen die Reaktionsfähigkeit, wenn andere Moleküle mit positiver Polarität in die Nähe eines Moleküls mit Doppelbindungen kommt.

σ-Elektronen sind in ihren Bindungsorbitalen gepaart und fest lokalisiert. Die π-Elektronen dagegen sind in den Elektronenwolken (p_z-Orbitale) ober- und unterhalb der Molekülebene beweglich, d.h. sie können sich unter bestimmten Reaktionsbedingungen kurzzeitig in der Nähe eines C-Atoms oder in den anderen Orbitalen aufhalten. Das führt zu einer innermolekularen polaren Struktur, die Reaktionen begünstigt.

π-Bindungen sind, da ihre Überlappung weniger ausgeprägt ist, schwächer als σ-Bindungen. Doppelbindungen haben daher nicht die doppelte Bindungsenergie wie Einfachbindungen:

C—C 347 kJ/mol C=C 594 kJ/mol

Daß die π-Bindung aber die Bindung (Anziehung) verstärkt, folgt nicht nur aus der erhöhten Bindungsenergie, sondern auch aus der Verkürzung des Bindungsabstandes der beiden C-Atome:

C—C 0,154 nm C=C 0,134 nm

Bei Doppelbindungen ist eine freie Rotation um die (C—C)-Achse nicht mehr möglich, weil dabei die Überlappung der p-Orbitale aufgehoben würde. Die **Überlappung,** d.h. Spinkopplung von Elektronen, ist mit Energieabgabe verbunden. Bei Nichtüberlappung müßte das Molekül in einen höheren Energiezustand gelangen.

Beide Elektronenpaare einer Doppelbindung werden in der üblichen Schreibweise als gleichwertig (doppelter Valenzstrich) dargestellt.

$R—CH=CH_2$

sind es aber in Wirklichkeit nicht. Das σ-Elektronenpaar ist ein Elektronenpaar wie bei (C—C)-Einfachbindungen. π-Elektronen verstärken einerseits die Bindung in gewissem Grade, sind andererseits aber für die Reaktionsfähigkeit der Alkene verantwortlich.

9.3 Nomenklatur der Alkene

Nach der **Genfer Nomenklatur** werden die Namen der Verbindungen von der Struktur der Moleküle abgeleitet. Für die Benennung der Alkene gelten folgende Regeln:

- Die Endung der Namen der Alkene ist: **-en.**
  Diese Endsilbe ist das Kennzeichen einer Doppelbindung im Molekül.
- Für die Anfangsglieder der homologen Reihe der Alkene können zwar die eingeführten Trivialnamen Ethylen, Propylen und Butylen verwandt werden, man sollte aber die Namen Eth-en, Prop-en und But-en gebrauchen. Die Bezeichnung der Alkene, abgeleitet von den entsprechenden Alkanen, gilt auch für die höheren Glieder der Alkene. Von der C_5-Verbindung an werden für die Stammverbindungen, wie schon bei den Alkanen, die griechischen bzw. lateinischen Zahlwörter als Anfangssilben gesetzt und die Endsilbe -en angehängt, z.B. Pent-en, Hex-en, Hept-en, Oct-en usw.
- Die **Stammverbindung** bestimmt die längste im Molekül vorhandene gerade Kette von C-Atomen (Hauptkette). Hier ist zu berücksichtigen, daß in dieser Hauptkette die Doppelbindung liegen muß.

Beispiel:

```
1   2   3
C—C—C=C—C—C—C
        |
        C
        |
        C
```

- Die **Lage der Doppelbindung** wird durch Zahlen gekennzeichnet. Die Numerierung der C-Atome beginnt an dem Ende der Hauptkette, dem die Doppelbindung am nächsten liegt. Es wird das C-Atom gekennzeichnet, auf das die Doppelbindung folgt. Die Zahl wird vor den Namen der Stammverbindung (mit Bindestrich) gesetzt.

Beispiele:

```
5   4   3   2   1        1   2   3   4   5   6   7   8
C—C—C=C—C                C—C—C=C—C—C—C—C
2-Penten                 3-Octen
```

- Bei verzweigten Verbindungen werden die **Seitenketten** wie bei den Alkanen benannt. Durch die Lage der Doppelbindung liegt die Numerierung fest; die Stellung der Seitenkette wird mit der Ziffer des C-Atoms gekennzeichnet, an das die Gruppe gebunden ist.

Beispiele:

```
5   4   3   2   1        1   2   3   4   5   6   7   8
C—C—C—C=C                C—C=C—C—C—C—C—C
    |                            |       |
    CH3                          CH3     C2H5
4-Methyl-1-penten        5-Ethyl-3-methyl-2-octen
```

- Bei **mittelständigen Doppelbindungen** (am C-Atom 2, 3, ...) müssen die cis-trans-Isomere besonders benannt werden. Man setzt die entsprechende Bezeichnung cis bzw. trans vor den Namen der Verbindung.

Beispiele:

cis-2-Penten trans-3-Hepten

- An Stelle der Bezeichnungen cis und trans werden die neuen Bezeichnungen (Z) für cis und (E) für trans gebraucht.

Beispiel:

```
H3C      CH3
   \    /
    C=C
   /    \
  H      H
```
(Z)-2-Buten

9.4 Physikalische Eigenschaften

In ihren wesentlichen physikalischen Eigenschaften gleichen die Alkene weitgehend den Alkanen. Innerhalb der homologen Reihe der Alkene stehen der regelmäßigen Zunahme jedes Gliedes um eine CH_2-Gruppe wieder gesetzmäßige Änderungen der physikalischen Eigenschaften gegenüber.

Von den normalen Alkenen sind bei Zimmertemperatur die Verbindungen C_2H_4 bis C_4H_8 **Gase,** C_5H_{10} bis etwa $C_{18}H_{36}$ **Flüssigkeiten** und alle weiteren Verbindungen **feste Stoffe.** Tabelle 43.1 zeigt die physikalischen Eigenschaften dieser Verbindungen.

Die Siedepunkte von Alkanen und Alkenen sind weitgehend vergleichbar. C_2H_6 siedet bei $-89°$, C_2H_4 bei $-104°C$; C_3H_8 bei $-42°C$, C_3H_6 bei $-48°C$; n-C_4H_{10} bei $-0{,}5°C$, 1-C_4H_8 bei $-6°C$. Je länger die C-Ketten werden, desto ähnlicher werden die Siedepunkte von Alkanen und Alkenen. Außerdem steigen die Siedepunkte mit zunehmender C-Zahl regelmäßig an.

Die **Siedepunkte der Isomere** gleicher C-Zahl der Alkene verhalten sich nicht so wie die der Alkane. Während bei Alkanen die normale Verbindung mit gerader, unverzweigter Kette stets den höchsten Siedepunkt hat, wird das bei Alkenen nicht beobachtet. – Es sei vermerkt, daß bei gegebener C-Zahl die Zahl der Isomere der Alkene größer ist als die der Alkane. Während z.B. vom Pentan C_5H_{12} insgesamt drei Isomere existieren, gibt es vom Penten C_5H_{10} bereits sechs (Tab. 43.1).

Die **Dichten** nehmen in der homologen Reihe der Alkene regelmäßig zu, bleiben jedoch unter der Dichte des Wassers; sie schwimmen mit getrennter Schicht auf Wasser.

Ihre **Löslichkeit** in Wasser ist zwar noch sehr gering, aber merklich größer als die der Alkane wegen geringer Wechselwirkung der π-Elektronenwolke mit den polaren H_2O-Molekülen.

Name	Summen-formel	molare Masse g/mol	Sdp. °C	Dichte in g/ml bei 20 °C
Ethen	C_2H_4	28,05	−104	gasförmig
Propen	C_3H_6	42,08	− 47	gasförmig
1-Buten	C_4H_8	56,11	− 6	gasförmig
cis-2-Buten	C_4H_8	56,11	+ 4	gasförmig
trans-2-Buten	C_4H_8	56,11	+ 1	gasförmig
2-Methyl-propen (Isobuten)	C_4H_8	56,11	− 7	gasförmig
1-Penten	C_5H_{10}	70,14	39	0,640
cis-2-Penten	C_5H_{10}	70,14	37	0,654
trans-2-Penten	C_5H_{10}	70,14	37	0,648
2-Methyl-1-buten	C_5H_{10}	70,14	31	0,650
3-Methyl-1-buten	C_5H_{10}	70,14	20	0,627
2-Methyl-2-buten	C_5H_{10}	70,14	39	0,662
1-Hexen	C_6H_{12}	84,16	63	0,673
1-Hepten	C_7H_{14}	98,19	98	0,705
1-Octen	C_8H_{16}	112,22	122	0,716
1-Nonen	C_9H_{18}	126,25	147	0,729
1-Decen	$C_{10}H_{20}$	140,28	171	0,741

43.1 Physikalische Daten von Alkenen

9.5 Chemische Eigenschaften und Reaktionen

9.5.1 Allgemeines

Im Gegensatz zu den Alkanen sind Alkene reaktionsfähige Verbindungen. Die **Reaktionsbereitschaft** der Alken-Moleküle hat zwei Ursachen:

- Die aus der Molekülebene herausragende Elektronenwolke der **π-Elektronen** kann in Wechselwirkung (Anziehung) mit anderen Molekülen treten, die Elektronenmangel haben. Moleküle mit Doppelbindung treten daher bei Reaktionen als **nucleophiler** (kernsuchender) Reaktionspartner auf.
- Die beweglichen π-Elektronen können eine innermolekulare **polare Struktur** des Alken-Moleküls hervorrufen, so daß hier Wechselwirkung und Reaktion mit Molekülen entgegengesetzter Polarität stattfinden können.

Reaktionen, die bei Alkanen nur bei hoher Temperatur oder bei Belichtung stattfinden, laufen bei Alkenen leicht ab.

Brom reagiert mit Ethen bei Zimmertemperatur und ohne Belichtung oder Katalysatoren. Dabei entsteht Dibromethan:

$$C_2H_4 + Br_2 \rightarrow C_2H_4Br$$

Diese Reaktion ist keine Substitution, weil kein Wasserstoff ersetzt wurde. Brom hat sich an das Ethen-Molekül angelagert, es wurde addiert.

Additions-Reaktionen sind die typischen Reaktionen der Alkene, d.h. von Molekülen mit Doppelbindung.

An der Reaktion (Addition) beteiligen sich die π-Elektronen, die in σ-Elektronen zur Bindung des Broms übergehen. Bei der Addition wird die Doppelbindung aufgehoben. Das Endprodukt der Addition ist eine gesättigte Verbindung.

Je Doppelbindung wird **ein** Molekül eines Bindungspartners (z.B. Br_2, HBr, H_2SO_4) addiert. Die Addition erfolgt an den beiden C-Atomen, die durch Doppelbindung verknüpft sind.

Der Reaktionsmechanismus der Addition von Brom an Alken wird auf Seite 44 erläutert.

Zur Additions-Reaktion an die konjugierten Doppelbindungen der Alkandiene siehe Seite 52. Additionsreaktionen beschränken sich nicht nur auf Doppelbindungen, sondern sind auch an Dreifachbindungen möglich (s. S. 57); sie sind die typische Reaktionsart von Molekülen mit Mehrfachbindungen.

9.5.2 Additionsreaktion mit Halogenen

Bei der Addition von Brom an Ethen entsteht 1,2-Dibromethan, bei gleicher Reaktion mit Propen entsteht 1,2-Dibrompropan:

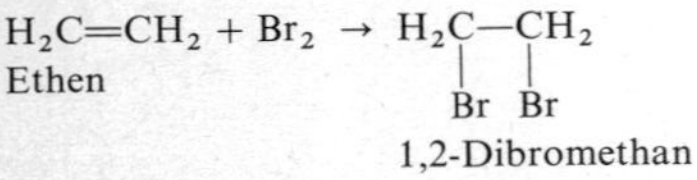

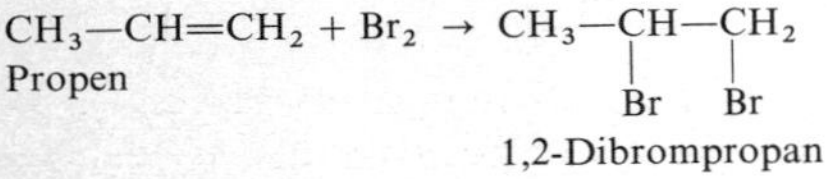

$$H_2C{=}CH_2 + Br_2 \rightarrow H_2C(Br){-}CH_2(Br)$$

Ethen → 1,2-Dibromethan

$$CH_3{-}CH{=}CH_2 + Br_2 \rightarrow CH_3{-}CH(Br){-}CH_2(Br)$$

Propen → 1,2-Dibrompropan

Die beiden Bromatome werden an den C-Atomen addiert, die durch Doppelbindung verbunden waren. Die Doppelbindung wird bei der Addition aufgehoben.

Die Addition von Chlor und Brom ist eine besonders glatte Reaktion und verläuft ohne Einwirkung von Licht und Katalysatoren, gewöhnlich in flüssiger Phase oder in Lösung von Tetrachlorkohlenstoff oder Eisessig. Sie ist auf diese beiden Halogene beschränkt, da Fluor zu heftig und Iod nur in wenigen Fällen reagiert.

Die bei der Addition entstehenden Halogenderivate der Alkene sind ölige Flüssigkeiten, die deswegen den Alkenen auch den Namen Olefine (Ölbildner) eingetragen haben.

Da diese öligen Flüssigkeiten außerdem farblos sind, kann man den Fortgang der Addition an der Entfärbung verdünnter Bromlösung (in Chloroform oder Tetrachlorkohlenstoff) beobachten und diese Reaktion als **analytisch-qualitative Methode** zum Nachweis von Doppelbindungen benutzen. Auch ist es möglich, die Addition des Broms an Doppelbindungen zu quantitativen Bestimmungen heranzuziehen, um die Zahl der Doppelbindungen im Molekül zu bestimmen. Methode der **Iodzahl-Bestimmung.** Additionsreagenz ist hierbei Iodmonobromid.

9.5.3 Elektrophile Addition an die (C=C)-Bindung

Die Addition des Broms an die Doppelbindung erfolgt in mehreren Reaktionsschritten. Der Reaktionsablauf ist ein elektrophiler Ionen-Reaktionsmechanismus.

Bei Annäherung des Brom-Moleküls an die π-Elektronenwolke der Doppelbindung wird das Br_2-Molekül polarisiert und zerfällt in ein Brom-Kation und ein Bromid-Anion:

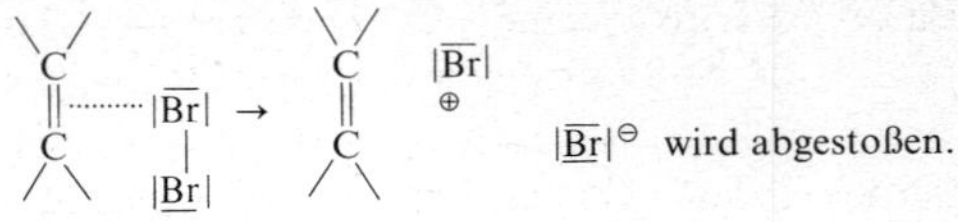

$$>C{=}C< \cdots |\overline{Br}|{-}|\overline{Br}| \rightarrow >C{=}C< \quad |\overline{Br}|^{\oplus} \quad |\overline{Br}|^{\ominus} \text{ wird abgestoßen.}$$

Polarisierung

Das Bromid-Anion wird von der Elektronenwolke der Doppelbindung abgestoßen. Zwischen der Doppelbindung des Alken-Moleküls und dem Brom-Kation kommt es zunächst zur Bildung eines **π-Komplexes,** der sich unter Bindung des Brom-Kations durch das π-Elektronenpaar in ein positives Carbonium-Ion umlagert:

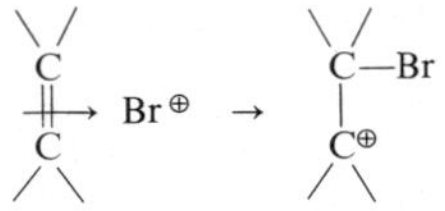

$$>C{=}C< \rightarrow Br^{\oplus} \quad \rightarrow \quad >C(Br){-}C^{\oplus}<$$

π-Komplex σ-Komplex

Dieser Reaktionsschritt ist eine elektrophile Anlagerung des Brom-Kations; das Brom-Kation ist elektrophil (elektronensuchend) und füllt seine Elektronenlücke durch das π-Elektronenpaar unter Bindung an ein C-Atom auf.

Das positive Carbonium-Ion ist seinerseits ein elektrophiler Reaktionspartner, der seine Elektronenlücken durch Bindung eines Bromid-Anions (entstanden beim Zerfall der Brom-Moleküle) auffüllt:

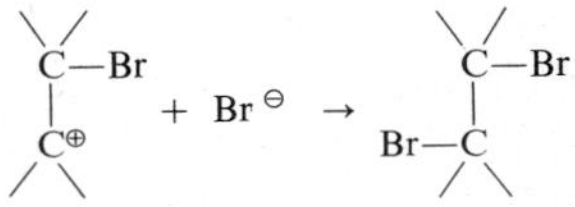

$$>C(Br){-}C^{\oplus}< + Br^{\ominus} \rightarrow >C(Br){-}C(Br)<$$

Das Bromid-Anion wird auf der „Gegenseite" des Carbonium-Ions angelagert, weil das gebundene große Brom-Atom eine Annäherung an das Molekül auf dieser Seite behindert (man spricht von trans-Anlagerung des Bromid-Anions).

Nach diesem Reaktionsmechanismus erfolgen auch die Additionen anderer Verbindungen, wie HCl oder H_2SO_4 an die Doppelbindung.

9.5.4 Additionsreaktion mit Halogenwasserstoffen

Hier ist zu berücksichtigen, daß nicht gleiche Atome, wie Br_2, addiert werden, sondern ungleiche, z.B. Chlor und Wasserstoff aus HCl. Die Addition von Halogenwasserstoff an Ethen geht so vonstatten, daß

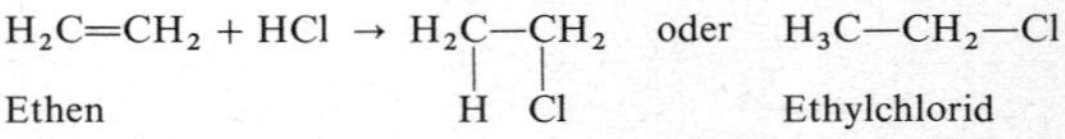

$$H_2C{=}CH_2 + HCl \rightarrow H_2C(H){-}CH_2(Cl) \quad \text{oder} \quad H_3C{-}CH_2{-}Cl$$

Ethen Ethylchlorid

der Wasserstoff an das eine, der Halogenrest an das andere C-Atom der Doppelbindung gebunden wird.

Von den Halogenwasserstoffen ist HI die reaktionsfähigste Verbindung bei der Addition; über HBr und HCl zum HF wird die Addition immer schwieriger. Bei der Addition verhalten sich die Halogenwasserstoffe also umgekehrt wie die Halogene hinsichtlich ihrer Reaktionsfähigkeit.

Ethen ist ein symmetrisches Alken; bei der Addition von HBr entstehen immer gleiche Moleküle. Die Addition von HBr an Alkene mit unsymmetrischem Molekülbau, z.B. Propen, kann zu zwei verschiedenen Verbindungen (Isomeren) führen:

$$CH_3{-}CH{=}CH_2 + HBr \nearrow CH_3{-}CH(Br){-}CH_3 \quad \text{2-Brom-propan}$$

$$CH_3{-}CH{=}CH_2 + HBr \searrow CH_3{-}CH_2{-}CH_2Br \quad \text{1-Brom-propan}$$

Das Brom kann mittelständig oder endständig gebunden werden. Für den Reaktionsverlauf gilt die **Regel von Markownikoff:** Bei einer normalen Addition lagert sich der Wasserstoff an das wasserstoffreichste C-Atom und der Halogenrest an das wasserstoffärmste C-Atom an.

Beispiel:

$$CH_3{-}CH{=}CH_2 + HBr \rightarrow CH_3{-}CH(Br){-}CH_3 \quad \text{2-Brom-propan, Isopropylbromid}$$

Die Addition von Halogenwasserstoffen an Doppelbindungen ist eine Methode, um Halogenalkane aus Alkenen darzustellen (s. S. 116), im Laboratorium und in der Technik.

9.5.5 Additionsreaktion mit Schwefelsäure

Bei der Addition an Alkene zerfällt die Schwefelsäure, ähnlich wie die Halogenwasserstoffe, in Wasserstoff und den Säurerest und folgt im Reaktionsablauf der Regel von Markownikoff:

$$R{-}CH{=}CH_2 + HO{-}SO_3H \rightarrow R{-}CH(O{-}SO_3H){-}CH_3$$

Es entsteht eine Alkylschwefelsäure. Diese Reaktion geht Propen beim Schütteln mit konz. Schwefelsäure leicht ein, Ethen dagegen addiert bei Zimmertemperatur nur langsam; die Reaktion kann aber hier durch Zusatz von Ag_2SO_4 als Katalysator wesentlich beschleunigt werden.

Die bei der Reaktion gebildete Alkylschwefelsäure löst sich in der noch vorhandenen konz. Schwefelsäure; beide Produkte sind nur schwer voneinander zu trennen.

Für die Reaktion der Alkylschwefelsäure gibt es zwei Möglichkeiten:

- Das entstandene Anlagerungsprodukt reagiert mit Wasser.

$$R{-}CH(O{-}SO_3H){-}CH_3 + H{-}OH \rightarrow R{-}CH(OH){-}CH_3 + H_2SO_4$$

Es entsteht dabei ein Alkohol, eine Verbindung, die die OH-Gruppe als charakteristische Gruppe enthält. Überblickt man den ganzen Reaktionsablauf bis zu dieser Stufe, so handelt es sich um eine Addition von Wasser an eine Doppelbindung unter Mitwirkung konz. Schwefelsäure.

Technisch wird nach dieser Methode aus Propen durch Wasseranlagerung Isopropylalkohol gewonnen (s. S. 141).

- Ist ein Überschuß von Alken vorhanden, kann der Wasserstoff der $(-SO_3H)$-Gruppe über eine Addition durch einen weiteren Alkylrest ersetzt werden.

$$R{-}CH(O{-}SO_2{-}OH){-}CH_3 + H_2C{=}CH{-}R \rightarrow$$

$$R{-}CH(CH_3){-}O{-}SO_2{-}O{-}CH(R){-}CH_3 \quad \text{oder} \quad (R{-}CH{-}CH_3)_2SO_4 \quad \text{Dialkyl-sulfat}$$

Damit ist eine neue Verbindung entstanden, die in die Gruppe der Ester (s. S. 225) gehört.

Alkane werden bei Zimmertemperatur – im Gegensatz zu Alkenen – von konz. Schwefelsäure nicht angegriffen. Alkene addieren Schwefelsäure; das Additionsprodukt löst sich in der Säure auf. Ein Gemisch von Alkanen und Alkenen kann man deswegen durch Schütteln mit Schwefelsäure voneinander trennen und die reinen Alkane gewinnen.

9.5.6 Additionsreaktion mit Wasserstoff (Hydrierung)

Bei normaler Temperatur und selbst bei höheren Drücken reagieren Alkene und Wasserstoff nicht miteinander. Erst bei Gegenwart geeigneter Katalysatoren können Alkene Wasserstoff addieren. Dieser katalytischen Hydrierung ist jedes Alken zugänglich; aus dem Alken wird dabei ein Alkan.

$$R{-}CH{=}CH_2 + H_2 \rightarrow R{-}CH(H){-}CH_2(H)$$

Als **Katalysatoren zur Hydrierung** olefinischer Doppelbindungen verwendet man:

- **Im Laboratorium:** Feste Katalysatoren, wie Raney-Nickel, Platinoxid PtO_2 und Palladium oder Platin auf Tierkohle, die in fein verteilter Form in der zu hydrierenden Verbindung, falls diese flüssig ist, oder in einer Lösung suspendiert werden. Die Katalysator-Suspension wird mit der unter geringem Überdruck stehenden, überlagerten H_2-Atmosphäre in geschlossenen Gefäßen fortwährend geschüttelt. Katalysator (fest) und Alken (flüssig oder gelöst) liegen in verschiedenen Phasen vor, so daß die Hydrierung nur an der Grenzfläche fest/flüssig stattfindet.

  Der Katalysator spaltet zunächst die H_2-Moleküle in reaktionsfähige Atome, die dann an der festen Katalysatoroberfläche adsorbiert werden und bei Annäherung eines Alken-Moleküls auf dieses übergehen und so addiert werden. Es ist nicht so, daß nach der Spaltung eines H_2-Moleküls die beiden H-Atome gleichzeitig an die reaktionsfähige Doppelbindung angelagert werden, sondern sie werden nacheinander und getrennt addiert und müssen deswegen nicht unbedingt demselben H_2-Molekül entstammen.

  Die Hydrierungskatalysatoren des Laboratoriums werden folgendermaßen bereitet:

  Raney-Nickel: Eine Nickel-Aluminium-Legierung bestimmter Zusammensetzung wird mit warmer Natronlauge behandelt. Hierbei wird das Aluminium zum größten Teil gelöst und es bleibt ein sehr aktives, oberflächenreiches, metallisches Nickel zurück, das nur in Lösung aufbewahrt werden kann, da es an der Luft infolge Reaktion mit Sauerstoff sofort entflammt.

  PtO_2-Katalysator: Durch Schmelzen von Platinchlorwasserstoffsäure H_2PtCl_6 mit Natriumnitrat erhält man schwarzes PtO_2. Am Anfang der Hydrierung wird zunächst PtO_2 durch Wasserstoff zu feinverteiltem, sehr aktivem Pt-Metall reduziert, das dann die Hydrierung katalysiert.

  Palladium oder **Platin auf Tierkohle:** Eine wäßrige Lösung von Palladium- oder Platinchlorid, in der fein pulverisierte Tierkohle suspendiert ist, wird mit einem geeigneten Reduktionsmittel versetzt. Das reduzierte Palladium- bzw. Platinmetall scheidet sich dabei in feiner Verteilung und mit großer Oberfläche auf der Tierkohle als Trägersubstanz ab.

- **In der Technik:** Feste Katalysatoren, wie Kupfer, Chromoxid oder aktiviertes Nickel auf Trägermaterialien, die in besonderen Reaktoren auf Horden gelagert werden. Über diese fest angeordneten Katalysatoren wird der Alken-Dampf im Gemisch mit Wasserstoff geleitet, wobei die Hydrierung stattfindet.

  Da die Katalysatoren der Technik nicht so aktiv wie die des Laboratoriums sind, werden technische Hydrierungen bei höheren Temperaturen (z.B. 300 °C) und Drucken (z.B. 200 bar) durchgeführt.

  Die katalytische Hydrierung ist auch zu einer analytischen Methode entwickelt worden, um die Zahl der Doppelbindungen in einem Molekül zu ermitteln, indem der Wasserstoffverbrauch bei der Hydrierung genau bestimmt wird.

9.5.7 Polymerisation

Alkene können nicht nur andere Moleküle addieren, sondern bei geeigneten Reaktionsbedingungen auch untereinander eine Addition eingehen. Als Beispiel sei die **Selbstaddition** des Ethylens angeführt:

$$CH_2{=}CH_2 \quad CH_2{=}CH_2 \quad CH_2{=}CH_2 \rightarrow$$

$$-CH_2-CH_2-CH_2-CH_2-CH_2-CH_2-CH_2-$$

oder einfacher dargestellt:

$$n\,CH_2{=}CH_2 \rightarrow [-CH_2-CH_2-]_n$$

Man spricht hier gewöhnlich von einer Polymerisation und, wenn man den Reaktionsablauf berücksichtigt, von einer **Additionspolymerisation.**

Unter Polymerisation versteht man die Verknüpfung einiger bis sehr vieler, gleicher (oder auch verschiedener) Einzelmoleküle zu einem sehr großen Kettenmolekül **(Makromolekül).** Die Polymerisation ist eine Folge vieler einzelner, nacheinander oder gleichzeitig ablaufender Reaktionen. Das Einzelmolekül **(Monomer)** verbindet sich, z.B. durch Addition, zunächst mit einem zweiten Molekül zu einem Doppelmolekül (Dimer), das seinerseits mit weiteren Einzelmolekülen oder schon vorhandenen längeren Ketten reagiert, bis die Reaktion bei einer bestimmten Kettenlänge abbricht, entweder durch äußeren Eingriff oder, weil alle monomeren Moleküle umgesetzt sind. Es können auf diese Weise viele Tausende Einzelmoleküle miteinander reagieren und zu einem Polymer führen, dessen Molekülmasse Werte zwischen 10000 und 100000 und noch darüber erreichen kann.

Beispiele für Polymerisationen, die nach Additionsreaktionen verlaufen:

Ethen C_2H_4

$$\underset{\text{Ehylen}}{n\,CH_2{=}CH_2} \rightarrow \underset{\text{Polyethen}}{[-CH_2-CH_2-]_n}$$

Das Polyethen ist aus vielen kleinen, unter sich gleichen Molekülteilen aufgebaut, wie es die Formel zum

Ausdruck bringen soll. Da das Polyethen ein Kettenmolekül mit Alkan-Struktur ist, ist es chemisch genauso reaktionsträge und unangreifbar wie die Alkane. Diese Eigenschaften haben dem Polyethen wichtige Anwendungen als Kunststoff verschafft. Je nach Herstellungsbedingungen und Molekülmasse werden wachsartige bis harte Produkte erhalten (s. S. 49).

a) Wird Ethen bei 1000 bar Druck und 150–200 °C unter Zusatz von 0,01% O_2 polymerisiert, erhält man ein Produkt mit dem Schmelzbereich 110–115 °C und einer Dichte von 0,92 g/cm^3 (Hochdruck-Polyethen).

b) Mit nur geringem Überdruck (bis 2 bar) und ohne höhere Temperatur liefert Ethen unter dem Einfluß von Katalysatoren aus Aluminium/Titan-Verbindungen ein Polyethen, das zwischen 125–135 °C schmilzt und eine Dichte von 0,95 g/cm^3 besitzt (Niederdruck-Polyethen).

Propen C_3H_6

Propen kann ähnlich wie Ethen mit Katalysatoren aus Aluminium/Titan-Verbindungen zum Polypropen polymerisiert werden, das hart ist und sehr gute Kunststoffeigenschaften besitzt (s. auch S. 49):

$$\underset{CH_3}{\underset{|}{CH}}{=}CH_2 \quad \underset{CH_3}{\underset{|}{CH}}{=}CH_2 \quad \underset{CH_3}{\underset{|}{CH}}{=}CH_2 \rightarrow$$

$$-\underset{CH_3}{\underset{|}{CH}}-CH_2-\underset{CH_3}{\underset{|}{CH}}-CH_2-\underset{CH_3}{\underset{|}{CH}}-CH_2-$$

oder

$$n\ \underset{CH_3}{\underset{|}{CH}}{=}CH_2 \rightarrow \left[-\underset{CH_3}{\underset{|}{CH}}-CH_2-\right]_n \quad \text{Polypropen}$$

Alle Beispiele zeigen, wie wichtig bei Polymerisationen die Wahl des Katalysators und der Reaktionsbedingungen ist.

Buten-(1) kann ebenfalls zu einem Kunststoff (Polybuten) polymerisiert werden.

9.5.8 Oxidation

Auch die Oxidation der Alkene ist eine Additionsreaktion, da das Oxidationsmittel die Doppelbindung angreift. Reagiert ein Alken mit verdünnter wäßriger, neutraler oder schwach alkalischer $KMnO_4$-Lösung, werden in der Kälte zwei OH-Gruppen an die doppelt gebundenen C-Atome angelagert:

$$R-CH{=}CH_2 + [O] + H_2O \xrightarrow{(KMnO_4)} R-\underset{OH}{\underset{|}{CH}}-\underset{OH}{\underset{|}{CH_2}}$$

$KMnO_4$ wird dabei zum MnO_2 reduziert; die Lösung entfärbt sich.

Diese Reaktion, als Bayersche Probe bekannt, dient zum Nachweis von Alkenen: verdünnte $KMnO_4$-Lösung wird entfärbt und ein brauner, flockiger Niederschlag abgeschieden.

Die Red-Ox-Gleichung ist:

$$3R-CH{=}CH_2 + 2KMnO_4 + 4H_2O \rightarrow 3R-\underset{OH}{\underset{|}{CH}}-\underset{OH}{\underset{|}{CH_2}} + 2MnO_2 + 2KOH$$

Technische Oxydationen arbeiten mit Katalysatoren und Luft oder Sauerstoff als Oxidationsmittel.

Beispiele:

- Oxidation in der Gasphase; Ag als Katalysator.

$$\underset{\text{Ehen}}{CH_2{=}CH_2} + [O] \rightarrow CH_2-CH_2 \text{ (über O verbrückt)} \quad \text{Ethenoxid}$$

Die entstehenden Sauerstoffverbindungen der genannten Struktur bezeichnet man als Epoxide.

- Oxidation in wäßriger Lösung mit $PdCl_2/FeCl_2$ als Katalysatoren.

$$CH_2{=}CH_2 + [O] \rightarrow CH_3-CHO \quad \text{Ethanal (Acetaldehyd)}$$

Die Beispiele zeigen, daß die Wahl des Katalysators und die Reaktionsbedingungen für Reaktionsablauf und Endprodukt maßgebend sind.

9.6 Einzelne wichtige Alkene

Die gasförmigen Alkene, Ethen, Propen und die Butene, in der Technik häufig Olefine genannt, sind in den letzten Jahren zu den wichtigsten Ausgangsstoffen der organischen Industrie geworden. Sie sind zu organischen Primärchemikalien geworden, weil sie sehr reaktionsfähig und daher vielen Reaktionen zugänglich sind. Aus den Olefinen werden wertvolle neue Stoffe hergestellt, die ihrerseits als Zwischenprodukte zu weiteren Stoffen verarbeitet werden können. Für dieses Arbeitsgebiet hat man deswegen den Namen Olefin-Chemie geprägt. Die Bedeutung der Olefine ist aber auch dadurch zu erklären, daß sie aus Erdöl oder Erdgas durch moderne Verfahren leicht gewinnbar sind (s. S. 99).

9.6.1 Ethen

Das Ethen C_2H_4 hat die größte Bedeutung unter allen Olefinen in der Technik.

Die technische Herstellung des Ethens erfolgt durch Cracken von Leichtbenzin (s. S. 99).

Verwendung des Ethens

C_2H_4	$+ O_2$	→ Ethenoxid (s. S. 154); Folgeprodukte: Glykol, Ethanolamine, Acrylnitril.
		→ Acetaldehyd (s. S. 191); Folgeprodukte: Essigsäure, Ethylalkohol, Acetaldol (Crotonaldehyd), Ethylacetat, Acrylnitril.
	+ Benzol	→ Ethylbenzol (s. S. 83); Folgeprodukt: Styrol.
	$+ H_2O$	→ Ethylalkohol (s. S. 140);
	+ HCl	→ Ethylchlorid (s. S. 125); Folgeprodukt: Bleitetraethyl.
	$+ Cl_2$	→ 1,2-Dichlorethan (s. S. 125); Folgeprodukt: Vinylchlorid.
	Polymerisation	→ Polyethen (s. S. 46); Kunststoff.

In der Bundesrepublik wurden 1979 etwa 3,5 Mio t Ethen verbraucht. Diese hatten folgende Verwendungen:

Polyethen	54%
Vinylchlorid	12%
Ethenoxid	11%
Ethanal	8%
Ethylbenzol	7%
Ethanol	2%
Sonstige Produkte	6%

9.6.2 Propen

Propen C_3H_6 ist ebenso wie Ethen ein unentbehrlicher Ausgangsstoff der Olefinchemie, wenn auch die benötigten Mengen kleiner sind.

Es fällt zwangsläufig bei allen der Herstellung von Ethen dienenden Verfahren als Nebenprodukt an. Propan, enthalten im Erdölgas (s. S. 96), als Ausgangsstoff liefert besonders gute Ausbeuten an Propen:

Propan-Spaltung bei Temperaturen über 600 °C:

ohne Katalysator: $C_3H_8 \rightarrow C_2H_4 + CH_4$ (Ethen)
Methan-Abspaltung

mit Katalysator: $C_3H_8 \rightarrow C_3H_6 + H_2$ (Propen)
Dehydrierung (H_2-Abspaltung)

Verwendung des Propens

C_3H_6	$+ O_2$	→ Propenoxid (s. S. 154)
	$+ H_2O$	→ Isopropanol (s. S. 141); Folgeprodukt: Aceton.
	+ Benzol	→ Cumol (s. S. 84); Folgeprodukte: Phenol, Aceton.
	$+ Cl_2$	→ Allylchlorid (s. S. 127); Folgeprodukt: Glycerin.
	$+ NH_3 (+ O_2)$	→ Acrylnitril (s. S. 230); Folgeprodukt: Chemiefaser.
	Oxo-Synthese	→ n-, i-Butyraldehyd (s. S. 192); Folgeprodukte: Butanole.
	Polymerisation	→ Polypropen (s. S. 47); Kunststoff.

In der Bundesrepublik wurden 1979 etwa 1,8 Mio t Propen verbraucht. Aus diesen wurden folgende Produkte hergestellt:

Oxo-Produkte	35%	Polypropen	15%
Acrylnitril	23%	Sonstige Produkte	11%
Propenoxid	16%		

9.6.3 Butene

Technische Gewinnung: Die isomeren Butene bilden sich beim Cracken von Leichtbenzin und fallen bei der Zerlegung des Crackgases als ungesättigte C_4-Fraktion an. Daraus lassen sich die reinen Butene gewinnen. Die Butene sind Ausgangsstoffe für folgende Verbindungen:

1-Buten: Sek. Butanol (s. S. 142).

Isobuten: Tert. Butanol, Butylkautschuk, Polyisobuten (Kunststoff).

9.6.4 Höhere Alkene

Alkene im Bereich C_{10} bis C_{18} mit gerader Kette und endständiger Doppelbindung haben Bedeutung als Aufbauverbindungen von Waschrohstoffen. Daneben werden sie bei der Oxo-Synthese (s. S. 192) eingesetzt, um Fettalkohole herzustellen.

9.7 Darstellung von Alkenen im Laboratorium

Auch im Laboratorium werden Alkene oder Verbindungen mit (C=C)-Doppelbindungen gebraucht, da diese reaktionsfähig sind und über die genannten Reaktionen in andere Verbindungen umgewandelt werden können. Alkene mit eindeutigem Molekülaufbau stellt man gewöhnlich aus anderen Verbindungen her, die sich leicht in reiner Form gewinnen lassen:

Aus Alkanolen (s. S. 139).

Aus Halogenalkanen (s. S. 123).

9.8 Kunststoffe

Kunststoffe sind vollsynthetische oder aus Naturstoffen abgewandelte, makromolekulare, organische Produkte, die geeignet sind zur Herstellung von festen Formkörpern (z. B. Halbzeug wie Rohre, Platten, Stangen, Profile usw. oder Gebrauchsgegenständen, wie Haushaltsartikel, Spielzeug usw.) Filmen und Folien, Lackrohstoffen und Klebstoffen, Kautschukprodukten und Chemiefasern.

Kunststoffe sind nicht nur feste, formbare, starre Produkte, sondern können auch elastisch und dehnbar sein (Synthesekautschuk) oder als Dispersionen, d.h. als Suspension oder Emulsion (Lackrohstoffe, Klebstoffe, Anstrichstoffe) eingesetzt werden.

Nach ihren thermischen Verhalten bei der Verarbeitung werden Kunststoffe unterschieden:

- **Thermoplaste** sind Kunststoffe, die in der Wärme verformbar sind, d.h. durch Erwärmen beim Überschreiten des Erweichungspunktes erweichen, in diesem Zustand formbar sind und bei Abkühlung unter Beibehaltung der Form wieder erhärten. Dieser Vorgang kann beliebig oft wiederholt werden, chemische Umwandlungen treten dabei nicht ein.
- **Duroplaste** sind härtbare Kunststoffe, die während der Verarbeitung, z.B. der Formgebung, unter Einfluß von Katalysatoren oder Wärme chemische Reaktionen durchlaufen, die eine Härtung verursachen. Durch erneutes Erwärmen ist eine neue Formgebung, wie bei Thermoplasten, nicht möglich.

Kunststoffe aus Naturstoffen

Die Naturstoffe Cellulose und Naturkautschuk können durch chemische Reaktionen so verändert werden, daß sie sich zu gebrauchsfertigen Produkten verarbeiten und formen lassen.

Nahezu reine **Cellulose** steht als Linters (aus Baumwolle) oder als Zellstoff (aus Holz) zur Verfügung.

Naturkautschuk wird aus dem Latex (Emulsion) des Gummibaumes gewonnen.

Zu den aus Naturstoffen abgewandelten Produkten zählen Cellulosehydrat (Folien), Cellulosenitrat (Folien, Filme, Celluloid, Lackrohstoffe), Celluloseacetat (Chemiefasern) und Celluloseether (Klebstoffe und Verdickungsmittel für Salben und Zahnpasten).

Kunststoffe durch Vollsynthese

Diese werden eingeteilt in

Polymerisate, Polykondensate, Polyaddukte.

Polymerisate: Polyolefine, Polyvinylverbindungen, Synthesekautschuk

Polykondensate: Polyamide, Polyester, Amino- und Phenoplaste, Silicone.

Polyaddukt: Polyurethane.

Es gibt harte und weiche, lösliche und unlösliche, starre, elastische und reckbare, folien- und faserbildende Kunststoffe. Diese unterschiedlichen **Eigenschaften** können erklärt werden durch

- die Molekülmasse der Makromoleküle (Mittelwert aus einer Molekülmasseverteilung)
- die Struktur der Makromoleküle (linear, verzweigt, vernetzt)
- die Anordnung der Makromoleküle (amorphe oder kristalline Struktur fester Kunststoffe)
- die Kräfte zwischen den Makromolekülen (zwischenmolekulare Kräfte).

Wie die Molekülmasse den Zustand eines Kunststoffs beeinflußt, zeigt das Beispiel des Polyethylens.

molare Masse g/mol	Polymerisationsgrad	Zustand
1000	35	Fett
4000	140	Wachs
7000	250	weicher Kunststoff
>20000	>750	harter Kunststoff

Thermoplaste sind aus Fadenmolekülen aufgebaut, die miteinander verknäult sind. Je länger die Fadenmoleküle sind, desto stärker sind die zwischenmolekularen Kräfte. Duroplaste enthalten durch chemische Bindungen räumlich vernetzte Makromoleküle.

Die Bundesrepublik hatte 1979 eine Produktion an Kunststoffen von 2,3 Mio t Polykondensaten und 4,8 Mio t Polymerisaten, von letzteren waren 1,6 Mio t Polyethylen und 1,1 Mio t Polyvinylchlorid.

10 Alkandiene

Alkene, die im Molekül zwei Doppelbindungen enthalten, faßt man unter der Bezeichnung Di-ene in einer neuen Verbindungsgruppe zusammen. Ihre allgemeine Formel ist

Alkandiene: $\boxed{C_nH_{2n-2}}$ $(n > 2)$

Auch der Name Diolefine ist gebräuchlich. Gegenüber den Alken-Molekülen mit der allgemeinen Formel C_nH_{2n} muß die Zahl der H-Atome bei den Dienen um zwei vermindert werden, weil eine weitere Doppelbindung hinzugekommen ist, daher C_nH_{2n-2}.

Die homologe Reihe der Diene umfaßt die Verbindungen:

$\overset{n=3}{C_3H_4}$ $\overset{n=4}{C_4H_6}$ $\overset{n=5}{C_5H_8}$ $\overset{n=6}{C_6H_{10}}$ ...

Die Anwesenheit zweier Doppelbindungen im Molekül bedingt reaktionsfähige und interessante Verbindungen. Die chemischen Eigenschaften sind stark von der Stellung der Doppelbindungen im Molekül abhängig.

Man unterscheidet:

- **Isolierte Doppelbindungen**
  $H_2C{=}CH{-}CH_2{-}CH{=}CH_2$
  Zwischen den Doppelbindungen liegen zwei oder mehrere Einfachbindungen oder, anders ausgedrückt, mindestens eine CH_2-Gruppe.
- **Konjugierte** Doppelbindungen
  $H_2C{=}CH{-}CH{=}CH_2$
  Die beiden Doppelbindungen sind durch eine Einfachbindung voneinander getrennt. Doppel- und Einfachbindung wechseln in der Kette.

Konjugierte Doppelbindungen enthalten auch die beiden Verbindungen

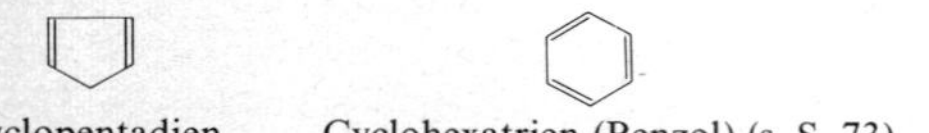

Cyclopentadien Cyclohexatrien (Benzol) (s. S. 73)

- **Kumulierte** (angehäufte) Doppelbindungen
  $H_2C{=}C{=}CH_2$
  Die beiden Doppelbindungen liegen unmittelbar nebeneinander, d.h. sie gehen von einem C-Atom aus.

10.1 Struktur der Diene

Die Struktur der Diene mit isolierten Doppelbindungen bietet keine erwähnenswerten Besonderheiten. Die Modelle können aus Einfach- und Doppelbindungen (wie bei Alkanen bzw. Alkenen) zusammengesetzt werden. Der einfachste Kohlenwasserstoff mit zwei isolierten Doppelbindungen muß mindestens 5 C-Atome enthalten; es ist das 1,4-Pentadien:

$\overset{1}{C}H_2{=}\overset{2}{C}H{-}\overset{3}{C}H_2{-}\overset{4}{C}H{=}\overset{5}{C}H_2$

Vom nächsten Glied dieser Reihe gibt es zwei Isomere:

$\overset{1}{C}H_2{=}\overset{2}{C}H{-}\overset{3}{C}H_2{-}\overset{4}{C}H{=}\overset{5}{C}H{-}\overset{6}{C}H_3$
1,4-Hexadien

$\overset{1}{C}H_2{=}\overset{2}{C}H{-}\overset{3}{C}H_2{-}\overset{4}{C}H_2{-}\overset{5}{C}H{=}\overset{6}{C}H_2$
1,5-Hexadien

Der einfachste Kohlenwasserstoff mit kumulierter Doppelbindung und 3 C-Atomen, ist das Allen oder Propadien-(1,2). Die beiden von einem C-Atom ausgehenden Doppelbindungen liegen in Ebenen, die zueinander senkrecht stehen (Bild 50.1). Auch je zwei H-Atome liegen in verschiedenen, aufeinander senkrecht stehenden Ebenen. Das nächste Glied dieser Reihe ist das Butadien-(1,2): $CH_2{=}C{=}CH{-}CH_3$.

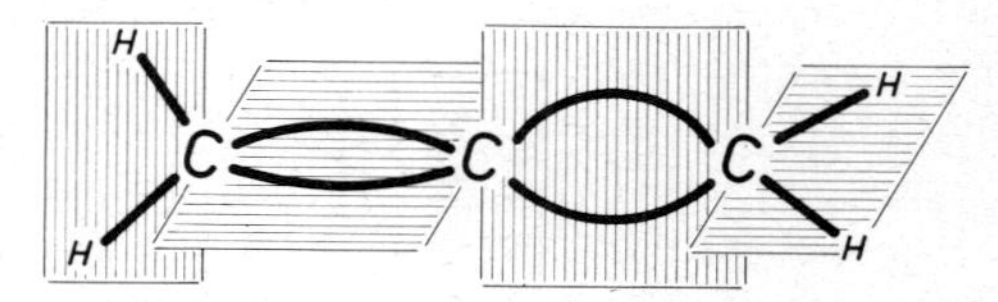

50.1 Molekülaufbau des Allens C_3H_4

50.2 Molekülmodell des Allens

Verbindungen mit mehr als zwei kumulierten Doppelbindungen im Molekül nennt man Kumulene. Diese sind keine Diene mehr, sondern Triene oder Tetraene usw., z.B. Butatrien $H_2C{=}C{=}C{=}CH_2$. Die aufeinanderfolgenden Doppelbindungen liegen jeweils in aufeinander senkrecht stehenden Ebenen, so daß die 1. und 3. Doppelbindung in gleicher Ebene liegen.

Um einen Kohlenwasserstoff mit einem konjugierten Doppelbindungssystem aufzubauen, braucht man mindestens 4 C-Atome, so daß das Butadien-(1,3) die einfachste Verbindung dieser Art ist. Seinen Molekülbau kann man vereinfacht in zwei senkrecht zueinander stehenden Ebenen zerlegen, wobei dann die Doppelbindungen in parallelen Ebenen liegen (Bild 51.1);

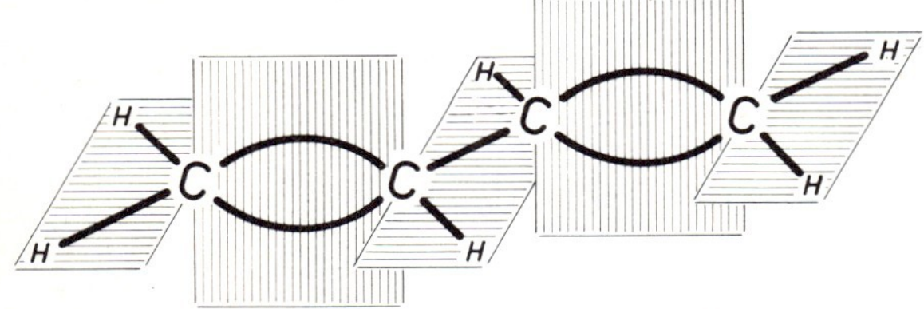

51.1 Molekülaufbau des Butadiens (1, 3)

10.2 Nomenklatur der Diene

Bis auf einige Trivialnamen werden diese Verbindungen nach der Genfer Nomenklatur wie Alkene benannt:

- Zwei Doppelbindungen im Molekül werden durch die Vorsilbe: **di-** gekennzeichnet; daher der Name **Di-ene.**
- Die Stellung der beiden Doppelbindungen wird durch Ziffern festgelegt. Daraus ist auch zu entnehmen, wo diese Verbindung eingeordnet werden muß:

  1,2-Dien: kumulierte Doppelbindung
  1,3-Dien: konjugierte Doppelbindung
  1,4-Dien: isolierte Doppelbindung.

  Die Verbindungen tragen dann z.B. die Namen Propadien, 1,2-Butadien, 1,3-Butadien, 1,2-Pentadien usw.

Beispiele:

$$H_2C{=}CH{-}CH_2{-}\underset{}{\overset{CH_3}{\overset{|}{C}}}{=}CH{-}CH_3$$

4-Methyl-1,4-hexadien

$$H_2C{=}CH{-}CH{=}CH{-}CH_3$$

trans-1,3-Pentadien

10.3 Physikalische Eigenschaften

Verbindung	Formel	molare Masse g/mol	Siedepunkt °C
Propadien (Allen)	C_3H_4	40,07	−32
1,2-Butadien	C_4H_6	54,09	18
1,2-Pentadien	C_5H_8	68,12	45
1,3-Butadien	C_4H_6	54,09	− 4,7
1,3-Pentadien cis	C_5H_8	68,12	44
1,3-Pentadien trans	C_5H_8	68,12	42
1,4-Pentadien	C_5H_8	68,12	26
1,5-Hexadien	C_6H_{10}	82,15	50,5

51.2 Physikalische Eigenschaften von Dienen

Tabelle 51.2 enthält die Siedepunkte der einfachsten Diene mit kumulierten, konjugierten und isolierten Doppelbindungen. Die Lage der Doppelbindungen im Molekül beeinflußt den Siedepunkt der Verbindungen.

10.4 Chemische Eigenschaften und Reaktionen

10.4.1 Allgemeines

Diene mit isolierter Doppelbindung zeigen bei chemischen Reaktionen dasselbe Verhalten wie Alkene, da die beiden Doppelbindungen durch mehrere Einfachbindungen voneinander getrennt sind und daher auch wie zwei getrennte, aber gleiche funktionelle Gruppen reagieren.

Beispiel:

Im 1,5-Hexadien reagiert jede Doppelbindung unabhängig von der anderen und addiert an jeder Stelle HBr, Br_2 oder H_2 oder zeigt andere Reaktionen der Alkene:

$$CH_2{=}CH{-}CH_2{-}CH_2{-}CH{=}CH_2 + 2\,HBr \rightarrow CH_3{-}\underset{Br}{\underset{|}{C}H}{-}CH_2{-}CH_2{-}\underset{Br}{\underset{|}{C}H}{-}CH_3$$

Das einfachste Dien mit kumulierter Doppelbindung ist das Allen oder Propadien. Es ist ziemlich unbeständig und lagert sich entweder um oder polymerisiert. Bei der Umlagerung entsteht Methyl-acetylen, d.h. das π-Elektronenpaar der einen Doppelbindung hat sich zur anderen Doppelbindung verschoben und hat hier eine Dreifachbindung aufgebaut; außerdem ist dabei ein H-Atom gewandert.

$$\underset{\text{Allen}}{H_2C{=}C{=}CH_2} \rightleftharpoons \underset{\text{Methylacetylen, Propin}}{H_3C{-}C{\equiv}CH}$$

Unter den Dienen mit konjugierter Doppelbindung ist das 1,3-Butadien die bei weitem wichtigste Verbindung, weil es einigen herausragenden Reaktionen zugänglich ist.

10.4.2 1,4-Addition

Läßt man Brom auf Butadien einwirken, wird es in 1,4-Stellung, d. h. an den Enden des Moleküls addiert, wobei sich in der Mitte eine neue Doppelbindung ausbildet:

$$H_2C{=}CH{-}CH{=}CH_2 + Br_2 \rightarrow \underset{Br}{\overset{1}{H_2C}}{-}\overset{2}{C}H{=}\overset{3}{C}H{-}\underset{Br}{\overset{4}{CH_2}}$$

1,3-Butadien 1,4-Dibrom-2-buten

Die ebenfalls mögliche 1,2-Addition läuft nur als Nebenreaktion ab:

$$H_2C{=}CH{-}CH{=}CH_2 + Br_2 \rightarrow \underset{Br}{\overset{1}{H_2C}}{-}\underset{Br}{\overset{2}{C}H}{-}\overset{3}{C}H{=}\overset{4}{C}H_2$$

Diese zunächst eigentümliche Additionsweise des 1,3-Butadien hängt mit den besonderen Eigenschaften von konjugierten Doppelbindungen zusammen (Begründung unten!). Bei Reaktionen reagiert nicht jede Doppelbindung für sich allein, sondern beide konjugiert gelegenen, ungesättigten Stellen im Molekül reagieren wie eine einzige ungesättigte Funktion, so daß nur ein Molekül Br_2 aufgenommen wird.

Ebenso findet mit HBr vorwiegend (über 80%) 1,4-Addition statt:

$$H_2C{=}CH{-}CH{=}CH_2 + HBr \rightarrow H_3C{-}CH{=}CH{-}\underset{Br}{CH_2}$$

1-Brom-2-buten

10.4.3 Polymerisation

Eine herausragende Reaktion der konjugierten Diene ist auch die Addition von metallischem Natrium, ebenfalls bevorzugt in 1,4-Stellung. Die dabei entstehenden metallorganischen Verbindungen (I) lassen sich aber nicht fassen, da sie unter Polymerisation des Butadiens sofort weiterreagieren (II).

$$\text{(I)}\quad H_2C{=}CH{-}CH{=}CH_2 + 2\,Na \rightarrow \underset{Na}{H_2C}{-}CH{=}CH{-}\underset{Na}{CH_2}$$

$$\text{(II)}\quad \underset{Na}{H_2C}{-}CH{=}CH{-}\underset{Na}{CH_2} + H_2C{=}CH{-}CH{=}CH_2 \rightarrow$$

$$\underset{Na}{H_2C}{-}CH{=}CH{-}CH_2{-}CH_2{-}CH{=}CH{-}\underset{Na}{CH_2}$$

Die Weiterreaktion mit weiteren Butadien-Molekülen führt zu hochpolymeren Verbindungen der Zusammensetzung $(-C_4H_6-)_n$.

Diese Polymerisation des Butadiens mit Natrium führt zu künstlichem Kautschuk, auch Buna (zusammengesetzt aus **Bu**tadien-**Na**trium) genannt. Heute verwendet man allerdings andere Katalysatoren für die Polymerisation.

Reaktionsweise der konjugierten Diene

- C-Atome, die doppelt gebunden sind, werden nicht durch die volle Bindungskraft zusammengehalten, so daß noch Restvalenzen (Partialvalenzen) übrigbleiben, die z. B. bei einer Addition wirksam werden können (nach Thiele, Theorie der Partialvalenzen).

  Beispiel: Ethen C_2H_4

  $$H_2C{=}CH_2 + Br_2 \rightarrow \underset{Br}{H_2C}{-}\underset{Br}{CH_2}$$

  Bei einem konjugierten Doppelbindungssystem wie im 1,3-Butadien müßte man schreiben:

  $$H_2C{=}CH{-}CH{=}CH_2 \rightarrow H_2C{-}CH{-}CH{-}CH_2$$

  Die beiden mittleren Partialvalenzen haben sich abgesättigt (Neigung zur Doppelbindung), so daß die übrigen Partialvalenzen in 1,4-Stellung wirksam sind und bei einer Addition hier Brom angelagert wird (1,4-Addition).

  Die 1,4-Addition fände auf diese Weise eine einfache Erklärung, nicht aber die ebenfalls, wenn auch in geringerem Maße, stattfindende 1,2-Addition.

- Zu einer allgemeinen Erklärung gelangt man, wenn man den Molekülbau konjugierter Systeme und hier die anschauliche Größe des Bindungsabstandes betrachtet. Im 1,3-Butadien haben wir keine reine (C—C)-Einfachbindung (0,154 nm) und auch keine reinen (C=C)-Doppelbindungen (0,133 nm). Die Einfachbindung im Butadien ist verkürzt, die Doppelbindungen sind geweitet. In der (C—C)-Einfachbindung wirken also zusätzliche Anziehungskräfte, die die Verkürzung des Bindungsabstandes herbeiführen. Dafür können nur die π-Elektronen der benachbarten Doppelbindungen verantwortlich gemacht werden, die sich teilweise an der Einfachbindung beteiligen; in der Doppelbindung fehlen sie teilweise, so daß hier eine Abstandsvergrößerung beobachtet wird. π-Elektronen liegen also nicht fest, sondern sind beweglich im ganzen Bindungssystem. Die Doppelbindungen verlieren dabei etwas

  $$H_2C{=}CH{-}CH{=}CH_2$$

  0,137 0,147 0,137 nm

von ihrem Charakter und tendieren schwach zur Einfachbindung, während die Einfachbindung teilweise zur Doppelbindung neigt. Im Butadien liegt also kein streng getrenntes Bindungssystem aus Doppel- und Einfachbindung vor, sondern die einzelnen Bindungen haben sich (bedingt durch die π-Elektronen) ein wenig ausgeglichen. Deswegen reagiert das ganze Molekül als eine Funktion und addiert in 1,4-Stellung, also dort, wo sich die π-Elektronen bevorzugt aufhalten.

10.5 Einige wichtige Diene

Wegen ihrer besonderen Reaktionsfähigkeit haben einige Diene mit konjugierten Doppelbindungen auch technische Bedeutung erlangt.

1,3-Butadien $H_2C{=}CH{-}CH{=}CH_2$ ist das bei weitem wichtigste Dien.

Verwendung: Ausgangsstoff für Synthese-Kautschuk.

Technische Gewinnung

1,3-Butadien entsteht beim Cracken von Leichtbenzin (Naphtha). Bei der Aufarbeitung der Crackprodukte (s. S. 100) fällt ein C_4-Schnitt an, der überwiegend ungesättigte Verbindungen enthält und etwa 10% der Gesamtmenge der Crackprodukte ausmacht. Im C_4-Schnitt können, je nach Einsatzprodukt und Bedingungen des Crackens, w(1,3-Butadien) = 0,40 bis 0,60 enthalten sein.

Aus dem C_4-Schnitt wird 1,3-Butadien durch Extraktion gewonnen. Selektiv-Extraktionsmittel ist N-Methylpyrrolidon (NMP). Extraktionsmittel und 1,3-Butadien werden anschließend durch Destillation getrennt.

In der Bundesrepublik wurden 1981 600000 t 1,3-Butadien gewonnen.

Derivate des Butadiens

2-Methyl-1,3-butadien oder **Isopren** (Smp. – 120 °C,

$$CH_2{=}\underset{\displaystyle CH_3}{\underset{|}{C}}{-}CH{=}CH_2$$

Sdp. 34 °C) ist der Baustein des Naturkautschuks. Durch Polymerisation des Isoprens erhält man einen Kautschuk-Typ, der dem natürlichen in seinen Eigenschaften sehr nahekommt.

Isopren ist stets Begleiter des Butadiens, wenn letzteres aus Erdöl gewonnen wird. Für eine großtechnische Verwertung reichen diese geringen Isoprenmengen nicht aus.

2-Chlor-1,3-butadien oder **Chloropren** (Sdp. 59,5 °C,

$$CH_2{=}\underset{\displaystyle Cl}{\underset{|}{C}}{-}CH{=}CH_2$$

Dichte 0,9575 bei 20 °C) kann durch Polymerisation in den synthetischen Kautschuk Neopren überführt werden.

Bei seiner Darstellung geht man vom Acetylen C_2H_2 aus:

$$\underset{\text{Acetylen}}{2\,CH{\equiv}CH} \xrightarrow[NH_4Cl]{Cu_2Cl_2} \underset{\text{Vinylacetylen}}{H_2C{=}CH{-}CH{\equiv}CH} \xrightarrow{HCl} \underset{\text{2-Chlor-1,3-butadien}}{H_2C{=}CH{-}\underset{\displaystyle Cl}{\underset{|}{C}}{=}CH_2}$$

10.6 Synthesekautschuk

Der erste Synthesekautschuk-Typ wurde durch Polymerisation von 1,3-Butadien mit Natrium als Katalysator hergestellt. Man gab diesem Produkt den Namen Buna, von Butadien-Natrium.

Der heute technisch wichtigste Synthesekautschuk ist ein Mischpolymerisat aus Styrol und Butadien (SBR = Styrol-Butadien-Rubber). Die **Mischpolymerisation** von z.B. 75% 1,3-Butadien und 25% Styrol wird in Emulsion durchgeführt. Durch 1,4-Addition bilden sich nahezu unverzweigte Makromoleküle:

$$\vdots CH_2{-}CH{=}CH{-}CH_2 \vdots {-}\underset{\displaystyle C_6H_5}{\underset{|}{CH}}{-}CH_2 \vdots CH_2{-}CH{=}CH{-}CH_2 \vdots$$

In der Kette liegen Doppelbindungen, die für die spätere Vulkanisation wichtig sind.

Der rohe Synthesekautschuk ist weich und klebrig und so nicht einsetzbar; er muß durch Zusätze zu einem Gebrauchsprodukt veredelt werden. Dieses bezeichnet man dann als Gummi.

Vulkanisieren: Der rohe Synthesekautschuk wird mit Schwefel bei 140 °C bis zu einer Stunde auf Walzen durchgeknetet. Dabei findet eine chemische Reaktion statt, der zweiwertige Schwefel wird an die Doppelbindungen addiert und verbindet zwei Makromoleküle miteinander (Vernetzung). Es können 3 bis 30% S eingearbeitet werden (Weich- bis Hartgummi). Ein weiterer wichtiger Zusatzstoff ist Ruß, weil er die Zähigkeit, Elastizität und Abriebfestigkeit des Gummis erhöht.

11 Alkine

Eine weitere Gruppe von ungesättigten Kohlenwasserstoffen sind die Alkine. Ihre allgemeine Formel lautet:

Alkine: $\boxed{C_nH_{2n-2}}$ $(n > 1)$

Die homologe Reihe von Verbindungen, die aus dieser Formel folgt, hat die Glieder

$\overset{n=2}{C_2H_2}$ $\overset{n=3}{C_3H_4}$ $\overset{n=4}{C_4H_6}$ $\overset{n=5}{C_5H_8}$ ... usw.

Jedes Glied unterscheidet sich vom vorhergehenden und vom folgenden um eine CH_2-Gruppe.

Neben der von der Genfer Nomenklatur (s. S. 56) geforderten Bezeichnung Alkine nennt man diese Verbindungsgruppe auch Acetylen-Kohlenwasserstoffe oder einfach Acetylene nach dem ersten und wichtigsten Glied der Reihe, wenn man das Acetylen C_2H_2 als das Grundmolekül und Anfangsglied der homologen Reihe ansieht.

Einen Vergleich der Alkine mit den bereits besprochenen übrigen Gruppen von Kohlenwasserstoffen zeigt Tabelle 54.1. Gegenüber den Alkanen besitzen die Alkine pro Molekül vier H-Atome weniger. Das ist möglich, wenn zwei Doppelbindungen im Molekül vorhanden sind, wie das bei den Dienen der Fall ist. Mit Dienen dürfen die Alkine, obwohl sie gleiche Summenformeln haben, d.h. mit diesen isomer sind, nicht verwechselt werden. Alkine enthalten keine Doppelbindungen, sondern eine neue Bindungsart, die Dreifachbindung. Zwei C-Atome sind durch eine Dreifachbindung miteinander verknüpft.

Allgemeine Formel	Verbindungsgruppe
C_nH_{2n+2}	Alkane (Paraffine)
C_nH_{2n}	Cycloalkane
C_nH_{2n}	Alkene (Olefine)
C_nH_{2n-2}	Diene (Diolefine)
C_nH_{2n-2}	Alkine (Acetylene)

54.1 Allgemeine Formeln im Vergleich

Die allgemeinen Summenformeln (Tab. 54.1) zeigen, daß Cycloalkane mit Alkenen sowie Alkandiene mit Alkinen isomer sind, wenn Verbindungen mit gleicher C-Zahl betrachtet werden.

11.1 Struktur der Alkine

Eine Doppelbindung im Molekül (Alkene) ergab sich, wenn je eine Bindung zweier benachbarter C-Atome nicht durch Wasserstoff abgesättigt wurde. Alkene besitzen pro Doppelbindung zwei H-Atome weniger als Alkane. Eine Dreifachbindung, die Bindungsart der Alkine, kann sich ausbilden, wenn je zwei Bindungen zweier benachbarter C-Atome nicht durch Wasserstoff ersetzt werden. Alkine sind ebenso wie Alkene ungesättigte Verbindungen; Alkine sind doppelt ungesättigt.

11.1.1 Ethin C_2H_2 (Acetylen)

Ethin C_2H_2 ist die einfachste Verbindung und das Anfangsglied der Alkin-Reihe. Aus der Formel folgt, daß drei Bindungen der beiden C-Atome nicht durch Wasserstoff abgesättigt sind. Das ist durch die Dreifachbindung zwischen den C-Atomen zu erklären.

Die Formeln des Ethins sind

H· ·C: : :C· ·H Elektronenformel	H—C≡C—H Valenzstrichformel
HC≡CH rationelle Formel	C_2H_2 Summenformel

C_2H_2 ist ein gestrecktes Molekül; die beiden C- und H-Atome liegen auf einer Geraden. Freie Drehbarkeit um eine Dreifachbindung ist nicht möglich (Bild 54.2).

54.2 Molekülmodell des Ethins

11.1.2 Propin C_3H_4

Wird ein H-Atom im C_2H_2 durch eine Methylgruppe ersetzt, entsteht das Methylacetylen. Seine drei C-Atome liegen auf einer Geraden (Bild 55.1).

$H_3C—C≡CH$

55.1 Molekülmodell des Propins

Methylacetylen hat eine isomere Verbindung in der Dien-Reihe, das Allen (Propadien):

$HC{\equiv}C{-}CH_3 \leftrightarrow H_2C{=}C{=}CH_2$

Die beiden Verbindungen haben dieselbe Summenformel, aber verschiedene Molekülstrukturen und Bindungsarten. Isomere können also auch in verschiedenen Verbindungsreihen auftreten.

11.1.3 Butine

1-Butin oder **Ethylacetylen** ist kein gestrecktes Mole-

$H_3C{-}CH_2{-}C{\equiv}CH$

kül, da das C-Atom der CH_3-Gruppe nicht mehr auf der Geraden der übrigen drei C-Atome liegt.

2-Butin oder **Dimethylacetylen** ist isomer mit 1-Butin;

$H_3C{-}C{\equiv}C{-}CH_3$

es ist ein gestrecktes Molekül; alle vier C-Atome liegen auf einer Geraden, weil der Platz der H-Atome im Ethin die beiden C-Atome der CH_3-Gruppen eingenommen haben.

Da eine Dreifachbindung die freie Drehbarkeit benachbarter Gruppen um diese Bindung unmöglich macht, sollte man eine cis-trans-Isomerie erwarten, z.B. beim Dimethylacetylen. Diese kann es aber bei einer Dreifachbindung nicht geben, da, wie bereits geschildert, die C-Atome der Dreifachbindung mit den ihnen benachbarten C-Atomen auf einer Geraden liegen. Die Atomanordnung $C{-}C{\equiv}C{-}C$ ist immer gestreckt, gleichgültig welche Gruppen dann angeschlossen sind. Eine Dreifachbindung kann also keine cis-trans-Isomerie bedingen.

11.1.4 Höhere Alkine

Hier nimmt die Zahl der Isomere naturgemäß zu, bedingt durch die Lage der Dreifachbindung im Molekül, z.B. 1-Hexin, 2-Hexin und 3-Hexin.

Es sei erwähnt, daß in größeren Molekülen zwei oder mehrere Dreifachbindungen oder auch Dreifach- neben Doppelbindungen vorliegen können. Einige Naturstoffe enthalten eine größere Zahl von Dreifachbindungen im Molekül; man nennt diese Polyine.

11.2 Bildung und Merkmale der Dreifachbindung

Von C-Atomen können neben Einfach- und Doppelbindungen auch Dreifachbindungen, zwischen C-Atomen untereinander oder zu Atomen anderer Elemente, ausgehen.

Die Dreifachbindung hat, im Vergleich zu den beiden anderen Bindungen, eine höhere Bindungsenergie, was zu einer Verkürzung des Bindungsabstandes führt (Tab. 55.2).

Bindung	Bindungsenergie kJ/mol	Bindungsabstand nm
C—C	347	0,154
C=C	594	0,134
C≡C	819	0,121

55.2 Bindungsenergien und -abstand

Das Zustandekommen von Dreifachbindungen und ihre besonderen Merkmale lassen sich erklären, wenn das **Orbitalmodell** des C-Atoms mit der Möglichkeit der Hybridisierung der Bindungselektronen herangezogen wird. Die Vierbindigkeit des Kohlenstoffs und die Tetraeder-Richtungen der Bindungen wurden erklärt durch eine sp^3-Hybridisierung (s. S. 14). Die Bildung einer Doppelbindung wurde aus der sp^2-Hybridisierung (s. S. 40) abgeleitet. Voraussetzung für die Bildung einer Dreifachbindung zwischen zwei C-Atomen ist eine **sp-Hybridisierung** der C-Atome.

2p ⊖ ⊖
2s ⊖ ⊖

2p ⊖ ⊖ ⊖
2s ⊖

sp ⊖ ⊖ 2p ⊖ ⊖

Grundzustand → (Energie) angeregter Zustand → (Hybridisierung) Valenzzustand

55.3 sp-Hybridisierung

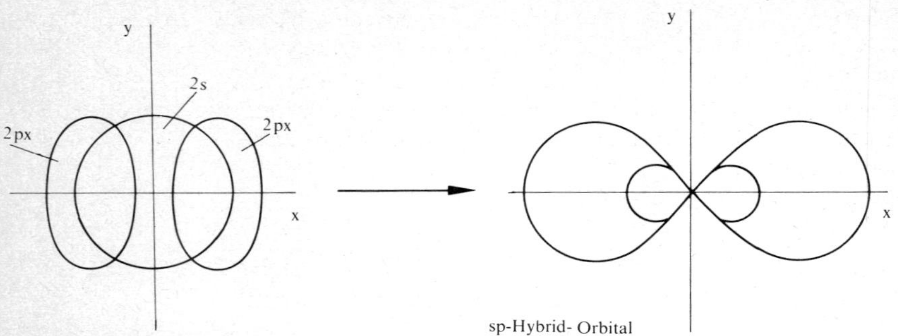

56.1 Bildung von sp-Hybridorbitalen

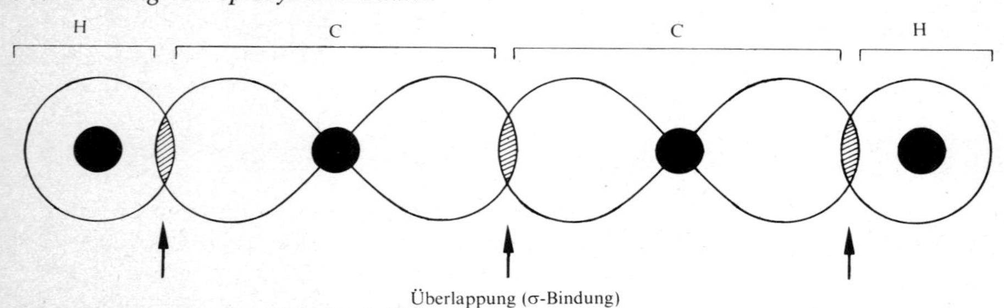

56.2 Entstehung des Ethin-Moleküls

Nach der Entkopplung der beiden 2s-Elektronen durch Energiezufuhr (durch die Reaktionsenergie bei der Bildung der Bindung geliefert, s. S. 14) und Übergang in den angeregten Zustand hybridisieren das eine s- und das p_x-Elektron. Die beiden Elektronen aus dem p_y- und dem p_z-Orbital nehmen an der Hybridisierung nicht teil. Es entstehen dadurch **zwei Hybridorbitale** mit der Energie des sp-Zustandes (Bild 56.1).

Überlappen sich je ein Hybridorbital zweier C-Atome, kommt es zu einer σ-Bindung. Das andere Hybridorbital jedes C-Atoms wird durch Wasserstoff abgesättigt, ebenfalls durch σ-Bindung (Bild 56.2).

Es entsteht auf diese Weise ein gestrecktes Molekül, die Atome liegen auf einer Geraden.

Bei Bildung der σ-Bindung zwischen den C-Atomen überlappen gleichzeitig die p_y- und p_z-Orbitale der beiden C-Atome paarweise und bilden π-Bindungen. Die Bindungsorbitale der p_y- und p_z-Elektronenpaare stehen senkrecht aufeinander. Eine Unterscheidung zwischen den beiden π-Elektronenpaaren ist nicht möglich.

Es bildet sich eine Elektronenwolke der π-Elektronen, die das gestreckte Molekül wie ein Zylinder (Bild 56.3) umgibt.

Diese Elektronenwolke, die das Molekül „einhüllt", ist die Ursache dafür, daß solche Moleküle mit Dreifachbindung bei Reaktionen als nucleophiler Reaktionspartner, der seine π-Elektronen anderen Bin-

56.3 Elektronenwolke des Ethin-Moleküls

dungspartnern mit Elektronenlücken anbietet, auftreten. Aus der Sicht eines anderen Reaktionspartners, z.B. Br_2 oder HCl, der an die Dreifachbindung addiert werden soll, ist der Reaktionsmechanismus eine **elektrophile Addition** (s. S. 44).

11.3 Nomenklatur der Alkine

Für die Benennung der Alkine, sind besonders bei den einfachsten Verbindungen noch Trivialnamen gebräuchlich, die die Verbindungen als Derivate des Acetylens auffassen:

z.B.	$CH_3—C≡CH$	Methyl-acetylen C_3H_4
	$CH_3—C≡C—CH_3$	Dimethyl-acetylen C_4H_6
	$C_2H_5—C≡C—CH_3$	Ethyl-methyl-acetylen C_5H_8

Genfer Nomenklatur:

- Die Endung der Namen der Alkine ist: **-in.**
  Diese Endsilbe ist das Kennzeichen einer Dreifachbindung im Molekül.

- **Stammverbindung** ist die längste im Molekül vorhandene gerade Kette von C-Atomen (Hauptkette), in der die Dreifachbindung liegen muß.

  Die Stammverbindung gibt dem Molekül den Grundnamen (wie bei Alkanen und Alkenen); die Endsilben werden wie üblich angehängt.
- Die **Lage der Dreifachbindung** wird durch Ziffern festgelegt; gezählt wird von dem Molekülende aus, daß die kleinsten Zahlen resultieren.
- Ebenso wird auch die Lage der **Seitenketten** vor ihrem Namen durch Ziffern gekennzeichnet.

Im wesentlichen gelten hier dieselben allgemeinen Regeln, die bereits bei den Alkenen ausführlich erklärt wurden.

Beispiele:

$CH_3-C\equiv CH$ Prop-in (Methylacetylen)

$\overset{5}{C}H_3-\overset{4}{C}H_2-\overset{3}{C}H(CH_3)-\overset{2}{C}\equiv\overset{1}{C}H$
3-Methyl-1-pentin

$\overset{1}{C}H_3-\overset{2}{C}\equiv\overset{3}{C}-\overset{4}{C}H(C_2H_5)-\overset{5}{C}H_2-\overset{6}{C}H_3$
4-Ethyl-2-hexin

Enthält ein Molekül Doppel- und Dreifachbindungen, so werden die Doppelbindungen im Namen zuerst genannt (-en-in) und erhalten die niedrigere Ziffer. Die Mehrfachbindungen zusammen erhalten die kleinsten Ziffern.

Beispiel:

$\overset{1}{C}H_3-\overset{2}{C}H=\overset{3}{C}H-\overset{4}{C}H(CH_3)-\overset{5}{C}H_2-\overset{6}{C}\equiv\overset{7}{C}-\overset{8}{C}H_3$
4-Methyl-2-octen-6-in

11.4 Physikalische Eigenschaften

In ihren physikalischen Eigenschaften gleichen die Alkine weitgehend den Alkanen und Alkenen. Die Siedepunkte der Alkine liegen allerdings 10 bis 20 Grad höher als die der Alkene, was durch eine stärkere zwischenmolekulare Anziehung der Moleküle gedeutet werden kann.

Erwähnenswert ist ferner, daß die Löslichkeit der Alkine in Wasser noch gering, aber merklich größer als die der Alkane oder Alkene ist.

11.5 Chemische Eigenschaften und Reaktionen

Wie Alkene (mit einem π-Elektronenpaar) sind auch Alkine (mit zwei π-Elektronenpaaren) reaktionsfähig und einer großen Zahl von Reaktionen zugänglich.

11.5.1 Allgemeines

Die **Reaktionsfähigkeit** der Alkine ist größer als die der Alkene, weil eine Elektronenwolke mit zwei π-Elektronenpaaren das Molekül umgibt (Bild 56.3), das dadurch zu einem nucleophilen Reaktionspartner (s. S. 56) wird.

Additionsreaktionen an die Dreifachbindung sind die typischen Reaktionen der Alkine.

Die Addition geht leicht vonstatten. Wasser wird direkt angelagert, was bei Alkenen nicht möglich war (s. S. 45). Die Addition erfolgt stufenweise, wobei nacheinander die beiden π-Elektronenpaare beansprucht werden. Unter geeigneten Bedingungen kann die Addition auf der ersten Stufe angehalten werden, so daß die entsprechenden Produkte gewinnbar sind.

Der Reaktionsmechanismus der Addition an Alkine ist mit dem der Alkene vergleichbar (s. S. 44).

Einzelne Substitutionsreaktionen des Wasserstoffs am dreifach-gebundenen Kohlenstoff sind möglich.

Name	Summenformel	molare Masse g/mol	Smp. °C	Sdp. °C	Dichte in g/ml bei 20 °C
Ethin, Acetylen	C_2H_2	26,04	− 82	−83,5	gasförmig
Propin, Methylacetylen	C_3H_4	40,07	−105	−28	gasförmig
1-Butin-Ethylacetylen	C_4H_6	54,09	−137	18	gasförmig
2-Butin-Dimethylacetylen	C_4H_6	54,09	− 28	27	0,694
1-Pentin	C_5H_8	68,12	− 98	40	0,695
2-Pentin	C_5H_8	68,12	−101	57	0,713

57.1 Physikalische Daten von Alkinen

Der Wasserstoff am dreifach-gebundenen Kohlenstoff ist „positiver" und damit leichter abtrennbar und ersetzbar als Wasserstoff am doppelt oder einfach gebundenen Kohlenstoff. Alkine können deswegen Metall-Verbindungen bilden.

11.5.2 Additionsreaktion mit Halogenen

Die Addition von Halogen, vorwiegend Chlor, geht leicht vonstatten; allgemein werden, im Laboratorium und in der Technik, erhöhte Temperaturen (bis 120 °C) und Katalysatoren wie A-Kohle, $FeCl_3$, $SbCl_5$ angewandt.

Die Chlor-Addition an Acetylen führt zu zwei wichtigen Verbindungen, die jede für sich darstellbar sind, abhängig von der angewandten Chlormenge und den Reaktionsbedingungen:

$$HC{\equiv}CH + Cl_2 \xrightarrow[\text{A-Kohle}]{40\,°C} HClC{=}CClH + Cl_2 \xrightarrow{SbCl_5} Cl_2HC{-}CHCl_2$$

Acetylen — Dichlor-ethen — Tetrachlor-ethan

Diese Reaktionsfolge kann auf alle Alkine, wenn auch mit anderen Reaktionsbedingungen, übertragen werden.

11.5.3 Additionsreaktion mit Halogenwasserstoffen

Auch hier erfolgt die Addition stufenweise, wobei beide Additionsprodukte faßbar sind. Angewandt werden etwas erhöhte Temperaturen und Katalysatoren. Die Addition folgt der Regel von Markownikoff (s. S. 45).

Eine technisch wichtige Reaktion ist die Anlagerung von HCl an Acetylen zum Vinylchlorid:

$$HC{\equiv}CH + HCl \xrightarrow[(HgCl_2)]{\text{A-Kohle}} H_2C{=}CH{-}Cl$$

Vinylchlorid (Chlorethen)

Von den Halogenwasserstoffen wird HI am leichtesten, HCl nur langsam addiert.

11.5.4 Additionsreaktion mit Wasserstoff (Hydrierung)

Die Anlagerung von Wasserstoff an Dreifachbindungen gelingt wie bei Doppelbindungen nur bei Gegenwart geeigneter Katalysatoren wie Raney-Nickel, Platinoxid, Platin oder Palladium auf Tierkohle (s. S. 46).

Die Addition von H_2 an Ethin verläuft stufenweise:

$$\underset{\text{Ethin}}{HC{\equiv}CH} + H_2 \rightarrow \underset{\text{Ethen}}{H_2C{=}CH_2} + H_2 \rightarrow \underset{\text{Ethan}}{H_3C{-}CH_3}$$

Die katalytische Hydrierung kann man allgemein so formulieren:

$$R{-}C{\equiv}C{-}R + 2H_2 \rightarrow R{-}CH_2{-}CH_2{-}R$$

Technisch wichtig ist die partielle Hydrierung des Ethins zum Ethen unter besonderen Reaktionsbedingungen:

$$C_2H_2 + H_2 \rightarrow C_2H_4$$

270 °C; Katalysator: Pd auf Silicagel

11.5.5 Additionsreaktion mit Wasser (Hydratisierung)

Die Wasseranlagerung an Alkene ging so vonstatten, daß zunächst Schwefelsäure an die Doppelbindung addiert wurde und die dabei entstehenden Anlagerungsprodukte mit Wasser hydrolysiert wurden, wobei das Wasser den Platz der Schwefelsäure einnahm (s. S. 45). Alkine können dagegen bei Gegenwart geeigneter Katalysatoren Wasser direkt anlagern.

Von technischer Bedeutung ist die Hydratisierung des Acetylens zum Acetaldehyd:

$$\underset{\text{Acetylen}}{HC{\equiv}CH} + H{-}OH \rightarrow \underset{\text{Vinylalkohol}}{[H_2C{=}CH{-}OH]} \rightarrow \underset{\text{Acetaldehyd}}{H_3C{-}C(H){=}O}$$

Katalysator: $Hg/HgSO_4$ in $H_2SO_4 (w = 0{,}40)$ bei 90 °C

Das im ersten Reaktionsschritt entstehende Anlagerungsprodukt, der Vinylalkohol, ist nicht beständig, sondern lagert sich sofort unter Wanderung eines H-Atoms im Molekül in Acetaldehyd um.

11.5.6 Additionsreaktion mit Blausäure

Diese wird addiert wie Halogenwasserstoffe. Ein technisches Beispiel ist die Herstellung von Acrylnitril aus Acetylen:

$$\underset{\text{Acetylen}}{HC{\equiv}CH} + H{-}C{\equiv}N \rightarrow \underset{\text{Acrylnitril}}{H_2C{=}CH{-}C{\equiv}N}$$

Katalysator: Cu_2Cl_2/NH_4Cl (Nieuwland)

11.5.7 Reppe-Synthesen

Von Alkinen werden auf Grund ihrer Reaktionsfähigkeit unter besonderen Bedingungen weitere Verbindungen addiert, z. B.

Alkohole, Alkoholate, Aldehyde, Ketone, Amine und andere.

Diese Reaktionen wurden erst möglich, nachdem es Reppe in grundlegenden Arbeiten gelungen war, das Acetylen unter höheren Drucken (bis 10 bar) gefahrlos auch in technischen Apparaturen zu handhaben und die entsprechenden Katalysatoren für die Anlagerungen aufzufinden.

Dieses Arbeitsgebiet faßt man daher heute unter der Bezeichnung Reppe-Synthesen oder allgemein als Reppe-Chemie zusammen (s. S. 245).

11.5.8 Polymerisation

Wie Alkene können auch Alkine nicht nur andere Verbindungen addieren, sondern auch untereinander eine Addition eingehen (Selbstaddition). Diese Zusammenlagerung gleicher Moleküle nennt man Polymerisation oder, wenn man dazu die chemische Reaktion betrachtet, Additionspolymerisation. Maßgebend für den Reaktionsablauf sind die Wahl des Katalysators und die Reaktionsbedingungen.

Beispiele:

- Selbstaddition von zwei Molekülen Acetylen (Dimerisation):

$$HC{\equiv}CH + HC{\equiv}CH \rightarrow H_2C{=}CH{-}C{\equiv}CH$$

Vinyl-acetylen, 1-Buten-3-in

Katalysator: Salzsaure Lösung von Cu_2Cl_2 und NH_4Cl (Nieuwland-Kontakt).

- Selbstaddition von drei Molekülen Acetylen (Trimerisation):

$$3HC{\equiv}CH \rightarrow C_6H_6$$

Benzol

oder

CH≡CH + HC≡CH + HC≡CH (drei Moleküle, ringförmig angeordnet) → Benzolring (HC, CH, CH, CH, HC, CH mit abwechselnden Doppelbindungen)

Daneben können weitere Produkte, wie Naphthalin, Diphenyl oder Styrol entstehen. Obige Reaktion ist der Grund dafür, daß bei technischen Prozessen, bei denen Acetylen entsteht, z. B. im Lichtbogen (s. S. 61) Benzol als Nebenprodukt anfällt.

11.5.9 Metallverbindungen der Acetylene

Wasserstoff von Alkinen, genauer gesagt, das H-Atom, das an einem dreifach gebundenen C-Atom sitzt (—C≡C—H), kann durch Metall ersetzt werden; man sagt, diese H-Atome reagieren sauer, weil auch der Wasserstoff von Säuren durch Metall ersetzbar ist.

Leitet man Acetylen in eine Lösung von metallischem Natrium in flüssigem Ammoniak ($NaNH_2$ Natriumamid) ein, bildet sich Natriumacetylid:

$$HC{\equiv}CH + Na \rightarrow Na{-}C{\equiv}CH + \tfrac{1}{2}\,H_2$$

Die entstehende Metall-Kohlenstoff-, d.h. (Na—C)-Bindung, ist ionisch; man kann schreiben Na^+ $(IC{\equiv}CH)^-$. Acetylide sind Salze.

Bei höherer Temperatur (200 °C) und großem Natriumüberschuß werden beide H-Atome durch Natrium ersetzt:

$$HC{\equiv}CH + 2\,Na \rightarrow Na{-}C{\equiv}C{-}Na$$

Diese Verbindungen nennt man **Diacetylide** oder auch **Carbide.**

Allgemein zeigen Acetylen und seine Derivate mit Metallen oder deren Lösungen folgende Reaktionen:

HC≡CH	→	Acetylide, Carbide
R—C≡CH	→	Acetylide
R—C≡C—R	→	reagieren nicht.

Alkane und Alkene, die keine Metallverbindungen bilden, können auf diese Weise vom C_2H_2 und Verbindungen mit endständiger Dreifachbindung R—C≡CH unterschieden werden.

Verhalten der Acetylide und Carbide

Natriumacetylid HC≡CNa ist beständig bis 400 °C. Mit Wasser wird das Natrium wieder abgespalten, wobei Acetylen zurückerhalten wird:

$$HC{\equiv}CNa + H_2O \rightarrow C_2H_2 + NaOH$$

Natriumacetylid ist reaktionsfähig und kann auch mit anderen organischen Verbindungen umgesetzt werden, die reaktionsfähige Gruppen enthalten, z. B. mit Halogenalkanen:

$$HC{\equiv}C{-}\boxed{Na + I}{-}C_2H_5 \rightarrow HC{\equiv}C{-}C_2H_5 + NaI$$

Diese Reaktionen werden gewöhnlich in flüssigem Ammoniak durchgeführt.

Calciumcarbid CaC_2 entsteht bei 2000 °C aus Kohle und Kalk: $CaO + 3C \rightarrow CaC_2 + CO$ und ist deswegen eine sehr beständige Verbindung (Schmelzpunkt 2300 °C ohne Zersetzung). Mit Wasser wird

Calciumcarbid zersetzt, wobei Acetylen entsteht: $CaC_2 + 2H_2O \rightarrow C_2H_2 + Ca(OH)_2$.

Kupferacetylid Cu—C≡C—Cu (Cu_2C_2) und **Silberacetylid** Ag—C≡C—Ag (Ag_2C_2) sind die wichtigsten Schwermetallacetylide. Sie entstehen beim Einleiten von C_2H_2 in die wäßrigen, ammoniakalischen Lösungen von Cu_2Cl_2 bzw. $AgNO_3$ und fallen als rotbrauner bzw. weißer Niederschlag aus, sind also mit Wasser nicht zersetzlich.

Im trockenen Zustand sind Schwermetallacetylide äußerst explosiv, sie explodieren bereits bei leichtem Berühren; im feuchten Zustand sind sie nicht ganz so gefährlich.

11.6 Einzelne wichtige Alkine

Alkinen (Acetylenen) begegnet man, von speziellen Fällen abgesehen, selten. Dagegen ist das Acetylen selbst eine technisch überaus wichtige Verbindung als Ausgangsstoff für Synthesen.

11.6.1 Ethin HC≡CH (Acetylen)

Reines Acetylen ist ein farbloses, ungiftiges Gas mit schwachem, angenehm süßlichem Geruch. Der bekannt unangenehme Geruch des Acetylens rührt von Verunreinigungen wie H_2S und PH_3 her, die mit entstehen, wenn Acetylen aus Handelscarbid CaC_2 hergestellt wird. Diese bedingen auch die Giftigkeit des unreinen Acetylens.

Die Verunreinigungen kann man aus dem Acetylen entfernen, wenn das Gas durch eine Lösung von Hg(I)chlorid in verdünnter Salzsäure geleitet wird. Das gereinigte Gas ist dann fast geruchlos.

Acetylen ist ein gefährliches Gas. Bei seinem Zerfall werden große Wärmemengen frei, da das Molekül auf Grund seiner Dreifachbindung einen hohen Energieinhalt hat. Bei normalem Druck ist C_2H_2 nicht explosiv. Unter bestimmten Bedingungen kann es schon bei geringem Überdruck von selbst heftig explodieren. Feuchtes Acetylen ist nicht so empfindlich wie trockenes. Äußerst gefährlich und stoßempfindlich ist flüssiges oder festes Acetylen; man darf daher Acetylen in reinem Zustand nicht mit Kühlmitteln (Trockeneis, flüssige Luft) „ausfrieren". Auch in Gemischen ist Acetylen gefährlich; Luft mit $\varphi(C_2H_2) = 0{,}025$ bis 0,80 und Sauerstoff mit $\varphi(C_2H_2) = 0{,}028$ bis 0,90 sind explosiv. Die Sicherheit wird dagegen erhöht, wenn Acetylen mit einem größeren Anteil eines Inertgases, z.B. Stickstoff, verdünnt wird. Für den Transport wird Acetylen in kleine Stahlflaschen bis 10 bar Druck abgefüllt; die Stahlflaschen enthalten poröse Massen (Kieselgur oder A-Kohle) oder Aceton, in denen das C_2H_2 gelöst ist.

Die Löslichkeit des Acetylens in Wasser ist gering, aber merklich größer als die von Ethen oder Ethan, bedingt durch die polare (C—H)-Bindung, so daß hier eine Wechselwirkung mit den polaren Wasser-Molekülen möglich ist (Solvatation). Aceton löst bei Normaldruck an C_2H_2 das 25fache seines eigenen Volumens; bei 12 bar ist es das 300fache.

Als Brenngas beim autogenen Schweißen und Schneiden ist Acetylen besonders geeignet, da eine C_2H_2/O_2-Flamme bis 2700 °C heiß werden kann.

Die herausragende Bedeutung des Acetylens liegt auf dem chemischen Sektor als Ausgangsstoff für Synthesen technisch wertvoller Verbindungen.

C_2H_2		
	+ Cl_2 bzw. HCl	→ Gesättigte und ungesättigte, chlorierte Kohlenwasserstoffe (s. S. 125).
	+ H_2	→ Ethen (s. S. 45)
	+ H_2O	→ Acetaldehyd (s. S. 191); Folgeprodukte s. S. 191
	+ HCN	→ Acrylnitril (s. S. 230); Folgeprodukte: Chemiefaser.
	Dimerisation	→ Vinylacetylen (s. S. 59); Folgeprodukte: Chloropren-Kautschuk.
	Reppe-Synthesen	(s. S. 245)
	Vinylierung	→ Vinylchlorid, Vinylacetat, Vinylether.
	Ethinylierung	→ Propargylalkohol, 1,3-Butadien.
	Carbonylierung	→ Acrylsäure- und -ester.
	Cyclisierung	→ Cyclooctatetraen.

Vinylacetylen $H_2C{=}CH{-}C{\equiv}CH$ oder 1-Buten-3-in wird gewonnen durch Dimerisierung von Acetylen nach dem Nieuwland-Verfahren (s. S. 59).

Aus Vinylacetylen wird durch HCl-Anlagerung das wichtige Chloropren hergestellt:

$$H_2C{=}CH{-}C{\equiv}CH + HCl \rightarrow H_2C{=}CH{-}\underset{\displaystyle Cl}{\underset{|}{C}}{=}CH_2$$

2-Chlor-1,3-butadien, Chloropren

Beim Polymerisieren von Chloropren erhält man ein kautschuk-ähnliches Produkt; es wird unter dem Namen Neopren technisch hergestellt.

11.6.2 Technische Herstellung von Acetylen

Ausgangsprodukte sind Calciumcarbid CaC_2, Methan CH_4 (Erdgas) sowie Siedefraktionen des Erdöls (Leichtbenzin). Rohstoffbasis sind also Kohle (für CaC_2), Erdöl und Erdgas.

1. Aus **CaC_2** (s. Teil 2, S. 52)

Auf Calciumcarbid läßt man Wasser einwirken:

$$CaC_2 + 2H_2O \rightarrow C_2H_2 + Ca(OH)_2$$

2. Aus **CH_4** (Erdgas):

Aus Kohlenwasserstoffen kann sich Acetylen nur bei Temperaturen über 1000 °C bilden, da der hohe Energieinhalt der Dreifachbindung bei ihren Aufbau von außen zugeführt werden muß. Diese Temperaturen kann man nur im elektrischen Lichtbogen oder Flammen erreichen.

Lichtbogen-Verfahren:

In einen elektrischen Lichtbogen von 2000 °C, der in einem Rohr brennt (Bild 61.1), wird Methan eingeblasen; unter Abspaltung von H_2 bildet sich C_2H_2:

$$2CH_4 \rightarrow HC{\equiv}CH + 3H_2$$

Die Strömungsgeschwindigkeit muß sehr hoch sein, damit die Verweilzeit des C_2H_2 weniger als $\frac{1}{100}$ s beträgt und ein Zerfall von C_2H_2 vermieden wird. Aus diesem Grunde muß das Reaktionsgas hinter dem Lichtbogen sofort abgekühlt werden. Das geschieht durch Einblasen von Kohlenwasserstoffen $C_1 \ldots C_6$, auf die sich die große Wärmeenergie des Reaktionsgases überträgt, sodaß es zum Cracken der Kohlenwasserstoffe kommt. Unterhalb 1000 °C bildet sich auf diese Weise das wertvolle C_2H_4. Hauptprodukte des Lichtbogenverfahrens sind C_2H_2, C_2H_4 und H_2.

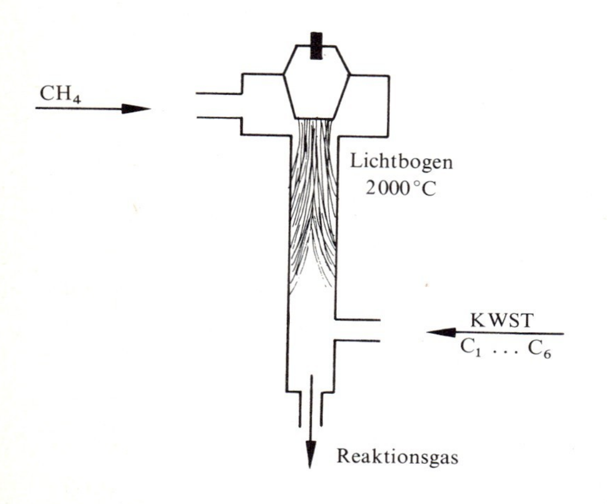

61.1 Lichtbogen-Verfahren

Nebenprodukte sind Derivate des Acetylens (Diacetylen, Methylacetylen, Vinylacetylen), Benzol und andere Aromaten sowie Ruß (entstanden durch Zerfall von C_2H_2).

Flammen-Verfahren (partielle CH_4-Verbrennung):

Dem CH_4 wird eine unzureichende, aber genau berechnete Luftmenge zugemischt und das Gemisch in eine Flamme eingeblasen. In der Flamme verbrennt soviel CH_4, wie Sauerstoff aus der zugemischten Luft vorhanden ist. Dabei steigt die Temperatur der Flamme auf 1500 °C, wobei das überschüssige CH_4 in C_2H_2 umgewandelt wird:

$$CH_4 + O_2 \xrightarrow[1500\,°C]{} C_2H_2 + CO + H_2$$

Dieses Verfahren liefert neben Acetylen das ebenfalls wichtige Synthesegas ($CO + H_2$), das anschließend zu Ammoniak oder Methanol weiterverarbeitet wird.

3. Aus **Leichtbenzin** (Erdölfraktion):

Leichtbenzin enthält gesättigte C_5- bis C_7-Kohlenwasserstoffe. In einer Flamme, die durch Verbrennen von H_2, CO und CH_4 mit O_2 erzeugt wird, wird Leichtbenzin eingespritzt. Bei einer Temperatur von 2000 °C werden die Kohlenwasserstoffe aufgespalten. Wegen der hohen Temperatur bildet sich ein beträchtlicher Teil Acetylen, daneben aber weitere Produkte:

$$\text{Leichtbenzin } (C_nH_{2n+2}) + O_2 \rightarrow C_2H_2 + C_2H_4 + H_2 + CO$$

Die Massenverhältnisse des C_2H_2 und C_2H_4 können durch die Betriebsbedingungen eingestellt werden. Es entstehen zwei wertvolle Produkte nebeneinander. H_2 und CO werden nach Abtrennung aus dem Gasgemisch der Flamme als Brenngase zugeführt. Nebenprodukte sind höhere Olefine (Propen, Butene, Butadien), Acetylen-Derivate und Aromaten.

11.7 Darstellung von Alkinen im Laboratorium

- **Aus Dihalogenalkanen**
- **Übertragung einer Dreifachbindung**

über Natriumacetylid: Von dem zu übertragenden Alkin wird das Natriumacetylid in flüssigem Ammoniak mittels metallischem Natrium hergestellt (s. S. 59). Die Verbindung, auf die die Dreifachbindung übertragen werden soll, muß eine Halogenverbindung sein. Bei der Reaktion verbindet sich das Natrium mit dem Halogen, so daß zwischen den beiden entsprechenden C-Atomen eine Bindung hergestellt wird.

Beispiel:

$$CH_3{-}C{\equiv}C{-}\boxed{Na + Br}{-}C_2H_5 \rightarrow CH_3{-}C{\equiv}C{-}C_2H_5 + NaBr$$

12 Molekül-Modelle

Unsere Vorstellungen über die räumliche Struktur der Moleküle beruhen auf den Erkenntnissen der beiden Chemiker Kekulé und van't Hoff. Kekulé erkannte 1865, daß der Kohlenstoff vierbindig ist, und van't Hoff fügte 1874 hinzu, daß die vier Valenzen (Bindungen) des Kohlenstoffs gleichwertig sind und in die Ecken des Tetraeders zeigen.

Die Richtigkeit dieser Erkenntnisse von Kekulé und van't Hoff wurde später im Laufe von Jahrzehnten durch die Strukturaufklärung von Molekülen mit modernen physikalischen Methoden bestätigt. Die Röntgenstrukturanalyse, die Messung der Lichtabsorption durch Aufnahme der Ultrarot-, Ultraviolett- und Raman-Spektren sowie die Ermittlung von Dipolmomenten aus Messungen der Dielektrizitätskonstanten erlauben Rückschlüsse auf die Form eines Moleküls und die räumliche Anordnung der Atome im Molekül. Die Meßergebnisse gestatten ferner, die Abstände zwischen den Atomen, den Atomabstand, zu berechnen. Durch Anwendung dieser Methoden und der Kombination ihrer Ergebnisse wird heute die moderne Strukturaufklärung von Molekülen betrieben, eine der wichtigsten Aufgaben der organischen und physikalischen Chemie.

Die in der Chemie übliche Schreibweise von Molekülen in der Ebene ist unvollkommen und hat den Nachteil, daß der räumliche Bau der Moleküle nicht exakt wiedergegeben wird. Die **Summenformel,** wie sie aus der Elementaranalyse folgt, ist ungeeignet, da sie funktionelle Gruppen nicht erkennen läßt. **Strukturformeln,** wenn sie in alle Einzelheiten aufgegliedert niedergeschrieben werden, bieten bereits eine gute Übersicht, aus der eine Vorstellung über den räumlichen Bau der Moleküle abgeleitet werden kann. Die räumliche Anordnung der Atome im Molekül ist nur durch **Molekül-Modelle** darstellbar. Für viele Fragestellungen der Chemie ist es sogar notwendig, Raummodelle zu konstruieren.

Bei den bisherigen Betrachtungen über Moleküle (Alkane, Alkene, Alkine) wurden anschauliche, vereinfachte Modelle benutzt, um eine Vorstellung vom Molekülbau zu gewinnen. Die Atome, durch Kugeln dargestellt, wurden durch kurze, starre Stäbchen (die Bindungen) miteinander verbunden, die in die richtigen Valenzrichtungen (Tetraeder) zeigten, d.h. untereinander Winkel von 109° 28′ bildeten (Bild 62.1).

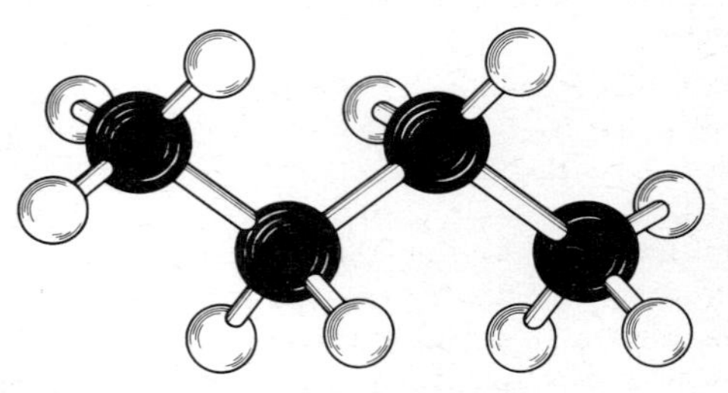

62.1 Molekülmodell des n-Butans

Auch Doppel- und Dreifachbindungen ließen sich mit diesen Modellen anschaulich darstellen, wenn die Bindungen der Atome, dargestellt durch die Stäbchen zwischen den Atomen, als verbiegbar angenommen wurden.

Die räumliche Anordnung der Atome im Molekül wird durch diese **Kugel-Stäbchen-Modelle** richtig wiedergegeben. Unberücksichtigt bleiben allerdings die richtigen Abmessungen im Molekül, z.B. die Größe der gebundenen Atome und die Abstände zwischen ihnen (Atom- oder Bindungsabstand).

Für viele Betrachtungen über Moleküle ist es aber erforderlich, eine naturgetreue und maßstabsgerechte Darstellung durch Modelle zu haben. Die richtige Wiedergabe der Abmessungen innerhalb eines Moleküls, der Anordnung von Atomen oder Atomgruppen sowie der Größe und Gestalt des ganzen Moleküls können für die Beurteilung chemischen Verhaltens der Verbindung wichtig sein. Ein Beispiel: Zwei Moleküle reagieren nur dann miteinander, wenn sie sich nähern und zusammenstoßen können. Die Reaktionsfähigkeit ist gewöhnlich nur auf bestimmte Stellen des Moleküls konzentriert, z.B. auf die funktionellen Gruppen, was bei den zum Teil sehr großen organischen Molekülen besonders beachtet werden muß. Die Reaktionspartner müssen sich daher ungehindert nähern können und die Reaktionszentren im Molekül dürfen nicht, bedingt durch den Bau des Moleküls, durch andere Atome oder Atomgruppen „abgeschirmt“ und damit einer Reaktion unzugänglich sein. Solche Überlegungen werden an naturgetreuen und maßstabgerechten Molekül-Modellen wesentlich erleichtert.

Moleküle mit maßstabgerechten Abmessungen kann man nicht aufbauen, indem man die Atome mit ihren bekannten Atomradien einsetzt. Diese gelten für freie, nicht aber für gebundene Atome. Es war deswegen notwendig, die Molekülmodelle auf die gemessenen Abstände der gebundenen Atome in Molekülen (Bindungsabstand) zurückzuführen. Nachdem aus umfangreichen Messungen an einer großen Zahl von Molekülen die Bindungsabstände ermittelt worden waren, konnte auch die Konstruktion von naturgetreuen, vergrößerten Molekülmodellen begonnen werden.

Die Größenordnung der **Bindungsabstände** liegt im Bereich von 10^{-8} cm (= 0,1 nm). Wenn man deswegen eine Vergrößerung von $1:10^8$ wählt, entspricht $1 \cdot 10^{-8}$ cm im natürlichen Molekül 1 cm im Modell. Außerdem muß die Raumerfüllung der Atome innerhalb des Moleküls berücksichtigt werden. Wie bereits erwähnt, kann man die Atome mit ihren Atomradien, die für freie Atome gelten, nicht in Moleküle übernehmen.

Die Folge dieser Überlegungen war die Konstruktion von **Kugel-Modellen** für Moleküle. Die Atome werden wieder durch Kugeln dargestellt, deren Radien aber dann so gewählt, daß beim Zusammenlagern zweier Atome (Beispiel: HCl, Bild 63.1) der Abstand der Atomschwerpunkte, der Bindungsabstand, der aus physikalischen Messungen genau bekannt ist, erhalten bleibt und die beiden Kugeln sich berühren. Durch Einführung der **Bindungsradien** werden die richtigen Abstände, aber auch die Raumerfüllung der Atome im Molekül besser berücksichtigt.

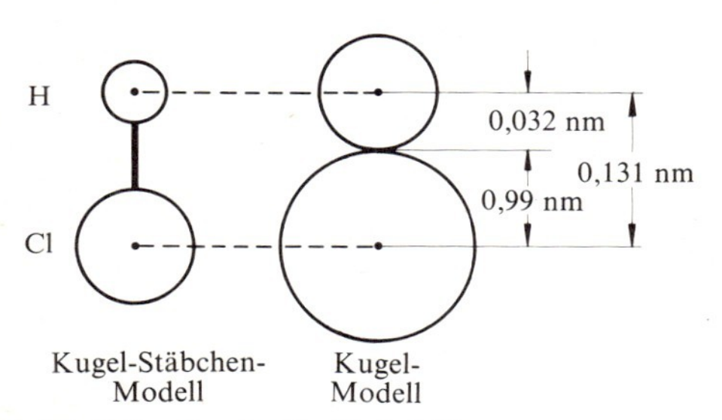

63.1 Modelle des HCl-Moleküls

Wie kommt man zu den Bindungsradien? Aus den Messungen der Atomabstände in einer großen Zahl von Molekülen hatte man immer wieder gefunden, daß für bestimmte Atome dieselben Bindungsradien herauskommen, d.h. die Bindungsradien sind feste Werte, die vom Bindungspartner unabhängig sind.

So wurden für den Atomabstand der H-Atome im H_2-Molekül 0,064 nm gemessen; der Bindungsradius des gebundenen H-Atoms ist danach 0,032 nm, weil H_2 ein symmetrisches Molekül ist. Der Atomabstand im Cl_2-Molekül beträgt 0,198 nm; Chlor hat also den Bindungsradius 0,099 nm. In ähnlicher Weise hat man für andere Atome deren Bindungsradien ermittelt.

Für ein gegebenes Molekül kann damit das Modell mit den richtigen Abmessungen (maßstabgerecht vergrößert) aufgebaut werden. Für das HCl-Molekül (Bild 63.1) folgt deswegen mit den Bindungsradien des Wasserstoffs (0,032 nm) und des Chlors (0,099 nm) ein Atomabstand von $0{,}032 + 0{,}099 = 0{,}131$ nm. Entsprechend kann man die Bindungsradien der Atome auf beliebige Moleküle, in denen diese enthalten sind, übertragen.

Nachdem für die wichtigsten Atome die Bindungsradien ermittelt waren und damit die Kugelmodelle für Moleküle konstruiert werden konnten, stellte sich heraus, daß die wahre Raumerfüllung der gebundenen Atome im Molekül auch durch die Kugelmodelle nur annähernd wiedergegeben wird. Gebundene Atome besitzen nämlich über den Bindungsradius hinaus noch einen **Wirkungsraum,** häufig auch Wirkungssphäre genannt, so daß ein **Wirkungsradius** definiert werden kann, wenn man die Wirkungssphäre als kugelförmig annimmt.

Wie kam man auf die Annahme einer Wirkungssphäre? Moderne physikalische Methoden erlauben nicht nur, den Atomabstand innerhalb eines Moleküls zu ermitteln, sondern auch die Entfernung zweier frei im Raum beweglicher, sich nähernder Moleküle zu bestimmen (zwischenmolekularer Abstand). Beim Cl_2-Molekül (Bild 63.2), das einen Bindungsradius von etwa 0,1 nm hat, sollte man erwarten, daß der zwischenmolekulare Abstand etwa 0,2 nm beträgt, wenn sich die beiden Moleküle gerade berühren. Gemessen wurden aber 0,31 nm, d.h. zwei Chlormoleküle können sich nur bis auf diesen Abstand nähern, wenn sie zusammenstoßen, d.h. genauer, wenn ihre Wirkungssphären zusammenstoßen. Der Wirkungsradius der Cl-Atome im Cl_2-Molekül ist danach 0,0155 nm, er ist größer als der Bindungsradius (0,099 nm). – Bei Reaktionen, die nur nach Zusammenstoß der Moleküle ablaufen können, ist gerade der zwischenmolekulare Abstand besonders wichtig.

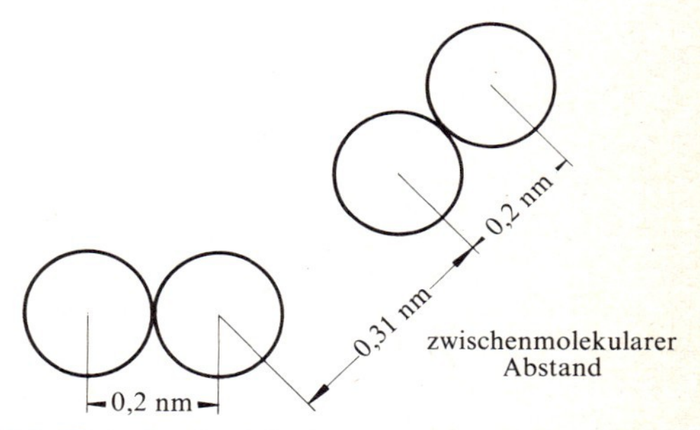

63.2 Zwischenmolekularer Abstand zweier Chlor-Modelle

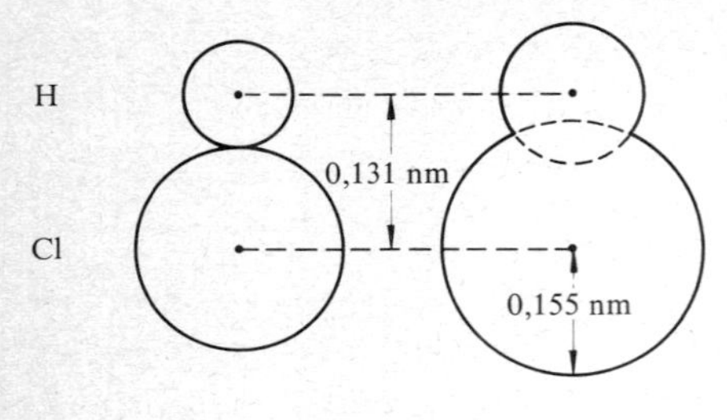

HCl-Molekül

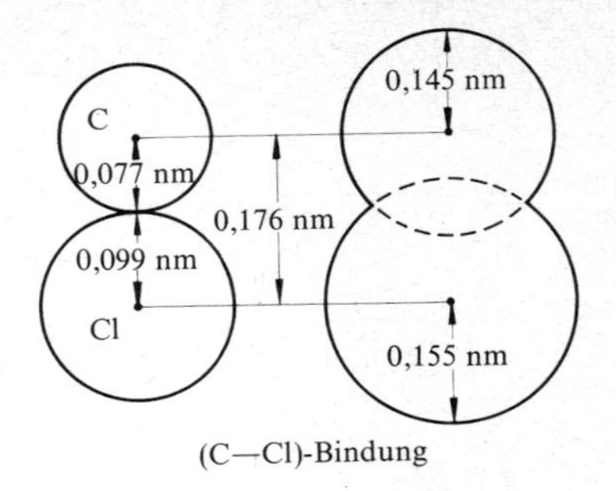

(C—Cl)-Bindung

64.1 Kalotten-Modelle (schematisch)

Die Größe der Wirkungsradien der gebundenen Atome wird gegeben durch die Struktur ihrer Elektronenhüllen, d.h. durch die Bindungselektronen (σ-Elektronen), durch zusätzliche Elektronen (π-Elektronen) und durch die an keiner Bindung anteiligen, die sogenannten nichtanteiligen Elektronen. Für die Größe der Wirkungssphäre ist also auch die Art der Bindung maßgebend. Besonders die leicht beweglichen π-Elektronen vergrößern die Wirkungssphäre eines Atoms in einem Molekül beträchtlich. Greift man als Beispiel ein C-Atom im Ethen-Molekül heraus, so ist bekannt, daß sich die π-Elektronen der Doppelbindung bevorzugt in einer zur Molekülebene senkrechten Ebene aufhalten (s. Bild 41.2), so daß die Wirkungssphäre dieser C-Atome oberhalb und unterhalb der Molekülebene besonders ausgeprägt ist und damit eine von der Kugelgestalt abweichende, mehr elliptische Form erhält.

Will man nun Molekülmodelle konstruieren, die sowohl den Atomabstand im Molekül als auch die Raumerfüllung der gebundenen Atome richtig wiedergeben, müssen sich die Wirkungsradien überschneiden. Man muß dann Molekülmodelle aus sogenannten **Atomkalotten** zusammensetzen (Bild 64.1). Kalotten sind Kugelkappen, die entstehen, wenn man eine Kugel durch einen oder mehrere ebene Schnitte zerlegt.

C Alkan C Alken C Alkin

64.2 Kohlenstoff-Einzelkalotten

Wasserstoff und Chlor sind zwei Elemente, die nur eine Bindung betätigen, so daß von der Atomkugel nur eine Kappe abgeschnitten werden muß.

Beim Kohlenstoff dagegen müssen im Normalfall vier Kappen, und zwar in Richtung der Bindungswinkel, abgeschnitten werden. Für das C-Atom sind aber mehrere Kalotten notwendig, da der Kohlenstoff auch Doppel- und Dreifachbindungen mit sich selbst aufbauen kann, was zu einer Verkürzung des Bindungsabstandes führt; entsprechend ändert sich auch die Kappenhöhe der Kalotte.

Einige Einzelkalotten des C-Atoms in verschiedenen Bindungen zeigt Bild 64.2.

Die Kalotte C_{Alkan} ist bei allen gesättigten, offenkettigen Alkanen sowie bei den ringförmigen Alkanen einsetzbar. C_{Alken} wird bei allen Bindungen verwandt, die mit Kohlenstoff in offenen Ketten doppelt gebunden sind, besonders C=C und C=O. Man erkennt die elliptische Form der Kalotte senkrecht zur Molekülebene. Für den Aufbau von (C≡C)- und (C≡N)-Dreifachbindungen dient die Kalotte C_{Alkin}.

Atomkalotten gibt es in einer ausgewählten Zusammenstellung für alle an organischen Verbindungen beteiligten Elemente. Die Kalotten stellen Bindungsabstände und Wirkungsradien in $1{,}5 \cdot 10^8$-facher Vergrößerung dar, d.h. 0,067 nm im natürlichen Molekül entsprechen 1 cm im Molekülmodell. Sie sind aus Holz gefertigt und durch unterschiedlichen Farbanstrich gekennzeichnet (Tab. 65.3). Das Zusammensetzen der Einzelkalotten zum Molekülmodell geschieht mittels Druckknöpfen. Die Druckknöpfe ermöglichen auch die freie Drehbarkeit um eine Einfachbindung.

Bild 65.1 zeigt die Kalotten-Modelle einiger Moleküle. Beim Ethen und besonders beim Ethin erkennt man deutlich die von der Kugelform abweichende Gestalt der Kalotten, bedingt durch die π-Elektronen. Die bei Doppel- und Dreifachbindungen aufgehobene freie Drehbarkeit wird durch Klammern, die in die Kalotten eingesetzt werden, festgelegt.

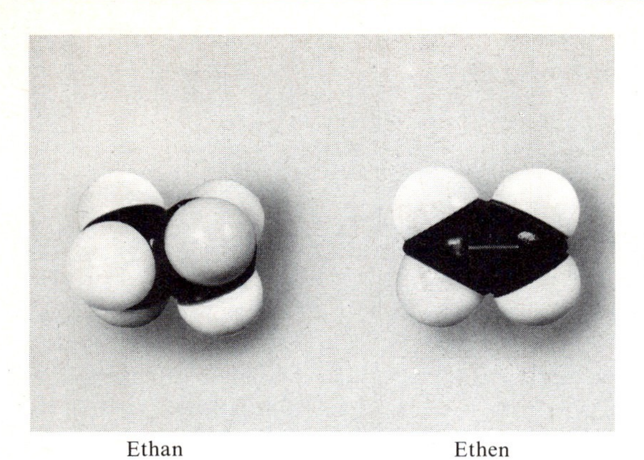

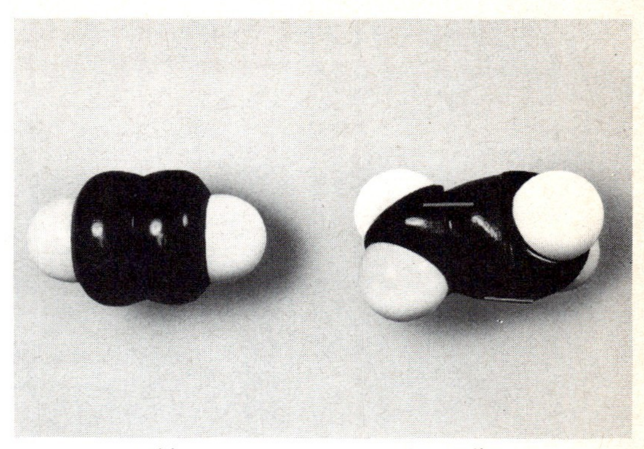

65.1 Kalottenmodelle einiger Moleküle

65.2 Kalottenmodelle des Dichlorethylens

Farbe	Element
schwarz	C
weiß	H
rot	O
blau	N
gelb	S
dunkelgelb	F
grün	Cl
braun	Br
violett	I
silbergrau	Metalle

65.3 Farbe von Atomkalotten

Die beiden Kalotten-Modelle des cis- und trans-Dichlorethens zeigt Bild 65.2. Die cis-trans-Isomerie ist deutlich zu erkennen.

12.1 Organische Reaktionen

Umsatz, Ausbeute, Selektivität

Organische Reaktionen sind vielfach Gleichgewichtsreaktionen, sie liefern nicht die theoretisch mögliche Menge an Endprodukt. Außerdem ist die Geschwindigkeit organischer Reaktionen meistens gering, lange Reaktionszeiten bei höherer Temperatur sind dann erforderlich. Das verursacht unerwünschte Neben- und Folgereaktionen. Um den Ablauf einer organischen Reaktion quantitativ zu erfassen, sind die Kennzahlen Umsatz, Ausbeute und Selektivität von Bedeutung.

Der **Umsatz** bezieht sich auf ein Ausgangsprodukt der Reaktion. Man versteht darunter den prozentualen Anteil der Einsatzmenge, der während der Reaktion umgesetzt wird, gleichgültig ob zu erwünschtem Endprodukt oder Nebenprodukten.

Die **Ausbeute** betrifft das erwünschte Endprodukt. Darunter versteht man das prozentuale Verhältnis der bei der Reaktion erhaltenen zur theoretisch möglichen, aus der Reaktionsgleichung berechneten Endproduktmenge.

Die **Selektivität** ist mit der Ausbeute vergleichbar. Unter der Selektivität eines Endproduktes versteht man den Quotienten (in Prozent) aus der gebildeten Menge dieses Endproduktes und der umgesetzten Menge eines Einsatzstoffes. Da im allgemeinen mehrere Partner an einer Reaktion beteiligt sind, muß angegeben werden, auf welchen Reaktionspartner sich eine Selektivitätsangabe bezieht.

Ein Vergleich der Kennzahlen ermöglicht die Beurteilung des Reaktionsablaufs. Hoher Umsatz eines Einsatzstoffes und geringe Ausbeute eines Endproduktes zeigt zum Beispiel Nebenreaktionen an.

13 Aromatische Verbindungen (Arene)

In die Klasse der aromatischen Verbindungen werden alle Verbindungen eingeordnet, die sich vom **Benzol,** der Stammverbindung dieser Stoffklasse ableiten. Benzol C_6H_6 ist ein Kohlenwasserstoff mit 6 C-Atomen und einem besonderen Bindungssystem.

Aliphatische Verbindungen leiten sich von dem einfachsten Kohlenwasserstoff Methan CH_4 ab, wenn ein oder mehrere H-Atome durch andere Gruppen ersetzt werden.

In derselben Weise entstehen aromatische Verbindungen, wenn man vom Grundbaustein dieser Verbindungsreihe, dem Benzol C_6H_6 ausgeht. Auch hier können H-Atome durch andere Gruppen ersetzt (substituiert) werden. Beispiele: Der Wasserstoff kann durch eine funktionelle Gruppe (—Cl, $—NO_2$, $—NH_2$, —COOH) ersetzt werden, wobei eine jeweils eigene Verbindungsreihe entsteht und mit den Besonderheiten des Benzolmoleküls arteigene Eigenschaften dieser Verbindungen bedingt. An das Benzolmolekül kann durch Substitution eines H-Atoms auch eine Kette von C-Atomen (Alkan, Alken, Alkin) geknüpft werden; diese „Seitenketten" des Benzols können ihrerseits funktionelle Gruppen tragen. Diese Beispiele zeigen, daß auch in der aromatischen Reihe eine große Vielfalt für den Aufbau von Verbindungen gegeben ist.

13.1 Formeln und Struktur aromatischer Verbindungen

Den Chemikern des 19. Jahrhunderts war schon frühzeitig aufgefallen, daß eine gewisse Gruppe von Verbindungen, die **Kohlenwasserstoffe** waren, sich in die schon bekannten Reihen von Kohlenwasserstoffen, wie Alkane, Alkene und Alkine, nicht einordnen ließen. Auch andere Verbindungen, die außer Kohlenstoff und Wasserstoff noch die Elemente Sauerstoff oder Stickstoff enthielten und deren Elementarzusammensetzung bekannt war, waren in den bisher bekannten Verbindungsreihen wegen ihrer abweichenden Zusammensetzung nicht unterzubringen.

So hatte man aus dem **Naturprodukt Benzoeharz** die beiden reinen Verbindungen Benzoesäure und Benzylalkohol, aus dem wohlriechenden Tolubalsam das Toluol und aus anderen Naturprodukten weitere Verbindungen, z. B. Benzaldehyd, Salicylsäure, Cymol, Phenol, Anilin, gewonnen, ihre elementare Zusammensetzung und Summenformel ermittelt:

Toluol	C_7H_8
Cymol	$C_{10}H_{14}$
Phenol	C_6H_6O
Benzaldehyd	C_7H_6O
Benzoesäure	$C_7H_6O_2$
Salicylsäure	$C_7H_6O_3$
Benzylalkohol	C_7H_8O
Anilin	C_6H_7N

Da diese Verbindungen oder ihre natürlichen Ausgangsprodukte einen angenehmen „aromatischen" Geruch hatten, bezeichnete man sie als aromatische Verbindungen. Über die Zusammensetzung oder Struktur der Verbindungen wurde mit diesem Namen nichts ausgesagt, er diente aber zur Charakterisierung dieser besonderen Stoffklasse. Diese schon frühzeitig eingeführte Bezeichnung hat sich bis heute gehalten und wird noch allgemein angewandt.

Die Untersuchungen der **Zusammensetzung** oben genannter Verbindungen führten zu folgenden Ergebnissen:

- Der **H-Gehalt** in aromatischen Verbindungen ist **geringer** als bei allen anderen bisher bekannten organischen Verbindungen.
- Es sind immer mindestens **sechs** C-Atome vorhanden.
- Beim Abbau einiger Verbindungen bleibt immer ein stabiler Rest mit der Formel $\mathbf{C_6H_6}$ übrig. Daraus folgerte man, daß die Verbindung C_6H_6 (Benzol) der Grundkohlenwasserstoff aller aromatischen Verbindungen sein mußte.

Benzol C_6H_6 war bereits seit 1825 bekannt. Sein Entdecker Faraday hatte es aus einem öligen Kondensat isoliert, das sich bildete, wenn Leuchtgas komprimiert wurde. Dieselbe Verbindung mit der Formel C_6H_6 hatte Mitscherlich 1834 erhalten, als er das Ca-Salz der Benzoesäure stark erhitzte. 1845 schließlich wurde Benzol von Hofmann aus dem Steinkohlenteer isoliert; dieser enthielt noch weitere „aromatische" Verbindungen, wie man später herausfand.

Der geringe H-Gehalt der Verbindung, z.B. des Benzols C_6H_6, ließ einen **stark ungesättigten** Charakter erwarten. Denn die vollständig gesättigte Verbindung mit sechs C-Atomen ist das Alkan Hexan C_6H_{14}; demgegenüber hat Benzol C_6H_6 bei gleicher C-Zahl acht H-Atome weniger im Molekül. Trotzdem zeigte es nicht die Reaktionen, die von ungesättigten aliphatischen Verbindungen bekannt waren, z.B. Addition und Polymerisation. Dagegen wurden beim Benzol Reaktionen gefunden, die eher auf einen **gesättigten** Charakter schließen ließen.

Gegenüberstellung: Von den ungesättigten Molekülen der Alkene werden Brom oder Schwefelsäure leicht addiert. Benzol wird von den beiden Reagenzien nur in der Hitze angegriffen, dabei findet aber keine Addition, sondern eine **Substitution** statt.

Die zahlreich und unter wechselnden Bedingungen durchgeführten Substitutionsreaktionen führten zu weiteren wichtigen Ergebnissen. Dazu zunächst eine Gegenüberstellung:

- Bei der Chlorierung von Propan entstehen zwei verschiedene Chlorpropane (Isomere) mit einem Cl-Atom im Molekül (Mono-chlorpropane):

$$2CH_3{-}CH_2{-}CH_3 + 2Cl_2 \rightarrow CH_3{-}CH_2{-}\underset{\substack{|\\Cl}}{CH_2} + CH_3{-}\underset{\substack{|\\Cl}}{CH}{-}CH_3 + 2HCl$$

  Das Chlor ist einmal endständig, das andere Mal mittelständig gebunden. Die C-Atome in der Propan-Molekülkette sind also nicht „gleichwertig", die endständigen sind primäre C-Atome, das mittelständige ein sekundäres C-Atom. Bei der Chlorierung entstehen zwei verschiedene Verbindungen.

- Wird im Benzol C_6H_6 **ein** H-Atom durch ein Cl-Atom substituiert (Chlorierung des Benzols zum Mono-chlorbenzol), entsteht nur eine Verbindung Mono-chlorbenzol, Isomere werden nicht gefunden.

Daraus konnten zwei wichtige Schlüsse gezogen werden:

- Jedes C-Atom kann nur mit **einem** H-Atom verbunden sein.
- Alle C- und H-Atome sind **gleichwertig.** Das C-Gerüst des Moleküls muß **symmetrisch** und in sich geschlossen sein, wie es z.B. durch eine **ringförmige** Verknüpfung der C-Atome verwirklicht werden kann (Benzolring).

13.2 Struktur und Bindung des Benzol-Moleküls

13.2.1 Entwicklung des Modells für das Benzol-Molekül

Von den folgenden schon bekannten Tatsachen soll ausgegangen werden:

- Die Summenformel des Benzols ist C_6H_6.
- Das Benzol-Molekül hat einen symmetrischen, ringförmigen Aufbau aus sechs gleichwertigen CH-Gruppen.
- Obwohl das Benzol-Molekül bezüglich seiner Anzahl H-Atome stark ungesättigt ist, zeigt es nicht die üblichen Reaktionen ungesättigter Moleküle, wie Addition von Brom oder Polymerisation. Dafür sind Substitutionsreaktionen vorherrschend.

Die Stabilität des Benzol-Moleküls und sein besonderes Reaktionsverhalten deuten auf eine neue, besondere Art der Bindung der C-Atome untereinander hin.

Beim Aufbau eines Moleküls mit untereinander gebundenen C-Atomen als Molekülgrüst muß die Vierbindigkeit des Kohlenstoffs gewahrt werden. Unter der Annahme, daß die 6 C-Atome des Benzols miteinander zu einem Ring verbunden sind und in den Ecken eines **regelmäßigen Sechsecks** stehen, und weiterhin an jedes C-Atom ein H-Atom gebunden ist, würde folgender Molekülaufbau entstehen:

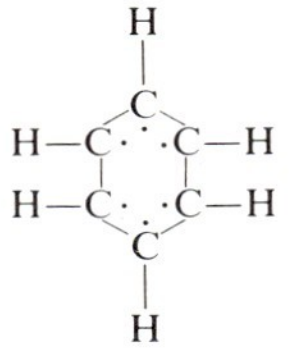

```
       H
       |
      .C.
H—C·  ·  ·C—H
   |       |
H—C·   ·C—H
      ·C·
       |
       H
```

Damit hat jedes C-Atom drei seiner vier Bindungselektronen verbraucht. Als Bindungen sind Einfachbindungen eingesetzt worden. Aus den Reaktionen des Benzols geht aber hervor, daß normale Bindungen hier nicht vorliegen können.

Vor allem ist noch offen, wie sich das vierte Bindungselektron jedes C-Atoms (durch Punkte im Modell angedeutet) verhält. Für die Absättigung dieser restlichen Valenz jedes C-Atoms gibt es verschiedene Möglichkeiten, die in den Jahren 1865 bis 1885 zu verschiedenen Vorschlägen für den Molekülaufbau des Benzols führten:

Kekulé hatte die von 6 C-Atomen stammenden, insgesamt 6 freien Bindungselektronen zu drei Elektronenpaaren zusammengefaßt und drei Doppelbin-

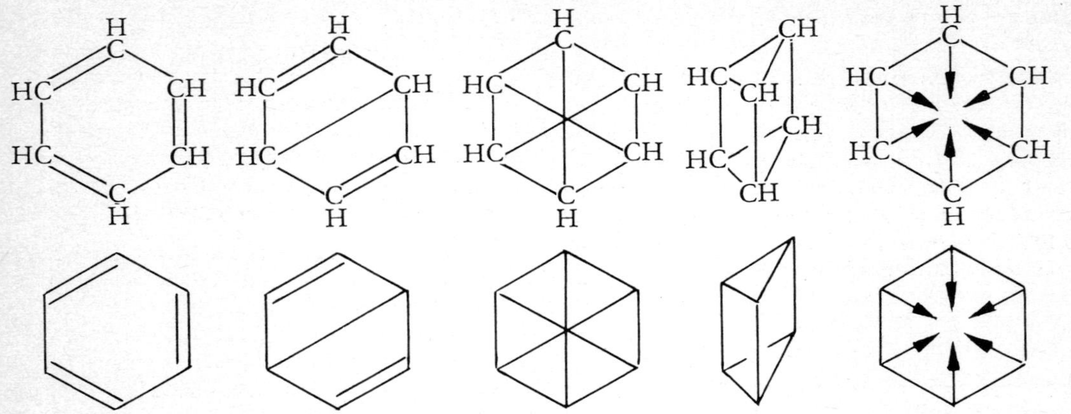

Kekulé 1865 Dewar 1866 Claus 1867 Ladenburg 1869 Meyer 1865 Armstrong 1887 v. Bayer 1889

68.1 Strukturformeln des Benzols

dungen gebildet, die jeweils zwischen den drei Einfachbindungen lagen. Es sollten Doppelbindungen besonderer Art sein, weil sie nicht ein ungesättigtes Verhalten im bekannten Sinne zeigten, wie von den Reaktionen des Benzols bekannt war.

Claus stellte bei seiner Diagonalformel Bindungen zwischen gegenüberliegenden C-Atomen her, um so ihre freien Bindungselektronen abzusättigen.

Dewar wählte ein Modell, das Überlegungen von Kekulé und Claus enthielt.

Ladenburg hatte sich mit seiner Prismenformel nicht für ein ebenes, sondern für ein räumliches Molekülmodell entschieden.

Meyer, Armstrong und **v. Bayer** glaubten zu verschiedenen Zeiten an eine zentrische Absättigung der 6 freien C-Bindungselektronen zur Mitte des Moleküls hin.

Die Kekulésche Formel hat sich im Laufe der Zeit durchgesetzt.

Wenn in der **Kekulé**-Formel des Benzols mit sich abwechselnden Einfach- und Doppelbindungen die C-Atome numeriert werden, kann man zwei verschiedene Strukturen erhalten, weil z. B. die C-Atome 1 und 2 durch Einfach- oder Doppelbindungen miteinander verknüpft sein können. Das würde zur Folge haben, daß bei einer Chlorierung des Benzols und Substitution von zwei Cl-Atomen an benachbarten C-Atomen zwei Isomere entstehen. Die beiden Cl-tragenden C-Atome sind dann einmal durch Einfachbindung, das andere Mal durch Doppelbindung verknüpft. Solche Isomere wurden aber nicht gefunden.

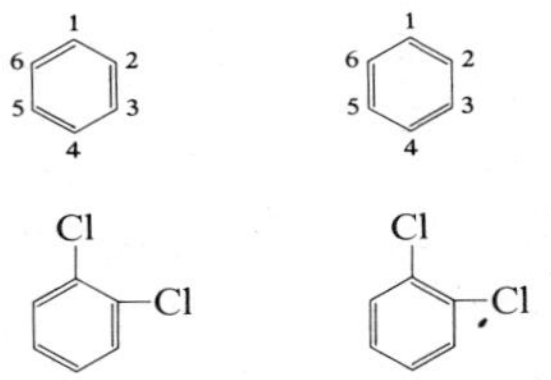

Kekulé gab dafür selbst die Erklärung, indem er eine wichtige Annahme machte, die heute noch allgemein anerkannt wird: die Doppelbindungen liegen im Molekül nicht fest, sondern die **drei zusätzlichen Elektronenpaare (π-Elektronen)** können im Ringmolekül schwingen. Durch den fortwährenden Wechsel werden die C-Atome weder durch Einfach- noch Doppelbindungen miteinander verbunden. Der wirklich vorhandene Bindungszustand liegt zwischen beiden Bindungstypen; das ist der **aromatische Bindungszustand.** Durch die beweglichen π-Elektronen ist keine Unterscheidung zwischen Einfach- und Doppelbindungen mehr möglich, es hat ein Ausgleich zwischen den Bindungen stattgefunden, so daß jede Bindung denselben aromatischen Bindungscharakter hat.

Besonders deutlich wird dieser Bindungsausgleich, wenn der Atomabstand der C-Atome im Ring betrachtet wird. Eine „Vermessung" des Benzolmoleküls mittels Röntgenstrahlen hat ergeben, daß alle Bindungen die gleiche Länge haben.

Der gefundene C—C-Abstand im Benzol beträgt 0,140 nm. Vergleicht man diesen Wert mit den entsprechenden Atomabständen der Einfach- und Doppelbindung (Tab. 69.1) erkennt man den Ausgleich zwischen beiden Bindungen, weil der aromatische (C—C)-Abstand etwa auf der Mitte der beiden anderen Atomabstände liegt. Die aromatische Bindung bedingt den symmetrischen Aufbau des Benzolmoleküls.

Ein weiterer interessanter Beweis für die Beweglichkeit der π-Elektronen im Ring ist darin zu sehen, daß diese sich zu einem sehr geringen Teil auch an der Bindung der H- an die C-Atome beteiligen, weil der (C—H)-Abstand von dem aus normalen Kohlenwasserstoffen bekannten Wert von 0,109 nm auf 0,104 nm im Benzol verkürzt wurde. Verkürzung des Atomabstandes bedeutet verstärkte Bindung.

Bindung	Atomabstand nm
C—C	0,154
C=C	0,134
C—C aromatisch	0,140

69.1 Bindungsabstände

Für die Kennzeichnung des aromatischen Bindungszustandes im Benzol wählt man entweder die Kekulé-Grenzstrukturen, die durch Mesomerie ineinander übergehen, oder ein schon 1925 von Robinson vorgeschlagenes Symbol, das heute überwiegend verwandt wird.

Kekulé-Formeln Robinson-Formel

13.2.2 Orbital-Modell des Benzol-Moleküls

Das Benzol-Molekül enthält als Gerüst **sp^2-hybridisierte C-Atome,** die durch σ-Bindungen miteinander verknüpft sind. Die drei, in einer Ebene liegenden sp^2-Hybridorbitale jedes C-Atoms (s. S. 41) überlappen und dienen zur Bindung der C-Atome untereinander zu einem Ring und je eines H-Atoms an jedes C-Atom (σ-Bindungen). Daraus entsteht ein ebenes Molekül.

Senkrecht zur Ebene, die durch die drei Hybridorbitale gebildet wird, hat jedes C-Atom ein p_z-Orbital (s. S. 41). Wenn die σ-Bindung zwischen den C-Atomen gebildet werden, kommt es zur Überlappung auch der p_z-Orbitale benachbarter C-Atome. Hierdurch entsteht oberhalb und unterhalb der Molekülebene eine ringförmige Elektronenwolke (Bild 69.3), in der sich die π-Elektronen aufhalten.

Die oben und unten aus der Molekülebene herausragenden Elektronenwolken der π-Elektronen erklären, warum sich Benzol bei chemischen Reaktionen als **nucleophiler Reaktionspartner** verhält. Von den π-Elektronen geht unter bestimmten Reaktionsbedingungen die Reaktionsbereitschaft des Benzols aus. Mit Hilfe des Orbitalmodells ist das Reaktionsverhalten des Benzols zu verstehen.

13.2.3 Moderne Kriterien für den aromatischen Bindungszustand

Eine Verbindung mit aromatischem Bindungssystem und dafür typischen Eigenschaften liegt vor, wenn folgende Bedingungen erfüllt sind:

- Ein cyclisches Molekül muß ein konjugiertes π-Elektronensystem enthalten.
- Das Molekül muß eben sein, damit Mesomerie der π-Elektronen stattfinden kann.
- Die **Hückel-Regel** muß erfüllt sein:
  $(4n + 2)$ π-Elektronen $n = 0, 1, 2 \ldots$

Für $n = 1$ ergibt sich aus der Hückel-Formel das 6-π-Elektronensystem des Benzols. Auch heterocyclische Verbindungen, wie Furan, Thiophen oder Pyridin, erfüllen mit ihren π-Elektronen die Hückel-Formel und sind daher aromatische Verbindungen (s. S. 248).

Das **Kalotten-Modell** des Benzols zeigt Bild 70.1. Hier sind die Molekülabmessungen maßstabgerecht und vergrößert wiedergegeben. Man erkennt, daß Benzol ein ebenes Molekül ist. Die π-Elektronen bauen ihre

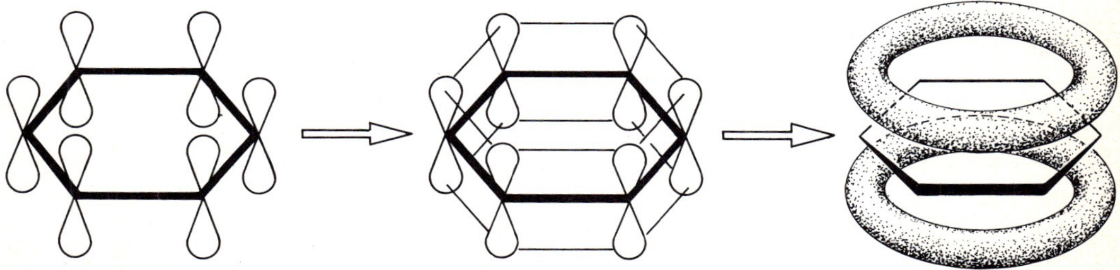

69.3 Elektronenwolken des Benzol-Moleküls

Wirkungssphäre senkrecht zur Molekülebene auf. Dadurch bekommt das Benzol eine „Dicke“ von 0,32 nm oder 4,8 cm im Modell.

70.1 Kalottenmodell des Benzol-Moleküls

13.3 Benzol

13.3.1 Allgemeines

Benzol ist eine klare, farblose, lichtbrechende Flüssigkeit. Seine physikalischen Daten sind: Schmelzpunkt: 5,5 °C, Siedepunkt: 80 °C, Dichte: 0,879 g/ml bei 20 °C, molare Masse 78,11 g/mol.

Der Name Benzol deutet auf einen Alkohol hin, weil Alkohole in der Genfer Nomenklatur die Endung -ol tragen. Benzol ist ein Kohlenwasserstoff. Sein Name ist historisch bedingt und berücksichtigt die Herkunft: Aus einem Naturprodukt, dem Benzoeharz, wurde die Benzoesäure erstmalig gewonnen; beim starken Erhitzen des Ca-Salzes der Benzoesäure entstand die neue Verbindung C_6H_6, die den Namen Benzol erhielt.

Benzol und Wasser sind zu einem geringen Anteil ineinander mischbar. 0,2 g Benzol werden von 100 g Wasser aufgenommen, 0,07 g Wasser lösen sich in 100 g Benzol.

Benzol mischt sich mit fast allen anderen organischen Lösungsmitteln. Es besitzt ein gutes Lösungsvermögen für Öle, Fette, Harze, Kautschuk, Schwefel, Phosphor und Iod.

Benzol gehört zu den brennbaren und giftigen Flüssigkeiten. Die Behälterkennzeichnung ist nach der Arbeitsstoffverordnung mit den beiden Gefahrensymbolen „Flamme“ und „Gift“ durchzuführen.

Benzol brennt mit stark rußender Flamme. Sein Flammpunkt ist −11 °C, d.h. bei Zimmertemperatur entflammen Benzoldämpfe sofort. Die Explosionsgrenzen für Benzoldämpfe in Mischung mit Luft liegen zwischen $\varphi = 0{,}012$ bis 0,08.

Benzol gehört zu den **gefährlichen Arbeitsstoffen,** genauer zu den krebserzeugenden (cancerogenen) Arbeitsstoffen, die erfahrungsgemäß beim Menschen bösartige Geschwülste zu verursachen vermögen.

Ein MAK-Wert wird für solche Stoffe nicht angegeben. Der TRK-Wert (Technische Richtkonzentration) ist $\varphi \mathrel{\hat{=}} 8$ ppm oder 26 mg/m^3. Unter der Technischen Richtkonzentration eines gefährlichen Arbeitsstoffes versteht man diejenige Konzentration als Gas, Dampf oder Schwebstoff in der Luft, die als Anhalt für zu treffende Schutzmaßnahmen und die meßtechnische Überwachung am Arbeitsplatz heranzuziehen ist. Die Einhaltung der TRK-Werte am Arbeitsplatz soll das Risiko einer Beeinträchtigung der Gesundheit vermindern, vermag dieses jedoch nicht vollständig auszuschließen. Daher sollen durch fortgesetzte Verbesserungen der technischen Gegebenheiten und der technischen Schutzmaßnahmen Konzentration in der Luft angestrebt werden, die möglichst weit unter dem TRK-Wert liegen.

Eine **Einwirkung** auf den Menschen beim Arbeiten mit Benzol muß ausgeschlossen werden, z.B. durch Arbeiten unter dem Abzug oder durch Tragen geeigneter Körperschutzmittel.

Erste Hilfe: Entfernen aus der Giftatmosphäre, Versorgen mit Frischluft. Sofort Arzt einschalten!

13.3.2 Herkunft von Benzol

Benzol wird nicht synthetisch hergestellt. Rohstoffquellen sind Kohlenwertstoffe und Erdölprodukte.

1. Kokereigas (s. S. 109).
2. Steinkohlenteer-Leichtöl (s. S. 111).
3. Extraktion aus Reformat-Benzinen (s. S. 101).
4. Extraktion aus Pyrolyse-Benzin der Crackanlagen (s. S. 100).

13.3.3 Verwendung des Benzols

Benzol kommt in verschiedenen Qualitäten auf den Markt. Technisches Benzol ist mit Thiophen verunreinigt (bis 0,5%). Reinbenzol für chemische Zwecke muß thiophenfrei sein.

Benzol ist die in größter Menge hergestellte und gebrauchte aromatische Verbindung. Sein Einsatz liegt auf verschiedenen Gebieten.

- Ausgangsstoff für eine große Zahl wichtiger aromatischer Zwischenprodukte, die dann bei neuen Synthesen eingesetzt werden. Für diese Zwecke kann nur Reinbenzol verwandt werden.

C_6H_6 + Cl_2 → Chlorbenzol (Folgeprodukte: Phenol, Di-, Tri-, Tetrachlorbenzole)
+ H_2SO_4 → Benzolsulfonsäure (Folgeprodukt: Phenol)
+ HNO_3 → Nitrobenzol (Folgeprodukt: Anilin)
+ C_2H_4 → Ethylbenzol (Folgeprodukt: Styrol)
+ C_3H_6 → Cumol (Folgeprodukte: Aceton, Phenol)
+ C_nH_{2n} → höh. Alkylbenzole ($n > 12$) (Folgeprodukte: Waschrohstoffe)
Oxidation → Maleinsäureanhydrid (s. S. 224).
Hydrierung → Cyclohexan (s. S. 37)

- Lösungs- und Extraktionsmittel. Benzol besitzt gutes Lösungsvermögen für viele Stoffe.
  Größere Benzolmengen verbraucht die Farben-, Lack- und Linoleum-Industrie. Hier wird aber kein Reinbenzol verwendet, das zu teuer wäre, sondern spezielle Lösungsbenzole, die von der Gewinnung her noch mit Toluol und Xylol vermischt sind (Tab. 71.1). Es gibt weitere spezielle „Lösungsbenzole", die kein Benzol mehr, dafür aber höhere aromatische Verbindungen enthalten (s. S. 110).

Bezeichnung	Benzol φ in %	Toluol φ in %	Xylol φ in %
90er Benzol	84	13	3
50er Benzol	43	46	11
0er Benzol	15	75	10

71.1 Zusammensetzung von Lösungsbenzolen

Der Verbrauch an aromatischen Verbindungen lag 1979 in der Bundesrepublik bei etwa 1,9 Mio t. Davon entfielen 63% auf Benzol, 15% auf p-Xylol, 14% auf o-Xylol und 8% auf Toluol.

Etwa 70% des verbrauchten Benzols wurden aus Erdölprodukten, etwa 30% aus Kohlenwertstoffen gewonnen.

Das **Benzol-Derivat Diphenyl $C_{12}H_{10}$** enthält zwei aromatische Ringe, die durch Einfachbindung miteinander verknüpft sind.

Es bildet farblose, glänzende Blättchen (Smp. 70 °C, Sdp. 255 °C), die in Wasser unlöslich, in Ether, Alkohol, Benzol und anderen organischen Lösungsmitteln leicht löslich sind.

Gewinnung:

- Aus Steinkohlenteer (Fraktion 230 bis 270 °C).
- Durch Synthese: Benzol wird in Kupferbehältern bei normalem Druck 2 bis 3 Stunden auf 800 °C erhitzt. Dabei reagieren 10 bis 15% des eingesetzten Benzols zum Diphenyl. Anschließend muß H_2 abgetrennt und Diphenyl isoliert werden.

Verwendung:

- Konservierung von Zitrusfrüchten (Apfelsinen, Zitronen usw.). Diphenyl wird aufgedampft oder aufgespritzt; die Keimfähigkeit von Sporen wird dadurch aufgehoben.
- Wegen großer thermischer Stabilität der Verbindung, äußerst geringer Zersetzlichkeit der Dämpfe und günstiger spezifischer Wärme 1,63 kJ/kg hat Diphenyl große technische Bedeutung als Heizflüssigkeit (in Mischung) gewonnen. Die Diphenyl-Heizflüssigkeit besteht aus Diphenyl ($w = 0{,}265$) und Diphenylether ($w = 0{,}735$) (s. S. 153).
- Derivate des Diphenyls sind wichtige Zwischenprodukte für Farbstoffe.

13.4 Chemische Eigenschaften und Reaktionen des Benzols

13.4.1 Allgemeines

Die Zahl aromatischer Verbindungen ist sehr groß. Bei ihrer Darstellung (Synthese) geht man nur von einigen Grundverbindungen Benzol, Toluol, Naphthalin, Anthracen (aromatische Primärchemikalien) aus. Unter diesen nimmt das Benzol eine herausragende Stellung ein. Vom Benzol ausgehend lassen sich mit Hilfe einer Reihe von Reaktionen die meisten aromatischen Verbindungen synthetisieren.

Man kann **drei Gruppen von Grundreaktionen** des Benzols unterscheiden, die auch für die gesamte aromatische Chemie charakteristisch sind:

- **Ersatz (Substitution)** von Wasserstoff am aromatischen Ring durch funktionelle Gruppen (Substituenten).

Die Substitution ist die vorherrschende Reaktion des Benzols und der übrigen aromatischen Kohlenwasserstoffe.

- **Umwandlung** der eingeführten Substituenten durch Oxidation, Reduktion, Kondensation oder weitere Substitution.
- **Austausch** vorhandener Substituenten gegen andere Substituenten.

Bei allen genannten Grundreaktionen bleibt der Benzolring mit seinem besonderen Bindungssystem erhalten, so daß alle Verbindungen aromatische Verbindungen sind.

Neben den Grundreaktionen ist Benzol einzelnen anderen Reaktionen zugänglich, z.B. **Addition** von H_2 (Hydrierung) oder Cl_2. Unter besonderen Bedingungen ist auch eine gelenkte **Oxidation** des Benzols möglich.

13.4.2 Substitution am aromatischen Ring (Kernsubstitution)

Die H-Atome des Benzols lassen sich durch andere Gruppen, z.B. funktionelle Gruppen ersetzen (substituieren).

Tritt nur ein Substituent ein, ist es gleichgültig, welches H-Atom ersetzt wird, da alle H-Atome am Ring gleichwertig sind. Nach Eintritt des Erstsubstituenten sind die verbleibenden H-Atome in ihrer Reaktionsfähigkeit nicht mehr gleichwertig. Für die Zweitsubstitution gelten besondere Substitutionsregeln (s. S. 75).

C_6H_5—H

Zum **Reaktionsmechanismus** der aromatischen Erst- und Zweitsubstitution siehe Seite 76.

Die vier vorherrschenden Substitutions-Reaktionen sind:

- **Alkylierung**
  Ersatz eines H-Atoms des aromatischen Ringes durch einen aliphatischen Rest, der gesättigt (Alkylgruppe), aber auch ungesättigt sein kann.

  Beispiel:

  $$C_6H_5\text{—H} \xrightarrow{\text{Alkylierung}} C_6H_5\text{—}C_3H_7$$

  Propyl-benzol

  oder

  $$C_6H_5\text{—H} \xrightarrow{\text{Alkylierung}} C_6H_5\text{—CH=CH}_2$$

  Vinylbenzol (Styrol)

  Es entsteht die Verbindungsgruppe der Alkylbenzole (s. S. 80).

- **Halogenierung**
  Ersatz eines H-Atoms durch die Halogene Fluor, Chlor, Brom oder Iod.

  Beispiel:

  $$C_6H_5\text{—H} \xrightarrow{\text{Chlorierung}} C_6H_5\text{—Cl}$$

  Chlor-benzol

  Es entstehen die Halogenbenzole (Fluorbenzol, Chlorbenzol, Brombenzol, Iodbenzol).

- **Sulfonierung** (Sulfurierung, Sulfierung)
  Ersatz eines H-Atoms durch die Sulfo-Gruppe: —SO_3H.

  Beispiel:

  $$C_6H_5\text{—H} \xrightarrow{\text{Sulfonierung}} C_6H_5\text{—SO}_3\text{H}$$

  Benzol-sulfonsäure

- **Nitrierung**
  Ersatz eines H-Atoms durch die Nitro-Gruppe: —NO_2.

  Beispiel:

  $$C_6H_5\text{—H} \xrightarrow{\text{Nitrierung}} C_6H_5\text{—NO}_2$$

  Nitro-benzol

13.4.3 Umwandlung funktioneller Gruppen

Zu weiteren Derivaten des Benzols, d.h. neuen Verbindungsgruppen gelangt man, wenn Substituenten umgewandelt werden. Die wichtigsten derartigen Reaktionen sind:

- **Oxidation**
  Eine an ein aromatisches C-Atom gebundene CH_3-Gruppe kann zur Carboxylgruppe oxidiert werden.

Beispiel:

$C_6H_5-CH_3 \xrightarrow{Oxid} C_6H_5-COOH$

Benzol-carbonsäure (Benzoesäure)

- **Reduktion**

  Durch Reduktion einer Nitrogruppe erhält man die Amino-Gruppe: $-NH_2$.

  Beispiel:

  $C_6H_5-NO_2 \xrightarrow{Red.} C_6H_5-NH_2$

  Amino-benzol (Anilin)

- **Substitution in der funktionellen Gruppe**

  Enthält eine funktionelle Gruppe reaktionsfähige H-Atome, so können auch diese durch weitere Reaktionen substituiert werden.

13.4.4 Austausch funktioneller Gruppen

Bei Gegenwart geeigneter Reaktionspartner können vorhandene Substituenten gegen andere ausgetauscht werden.

Beispiele:

$C_6H_5-Cl \xrightarrow{H_2O} C_6H_5-OH$ oder

Chlorbenzol → Hydroxybenzol (Phenol)

$C_6H_5-Cl \xrightarrow{KCN} C_6H_5-CN$

Chlorbenzol → Benzonitril

13.4.5 Einige besondere Reaktionen des Benzols

- **Hydrierung.** Durch gelenkte katalytische Hydrierung des Benzols kann man stufenweise mehrere Verbindungen erhalten:

Benzol $+ H_2 \longrightarrow$ Dihydrobenzol Cyclohexadien $+ H_2 \longrightarrow$ Tetrahydrobenzol Cyclohexen $+ H_2 \longrightarrow$ Hexahydrobenzol Cyclohexan

Nach Anlagerung von einem Molekül H_2(2 Atome H = Dihydro-) wird das konjugierte aromatische Bindungssystem aufgehoben; Cyclohexadien besitzt zwei festliegende Doppelbindungen.

Die Zwischenprodukte der Hydrierung. Cyclohexadien und Cyclohexen, sind schwierig zu fassen, weil die Hydrierung von selbst weiterläuft. Endprodukt der Hydrierung ist das stabile Cyclohexan, das umgekehrt durch Dehydrierung wieder in Benzol überführt werden kann.

Da im ganzen 3 Moleküle H_2 vom Benzolring aufgenommen werden, kann man darin einen Beweis sehen, daß „drei Doppelbindungen" eines aromatischen Systems vorhanden sind. Die Hydrierung dieser Doppelbindungen ist eine Addition von Wasserstoff.

- **Addition von Halogen.** Bei Abwesenheit von Metallspuren (Katalysatoren) und Bestrahlung mit UV-Licht können in langsamer Reaktion 3 Moleküle Chlor oder Brom über verschiedene Zwischenstufen, die nicht faßbar sind, an Benzol addiert werden:

$C_6H_6 + 3Cl_2 \longrightarrow C_6H_6Cl_6$

Es entsteht als Endprodukt Benzolhexachlorid oder Hexachlor-cyclohexan (s. S. 37), das in mehreren Isomeren auftreten kann und keine aromatische Verbindung mehr ist. Das γ-Isomere, eine bräunliche feste Substanz vom Smp. 112,5 °C, kann durch Kristallisieren aus dem Isomerengemisch abgetrennt werden und ist ein wichtiges Schädlingsbekämpfungsmittel (Gammexan).

- **Ringspaltung.** Durch gelenkte Oxidation kann das stabile Benzol-Molekül gespalten werden. Daraus ist ein technisches Verfahren entstanden, das der Darstellung von Maleinsäureanhydrid dient.

Oxidation im Dampf bei 450 °C über V_2O_5 als Katalysator:

$C_6H_6 + 9[O] \xrightarrow[450\,°C]{V_2O_5} C_4H_2O_3 + 2H_2O + 2CO_2$

Maleinsäure-anhydrid (s. S. 224).

13.5 Nomenklatur aromatischer Verbindungen

Trivialnamen

Viele aromatische Verbindungen besitzen Trivialnamen, die allgemein gebräuchlich sind. Der Nachteil dieser Trivialnamen ist, daß im Namen nichts über die Struktur der Verbindungen ausgesagt wird.

Neben den Trivialnamen sind für technisch wichtige Produkte Handelsnamen im Gebrauch; dabei kann es sein, daß dieselbe Verbindung, wenn sie von verschiedenen Erzeugern stammt, auch verschiedene Handelsnamen besitzt. – Für komplizierte aromatische Verbindungen haben sich auch Kurzbezeichnungen eingebürgert.

Genfer-Nomenklatur

Dem rationellen Namen der Genfer-Nomenklatur wird die Strukturformel der aromatischen Verbindungen zugrundegelegt. Es gelten dann folgende Regeln:

- Der Name wird von der Grundverbindung, dem **Benzol,** abgeleitet.
- Die Bezeichnungen der **Substituenten** (funktionelle Gruppen), die an den aromatischen Ring gebunden sind, werden vor oder hinter den Namen des Benzols gesetzt.

  Beispiele:

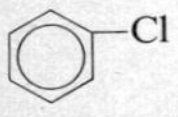

  —Cl
  Chlor-benzol

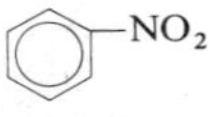

  —NO_2
  Nitro-benzol

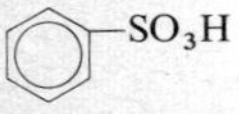

  —SO_3H
  Benzol-sulfonsäure

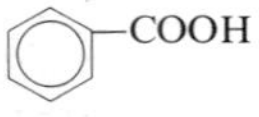

  —COOH
  Benzol-carbonsäure

Sind mehrere Substituenten mit dem aromatischen Ring verknüpft, entstehen Isomere, die eindeutig unterschieden werden müssen.

- Die C-Atome des Benzolringes werden im Uhrzeigersinn numeriert:

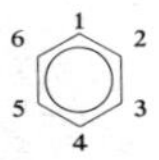

  1, 2, 3, 4, 5, 6

- Die Nennung der Substituenten erfolgt in der Reihenfolge:

  —NO_2, —Halogen, —NH_2, —OH, —Alkyl.

- Die Bezifferung der C-Atome, an die die Substituenten gebunden sind, läuft in umgekehrter Reihenfolge, d.h. das C-Atom, an das eine Alkylgruppe geknüpft ist, erhält die Ziffer 1.

  Beispiele:

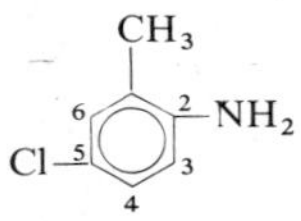

  CH_3, Cl, NH_2
  5-Chlor-2-amino-1-methyl-benzol

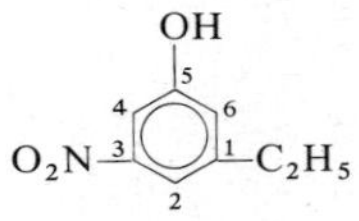

  OH, O_2N, C_2H_5
  3-Nitro-5-hydroxy-1-ethyl-benzol

Bei **zwei gleichen Substituenten** sind drei Isomere, sogenannte Stellungsisomere, möglich, die durch die Stellung der Substituenten zueinander am aromatischen Ring bedingt werden. Hier sind noch einige Sonderbezeichnungen gebräuchlich, die im Zusammenhang mit Trivialnamen angewandt werden.

Bei zwei CH_3-Gruppen am Benzolring gibt es drei verschiedene Dimethyl-benzole. Diese werden durch die Vorsilben ortho, meta und para (abgekürzt: o-, m-, p-) gekennzeichnet.

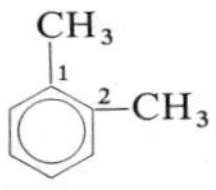

o-Dimethyl-benzol
1,2-Dimethyl-benzol

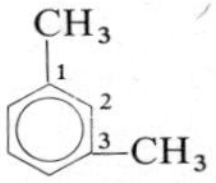

m-Dimethyl-benzol
1,3-Dimethyl-benzol

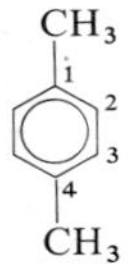

p-Dimethyl-benzol
1,4-Dimethyl-benzol

Diese Verbindungen tragen die Trivialnamen o-Xylol, m-Xylol und p-Xylol.

Substituenten in den Stellungen 1,2 und 1,6 (ortho) liefern gleiche Verbindungen. Auch die 1,3 und 1,5-Stellung sind untereinander gleichwertig.

Bei **drei gleichen Substituenten** gibt es weitere Bezeichnungen zur Unterscheidung der Isomeren, die aber kaum noch angewandt werden, weil die Bezifferung übersichtlicher und eindeutiger ist. Diese Bezeichnungen sind: vicinal (vic.), symmetrisch (sym.) und asymmetrisch (asym.).

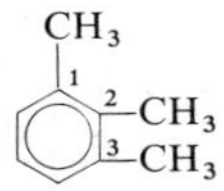

vic. Trimethyl-benzol
1,2,3-Trimethyl-benzol

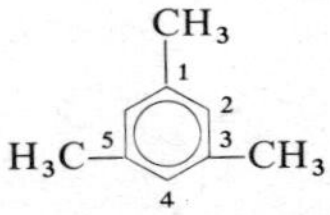

sym. Trimethyl-benzol
1,3,5-Trimethyl-benzol

CH_3 (1), CH_3 (2), CH_3 (4)

asym. Trimethyl-benzol
1,2,4-Trimethyl-benzol

- Ist im Benzol-Molekül eine einfache oder mehrfache Substitution erfolgt, bleiben **aromatische Reste**, die besondere Namen tragen:
  C_6H_5—: Phenyl- C_6H_4<: Phenylen-

Die C_6H_5-Gruppe wird auch Aryl-gruppe (abgekürzt: Ar) genannt, analog den Alkyl-gruppen (—CH_3, —C_2H_5, —C_3H_7, abgekürzt: R).

13.6 Mehrfache Substitution am aromatischen Ring

Bei der Substitution am aromatischen Ring unterscheidet man zwischen **einfacher** und **mehrfacher** Substitution.

Wird nur ein Substituent an den aromatischen Ring gebunden (einfache Substitution), ist es gleichgültig, welches H-Atom ersetzt wird, da alle H-Atome gleichwertig sind. Isomere können hier nicht auftreten.

Treten **zwei** oder **mehrere** Gruppen an den Benzolring, sind Isomere möglich; es sind Stellungsisomere, die durch die Stellung der Gruppen zueinander bedingt werden. Als Beispiele wurden bereits die drei isomeren Dimethylbenzole (s. oben) erwähnt. Es können mehrere gleiche oder verschiedene Substituenten gebunden werden.

Ist bereits ein Substituent am aromatischen Ring vorhanden, sind die übrigen H-Atome hinsichtlich ihrer Reaktionsfähigkeit nicht mehr gleichwertig. Der vorhandene **Erstsubstituent beeinflußt bei einer Zweitsubstitution**

- die **Reaktivität** der H-Atome, d.h. die Geschwindigkeit der Reaktion und
- den Ort des Zweitsubstituenten.

Welcher Ort im Ringmolekül vom eintretenden Substituenten besetzt wird, hängt nur von der Art des vorhandenen Substituenten ab. Dabei ist es auch gleichgültig, ob der hinzukommende Substituent der gleiche wie der schon vorhandene, oder ein anderer ist.

Man unterscheidet **Substituenten 1. und 2. Ordnung.** Diese lenken einen neu eintretenden Substituenten in unterschiedliche Stellungen am Benzolring. Man spricht hier von Orientierungsregeln, die empirisch gefunden wurden; zu ihrer theoretischen Deutung siehe Seite 76.

Substituenten 1. Ordnung

—CH_3 und Alkyle; Halogene: —F, —Cl, —Br, —I; —OH; —NH_2.

- erhöhen die Reaktivität des Benzolmoleküls, d.h. sie beschleunigen eine Reaktion (Ausnahmen von dieser Eigenschaft sind die Halogene, s. S. 77) und
- lenken (dirigieren) den Zweitsubstituenten vorwiegend in o- und p-Stellung, wobei die Ausbeute an p-Isomeren die des o-Isomeren übertrifft.

Substituenten 1. Ordnung sind Atome oder Atomgruppen, die keine Doppelbindungen enthalten.

Substituenten 2. Ordnung:

—NO_2; —CN; —SO_3H; —CHO; —COOH; —COOR; —$CONH_2$

- vermindern die Reaktivität des Benzolmoleküls, d.h. die Reaktionen müssen bei höheren Temperaturen durchgeführt werden und
- dirigieren in die m-Stellung.

Substituenten 2. Ordnung enthalten Doppel- oder Dreifachbindungen.

Beispiele für die Orientierungsregeln bei Zweitsubstituenten:

- Nitrierung von Chlorbenzol
  Chlor ist ein Substituent 1. Ordnung und dirigiert daher die NO_2-Gruppe in die o- und p-Stellung.

  C_6H_5—Cl → o-Cl—C_6H_4—NO_2 + O_2N—C_6H_4—Cl

  Es entsteht ein Gemisch des o- und p-Nitro-chlorbenzols.
- Chlorierung von Nitrobenzol
  —NO_2 ist ein Substituent 2. Ordnung, der das neu eintretende Chlor in die m-Stellung lenkt.

  C_6H_5—NO_2 → m-Cl—C_6H_4—NO_2

- Bromierung von Methylbenzol (Toluol)
  —CH_3 ist ein Substituent 1. Ordnung und dirigiert Brom in die o- und p-Stellung, so daß ein Isomerengemisch entsteht.

  C_6H_5—CH_3 → o-Br—C_6H_4—CH_3 + Br—C_6H_4—CH_3

- Weiterchlorierung von Chlorbenzol
  Es entsteht ein Gemisch aus o- und p-Dichlorbenzol. m-Dichlorbenzol ist durch Chlorierung von Chlorbenzol nicht darstellbar.

$C_6H_5{-}Cl \rightarrow C_6H_4Cl_2\ (o) + Cl{-}C_6H_4{-}Cl\ (p)$

Reaktionsmechanismus der Erst- und Zweitsubstitution am Benzolring

RM Substitutionen am Benzolring sind **elektrophile Ionen-Reaktionen.**

Das Benzolmolekül ist durch seine von sechs delokalisierten π-Elektronen gebildete Elektronenwolke, die sich ober- und unterhalb der Molekülebene ausbreitet (s. S. 69), ein Reaktionspartner, der durch elektrophile (elektronenaufnehmende) Agenzien leicht angegriffen wird. Elektrophile Reaktionspartner (mit positiver Ladung) nähern sich der Elektronenwolke des Benzolmoleküls, so daß beide in Wechselwirkung treten können, die die notwendige Vorstufe der Reaktion ist.

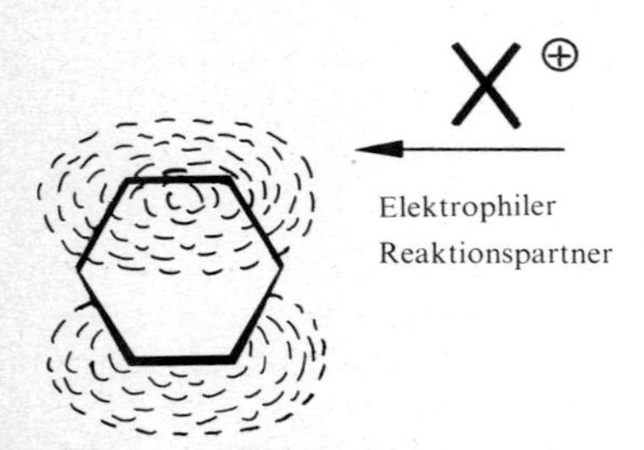

76.1 Reaktion der Elektronenwolke des Benzol-Moleküls mit elektrophilen Reaktionspartnern

Elektrophile Teilchen müssen im Reaktionsgemisch durch geeignete Reaktionsbedingungen, z.B. die Gegenwart von Katalysatoren, gebildet werden. Solche Katalysatoren sind H^+-Ionen und $AlCl_3$, $FeCl_3$, BF_3, deren Moleküle ihre Elektronenlücken auffüllen wollen. Die Katalysatoren reagieren mit anderen Molekülen unter Elektronenentzug, so daß aus diesen positiv geladene, elektrophile Teilchen entstehen, die sehr reaktionsfähig sind. Elektronenziehende Katalysatoren sind Lewis-Säuren.

Beispiel:

$AlCl_3 + Cl_2 \rightarrow AlCl_4^{\ominus} + Cl^{\oplus}$

$Cl{-}AlCl_2 + |\overline{Cl}{-}\overline{Cl}| \rightarrow Cl{-}AlCl_2^{\ominus}{-}Cl + |\overline{Cl}^{\oplus}$

Wenn sich dem $AlCl_3$-Molekül ein Chlor-Molekül nähert, wird die Bindung im Chlor-Molekül polarisiert und dadurch gelockert, so daß eine **heterolytische Spaltung** des Cl_2-Moleküls begünstigt wird. Auf ähnliche Weise entstehen auch andere elektrophile Agenzien (allgemein als $X^{\oplus}$ bezeichnet), die für die aromatische Substitution wichtig sind:

Alkylierung:	$R^{\oplus}$	(s. S. 81)
Chlorierung:	$Cl^{\oplus}$	(s. S. 120)
Nitrierung:	$NO_2^{\oplus}$	(s. S. 163)
Sulfonierung:	$SO_3H^{\oplus}$	(s. S. 159)
Kupplung:	$R{-}N_2^{\oplus}$	(s. S. 179)

Erstsubstitution

Zwischen dem elektrophilen Agenz $X^{\oplus}$ und der Elektronenwolke des Benzolmoleküls kommt es zur gegenseitigen Anziehung unter Bildung eines π-Komplexes. Das aromatische Bindungssystem bleibt noch erhalten.

$C_6H_6 \rightarrow X^{\oplus} \quad Y^{\ominus}$

Das zugehörige negative Ion $Y^{\ominus}$ (z.B. $AlCl_4^{\ominus}$ in obigem Beispiel) kann sich wegen Abstoßung dem Benzolmolekül nicht nähern.

Im nächsten Schritt bildet sich ein **σ-Komplex,** wobei das elektrophile Agenz an eines der sechs C-Atome gebunden wird, das aromatische Bindungssystem aufgehoben wird und ein **Carbenium-Ion** entsteht:

$C_6H_6 \rightarrow X^{\oplus}\ Y^{\ominus} \longrightarrow [C_6H_6X]^{\oplus}\ Y^{\ominus}$

Das negative Ion $Y^{\ominus}$ entzieht dem σ-Komplex ein Proton H^+ und zwar von dem C-Atom, an das die elektrophile Gruppe gebunden wurde. Danach kann sich das aromatische Bindungssystem zurückbilden.

$[C_6H_6X]^{\oplus} \xrightarrow[Y^{\ominus}]{-H^+} C_6H_5{-}X + HY$ oder $C_6H_5{-}X + HY$

Wasserstoff am aromatischen Ring wurde durch eine andere Gruppe substituiert.

Zweitsubstitution

An den aromatischen Ring gebundene Substituenten
- beeinflussen die **Reaktivität** der übrigen C- bzw. H-Atome, d.h. bestimmen die Geschwindigkeit einer weiteren Substitutionsreaktion und
- haben **dirigierende Wirkung** auf den Ort der Bindung des Zweitsubstituenten.

Beide Einflüsse sollen getrennt betrachtet und erläutert werden.

Reaktivität des Benzolringes

Bei der Deutung der unterschiedlichen Reaktivität von substituierten Benzolringen sind zwei Effekte zu berücksichtigen, die sich gegenweitig verstärken, schwächen oder aufheben können. Es sind der I-Effekt und der M-Effekt.

I-Effekt

Enthalten die Substituenten Heteroatome, wie Chlor, Sauerstoff oder Stickstoff, die eine höhere Elektronegativität als der Kohlenstoff, an den sie gebunden sind, haben, üben diese einen **Elektronenzug** auf den aromatischen Ring aus, so daß es zu einer Verringerung der Elektronendichte des Ringes kommt. Die Elektronen werden in Richtung auf die funktionelle Gruppe verschoben. Da dieser induktive Effekt eine Verminderung der Elektronendichte des Benzolrings bewirkt, spricht man vom **minus-I-Effekt** (− I-Effekt).

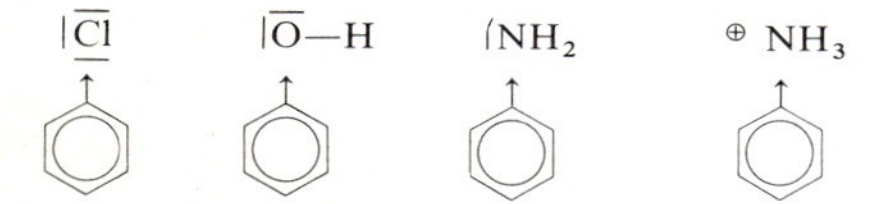

Einige Substituenten erhöhen die Elektronendichte des Benzolringes **(+I-Effekt),** weil von ihnen ein **Elektronendruck** ausgeht.

Phenolat-Ion

M-Effekt (Mesomerer Effekt)

Freie, nichtanteilige Elektronenpaare sowie die π-Elektronen von Doppelbindungen eines Substituenten beteiligen sich an der Mesomerie (Resonanz) der π-Elektronen des Ringes. Dieser M-Effekt kann je nach Struktur des Substituenten eine Erhöhung oder Verminderung der Elektronendichte des aromatischen Ringes bewirken (+M-Effekt oder −M-Effekt), so daß seine Reaktivität, d.h. die Geschwindigkeit der Zweitsubstitution beeinflußt wird.

Substituenten, die freie Elektronenpaare besitzen, z.B.

—Cl| —NH_2 —OH

haben **Elektronendruck** und erhöhen die Elektronendichte des Benzolringes.

Beispiel:

|NH_2 ⟷ ⊕NH_2 ⊖

Da Chlor das elektronegativste Element obiger Reihe ist, gilt für den Elektronendruck der Substituenten

$-NH_2 > -OH > -Cl$

Enthält der Erstsubstituent **Doppelbindungen,** die in **Konjugation** zu den π-Elektronen des Ringes treten können, und steht am Ende dieses erweiterten konjugierten Systems ein stark elektronegatives Atom, werden Elektronen in Richtung auf die funktionelle Gruppe verschoben, die dem Ring entzogen werden, so daß sich dessen Elektronendichte verringert **(−M-Effekt).**

Sauerstoff, stark elektronegativ

I-Effekt und M-Effekt überlagern sich, es kann zu einer gegenseitigen Verstärkung, Schwächung oder Aufhebung kommen. Daraus ergibt sich, ob die Reaktivität des aromatischen Ringes erhöht oder vermindert wird, d.h. die Zweitsubstitution begünstigt oder erschwert wird (Erhöhung oder Erniedrigung der Reaktionsgeschwindigkeit).

Beispiele:

- **Alkylgruppen** erhöhen die Elektronendichte und damit die Reaktivität des aromatischen Ringes **(+I-Effekt).** Ethylbenzol hat eine höhere Reaktionsfähigkeit als Benzol selbst. Bei der Herstellung von Ethylbenzol entsteht daher immer auch Diethylbenzol, weil bereits entstandenes Ethylbenzol schneller reagiert als noch vorhandenes Benzol (s. S. 80).
- Beim **Chlorbenzol** ist der −I-Effekt größer als der +M-Effekt; dadurch vermindert sich die Elektronendichte im Benzolring etwas. Eine Zweitsubstitution wird **erschwert.** Größere Reaktionsgeschwindigkeiten sind nur durch höhere Reaktionstemperaturen zu erreichen.

|Cl| |Cl|

−I-Effekt +M-Effekt

- Beim **Aminobenzol** (Anilin) ist der −I-Effekt klein, weil Stickstoff im Vergleich zum Kohlenstoff nur eine geringe Elektronegativitätsdifferenz (Δ EN = 0,5) hat. Es überwiegt hier der **+M-Effekt,** bewirkt eine Erhöhung der Elektronendichte und Reaktivität und begünstigt eine Zweitsubstitution.

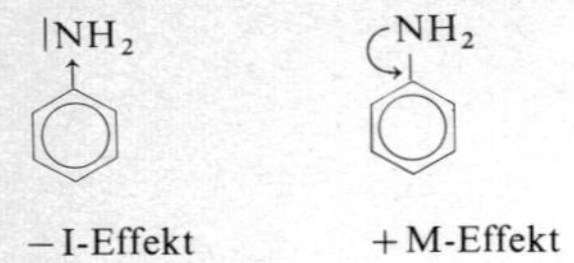

−I-Effekt +M-Effekt

- Die **NO_2-Gruppe** hat auf die Elektronenverteilung des aromatischen Ringes einen **starken −M-Effekt.** Dadurch wird die Zweitsubstitution wesentlich erschwert. So ist zu erklären, daß beim Nitrieren von Benzol nur Nitrobenzol und kein Dinitrobenzol gebildet wird.
- Beim Phenolat-Ion (s. S. 137) addieren sich der +I-Effekt und der +M-Effekt, was zu einer wesentlichen Erhöhung der Elektronendichte führt. Es ist bekannt, daß Phenol in alkalischer Lösung besonders leicht, z.B. schon bei Zimmertemperatur, weitere Substituenten aufnimmt.

+I-Effekt +M-Effekt

Dirigismus von Erstsubstituenten auf Zweitsubstituenten

Die Bindung eines Zweitsubstituenten an bestimmte C-Atome des Benzolringes ist auf die durch den Erstsubstituenten bewirkte erhöhte oder verminderte Elektronendichte an diesem C-Atom zurückzuführen. Auch hier wirken der I-Effekt, aber besonders der M-Effekt.

Substituenten 1. Ordnung dirigieren einen Zweitsubstituenten in o- und p-Stellung.

—F, —Cl, —Br, —I
$—NH_2$, —NHR, $—NR_2$, —NH—C(=O)—R
—OH, —OR
$—CH_3$, $—CH{=}CH_2$

Beispiel: NH_2-Gruppe als Erstsubstituent (Aminobenzol).

Für die Reaktivität ist der +M-Effekt maßgebend. Dieser bewirkt eine Erhöhung der Elektronendichte an den C-Atomen in o- und p-Stellung zur vorhandenen NH_2-Gruppe.

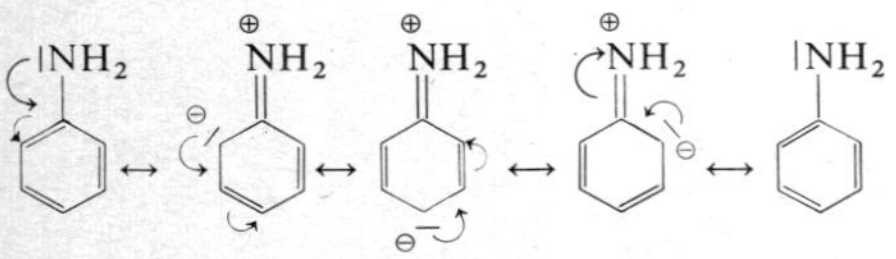

An den C-Atomen erhöhter Elektronendichte greifen elektrophile Agenzien an.

Substituenten 2. Ordnung dirigieren einen Zweitsubstituenten in der m-Stellung.

$—NO_2$, $—SO_3H$, —C≡N
—COOH, —COOR, $—CONH_2$
—CHO, —C(=O)—R
$—\overset{\oplus}{N}H_3$, $—\overset{\oplus}{N}R_3$

Beispiel: NO_2-Gruppe als Erstsubstituent (Nitrobenzol).

Für die Reaktivität ist der −M-Effekt bestimmend. Die funktionelle NO_2-Gruppe hat Elektronenzug und verringert die Elektronendichte im Benzolring.

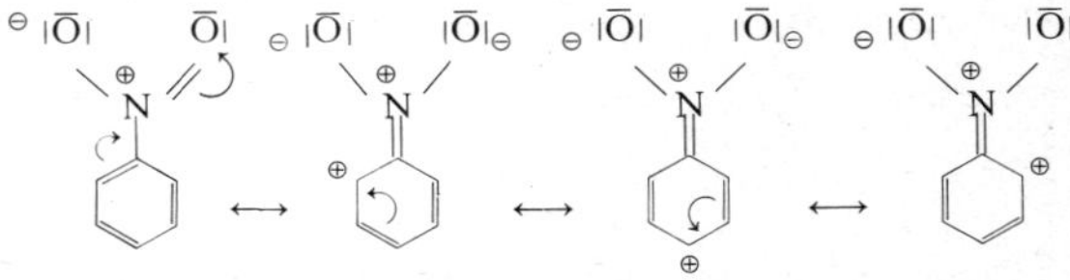

Da Konjugation vorliegt, verschieben sich die π-Elektronen derart, daß Konjugation erhalten bleibt. Die Ladungsverteilung in den Grenzformeln zeigt, daß nur in den beiden m-Stellungen zur NO_2-Gruppe keine positive Ladung, d.h. verminderte Elektronendichte vorliegt. Elektrophile Agenzien greifen an Stellen erhöhter Elektronendichte an. Stellen mit positiver Aufladung stoßen die positiven elektrophilen Agenzien ab.

Das Verhältnis der entstehenden Mengen an o- und p-Produkten sollte statistisch im Verhältnis 2 : 1 stehen. Dieses wird aber praktisch nicht erreicht. Ursachen dafür sind, daß die Elektronen nicht gleichmäßig in o- und p-Stellung verteilt sind und außerdem sterische Behinderung wirksam wird, besonders in o-Stellung (Nachbarschaft) zum schon vorhandenen Erstsubstituenten. Die „Größe" des vorhandenen und/oder eintretenden Substituenten bedingt die sterische Behinderung.

Beispiele:

- **Nitrierung von Alkylbenzolen,** wobei der vorhandene Substituent „größer" wird. Es zeigt sich die Abnahme an o-Produkt und das Ausweichen auf die sterisch ungehinderte p-Substitution.

Vorhandener Substituent	% o-Produkt	% p-Produkt	o-/p-Verhältnis
$—CH_3$	58	37	1,57
$—C_2H_5$	45	49	0,92
$—CH(CH_3)_2$	30	62	0,48

78.1 Nitrierung von Alkylbenzolen

- **Zweitsubstitution von Chlorbenzol,** wobei das elektrophile Teilchen (Zweitsubstituent) größer wird.

Reaktion	% o-Produkt	% p-Produkt	o-/p-Verhältnis
Chlorierung	39	55	0,71
Nitrierung	30	70	0,43
Bromierung	11	87	0,14
Sulfonierung	1	99	0,01

79.1 Zweitsubstitution von Chlorbenzol

13.7 Kunststoffe

Poly-Ethylen

Monomeres Ausgangsprodukt: Ethylen C_2H_4.

Die Polymerisation, technisch unter verschiedenen Bedingungen durchgeführt, läßt sich durch folgende Reaktionsgleichung darstellen:

$$n\,H_2C{=}CH_2 \rightarrow [-CH_2-CH_2-CH_2-CH_2-]_{\frac{n}{2}}$$
linear

oder
$$\left[-CH_2-CH_2-\underset{\displaystyle CH_3}{\underset{|}{C}H}-CH_2-CH_2-\right]_{\frac{n}{2}}$$
verzweigt

Je nach Polymerisationsbedingungen lassen sich verschiedene Produkte herstellen, die ölig, wachsweich oder hart sein können und sich in ihrer Molekülgestalt sowie ihren Eigenschaften, wie Molekülmasse, Dichte, Schmelzbereich u.a., zum Teil erheblich unterscheiden.

In Deutschland werden zwei Typen hergestellt, die als Hochdruck- und Niederdruck-Polyethylen bezeichnet werden, entsprechend den verschiedenen Arbeitsdrücken bei ihrer technischen Herstellung.

Die unterschiedlichen Eigenschaften der beiden Polyethylentypen zeigt Tabelle 79.2. Die Dichte wählt man häufig als Charakteristikum einer bestimmten Sorte. Polyethylen mit verzweigtem Molekülaufbau hat den niedrigeren Schmelzpunkt. Als Thermoplaste sind alle Sorten in der Wärme leicht verformbar und nach dem Erkalten formbeständig. Polyethylen ist bei Zimmertemperatur in fast allen Lösungsmitteln unlöslich, es ist besonders säure- und alkalifest.

Technische Ethylen-Polymerisationen

1. **Hochdruck-Verfahren**

Reaktionsbedingungen: 150 bis 220 °C, 1500 bar. Katalysator: $\varphi(O_2) \triangleq 0{,}01\%$ (genau dosiert).

Technische Durchführung: Sehr reines Ethylen wird mit der genau dosierten Menge O_2 gemischt, stufenweise auf 1500 bar komprimiert und tritt dann in den Reaktor ein. Dieser besteht aus einem Röhren-System (80 m lang, 30 mm Durchmesser) mit in Zonen eingeteilten Heizmänteln. Zum Einleiten der Polymerisation ist anfangs eine Temperatur von 220 °C erforderlich. In den nachfolgenden Röhrenwindungen wird die Reaktionstemperatur durch Kühlung auf 150 °C gesenkt. Etwa 20% des Ethylens setzen sich zum Polyethylen um; das restliche Ethylen wird im Kreis geführt und wieder neu eingesetzt (Kreislauf-Ethylen). Das Polyethylen fällt im Röhrensystem als Schmelze an. In einer mehrstufigen Entspannung wird monomeres Ethylen abgetrennt und die Schmelze auf Granulat (Körner mit etwa 0,3 cm Durchmesser) weiterverarbeitet.

2. **Niederdruck-Verfahren (Ziegler)**

Reaktionsbedingungen: 70 °C; 0 bis 2 bar; Katalysator: $Al(C_2H_5)_3$ oder $Al(C_2H_5)_2Cl + TiCl_4$; Lösungsmittel: Dieselöl (Sinarol).

Technische Durchführung: Die beiden getrennt hergestellten Katalysatoren $Al(C_2H_5)_2Cl$ und $TiCl_4$ werden in einem Mischgefäß mit dem Lösungsmittel gemischt; dabei bildet sich ein feiner brauner Niederschlag des Katalysators, der im Lösungsmittel aufgeschlämmt bleibt. Die Aufschlämmung strömt in den Polymerisationskessel. Beim Einleiten von Ethylen fällt sofort Polyethylen in feinen Flocken aus, die durch den beigemengten Katalysator braun gefärbt sind. Nicht umgesetztes C_2H_4 wird aus dem Abgas zurückgewonnen. Im dann folgenden Zersetzungskessel wird der Katalysator durch Zusatz von Propanol zerstört und gelöst. Das flockige Polyethylen trennt man durch Zentrifugieren von der Lösung (Dieselöl, Propanol, gelöster Katalysator). In einem Waschgefäß wird das vorgereinigte Polyethylen durch Zusatz von Alkohol intensiv gewaschen und gereinigt. Nach erneutem Zentrifugieren und Trocknen wird es zu Granulat verarbeitet.

Polyethylen-Typ	Molekülgestalt	molare Masse g/mol	Schmelzbereich °C	Dichte in g/cm^3	Reißfestigkeit in kg/cm^2	Härte (Shore)
Hochdruck	verzweigt	20000–40000	110–115	0,910–0,935	200	42–45
Niederdruck (Ziegler)	linear	40000–200000	125–135	0,935–0,955	300	50–70

79.2 Eigenschaften der Polyethylen-Typen

14 Alkylbenzole

Alkylbenzole sind Kohlenwasserstoffe. Ihre Moleküle bestehen nur aus Kohlenstoff und Wasserstoff. Ein C-Atom des Benzolringes ist mit einem C-Atom der Alkylgruppe verknüpft. Die einfachste Verbindung der Alkylbenzole ist das Methylbenzol oder Toluol; ein H-Atom am aromatischen Ring ist durch die CH_3-Gruppe ersetzt (substituiert) worden.

Zur Unterscheidung spricht man bei Alkylbenzolen vom Benzolring und seiner Seitenkette. In den meisten Fällen ist die Seitenkette gesättigt (Alkan), sie kann aber auch ungesättigt sein (Alken oder Alkin). Die H-Atome des Benzolringes zeigen die bekannten aromatischen Reaktionen, die H-Atome der Seitenkette die Reaktionen der Alkane oder, wenn sie ungesättigt ist, die der Alkene oder Alkine.

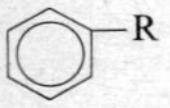

—R

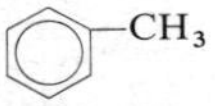

—CH_3

Methylbenzol
Toluol

Alkylgruppen beeinflussen die Reaktionsfähigkeit der anderen H-Atome des Ringes. Alkylgruppen sind Substituenten 1. Ordnung, sie dirigieren neue Substituenten in die o- und p-Stellung. Die H-Atome in diesen beiden Ringstellungen werden bei Anwesenheit von Alkylgruppen besonders reaktionsfähig.

An einen Benzolring können gleichzeitig mehrere Alkylgruppen oder auch zusätzlich andere funktionelle Gruppen, z.B. —Cl, —NO_2, —NH_2, —SO_3H, —COOH, gebunden sein. Die Stoffvielfalt wird weiter dadurch vergrößert, daß die Seitenketten eigene funktionelle Gruppen tragen können. Die durch andere funktionelle Gruppen substituierten Alkylbenzole sind aber keine Kohlenwasserstoffe mehr, da dann auch die Atome anderer Elemente im Molekül vorkommen.

Interessant ist ein Vergleich der (C—C)-Bindungsabstände bei Alkylbenzolen. Der aromatische (C—C)-Abstand ist mit 0,140 nm unverändert. Auch in der Seitenkette beobachtet man vom ersten C-Atom an den bekannten aliphatischen (C—C)-Abstand von 0,154 nm. Aber das erste C-Atom der Seitenkette hat zum C-Atom des Benzolringes nur einen Abstand von 0,150 nm. Hervorgerufen wird diese Verkürzung durch die beweglichen π-Elektronen des Ringes, die mit ihrer Bindungskraft auf das erste C-Atom der Kette übergreifen können und es etwas näher an den Benzolring heranziehen.

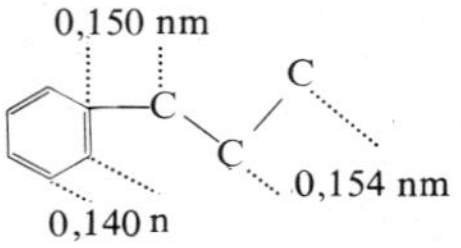

0,150 nm
C
C
C
0,154 nm
0,140 n

14.1 Darstellung von Alkylbenzolen

Für die Darstellung von Alkylbenzolen haben sich zwei Methoden bewährt, die zuerst genannte Synthese besonders im Laboratorium, die zweite im Laboratorium und besonders in der Technik.

Wurtz-Fittig-Synthese (s. S. 122).

Friedel-Crafts-Synthese

Benzol (oder ein anderer aromatischer Kohlenwasserstoff) reagiert mit Halogenalkanen bei Gegenwart von wasserfreiem $AlCl_3$ als Katalysator zu Alkylbenzolen, wobei HCl abgespalten wird. Die Reaktion ist eine Kondensation.

Beispiel:

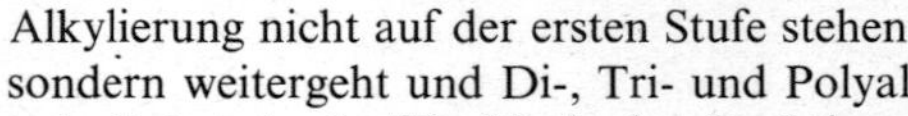

$$C_6H_5\text{—}\boxed{H + Cl}\text{—}C_2H_5 \xrightarrow{AlCl_3} C_6H_5\text{—}C_2H_5 + HCl$$

Benzol Ethylchlorid Ethylbenzol

Wasserfreies $AlCl_3$ ist der meist verwendete Katalysator. Daneben werden auch andere Katalysatoren eingesetzt, die alle Kondensationsmittel sind, z.B. H_2SO_4, HF, H_3PO_4, BF_3 oder $ZnCl_2$.

Ein Nachteil der Friedel-Crafts-Reaktion ist, daß die Alkylierung nicht auf der ersten Stufe stehen bleibt, sondern weitergeht und Di-, Tri- und Polyalkylbenzole liefert (s. S. 77). Nach der Reaktion ist eine Trennung der Reaktionsprodukte notwendig.

Man sollte erwarten, daß bei der Weiteralkylierung o- und p-Dialkylbenzole entstehen, weil die erste Alkylgruppe ein Substituent 1. Ordnung ist. Bei den Reaktionen wird aber, besonders bei höheren Temperaturen, auch m-Dialkylbenzol gebildet. Verursacht wird dieses durch den Katalysator $AlCl_3$, der nicht nur die Kondensation bewirkt, sondern auch ein Isomerisierungskatalysator ist, der o- und p-Verbindungen in das m-Isomere umlagern kann.

Weitere Anwendungen der Friedel-Crafts-Synthese siehe Seite 195.

Friedel-Crafts-Synthese mit **Alkenen:** Alkylbenzole werden auch erhalten, wenn Benzol mit Alkenen bei Gegenwart von $AlCl_3$ umgesetzt wird. Diese Reaktionen haben besonders in der Technik große Bedeutung, da Alkene aus der Petrochemie vorhanden sind.

Beispiel:

$$C_6H_5{-}H + H_2C{=}CH_2 \xrightarrow{AlCl_3} C_6H_5{-}CH_2{-}CH_3$$

Benzol Ethylen Ethylbenzol

Diese Reaktion ist keine Kondensation, da keine Abspaltung stattfindet. Man gewinnt nach dieser Reaktion die technisch wichtigen Produkte Ethylbenzol, Cumol und Dodecylbenzol (s. ab S. 83).

RM **Reaktionsmechanismus der Alkylierung von Benzol**

Der Katalysator $AlCl_3$ leitet die Reaktion ein. Als Lewis-Säure ist $AlCl_3$ bestrebt, sein Elektronensechstett zu einem -oktett aufzufüllen. Das ist möglich, wenn dem Alkylchlorid Chlor, das sein Bindungselektronenpaar mitnimmt, entzogen wird.

$$AlCl_3 + Cl{-}C_2H_5 \rightarrow AlCl_4^{\ominus} + {}^{\oplus}C_2H_5$$

Dadurch ist die elektrophile Gruppe ${}^{\oplus}C_2H_5$ entstanden, die mit der Elektronenwolke des Benzolringes in Wechselwirkung tritt (π-Komplex):

$$C_6H_6 \cdot {}^{\oplus}C_2H_5 \quad AlCl_4^{\ominus}$$

Dann wird die Ethylgruppe gebunden (σ-Komplex), wobei das aromatische System aufgehoben wird und ein Carbenium-Ion entsteht:

$$[C_6H_6{-}C_2H_5]^{\oplus} \quad AlCl_4^{-}$$

Das $AlCl_4$-Ion entzieht dem σ-Komplex ein Proton, von dem C-Atom, an das die Ethylgruppe gebunden wurde:

$$[C_6H_6{-}C_2H_5]^{\oplus} \quad AlCl_4^{\ominus} \rightarrow C_6H_5{-}C_2H_5 + HAlCl_4$$

Das zurückbleibende Bindungselektronenpaar ermöglicht die Rückbildung des aromatischen Bindungssystems. Ein H-Atom des Benzolringes wurde durch die C_2H_5-Gruppe substituiert.

Die Verbindung $HAlCl_4$ zerfällt unter Rückbildung von $AlCl_3$, das neue Reaktionen einleiten kann.

$$HAlCl_4 \rightarrow HCl + AlCl_3$$

Wenn die Alkylierung mit Alkenen, z.B. Ethen, durchgeführt wird, sind H^+-Ionen als Katalysatoren notwendig, die mit dem Alken-Molekül das elektrophile Agenz bilden:

$$H_2C{=}CH_2 + H^+ \rightarrow {}^{\oplus}CH_2{-}CH_3$$

14.2 Physikalische Eigenschaften

Allgemein unterscheiden sich die Alkylbenzole in ihren Eigenschaften nicht wesentlich von denen des

Verbindung	Formel	molare Masse g/mol	Smp. °C	Sdp. °C
Toluol	$C_6H_5{-}CH_3$	92,14	− 95	111
o-Xylol	$H_3C{-}C_6H_4{-}CH_3$ (1,2)	106,17	− 28	144
m-Xylol	$H_3C{-}C_6H_4{-}CH_3$ (1,3)	106,17	− 49	139
p-Xylol	$H_3C{-}C_6H_4{-}CH_3$ (1,4)	106,17	13	138
Hemimellitol	$C_6H_3(CH_3)_3$ (1,2,3)	120,20	< − 15	176
Pseudocumol	$C_6H_3(CH_3)_3$ (1,2,4)	120,20	− 61	170
Mesitylen	$C_6H_3(CH_3)_3$ (1,3,5)	120,20	− 53	165
Ethylbenzol	$C_6H_5{-}C_2H_5$	106,17	− 94	136
n-Propylbenzol	$C_6H_5{-}C_3H_7$	120,20	− 99	159
i-Propylbenzol	$C_6H_5{-}CH(CH_3)_2$	120,20	− 97	152
Diphenylmethan	$CH_2(C_6H_5)_2$	168,24	27	266
Triphenylmethan	$CH(C_6H_5)_3$	244,34	92	359
Tetraphenylmethan	$C(C_6H_5)_4$	320,44	282	431

81.1 Physikalische Daten von Alkylbenzolen

Benzols. Die Siedepunkte steigen mit zunehmender Zahl der Substituenten und ihrer Kettenlänge an.

Bei Einführung einer CH_3-Gruppe in den aromatischen Kern steigt der Siedepunkt um etwa 30 °C an (Vergleich: Benzol – Toluol – Xylole).

14.3 Chemische Eigenschaften und Reaktionen

Alkylbenzole besitzen den aromatischen Ring und eine Seitenkette. An beiden Stellen können chemische Reaktionen angreifen.

Die Substitution von H-Atomen des Ringes durch —Cl, $—NO_2$, $—NH_2$ usw. führt zu neuen Verbindungen, die an anderen Stellen erwähnt werden.

Die Substitution in der Seitenkette, z.B. durch Chlorierung, führt ebenfalls zu neuen Verbindungsgruppen (s. S. 119).

An dieser Stelle soll eine Reaktion erwähnt werden, die eine Umwandlung der Seitenkette bewirkt:

Oxidation von Alkylbenzolen (als Beispiel: CH_3-Gruppe in der Seitenkette).

Toluol kann mit geeigneten Oxidationsmitteln zu Benzaldehyd oder zur Benzoesäure oxidiert werden.

Beispiel: Oxidation von Toluol zur Benzoesäure

$$C_6H_5\text{—}CH_3 + 3[O] \rightarrow C_6H_5\text{—}COOH + H_2O$$

Toluol Benzoesäure

Oxidationsmittel: HNO_3 unter Druck, $K_2Cr_2O_7 + H_2SO_4$ in der Siedehitze oder alkalische $KMnO_4$-Lösung.

Die CH_3-Gruppe wird in die COOH-Gruppe der Carbonsäuren umgewandelt. Der Benzolring verändert sich dabei nicht. Die Reaktionsfähigkeit der CH_3-Gruppe ist durch den benachbarten Ring so weit erhöht, daß die Oxidation möglich ist. Methan oder aliphatische CH_3-Gruppen dagegen lassen sich nur schwer oxidieren.

Die Xylole werden nach derselben Reaktion in die entsprechenden Phthalsäuren übergeführt (s. S. 216). Technisch wichtige Verfahren!

14.4 Einige wichtige Alkylbenzole

Die einfachen Verbindungen, Toluol und die Xylole, werden nicht synthetisch hergestellt, sondern aus entsprechenden Rohstoffen abgetrennt. Dagegen sind einige technisch wichtige höhere Alkylbenzole nur durch Synthese zugänglich.

14.4.1 Toluol

Toluol oder Methylbenzol (Dichte 0,8716 g/ml bei 15 °C) ist eine farblose, benzolähnliche Flüssigkeit.

$$C_6H_5\text{—}CH_3$$

Gewonnen wird Toluol heute aus Kohlenwertstoffen (s. S. 109) oder aus Reformatbenzin (s. S. 101).

Verwendung: Toluol hat chemisch kein so großes Anwendungsgebiet wie Benzol. Dennoch dient es als Ausgangsprodukt für eine Reihe von kernsubstituierten Derivaten (z.B. Chlortoluol, Nitrotoluol, Toluolsulfonsäure usw.).

Besonders das Tri-nitro-toluol (TNT), das bei Nitrierung von Toluol entsteht, ist ein wichtiger Sprengstoff (s. S. 167). Die Oxidation von Toluol liefert Benzaldehyd oder Benzoesäure. Als Zusatz zu Motorkraftstoffen verbessert es deren Klopffestigkeit (Octanzahl). Als Lösungsmittel dient Toluol bei Lacken, Druckfarben, Ölen und Harzen.

14.4.2 Xylole

Xylole oder Dimethylbenzole sind farblose Flüssigkeiten. Sie werden technisch aus Kohlenwertstoffen (s. S. 109) oder Erdölfraktionen (s. S. 101) gewonnen. Dabei fällt immer ein Gemisch der drei Isomeren an:

$C_6H_4(CH_3)_2$ (1,2) — o-Xylol; $C_6H_4(CH_3)_2$ (1,3) — m-Xylol; $H_3C\text{—}C_6H_4\text{—}CH_3$ (1,4) — p-Xylol

o-Xylol m-Xylol p-Xylol

Die Trennung des Gemisches in die reinen Verbindungen, die technische Bedeutung haben, wird auf Seite 102 beschrieben.

Verwendung: Reines o-Xylol wird durch Oxidation in Phthalsäureanhydrid (s. S. 216) und p-Xylol in Terephthalsäure (s. S. 216) übergeführt. Beide sind technisch überaus wichtige Produkte. Xylolgemische sind wertvolle Lösungsmittel (s. S. 83). Sie können auch Kraftstoffen zur Verbesserung der Klopffestigkeit zugesetzt werden.

Bezeichnung	Siedebereich °C Dichte in g/ml bei 20 °C	Toluol %	Xylol %	Cumol %	Naphthalinöl %
Lösungsbenzol I	135–150 0,87–0,88	5	70	20	5
Lösungsbenzol II	150–175 0,91–0,92	—	35	60	5
Schwerbenzol	160–200 0,92–0,945	—	5	80	15

83.1 Zusammensetzung von Lösungsbenzolen

Unter dem Namen „Lösungsbenzole" dienen Gemische von Aromaten als spezielle Lack-Lösungsmittel. Man verwendet hierfür die höhersiedenden Fraktionen der Rohbenzol-Destillation (s. S. 110). Diese haben ausgezeichnetes Lösungsvermögen für Kunstharzlacke und verdunsten nach dem Auftragen der Lacke wegen ihres hohen Siedepunktes nur langsam, so daß ein guter Lackfilm zurückbleibt. Die Zusammensetzung dieser Lösungsbenzole (Name, obwohl kein Benzol enthalten ist) können beträchtlich schwanken. Einige Beispiele zeigt Tabelle 43.1.

14.4.3 Ethylbenzol

Ethylbenzol ist eine wasserhelle Flüssigkeit mit charakteristischem Geruch. Es hat keine direkte Ver-

$C_6H_5-C_2H_5$

wendung gefunden, ist aber das Ausgangsprodukt für Vinylbenzol oder Styrol, das zu einem wichtigen Kunststoff polymerisiert wird. Aus diesem Grunde ist Ethylbenzol ein synthetisches Großprodukt der organischen Industrie.

Gewinnung von Ethylbenzol:

1. Ethylbenzol findet sich in den höheren Fraktionen des Rohbenzols (s. S. 109), aus dem es in kleinen Mengen nach komplizierten Verfahren gewonnen werden kann.

2. Auch im Aromaten-Anteil, der durch Reformieren von Benzin erhalten wird (s. S. 101), ist wenig Ethylbenzol enthalten. Bei der Trennung des Aromaten-Gemisches findet es sich in der Xylol-Fraktion (s. S. 102).

3. Synthetische Herstellung. Bei dem großen Bedarf an Ethylbenzol muß man bei seiner Synthese von Verbindungen ausgehen, die in genügender Menge zur Verfügung stehen, nämlich Benzol und Ethylen.

Unter Mitwirkung von $AlCl_3$, bei normalem Druck und 95 °C werden beide Verbindungen zur Reaktion gebracht:

$$C_6H_5-H + H_2C{=}CH_2 \xrightarrow[95\,°C]{AlCl_3} C_6H_5-CH_2-CH_3$$

Als Nebenprodukte entstehen Diethyl- und Triethylbenzol (s. S. 77). Diese werden durch Destillation abgetrennt und sind gesuchte Octanzahlverbesserer für Benzine.

Um die Bildung dieser Nebenprodukte zu unterdrücken, arbeitet man technisch mit einem Überschuß von Benzol.

14.4.4 Vinylbenzol

Vinylbenzol (Phenylethen) oder **Styrol** (Molekülmasse 104,15) ist eine farblose, klare Flüssigkeit (Sdp. 146 °C, Dichte 0,9074 g/ml bei 20 °C).

$C_6H_5-CH{=}CH_2$

Herstellung: Styrol wird gewonnen durch katalytische Dehydrierung von Ethylbenzol bei 650 °C am ZnO-Kontakt.

$$C_6H_5-CH_2-CH_3 \xrightarrow[650\,°C]{ZnO} C_6H_5-CH{=}CH_2 + H_2$$

Die Destillation des Styrols ist schwierig, da es leicht polymerisiert, besonders in der Wärme.

Verwendung: Das flüssige, monomere Styrol wird zu einem glasharten Kunststoff, dem Polystyrol, polymerisiert, das in großen Mengen hergestellt wird.

Die Polymerisation verläuft nach der Reaktion:

$$n\ HC(C_6H_5){=}CH_2 \longrightarrow \left[-HC(C_6H_5)-CH_2-\right]_n$$

Sie wird technisch in Emulsion (Katalysator Kaliumpersulfat) oder in Suspension (Katalysator Dibenzoylperoxid) durchgeführt.

14.4.5 Isopropylbenzol

Isopropylbenzol oder **Cumol** ist eine klare Flüssigkeit

$$C_6H_5-CH(CH_3)_2$$

mit angenehm aromatischem Geruch. Es hatte früher kaum Bedeutung. Da seine Verwendung stark zugenommen hat, wird es in steigenden Mengen synthetisch hergestellt:

1. Zusatz zum Flugbenzin, weil dadurch eine wesentliche Steigerung der Klopffestigkeit erreicht wird.
2. Zwischenprodukt bei der Phenol-Aceton-Synthese aus Benzol und Propylen (s. S. 145).

Herstellung von Isopropylbenzol

Ausgangsprodukte sind Benzol und Propylen, die im dampfförmigen Zustand über den festen Katalysator geleitet werden.

$$C_6H_5-H + HC(=CH_2)-CH_3 \xrightarrow[250\,°C]{20\,bar} C_6H_5-CH(CH_3)_2$$

Benzol Propylen Isopropylbenzol

Katalysator: Kieselsäure/Phosphorsäure ($w(SiO_2) = 0{,}25/w(P_2O_5) = 0{,}75$).

14.4.6 Höhere Alkylbenzole

Alkylbenzole mit 10 bis 16 C-Atomen in der Seitenkette haben technische Bedeutung als Zwischenpro-

$$C_6H_5-C_nH_{2n+1}$$

$n = 10 \ldots 16$

dukte für Waschrohstoffe, wenn die Seitenkette einen weitgehend gestreckten, unverzweigten Aufbau hat. Die daraus hergestellten Waschmittel werden in den Gewässern, in die sie nach Gebrauch mit dem Abwasser gelangen, „biologisch abgebaut", d.h. durch natürliche Vorgänge wird ihr Molekül zerstört, wobei auch ihre Eigenschaften (Schaumbildung usw.) verlorengehen. Waschrohstoffe mit stark verzweigtem Aufbau ihrer Moleküle werden biologisch nicht abgebaut.

Herstellung höherer Alkylbenzole

Ausgangsprodukt ist Benzol, an das die Seitenketten nach der Friedel-Crafts-Reaktion angelagert wird.

Das langkettige, unverzweigte Alkan kann verschiedener Herkunft sein:

a) Kogasin I der Fischer-Tropsch-Synthese. Diese Fraktion vom Siedebereich 195 bis 230 °C enthält C_{11}- bis C_{13}-Alkane mit überwiegend unverzweigtem Molekülaufbau.

b) Erdöl-Fraktion mit Siedegrenzen 200 bis 230 °C. Diese enthält Alkane mit gleicher Kettenlänge wie das Kogasin I der Fischer-Tropsch-Synthese. Ausgewählt werden hier solche Erdölfraktionen, die vorwiegend paraffinischer, unverzweigter Natur sind. Aus dieser Fraktion werden dann die geradkettigen Verbindungen abgetrennt. Das kann z.B. über Harnstoff-Einschlußverbindungen (s. S. 234) oder durch Molekularsiebe (s. Teil 2, S. 95) geschehen.

Die erhaltenen Gemische aus C_{11}- bis C_{13}-Alkanen werden chloriert. Eine endständige Chlorierung wird angestrebt, aber nur teilweise erreicht. Ein Teil des Chlors wird auch mittelständig gebunden.

Beispiel:

$$C_{12}H_{26} + Cl_2 \rightarrow CH_3-(CH_2)_7-CH(Cl)-(CH_2)_2-CH_3 + HCl$$

Die Verknüpfung des Chlors mit dem Benzol verläuft nach der Friedel-Crafts-Reaktion mit $AlCl_3$ als Katalysator:

Beispiel:

$$C_6H_6 + Cl-CH[(CH_2)_7-CH_3][(CH_2)_2-CH_3] \xrightarrow{AlCl_3} CH_3-(CH_2)_7-CH(C_6H_5)-(CH_2)_2-CH_3 + HCl$$

Die entstehenden Verbindungen sind hinsichtlich des Molekülaufbaus aus den genannten Gründen nicht einheitlich. Das C-Atom des Chloralkans, das vorher das Chlor trug, wird mit dem Benzolring verbunden.

Nach einem anderen Verfahren kann aus dem Chloralkan HCl abgespalten werden (Dehydrochlorierung) und das dann entstehende Alken nach Friedel-Crafts an Benzol angelagert werden (Reaktion s. S. 83).

14.4.7 Derivate der Alkylbenzole

Hier sollen die Phenyl-methane erwähnt werden, die reine Kohlenwasserstoffe sind. Wie der Name sagt, kann man sie vom Methan ableiten, indem H-Atome durch C_6H_5-Gruppen ersetzt werden. Das einfachste Phenylmethan ist das Toluol $C_6H_5-CH_3$, das bislang als Methylbenzol angesprochen wurde.

Im chemischen Verhalten entsprechen die Phenylmethane den Alkylbenzolen. H-Atome am aliphatischen Kohlenstoff und H-Atome am aromatischen Kohlenstoff zeigen ihre arteigenen Reaktionen.

Diphenylmethan $(C_6H_5)_2CH_2$ (molare Masse

$C_6H_5—CH_2—C_6H_5$

168,24 g/mol) ist eine farblose, gut kristallisierende Verbindung mit angenehmem Geruch (Smp. 26 °C, Sdp. 265 °C), die in Wasser unlöslich, aber in den gebräuchlichen organischen Lösungsmitteln leicht löslich ist.

Triphenylmethan $(C_6H_5)_3CH$ (molare Masse 244,34 g/mol) bildet farblose Kristalle (Smp. 93 °C, Sdp. 359 °C).

$(C_6H_5)_3C—H$

Das H-Atom am tertiären C-Atom ist sehr reaktionsfähig, hervorgerufen durch die drei C_6H_5-Gruppen. Es ist leicht oxidierbar; dabei entsteht Triphenylcarbinol $(C_6H_5)_3C—OH$, eine farblose kristalline Substanz von Smp. 162,5 °C).

Darstellung: Aus Chloroform und Benzol nach Friedel-Crafts:

$$CHCl_3 + 3\,C_6H_6 \xrightarrow{AlCl_3} (C_6H_5)_3CH + 3\,HCl$$

Triphenylmethan ist die Grundverbindung der wichtigsten Klasse der Triphenylmethan-Farbstoffe (Fuchsin, Malachitgrün, Rosolsäure, Phthaleine).

Tetraphenylmethan $(C_6H_5)_4C$ ist bekannt und beständig, hat aber keine Bedeutung.

14.4.8 Waschaktive Substanzen

Beim Waschen müssen die feinen Schmutzteilchen benetzt, vom Gewebe abgelöst und von der Waschlösung emulgiert bzw. suspendiert werden.

Diese Anforderungen erfüllen Verbindungen mit einem besonderen Molekülaufbau, man nennt sie Waschaktive Substanzen (WAS):

- **Lineare Kette** von 10 bis 20 C-Atomen:

  $CH_3—(CH_2)_{9 \ldots\ldots 19}—$

  Die Kette kann durch Heteroatome (O, N) unterbrochen sein:

  $—CH_2—CH_2—O—CH_2—CH_2—O—$

  Auch der Benzolring kann enthalten sein:

  $CH_3—(CH_2)_{11}—C_6H_4—$

- Möglichst **endständiger Substituent,** der die **Wasserlöslichkeit** des Kettenmoleküls vermittelt. Bewährt haben sich Gruppen mit sauren H-Atomen, die neutralisiert werden. In wäßriger Lösung tritt Dissoziation dieser Salze ein:

$—COO \cdot Na$	Carbonsäure-Salze (Seife)
$—SO_3 \cdot Na$	Sulfonsäure-Salze, Sulfonate
$—SO_4 \cdot Na$	Saure Schwefelsäure-Ester-Salze, Sulfate.

  Es gibt auch nichtionogene WAS, deren Löslichkeit nicht von einer dissoziationsfähigen Gruppe bedingt wird. Bei diesen sind O-Atome in der Kette enthalten, deren nichtanteilige Elektronenpaare mit H_2O-Molekülen Wasserstoffbrücken-Bindungen bilden und auf diese Weise Wasserlöslichkeit entsteht.

Das Molekül einer waschaktiven Substanz zeichnet sich also dadurch aus, daß es eine bestimmte Kettenlänge hat und die beiden Molekülenden sich gegenüber Wasser unterschiedlich verhalten. Der Kohlenwasserstoffrest ist wasserabstoßend **(hydrophob),** das Salz der funktionellen Gruppe dagegen ist wasserfreundlich **(hydrophil).** Beide Merkmale des Molekülbaus sind für die Waschwirkung einer Verbindung von besonderer Bedeutung. Man wählt für diesen Molekülaufbau folgendes Symbol:

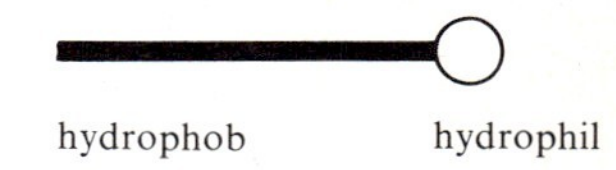

Beim **Waschvorgang** werden die Schmutzteilchen auf dem Gewebe benetzt, durch mechanische Bewegung losgelöst und in der Waschlösung emulgiert:

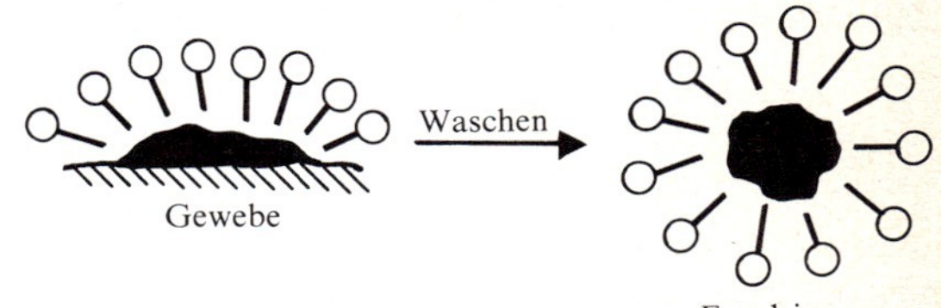

Die heute am häufigsten eingesetzten waschaktiven Substanzen sind **Alkylbenzolsulfonate** mit weitgehend gestrecktem Molekülaufbau:

$H_{27}C_{13}—C_6H_4—SO_3Na$

Ein gebrauchsfertiges synthetisches **Waschmittel** hat folgende Zusammensetzung (w in %):

25% Alkylbenzolsulfonat
30% Tripolyphosphat und 5% Pyrophosphat
6% Wasserglas und 2% Mg-Silikat
16% Na-Perborat und 14% Na-Sulfat

Phosphate werden zunehmend durch Silikate ersetzt.

15 Kondensiert-aromatische Verbindungen

Unter den aromatischen Verbindungen gibt es eine Gruppe von Kohlenwasserstoffen, die bezüglich ihres Wasserstoffgehaltes noch ungesättigter als Benzol sind. Die wichtigsten Verbindungen dieser Art sind Naphthalin $C_{10}H_8$, Anthracen $C_{14}H_{10}$ und Phenanthren $C_{14}H_{10}$.

Die Zusammensetzung dieser Verbindungen, die im Molekül weniger H- als C-Atome enthalten, wird durch ihren Molekülbau bedingt. Die Strukturformeln einiger Verbindungen sollen das zeigen:

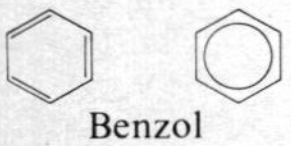

Benzol
C_6H_6

Naphthalin
$C_{10}H_8$

Anthracen
$C_{14}H_{10}$

Beim Naphthalin und Anthracen handelt es sich um mehrgliedrige Ringsysteme. Beide sind **aromatische** Verbindungen, weil ein konjugiertes π-Elektronensystem vorliegt, die Moleküle ebene Struktur haben und die **Hückel-Regel** (s. S. 70) erfüllt ist, wonach dann ein aromatisches Bindungssystem vorliegt, wenn $(4n+2)$ π-Elektronen vorhanden sind.

Naphthalin
$n=2 \quad (4 \cdot 2+2)=10\pi$-Elektronen (= 5 „Doppelbindungen")

Anthracen
$n=3 \quad (4 \cdot 3+2)=14\pi$-Elektronen (= 7 „Doppelbindungen")

Man nennt diese Verbindungsgruppe auch kondensierte aromatische Verbindungen, weil die Ringe zusammengelagert oder „kondensiert" sind. Zwei oder mehrere C-Atome können zwei oder mehreren aromatischen Ringen zugleich angehören. Das ist auch der Grund, weshalb weniger H- als C-Atome im Molekül vorhanden sind. Diejenigen C-Atome, die mehreren Ringen angehören, können keine H-Atome mehr binden, da ihre vier Valenzen für reine Ringbindungen verbraucht wurden. Alle übrigen C-Atome können dann je ein H-Atom binden, wie das für aromatische Verbindungen charakteristisch ist.

Da beim Naphthalin und Anthracen die Ringe in gerader Linie aneinander kondensiert sind, spricht man hier von **linear-kondensierten** Verbindungen.

Es gibt aber auch gewinkelt- oder **angular-kondensierte** Aromaten, z. B.

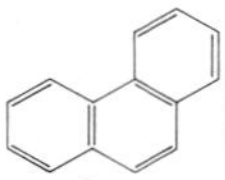

Phenanthren
$C_{14}H_{10}$

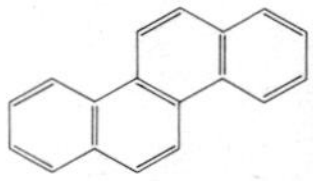

Chrysen
$C_{18}H_{12}$

Phenanthren ist isomer mit Anthracen. Das aromatische Bindungssystem ist in allen Richtungen durch die Moleküle gewahrt.

Auch gemischt linear- und angular-kondensierte Verbindungen sind bekannt:

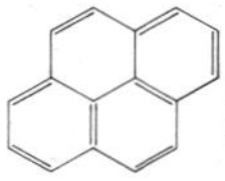

Pyren
$C_{16}H_{10}$

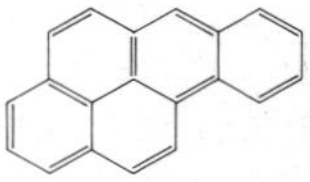

Benzpyren
$C_{20}H_{12}$

An aromatische Ringe oder Kerne kann auch ein gesättigter Ring (Cycloalkan) ankondensiert sein oder mehrere aromatische Ringe können durch einen kondensierten gesättigten Ring unterbrochen sein.

Beispiele:

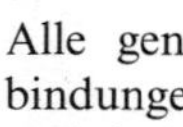

Inden	Acenaphthen	Fluoren	Diphenyl
C_9H_8	$C_{12}H_{10}$	$C_{13}H_{10}$	$C_{12}H_{10}$

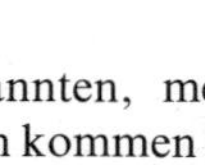

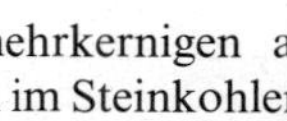

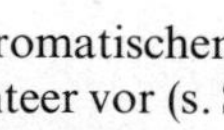

Diphenyl und Fluoren sind keine kondensierten aromatischen Verbindungen, da beide Benzolringe getrennt sind und deswegen auch jeder für sich reagieren.

Alle genannten, mehrkernigen aromatischen Verbindungen kommen im Steinkohlenteer vor (s. S. 110) und sind aus diesem erstmalig isoliert worden.

15.1 Chemische Eigenschaften und Reaktionen

Unter den Reaktionen, die Naphthalin eingeht, sind wie beim Benzol die Substitutionen vorherrschend. Es hat sich aber gezeigt, daß der eine der beiden kondensierten aromatischen Ringe reaktionsfähiger als Benzol ist. Neben Substitutionen können noch einige andere Reaktionen eintreten.

15.1.1 Substitution

Naphthalin ist denselben Substitutionsreaktionen zugänglich wie Benzol (Alkylierung, Halogenierung, Sulfonierung und Nitrierung). Auch die angewandten Reagentien und Katalysatoren sind die gleichen.

Beispiel: Sulfonierung

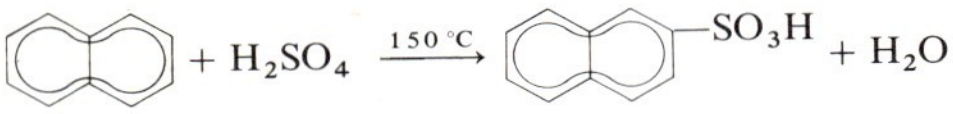

Naphthalin + H_2SO_4 $\xrightarrow{150\,°C}$ Naphthalin–SO_3H + H_2O

Die Vielzahl bereits durchgeführter Reaktionen hat aber ergeben, daß bei Eintritt nur eines Substituenten zwei verschiedene Verbindungen gebildet werden können. Die H-Atome sind also nicht mehr gleichwertig (wie beim Benzol), sondern es gibt hier 2 Arten, die bei der Substitution zu unterschiedlichen Produkten führen. Zur Unterscheidung der Isomeren werden die C-Atome, die noch Wasserstoff tragen, im Uhrzeigersinn numeriert. Bei Reaktionen zeigt sich nun, daß H-Atome in den Stellungen 1, 4, 5 und 8 untereinander gleichwertig sind, so daß es gleichgültig ist, welchen dieser vier Plätze ein Substituent einnimmt. Man belegt diese C-Atome an Stelle der Ziffern auch mit dem griechischen Buchstaben α. Es sind alle diejenigen C-Atome, die der Bindung, die beiden Ringen angehört, benachbart sind.

Die anderen vier Stellungen 2, 3, 6 und 7 (oder β) sind ebenfalls unter sich gleichwertig, unterscheiden sich aber von den α-Stellungen.

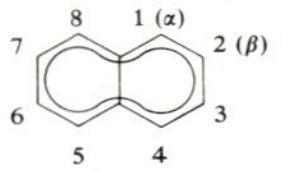

8 1 (α) 7 2 (β) 6 3 5 4

Einfach substituiertes Naphthalin bildet also zwei Isomere:

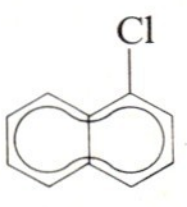

Cl

α-Chlor-naphthalin 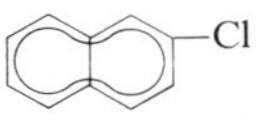 β-Chlor-naphthalin

Bei normaler Temperatur erfolgt eine Substitution bevorzugt in α-Stellung, bei höherer Temperatur in α- und β-Stellung.

Für die **Zweitsubstitution** des Naphthalins lassen sich keine Regeln aufstellen. Die im Molekül von einem neuen Substituenten eingenommenen Plätze hängen stark von den Reaktionsbedingungen ab (Temperatur, Druck, Katalysator, Konzentration). Die Zahl isomerer Verbindungen ist bei Naphthalin-Derivaten größer als bei Benzol-Derivaten.

15.1.2 Additionen

Einer der beiden Ringe des Naphthalins ist Additionsreaktionen viel leichter zugänglich als Benzol. Der andere Ring verhält sich dagegen sehr stabil.

Eine Anlagerung von Wasserstoff **(Hydrierung)** erfolgt bereits mittels des schwachen Reduktionsmittels Natrium in Ethylalkohol:

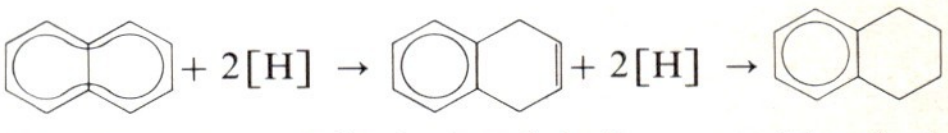

Naphthalin + 2[H] → Dihydro-naphthalin + 2[H] → Tetrahydro-naphthalin (Tetralin)

Die weitere Hydrierung ist nur mit katalytisch angeregtem Wasserstoff, d.h. unter härteren Reaktionsbedingungen möglich; dabei werden noch 3 Moleküle H_2 aufgenommen:

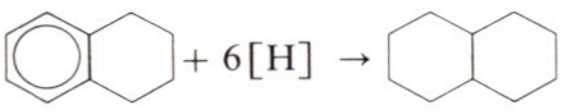

Tetralin + 6[H] → Decahydro-naphthalin (Decalin)

Chlor-Addition. Die Anlagerung verläuft nur bei starker Belichtung:

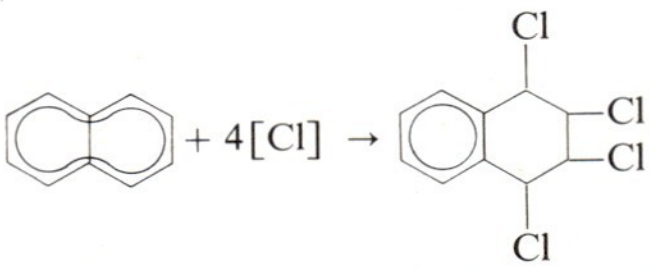

Naphthalin + 4[Cl] → 1,2,3,4-Tetrachlor-tetrahydronaphthalin

Ringspaltung durch Oxidation. Auch gegenüber starken Oxidationsmitteln ist der eine der beiden Ringe des Naphthalins nicht beständig und wird gespalten: Mit HNO_3, Chromsäure oder $KMnO_4$ in saurer Lösung entsteht Phthalsäure:

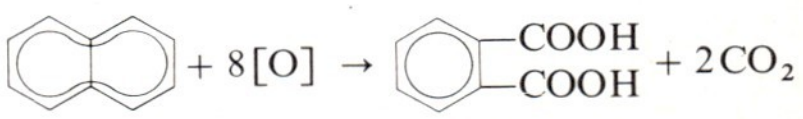

Naphthalin + 8[O] → Phthalsäure (COOH, COOH) + $2\,CO_2$

Die technische Oxidation mit Luft bei 450 °C und V_2O_5 als Katalysator führt zum Phthalsäureanhydrid (s. S. 216).

15.2 Einige wichtige kondensierte Aromaten

15.2.1 Naphthalin

Naphthalin ist die wichtigste Verbindung der Gruppe der kondensiert-aromatischen Verbindungen. Seine Summenformel lautet $C_{10}H_8$. Das Molekül ist eben und enthält zwei kondensierte aromatische Ringe, die zwei C-Atome gemeinsam haben. Für Naphthalin lassen sich drei Kekulé-Strukturformeln aufstellen, die sich jeweils durch die Lage der „Doppelbindungen" unterscheiden:

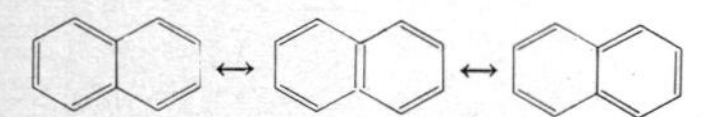

Kekulé-Grenzstruktur-Formeln Robinson-Formel

Es sind 5 Doppelbindungen vorhanden, wie sich durch Hydrierung beweisen läßt, da 5 Moleküle H_2 angelagert werden (siehe bei Reaktionen).

Im Gegensatz zum Benzol sind die H-Atome des Naphthalins untereinander nicht gleichwertig. Von den 8 H-Atomen verhalten sich je 4 untereinander gleich. Das zeigt sich bei Substitutionsreaktionen (s. S. 87).

Physikalische Eigenschaften: Naphthalin bildet weiße, dünne Blättchen mit dem Schmelzpunkt 80 °C und dem Siedepunkt 218 °C. Es besitzt einen charakteristischen Geruch.

In Wasser ist Naphthalin kaum löslich; dagegen löst es sich gut in Ethern, Alkoholen, Estern und Halogenalkanen. Bestes Lösungsmittel für Naphthalin ist Tetralin. Naphthalin ist wasserdampfflüchtig und leicht sublimierbar.

Herkunft des Naphthalins

Naphthalin wird nicht synthetisch hergestellt, sondern aus den Produkten der Steinkohlenverkokung gewonnen:

aus Steinkohlenteer; dieser enthält w = 0,05 bis 0,12 Naphthalin. Die Mittelölfraktion des Steinkohlenteers (180 bis 230 °C) besteht bis zu w = 0,40 aus Naphthalin (s. S. 110).

bei der Reinigung des Kokereigases (s. S. 110).

Verwendung des Naphthalins

Ausgangspunkt für viele Derivate, die vor allem der Farbstoff-Synthese dienen.

Überführung in Lösungsmittel, z.B. Tetralin und Decalin.

Oxidation zum Phthalsäureanhydrid (s. S. 216).

Derivate des Naphthalins

Hier sollen nur die Verbindungen erwähnt werden, bei denen das aromatische System verändert wird. Substituierte Naphthaline z.B. mit —Cl, —NO_2, —NH_2 usw., werden später bei den einzelnen Verbindungen erwähnt.

Tetralin $C_{10}H_{12}$ oder 1,2,3,4-Tetrahydronaphthalin

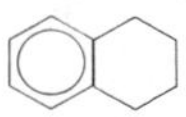

(molare Masse 132,21 g/mol) ist eine wasserhelle Flüssigkeit (Smp. −35 °C, Sdp. 207 °C, Dichte 0,9729 g/ml bei 20 °C), die in Wasser praktisch unlöslich, in höheren Alkoholen, Ether und flüssigen Kohlenwasserstoffen leicht löslich ist.

Die technische Herstellung geht vom Naphthalin aus, das katalytisch hydriert wird:

+ 4[H] $\xrightarrow[200\,°C,\ 15\,bar]{Ni}$

Verwendung: Tetralin ist ein gutes Lösungsmittel für Harze, Chlorkautschuk und Lacke.

Decalin $C_{10}H_{18}$ oder Decahydronaphthalin (molare Masse 138,25 g/mol) ist eine Flüssigkeit, die gewöhnlich aus zwei Isomeren besteht:

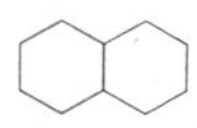

cis-Decalin (Smp. −51 °C, Sdp. 193 °C, Dichte 0,8942 g/ml bei 20 °C), trans-Decalin (Smp. −32 °C, Sdp. 187 °C, Dichte 0,8820 g/ml bei 20 °C).

Bei der technischen Herstellung geht man von Naphthalin oder Tetralin aus und hydriert katalytisch bei höheren Drücken:

+ 10[H] $\xrightarrow[260\,°C,\ 40\,bar]{Ni}$

Die cis- und trans-Verbindungen entstehen in gleichen Mengen.

Verwendung: Decalin ist ein gutes Lösungsmittel für Fette, Harze und Lacke sowie Verdünnungsmittel für Farben, Bohnerwachse und Schuhcremes.

Alkylnaphthaline

1-Methyl-naphthalin oder α-Methyl-naphthalin

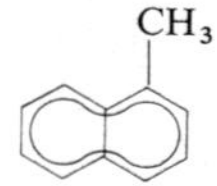

$C_{11}H_{10}$ (molare Masse 142,20 g/mol) ist ein farbloses Öl (Smp. −19 °C, Sdp. 245 °C), das in Wasser unlöslich, aber mit Wasserdämpfen flüchtig ist.

2-Methyl-naphthalin oder β-Methyl-naphthalin $C_{11}H_{10}$ (molare Masse 142,20 g/mol) bildet tafelför-

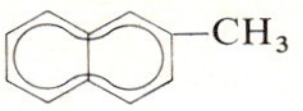

$-CH_3$

mige Kristalle (Smp. 34 °C, Sdp. 241 °C), die unlöslich in Wasser, löslich in Alkohol sind.

Sowohl 1- als auch 2-Methyl-naphthalin kommen im Steinkohlenteer mit w ≙ 1 bis 5% vor und werden aus der Siedefraktion 230 bis 270 °C, in der sie sich anreichern, technisch gewonnen. – Auch Dimethylnaphthaline finden sich mit w ≙ 2 bis 4% im Steinkohlenteer.

Reaktionen: Die CH_3-Gruppe zeigt die üblichen Reaktionen, die vom Toluol her bekannt sind. Die Oxidation führt zu Naphthalincarbonsäuren, bezeichnet als α- und β-Naphthoesäure.

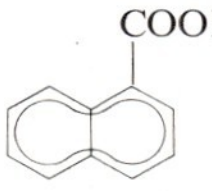

COOH

α-Naphthoesäure

COOH

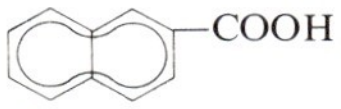

β-Naphthoesäure

15.2.2 Anthracen

Anthracen $C_{14}H_{10}$ (molare Masse 178,24 g/mol) kristallisiert, wenn es sehr rein ist, in farblosen Blättchen, die leicht sublimierbar sind (Smp. 218 °C, Sdp. 342 °C).

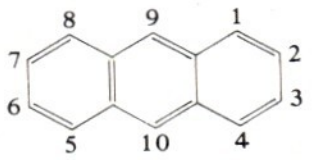

8 9 1 7 2 6 3 5 10 4 oder

Gewonnen wird es aus dem Rohanthracenöl, einer Siedefraktion des Steinkohlenteers (s. S. 110), die zwischen 270 und 320 °C überdestilliert. In dieser Fraktion ist Anthracen mit w ≙ 40% enthalten, die beiden anderen Verbindungen, Phenanthren und Carbazol, müssen abgetrennt werden und werden dabei ebenfalls in reiner Form gewonnen.

Anthracen ist wie Naphthalin den bekannten Substitutionsreaktionen zugänglich. Wegen der großen Zahl von Isomeren, die gebildet werden können, verlaufen die Reaktionen aber wenig übersichtlich.

Die wichtigste Reaktion des Anthracens ist seine Oxidation zum 9,10-Anthrachinon, das in 9,10-Stellung je eine CO-(Keto-)Gruppe enthält. Anthrachinon ist die Ausgangsverbindung einer wichtigen Farbstoffklasse **(Anthrachinon-Farbstoffe).**

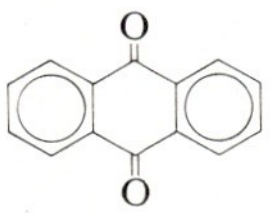

O

O

15.2.3 Phenanthren

Phenanthren $C_{14}H_{10}$ (molare Masse 178,24 g/mol) besteht aus farblosen, leicht sublimierenden Kristallen vom Schmelzpunkt 101 °C. Es ist unlöslich in Wasser, leicht löslich in Alkohol, Estern, Ether und Kohlenwasserstoffen.

Phenanthren kann zusammen mit Anthracen aus dem Anthracenöl (s. S. 111) gewonnen werden.

Obwohl Phenanthren in größerer Menge gewinnbar ist (der Steinkohlenteer enthält w ≙ 4%), hat es kaum technische Verwendungen gefunden. Phenanthren verbleibt daher in den Rückständen des Anthracenöls (Verwendung als Naphthalinwaschöl, s. S. 111).

15.2.4 Kunststoffe

Poly-Propylen

Monomeres Ausgangsprodukt: Propylen C_3H_6.

Die Polymerisation wird technisch mit Ziegler-Katalysatoren wie beim Polyethylen (s. S. 79) nach dem Niederdruck-Verfahren durchgeführt:

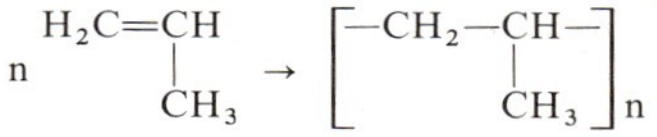

$$n\ H_2C{=}CH(CH_3) \rightarrow [-CH_2-CH(CH_3)-]_n$$

Als unsymmetrisches Alken kann Propylen **stereospezifisch polymerisiert** werden, d.h. die CH_3-Seitenketten ordnen sich im festen Polymeren entlang des Makromoleküls in besonderer Weise an. Stehen alle CH_3-Gruppen auf der gleichen Seite (Bild 89.1) liegt **isotaktisches** (kristallines) Polymeres vor. Bei alternierender Anordnung (Bild 89.2) wird **syndiotaktisches** (kristallines) und bei unregelmäßiger Anordnung **ataktisches** (amorphes) Polymeres erhalten.

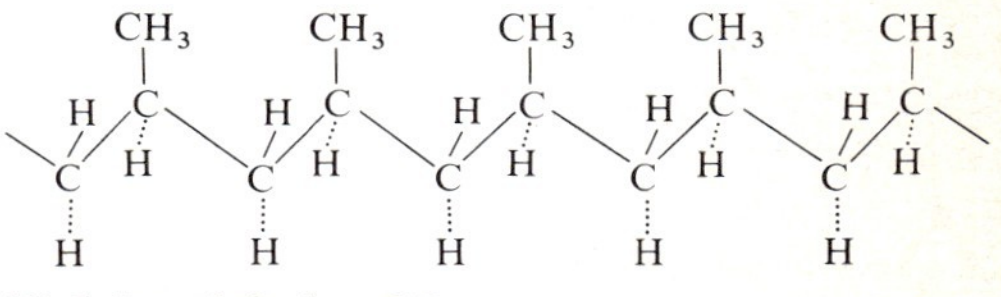

89.1 Isotaktisches PP

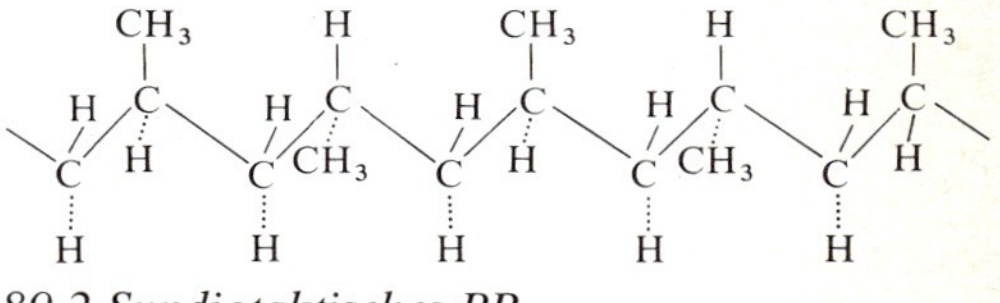

89.2 Syndiotaktisches PP

Angestrebt wird die Herstellung von isotaktischem kristallinem Polymeren, weil dieses einen Schmelzbereich bis 165 °C haben kann.

16 Erdöl und Erdgas

16.1 Was ist Erdöl?

Erdöl ist ein flüssiger Rohstoff, der sich im Erdboden in besonderen Lagerstätten verschiedener Tiefe (bis zu 3000 m) gesammelt hat und aus diesen zu Tage gefördert wird.

Rohes Erdöl, wie es den Bohrlöchern entströmt, ist je nach Zusammensetzung und Herkunft eine dünne bis zähe Flüssigkeit mit gelblicher bis schwarzer Farbe. Erdöle, die z.B. überwiegend in Deutschland verarbeitet werden, sind braunschwarz und mittelflüssig (aus dem Nahen Osten importiert) oder braunschwarz und zähflüssig (aus Venezuela). Manche Erdöle erstarren bei normaler Temperatur (Erdteer, Erdpech). Auch die festen Massen Asphalt und Erdwachs kommen in der Natur vor und gehören zu den Erdölen.

Erdöl oder Mineralöl, weil es wie die Mineralien dem Erdboden entstammt, muß von den fetten Ölen, die aus oberirdischen Pflanzen oder Tieren gewonnen werden, unterschieden werden. Auch in ihrer chemischen Zusammensetzung unterscheiden sich Erdöl und fette Öle. Erdöl enthält flüssige Kohlenwasserstoffe, fette Öle sind Gemische von Estern.

Die **Dichte** des Erdöls liegt bei normaler Temperatur zwischen 0,8 und 0,95 g/ml und wird beeinflußt durch die Struktur und die Molekülmasse der enthaltenen Verbindungen. Erdöl schwimmt daher auf Wasser.

Erdöl ist **brennbar;** sein Heizwert liegt zwischen 38000 und 46000 kJ/kg, ist also höher als der von Steinkohle mit rund 29000 kJ/kg. Die Entflammbarkeit des Erdöls kann je nach Sorte bereits unter 0 °C liegen, aber auch über 100 °C betragen.

Erdöl kommt immer zusammen mit Erdgas vor. In einer **Erdöllagerstätte** (Ölfalle) (Bild 90.1) findet man von unten nach oben eine Schichtung nach der Dichte: Salzwasser, Erdöl, Erdgas. Über dem Erdöl befindet sich eine Gaskappe von Erdgas. Auch bei getrennter Entnahme von Erdöl und Erdgas aus einer Lagerstätte, tritt mit dem Erdöl immer etwas Gas aus und umgekehrt mit Erdgas immer etwas Erdöl. – Die Ölfallen sind keine unterirdischen Ölseen. Das Erdöl befindet sich in den Klüften von Kalksteinen oder den Poren von Sanden (Speichergestein). Diese Speichersteine sind wie ein Schwamm mit Öl vollgesogen. Darüber lagert eine für Flüssigkeiten undurchlässige Schicht, z.B. Schiefergestein. Unter diesem hat sich das Erdöl in einer „Ölfalle" angesammelt.

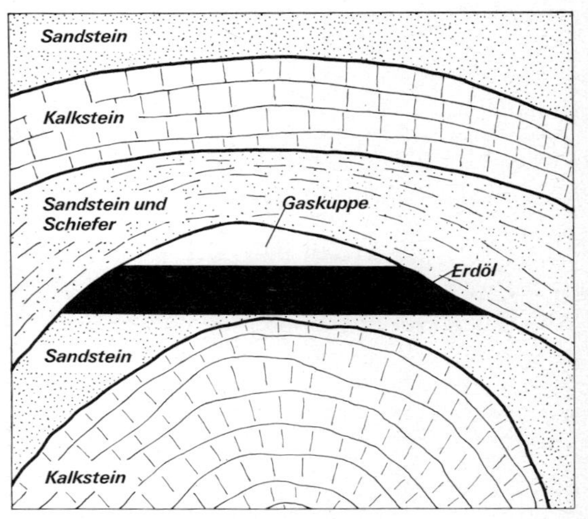

90.1 Erdöllagerstätte (Ölfalle)

Erdöl kann nicht wie Kohle bergmännisch „vor Ort" gewonnen werden, sondern muß durch Rohrleitungen an die Erdoberfläche gefördert werden.

16.2 Entstehung des Erdöls

Als Ausgangssubstanzen kann man heute mit großer Sicherheit **niedere pflanzliche und tierische Organismen** annehmen. In brandungsgeschützten Flachmeeren oder flachen Meeresbuchten hatten sich große Mengen von niederen Pflanzen und kleinen Meerestieren gesammelt. Nach dem Absterben dieser Organismen sanken sie auf den Meeresgrund und wurden von erdigen Ablagerungen (Schlamm) eingebettet. Hier hat sich dann unter Luftabschluß **(anaerobe Bedingungen),** Erddruck, erhöhter Temperatur und der Mitwirkung besonderer Bakterien in langen Zeiträumen aus dem organischen Material über verschiedene Umwandlungen und Zwischenstufen das Erdöl gebildet.

Flüssige Ansammlungen von niederen Organismen, die zu den heute bekannten großen Erdöllagerstätten geführt haben, sind kaum vorstellbar. Die großen Lagerstätten haben sich vielmehr erst später aus vielen kleineren Vorkommen gebildet, weil das Öl nach seiner Bildung durch poröse Gesteine gewandert und aufgestiegen ist, bis sich ihm eine undurchlässige Schicht in den Weg stellte. So ist heute auch die Entstehung der Ölfallen zu verstehen.

16.3 Chemische Zusammensetzung

Rohes Erdöl, das von Gasen befreit wurde, beginnt bereits bei 35 °C zu sieden und hinterläßt nicht mehr destillierbare Rückstände. Im Erdöl sind daher eine sehr große Zahl an Verbindungen mit niederer bis sehr hoher Molekülmasse nebeneinander enthalten.

Je nach Bildungsbedingungen, Tiefe der Lagerstätten, umgebendem Gestein sowie dem Fundort beobachtet man Erdölsorten mit wechselnder chemischer Zusammensetzung.

Die elementare Zusammensetzung verschiedener aschefreier Roherdöle zeigt Tabelle 91.1).

Elementaranalyse von Roherdölen Element	w in %
C	81–87
H	10–14
S	0–5
O	0–5
N	0–1

91.1 Elementaranalyse von Roherdölen

Es sind Verbindungen im Erdöl vorhanden, die vorwiegend aus Kohlenstoff und Wasserstoff bestehen (Kohlenwasserstoffe). Daneben werden noch geringe Mengen von Verbindungen gefunden, die auch schwefel-, sauerstoff- und stickstoffhaltige Gruppen im Molekül enthalten.

Die nähere Untersuchung zeigt, daß vorwiegend gesättigte Kohlenwasserstoffe, **Alkane** (Paraffine) und **Cycloalkane** (Naphthene) sowie in einigen Fällen auch Aromaten (s. S. 92), vorhanden sind.

Erdöl ist ein komplexes Gemisch einer großen Zahl verschiedener Kohlenwasserstoffe, die vorwiegend der Alkan- und Cycloalkan-Reihe, in seltenen Fällen auch der Aromaten-Reihe angehören.

Ungesättigte Verbindungen, z. B. Alkene (Olefine), wurden nur in kleinen Mengen gefunden. Diene (Diolefine) wurden noch nicht im Erdöl nachgewiesen.

Der **Schwefel** liegt nicht elementar vor, sondern gebunden in organischen Verbindungen, z. B. in Mercaptanen R—SH, Thioethern R—S—R, Disulfiden R—S—S—R cyclischen Sulfiden, z. B. Thiophen. Diese Schwefelverbindungen, die stark riechend und aggressiv sind, finden sich bei der Aufarbeitung überwiegend in höheren Siedebereichen (> 200 °C) wieder; sie sind also Verbindungen höherer Molekülmasse.

Der charakteristische Geruch des Erdöls rührt von den in ihm enthaltenen leichtflüchtigen Verbindungen her, er wird aber gewöhnlich überdeckt von dem stärkeren und unangenehmeren Geruch der genannten Schwefelverbindungen.

Der **Sauerstoff** ist vorwiegend in den (COOH)-Gruppen der Naphthensäuren (s. S. 215) gebunden. Diese finden sich in Fraktionen der Siedebereiche über 200 °C. Der Anteil an Phenolen im Erdöl ist äußerst gering. Sauerstoff kann auch hochmolekularen Verbindungen, die nicht mehr destillierbar sind, angehören.

Der **Stickstoff**-Gehalt ist sehr gering; es sind Amine (höherer Siedebereich) oder Pyridin-Derivate.

16.4 Klassifizierung der Erdöle

Durch genaue Analyse hat man bisher eine geringe Zahl von Einzelverbindungen bis C_7 mit Siedepunkten bis etwa 100 °C nachweisen können. Darüber wird die Zahl der Isomere so groß, daß eine Unterscheidung kaum noch möglich ist. Man muß sich deswegen darauf beschränken, die Gruppenzugehörigkeit der Verbindungen (Paraffine, normal oder verzweigt, Naphthene und Aromaten) zu ermitteln; diese Bestimmung ist mittels physikalischer Methoden auch für höhere Siedefraktionen des Erdöls noch durchführbar.

Die Erdöle können danach eingeteilt werden nach Verbindungsgruppen, die in ihnen überwiegend vorhanden sind:

16.4.1 Paraffinische Erdöle

Dazu zählen Erdöle, die aus Alkanen (Paraffinen, Aliphaten) mit offener, gerader oder verzweigter Kette im Molekülaufbau bestehen, also n-Paraffine und i-Paraffine.

$CH_3{-}CH_2{-}CH_2{-}CH_2{-}CH_3$

$CH_3{-}CH(CH_3){-}CH_2{-}CH(CH_3){-}CH_2{-}CH_3$

Vorwiegend paraffinische Erdöle werden nur in Amerika und im Nahen Osten gefunden; letztere werden auch in Deutschland verarbeitet. Ein reinparaffinisches Erdöl wird in Pennsylvanien (USA) gefördert.

16.4.2 Naphthenische Erdöle

Diese bestehen aus Derivaten des Cyclopentans und Cyclohexans (s. S. 34), die kürzere oder längere Seitenketten, normal oder verzweigt, enthalten, z.B.

$-C_3H_7$ $\quad -CH(CH_3){-}C_2H_5$ $\quad -CH_2{-}CH(CH_3){-}C_3H_7$

Ein rein naphthenisches Erdöl wird im Ural und in Kalifornien (USA) gefunden. Vorwiegend naphthenisch sind Erdöle aus Baku (UdSSR), Rumänien und Venezuela.

16.4.3 Aromatische Erdöle

Diese seltener vorkommenden Erdöle werden auch als aromatische oder asphaltische Öle bezeichnet, weil ihre Verbindungen vorwiegend aus aromatischen Ringen mit Seitenketten bestehen, z.B.

$-C_2H_5$ $\quad -C_3H_7$ $\quad -C_2H_5$

Die niederen Aromaten, Benzol und Toluol, sind nur in sehr geringer Menge im Erdöl enthalten.

Die aromatischen Erdöle „altern" leicht, d.h., sie verändern sich unter Aufnahme von Sauerstoff (aus der Luft) und bilden harz- und asphaltartige Produkte (daher der Name dieser Erdölgruppe).

16.5 Nutzung des Erdöls

Erdöl kann in der aus der Lagerstätte geförderten Form nicht unmittelbar verwendet werden. Der weiteren Verarbeitung muß zunächst eine Reinigung des Roherdöls vorgeschaltet werden, um unerwünschte Begleitstoffe (Schlamm, Salzwasser) zu entfernen, die bei der Förderung aus den Lagerstätten mitgerissen wurden. Erdöl besteht aus einer großen Zahl von Verbindungen, die alle Kohlenwasserstoffe sind, sich aber infolge ihrer unterschiedlichen Molekülgröße und -struktur in ihren Eigenschaften – besonders den Gebrauchseigenschaften – zum Teil sehr weit unterscheiden. Für viele Verwendungszwecke können nur bestimmte Anteile des Erdöls, sogenannte Fraktionen gebraucht werden (Erdölprodukte).

Die wichtigsten **Erdölprodukte** sind:

Erdölgas (Flüssiggas), Benzine (Leichtbenzin, Vergaserkraftstoff, Flugbenzin, Spezial- und Testbenzine), Petroleum, Gasöl (Turbinen- und Dieseltreibstoff, leichtes und schweres Heizöl), Schmieröl, Paraffin, Bitumen.

Erdöl ist Energieträger und Chemierohstoff.

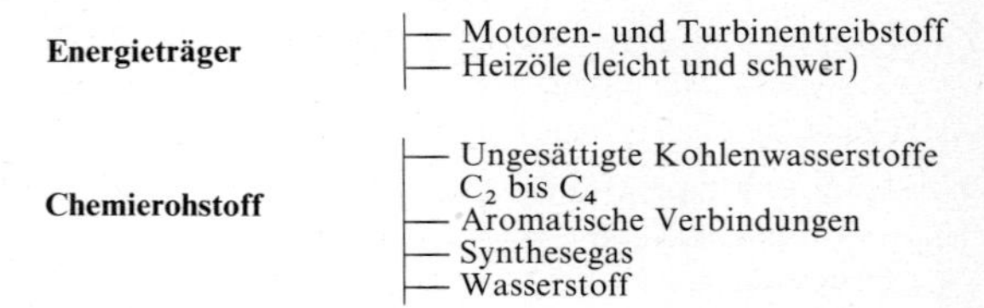

Die genannten **Primärchemikalien** sind im Erdöl nicht enthalten. Sie müssen durch chemische Reaktionen aus Erdölprodukten hergestellt werden. Da Erdölprodukte hier nicht verbrannt, sondern höherwertige Ausgangsstoffe für Synthesen erhalten werden, spricht man von der Veredlung von Erdölprodukten. Eine solche Veredlung liegt auch vor, wenn Fraktionen des Erdöls durch chemische Reaktionen so umgewandelt werden, daß ihre Gebrauchseigenschaften verbessert werden, z.B. Erhöhung der Octanzahl von Fahrbenzin.

16.6 Reserven, Einsatz und wirtschaftliche Fragen des Erdöls

Erdöl gehört mit Steinkohle, Braunkohle und Erdgas zu den vier wesentlichen Energieträgern und Chemierohstoffen.

Vorräte

Die nach dem Stand von 1976 insgesamt in der Welt vorhandenen Reserven dieser vier natürlich vorkommenden Stoffe zeigt Tabelle 93.1. Hier ist zusätzlich aufgeschlüsselt worden, welche Mengen vermutlich technisch gewinnbar und welche heute wirtschaftlich gewinnbar sind. Um Vergleiche anstellen zu können, erfolgen die Angaben in SKE-Einheiten.

Energieträger bzw. Rohstoff	Insgesamt vorhanden Mrd. t SKE	Vermutlich technisch gewinnbar Mrd. t SKE	Heute wirtschaftlich gewinnbar Mrd. t SKE
Steinkohle	7900	1425	420
Braunkohle	1900	333	125
Erdöl	1045	418	141
Erdgas	313	313	96

93.1 Vorräte an Energieträgern

Die Energieträger werden nach ihrem Energieinhalt (Heizwert, Verbrennungswärme) bewertet. **1 Steinkohleneinheit,** abgekürzt **1 SKE,** entspricht 29300 kJ, das ist die Wärmemenge, die frei wird, wenn 1 kg Steinkohle bestimmter Zusammensetzung vollständig zu CO_2 verbrennt. Ein Vergleich der Heizwerte der einzelnen Energieträger ist zweckmäßig, weil diese ganz oder teilweise gegeneinander austauschbar sind. Tabelle 93.2 zeigt die Heizwerte und Umrechnungsfaktoren verschiedener Energieträger.

Energieträger	Einheit	Heizwert kJ	SKE-Faktor
Steinkohle	kg	29300	1,00
Braunkohle (roh)	kg	8000	0,27
Erdgas	m^3 [1]	31800	1,09
Erdöl	kg	42300	1,44
Benzin	kg	43500	1,49
Heizöl leicht	kg	42700	1,46
Heizöl schwer	kg	41000	1,40
Elektr. Strom (in der Verwendung)	kWh	3600	0,123

[1] im Normzustand

93.2 Umrechnungswerte

Den insgesamt weltweit vorhandenen Erdölreserven sind noch **Ölschiefer** und **Ölsande** hinzuzurechnen, die mit etwa w = 0,20 Öl (Erdöl) getränkt sind. Nach Schätzungen haben diese weltweit über 1000 Mrd. t SKE Ölinhalt. Die Erdölgewinnung aus diesen Rohstoffen ist aber heute wirtschaftlich nicht möglich.

Verbrauch

1981 wurden in der Welt etwa 2,8 Mrd. t Erdöl verbraucht, das entspricht 4,1 Mrd. t SKE. Bei angenommenem gleichbleibenden Verbrauch und unter Zugrundelegung der heute wirtschaftlich gewinnbaren Erdölreserven von 141 Mrd. t SKE (Tab. 93.1) reichen die Erdölreserven für etwa 37 Jahre.

Die im Jahre 1981 geförderte Menge von 2,8 Mrd. t Erdöl entfiel auf verschiedene **Förderländer** (Tab. 93.4). Nur fünf Förderländer deckten etwa 60% des Bedarfs.

Förderländer	Fördermenge Mio t Erdöl	in % von 2,8 Mrd t
UdSSR	521	18,6
Saudiarabien	429	15,3
USA	403	14,4
Westeuropa	*136*	*4,9*
Iran	120	4,3
Venezuela	118	4,2
Kuweit	108	3,9
Irak	104	3,7
Nigeria	101	3,6
Libyen	92	3,3
VR China	85	3,0

93.4 Erdöl-Förderländer 1981

Nur etwa 5 bis 10% des Erdöls werden als Chemierohstoffe genutzt und zu Produkten höheren Veredlungsgrades (z. B. Kunststoffe, Chemiefasern, Dünger, Lösungsmittel) verarbeitet. Um Erdöl als Chemierohstoff für lange Zeit zu erhalten, ist seine Sub-

Länder bzw. Region	Erdöl- bzw. Erdölprodukte %	Kohle %	Erdgas %	Kernenergie, Wasserkraft u.a. %
Westeuropa	55	21	13	11
USA	47	19	27	7
Ostblock	28	51	17	4
Japan	73	17	3	7

93.3 Nutzung verschiedener Energieträger im Jahre 1980

stitution durch andere Energieträger dringend erforderlich.

Welche überragende Rolle das Erdöl bzw. Erdölprodukte als Energieträger für die Deckung des Energiebedarfs (Elektrischer Strom, Motortreibstoffe, Wärme) – besonders auch in Westeuropa – haben, zeigt Tabelle 93.3 für das Jahr 1980.

Länder mit geringer Motorisierung (Ostblock) kommen mit weniger Erdölprodukten (Motortreibstoffen) aus. In den USA hat Erdgas einen hohen Anteil an der Energieerzeugung, Heizöl wird dort weniger verbraucht, dafür aber sehr viel Fahrbenzin. Japan ist besonders vom Erdöl abhängig, hat aber nur geringe eigene Vorkommen.

Erdölreserven und -verbrauch der Bundesrepublik

Die Reserven der Bundesrepublik werden auf etwa 100 Mio t geschätzt. Die Eigenförderung aus den Vorkommen in Norddeutschland, dem Oberrheintal und dem Alpenvorland betrug 1982 3,9 Mio t.

Der Verbrauch der Bundesrepublik an Erdölprodukten lag 1982 bei 101 Mio t (Tab. 94.1).

Erdölprodukte Mio t	1979	1982
Naphtha	15	10
Fahrbenzin	27	23
Dieseltreibstoff	12	13
Heizöl leicht	47	36
Heizöl schwer	27	14
Sonstiges	7	5
	135	101

94.1 Verbrauch von Erdölprodukten in der Bundesrepublik

Der Verbrauch hat sich damit von 1979 bis 1982 um 34 Mio t oder 25% verringert.

Importiert wurden von der Bundesrepublik 1982 nicht nur rohes Erdöl (74 Mio t), sondern auch Erdölprodukte (36 Mio t), besonders Fahrbenzin und leichtes Heizöl. Die Eigenförderung betrug 3,9 Mio t.

Die Erdölimporte kamen 1982 aus etwa 20 Förderländern, die wichtigsten sind Saudiarabien (18,4 Mio t), Großbritannien/Nordsee (16,0 Mio t), Libyen (10,6 Mio t) und Nigeria (6,5 Mio t). Mit der Eigenförderung (3,9 Mio t) und dem Nordsee-Erdöl (18,4 Mio t) aus Großbritannien und Norwegen konnte die Bundesrepublik 1982 ihren Roherdölbedarf fast zu einem Viertel aus westeuropäischen Quellen decken.

Auch in der Bundesrepublik wird der überwiegende Teil des Erdöls und seiner Produkte für die Energieerzeugung (Motortreibstoffe und Heizöl) verbraucht. Erdölprodukte sind die wichtigsten Energieträger (Tab. 94.2). Hier ist aber seit 1978 ein Wandel im Gange, da Kohle und Kernenergie stärker als Energieträger eingesetzt werden. Dadurch wird die Importabhängigkeit der Bundesrepublik vom Erdöl gemindert.

Etwa **10%** des Erdölbedarfs der Bundesrepublik dient als **Chemierohstoff,** im wesentlichen ist es das Erdölprodukt Naphtha, das in Crackern zu den wichtigsten ungesättigten Kohlenwasserstoffen (C_2 bis C_4) gespalten wird (s. S. 99), auf die dann die meisten Synthesen der organischen industriellen Chemie aufbauen. Von den in der organischen Industrie benötigten Chemikalien (Primärchemikalien) werden etwa 90% auf Basis Erdöl/Erdgas gewonnen, die restlichen 10% überwiegend aus Kohlewertstoffen.

Die zukünftige Entwicklung wird stark beeinflußt werden durch die Preise für Erdöl und seine Produkte. Die Preisentwicklung vor und nach der „Erdölkrise" (1973/74), zeigt Tabelle 94.3.

Jahr	Erdöl DM/t	Naphtha DM/t
1960	82,—	92,—
1973	82,—	115,—
1974	223,—	330,—
1978	211,—	280,—
1979	280,—	465,—
1980	457,—	640,—
1982	618,—	760,—

94.3 Import-Preise

Jahr	Energieträger in %				
	Kohle	Erdölprodukte	Erdgas	Kernenergie	Wasserkraft u.a.
1950	88	5	—	—	7
1964	60	36	1	—	3
1978	27	53	15	3	2
1982	32	44	15	6	3

94.2 Nutzung verschiedener Energieträger in der Bundesrepublik Deutschland

16.7 Technische Verfahren der Förderung, Verarbeitung und Veredelung des Erdöls

16.7.1 Förderung des Erdöls

Bei der Förderung des Erdöls unterscheidet man mehrere Stufen, die nacheinander durchgeführt werden, um ein möglichst vollständiges Ausbringen des Erdöls einer Lagerstätte zu erreichen.

Primäre Erdölförderung liegt dann vor, wenn das Öl durch Pumpen an die Erdoberfläche gesaugt werden kann oder die Gaskappe über einer Öllagerstätte unter so hohem Druck steht, daß durch Expansion des Gases das Öl an die Erdoberfläche gedrückt wird.

Durch primäre Förderung lassen sich 30 bis 50% des Öls einer Lagerstätte ausbeuten. Derzeit wird noch überwiegend primäre Förderung durchgeführt.

Bei der **sekundären Erdölförderung** wird warmes Wasser oder Wasserdampf in die Erdöllagerstätte gedrückt. Durch die höhere Temperatur wird die Zähflüssigkeit des Erdöls herabgesetzt, so daß es leichter aus den Poren des Speichergesteins abfließen kann. Da Erdöl spezifisch leichter als Wasser ist, sammelt es sich oberhalb der Wasserschicht und kann von hier an die Oberfläche gedrückt oder gepumpt werden.

Durch sekundäre Förderung sollen mindestens 20 bis 40% des Öls einer Lagerstätte genutzt werden. Es ist geplant, Heißwasser oder Wasserdampf aus Kernreaktoren für die sekundäre Erdölförderung einzusetzen.

Die **tertiäre Erdölförderung,** die weitere 10 bis 30% Erdöl einer Lagerstätte erfassen soll, muß zunächst Stoffe einsetzen, die die Oberflächenspannung des Erdöls soweit herabsetzen, daß es auch aus feinen Poren des Speichergesteins abfließen kann. Solche Zusatzstoffe müssen die Eigenschaften von Tensiden haben. Anschließend kann das neu zugänglich gewordene Erdöl z.B. durch Wasserdampf an die Erdoberfläche gedrückt werden.

Vor der weiteren Verarbeitung des Roherdöles muß eine Reinigung durchgeführt werden, um unerwünschte Begleitstoffe, die aus der Lagerstätte bei der Förderung mitgerissen wurden, zu entfernen.

16.7.2 Erdöl-Destillation

Die Destillation ist ein Trennverfahren, bei dem die im Erdöl vorhandenen Stoffe chemisch nicht verändert, sondern lediglich aufgrund ihrer unterschiedlichen Siedepunkte voneinander getrennt werden.

Die Erdölprodukte enthalten Verbindungen, die bereits im Roherdöl vorhanden sind. Durch die Trennung nach Siedepunkten bzw. -bereichen erreicht man, daß die Fraktionen Verbindungen mit ähnlicher Molekülgröße enthalten (Benzin, Siedebereich 35 bis 180°C, C_5- bis C_9-Kohlenwasserstoffe, vorwiegend Aliphaten und Cycloaliphaten).

Die Zusammensetzung des Erdöls ist maßgebend für die Art und Menge der gewinnbaren Erdölprodukte (Tab. 95.1, Anteile in %).

Die destillative Zerlegung des Erdöls in seine Fraktionen zeigt Bild 96.1. Entscheidend bei der Destillation ist die Einhaltung bestimmter Siedebereiche.

Der Destillation des Erdöls muß eine Raffination der Erdölprodukte (Fahrbenzin, Dieseltreibstoff, leichtes Heizöl) folgen. Die Raffination entfernt unerwünschte Begleitstoffe (S-, -O-, N-Verbindungen), meistens durch Hydrierung unter Druck, so daß H_2S und NH_3 entstehen, die abgetrennt werden müssen und rein gewonnen werden.

<table>
<tr><th>Herkunft</th><th>Dichte in g/ml</th><th>S-Gehalt</th><th>Benzin</th><th>Petroleum</th><th>Gasöl</th><th>Schmieröl</th><th>Rückstand</th></tr>
<tr><td>USA (Pennsylvanien)</td><td>0,83</td><td>0,2</td><td>24</td><td>17</td><td>12</td><td>20</td><td>27</td></tr>
<tr><td>Irak</td><td>0,84</td><td>2,0</td><td>22</td><td colspan="2">41</td><td>15</td><td>20</td></tr>
<tr><td>Kuweit</td><td>0,87</td><td>2,8</td><td>17</td><td colspan="2">38</td><td>18</td><td>24</td></tr>
<tr><td>USA (Kalifornien)</td><td>0,89</td><td>1,7</td><td>25</td><td>5</td><td>17</td><td>18</td><td>34</td></tr>
<tr><td>Mexiko</td><td>0,91</td><td>3,6</td><td>15</td><td>7</td><td>11</td><td>18</td><td>48</td></tr>
<tr><td>UdSSR (Baku)</td><td>0,86</td><td>0,1</td><td>19</td><td>6</td><td>26</td><td>21</td><td>28</td></tr>
<tr><td>Deutschland (Holstein)</td><td>0,86</td><td>0,8</td><td>23</td><td colspan="2">24</td><td>34</td><td>19</td></tr>
<tr><td>UdSSR (Ural)</td><td>0,95</td><td>4,9</td><td>26</td><td>—</td><td>23</td><td>19</td><td>32</td></tr>
<tr><td>Venezuela</td><td>0,94</td><td>2,7</td><td>14</td><td>3</td><td>20</td><td>19</td><td>43</td></tr>
</table>

95.1 Zusammensetzung verschiedener Erdölsorten

16.8 Einige Erdölprodukte

16.8.1 Erdölgas

Erdölgas ist ein Gemisch der gesättigten, gasförmigen Kohlenwasserstoffe

C_3H_8 Propan, C_4H_{10} n-Butan und Isobutan (sowie CH_4 Methan, C_2H_6 Ethan, C_5H_{12} Pentane und C_6H_{14} Hexane in geringen Mengen).

Diese sind im Erdöl gelöst und werden bei der Destillation frei. Das anfallende Gasgemisch wird nach Verflüssigung durch eine Tieftemperatur-Destillation in die reinen Komponenten zerlegt, die als Rohstoffe zur Herstellung von Petrochemikalien eingesetzt werden.

Daneben findet Erdölgas als Heizgas, z.B. in den Erdölraffinerien selbst, oder als Propan und Butan zusammen (Flüssiggas) Verwendung.

Erdölgas sollte nicht mit Raffineriegas verwechselt werden, in dem neben gesättigten, auch ungesättigte Kohlenwasserstoffe (Ethylen, Propylen usw.) und zum Teil größere Mengen Wasserstoff (bis $\varphi = 0{,}50$) vorliegen können.

16.8.2 Benzin

Benzin ist die Erdölfraktion mit dem Siedebereich 25 bis 180 °C. Man unterscheidet

- Leichtbenzin (Naphtha), Siedebereich 25 bis 100 °C, mit C_5- bis C_7-Kohlenwasserstoffen und
- Schwerbenzin (Fahrbenzin), Siedebereich 100 bis 180 °C, mit C_7- bis C_{10}-Kohlenwasserstoffen.
- Eine ausgewählte Fraktion des Benzins (65 bis 160 °C) wird eingesetzt für die Gewinnung von aromatischen Verbindungen (s. S. 101).

Leichtbenzin ist als Fahrbenzin ungeeignet (siehe unten), es ist aber der wichtigste Chemierohstoff für die Erzeugung von ungesättigten Kohlenwasserstoffen C_2 bis C_4 durch Cracken (s. S. 99).

Fahrbenzin muß bestimmte Eigenschaften haben, damit es als Kraftstoff für Vergasermotoren (Otto-Motoren) eingesetzt werden kann. Als wichtigstes Qualitätsmerkmal gilt seine **Klopffestigkeit.** Unter Klopfen eines Motors versteht man ein hämmerndes Geräusch, das nicht auf mechanische Fehler zurückzuführen ist, sondern durch Unregelmäßigkeiten im Verbrennungsvorgang des Kraftstoff-Luft-Gemisches hervorgerufen wird; durch die Kompressionswärme zündet das Gemisch von selbst (Selbstzündung), bevor

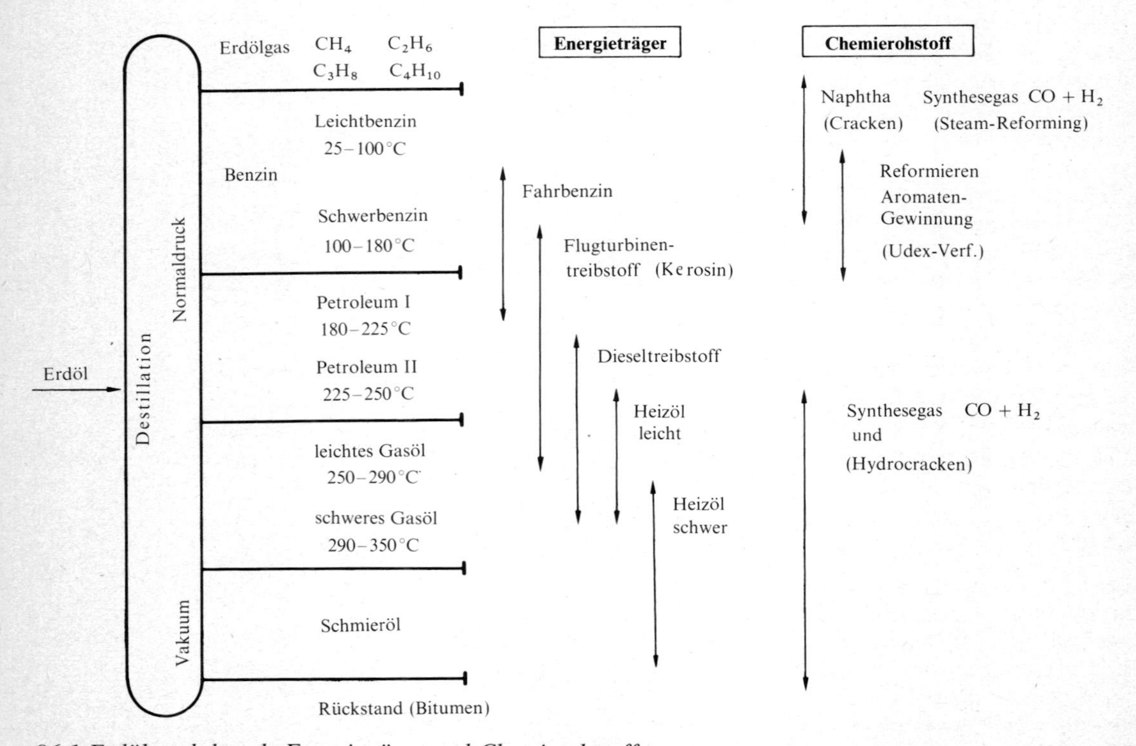

96.1 Erdölprodukte als Energieträger und Chemierohstoffe

der Zündfunke der Zündkerze die Zündung auslöst. Dieser Effekt ist von der chemischen Zusammensetzung des Kraftstoffes abhängig. Hinsichtlich ihrer Klopffestigkeit lassen sich die Verbindungsgruppen in eine Reihe einordnen:

n-Paraffine < i-Paraffine < Naphthene < Aromaten. n-Paraffine klopfen im Motor am meisten, da sie unregelmäßig verbrennen. Das Gegenteil beobachtet man bei Aromaten.

Die Klopffestigkeit eines Benzins wird durch die **Octanzahl** (OZ) bewertet. Als Vergleichssubstanzen wählt man Isooctan (2,2,4-Trimethyl-pentan), das die OZ 100, und n-Heptan, das die OZ 0 erhält. In einem genormten Testmotor vergleicht man dann das Klopfen einer Vergleichsmischung mit dem eines zu prüfenden Benzins. Ein Benzin mit der OZ 90 läßt sich durch Vermischen von φ(i-Octan) = 0,90 und φ(n-Heptan) = 0,10 herstellen.

Das in der Bundesrepublik angebotene Normalbenzin hat OZ 92, Superbenzin OZ 98.

Die Klopffestigkeit oder OZ eines Fahrbenzins kann durch Zusätze erhöht werden. Das bewährteste und wirksamste **Antiklopfmittel** ist Bleitetraethyl $Pb(C_2H_5)_4$ eine sehr giftige Flüssigkeit, die dem Benzin zugesetzt wird. Ein Kraftstoff aus 1 l Isooctan mit 0,75 ml Bleitetraethyl hat die OZ 115. Um die Abscheidung von Blei oder Bleioxid im Verbrennungsraum des Motors zu verhüten, ist gleichzeitig ein Zusatz von 1,2-Dibromethan zum Benzin erforderlich, so daß sich $PbBr_4$ bilden kann, das bei 800 °C flüchtig ist und mit den Auspuffgasen den Verbrennungsraum verläßt.

Durch den Betrieb von Otto-Motoren gelangen Bleiverbindungen, zunächst als $PbBr_4$, in die Luft, das sich in PbO, PbO_2 und $PbCO_3$ umwandelt. 95% des **Umweltbleis** stammen aus Autoabgasen. Um die Gefährdung der Umwelt durch Blei zu verringern, sind heute nur noch 0,15 g Pb/l Benzin zugelassen (früher 0,7 g Pb/l).

Als Ersatz für bleihaltige Antiklopfmittel wird zunehmend Methyl-tertiär-butyl-ether (MTBE) eingesetzt. Seine Octanzahl ist 108.

Eine **Octanzahlsteigerung** ist auch durch Erhöhung des Aromatengehaltes im Fahrbenzin zu erreichen:

- Verwendung von Pyrolysebenzin (s. S. 100);
- Platforming (s. S. 101).

Benzol hat OZ 115. Dadurch können aber unverbrannte cancerogene Verbindungen in die Autoabgase gelangen, die ebenfalls gesundheitsgefährdend sind. Aus diesem Grunde wird der Einbau von Nachverbrennern für Autoabgase erwogen, bei denen gleichzeitig das schädliche CO und NO_x umgewandelt würden, so daß diese Emissionen aus dem Autoverkehr entfallen und dadurch eine wesentliche Entlastung der Umwelt erreicht würde. Der Einsatz der Nachverbrenner ist an bleifreies Benzin gebunden, da der Katalysator der Nachverbrenner durch Blei geschädigt wird.

Methanol als Motortreibstoff

Versuche der letzten Jahre haben gezeigt, daß Methanol als Motortreibstoff geeignet ist. Geprüft wurde die Mischung von Fahrbenzin mit φ(Methanol) = 0,15 (Bezeichnung M 15) und reines Methanol (M 100).

Bei reinem Methanol als Motortreibstoff hat sich gezeigt, daß die Motoren im Vergleich zum Fahrbenzin einen günstigeren Wirkungsgrad erreichen, weil:

- aufgrund der hohen Octanzahl des Methanols von 116 eine höhere Verdichtung im Motor möglich ist;
- die hohe Verdampfungswärme des Methanols zu einer niedrigeren Verbrennungstemperatur im Motor führt, wodurch die Wärmeverluste reduziert werden. Außerdem wird dadurch der NO_x-Anteil im Abgas vermindert.

Da die Verbrennungswärme von Methanol nur etwa halb so groß wie die des Fahrbenzins ist, müssen die Fahrzeuge bei gleicher Reichweite mit einem doppelt so großen Tank ausgerüstet werden.

Methanol enthält w(O) = 0,50, so daß im Vergaser ein entsprechendes Treibstoff/Luft-Gemisch eingestellt werden muß.

Verschiedene heute verwendete Bauteile (Leitungen, Dichtungen) sind nicht resistent gegenüber Methanol.

Der Einsatz von Methanol als Treibstoff erfordert Umstellungen am Motor und Umrüstung von Bauteilen. Außerdem ist eine Ergänzung des Verteilersystems (Tankstellennetz) notwendig.

16.8.3 Weitere Erdölprodukte

Petroleum ist die Siedefraktion 180 bis 255 °C des Erdöls. Darin sind C_{10}- bis C_{15}-Kohlenwasserstoffe enthalten; die genaue chemische Zusammensetzung ist unbekannt.

Verwendung: 1. Kraftstoff für Traktoren (Diesel) und Flugzeugturbinen. 2. Für Beleuchtungszwecke (Leuchtpetroleum).

Gasöl (Siedebereich 255 bis 350 °C) unterteilt man gewöhnlich in leichtes Gasöl (bis 290 °C), das ein guter Dieseltreibstoff ist, und schweres Gasöl, das heute als hochwertiges Heizöl, z. B. für Ölfeuerungen im Haushalt, angeboten wird.

Flugzeugturbinen-Kraftstoffe (auch Kerosin genannt) sind geeignete Gemische aus Schwerbenzin, Petroleum und leichtem Gasöl; sie entsprechen der Siedefraktion 100 bis 290 °C des Erdöls.

Dieselkraftstoff kann sowohl Petroleum als auch leichtes Gasöl oder ein Gemisch von beiden sein; der Siedebereich geht von 200 bis 290 °C.

Paraffinische Erdöle liefern die besten Dieselkraftstoffe. Im Gegensatz zum Benzin sind hier also unverzweigte Kohlenwasserstoffe (Normal-Paraffine) erwünscht.

Die wichtigste Betriebseigenschaft eines Dieseltreibstoffs ist seine **Zündwilligkeit,** die durch die **Cetanzahl** bewertet wird. Da in Dieselmotoren durch hohe Verdichtung und Kompressionswärme das Kraftstoff-Luft-Gemisch von selbst zünden muß (im Gegensatz zum Benzin, wo ein elektrischer Funke die Zündung auslöst und Selbstzündung unerwünscht ist (Klopfen), hat ein Dieseltreibstoff eine gute Qualität, wenn besonders geradkettige Verbindungen enthalten sind.

Für die Cetanzahl CZ ist festgelegt, daß Cetan (Hexadecan) die CZ 100 und 1-Methylnaphthalin die CZ 0 (sehr zündträge) erhält. Beim Ermitteln der Cetanzahl eines Dieseltreibstoffes wird dieser mit Gemischen der beiden Substanzen verglichen. Handelsüblicher Dieseltreibstoff hat in der Bundesrepublik CZ 40 bis 55.

Schmieröle, durch Vakuum-Destillation aus dem Erdöl gewonnen (Siedebereich bei Normaldruck: 350 bis 500 °C), werden nach ihrem Verwendungszweck besonders ausgesucht. Man unterscheidet: Spindelöl, Maschinenöl, Zylinderöl, Motorenöl, Getriebeöl, Isolieröl (Transformatoren). Maßgebend für die Verwendung ist die Viskosität (Zähigkeit) der Öle, auch bei höherer Temperatur.

Geradkettige Paraffine (n-Paraffine), die hohe Erstarrungspunkte haben, sind im Schmieröl unerwünscht und werden durch Extraktion abgetrennt.

Heizöl. Geeignet sind Erdöl-Destillate mit den Siedegrenzen 250 °C (Gasöle) bis 500 °C (Schmieröle). Leichtes Heizöl wird heute besonders in Ölfeuerungsanlagen von Privat- und Geschäftshäusern, schweres Heizöl in Ölfeuerungen der Dampfkessel (Kraftwerke, Industrie, Schiffahrt) in großen Mengen verbraucht.

Bitumen ist der Rückstand der Vakuum-Destillation des Erdöls und stellt eine schwarze, zähe und klebrige Masse dar.

Verwendung: Straßenbau-Bindemittel; Bautenschutzmittel (wasserundurchlässig); Dachpappen-Industrie.

Paraffin ist ein weiches bis hartes, komplexes Gemisch aus überwiegend geradkettigen C_{30}- bis C_{50}-Kohlenwasserstoffen (n-Paraffine). Es wird gewonnen durch Extraktion aus Flugturbinen-Kraftstoffen, Schmierölen und Destillations-Rückständen.

Verwendung: Papier- und Pappen-Industrie, Grundmasse für Kerzen, Bohnerwachs, Schuhcreme.

16.9 Erdgas

Erdgas ist ein gasförmiger Rohstoff, der wie Erdöl und häufig mit diesem zusammen in besonderen Lagerstätten vorkommt und durch Bohrlöcher an die Erdoberfläche strömt.

Es ist ein Gemisch der gasförmigen gesättigten Kohlenwasserstoffe C_1 bis C_6 (Methan bis Hexan). Man unterscheidet:

„Trockenes" Erdgas ist frei von den leicht zu verflüssigenden Verbindungen Propan bis Hexan und enthält deswegen Methan und Ethan. Es entstammt meistens einer reinen Gaslagerstätte, in der kein Erdöl vorhanden ist.

Durchschnittliche Zusammensetzung eines „trokkenen" Erdgases: 84% CH_4, 7% C_2H_6, 8% N_2, 1% CO_2. Der CH_4-Gehalt kann bis 98% ansteigen.

„Nasses" Erdgas entstammt der Gaskappe, die sich über einer Erdöllagerstätte gebildet hat. Hier sind deshalb auch leicht verdampfende, flüssige Kohlenwasserstoffe, z. B. Pentane und Hexane, enthalten.

Beispiel für die Zusammensetzung eines „nassen" Erdgases: 37% CH_4, 41% C_2H_6, 10% C_3H_8, 8% C_4H_{10}, 6% C_5H_{12} und 4% C_6H_{14}.

An Verunreinigungen sind im Erdgas H_2S, CO_2, N_2 und O_2 enthalten. Der H_2S-Gehalt kann bis 10% betragen, in einigen Fällen sogar noch darüber liegen und ist bereits zu einer bedeutsamen Schwefelquelle geworden.

16.10 Nutzung des Erdgases

Aus dem rohen Erdgas werden zunächst die Verunreinigungen abgetrennt, die zum Teil verwertbar sind (H_2S, CO_2).

Erdgas (mit seiner Hauptkomponente CH_4) ist Energieträger und Chemierohstoff.

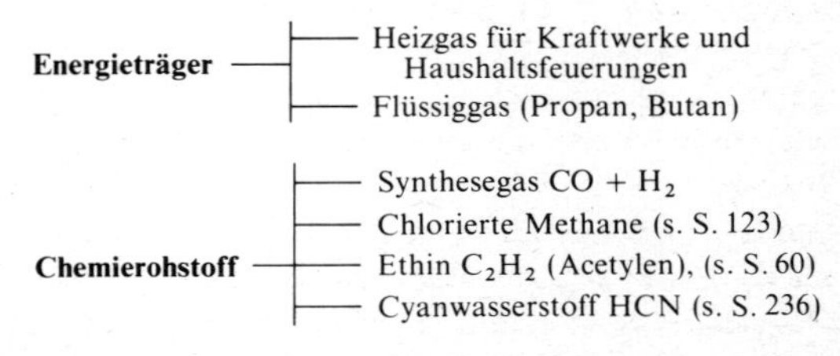

98.1 Nutzung des Erdgases

Die nachgewiesenen **Erdgas-Vorkommen** der Welt betragen 313 Mrd. t SKE (s. S. 93), davon sind 96 Mrd. t derzeit wirtschaftlich nutzbar. Die Bundesrepublik verfügt über 196 Mio. t SKE Erdgas-Reserven.

Der **Verbrauch** der Bundesrepublik an Erdgas im Jahre 1979 betrug 60 Mio. t SKE. 38% davon entstammten der eigenen Förderung. Die Bezugsländer der Bundesrepublik für Erdgas zeigt Tabelle 99.1.

Bezugsländer	%
Niederlande	37
UdSSR	15
Norwegen	10
Eigenförderung	38

99.1 Erdgas-Bezugsländer der Bundesrepublik

Da 85% des Verbrauchs an Erdgas aus der eigenen und westeuropäischen Förderung stammen, besteht für Erdgas eine hohe Versorgungssicherheit in der Bundesrepublik. In den nächsten Jahren soll der Import aus der UdSSR verstärkt werden und Algerien als neuer Erdgaslieferant dazukommen. Ab 1990 soll Erdgas teilweise durch Kohlegas mit einem hohen Anteil von CH_4 aus der Druckvergasung der Kohle ersetzt werden. Dieses „synthetische" Erdgas kürzt man SNG (synthetic natural gas) ab.

16.11 Cracken von Erdölprodukten

Cracken ist das Spalten (Brechen) von langkettigen Kohlenwasserstoffmolekülen in kleinere Moleküle durch Wärmezufuhr (Pyrolyse) bei Temperaturen um 850 °C.

Das Cracken hat den Zweck,

- die als Ausgangsprodukte der organischen Chemie wichtigen **ungesättigten Kohlenwasserstoffe** C_2 bei C_4 im wesentlichen aus dem Erdölprodukt Naphtha (Leichtbenzin), das gesättigte Verbindungen mit C_5- bis C_7-Molekülen enthält, herzustellen.
- hochsiedende Fraktionen des Erdöls (schweres Gasöl, Schmieröl), die weniger gebraucht werden, in Fraktionen mit niederem Siedepunkt (Fahrbenzin und Leichtbenzin), die in großen Mengen gebraucht werden, umzuwandeln.

Damit hier keine ungesättigten Verbindungen entstehen – Fahrbenzin darf nur gesättigte Verbindungen enthalten – wird in Gegenwart von Wasserstoff gearbeitet **(Hydrocracken).**

Cracken von Naptha

Durch Wärmezufuhr geraten die Moleküle in starke Schwingungen, was zur Lockerung der Bindungen beiträgt. Bei 850 °C wird die Bindungsenergie überwunden. Es tritt eine homolytische Spaltung von (C—C)- und (C—H)-Bindungen unter Bildung von Radikalen ein. Die Radikale stabilisieren sich unter Bildung von überwiegend ungesättigten Molekülen, weil die gespaltenen langkettigen Moleküle nicht genügend Wasserstoff enthalten, um in den entstehenden Bruckstückmolekülen alle Bindungen mit Wasserstoff abzusättigen.

Beispiel: **Cracken von 3-Ethylpentan**

```
  H
  |
H2C—CH2 ┊ CH—CH2 ┊ CH3
            |
           CH2
            |
    ↓      CH3   ↓        ↓
   .    .   .     .
H2C—CH2    CH—CH2    ·CH3
            |          ↓
     H·    CH2       ·CH3 + ·H → CH4
            |
    ↓      CH3  ↓

H2C=CH2   H2C=CH—CH2—CH3
```

$$\text{3-Ethylpentan} \rightarrow C_2H_4 + C_4H_8 + CH_4$$

C_7H_{16} — Ethen, Buten-(1), Methan

Die Reaktionen sind nicht einheitlich, aus gleichen Molekülen können unterschiedliche Reaktionsprodukte entstehen, z. B.

$$\text{3-Ethylpentan} \rightarrow 2C_2H_4 + C_3H_6 + H_2$$
$$C_7H_{16} \quad \text{oder} \quad C_2H_4 + C_4H_6 + CH_4 + H_2$$
$$\text{oder} \quad C_2H_6 + C_4H_6 + CH_4$$

Die **radikalischen** Molekülteile können sich außerdem durch andere Reaktionen, wie Polymerisieren, Hydrieren, Dehydrieren oder Aromatisieren stabilisieren. So entsteht z. B. beim Cracken von Naphtha (gesättigte (C_5 bis C_7)-Kohlenwasserstoffe) durch Polymerisieren ein Öl mit dem Siedebereich 180 bis 300 °C, das als Heizöl eingesetzt werden kann, und eine Aromatenfraktion mit Benzol, Toluol und Xylolen, die Fahrbenzin-Eigenschaften hat (Pyrolysebenzin). Um die letztgenannten Reaktionen zurückzudrängen, wird das Reaktionsgemisch sofort nach der Crackung schnell von der Cracktemperatur 850 °C auf 300 °C abgekühlt.

Technische Durchführung:

Das heute bedeutendste Verfahren ist das **Steam-Crack-Verfahren** (Bild 100.1). Einsatzprodukt ist

Naphtha (Leichtbenzin, Siedebereich 25 °C bis 120 °C). Auch Erdölgase C_2H_6, C_3H_8 oder C_4H_{10} werden eingesetzt. Dem Einsatzprodukt wird Wasserdampf (Steam, Name des Verfahrens) beigemischt, der verhindert, daß die Moleküle bis zur Bildung von Kohlenstoff gecrackt werden, der sich auf den Wandungen der Röhren des Reaktors abscheiden und diese schließlich verstopfen würde.

Leichtbenzin wird verdampft und zusammen mit Wasserdampf durch Röhren geleitet, die in einem Reaktor von außen auf 850 °C aufgeheizt werden. Verbrennungsgase sind H_2 und CH_4, die aus der eigenen Anlage stammen. Die Wärme der 850 °C heißen Abgase (N_2, CO_2, H_2O) wird am Kopf des Crackreaktors ausgenutzt, um Hochdruckdampf zu erzeugen.

In den erhitzten Röhren findet das Cracken statt. Unmittelbar nach Austritt aus den Röhren wird das Reaktionsgemisch schnell von 850 °C auf 300 °C abgekühlt. Dabei wird weiterer Hochdruckdampf erzeugt.

In einem Waschturm kühlt sich das Reaktionsgemisch weiter ab. Dabei kondensiert ein Öl vom Siedebereich 180 bis 300 °C aus (Heizöl).

Zerlegung des Gasgemisches. Durch Komprimieren auf 30 bar wird das Gasgemisch – mit Ausnahme von H_2 und CH_4 – verflüssigt. Beide Gase treten gasförmig aus Kolonne I aus und werden als Heizgase dem Crackreaktor zugeführt. Kolonne II trennt die C_2-Fraktionen (überwiegend C_2H_4, wenig C_2H_6) ab, die in Kolonne III in Rein-C_2H_4 und C_2H_6 zerlegt wird, letzteres wird wieder dem Röhrenreaktor als Einsatzprodukt zugeführt. Die Kolonne IV trennt die C_3-Fraktion (C_3H_6 mit 7 Vol.-% C_3H_8) von den übrigen Kohlenwasserstoffen ab. Der Kolonne V wird schließlich der C_4-Schnitt, ein Gemisch ungesättigter C_4-Kohlenwasserstoffe, entnommen. Rückstand der Kolonne V ist ein Gemisch von C_5- bis C_8-Kohlenwasserstoffen, das bis 50% aus Aromaten besteht (Pyrolysebenzin, Fahrbenzin).

Ein Cracker heutiger technischer Größenordnung setzt jährlich 1,4 Mio t Ausgangsprodukt ein und gewinnt daraus z. B.

450000 t	C_2H_4
245000 t	C_3H_6 (93%ig, Rest C_3H_8)
160000 t	C_4-Schnitt (z. B. 40% Butadien-(1,3), 16% Buten-(1), 12% Buten-(2), 27% Isobuten, 5% andere Kohlenwasserstoffe)
245000 t	Pyrolysebenzin (z. B. mit 20% Benzol, 14% Toluol und 10% Xylolen) Siedebereich bis 190 °C
20000 t	$CH_4 + H_2$
265000 t	Öl (Siedebereich 180 bis 300 °C) (Heizöl)

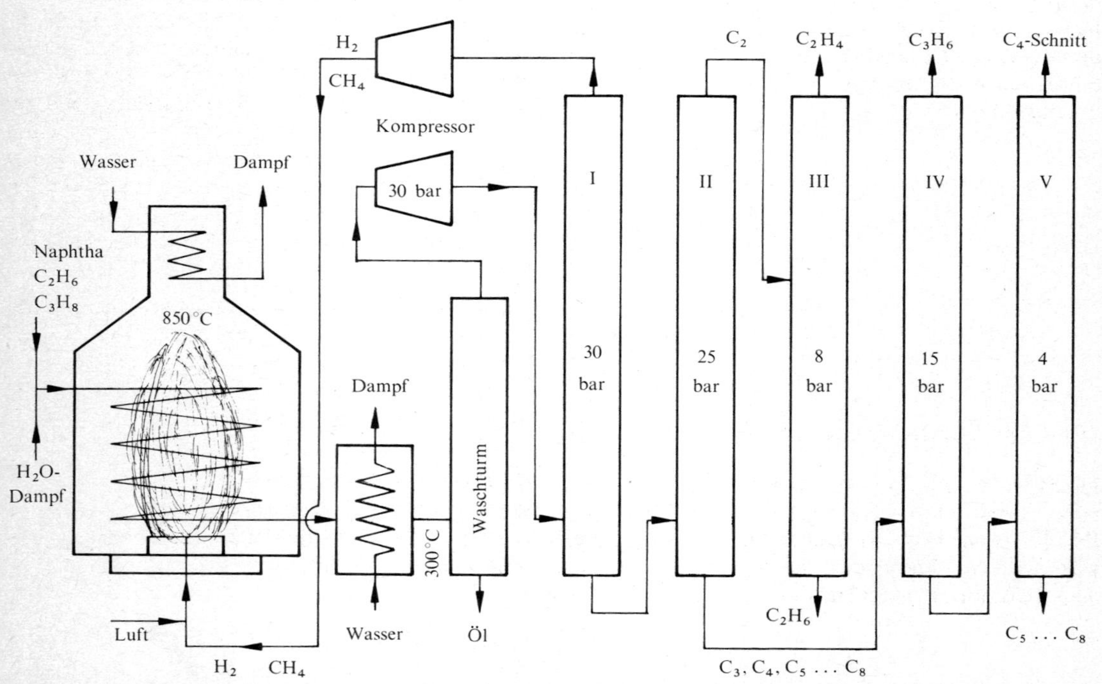

100.1 Steam-Cracker für Naphta

Hauptprodukt soll C_2H_4 sein. Erwünscht ist auch eine C_4-Fraktion mit viel Butadien-(1,3) als Ausgangsprodukt für Synthesekautschuk. Auch Pyrolysebenzin ist ein wertvolles Nebenprodukt, das entweder als Fahrbenzin mit hoher Octanzahl (durch Aromatengehalt) eingesetzt werden oder auch Einsatzprodukt für die Gewinnung von Aromaten durch Extraktion (Udex-Verfahren, s. S. 102) sein kann.

16.12 Gewinnung aromatischer Verbindungen aus Erdöl

Zu den technisch wichtigen Aromaten gehören Benzol, Toluol, Ethylbenzol und die isomeren Xylole.

Erdöl ist ein Gemisch einer Vielzahl von Kohlenwasserstoffen. Seine Zusammensetzung aus den drei großen Verbindungsgruppen Paraffinen, Naphthenen und Aromaten ist wesentlich abhängig von seiner Herkunft (s. S. 91). Der Aromatengehalt liegt zwischen 2 bis 6%, von dem aber nur ein Teil Benzol, Toluol usw. ist.

Der Siedebereich der erwünschten Aromaten (Tab. 101.1) liegt zwischen 75 und 150 °C. Schneidet man daher aus dem Erdöl durch Destillation eine Fraktion mit den Siedegrenzen 70 und 160 °C heraus, so sind darin 10 bis 20% Aromaten (Benzol bis Xylole) enthalten. Diese Menge ist aber nicht ausreichend, um durch weitere Destillation oder nach anderen Verfahren eine wirtschaftliche Aromatengewinnung durchzuführen.

Aromat	Smp. °C	Sdp. °C
Benzol	+5,5	80,1
Toluol	−95	110,6
Ethylbenzol	−95	137,1
p-Xylol	+13	138,4
m-Xylol	−48	139,1
o-Xylol	−25	144,4

101.1 Physikalische Daten von Aromaten

Deswegen wurde ein technisches Verfahren entwickelt, um den Aromatengehalt in der fraglichen Erdölfraktion soweit zu erhöhen, daß eine Gewinnung wirtschaftlich lohnend wird. Dieses Verfahren nennt man Reformieren oder Platformieren.

16.12.1 Erzeugung von Aromaten in Erdölfraktionen durch Platformieren

Dieses Verfahren war ursprünglich entwickelt worden, um die Klopffestigkeit von Benzinen mit geringer Octanzahl wesentlich zu erhöhen. Da aromatische Verbindungen die höchsten Octanzahlen aufweisen, wurde bei diesem Verfahren angestrebt, die weniger klopffesten Paraffine und Naphthene in Aromaten umzuwandeln. Nach derselben Methode arbeitet man daher in der Petrochemie, um Aromaten in Erdölfraktionen zu erzeugen und anzureichern und sie nach Abtrennung in reiner Form als Ausgangschemikalien bei Synthesen einzusetzen.

Unter Reformieren versteht man gelenkte Reaktionen mit Platin als Katalysator, daher Plat-formieren genannt, bei denen Naphthene und Paraffine bestimmter C-Zahl (Kettenlänge) in Aromaten umgewandelt werden, wobei schon vorhandene oder entstandene Aromaten nicht mehr verändert werden.

Reaktionsbedingungen: Benzin-Dämpfe (z.B. mit den Siedegrenzen 70 bis 160 °C) werden bei 500 °C und 40 bar über einen Katalysator geleitet, der 0,5 bis 1% Platin auf Al_2O_3 enthält. Das Platin ist also auf großer Oberfläche verteilt; Al_2O_3 selbst ist aber auch aktiv.

Einsatzprodukte: Um die erwähnten Aromaten (Benzol bis Xylole) nebeneinander zu erzeugen, muß man von Siedefraktionen des Erdöls ausgehen, die C_6- bis C_8-Kohlenwasserstoffe enthalten. Dafür geeignet ist die Fraktion 65 bis 160 °C. – Vom Schwerbenzin auszugehen, wie es bei der Erdöldestillation mit den Siedegrenzen 100 bis 180 °C anfällt, ist ungünstig, da C_6-Verbindungen darin nicht mehr enthalten sind, so daß beim Platformieren kein Benzol entstehen kann, andererseits aber C_9-Kohlenwasserstoffe zugegen sind, die zu höheren, wenig gebrauchten Aromaten führen.

Sollen bevorzugt einzelne Aromaten gewonnen werden, muß man von folgenden Siedefraktionen des Erdöls ausgehen: für Benzol: Fraktion 65 bis 85 °C; für Toluol: Fraktion 85 bis 110 °C und für Ethylbenzol/Xylole: Fraktion 110 bis 160 °C.

Reaktionen beim Platformieren:

- Dehydrierung von Naphthenen ist die wichtigste Reaktion beim Platformieren; in der Erdölfraktion vorhandene Naphthene werden zu Aromaten dehydriert:

Beispiel:

$$\text{Methyl-cyclohexan} \xrightarrow[\substack{500\,°C\\40\,bar}]{Pt} \text{Toluol} + 3H_2$$

Methyl-cyclohexan Toluol

- Isomerisierung von Naphthenen:

Beispiel:

$$\text{Ethylcyclopentan} \xrightarrow[\substack{500\,°C\\40\,bar}]{Pt} \text{Methylcyclohexan} \xrightarrow{\text{Dehydrierung}} \text{Toluol}$$

Ethylcyclopentan Methylcyclohexan Toluol

Die Reaktionstypen 1 und 2 als wichtigste Reaktionen des Platformierens zeigen, daß als Einsatzprodukte eine Erdölfraktion mit höherem Naphthengehalt besonders erwünscht ist.

- Cyclisierung von Paraffinen zu Cycloparaffinen: Diese Reaktion läuft nur in untergeordnetem Maße ab. Der Ringschluß führt immer zu den beständigsten C_5- und C_6-Ringen.

Beispiel:

$$CH_3{-}(CH_2)_5{-}CH_3 \xrightarrow[\substack{500\,°C\\40\,bar}]{Pt} \text{Methylcyclohexan} + H_2 \xrightarrow{\text{Dehydrierung}} \text{Toluol} + 3H_2$$

n-Heptan Methylcyclohexan

Toluol

Aus n-Hexan bildet sich nach dieser Reaktion kein Benzol.

- Isomerisierung von Paraffinen zu Isoparaffinen führt nur dann zu Aromaten, wenn sich eine Cyclisierung und Dehydrierung anschließt:

Beispiel:

$$CH_3{-}(CH_2)_6{-}CH_3 \xrightarrow[\substack{500\,°C\\40\,bar}]{Pt} CH_3{-}CH(CH_3){-}(CH_2)_2{-}CH(CH_3){-}CH_3$$

n-Octan 2,5-Dimethyl-hexan

$$\xrightarrow{\text{Cyclisierung}} \text{2,5-Dimethyl-cyclohexan} \xrightarrow{\text{Dehydrierung}} \text{p-Xylol}$$

2,5-Dimethyl-cyclohexan p-Xylol

Bei allen Reaktionen fällt Wasserstoff unter Druck (40 bar) an, der bei anderen Synthesen eingesetzt werden kann. Die Gegenwart von Wasserstoff im Überschuß verhindert im Reaktionsofen die Koksbildung sowie die Polymerisation ungesättigter Produkte.

Daß besonders die erwähnten Reaktionen 1 und 2 ablaufen, d.h. besonders Naphthene in Aromaten umgewandelt werden, geht auch aus Tabelle 102.1 hervor, die die Wirkung des Platformierens auf die Zusammensetzung der Gemische wiedergibt. Ein kleiner Teil der Paraffine ist ebenfalls in Aromaten übergegangen. Insgesamt ist der Aromatengehalt von 12% auf 60% angestiegen.

Verbindungs-gruppe	Einsatzprodukt (Fraktion)	Endprodukt (Platformat)
Paraffine %	50	38
Naphthene %	38	1
Aromaten %	12	60

102.1 Ergebnis des Platforming-Verfahrens

16.12.2 Abtrennung der Aromaten

Hier wird allgemein eine **Extraktion** mit ausgewählten Lösungsmitteln angewandt. Das **Udex-Verfahren** benutzt das Gemisch Glykol-Wasser mit 10% H_2O. Dieses nimmt nur Aromaten auf. Nach Abtrennung des Extraktionsmittels erhält man ein Aromatengemisch, das anschließend durch Destillation zerlegt werden muß.

Das Udex-Verfahren wird direkt im Anschluß an das Platformieren durchgeführt.

Die technische Durchführung des Verfahrens von der Erdöldestillation bis zu den Rein-Aromaten über die einzelnen Verfahrensstufen zeigt Bild 103.1.

Trennung der C_8-Aromaten

Die Zusammensetzung der Rohxylol-Fraktion zeigt Tabelle 103.2 an einem Beispiel. Die Trennung kann durch Destillation geschehen. Nach Abtrennung des Vorlaufs (Toluol) wird Ethylbenzol als niedrigstsiedende Fraktion gewonnen. Auch o-Xylol mit dem höchsten Siedepunkt kann rein isoliert werden. – Dagegen bereitet die Reindarstellung des p-Xylols, der wichtigsten Verbindung unter den Xylolen, durch Destillation erhebliche Schwierigkeiten.

Deswegen wählt man ein anderes Verfahren, das den hohen Erstarrungspunkt des p-Xylols (s. Tab. 101.1) ausnutzt. Beim Abkühlen der ganzen Rohyxlol-Fraktion (oder auch nach Abtrennung von o-Xylol und Ethylbenzol) erstarrt zuerst p-Xylol (bei

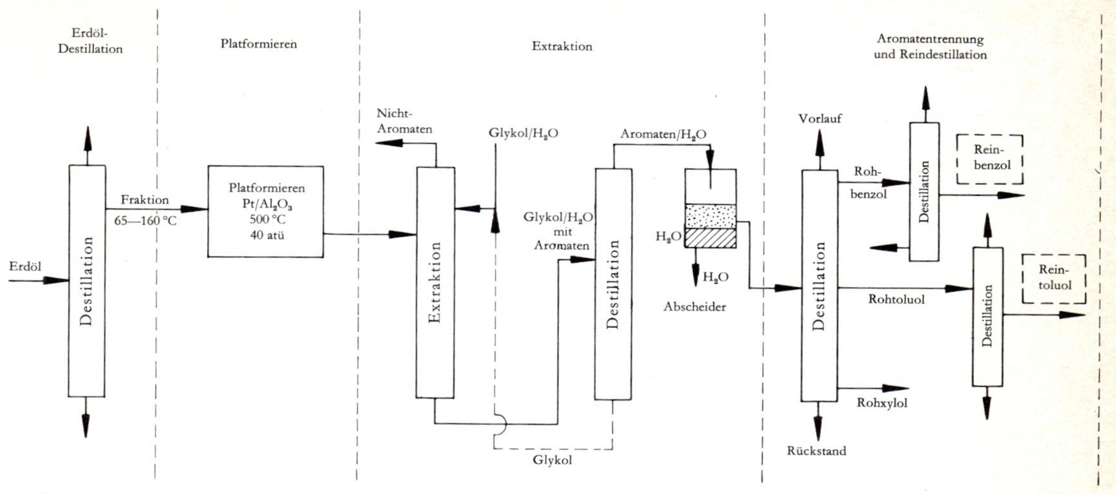

103.1 Aromatengewinnung aus Erdöl

+ 13,3 °C), während alle übrigen Verbindungen noch flüssig sind. Die Kristalle werden durch Zentrifugieren von der Flüssigkeit getrennt. Durch weiteres stufenweises Kristallisieren wird schließlich reines p-Xylol erhalten. Im Filtrat verbleiben noch $\varphi = 0{,}07$ p-Xylol.

Rohxylol-Fraktion		
Verbindung	Anteil %	Sdp. °C
Toluol	3	110,6
Ethylbenzol	19	137,1
p-Xylol	16	138,4
m-Xylol	37	139,1
o-Xylol	20	144,4
sonstige	5	

103.2 Rohxylol-Fraktion

Isomerisierung der Xylole zu p-Xylol

p-Xylol ist die wichtigste Verbindung unter den Xylolen. Daher wurde ein Prozeß, Octafining genannt, entwickelt, der die übrigen Xylole in p-Xylol umwandelt.

Ausgegangen wird dabei vom Filtrat der Kristallisation (s. oben), das noch $\varphi = 0{,}07$ p-Xylol, enthält. Dieses wird mit Wasserstoff von 20 bar bei 450 °C über einen Pt-Katalysator auf Al_2O_2 geleitet. Dabei wird soviel Xylol isomerisiert, bis der Gehalt an p-Xylol auf $\varphi = 0{,}20$ angereichert ist.

Die Abtrennung des p-Xylols aus der Reaktionsflüssigkeit geschieht wieder durch Kristallisation (wie oben!).

16.13 Partielle Oxidation von Erdölfraktionen

Einsatzprodukte sind Gemische beliebiger Kohlenwasserstoffe, besonders schweres Heizöl. Durch Beimischen einer unzureichenden Menge Sauerstoffs bei 90 °C wird

- ein Teil der Kohlenwasserstoffe verbrannt, dadurch entsteht die Reaktionstemperatur von 1 300 °C;

  Beispiel:

  $C_{20}H_{42} + 30\frac{1}{2}O_2 \rightarrow 20CO_2 + 21H_2 + \text{Energie};$

- der Rest der Kohlenwasserstoffe nur partiell oxidiert (verbrannt);

  Beispiel:

  $C_{10}H_{22} + 5O_2 \rightarrow 10CO + 11H_2 + \text{Energie};$

- auch der Wasserdampf (der ersten Reaktion) reagiert mit Kohlenwasserstoffen;

  Beispiel:

  $C_{14}H_{30} + 14H_2O + \text{Energie} \rightarrow 14CO + 29H_2.$

Das Reaktionsgemisch besteht aus CO_2, H_2O, CO und H_2. CO_2 und H_2O werden entfernt, so daß ein Synthesegas mit CO und H_2 erhalten wird. Die technische Durchführung erfolgt nach dem Texaco- oder Shell-Verfahren.

16.14 Katalytische Umsetzung leichter Kohlenwasserstoffe mit Wasserdampf

Eingesetzt werden Erdgas oder Benzin (gesättigte C_1- bis C_8-Kohlenwasserstoffe). Die Reaktionen verlaufen bei 30 bar und 900 °C mit Wasserdampf (Steam-Reforming-Verfahren).

Beispiele:

$$CH_4 + H_2O + \text{Energie} \rightarrow CO + 3H_2$$

$$C_5H_{12} + 5H_2O + \text{Energie} \rightarrow 5CO + 11H_2$$

Wasserstoff entsteht sowohl aus Wasser als auch aus den Kohlenwasserstoffen. Das Gasgemisch aus CO und H_2 wird als Synthesegas weiterverwendet. Da die Reaktionen endotherm sind, muß die notwendige Reaktionsenergie von außen zugeführt werden, z.B. durch Aufheizen der Ausgangsstoffe im Röhrenofen (wie Crack-Reaktoren, Bild 100.1).

16.15 Petrochemie

In der Petrochemie oder Erdölchemie werden alle technischen Verfahren und chemischen Synthesen zusammengefaßt, die der industriellen Gewinnung von chemischen Produkten aller Art aus Erdöl und Erdgas dienen.

Das heute umfassende Arbeitsgebiet kann in zwei Bereiche aufgeteilt werden:

- Gewinnung von Primärchemikalien aus den Rohstoffen Erdöl, dessen Produkten oder Erdgas;
- Herstellung (Synthese) von Zwischen- und Endprodukten, ausgehend von Primärchemikalien.

Rohstoffe der Petrochemie sind:

- Erdgas;
- Erdöl (Roherdöl);
- Erdölprodukte: Leichtbenzin, schweres Heizöl, Erdölgas;
- Rückstandsöle (aus der Erdöl-Destillation oder -Verarbeitung).

Aus diesem Rohstoffangebot werden Erdgas und Erdölprodukte bevorzugt, weil diese eine noch übersichtliche chemische Zusammensetzung haben. – Es gibt aber auch einige Verfahren, bei denen gereinigtes rohes Erdöl oder Rückstandsöle, d.h. sehr komplexe Gemische, in niedere Verbindungen umgewandelt werden.

Primärchemikalien der Petrochemie (Ausgangsstoffe Petrochemikalien) sind:

- Methan CH_4;
- Olefine: Ethylen C_2H_4, Propylen C_3H_6, 1-Buten und i-Buten C_4H_8;
- Diolefine: 1,3-Butadien C_4H_6;
- Acetylen C_2H_2;
- Aromaten: Benzol, Toluol, Xylol, (Naphthalin).

Schwerpunkte der Petrochemie ist heute die Reindarstellung leichter, reaktionsfähiger Olefine, die eine große Zahl von Folgeprodukten haben. Die Petrochemie liefert also vorwiegend aliphatische, neuerdings aber auch aromatische Primärchemikalien.

Die Verfahren der Herstellung und Übersichten über den Einsatz der Petrochemiekalien sind an verschiedenen Stellen zu finden (Tab. 104.1):

Primärchemikalien		Gewinnung Seite	Verwendung Seite
CH_4	Methan	33	33
C_2H_2	Acetylen	61	60
C_2H_4	Ethylen	48	48
C_3H_6	Propylen	48	48
C_4H_8	1-Buten	48	48
C_4H_8	i-Buten	48	48
C_4H_6	1,3-Butadien	53	53
C_6H_6	Benzol	70	70
$C_6H_5(CH_3)$	Toluol	82	82
$C_6H_4(CH_3)_2$	Xylole	82	82

104.1 Petrochemikalien

Weltweit werden nur etwa 7% des Erdöls als Rohstoff für die Petrochemie eingesetzt, d.h. zu höherwertigen Produkten wie Kunststoffen oder Lösungsmitteln veredelt. In der Bundesrepublik beträgt dieser Anteil 12%.

Viele Petrochemikalien sind aus dem Alternativrohstoff Kohle oder seinen Kohlenwertstoffen nicht oder nicht wirtschaftlich herstellbar, sodaß Erdölprodukte bedeutende und nichtverzichtbare Rohstoffe für die Chemische Industrie bleiben werden.

Um auch hier die Abhängigkeit vom Rohstoff Erdöl zu mindern, ist geplant, aus Kohle zunächst erdölähnliche Produkte, wie z.B. Leichtbenzin, herzustellen (s. S. 112), die dann nach den bewährten petrochemisch-technischen Verfahren weiterverarbeitet werden.

17 Kohle

17.1 Was ist Kohle?

Kohle ist ein braunes bis schwarzes „Gestein", das im Erdboden vorkommt und heute bis in Tiefen von 1300 m unter der Erdoberfläche zugänglich ist. Unter dem Sammelbegriff Kohle faßt man gewöhnlich die verschiedenen Arten Steinkohle, Braunkohle und auch Torf, die Vorstufe der Kohlebildung, zusammen. Steinkohle ist die geologisch ältere, Braunkohle die geologisch jüngere Kohle; erstere lagert tiefer und ist daher härter.

Steinkohle und Braunkohle unterscheiden sich vor allem durch ihren Kohlenstoffgehalt. In reiner Kohle werden durch Elementaranalyse hauptsächlich die Elemente Kohlenstoff, Wasserstoff und Sauerstoff sowie als Nebenbestandteile Stickstoff und Schwefel gefunden. Die unterschiedliche Zusammensetzung der verschiedenen Kohlearten an den genannten Elementen zeigt Tabelle 105.1.

17.2 Chemische Zusammensetzung der Kohle

Hinweise auf die Verbindungen, die in der Kohle enthalten sind, erhält man, wenn aus der prozentualen Zusammensetzung das Atomzahlverhältnis berechnet wird. Eine hochwertige Kohlensorte, die Fettkohle, enthält

1000 C-Atome
680 H-Atome
32 O-Atome
18 N-Atome
4 S-Atome.

Ein Atomzahlverhältnis von C : H = 10 : 6,8 ist in der organischen Chemie nur bei kondensierten aromatischen Verbindungen anzutreffen, wie zum Beispiel

Naphthalin	$C_{10}H_8$	C : H = 10 : 8
Anthracen	$C_{14}H_{10}$	C : H = 10 : 7,1
Pyren	$C_{16}H_{10}$	C : H = 10 : 6,3.

Das Atomzahlverhältnis der Kohle von C : H = 10 : 6,8 wird von den genannten aromatischen Verbindungen um so besser erreicht, je mehr kondensierte aromatische Ringe im Molekül enthalten sind. Es sind sehr große Moleküle, für die eine mittlere Molekülmasse von 3000 als wahrscheinlich angesehen wird. Da auch Alkylgruppen nachgewiesen wurden, nimmt man an, daß kondensiert-aromatische Ringe über Alkylgruppen zu einem großen Molekül verbunden sind. Untersuchungen nach physikalisch-chemischen Methoden haben ergeben, daß etwa 75% des Kohlenstoffs in aromatischen Verbindungen und 25% in aliphatischen und cycloaliphatischen Verbindungen vorliegen.

Der Sauerstoff gehört zur Hälfte phenolischen OH-Gruppen an. Die andere Hälfte ist in Carbonyl-, Carboxyl- und Ethergruppen gebunden.

Schwefel und Stickstoff sind heterocyclisch in aromatischen Ringen gebunden.

Die in Kohle enthaltenen Verbindungen haben einen geringen H-Gehalt bezogen auf Kohlenstoff. Das Atomzahlverhältnis beträgt C : H = 10 : 6,8. Zum Vergleich: Im Kohlenwasserstoff Decan $C_{10}H_{22}$ ist das Verhältnis C : H = 10 : 22. Die Alkane enthalten im Mittel – bezogen auf Kohlenstoff – dreimal soviel Wasserstoff wie die Verbindungen der Kohle.

Kohle ist **brennbar.** Die Höhe des Heizwertes ist abhängig vom C-Gehalt. Wasser- und aschefreie Steinkohle hat einen **Heizwert** von 32700 bis 35700 kJ/kg. Der Heizwert der Braunkohle ist im Mittel um 25% niedriger als der der Steinkohle.

Kohleart	C	H	O	N	S
Torf	bis 60	5 ... 8	30 ... 40	1 ... 4	0,1 ... 2
Braunkohle	60 ... 75	5 ... 7	20 ... 30	0,5 ... 1,5	0,5 ... 2
Steinkohle	75 ... 95	2 ... 5	10 ... 2	bis 1	0,5 ... 2
Anthrazit	> 90	< 2	< 2	< 1	0,5 ... 2

105.1 Quantitative chemische Zusammensetzung der Kohlearten (w in %)

17.3 Entstehung der Kohle

Steinkohle dürfte 300 bis 400 Mio Jahre und Braunkohle 40 bis 60 Mio Jahre alt sein. Beide sind ausschließlich aus Pflanzen entstanden. Die Kohlebildung hat aber zu verschiedenen Zeiten stattgefunden.

Der „Steinkohlenwald" in Urzeiten bestand aus Schuppenbäumen, Schachtelhalmen, Farnen und Bärlappgewächsen. Diese Pflanzen müssen riesige Ausmaße gehabt haben. Die jüngere Braunkohle ist aus Pflanzen entstanden, die wir heute zum Teil noch in den Tropen antreffen: Nadel- und Laubbäume, Palmen, Zypressen und Mammutbäume.

Über diese Wälder sind große Naturkatastrophen hereingebrochen, z.B. Überschwemmungen, Verwehungen sowie Erdbewegungen, wie Senkungen, Faltungen und Verwerfungen. Die Pflanzensubstanz wurde von Erdmassen abgedeckt und sank immer tiefer; bei dieser Einlagerung in tiefere Erdschichten und den hier herrschenden Bedingungen wurden sie stofflich völlig verändert. Die ursprünglichen Bestandteile der Pflanzen, Cellulose, Lignin, Harze und Wachse, sind in der heutigen Kohle kaum noch nachweisbar. Bei der Kohlenentstehung wurde die Reihe: Holz → Torf → Braunkohle → Steinkohle durchlaufen. Dabei haben sich die schon erwähnten chemischen Veränderungen abgespielt: der C-Gehalt hat bis zur Steinkohle ständig zugenommen, während der O- und H-Gehalt in gleichem Maße geringer wurde.

Die Kohle wurde dort abgelagert, wo vorher die Wälder gestanden hatten. Die schichtenweise Ablagerung der Kohle, die heute in den Lagerstätten gefunden wird, ist auf die in langen Zeiträumen sich abwechselnde Ablagerung von Pflanzen und Erdmassen, auf denen wieder neuer Pflanzenwuchs entstand, zurückzuführen.

Das Kohlewerden oder die **Inkohlung,** d.h. der Übergang vom Torf (entstanden aus Holz) zur Steinkohle, ist verbunden mit einer Zunahme des C-Gehaltes; die anderen Elemente nehmen gleichzeitig ab.

Die Kohlelagerstätten sind direkt zugänglich; Kohle wird „vor Ort" abgebaut, Steinkohle im Tiefbau (bis 1300 m) und Braunkohle im Tagebau (bis 200 m Tiefe).

Die Kohleflöze haben CH_4 eingeschlossen, das beim Abbau der Kohle frei wird und sich in den Schächten und Stollen ansammelt. Durch Einblasen einer ausreichenden Menge Luft, Bewetterung genannt, muß vermieden werden, daß die untere Explosionsgrenze für CH_4/Luft-Mischungen mit $\varphi(CH_4) = 0{,}06$ nicht erreicht wird, da sonst Grubenexplosionen (schlagende Wetter) möglich sind.

17.4 Nutzung der Kohle

Die Verwertung der Kohle bestand zunächst allein in ihrer Verbrennung zur Energieerzeugung. Als dann bei der Eisengewinnung im Hochofen ein billiges Reduktionsmittel für die oxidischen Eisenerze gebraucht wurde, griff man auf den Koks, der aus Kohle durch Verkokung gewonnen wurde, zurück. Bei der mengenmäßig hohen Kokserzeugung aus Kohle fielen zwei „lästige" Nebenprodukte, nämlich Gas und Teer an, für die man zunächst keine Verwendung hatte. Bei der Suche nach Nutzbarmachung des Teers fand man, daß seine Inhaltsstoffe wertvolle Ausgangsstoffe für chemische Synthesen sein können. Daraus entstand die **Kohlechemie,** die aus dem Teer die **Kohlenwertstoffe** isoliert und daraus wertvolle Zwischen- oder Gebrauchsprodukte, wie z.B. Farbstoffe (Teerfarben genannt) herstellte. Etwa seit 1910 stellt man aus Kohle Synthesegas, eine Mischung aus Kohlenoxid und Wasserstoff, her, das später für die großtechnischen Synthesen von Ammoniak, Methanol und Motortreibstoffen diente. Auch die Umwandlung der Kohle in flüssige Produkte durch katalytische Hydrierung lieferte Motortreibstoffe.

Kohle ist heute überwiegend Energieträger, daneben auch Chemierohstoff.

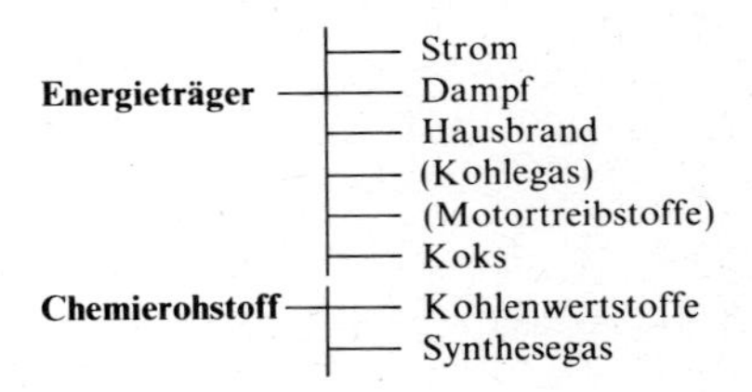

106.1 Nutzung der Kohle

Als Energieträger hat die Bedeutung der Kohle in der Bundesrepublik in den letzten 30 Jahren ständig abgenommen (Tab. 94.2), an ihre Stelle sind Erdölprodukte und Erdgas getreten.

Im nächsten Jahrzehnt wird Kohle als Energieträger und als Chemierohstoff – besonders in der Bundesrepublik – wieder stärker an Bedeutung zunehmen, um Erdölprodukte und Erdgas als Energieträger zu entlasten und von deren Import weniger abhängig zu sein.

Für den Einsatz als Chemierohstoff ist die Kohle direkt nicht geeignet. Alle chemischen Reaktionen und technischen Verfahren, durch die die Kohlesubstanz verändert und in höherwertige gasförmige und flüssige Produkte umgewandelt wird, faßt man unter Kohleveredlung zusammen. Die dabei gewonnenen Produkte bezeichnet man als Kohlenwertstoffe.

17.5 Verfahren der Kohleveredlung

17.5.1 Übersicht der Verfahren

Folgende Verfahren der **Kohleveredlung** haben technische Bedeutung:

Thermische Kohleveredlung: Schwelung oder Verkokung

Die Kohle wird ohne Luftzutritt in geschlossenen Kammern erhitzt. Zwei Temperaturbereiche werden angewandt:

550 bis 600 °C: Schwelung oder Tieftemperatur-Verkokung. In geringem Umfang noch angewandt auf Braunkohle.

1000 bis 1200 °C: Verkokung oder Hochtemperatur-Verkokung (s. S. 108), angewandt auf Steinkohle, besonders zur Kokserzeugung für die Eisengewinnung.

Bei der hohen Temperatur werden die Makromoleküle der Kohle teilweise gespalten. Die Kohle wird dann entgast, d.h. es entweichen alle bei der Arbeitstemperatur flüchtigen Bestandteile, vorhandene oder gebildete. Es bleibt ein fester Rückstand, der Koks.

Verflüssigung der Kohle (s. S. 111)

Bei hohen Temperaturen und Gegenwart von Katalysatoren wird die Kohle durch Wasserstoff unter Druck in vorwiegend ölige und flüssige Produkte umgewandelt.

Wenn aus Kohle flüssige Produkte gewonnen werden sollen, die denen aus Erdöl entsprechen, z.B. Fahrbenzin oder Heizöl, muß der Wasserstoffgehalt der Kohle wesentlich erhöht werden (Tab. 107.2).

Stoffe	H-Anteil w in %
Steinkohle	4
Benzin	15
Dieseltreibstoff	13
CH_4	25

107.2 H-Anteil von Energieträgern

Steinkohle enthält $w(H) = 0{,}04$. Der H-Anteil muß vervierfacht werden, wenn Benzin aus Kohle gewonnen werden soll.

Bei der hohen Temperatur spalten die Makromoleküle der Kohle, die freiwerdenden Bindungen werden durch Wasserstoff abgesättigt, so daß gesättigte Verbindungen – wie im Erdöl vorhanden – entstehen.

Vergasung der Kohle (s. S. 112)

Die Kohle wird vollständig (bis auf die Asche) in gasförmige Produkte, vorwiegend in ein Gemisch aus

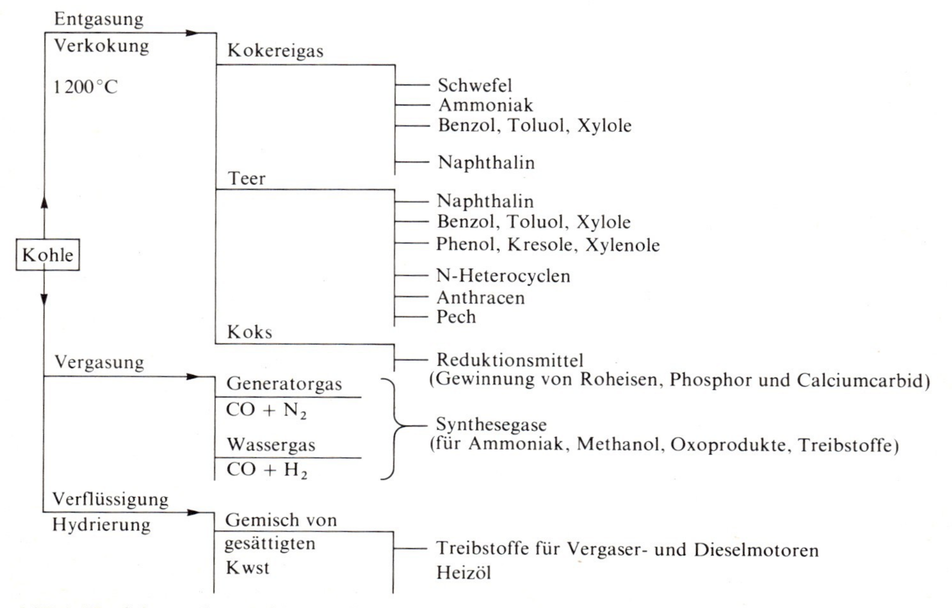

107.1 Verfahren der Kohleveredlung und Kohlenwertstoffe

CO und H_2, neuerdings aber auch in Methan CH_4 (synthetisches Erdgas aus Kohle) übergeführt. Die Vergasung der Kohle wird bei etwa 1200 °C durch Einblasen von Vergasungsmitteln (Luft, Sauerstoff, Wasserdampf, Wasserstoff) erreicht.

Wirtschaftliches zur Kohle

Die in der Welt vorhandenen, heute wirtschaftlich gewinnbaren **Kohlevorräte** betragen 420 Mrd. t SKE Steinkohle und 125 Mrd. t SKE Braunkohle (s. Tab. 93.1). Die **Förderung** betrug 1979 für Steinkohle 2,6 Mrd. t SKE. Die wichtigsten Förderländer zeigt Tabelle 108.1.

Förderländer	Förderung 1979 Mio t SKE
VR China	600
USA	574
UdSSR	557
Polen	193
Großbritannien	122
Indien	102
Bundesrepublik	96
Südafrik. Republik	91

108.1 Förderländer von Steinkohle

Der **Verbrauch** an Steinkohle ist in fast allen Ländern angestiegen, in der Bundesrepublik dagegen wurden 1979 etwa 20 Mio t Kohle weniger verbraucht als 1978.

Die **Kohleförderung der Bundesrepublik** betrug 1979 96 Mio t. Die Aufteilung auf die verschiedenen Abnehmer zeigt Tabelle 108.2.

Abnehmer	Verbrauch	
	Mio t	in %
Kraftwerke	37	38
Kokereien	21	22
Haushalte	3	3
übrige Industrie	6	7
Export	29	30

108.2 Verteilung des Steinkohleverbrauchs in der Bundesrepublik

Die wirtschaftlich gewinnbaren **Vorräte der Bundesrepublik betragen** 24 Mrd. t SKE Steinkohle und 35 Mrd. t SKE Braunkohle. Neben Export hat die Bundesrepublik auch Kohle-Import, im Jahre 1979 waren es 22 Mio t.

17.5.2 Verkokung der Steinkohle

Bei der Hochtemperaturverkokung wird Steinkohle ohne Luftzutritt etwa 20 Stunden lang auf 1200 °C erhitzt.

Das Verkoken wird durchgeführt, um hochwertigen Koks für die Eisengewinnung im Hochofen zu erhalten. Daher werden besonders ausgesuchte Steinkohlesorten eingesetzt, sogenannte Kokskohle.

Kohlenwertstoffe fallen als Nebenprodukte an. Der größte Teil ist in der Steinkohle nicht vorhanden, sondern durch thermische Spaltung der Makromoleküle der Kohle, durch Folgereaktionen und andere Umwandlungen entstanden. Alle bei 1200 °C flüchtigen Verbindungen entweichen, man spricht vom Entgasen der Kohle.

Das Schema einer **Steinkohlen-Verkokung** zeigt Bild 109.1. Steinkohle (Rohkohle) besonderer Körnung wird in geschlossenen Verkokungskammern ohne Luftzutritt auf 1000 °C erhitzt. Die Kammern (4 bis 6 m hoch, 12 bis 15 m lang, 50 cm breit, Fassungsvermögen: bis 20 t Steinkohle) werden von außen mit Flammengasen beheizt. 10 bis 50 Verkokungskammern sind zu „Batterien" zusammengefaßt. Die Verkokung oder das Garen einer Ofenfüllung dauert 18 bis 24 Stunden.

Aus der Verkokungskammer entweicht während der Verkokung ein (850 °C heißes) Gemisch aus verschiedenen Gasen, Teernebeln und Wasserdämpfen. In der Kammer bleibt die entgaste Kohle, der Koks, zurück.

Beispiel: 1 t Kohle liefert 314 Nm^3 oder 320 kg flüchtige Produkte. Darin sind enthalten:

Rohgas: $w = 0{,}56$; $\varphi = 0{,}64$
Rohteerdämpfe: $w = 0{,}125$; $\varphi = 0{,}11$
Wasserdampf: $w = 0{,}315$; $\varphi = 0{,}25$

Dieses Gemisch flüchtiger Produkte wird zunächst in einem Kühlsystem auf normale Temperatur abgekühlt. Dabei entweicht das Rohgas und das Kondensat trennt sich in einem nachgeschalteten Trenngefäß in Rohteer (untere Schicht) und Verkokungswasser (obere Schicht). Die drei Verkokungsprodukte

Rohgas, Rohteer und Verkokungswasser

werden dann getrennt weiterverarbeitet (s. Bild 109.1), um daraus die Kohlenwertstoffe zu gewinnen.

Rohgas: Das aus dem Kühler abziehende Rohgas hat folgende Zusammensetzung:

Beispiel Kohlenwasserstoffe:

H_2 $\varphi = 0{,}54$
CO $\varphi = 0{,}06$
CO_2 $\varphi = 0{,}025$
N_2 $\varphi = 0{,}07$
CH_4 $\varphi = 0{,}265$
C_2H_6 C_3H_8 $\varphi = 0{,}013$
C_2H_4 $\varphi = 0{,}014$
C_3H_6 $\varphi = 0{,}006$
C_2H_2 $\varphi = 0{,}0015$

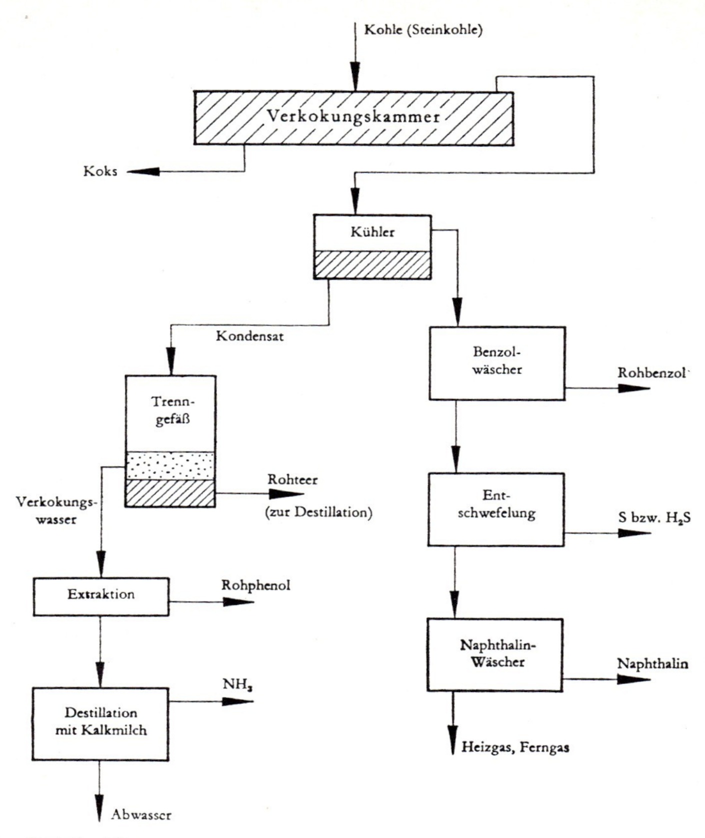

109.1 Verkoken der Steinkohle

Weitere Kohlenwertstoffe:

Benzol, Toluol, Xylol	30 g/m^3
Naphthalin	10 g/m^3
Phenole	3 g/m^3
Pyridine	2 g/m^3
H_2S	8 g/m^3

(m^3 im Normzustand)

Die genannten Kohlenwertstoffe werden für sich in mehreren Stufen aus dem Rohgas entfernt. Das gereinigte Rohgas verläßt als Kokereigas, Leuchtgas, Ferngas, Heizgas usw. die Anlage und besteht aus den genannten Inertgasen und Kohlenwasserstoffen.

Verkokungswasser. Im Gasgemisch, das den Verkokungskammern entweicht, sind 3 bis 5 g Phenole/m^3 enthalten; davon gehen 60% in den Teer und 40% lösen sich im Verkokungswasser. Im Wasser beträgt die Konzentration bis 3 g Phenole pro Liter.

Durch Extraktion des Verkokungswassers erhält man ein Rohphenol-Gemisch folgender Zusammensetzung:

Beispiel:

Phenol	w = 0,52
o-Kresol	w = 0,09
m-, p-Kresol (Gemisch)	w = 0,16
Kresol-Xylenol-Gemisch	w = 0,08
Höhere Phenole	w = 0,15

Aus diesem Gemisch werden die einzelnen Verbindungen in reiner Form abgetrennt und gewonnen. 1000 t Kohle liefern etwa 200 m^3 Verkokungswasser; die daraus gewinnbare Rohphenol-Menge ist daher beträchtlich. – Aus dem Verkokungswasser wird außerdem NH_3 gewonnen; 1 t Kohle liefert 2 bis 3 kg NH_3.

Rohbenzol. Im Rohgas, das nach Abscheidung von Teer und Wasser den Kühler verläßt, befindet sich mit 20 bis 45 g/m^3 als Dämpfe ein Gemisch leichtsiedender Flüssigkeiten, die im Benzol-Wäscher ausgewaschen werden. Da es sich hierbei um ein Gemisch vorwiegend aromatischer Verbindungen handelt, nennt man es vereinfacht Rohbenzol. Unterwirft man das Rohbenzol-Gemisch einer fraktionierten Destillation, erhält man folgende Fraktionen (Tab. 110.1):

Siedebereich		Fraktion	φ in %
bis 65 °C	1	Vorlauf	5
65 bis 93 °C	2	Benzol	63
93 bis 123 °C	3	Toluol	17
123 bis 150 °C	4	Xylol	8
150 bis 180 °C	5	Schwerbenzol	4
über 180 °C	6	Rückstand	3

110.1 Rohbenzol-Fraktion

Die einzelnen Fraktionen sind stark verunreinigt, z.B. mit ungesättigten sowie S- und N-Verbindungen. Sie werden deswegen einer Reinigung mit konz. H_2SO_4, NaOH und Wasser unterworfen und finden dann als sogenannte Lösungsbenzole technische Anwendung, z. B. als Lösungsmittel in der Lackindustrie.

Im Vorlauf der Destillation ist z.B. CS_2 und Cyclopentadien enthalten. Die Fraktionen 2 bis 4 enthalten vorwiegend die in der Tabelle genannten Verbindungen. In der Schwerbenzol-Fraktion finden sich Cumaron, Inden, Alkylbenzol (Styrol), Naphthalin und Homologe.

Sollen die im Rohbenzol vorhandenen Stoffe als reine Verbindungen (Primärchemikalien) für chemische Synthesen eingesetzt werden, ist eine vollständige Trennung und Reinigung notwendig.

Die Reinigung ist eine **Druckraffination,** wobei das Rohbenzol bei 350 bar und Gegenwart eines schwefelfesten Katalysators (Molybdänoxid auf Tonerde) mit Wasserstoff behandelt wird. Dabei werden aromatische Verbindungen nicht verändert, aber ungesättigte Verbindungen hydriert sowie S-Verbindungen in H_2S und N-Verbindungen in NH_3 überführt, die sich anschließend entfernen lassen.

Das nach der Druckraffination sehr reine Rohbenzol-Gemisch ($w(S) < 10$ ppm) wird anschließend einer Feindestillation unterworfen, die folgende Verbindungen oder Gemische ergibt (Tab. 110.2).

Reinbenzol und Reintoluol sind gesuchte Primärchemikalien. Aus dem Reinxylol-Isomerengemisch trennt man gewöhnlich das wichtige p-Xylol ab. Die Arsole und auch die Zwischenfraktionen dienen als mittel- oder hochsiedende Lösungsmittel, die gewöhnlich unter dem schon erwähnten Namen Lösungsbenzole geführt werden.

Verbindung oder Gemisch	Siedebereich	φ in %
Reinbenzol	80 °C	63
Reintoluol	110 °C	13
Reinxylol (Isomeren-Gemisch)	138/141 °C	7
Arsol 1	165/180 °C	2
Arsol 2	180/200 °C	3
Rückstand	205 °C	3
Zwischenfraktionen		9

110.2 Reinstoffe aus Rohbenzol

Naphthalin. Bei der Verkokung der Steinkohle entsteht viel Naphthalin, das vollständig aus der Kohle entweicht. So enthält das aus der Verkokungskammer entweichende Rohgas 50 bis 150 g Naphthalin in 100 m^3 Rohgas. Der größte Teil davon scheidet sich zusammen mit dem Teer ab, so daß der Teer die wichtigste Naphthalinquelle ist. Das dem Kühler entweichende Rohgas enthält noch bis 10 g Naphthalin/m^3. Die größte Menge davon wird zusammen mit dem Benzol ausgewaschen und findet sich daher in den höhersiedenden Rohbenzol-Fraktionen (Schwerbenzol, Arsol) wieder. Der noch im Gas verbleibende Naphthalinrest muß im Naphthalin-Wäscher abgetrennt werden, da die Gefahr besteht, daß beim Weiterleiten des Heizgases durch lange Rohrleitungen infolge Abscheidung von Naphthalin ein Verstopfen eintritt.

Steinkohlenteer (Rohteer). Der im Kühler kondensierte Rohteer ist eine glänzende, schwarze, zähe Flüssigkeit, die bis $w(H_2O) = 0{,}05$ enthalten kann. Die mittlere molare Masse liegt zwischen 100 und 190 g/mol und die Dichte beträgt bei normaler Temperatur 1,10 bis 1,26 g/cm^3.

Der Steinkohlenteer ist ein äußerst komplexes Gemisch von Kohlenwasserstoffen (vorwiegend Aromaten) sowie O-, N- und S-Verbindungen (Säuren und Basen). Man schätzt, daß es sich um 10000 chemische Verbindungen handelt, von denen bislang etwa 500 isoliert und nachgewiesen wurden. Die folgende Zusammenstellung gibt einen Überblick über die heutige Kenntnis von der Zusammensetzung des Steinkohlenteers. Es sind enthalten: Aromaten (bis C_{11}): Styrol, Inden, Naphthalin und Homologe, Acenaphthen, Diphenyl, Fluoren, Anthracen und Homologe, Phenanthren, Fluoanthren, Pyren, Chrysen und Picen; Paraffine (bis C_{29}) und Olefine (bis C_{12}); O-haltige Verbindungen: Phenol, Kresole, Xylenole; S-Verbindungen: CS_2, Thiophen, Thionaphthen; N-Verbindungen: Anilin, Pyridin, Picoline, Chinolin, Acridin, Carbazol und Lutidine.

In den einzelnen Fraktionen sind weitere Verbindungen enthalten, die durch Kristallisation, Extraktion oder andere Trennverfahren isoliert werden.

Der in den Kokereien anfallende Rohteer wird fraktioniert destilliert, um die wichtigen Verbindungen zu gewinnen. Tabelle 111.1 gibt einen Überblick, welche Fraktionen entnommen und für sich weiterzerlegt werden.

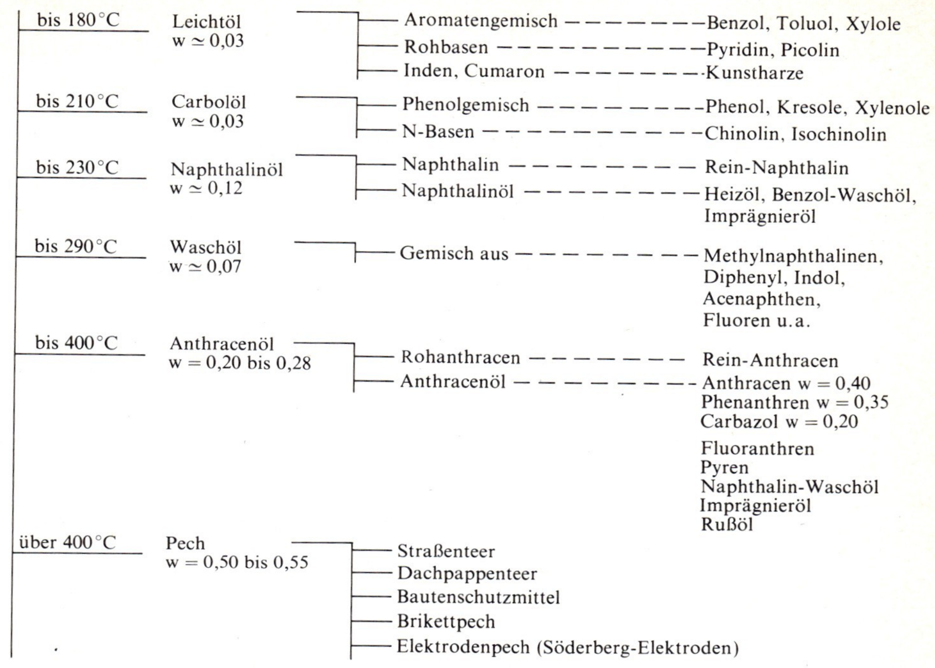

111.1 Destillation von Steinkohlenteer/Kohlenwertstoffe

Der Steinkohlenteer besteht bis zu 45% aus abdestillierbaren Ölen, die die chemisch wertvollen Verbindungen enthalten, und bis 60% aus Pech als nicht mehr weiter trennbarem Destillationsrückstand. Die im Pech vorhandenen chemischen Verbindungen sind überwiegend mehrkernige (kondensierte) Aromaten.

Die mengenmäßig größten Produkte im Steinkohlenteer, die abgetrennt werden und technische Bedeutung haben, haben folgende Massenanteile:

Naphthalin	7 bis 10 %
Phenanthren	5 bis 7 %
Anthracen	2 bis 2,5%
Fluoanthren	bis 2,5%
Chrysen, Fluoren, Acenaphthen, Carbazol	1 bis 1,5%

Der Steinkohlenteer ist also die wichtigste Rohstoffquelle für die in der Farbstoffchemie wichtigen Verbindungen Naphthalin und Anthracen.

17.5.3 Verflüssigung der Kohle

Unter Verflüssigung der Kohle versteht man die Umwandlung der festen Kohlesubstanz in flüssige, zum Teil ölige Produkte durch Einwirkung von Wasserstoff unter Druck, bei hoher Temperatur und Gegenwart von Katalysatoren. Neben Verflüssigung sind auch die Bezeichnungen Hydrierung oder Verölung der Kohle gebräuchlich.

Als Einsatzprodukte für die Kohleverflüssigung kommen in Frage:

- Steinkohle und Braunkohle,
- Hochtemperaturkoks (aus Steinkohle),
- Destillations-Rückstände der Teere (Pech).

Während des 2. Weltkrieges wurde in Deutschland nach dem Bergius-Pier-Verfahren großtechnisch Kohle durch Hydrierung zu Motortreibstoffen verflüssigt. 1944 gab es 12 Hydrierwerke mit einer Kapazität von 5 Mio Jahrestonnen Treibstoffen. Nach 1945 mußten die Anlagen stillgelegt werden. Ein späterer Wiederaufbau unterblieb, weil Motortreibstoffe aus Erdöl wesentlich preisgünstiger zu gewinnen waren.

Seit 1978 gibt es in der Bundesrepublik Planungen, die Kohle für die Treibstoffproduktion wieder zu nutzen, um vom Erdöl unabhängiger zu werden. Es ist vorgesehen, im Laufe der 80er Jahre in Versuchsanlagen die günstigsten Herstellungsbedingungen (Druck, Temperatur, Katalysator, Produktausbeute) zu ermitteln, so daß später die großtechnische Produktion durchgeführt werden kann. Entscheidende Faktoren für eine wirtschaftliche Entwicklung werden die Preise für Kohle und Wasserstoff sein.

Es gibt zwei Möglichkeiten, um von Kohle zu Motortreibstoffen zu gelangen:

- Die Kohle wird durch **Hydrierung** verflüssigt.
- Aus Kohle wird **Synthesegas** $CO + H_2$ durch Vergasung (s. S. 112) hergestellt, aus dem kann durch Fischer-Tropsch-Synthese Treibstoffe zu gewinnen sind.

Um die feste Kohlesubstanz in flüssige Produkte mit gesättigten Verbindungen umzuwandeln, muß der Wasserstoffanteil der Kohle von $w = 0{,}04$ (vorhanden) auf etwa $w = 0{,}15$ durch H_2-Zufuhr erhöht werden (s. S. 107).

Je wirksamer der Katalysator ist, desto niedriger kann der Druck sein. Der Katalysator soll außerdem die Reaktionen so lenken, daß verzweigte und aromatische Verbindungen entstehen, um klopffeste Fahrbenzine zu erhalten.

Hohe Temperaturen sind erforderlich, um die hochmolekularen Verbindungen der Kohle zu spalten. Die ungesättigten Spaltmoleküle werden durch Wasserstoff abgesättigt (hydriert).

Technische Durchführung (Bild 112.1)

Die Hydrierung findet bei 500 °C und 300 bar in einem Kohlebrei statt, dem vorher der Katalysator zugesetzt wurde. Zur Herstellung des Kohlebreis dient Schweröl aus der eigenen Anlage.

Aus 200 t Kohle können 100 t Flüssigprodukte erhalten werden ($w = 0{,}20$ Flüssiggas, $w = 0{,}30$ Leichtöl, $w = 0{,}70$ Mittelöl).

Flüssiggas besteht überwiegend aus Propan und Butan. Bis 100 °C destilliert Leichtöl ab, das in seiner Zusammensetzung mit Naphtha aus Erdöl vergleichbar ist, so daß hier ein erdölunabhängiges Einsatzprodukt für die Gewinnung ungesättigter Verbindungen in Crackern (s. S. 96) zur Verfügung steht. Mittelöl ist die Siedefraktion von 100 bis 280 °C. Durch weitere Destillation kann daraus Fahrbenzin, Dieseltreibstoff und leichtes Heizöl erhalten werden (Vergleich mit Erdölprodukten, s. S. 96). Schweröl wird in der Anlage verbraucht, dient zum Ansetzen des Kohlebreis und wird zusammen mit Kohle gespalten und hydriert. Der Rückstand besteht aus Katalysator, Restkohle und nicht destillierbaren Produkten. Es ist geplant, diesen Rückstand mit Sauerstoff zu vergasen, um Wasserstoff für den Eigenbedarf zu erzeugen.

Alle Produkte müssen durch Destillation und Raffination gereinigt und auf Qualitätsanforderungen gebracht werden.

17.5.4 Vergasen von Kohle

Unter Vergasung versteht man die vollständige Umwandlung der festen Kohlesubstanz in gasförmige

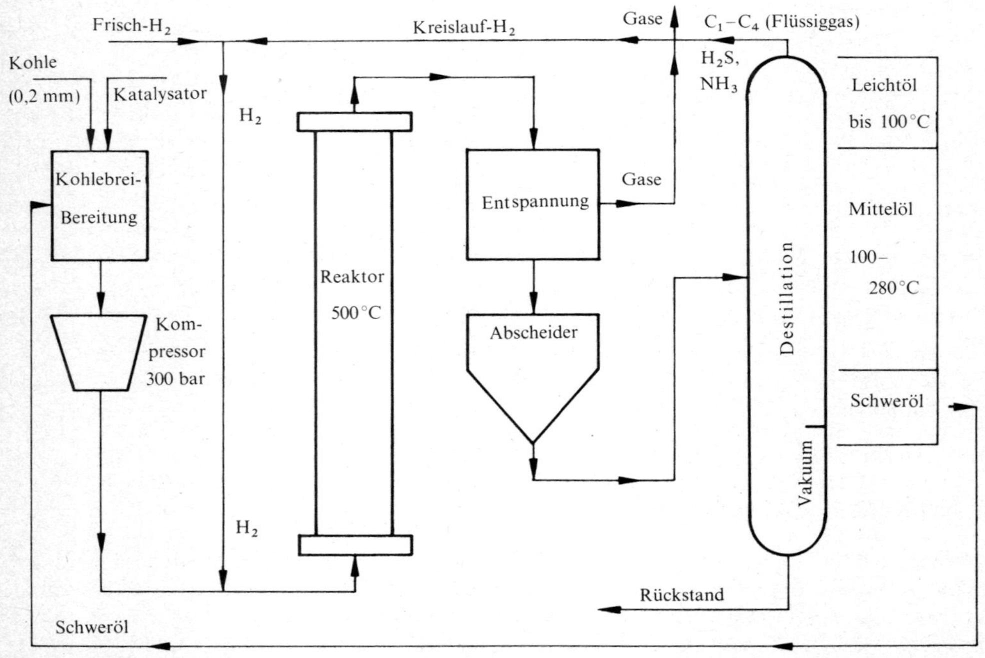

112.1 Kohle-Verflüssigung

Verbindungen. Während beim Verkoken nur eine Entgasung der Kohle stattfindet und der Koks als Rückstand bleibt, wird beim Vergasen die Kohle vollständig in Gase übergeführt, lediglich mineralische Bestandteile, das sind anorganische Verbindungen, bleiben als Asche oder Schlacke zurück.

Einsatzprodukte für die Vergasung sind verschiedene kohlenstoffhaltige Substanzen: Steinkohle, Steinkohlenkoks, Braunkohle, Rückstände der Teer- oder Erdöldestillation.

Die Vergasung kohlenstoffhaltiger Substanzen wird durchgeführt, um Synthesegas oder Heizgas zu gewinnen. Synthesegas (für die Produktion von Ammoniak, Methanol und Oxo-Produkten) wird derzeit überwiegend durch Vergasen von schwerem Heizöl hergestellt. Bei Vergasung von Kohle kann dieses Erdölprodukt auf andere Weise genutzt, z.B. durch Hydrocracken (s. S. 99) in Fahrbenzin umgewandelt werden. Heizgas aus Kohle – Kohlegas genannt – soll später Erdgas ersetzen. Kohlegas ist ein umweltfreundliches Heizgas, weil hier H_2S – entstanden aus den Schwefelverbindungen der Kohle – entfernt werden kann; wenn Kohle direkt verbrannt wird, enthalten die Rauchgase Schwefeldioxid SO_2, das in die Atmosphäre gelangt.

Um die Vergasung der Kohle zu erreichen, muß ein **Vergasungsmittel** zugeführt werden, das mit der Kohle reagiert. Vergasungsmittel sind

- Luft (im Unterschuß),
- Luft und H_2O-Dampf,
- Sauerstoff und H_2O-Dampf,
- Wasserstoff-Zusatz (Neues Verfahren, hydrierende Vergasung, um viel CH_4 zu erhalten).

Die **Zusammensetzung** der beim Vergasen entstehenden Gasmischung ist abhängig vom Vergasungsmittel und von den Reaktionsbedingungen:

H_2, CO, N_2, CO_2, CH_4 (H_2S, COS)

Wird Luft eingesetzt, enthält die Gasmischung Stickstoff. Bei Vergasen unter Druck entsteht Methan. Schwefelverbindungen aus Kohle gehen in H_2S und COS über; diese werden aus der Gasmischung vor weiterer Verwendung entfernt. Durch nachfolgende Reaktionen kann die Zusammensetzung der Gasmischung verändert werden. So kann z.B. CO_2 durch Absorption entfernt oder der H_2-Gehalt erhöht werden, unter Verminderung des CO-Gehaltes, indem CO mit H_2O-Dampf konvertiert wird:

$$CO + H_2O \rightarrow H_2 + CO_2$$

Die Reaktionstemperatur muß über 850 °C liegen, weil erst oberhalb dieser Temperatur Kohle mit H_2O-Dampf mit technisch nutzbarer Reaktionsgeschwindigkeit reagiert.

Reaktionen beim Vergasen:

I	$C + O_2 \rightarrow CO_2$	stark exotherm
II	$C + CO_2 \rightleftharpoons 2CO$	stark endotherm
III	$CO + H_2O \rightleftharpoons H_2 + CO_2$	schwach exotherm
	Hauptreaktion:	
IV	$C + H_2O \rightleftharpoons CO + H_2$	stark endotherm

Aus der Wärmetönung der Reaktionen, besonders der Hauptreaktion, folgt, daß zum Vergasen Wärme zugeführt werden muß. Dieses erreicht man meistens durch Teilabbrand der Kohle mit Luft oder Sauerstoff im Vergasungsreaktor selbst. Geplant ist, die Wärme aus Hochtemperatur-Kernreaktoren (HTR) – etwa 900 °C – mittels Wärmeträgern (Helium) auf die zu vergasende Kohle zu übertragen.

Obige Reaktionen werden in ihrer Gleichgewichtslage durch Druck nicht oder kaum verändert. Wird die **Vergasung unter Druck** durchgeführt (heute bis 100 bar), werden Reaktionen begünstigt, die unter Volumenminderung verlaufen:

$$CO + 3H_2 \rightleftharpoons CH_4 + H_2O$$
$$2CO + 2H_2 \rightleftharpoons CH_4 + CO_2$$
$$C + 2H_2 \rightleftharpoons CH_4$$

Die Druckvergasung liefert Gasmischungen mit Methan-Anteil.

Technische Verfahren:

Lurgi-Druckvergasung

Stückige Kohle wird mit Sauerstoff und Wasserdampf bei 100 bar vergast. 15% der eingesetzten Kohle werden zur Erzeugung der Reaktionstemperatur von 1000 °C gebraucht.

Die entstehende Gasmischung enthält überwiegend CO, H_2 und CH_4 (bis $\varphi = 0{,}20$). Diese Bestandteile sind brennbar, so daß ein wertvolles Heizgas mit hohem Heizwert (18000 kJ/m^3 im Normzustand) entsteht.

Es findet nicht nur eine Vergasung, sondern vor Erreichen der Reaktionstemperatur auch eine Entgasung der Kohle statt. Daher werden verschiedene Nebenprodukte – wie beim Verkoken – erhalten.

1 t Gasflammkohle liefert neben Heizgas:

- 25 kg Rohbenzin,
- 20 kg Mittelöl,
- 45 kg Teer,
- 16 kg Phenole,
- 8 kg Ammoniak.

Aus dem Heizgas wird außerdem H_2S gewonnen.

Koppers-Totzek-Vergasung

Kohlestaub wird mit Sauerstoff und Wasserdampf hinter einer Düse in einer Reaktionsflamme bei Normaldruck vergast. Es entsteht eine Gasmischung, die überwiegend CO und H_2 enthält und als Synthesegas besonders geeignet ist.

18 Halogen-Verbindungen

In organischen Halogen-Verbindungen sind Atome der Halogene Fluor, Chlor, Brom oder Iod durch Elektronenpaarbindung mit C-Atomen verbunden.

Halogen-Kohlenwasserstoffe sind wesentlich **reaktionsfähiger** als Kohlenwasserstoffe. Infolge der Elektronegativität der gebundenen Halogenatome entstehen polare (C-Halogen)-Bindungen. An dieser Stelle des Moleküls können Reaktionspartner angreifen. (C-Halogen)-Bindungen gehören zu den funktionellen Gruppen organischer Moleküle.

Bei organischen Halogen-Verbindungen ist je nach Struktur des zugehörigen Kohlenwasserstoffs zu unterscheiden zwischen

- Halogenalkane,
- Halogenalkene,
- Halogenalkine,
- Halogenarene (Halogenbenzole).

Auch Verbindungen mit verschiedenen Halogenen im gleichen Molekül kommen vor. Unter diesen haben die **Fluorchloralkane** Bedeutung für den täglichen Gebrauch und in der Technik (s. S. 127).

18.1 Halogenalkane

Treten ein oder mehrere Halogenatome, Fluor, Chlor, Brom oder Iod, in Alkan-Moleküle ein, entsteht eine neue Verbindungsklasse, die Halogenalkane. Die allgemeine Formel der Mono-Halogenalkane lautet:

$$\boxed{C_nH_{2n+1}X} \qquad X = F, Cl, Br, I \quad \text{(Fluor, Chlor, Brom, Iod)}$$

In den Alkanen (allgemeine Formel): C_nH_{2n+2}) wurde ein H-Atom durch Halogen ersetzt **(substituiert).**

Treten mehrere Halogenatome ein, besitzen diese die allgemeinen Formeln

$$C_nH_{2n}X_2 \quad C_nH_{2n-1}X_3 \quad C_nH_{2n-2}X_4 \quad \ldots$$

In ein Alkan-Molekül können auch verschiedene Halogene aufgenommen werden, wie z. B. in den Verbindungen CH_2FCl, CHF_2Br usw. (s. S. 127).

Halogenalkane entstehen aus Alkanen durch Substitution. Darunter versteht man den Ersatz eines H-Atoms durch ein Halogenatom.

Beispiel: Chlorierung von Methan CH_4

$$CH_4 + Cl_2 \rightarrow CH_3Cl + HCl$$

$$H-\underset{H}{\overset{H}{|}}{C}-\boxed{H + Cl}-Cl \rightarrow H-\underset{H}{\overset{H}{|}}{C}-Cl + HCl$$

Neben der **Einfach-Substitution** gibt es auch eine **Mehrfach-Substitution,** bei der mehrere H-Atome eines Moleküls ersetzt werden. So erhält man bei der Chlorierung des CH_4 im Cl_2-Überschuß mehrere Produkte, die sich durch die Zahl der bei der Reaktion in das CH_4-Molekül eingetretenen Cl-Atome unterscheiden:

$$\underset{\text{Methan}}{CH_4} \xrightarrow[-HCl]{+Cl_2} \underset{\text{Methylchlorid}}{CH_3Cl} \xrightarrow[-HCl]{+Cl_2} \underset{\text{Methylenchlorid}}{CH_2Cl_2} \xrightarrow[-HCl]{+Cl_2}$$

$$\underset{\text{Chloroform}}{CHCl_3} \xrightarrow[-HCl]{+Cl_2} \underset{\text{Tetrachlorkohlenstoff}}{CCl_4}$$

18.1.1 Struktur der Halogenalkane

Strukturmodelle für Halogenalkane werden von den Alkanen abgeleitet, die Vierbindigkeit des Kohlenstoffs und das Tetraedermodell für die Valenzrichtungen bestimmen die Struktur der Moleküle.

Die Moleküle des CH_3Cl und des C_2H_5Cl zeigt Bild 115.1.

Beim CH_3Cl sind verschiedene Möglichkeiten der Substitution durch Chlor denkbar:

$$H-\underset{H}{\overset{H}{|}}{C}-Cl \qquad H-\underset{Cl}{\overset{H}{|}}{C}-H \qquad Cl-\underset{H}{\overset{H}{|}}{C}-H \qquad H-\underset{H}{\overset{Cl}{|}}{C}-H$$

Danach müßten vier Isomere des CH_3Cl auftreten. Es ist aber nur eine Verbindung CH_3Cl bekannt; Isomere

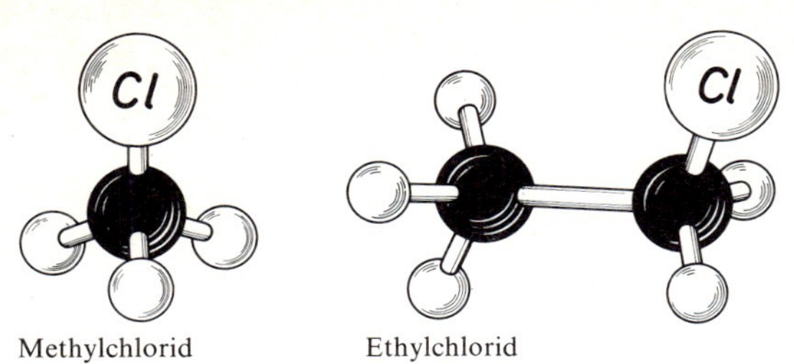

115.1 Molekülmodelle

dazu wurden nicht gefunden. Die Begründung liegt im völlig symmetrischen Aufbau der Kohlenstoff-Valenzen im Tetraedermodell. Es ist gleichgültig, welches H-Atom durch Chlor substituiert wird. Immer entsteht die gleiche Verbindung mit entsprechend gleichen Eigenschaften und gleichem Verhalten. Damit ist gleichzeitig der Beweis erbracht, daß im Methan CH_4 alle H-Atome „gleichwertig" sind.

Auch beim C_2H_5Cl ist es gleichgültig, welcher Wasserstoff durch Chlor ersetzt wird. Isomere gibt es vom C_2H_5Cl nicht.

Tritt dagegen ein Cl-Atom in das Propan-Molekül ein, müssen zwei Isomere entstehen, wenn das Chlor an ein endständiges oder an das mittelständige C-Atom gebunden wird:

$H_3C—CH_2—CH_2—Cl$ und $H_3C—CH(Cl)—CH_3$

1-Chlorpropan oder n-Propylchlorid

2-Chlorpropan oder i-Propylchlorid

Siehe Nomenklatur der Halogenalkane!

Die Unterschiede zwischen beiden Verbindungen zeigen sich sehr deutlich auch in ihren Siedepunkten und Dichten (Tab. 121.1).

Die Zahl der Isomere steigt, wenn die Chlor-butane C_4H_9Cl betrachtet werden. Man unterscheidet hier primäre, sekundäre und tertiäre C-Atome, an die das Chlor gebunden ist. Entsprechend benennt man auch die Verbindungen. Es existieren mehrere C_4H_9Cl-Isomere:

$CH_3—CH_2—CH_2—CH_2—Cl$ n-Butylchlorid, 1-Chlor-butan

$CH_3—CH(CH_3)—CH_2—Cl$ i-Butylchlorid, 1-Chlor-2-methyl-propan

$—CH_2—Cl$ **primär**

- In beiden Verbindungen ist das Chlor an ein primäres C-Atom gebunden, d.h. dieses C-Atom ist nur mit einem weiteren C-Atom verbunden.

$CH_3—CH_2—CH(Cl)—CH_3$

sekundär-Butylchlorid
2-Chlor-butan

$—CH(Cl)—$ **sekundär**

- Ein sekundäres C-Atom, an das hier das Chlor gebunden ist, ist mit zwei anderen C-Atomen verbunden.

$H_3C—C(CH_3)(Cl)—CH_3$

tertiär-Butylchlorid
(2-Chlor-2-methyl-propan)

$—C(Cl)<$ **tertiär**

- Ein tertiäres C-Atom ist mit drei anderen C-Atomen verbunden.

Primäre C-Atome sind immer endständig, sekundäre und tertiäre C-Atome immer mittelständig.

Die Reaktionsfähigkeit des Chlors wird durch seine Stellung an einem dieser C-Atome wesentlich beeinflußt.

18.1.2 Nomenklatur der Halogenalkane

Sehr gebräuchlich ist die Bezeichnung der einfachsubstituierten Halogenalkane als Alkyl-halogenide, z.B. Methylchlorid oder Ethylbromid. Die Alkylreste CH_3-Methyl-, C_2H_5-Ethyl- usw., allgemein C_nH_{2n+1}, sind mit den Halogenen Fluor, Chlor, Brom oder Iod verbunden. Die Namen Chloride, Bromide, Iodide sind den anorganischen Verbindungen (Salzen) entnommen.

Bei den höheren Verbindungen müssen die Isomere besonders gekennzeichnet werden, wenn die Benennung als Alkylhalogenide beibehalten werden soll. Man legt dabei die Struktur der Moleküle zugrunde und gebraucht die Vorsilben normal (n-) und iso (i-), z.B. n-Propylchlorid und i-Propylchlorid, sowie für die C_4-Verbindungen zusätzlich die Vorsilben primär, sekundär und tertiär, abgeleitet von der Bindungsart des C-Atoms, an das das Halogen gebunden ist.

Eine eindeutige Benennung aller möglichen Isomere der Halogenalkane ist mittels der **Genfer Nomenklatur** möglich. Grundlage dieser Benennung ist die Struktur des Moleküls. Dann gelten folgende Regeln:

- Die Halogenalkane werden als **Derivate der Alkane**

aufgefaßt. Grundmolekül ist das Alkan, das, wie dort beschrieben, bezeichnet wird.

- Der Name des Halogens, Fluor, Chlor, Brom, Iod, wird der Benennung des Alkans vorangestellt.
- Die **Stellung** des Halogens im Alkan-Molekül wird durch Ziffern gekennzeichnet. Gezählt wird von dem Molekülende aus, daß möglichst niedrige Ziffern für die Substituenten herauskommen. Ist das Halogen endständig substituiert, zählt man von hier aus. Bei mehreren verschiedenen Substituenten (z.B. Methyl- und Halogen-) wird das Halogen als funktionelle Gruppe zuerst genannt.

Beispiele:

```
4     3     2      1
CH3—CH—CH2—CH2—Cl
      |
      CH3
```
1-Chlor-3-methyl-butan

```
6     5      4     3      2     1
CH3—CH2—CH—CH2—CH—CH3
             |            |
             Cl           CH3
```
4-Chlor-2-methyl-hexan

- Bei mehrfacher Halogensubstitution werden die entsprechenden Ziffern sowie die Vorsilben di-, tri-, tetra- usw. gebraucht.

Beispiele:

```
4     3     2      1
CH3—CH—CH2—CH2
      |          |
      Cl         Cl
```
1,3-Dichlor-butan

```
3      2      1
CH2—CH2—CH—Cl
|            |
Cl           Cl
```
1,1,3-Trichlor-propan

Verschiedene Halogene werden in alphabetischer Reihenfolge genannt. Für die Bezeichnung der Chlorfluor-alkane sind besondere Regeln aufgestellt worden (s. S. 128).

18.1.3 Darstellung von Halogenalkanen

- **Aus Alkanolen und Halogenwasserstoffsäuren**
  Nach dieser Methode können alle Halogenalkane hergestellt werden.

  Beispiel:

  $C_3H_7OH + HI \rightarrow C_3H_7 + H_2O$

  Propanol, Iodwasserstoffsäure → Iodpropan (Propyliodid)

  Die Reaktion ist eine Veresterung (s. S. 225). Halogenalkane sind Ester (Alkylhalogenide).

- **Aus Alkanolen und Phosphor(III)-halogeniden**
  Diese besonders im Laboratorium angewandte Methode wird zur Darstellung von Brom- und Iodalkanen bevorzugt.

  Beispiel:

  $3\,C_2H_5OH + PBr_3 \rightarrow 3\,C_2H_5Br + H_3PO_3$

  Ethanol, P(III)-bromid → Bromethan (Ethylbromid)

- **Aus Alkenen durch Addition von Halogenwasserstoff (s. S. 44)**

- **Aus Alkanen durch Einwirkung der Halogene**
  Bei höherer Temperatur und Bestrahlung mit UV-Licht reagieren Kohlenwasserstoffe z.B. mit Chlor

  Beispiel:

  $CH_4 + Cl_2 \rightarrow CH_3Cl + HCl$

  Methan

  Diese Reaktion wird besonders in der Technik durchgeführt und ist auf die Halogene Chlor und Brom (Chlorierung und Bromierung) beschränkt, weil Fluor mit Kohlenwasserstoffen explosionsartig und Iod nicht reagiert.

  Begründung: Eine Reaktion läuft ab, wenn Wärme nach außen abgegeben wird (exotherme Reaktion), d.h. daß das energetische System der Endprodukte energieärmer als das der Ausgangsprodukte ist. Bei der Chlorierung z.B. von Ethan zum Monochlorethan

```
 |   |                        |   |
—C—C— + Cl—Cl  →  —C—C—Cl + HCl
 |   |                        |   |
```

  müssen eine (C—H)-Bindung und die Bindung im Cl_2-Molekül gelöst werden. Neue Bindungen werden zwischen Kohlenstoff und Chlor sowie zum Chlorwasserstoff geknüpft. Zum Lösen von Bindungen ist Energie erforderlich, beim Herstellen von Bindungen wird Energie frei. Die Energiewerte sind die Bindungsenergien der Bindungen.

Bindungsenergien in kJ/mol

C—H	415	C—F	489	F_2	158	HF	567
		C—Cl	339	Cl_2	242	HCl	431
		C—Br	285	Br_2	193	HBr	366
		C—I	218	I_2	151	HI	298

116.1 Bindungsenergien

Energiebilanz der Chlorierung:

Lösen der Bindungen		Bildung der Bindungen	
C—H	415 kJ/mol	C—Cl	340 kJ/mol
Cl_2	242 kJ/mol	HCl	431 kJ/mol
	657 kJ/mol		771 kJ/mol

Energieabgabe: $771 - 657 = 114$ kJ/mol

Bei einer Iodierung ist zum Lösen der Bindungen mehr Energie erforderlich als bei der Bildung der Bindungen frei wird (negative Energiebilanz). Daher reagiert Iod nicht mit Kohlenwasserstoffen.

Wenn Propan chloriert wird, entstehen Isomere, deren mengenmäßige Verteilung abgeschätzt werden kann:

$$H_3C{-}CH_2{-}CH_3 + 2\,Cl_2 \rightarrow \underset{\text{55\% 1-Chlorpropan}}{H_3C{-}CH_2{-}CH_2Cl} + \underset{\text{45\% 2-Chlorpropan}}{H_3C{-}CHCl{-}CH_3} + 2\,HCl$$

Die **Bindungsenergien** der gebundenen Wasserstoffatome an **primäre, sekundäre oder tertiäre C-Atome** haben geringe Unterschiede (Tab. 117.1). Die sekundäre (C—H)-Bindung wird etwas leichter gelöst als die primäre. Von 2-Chlorpropan entsteht daher etwas mehr (55%) als von 1-Chlorpropan (45%).

Kohlenwasserstoff-Bindung		Bindungsenergie kJ/mol
C—H	primär	407
C—H	sekundär	394
C—H	tertiär	382

117.1 Bindungsenergien

Reaktionsmechanismus der Chlorierung von Alkanen

RM Die Chlorierung von (C—H)-Bindungen ist eine **radikalische Substitution** des Wasserstoffs. (C—H)-Bindungen werden **homolytisch** gespalten.

Durch kurzwelliges Licht (UV-Licht), begünstigt durch höhere Temperatur, werden im ersten Schritt Chlor-Moleküle homolytisch in reaktionsfähige Chlor-Radikale gespalten:

$$|\overline{\underline{Cl}}{-}\overline{\underline{Cl}}| \rightarrow 2\cdot\overline{\underline{Cl}}|$$

(Im Dunkeln findet diese Spaltung erst oberhalb 250 °C statt).

Chlor-Radikale spalten (C—H)-Bindungen, erzeugen dadurch Radikale und lösen eine **Kettenreaktion** aus:

$$\cdot Cl + CH_4 \rightarrow \cdot CH_3 + HCl$$
$$\cdot CH_3 + Cl_2 \rightarrow CH_3Cl + \cdot Cl$$

usw.

Das gebildete Chlor-Radikal tritt erneut in die Kettenreaktion ein. Ein Kettenbruch findet statt, wenn zwei Radikale miteinander reagieren:

$$\cdot Cl + \cdot CH_3 \rightarrow CH_3Cl$$

18.2 Chloralkene

Chloralkene, auch Chlorolefine genannt, entstehen aus Alkenen durch Substitution, d.h. wenn in Alkenen Cl-Atome an die Stelle von H-Atomen treten.

Die wichtigsten Gruppen, die entstehen, wenn in Alkenen ein H-Atom durch Chlor ersetzt wird, sind

ausgehend vom C_2H_4:	$CH_2{=}CH{-}$	Vinyl-
ausgehend vom C_3H_6:	$CH_3{-}CH{=}CH{-}$	Propenyl-
	$CH_2{=}CH{-}CH_2{-}$	Allyl-

Zwei wichtige Verbindungen sind

$CH_2{=}CHCl$ Vinylchlorid und $CH_2{=}CH{-}CHCl$ Allylchlorid

Im Molekülbau unterscheiden sich beide Verbindungen vor allem darin, daß Chlor im Vinylchlorid an ein C-Atom der Doppelbindung, im Allylchlorid aber an ein C-Atom mit Einfachbindung gebunden ist.

Chloralkene enthalten **zwei** reaktionsfähige Stellen im Molekül, die aber nicht jede für sich verschiedenen Reaktionen zugänglich sind, z.B. die Doppelbindung einer Addition oder das Cl-Atom einem Austausch gegen eine andere Gruppe (wie bei Chloralkanen). Man beobachtet vielmehr, daß sich beide reaktionsfähigen Stellen gegenseitig mehr oder weniger beeinflussen, was zu einer Erhöhung der Reaktionsfähigkeit der einen und zur Verminderung der der anderen Gruppe führt. Aus Reaktionen ist bekannt, daß das Chlor im Vinylchlorid-Molekül nicht reagieren kann, aber eine Steigerung der Reaktionsfähigkeit der Doppelbindung bedingt, während im Allylchlorid das Chlor einer Austauschreaktion zugänglich ist.

Herstellung von Chloralkenen: Werden Alkene mit Chlor zur Reaktion gebracht, bestimmt die Reaktionstemperatur, ob eine Substitution oder Addition stattfindet.

Beispiel: $CH_3{-}CH{=}CH_2 + Cl_2$ (Propylen)

$\xrightarrow{100\,^\circ C} CH_3{-}CHCl{-}CH_2Cl$ 1,2-Dichlorpropan — Addition

$\xrightarrow{450\,^\circ C} CH_2Cl{-}CH{=}CH_2 + HCl$ 3-Chlor-1-propen, Allylchlorid — Substitution

Hohe Temperatur: Substitution; niedrige Temperatur: Addition. Oberhalb 400 °C bildet das eingesetzte Chlor Radikale, so daß dann eine Substitution stattfindet (s. S. 117).

18.3 Fluoralkene

Zwei Verbindungen haben technische Bedeutung, weil sie polymerisieren und zu besonders temperaturbeständigen Kunststoffen verarbeitet werden können. Fluoralkene werden durch HCl-Abspaltung aus entsprechenden Fluorchloralkanen (s. S. 127) hergestellt.

Tetrafluorethylen C_2F_4

Ausgangsprodukt ist Difluorchlormethan $CHClF_2$ F 22 (s. S. 128), das bei 700 °C durch Rohre aus Platin geleitet wird, wobei 2 Moleküle HCl abgespalten werden:

$$CF_2HCl + CF_2HCl \xrightarrow{700\,°C} CF_2{=}CF_2 + 2\,HCl$$

Tetrafluorethylen

Tetrafluorethylen wird mittels Katalysator und Druck zu einem Kunststoff (Tetrafluorethylen, z.B. Hostaflon oder Teflon) polymerisiert.

Betrachtet man die Reihe der Zwischenprodukte, die zur Herstellung des C_2F_4 durchlaufen werden müssen, stellt man fest, daß der daraus herstellbare Kunststoff auf der Rohstoffbasis Methan (Erdgas) und Chlor beruht:

$$\underset{\text{Methan}}{CH_4} \xrightarrow{+Cl_2} \underset{\text{Chloroform}}{CHCl_3} \xrightarrow{+HF} \underset{\text{Difluorchlormethan}}{CHClF_2} \xrightarrow{-2\,HCl}$$

$$\underset{\text{Tetrafluorethylen}}{C_2F_4} \xrightarrow{\text{Polymerisation}} \underset{\text{Polytetrafluorethylen}}{(C_2F_4)_n}$$

Trifluorchlorethylen C_2ClF_3

Ausgangsstoff ist 1,1,2-Trifluor-trichlor-ethan F 113, das in eine Aufschlämmung von Zink-Pulver in Methanol eingeleitet wird, wobei eine Cl_2-Abspaltung stattfindet:

$$CF_2Cl{-}CFCl_2 \xrightarrow{Zn} CF_2{=}CFCl + ZnCl_2$$

Trifluorchlorethylen

Durch Polymerisation entsteht daraus ein Kunststoff.

18.4 Halogenbenzole (Halogenarene)

Chlor, das wichtigste Halogen, kann auf drei verschiedene Weisen mit aromatischen Kohlenwasserstoffen reagieren:

- **Substitution** am Benzolring **(Kern-Chlorierung).** Hierbei werden ein oder mehrere H-Atome des aromatischen Ringes durch Chlor ersetzt.
- **Substitution** in der Seitenkette **(Seitenketten-Chlorierung).** Enthält Benzol eine Seitenkette, wie z.B. im Toluol oder Ethylbenzol, kann unter bestimmten Bedingungen eine Substitution der H-Atome der Seitenkette durch Chlor erreicht werden, ohne daß gleichzeitig eine Kernchlorierung stattfindet.
- **Addition** an die „Doppelbindungen" des Benzolringes (s. S. 69); dabei entsteht ein Reaktionsprodukt, das keine aromatische Verbindung mehr ist, sondern sich vom Cyclohexan ableitet (s. S. 37).

Chlor, das in der Seitenkette gebunden ist, zeigt ein chemisches Verhalten wie in Chloralkanen (s. S. 121).

Chlor am aromatischen Ring muß davon unterschieden werden.

Halogenbenzole sind die kernhalogenierten, aromatischen Verbindungen, bei denen Wasserstoff des Benzolringes durch Halogen ersetzt ist.

$C_6H_5{-}X$

X = Fluor, Chlor, Brom oder Iod

Die Halogene sind Substituenten 1. Ordnung; sie dirigieren einen zweiten Substituenten in die o- und p-Stellung. Im Gegensatz zu den übrigen Substituenten 1. Ordnung erschweren die Halogene die Zweitsubstitution.

Ein Benzolring kann mehrere gleiche oder auch verschiedene Halogene oder daneben noch andere Substituenten gebunden haben.

18.5 Darstellung aromatischer Halogen-Verbindungen

18.5.1 Halogenierung von Benzol

Der Ersatz eines H-Atoms des Benzols durch Chlor, d.h. die Verknüpfung eines Cl-Atoms mit dem aromatischen Ring, ist nur bei Gegenwart eines Katalysators möglich. Um Benzol zu chlorieren, wird Chlor bei 50 °C in Benzol eingeleitet:

$$C_6H_6 + Cl_2 \xrightarrow[Fe]{50\,^\circ C} C_6H_5Cl + HCl$$

Benzol Chlorbenzol

Katalysator ist $FeCl_3$, das sich aus zugesetzten Eisenspänen und Chlor während der Reaktion bildet. Andere geeignete Katalysatoren sind $AlCl_3$ oder $SbCl_3$. – Die Chlorierung ist immer mit einer HCl-Abspaltung verbunden.

Die Bromierung kann wie die Chlorierung durchgeführt werden. Das flüssige Brom läßt man der vorgelegten aromatischen Verbindung zutropfen.

Fluorbenzol und Iodbenzol können nach der beschriebenen Methode nicht dargestellt werden; Fluor ist zu reaktionsfähig und Iod zu reaktionsträge. Beide Verbindungen müssen aus Anilin durch andere Reaktionen hergestellt werden (s. S. 179).

18.5.2 Weiterchlorierung

Werden zwei Moleküle Chlor mit einem Molekül Benzol umgesetzt, entsteht zunächst Mono-chlorbenzol, das dann zum Dichlorbenzol weiter reagiert. Auf Grund der Substitutionsregeln muß dabei ein Gemisch aus o- und p-Dichlorbenzol entstehen, da das erste mit dem Benzolring verbundene Cl-Atom ein Substituent 1. Ordnung ist.

$$2\,C_6H_6 + 4\,Cl_2 \rightarrow o\text{-}C_6H_4Cl_2 + p\text{-}C_6H_4Cl_2 + 4\,HCl$$

Benzol o-Dichlor-benzol p-Dichlor-benzol

18.5.3 Halogenierung von Alkylbenzolen

Unter denselben Reaktionsbedingungen wie Benzol kann auch Toluol kernchloriert werden; es ensteht dabei ein Gemisch von o- und p-Chlor-toluol, weil die CH_3-Gruppe ein Substituent 1. Ordnung ist, der weitere Substituenten in o- und p-Stellung dirigiert.

$$2\,C_6H_5CH_3 + 2\,Cl_2 \xrightarrow{Fe} o\text{-}ClC_6H_4CH_3 + p\text{-}ClC_6H_4CH_3 + 2\,HCl$$

Toluol o-Chlor-toluol p-Chlor-toluol

Das dritte Isomere, m-Chlortoluol, kann nach dieser Methode nicht dargestellt werden.

18.5.4 Halogenierung in der Seitenkette

Substitution von Alkylbenzolen in der Seitenkette. Darstellung von Alkyl-aryl-halogeniden. Als Beispiel für eine Seitenketten-Chlorierung soll Toluol dienen. Beim Toluol gibt es zwei Möglichkeiten der Chlorierung, nämlich am Kern, die wie eine normale Kernchlorierung verläuft, und in der CH_3-Gruppe (Seitenkette).

Läßt man einen Überschuß von Chlor in der Siedehitze und unter UV-Belichtung (radikalische Substitution wie bei Alkanen, s. S. 117) auf Toluol einwirken, so werden nacheinander die drei H-Atome der CH_3-Gruppe durch Chlor ersetzt.

$$C_6H_5CH_3 \xrightarrow[-HCl]{+Cl_2} C_6H_5CH_2{-}Cl \xrightarrow[-HCl]{+Cl_2} C_6H_5CHCl_2 \xrightarrow[-HCl]{+Cl_2} C_6H_5CCl_3$$

Toluol I; Benzylchlorid II; Benzalchlorid III; Benzotrichlorid IV

Metallspuren müssen abwesend sein, da sie eine Kernchlorierung katalysieren würden. Wie bei jeder Chlorierung wird auch hier mit dem Eintritt eines Cl-Atoms HCl abgespalten.

Praktisch entstehen bei der Chlorierung nicht die reinen Verbindungen, sondern immer Gemische, z.B. I + II, II + III, III + IV.

Bei der technischen Darstellung von Benzylchlorid, die bei 135 °C durchgeführt wird, chloriert man nur solange, bis sich 50% Benzylchlorid gebildet haben, um die Bildung höher chlorierter Verbindungen zu vermeiden. Die beiden Verbindungen werden destillativ getrennt und das Toluol in den Prozeß zurückgeführt.

18.5.5 Chlormethylierung

Diese Reaktion dient der Synthese von in der Seitenkette einfach chlorierten Alkylbenzolen. Ausgegangen wird von Benzol. Benzylchlorid ist auf diese Weise leicht darstellbar.

Bei der Chlormethylierung wird die aromatische Verbindung (Benzol, Naphthalin, Anthracen, Diphenyl) mit Formaldehyd gemischt und gleichzeitig HCl-Gas eingeleitet; die Reaktion wird durch Kondensationsmittel ($ZnCl_2$, $AlCl_3$, H_2SO_4, H_3PO_4) katalysiert:

$$C_6H_6 + H{-}CHO + HCl \xrightarrow{ZnCl_2} C_6H_5{-}CH_2Cl + H_2O$$

Besonders günstig ist der Einsatz von Paraformaldehyd $(CH_2O)_3$ (s. S. 190), der durch HCl depolymerisiert wird. Als Nebenprodukte entstehen in geringer Menge mehrfach-substituierte Verbindungen.

Mit HBr oder HI kann eine Brom- oder Iod-Methylierung erreicht werden.

Reaktionsmechanismus der Chlorierung von Benzol

RM Die Chlorierung ist eine **elektrophile Substitution** (s. S. 19). Der Katalysator $FeCl_3$ ist als Lewis-Säure bestrebt, zu einem Elektronenoktett zu gelangen. Er spaltet dabei das Chlor-Molekül heterolytisch:

$$FeCl_3 + |\overline{Cl}{-}\overline{Cl}| \rightarrow [FeCl_4]^{\ominus} + {}^{\oplus}\overline{Cl}|$$

Das **elektrophile Teilchen** $^{\oplus}Cl$ tritt mit der Elektronenwolke des Benzols in Wechselwirkung. Der zunächst gebildete **π-Komplex** lagert sich in einem **σ-Komplex** unter Bindung des Chlors und Bildung eines Carbonium-Ions um:

$C_6H_6 \cdots {}^{\oplus}Cl$ $\quad FeCl_4^{\ominus}$ $\quad$ π-Komplex

$[C_6H_6Cl]^{\oplus}$ $\quad FeCl_4^{\ominus}$ $\quad$ σ-Komplex

Das negative $FeCl_4^-$-Ion entzieht dem σ-Komplex ein Proton, so daß das aromatische Bindungssystem wiederhergestellt wird.

$$[C_6H_6Cl]^{\oplus} \; FeCl_4^{\ominus} \rightarrow C_6H_5{-}Cl + HFeCl_4$$
$$HFeCl_4 \rightarrow HCl + FeCl_3$$

Gegenüberstellung

Reaktionen aromatischer Verbindungen mit Halogen

- **Kern-Substitution** (s. S.72).
  Reaktionsbedingungen: Katalysator, normale Temperatur.
- **Seitenketten-Substitution** (s. S. 73).
  Reaktionsbedingungen: Belichtung, höhere Temperatur.
- **Addition an die „Doppelbindungen"** des Benzolringes (s. S. 73).
  Reaktionsbedingungen: Belichtung, höhere Temperatur.
  Die Addition ist trotzdem eine langsam ablaufende Reaktion.

Die Seitenketten-Substitution verläuft schneller als die Kernsubstitution und viel schneller als die Addition. Daher findet z.B. bei einer Seitenketten-Chlorierung praktisch keine Addition des Chlors an den Benzolring statt, obwohl die Reaktionsbedingungen gleich sind.

Um die Reaktionsbedingungen bei Kern- und Seitenketten-Substitution nicht zu verwechseln, wurden Merksprüche eingeführt:

Kern-Substitution: **K—K—K** (Kern—Kälte—Katalysator)

Seitenketten-Substitution: **S—S—S** (Seitenkette—Siedehitze—Sonnenlicht)

18.6 Physikalische Eigenschaften

CH_3Cl, C_2H_5Cl und CH_3Br sind bei normaler Temperatur Gase. Die meisten Halogenalkane sind **flüssig,** einige auch **fest,** z.B. Iodoform oder Hexachlorethan. Ihr Geruch ist süßlich und durchdringend.

Siedepunkte: Bei gleicher C-Zahl steigt der Siedepunkt in der Reihe der Substituenten vom Chlor zum Iod stark an. Ein Anstieg tritt auch ein, wenn mehrere gleiche Substituenten gebunden werden, z.B. vom CH_3Cl zum CCl_4. Bei Isomeren, d.h. bei gleicher C-Zahl und Art der Halogene im Molekül, aber unterschiedlichem Molekülbau, haben die Verbindungen mit der größeren Unsymmetrie im Molekülbau die niedrigsten Siedepunkte (und die niedrigsten Dichten). Gegenüber den Alkanen gleicher C-Zahl haben die Halogenalkane merklich höhere Siedepunkte, weil die polaren Gruppen in den Molekülen zwischenmolekulare Kräfte bedingen; diese sind um so stärker, je polarer die Bindungen sind.

Der Eintritt von Halogen in Alkane erhöht auch die Dichte; in der Reihe der Halogenalkane haben naturgemäß die Verbindungen mit Iod als Substituenten die größten Dichten.

In **Wasser** sind Halogenalkane **schwerlöslich.** Aus wäßrigen Lösungen scheiden sie sich schwer in getrennter Schicht ab. Je nach ihrer Dichte gegenüber Wasser bilden sie dabei die untere oder obere Flüssigkeitsschicht. – Für organische Stoffe dagegen sind Halogenalkane **ausgezeichnete Lösungsmittel.**

In konz. H_2SO_4 sind Halogenalkane schwer löslich

Name der	Formel	molare Masse g/mol	Smp. °C	Sdp. °C	Dichte in g/ml bei 20 °C
Methylchlorid	CH_3Cl	50,49	− 97	−24	gasförmig
Ethylchlorid	C_2H_5Cl	64,52	−143	13	gasförmig
n-Propylchlorid	C_3H_7Cl	78,54	−123	46	0,891
i-Propylchlorid	C_3H_7Cl	78,54	−117	36	0,860
Methylenchlorid	CH_2Cl_2	84,93	− 96	41	1,336
Chloroform	$CHCl_3$	119,38	− 64	61	1,482
Tetrachlorkohlenstoff	CCl_4	153,82	− 23	77	1,592
1,1-Dichlor-ethan	$C_2H_4Cl_2$	98,96	− 97	57	1,175
1,2-Dichlor-ethan	$C_2H_4Cl_2$	98,96	− 35	84	1,253
1,1,1-Trichlor-ethan	$C_2H_3Cl_3$	133,41	− 33	74	1,349
1,1,2-Trichlor-ethan	$C_2H_3Cl_3$	133,41	− 36	114	1,443
Methylbromid	CH_3Br	94,94	− 93	5	1,732
Ethylbromid	C_2H_5Br	108,97	−119	38	1,430
Methyliodid	CH_3I	141,94	− 64	43	2,279
Ethyliodid	C_2H_5I	155,97	−118	72	1,929
Bromoform	$CHBr_3$	252,75	9	119	2,890
Iodoform	CHI_3	393,73	119		4,100
Fluorbenzol	$C_6H_5—F$	96,11	− 40	85	1,0244
Chlorbenzol	$C_6H_5—Cl$	112,56	− 45	132	1,1064
Brombenzol	$C_6H_5—Br$	157,02	− 31	156	1,4951
Iodbenzol	$C_6H_5—I$	204,01	− 29	188	1,8318
o-Dichlorbenzol	$C_6H_4Cl_2$	147,00	− 17	179	1,2979
p-Dichlorbenzol	$C_6H_4Cl_2$	147,00	54	175	
o-Chlor-toluol	$H_3C—C_6H_4—Cl$	126,59	− 36	159	1,0817
m-Chlor-toluol	$H_3C—C_6H_4—Cl$	126,59	− 48	161,5	1,0722
p-Chlor-toluol	$H_3C—C_6H_4—Cl$	126,59	8	162	1,0697
Hexachlorbenzol	C_6Cl_6	284,78	230	322	
Benzylchlorid	$C_6H_5—CH_2Cl$	126,59	− 41	179	1,0530
Benzalchlorid	$C_6H_5—CHCl_2$	161,03	− 17	205	1,2458
Benzotrichlorid	$C_6H_5—CCl_3$	195,48	− 5	221	1,3702

121.1 Physikalische Daten von Halogenalkanen

und beständig. Man kann deswegen von Halogenalkanen andere Verbindungen, die mit H_2SO_4 reagieren, abtrennen, z. B. Alkanole oder Alkene.

Halogenbenzole sind teils **feste,** teils **flüssige** Produkte. Bei den einfach halogenierten Verbindungen steigt der **Siedepunkt** zum schweren Halogen, d. h. mit der Molekülmasse an. Interessant ist, daß der Siedepunkt des Fluorbenzols nur wenig höher liegt als der des Benzols (Sdp. 80 °C).

In **Wasser** sind Halogenbenzole praktisch unlöslich. Sie mischen sich aber mit den meisten organischen Lösungsmitteln.

18.7 Chemische Eigenschaften und Reaktionen

18.7.1 Chemische Eigenschaften

Halogen-Verbindungen sind reaktionsfähig. Von der **polaren** (C-Halogen)-Bindung gehen die Reaktionen aus. Durch **induktiven Effekt** (s. S. 17) wird eine gewisse Reaktionsfähigkeit auf das übrige Molekül übertragen.

Die **Reaktivität** hängt vom Substituenten ab. Iod-Verbindungen reagieren am leichtesten und schnellsten. Die (C—I)-Bindung (s. Tab. 122.1) hat die geringste Bindungsenergie in der Reihe und ist deswegen am leichtesten zu lösen. Der große Bindungsabstand begünstigt die Trennung. Über die Substituenten Brom und Chlor nimmt die Reaktivität ab. Fluor-Verbindungen passen nicht in die Reihe, sie sind so reaktionsträge und beständig wie Kohlenwasserstoffe, weil die Bindungsenergie der (C—F)-Bindung größer ist als die der (C—H)-Bindung.

Bindung	Bindungsenergie kJ/mol	Bindungsabstand nm
C—C	359	0,154
C—H	415	0,109
C—F	489	0,142
C—Cl	339	0 176
C—Br	285	0,191
C—I	218	0,228

122.1 Bindungsenergien und -abstand

Iod, Brom und Chlor können gegen andere Substituenten und Gruppen ausgetauscht (ersetzt) werden. Diese Halogenverbindungen sind daher wichtige Ausgangsstoffe für Synthesen. Bei diesen Reaktionen wird das Halogen am primären C-Atom leichter ersetzt als das am sekundären und tertiären C-Atom.

Beispiele:

$C_2H_5Br + AgOH = AgBr + C_2H_5—OH$ **Alkohole**
wäßrige Aufschlämmung von Ag_2O oder konz. NaOH-Lösung

$C_2H_5Br + NaSH = NaBr + C_2H_5—SH$ **Thioalkohole** oder Merkaptane
Na-hydrogen-sulfid

$C_2H_5Br + KCN = KBr + C_2H_5—CN$ **Nitrile**
K-cyanid

$C_2H_5Br + C_2H_5ONa = NaBr + C_2H_5—O—C_2H_5$ **Ether**
Na-ethylat

Auch bei der Friedel-Craftsschen Reaktion (s. S. 80) und zur Herstellung von Siliconen werden Halogenalkane eingesetzt.

Halogen-Benzole sind reaktionsträger als Halogen-Alkane. Die Halogene sind an den aromatischen Ring fester gebunden. Beim Kochen von Chlorbenzol mit AgOH, KCN oder NH_3 findet kein Austausch des Chlors gegen die neuen Substituenten statt, wie das bei Halogenalkanen beobachtet wird. Chlor im Chlorbenzol ist erst bei Temperaturen oberhalb 200 °C und bei Anwesenheit von Cu-Salzen austauschbar. Der Austausch wird durch benachbarte Substituenten wie $—NO_2$, —CN oder —COOH begünstigt.

Halogen in der Seitenkette von aromatischen Verbindungen zeigt im allgemeinen die gleichen Reaktionen wie in Halogenalkanen, oft mit etwas erhöhter Reaktionsbereitschaft.

18.7.2 Wurtz-Reaktion

Bringt man Alkylbromide mit metallischem Natrium in Ether zur Reaktion, verbindet sich das Natrium mit dem Brom und bildet ein Bromid. An der Reaktion beteiligen sich 2 Moleküle Alkylbromid und 2 Atome Natrium:

$$C_2H_5—\boxed{Br + Na} + \boxed{Na + Br}—C_2H_5 \rightarrow$$
$$2\,NaBr + C_2H_5—C_2H_5\ (C_4H_{10})$$

Die Reaktion verläuft in zwei Stufen und läßt sich durch folgende Teilgleichungen darstellen:

$C_2H_5Br + 2\,Na = C_2H_5Na + NaBr$
Ethylnatrium als Zwischenstufe
$C_2H_5Na + C_2H_5Br = NaBr + C_2H_5—C_2H_5$

Die Wurtzsche Reaktion ist also ein Darstellungsverfahren für Alkane, besonders für höhere Verbindungen mit mehreren C-Atomen. Das jeweils entstehende Alkan hat die doppelte Zahl C-Atome wie die Ausgangsverbindung.

Werden bei der Wurtzschen Reaktion zwei verschiedene Halogenalkane eingesetzt, entstehen drei Reaktionsprodukte:

Beispiel: C_2H_5Br und C_3H_7Br werden eingesetzt; es entstehen

$C_2H_5—C_2H_5$	$C_2H_5—C_3H_7$	$C_3H_7—C_3H_7$
Butan	Pentan	Hexan

Die entstehenden Mengen werden durch die Reaktionsfähigkeit der Ausgangsverbindungen bestimmt. Die reaktionsfähigste, d.h. am leichtesten reagierende Verbindung geht mit dem größten Anteil aus der Reaktion hervor.

18.7.3 Wurtz-Fittig-Reaktion

Bei Anwesenheit von metallischem Natrium können Halogenbenzole mit Halogenalkanen oder auch Halogenbenzole untereinander eine Verbindung eingehen.

Beispiel: Brombenzol wird mit Propylbromid bei Gegenwart von Natrium in etherischer Lösung zur Reaktion gebracht:

$$C_6H_5—Br + C_3H_7—Br \xrightarrow[Ether]{Na} C_6H_5—C_3H_7 + 2\,NaBr$$

Brombenzol Propylbenzol

Die Reaktion verläuft aber nicht einheitlich, da auch zwei Moleküle Brombenzol oder zwei Moleküle Propylchlorid miteinander reagieren können. Als **Nebenprodukte** entstehen also

Diphenyl und $C_3H_7—C_3H_7$ (C_6H_{14})
n-Hexan

Die Wurtz-Fittig-Synthese wird trotzdem häufig durchgeführt, weil die drei Produkte (in obigem Beispiel Propylbenzol, Diphenyl und n-Hexan) sich in ihren Eigenschaften so sehr unterscheiden, daß eine Trennung möglich ist.

18.7.4 Grignard-Verbindungen

Halogenalkane und Halogenbenzole reagieren in wasserfreiem Ether mit metallischem Magnesium. Dabei entstehen **metallorganische Verbindungen,** bei denen C-Atome mit Metallatomen verbunden sind.

Beispiele:

$C_3H_7I + Mg \rightarrow H_7C_3—Mg—I$

C_6H_5—Br + Mg → C_6H_5—Mg—Br

Metallorganische Verbindungen der allgemeinen Formel

R—Mg—X   R = Alkyl- oder Arylgruppen
X = Iod, Brom, Chlor

heißen Grignard-Verbindungen und haben für organische Synthesen sehr große Bedeutung (s. S. 237).

18.7.5 Austausch-Reaktionen

Bei Temperaturen zwischen 200 und 300 °C reagiert z.B. Chlorbenzol in Gegenwart von Cu-Salzen mit den wäßrigen Lösungen von NaOH, NaCN oder NH_3.

Beispiel:

C_6H_5—Cl + NaCN $\xrightarrow{CuCN}$ C_6H_5—C≡N + NaCl
Chlorbenzol   Benzonitril

Diese Reaktionen werden zum Teil auch in der Technik durchgeführt.

18.7.6 Reduktion

Halogenalkane lassen sich in einigen Fällen zu Alkanen reduzieren:

$C_2H_5I + 2[H] \rightarrow C_2H_6 + HI$
Ethan

Geeignete Reduktionsmittel sind: Zn + HCl in alkoholischer Lösung (da Halogenalkane wasserunlöslich sind), Na + Alkohol, Na-Amalgam + Wasser, H_2 mit Hydrierungskatalysator (Ni, Pt, Pd, s. S. 46) oder auch wäßrige HI (zusammen mit rotem Phosphor).

Ein anderer Weg zur Überführung der Halogenalkane in Alkane mit besseren Ausbeuten verläuft über Grignard-Verbindungen (s. S. 237).

18.8 Einzelne wichtige Halogenverbindungen

Unter den bedeutsamen Halogenverbindungen überwiegen die Chlorverbindungen, da Chlor das billigste Halogen ist. Bromierte und iodierte Verbindungen werden überwiegend im Laboratorium eingesetzt, da sie reaktionsfähiger als die entsprechenden Chlorverbindungen sind.

Die Bedeutung der Halogenverbindungen liegt im wesentlichen auf zwei Gebieten:

- Ausgangs- oder Zwischenprodukte für Synthesen;
- Ausgezeichnete Lösungsmittel. Hier sind besonders die mehrfach chlorierten Alkane zu nennen.

Methylchlorid CH_3Cl (Chlormethan) entsteht bei der Chlorierung des Methans (s. S. 116) oder der Veresterung von CH_3OH (s. S. 116). Handelsübliches CH_3Cl wird in Stahlflaschen unter Druck geliefert.

Als Reaktionskomponente wird es bei den Reaktionen nach Wurtz, Friedel-Crafts und Grignard sowie bei der Herstellung von Siliconen und Methylcellulose eingesetzt, allgemein überall dort, wo eine CH_3-Gruppe auf eine andere Verbindung übertragen werden soll; CH_3Cl ist ein **Methylierungsmittel.**

Methylbromid CH_3Br (Brommethan) ist ein starkes Nerven- und Gehirngift. Es kann als Methylierungsmittel im Laboratorium gebraucht werden, da es reaktionsfähiger als CH_3Cl ist.

Methyliodid CH_3I (Iodmethan) ist das reaktionsfähigste Methylierungsmittel. Es kann aus Methanol, Iod und rotem Phosphor hergestellt werden. Es wird gewöhnlich in Ampullen geliefert, die vor dem Öffnen gekühlt werden müssen.

Methylenchlorid CH_2Cl_2 (Dichlormethan) ist zu einem bedeutsamen Lösungsmittel geworden, nachdem seine Herstellung aus Methan durch Chlorierung (s. S. 31) möglich wurde. Es ist das praktisch einzige niedrigsiedende, unbrennbare Lösungsmittel und hat deswegen im Laboratorium feuergefährliche Lösungsmittel wie Ether und Benzine zum Teil verdrängt.

Pflanzliche und tierische Öle und Fette werden von Methylenchlorid leicht gelöst. Es wird daher zum Entfetten von Leder, Wolle und Metallen (vor deren Lackierung) eingesetzt. Das Lösungsvermögen umfaßt auch Harze, Kautschuk, einige Kunststoffe und Lacke.

Aus zerkleinerten Samen und Kernen von Früchten kann man mittels Methylenchlorid Öle und Fette extrahieren; aus diesen läßt es sich anschließend leicht zurückgewinnen. Beim Extrahieren (Ausschütteln) organischer Verbindungen im Laboratorium sollte man einige Vorteile des Methylenchlorids als Extraktionsmittel gegenüber Ether oder Benzinen erkennen; es ist leicht siedend, unbrennbar, mit Wasser nicht mischbar und bildet keine Peroxide. Da es schwerer als Wasser ist, findet man die organische Phase nicht, wie beim Ether, über dem Wasser, sondern als untere Schicht. Oberhalb 60 °C wird Methylenchlorid durch Wasser langsam zersetzt.

Chloroform $CHCl_3$ (Trichlormethan), für technische Verwendungen durch Chlorierung von Methan (s. S. 31) hergestellt, hat als Lösungs- und Extraktionsmittel dieselbe Bedeutung und Eigenschaften wie Methylenchlorid, besitzt allerdings einen etwas höheren Siedepunkt.

Chloroformdämpfe, obwohl unbrennbar, dürfen nicht in brennende Flammen (Bunsenbrenner) gelangen, da sie zu HCl und dem stark giftigen Phosgen $COCl_2$ zersetzt werden. – Auch die Flüssigkeit Chloroform kann sich bei Belichtung und Anwesenheit von Luft und Feuchtigkeit in HCl und Phosgen zersetzen:

$$CHCl_3 + [O] \xrightarrow[H_2O\ \text{Spuren}]{\text{Licht}} [Cl_3C{-}OH] \rightarrow \underset{\text{Phosgen}}{COCl_2} + HCl$$

Das handelsübliche Produkt wird für medizinische Zwecke in braunen Flaschen mit einem Zusatz von 1% Ethylalkohol geliefert. Eventuell im Chloroform entstandenes Phosgen reagiert sofort mit dem Ethylalkohol:

$$\underset{\text{Phosgen}}{O{=}CCl_2} + \underset{\text{Ethylalkohol}}{2\,HO{-}C_2H_5} \rightarrow \underset{\text{Kohlensäurediethylester}}{O{=}C(O{-}C_2H_5)_2} + 2\,HCl$$

Bromoform $CHBr_3$ hat nur geringe Bedeutung.

Iodoform CHI_3 bildet gelbe, wasserunlösliche Blättchen mit durchdringendem Geruch und dem Schmelzpunkt 119 °C. Es wird häufig als Lösung an Stelle von Iodtinktur in der Wundbehandlung zum Desinfizieren angewandt.

Die technische Darstellung des Iodoforms geschieht mittels Elektrolyse. Eine Lösung von Kaliumiodid in Ethanol/Wasser oder Aceton/Wasser wird bei 70 °C unter ständigem Durchleiten eines CO_2-Stromes (Einstellen eines bestimmten pH-Wertes) elektrolysiert. An der Anode wird dabei Iodoform gebildet.

Tetrachlorkohlenstoff CCl_4 (Tetrachlormethan, Kohlenstofftetrachlorid) ist auf Grund seines vielseitigen Lösungsvermögens für Öle, Fette, Harze, Wachse, Pech, Teer und Bitumen und seiner Unbrennbarkeit das am häufigsten verwendete chlorierte Lösungsmittel. Bei der Metallentfettung und der Reinigung von Geweben und Leder (chemische Reinigung) findet es ausgedehnte Anwendung.

Tetrachlorkohlenstoff ist ein gutes Feuerlöschmittel (Tetra-Feuerlöscher); dabei ist aber zu beachten, daß es sich in Flammen zersetzt und merkliche Mengen des giftigen Phosgens liefert. Erwähnt sei auch die Bedeutung des CCl_4 als Ausgangsstoff für die Herstellung von Chlor-fluor-alkanen (s. S. 127).

Technisch wird es nach zwei Verfahren gewonnen:

- Chlorierung von Methan:
  $CH_4 + 4Cl_2 \rightarrow CCl_4 + 4HCl$ (s. S. 31);
- Chlorierung von Schwefelkohlenstoff CS_2:
  1. Stufe: $CS_2 + 3Cl_2 \rightarrow CCl_4 + S_2Cl_2$;
  2. Stufe: $2S_2Cl_2 + CS_2 \rightarrow CCl_4 + 6S$

Dieses Verfahren hat verschiedene Vorteile: Es entsteht kein HCl; das in der 1. Stufe gebildete S_2Cl_2 Dischwefeldichlorid reagiert mit überschüssigem CS_2, so daß das gesamte eingesetzte Chlor an Kohlenstoff gebunden wird. – Den gebildeten Schwefel läßt man während der Reaktion auskristallisieren; auf diese Weise zieht man die Reaktion auf die Seite des Endproduktes (CCl_4) und erreicht dadurch hohe Ausbeuten. Der Schwefel wird wieder in CS_2 überführt (s. S. 237).

Chlorierte Ethane und Ethene werden aus Ethen oder Ethin (Acetylen) hergestellt. Die beiden Übersichten zeigen die große Zahl der möglichen Verbindungen, die entweder Gebrauchsprodukte sind oder als Zwischenprodukte für die Synthese weiterer Verbindungen dienen. Manche Verbindungen können aus Ethen oder Ethin hergestellt werden, manche nur aus einem dieser Ausgangsstoffe.

$$H_2C{=}CH_2 \xrightarrow{+Cl_2} H_2C(Cl){-}CH_2Cl \quad \text{(1,2-Dichlorethan)}$$
$$H_2C{=}CH_2 \xrightarrow{+HCl} H_3C{-}CH_2Cl \quad \text{(Chlorethan, Ethylchlorid)}$$

1,2-Dichlorethan $\xrightarrow{-HCl}$ $H_2C{=}CH{-}Cl$ Vinylchlorid

1,2-Dichlorethan $\xrightarrow{+Cl_2}$ $Cl_2HC{-}CH_2Cl$ 1,1,2-Trichlorethan $\xrightarrow{-HCl}$ $Cl_2C{=}CH_2$ 1,1-Dichlorethen, Vinylidenchlorid $\xrightarrow{+HCl}$ $Cl_3C{-}CH_3$ 1,1,1-Trichlorethan, Methylchloroform

1,1,2-Trichlorethan $\xrightarrow{+Cl_2}$ $Cl_3C{-}CH_2Cl$ 1,1,1,2-Tetrachlorethan $\xrightarrow{-HCl}$ $Cl_2C{=}CHCl$ Trichlorethen

1,1,1,2-Tetrachlorethan $\xrightarrow{+Cl_2}$ $Cl_3C{-}CHCl_2$ Pentachlorethan $\xrightarrow{+Cl_2}$ $Cl_3C{-}CCl_3$ Hexachlorethan

$HC{\equiv}CH$ $\xrightarrow{+Cl_2,\ \text{A Kohle } 40\,°C}$ $HClC{=}CHCl$ 1,2-Dichlorethen

$HC{\equiv}CH$ $\xrightarrow{+HCl,\ \text{A Kohle } (HgCl_2)}$ $H_2C{=}CH{-}Cl$ Vinylchlorid

1,2-Dichlorethen $\xrightarrow{+Cl_2,\ SbCl_5}$ $Cl_2HC{-}CHCl_2$ Tetrachlorethan $\xrightarrow{-HCl,\ Ca(OH)_2 \text{ oder Pyrolyse}}$ $Cl_2C{=}CHCl$ Trichlorethen $\xrightarrow{+Cl_2,\ FeCl_3,\ 70\,°C}$ $Cl_2HC{-}CCl_3$ Pentachlorethan $\xrightarrow{-HCl,\ Ca(OH)_2,\ 50\,°C}$ $Cl_2C{=}CCl_2$ Tetrachlorethen $\xrightarrow{+Cl_2,\ FeCl_3,\ 120\,°C}$ $Cl_3C{-}CCl_3$ Hexachlorethan

Vinylchlorid $\xrightarrow{+Cl_2,\ FeCl_3,\ 50\,°C}$ $ClH_2C{-}CHCl_2$ 1,1,2-Trichlorethan $\xrightarrow{-HCl,\ Ca(OH)_2}$ $H_2C{=}CCl_2$ 1,1-Dichlorethen, Vinylidenchlorid

Ethylchlorid C_2H_5Cl (Chlorethan, Chlorethyl) gewinnt man technisch in großen Mengen aus Ethylen durch Anlagerung von HCl:

$$H_2C{=}CH_2 + HCl \xrightarrow{90\,°C} H_3C{-}CH_2{-}Cl$$

Katalysator: $AlCl_3/FeCl_3$ auf Tonscherben

Ethylchlorid ist Ausgangsstoff für Bleitetraethyl $Pb(C_2H_5)_4$, das als Antiklopfmittel dem Benzin zugesetzt wird (s. S. 97).

Als Ethylierungsmittel, z. B. bei der Herstellung von Ethylcellulose, und Kältemittel findet Ethylchlorid weitere Verwendung.

Bringt man einige Tropfen C_2H_5Cl auf die Haut, verdampft es und erzeugt dabei so viel Verdunstungskälte, daß das Gewebe in unmittelbarer Umgebung gefriert und eine gewisse Schmerzunempfindlichkeit erreicht wird; Anwendung des Ethylchlorids als Lokalnarkotikum auf der Haut, z. B. beim Schneiden von Furunkeln.

Ethylbromid C_2H_5Br und **Ethyliodid C_2H_5I** sind wichtige reaktionsfähige Verbindungen bei Synthesen im Laboratorium.

1,2-Dichlorethan $C_2H_4Cl_2$, auch Ethylenchlorid ge-

$$H_2C(Cl){-}CH_2(Cl)$$

nannt, ist ein gutes Lösungs- und Extraktionsmittel. Es wird in großen Mengen als Ausgangsstoff für Vinylchlorid hergestellt:

$$\underset{\text{Ethylen}}{CH_2{=}CH_2} + Cl_2 \xrightarrow{FeCl_3} CH_2Cl{-}CH_2Cl$$

1,1-Dichlorethan $C_2H_4Cl_2$ wird als Lösungs- und

$$Cl_2CH{-}CH_3$$

Extraktionsmittel für spezielle Zwecke eingesetzt. Man gewinnt es aus Vinylchlorid durch Anlagerung von HCl:

$$\underset{\text{Vinylchlorid}}{CH_2{=}CH{-}Cl} + HCl \xrightarrow[AlCl_3/ZnCl_2]{} CH_3{-}CHCl_2$$

Anlagerung des HCl nach der Regel von Markownikoff (s. S. 45).

1,2-Dibromethan $C_2H_4Br_2$, auch Ethylenbromid genannt, wird in größeren Mengen hergestellt:

$$CH_2{=}CH_2 + Br_2 \xrightarrow{150\,°C} \underset{Br}{CH_2}{-}\underset{Br}{CH_2}$$

Es hat den Siedepunkt 132 °C und die Dichte 2,1806 g/ml (bei 20 °C). Wegen seiner starken Gifti - keit darf man die Dämpfe nicht einatmen und die Flüssigkeit nicht auf die Haut bringen.

Verwendung: Der Zusatz von 1,2-Dibromethan zum Benzin, dessen Klopffestigkeit durch Bleitetraethyl erhöht wurde, verhindert Bleiabscheidungen im Motor (s. S. 97). Zu beachten ist, daß 1,2-Dibromethan die Giftigkeit des Benzins weiter erhöht.

1,1,2,2-Tetrachlorethan $C_2H_2Cl_4$ (Siedepunkt 146 °C, Dichte bei 20 °C: 1,597 g/ml) ist nicht brennbar, aber stark giftig, so daß es nicht als Lösungsmittel verwendet werden kann.

Es ist Ausgangsstoff für das wichtige Trichlorethylen und wird deswegen in großer Menge hergestellt:

$$\underset{\text{Acetylen}}{HC{\equiv}CH} + 2\,Cl_2 \rightarrow Cl{-}\underset{Cl}{CH}{-}\underset{Cl}{CH}{-}Cl$$

Chlor und Acetylen reagieren äußerst heftig miteinander, so daß hier besondere Reaktionsbedingungen eingehalten werden müssen.

Hexachlorethan C_2Cl_6 bildet farblose Kristalle, die bei 185 °C sublimieren.

Gewinnung: Thermische Zersetzung von CCl_4 bei 650 °C:

$$2\,CCl_4 \xrightarrow{650\,°C} Cl_2 + \underset{\text{Hexachlorethan}}{Cl_3C{-}CCl_3}$$

Es hat zwei wichtige Anwendungen gefunden:

- Ausgangsstoff für die Herstellung von Chlortrifluor-ethen (s. S. 118);
- Zur Erzeugung von künstlichem Nebel. Dazu wird Hexachlorethan mit Zn-, Mg- oder Al-Staub vermischt (Berger-Mischung). Nach der Zündung zersetzt sich die Mischung unter intensiver Rauchentwicklung.

Vinylchlorid $CH_2{=}CH{-}Cl$ oder Chlor-ethen (Siedepunkt −14 °C) ist ein organisches Großprodukt und wird auf zwei Wegen hergestellt:

- aus Acetylen durch HCl-Anlagerung:

$$\underset{\text{Acetylen}}{CH{\equiv}CH} + HCl \xrightarrow{HgCl_2} \underset{\text{Vinylchlorid}}{CH_2{=}CH{-}Cl}$$

($HgCl_2$ als 10%ige Lösung)

- aus Ethen über 1,2-Dichlorethan:

$$\underset{\text{Ethen}}{CH_2{=}CH_2} + Cl_2 \rightarrow \underset{\text{1,2-Dichlorethan}}{\underset{Cl}{CH_2}{-}\underset{Cl}{CH_2}} \quad -HCl \xrightarrow[\text{A Kohle}]{300\,°C} \underset{\text{Vinylchlorid}}{CH_2{=}CH{-}Cl}$$

Technisch wird oft von beiden Verbindungen ausgegangen. An Ethen wird Chlor addiert. Das aus 1,2-Dichlorethan abgespaltene HCl wird dann an Ethin addiert. Das eingesetzte Chlor wird auf diese Weise vollständig zu Vinylchlorid umgesetzt.

Vinylchlorid ist äußerst reaktionsfähig und polymerisiert leicht zum Polyvinylchlorid (s. S. 130), das in verschiedenen Formeln als PVC-Kunststoff bekannt ist.

1,1-Dichlorethen $CH_2{=}CCl_2$ oder Vinylidenchlorid (Siedepunkt 37 °C, Dichte 1,213 g/ml [20 °C], schwer brennbar) wird aus 1,1,2-Trichlorethan durch HCl-Abspaltung hergestellt:

$$Cl{-}\overset{Cl}{\underset{H}{C}}{-}\underset{Cl}{CH_2}{-}HCl \xrightarrow[\text{20\%ige Kalkmilch } Ca(OH)_2]{50\,°C} Cl{-}\overset{Cl}{C}{=}CH_2$$

Vinylidenchlorid wird zusammen mit anderen Vinylverbindungen polymerisiert (Copolymerisation) und liefert wertvolle Kunststoffe.

1,2-Dichlorethen CHCl=CHCl tritt gewöhnlich als Gemisch der beiden cis-trans-Isomere auf:

cis	trans
H(Cl)C=C(Cl)H, H und H auf derselben Seite	Cl(H)C=C(Cl)H, Cl und Cl auf entgegengesetzten Seiten
Sdp.: 60,2 °C	Sdp.: 48,5 °C
Dichte: 1,282 g/ml (20 °C)	Dichte: 1,257 g/ml (20 °C)

Das Gemisch hat als Lösungsmittel gewisse Bedeutung, weil es schwer brennbar ist. Keines der beiden Isomeren ist polymerisierbar.

Trichlorethen $CHCl{=}CCl_2$, abgekürzt „Tri“ genannt, ist eines der verbreitetsten Lösungs- und Entfettungsmittel (Siedepunkt 86,7 °C, Dichte 1,465 g/ml bei 20 °C). Es ist nicht brennbar und hat wegen seiner ausgezeichneten Löseeigenschaften andere Lösungsmittel verdrängt, z. B. das Benzin bei der chemischen Reinigung. Metalle, z. B. Autokarosserien, werden in Tri-Dampf gehängt und dabei entfettet. Als **Extraktionsmittel** für Ölfrüchte, Wachse,

Knochen, Leim usw. hat Trichlorethen besondere Bedeutung gewonnen, weil es leicht zurückzugewinnen ist und neu eingesetzt werden kann.

Allylchlorid $CH_2{=}CH{-}CH_2{-}Cl$ oder 3-Chlor-1-propen ist leicht herstellbar aus Propen durch Chlorierung bei 550 °C:

$$\underset{\text{Propen}}{CH_3{-}CH{=}CH_2} + Cl_2 \xrightarrow{550\,°C} \underset{\text{Allylchlorid}}{\underset{\displaystyle Cl}{CH_2}{-}CH{=}CH_2} + HCl$$

Es findet eine Chlorierung (Substitution) der CH_3-Gruppe, aber kein Angriff der Doppelbindung (Addition) statt. Nebenprodukte entstehen nur mit kleinen Anteilen.

Allylchlorid (Siedepunkt 45,7 °C, Dichte 0,9379 g/ml bei 20 °C) wird im Laboratorium als reaktionsfähiger Partner bei der Übertragung der Allylgruppe auf andere Verbindungen eingesetzt und dient in der Technik als Zwischenprodukt für die Gewinnung von Glycerin (s. S. 143).

Chlorbenzol $C_6H_5{-}Cl$ ist eine farblose, brennbare

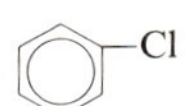

Flüssigkeit mit charakteristischem, angenehmem Geruch. Sie ist in Wasser unlöslich, aber wasserdampfflüchtig. Mit den meisten organischen Lösungsmitteln mischt sich Chlorbenzol. Zur Herstellung des Chlorbenzols siehe Seite 119.

Verwendung: Chlorbenzol hat als Lösungsmittel beschränkte Bedeutung. Viel wichtiger ist es als Ausgangsprodukt für die synthetische Gewinnung vieler Verbindungen, z. B. Phenol (s. S. 145), Anilin (s. S. 170) oder Nitro-chlor-benzole.

o-Dichlorbenzol $C_6H_4Cl_2$ ist ein farbloses Öl, das

Cl
Cl

z. B. als Füllmittel für Wärmeaustauscher im Temperaturbereich 150 bis 250 °C eingesetzt werden kann.

Durch Austausch des Chlors oder Einführung weiterer Substituenten können wichtige Farbstoff-Zwischenprodukte hergestellt werden. p-Dichlorbenzol wird u. a. als Schädlingsbekämpfungsmittel eingesetzt.

Benzylchlorid ist eine farblose Flüssigkeit, deren

$-CH_2{-}Cl$

Dämpfe tränenreizend sind. Das Chlor in der Seitenkette ist reaktionsfähig und deswegen leicht austauschbar. Das erklärt die Bedeutung des Benzylchlorids.

Es bilden sich beim Erhitzen

- mit verd. Lauge:
  (s. S. 147); Benzylalkohol $C_6H_5{-}CH_2{-}OH$
- mit wäßriger Lösung von $K{-}CN$:
  Benzylcyanid $C_6H_5{-}CH_2{-}CN$;
- mit alkoholischer NH_3-Lösung:
  Benzylamin $C_6H_5{-}CH_2{-}NH_2$.

18.9 Fluor-Chlor-alkane

18.9.1 Allgemeines

Die Fluor-chlor-alkane sind eine Gruppe von Verbindungen unter den Halogenalkanen, die große Bedeutung haben. Die Ursache dafür ist eine Reihe von herausragenden Eigenschaften dieser Verbindungen.

Fluor-chlor-alkane (abgekürzt: FKW) sind die wichtigsten organischen Fluor-Verbindungen. Sie entstehen, wenn in Alkanen die H-Atome durch Fluor und Chlor ersetzt werden. Von Bedeutung sind dabei vorwiegend die Derivate des Methans.

Eine Übersicht über diese Verbindungen erhält man, wenn man, dem Herstellungsgang folgend, vom Tetrachlorkohlenstoff CCl_4 und Chloroform $CHCl_3$ ausgeht und die Cl-Atome nacheinander durch Fluor ersetzt:

z. B. CCl_4, CCl_3F, CCl_2F_2, $CClF_3$, CF_4 und
$CHCl_3$, $CHCl_2F$, $CHClF_2$, CHF_3

Ethanderivate sind nicht so übersichtlich zu ordnen, haben aber auch geringere Bedeutung.

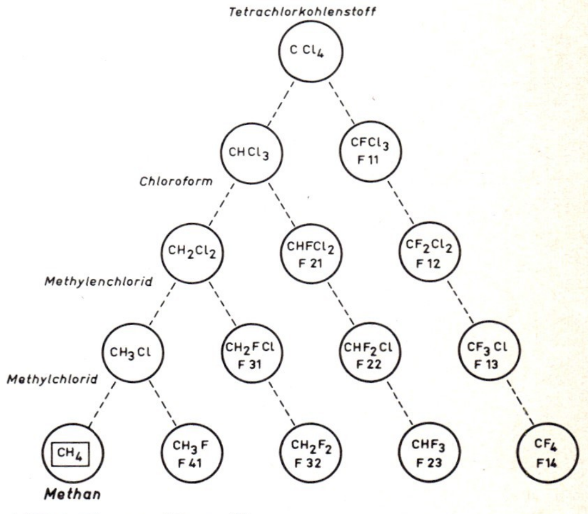

127.1 Fluor-chlor-alkane

Bezeichnung der Fluor-chlor-alkane durch Handelsnamen und Kennzahlen.

Die chemische Zusammensetzung gibt man durch ein Bezifferungssystem an, das heute in der internationalen Fachliteratur allgemein gebräuchlich ist.

Die Verbindung wird zerlegt in die Bestandteile

C H Cl F

Die **Kennzahl** ist eine dreistellige Zahl, z. B. F 021 für $CHCl_2F$:

Letzte oder rechte Ziffer: Zahl der F-Atome (hier: 1)
Vorletzte oder mittlere Ziffer − 1: Zahl der H-Atome (hier: 2 − 1 = 1)
Drittletzte oder erste Ziffer + 1: Zahl der C-Atome (hier: 0 + 1 = 1)
Restvalenzen des Kohlenstoffs: Zahl der Cl-Atome (hier: 2)

Weitere Beispiele:

F 12, muß genauer heißen F 012
Fluor: 2 Atome — Chem. Zusammensetzung:
Wasserstoff: 1 − 1 = 0 Atome — **CCl_2F_2**
Kohlenstoff: 0 + 1 = 1 Atom
Chlor: 2 Atome (Restvalenzen eines C-Atoms)

F 23 (F 023)
Fluor: 3 Atome — Chem. Zusammensetzung:
Wasserstoff: 2 − 1 = 1 Atom — **CHF_3**
Kohlenstoff: 0 + 1 = 1 Atom
Chlor: 0

Die Null als erste Ziffer läßt man gewöhnlich fortfallen, d. h. F 12 an Stelle von F 012, so daß sich für die Methan-Abkömmlinge eine zweistellige ergibt.

Einige Fluor-chlor-alkane können zusätzlich Brom-Atome an Stelle von Cl-Atomen im Molekül enthalten. Man legt dann die Bezeichnung der Fluor-chlor-Verbindung zugrunde und bezeichnet die Zahl der durch Brom ersetzten Cl-Atome mit einem nachgesetzten B (Brom) und der entsprechenden Ziffer, z. B. 2 (2 Brom-Atome haben 2 Cl-Atome ersetzt).

Beispiel: F 13 B 1 Trifluor-brom-methan $CBrF_3$.

18.9.2 Physikalische und chemische Eigenschaften

Fluor-chlor-alkane sind, soweit sie technische Bedeutung haben, Gase oder niedrigsiedende Flüssigkeiten (s. Tab. 128.1).

In den Siedepunkten zeigt sich eine interessante Gesetzmäßigkeit, die von der chemischen Zusammensetzung der Verbindungen abhängt. Geht man von CH_4 aus und chloriert diese Verbindung stufenweise bis zum CCl_4, so steigt der Siedepunkt gleichmäßig an:

	CH_4	CH_3Cl	CH_2Cl_2	$CHCl_3$	CCl_4
Siedepunkte:	−162 °C	−24 °C	40 °C	61 °C	77 °C

Werden nun im CCl_4, wie es bei der Herstellung der Fluor-chlor-alkane geschieht, die Cl-Atome nacheinander durch F-Atome ersetzt, fällt der Siedepunkt wieder:

	CCl_4	CCl_3F	CCl_2F_2	$CClF_3$
Siedepunkte:	77 °C	24 °C	−30 °C	−81,5 °C

Beim Eintritt in Alkanmoleküle verursacht Chlor eine Erhöhung, Fluor eine Erniedrigung des Siedepunktes. In den Fluor-chlor-alkanen gleichen sich beide Einflüsse etwa aus.

FKW-Dämpfe bis zu einer Konzentration von etwa 20 Vol.-% in Luft sind geruchlos. Höhere Dampfkonzentrationen und die Flüssigkeiten riechen schwach süßlich, aber nicht unangenehm oder reizend. FKW sind **ungiftig.** Die Giftigkeit der Chloralkane, der Ausgangsverbindungen, nimmt um so weiter ab, je mehr F-Atome in die Moleküle eintreten. FKW sind **unbrennbar** und bilden mit Luft keine explosiven Gasgemische. Allgemein kann man sagen, daß eine Verbindung unbrennbar ist, wenn zwei oder mehr Halogenatome im Molekül enthalten sind. Chlor erhöht dabei die Nichtbrennbarkeit stärker als Fluor. Sie können als zündungshemmende Zusätze verwendet werden. So ist z. B. ein explosives Gasgemisch

Name	Formel	Kennzahl	molare Masse (g/mol)	Sdp. °C
Fluor-trichlor-methan	CCl_3F	F 11	137,5	24
Difluor-dichlor-methan	CCl_2F_2	F 12	121	−30
Trifluor-chlor-methan	$CClF_3$	F 13	104,5	−81,5
Fluor-dichlor-methan	$CHCl_2F$	F 21	103	9
Difluor-chlor-methan	$CHClF_2$	F 22	86,5	−41
Trifluor-methan (Fluororom)	CHF_3	F 23	70	−82
1,1,2-Trifluor-trichlor-ethan	$CClF_2—CCl_2F$	F 113	187,5	47,5
1,1,2,2-Tetrafluor-dichlor-ethan	$CClF_2—CClF_2$	F 114	171	− 3,5

128.1 Physikalische Daten von Fluor-chlor-alkanen

aus Hexan-Dämpfen und Luft beliebiger Konzentration nach Zusatz von φ(F 12) = 0,15 nicht mehr entzündbar.

Neben einer **thermischen Stabilität** bis 500 °C besitzen FKW auch eine hohe **chemische Stabilität.** Diese ist um so größer, je mehr F-Atome das Molekül enthält. Die Löslichkeit in Wasser ist äußerst gering; auch eine Spaltung mittels Wasser wird nicht beobachtet.

Bei der Zersetzung von FKW in Flammen, wenn z. B. die Dämpfe in eine Bunsenbrennerflamme gelangen, entsteht HF und HCl, die dann an ihrem stechenden Geruch wahrnehmbar sind.

Verhalten gegenüber Metallen: Alle im Apparatebau allgemein verwendeten Metalle werden von FKW, ob flüssig oder dampfförmig, nicht angegriffen, ausgenommen Magnesium und Aluminium, die von feuchten FKW angegriffen werden können.

18.9.3 Technische Gewinnung

Ausgangsprodukte sind die Chlorderivate des Methans (CCl_4, $CHCl_3$). Da diese ihrerseits durch Chlorierung aus Methan gewonnen werden, kann man sagen, daß der CH_4 Ausgangsstoff für Fluorchlor-methane ist und die Chlorderivate nur als Zwischenprodukte auftreten.

Für die Herstellung der FKW werden die entsprechenden Chlor-alkane mit wasserfreier Flußsäure bei Anwesenheit von $SbCl_5$ als Katalysator umgesetzt. Dabei treten F-Atome an die Stelle von Cl-Atomen. Durch die Wahl der Reaktionsbedingungen (Masse an HF und Katalysator, Temperatur und Druck) kann die Zahl der in das Molekül eintretenden F-Atome gesteuert werden.

Beispiele:

- F 12 CCl_2F_2 Ausgangsstoff: CCl_4 Tetrachlorkohlenstoff

  $$CCl_4 + 2\,HF \xrightarrow[SbCl_5]{100\,°C} CCl_2F_2 + 2\,HCl$$

  Nebenprodukte: 10% F 11 (CCl_3F), wenig F 13 ($CClF_3$)

- F 23 CHF_3 Ausgangsstoff: $CHCl_3$ Chloroform

  $$CHCl_3 + 3\,HF \xrightarrow[SbCl_5]{100\,°C} CHF_3 + 3\,HCl$$

Die Reaktionen werden in Stahlgefäßen durchgeführt. Die entstandenen FKW verdampfen bei der Reaktionstemperatur zusammen mit HCl und werden durch Auswaschen von HCl befreit. Die letzte Reinigung besteht in einer Destillation.

18.9.4 Verwendung und Einsatz

Die Einsatzmöglichkeiten der Fluor-chlor-methane werden bestimmt durch ihre herausragenden Eigenschaften:

Gase bzw. niedrigsiedende Flüssigkeiten; unbrennbar; ungiftig; nahezu geruchlos; nicht korrodierend, chemisch und thermisch sehr stabil.

Im Jahre 1979 wurden weltweit etwa 1,1 Mio t FKW verbraucht, davon der größte Teil in Nordamerika und Westeuropa. Die Verwendung verteilte sich hauptsächlich auf folgende Bereiche:

Treibmittel in Spraydosen	70%
Verschäumen von Kunststoffen	20%
Kältemittel	8%

Treibmittel. Für das Versprühen von Parfüm, Haaröl, Rasierschaum, Schuhcreme, Schädlingsbekämpfungsmitteln, Desinfektionsmitteln oder Farblacken aus den heute allgemein gebräuchlichen Sprühdosen (Spraydosen) benötigt man Stoffe, die den gelösten Stoff gut aufnehmen und einen geringen Überdruck (auf Grund ihres Dampfdruckes) erzeugen, so daß beim Öffnen der Sprühdosen der Inhalt unter der Wirkung des Treibmittels als Nebel fein versprüht wird. Es ist dabei wichtig, daß das Treibmittel aus Sicherheitsgründen ungiftig, unbrennbar und geruchlos sein muß. FKW besitzen diese Eigenschaften.

Kältemittel. Darunter versteht man den Arbeitsstoff in Kältemaschinen, die zur Erzeugung tiefer Temperaturen in Kühlhäusern und Klimaanlagen sowie bei der Gasverflüssigung dienen. Kältemittel müssen leicht verflüssigbare Gase oder, seltener, leicht verdampfbare Flüssigkeiten sein.

Bisher waren als Kältemittel gebräuchlich: NH_3 Ammoniak, SO_2 Schwefeldioxid oder CH_3Cl Chlormethan (Methylchlorid). Diese haben aber gewisse Nachteile: sie sind zum Teil brennbar, ätzend, stark riechend, explosiv, korrodierend und giftig, genügen also nicht den Sicherheitsforderungen. Die FKW besitzen diese Nachteile nicht und werden deswegen als Sicherheitskältemittel besonders in den Haushaltskühlschränken verwendet. Lebensmittel, die infolge schadhafter Kälteaggregate mit FKW in Berührung kommen, werden weder chemisch angegriffen oder verändert noch geschmacklich beeinflußt.

Feuerlöschmittel. Unbrennbarkeit und leichtes Verdampfen (Versprühen) machen die Fluor-chlor-alkane zu guten Feuerlöschmitteln. Es ist dabei aber zu bedenken, daß sich die FKW in Flammen zersetzen, wobei die stark ätzenden Säuredämpfe von HF und HCl auftreten.

Zwischenprodukte für chemische Synthesen. Obwohl Fluor-chlor-alkane chemisch sehr stabil sind, kann man sie durch energische Reaktionen in andere wichtige Verbindungen überführen. Erwähnt seien F 22 als Ausgangsprodukt für C_2F_4 Tetrafluorethen und F 113 für C_2ClF_3 Trifluorchlorethen (s. S. 118). CCl_2F_2 Difluordichlormethan oder F 12 ist die weitaus wichtigste und deswegen am meisten hergestellte Verbindung der Fluor-chlor-alkane und findet als Kälte- und Treibmittel ausgedehnte Anwendung.

Fluorkohlenwasserstoffe und Umwelt

Die herausragenden Eigenschaften der Fluor-chloralkane sind ihre chemische und thermische Stabilität, bedingt durch die hohe Bindungsenergie der (C—F)-Bindung (s. S. 116). Diese für den Gebrauch günstigen Eigenschaften können andererseits zu Gefahren für die menschliche Gesundheit werden.

Nach Gebrauch gelangen die FKW in die Atmosphäre und reichern sich dort wegen **extrem langer Verweilzeiten** (über 10 Jahre) an. Sie können dabei im Laufe einiger Jahre bis in die Stratosphäre (25 km Höhe) vordringen, deren Ozonschicht die Erde gegen die Einstrahlung der kurzwelligen UV-Strahlung aus dem Weltenraum abschirmt (Ozon-Schutzschild). UV-Strahlung kann z. B. Hautkrebs verursachen. In Laborversuchen wurde gefunden, daß durch kurzwellige UV-Strahlung aus FKW-Molekülen atomares Chlor abgespalten wird, das Ozon über eine Reaktionskette katalytisch zersetzt:

$$2O_3 \xrightarrow{[Cl]} 3O_2$$

Ob diese Reaktion auch in der Stratosphäre stattfindet, konnte bisher nicht sicher nachgewiesen werden. Nach einer Schätzung soll eine Abnahme der Ozonmenge um 5% eine Verstärkung der UV-Strahlung auf der Erde um 10% zur Folge haben.

Es gibt Hinweise, daß das atomare Chlor aus FKW teilweise durch andere Reaktionen beseitigt wird, bevor es Ozon angreift. Die Ozonschicht wird nicht nur durch FKW, sondern auch durch andere Einflüsse bedroht (s. Teil 2, S. 144).

18.9.5 Kunststoffe

Poly-Vinylchlorid

Monomeres Ausgangsprodukt: Vinylchlorid.

Die Polymerisation zum Polyvinylchlorid (PVC), technisch vorwiegend nach dem Emulsions- oder Suspensions-Verfahren durchgeführt, verläuft nach folgender Gleichung:

$$n\ \underset{\displaystyle Cl}{H_2C{=}\overset{}{CH}} \rightarrow \left[\begin{array}{c}-CH_2-CH-\\ \quad\quad | \\ \quad\quad Cl\end{array}\right]_n$$

Technische Vinylchlorid-Polymerisationen

1. **Emulsionspolymerisation**

Ein Gemisch aus Wasser (als Lösungsmittel), Mersolat (als Emulgator) und Kaliumpersulfat (als Katalysator) werden vorgelegt, auf 50 °C erwärmt und Vinylchlorid eingeleitet; dann beginnt die Polymerisation, die solange fortgesetzt wird, bis eine Emulsion der Dichte 1,12 g/ml, Latex genannt, entstanden ist. Diese kann auf zwei Arten aufgearbeitet werden, um das feste, pulverige oder flockige Polyvinylchlorid zu erhalten:

a) Durch Zusatz von Methanol wird das PVC gefällt, abfiltriert oder zentrifugiert, gewaschen und getrocknet. Das anfallende Pulver ist sehr rein (frei von Katalysator und Emulgator).

b) Modernes Verfahren: Sprühtrocknung. Die Emulsion wird mittels Preßluft durch feine Düsen im Kopf eines Turmes fein zerstäubt, durch den von unten nach oben heiße Luft strömt. Aus den feinen Tröpfchen verdampft sofort das Wasser und die Festteilchen fallen als feines Pulver nach unten. Sie schließen Katalysator und Emulgator mit ein (gewisser Nachteil dieses Verfahrens).

2. **Suspensionspolymerisation**

Einer wäßrigen Aufschlämmung von Polyvinylalkohol (als Suspensionsstabilisator) und Benzoylperoxid (als Katalysator) setzt man bei 40 °C und 6 bar monomeres Vinylchlorid zu. Nach längerer Reaktionszeit wird das entstandene PVC-Pulver abfiltriert, gewaschen und getrocknet; es ist frei von Katalysator und Stabilisator.

Eigenschaften: PVC beginnt bereits bei 70 °C zu erweichen. Seine Verarbeitungstemperatur (Verformung) liegt bei 150 °C. Es ist beständig gegen Säuren und Laugen und kalt auch in organischen Lösungsmitteln kaum löslich. In der Wärme ist es in Estern, Ketonen und chlorierten Kohlenwasserstoffen quellbar. Dichte 1,38 g/cm^3. PVC muß vor der Verarbeitung stabilisiert werden, z. B. mit Na_2CO_3. Beim Erwärmen wird nämlich etwas HCl abgespalten, das den weiteren Zerfall begünstigt und daher sofort abgefangen werden muß.

Verwendung und Einsatz:

Hart-PVC. Verarbeitung bei 150 °C durch Spritzguß zu Rohren oder Platten, die im chemischen Apparatebau als Werkstoff dienen. Auch Folien können aus Hart-PVC gegossen werden.

Weich-PVC. Durch Zusatz von Weichmachern, z. B. Dioctylphthalat, erhält man leder- oder gummiartige Produkte, aus denen Folien (Regenmäntel, Tischtücher, Bezüge), Schläuche, Kabelisolierungen und Fußbodenbeläge hergestellt werden.

19 Hydroxy-Verbindungen

In Hydroxy-Verbindungen ist die funktionelle OH-Gruppe (Hydroxyl-Gruppe) durch Elektronenpaarbindung an das C-Atom eines organischen Moleküls gebunden. Die OH-Gruppe ist einbindig.

Hydroxy-Verbindungen sind **stabile Verbindungen,** wie die Bindungsenergien zeigen (Tab. 131.1):

Bindung	Bindungs-energie kJ/mol	Bindungs-abstand nm
O—H	466	0,101
C—O	359	0,143
C—H	415	0,109
C—C	359	0,154

131.1 Bindungsenergien und -abstand

Die für diese Verbindungsgruppe typischen Reaktionen gehen von der funktionellen OH-Gruppe aus. Wegen der Bindungsfestigkeit sind zum Teil energische Reaktionsbedingungen erforderlich.

Die **Hydroxyl-Gruppe** besitzt am Sauerstoff zwei nichtanteilige Elektronenpaare, die für die physikalischen und chemischen Eigenschaften der Verbindungen von Bedeutung sind. Der Bindungswinkel am Sauerstoff beträgt (wie im Wassermolekül) etwa 105 °C.

$$\diagdown \overline{\underline{O}} \diagup H$$

Bei den Hydroxy-Verbindungen sind zu unterscheiden:

- **Alkanole** (Alkohole), die OH-Gruppe ist an das C-Atom eines Alkan-Moleküls gebunden. Es gibt auch Alkenole und Alkinole (s. S. 144).
- **Phenole** oder aromatische Hydroxyverbindungen, die OH-Gruppe ist an ein C-Atom des Benzolringes gebunden. Die nichtanteiligen Elektronenpaare am Sauerstoff können mit den π-Elektronen des Benzolrings in Wechselwirkung treten.
- **Aromatische Alkanole (Alkenole** oder **Alkinole),** das Molekül enthält mindestens einen Benzolring, die OH-Gruppe ist aber an ein C-Atom der Seitenkette gebunden.

19.1 Alkanole (Alkohole)

Wird in einem Alkan-Molekül ein H-Atom durch eine OH-Gruppe ersetzt (substituiert), entsteht ein Alkanol. Geht man von den einzelnen Gliedern der Alkan-Reihe aus und substituiert eine OH-Gruppe, erhält man die homologe Reihe der einfachen Alkanole:

Alkanole: $C_nH_{2n+1}—\boxed{OH}$

Einwertige Alkanole enthalten eine OH-Gruppe im Molekül. Diese Verbindungen bestehen aus Alkylgruppen C_nH_{2n+1} und der OH-Gruppe.

Bei **mehrwertigen** Alkanolen sind mehrere OH-Gruppen in einem Molekül gebunden. Die OH-Gruppen sitzen immer an verschiedenen C-Atomen, weil eine Verbindung mit zwei OH-Gruppen an einem C-Atom unbeständig ist und sich unter H_2O-Abspaltung umlagert.

Ungesättigte Alkohole liegen vor, wenn die OH-Gruppe in einem Alken- oder Alkin-Molekül gebunden ist (Alkenole und Alkinole).

Cycloalkanole oder cyclische Alkohole sind Verbindungen des Cycloalkan-Ringes mit der OH-Gruppe.

19.2 Struktur der Alkanole

Strukturell kann man die Alkanole vom H_2O-Molekül ableiten, wobei ein H-Atom durch einen Alkylrest ersetzt ist. Das H_2O-Molekül ist gewinkelt; die beiden Valenzen bilden untereinander einen Winkel von rund 105°. Die Valenzwinkel des Kohlenstoffs (rund 110°) und des Sauerstoffs stimmen etwa überein. Tritt an die Stelle eines H-Atoms ein Kohlenwasserstoffrest, so wird dieser unter den entsprechenden Winkeln gebunden.

Methanol CH_3OH ist der einfachste Alkohol; das Modell seines Moleküls zeigt Bild 132.1.

Die OH-Gruppe besitzt freie Drehbarkeit um die (C—O)-Einfachbindung.

132.1 Molekülmodell des Methanols

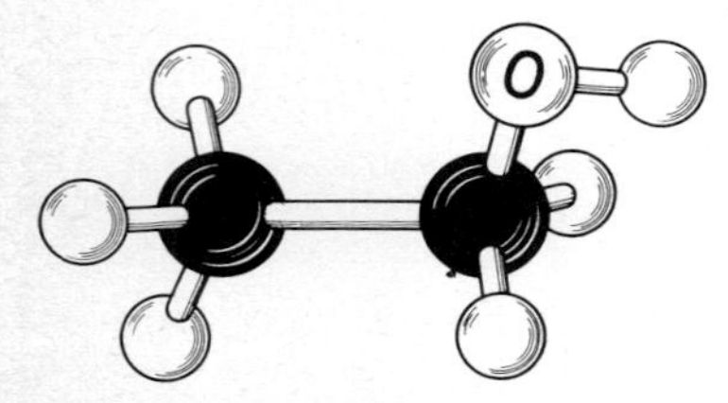

132.2 Molekülmodell des Ethanols

Ethanol. Seine Formel ist $CH_3—CH_2—OH$; er besitzt ein C-Atom mehr als Methanol. Das Molekülmodell des C_2H_5OH zeigt Bild 132.2.

Propanole. Von den C_3-Alkoholen gibt es zwei Isomere:

$CH_3—CH_2—CH_2—OH$ — n-Propanol, 1-Propanol

$CH_3—CH(CH_3)—OH$ — i-Propanol, 2-Propanol

Im n-Propanol ist die OH-Gruppe an ein primäres C-Atom gebunden (primärer Alkohol); i-Propanol ist dagegen ein sekundärer Alkohol.

Butanole. Von den C_4-Alkoholen gibt es vier Isomere.

$CH_3—CH_2—CH_2—CH_2—OH$ — n-Butanol, 1-Butanol

$CH_3—CH_2—CH(CH_3)—OH$ — sekundär-Butanol, 2-Butanol

$CH_3—CH(CH_3)—CH_2—OH$ — i-Butanol

$CH_3—C(CH_3)_2—OH$ — tertiär-Butanol

Von diesen besitzt, wie der Name ausdrückt, n- und i-Butanol ein primäres, sek. Butanol ein sekundäres und tert. Butanol ein tertiäres C-Atom.

Gegenüberstellung der charakteristischen Gruppen:

$—CH_2—OH$	$—CH(—)—OH$	$—C(—)(—)—OH$
primär	sekundär	tertiär

Die freien Bindungen sind durch Kohlenstoff-Atome besetzt.

Amylalkohole. Diese besitzen fünf C-Atome; von ihnen gibt es acht Isomere. Zwei davon sind wichtig, weil sie im Fuselöl (s. S. 141) vorkommen und für eine neue Art von Isomeren, die optisch aktiven Isomerie (s. S. 148), Bedeutung haben.

19.3 Nomenklatur der Alkohole

Trivialnamen: An den Namen des Kohlenwasserstoffs, z. B. einer Alkylgruppe, an den die OH-Gruppe gebunden ist, hängt man die Endung: -alkohol.

Beispiele:

$CH_3—OH$	Methylalkohol	$C_2H_5—OH$	Ethylalkohol
$C_3H_7—OH$	Propylalkohol	usw.	

Zur Kennzeichnung der Isomere ergänzt man die Bezeichnungen: iso- oder normal- sowie: primär, sekundär und tertiär.

Beispiele:

$CH_3—CH(CH_3)—OH$ — Iso-propyl-alkohol

$CH_3—CH_2—CH(CH_3)—OH$ — sekundär-Butylalkohol

Für die einfachsten Alkohole (bis C_4), die auch die wichtigsten sind, ist diese Bezeichnungsart ausreichend und daher allgemein gebräuchlich.

Genfer Nomenklatur: Besonders für höhere Alkohole ($> C_4$) ist diese Namensgebung unumgänglich. Dabei gelten folgende Gesetzmäßigkeiten:

- Die **Endsilbe** der Namen der Alkohole ist **-ol**
  Entsprechend bezeichnet man nach der Genfer Nomenklatur die gesättigten Alkohole, die sich von den Alkanen ableiten, als Alkanole.
- Die Bezeichnung der Kohlenwasserstoff-Gruppe, an die die OH-Gruppe gebunden ist, folgt den Gesetzmäßigkeiten, die bei Alkanen, Alkenen usw. gegeben wurden.

  Als Stammverbindung gilt die längste im Molekül vorhandene gerade Kette von C-Atomen. An ein C-Atom dieser Kette muß die OH-Gruppe gebunden sein.
- Die **Stellung** der OH-Gruppe wird, wie auch die weiterer Substituenten, durch Ziffern gekennzeichnet. Man numeriert von dem Molekülende aus, dem die OH-Gruppe am nächsten liegt.

Beispiele:

$CH_3—CH_2—OH$
Ethan-ol

$\overset{3}{C}H_3—\overset{2}{C}H(CH_3)—\overset{1}{C}H_2—OH$
2-Methyl-1-propanol

$H_3\overset{5}{C}—\overset{4}{C}H(CH_3)—\overset{3}{C}H_2—\overset{2}{C}H(OH)—\overset{1}{C}H_3$
4-Methyl-2-pentanol

- Sind in einem Molekül **mehrere** OH-Gruppen vertreten (mehrwertige Alkohole), werden für zwei, drei usw. Gruppen die Vorsilben di-, tri-, tetra- usw. gesetzt. Diole sind Alkohole mit zwei OH-Gruppen im Molekül.

Beispiel:

$\overset{1}{C}H_3—\overset{2}{C}H(OH)—\overset{3}{C}H_2—\overset{4}{C}H(OH)—\overset{5}{C}H(CH_3)—\overset{6}{C}H_3$
5-Methyl-2,4-hexan-diol

- Bei **ungesättigten** Alkoholen, die neben der OH-Gruppe noch Doppel- oder Dreifachbindungen im Molekül enthalten, werden die funktionellen Gruppen in der Reihenfolge: -en, -in, -ol genannt.

Beispiele:

$\overset{3}{C}H_2{=}\overset{2}{C}H—\overset{1}{C}H_2(OH)$
2-Propen-1-ol

$\overset{6}{C}H_3—\overset{5}{C}H(CH_3)—\overset{4}{C}{\equiv}\overset{3}{C}—\overset{2}{C}H(OH)—\overset{1}{C}H_3$
5-Methyl-3-hexin-2-ol

19.4 Darstellung von Alkanolen

Eine direkte Einführung der OH-Gruppe in Moleküle ist nicht möglich; daher muß von anderen reaktionsfähigen Verbindungen ausgegangen werden.

19.4.1 Aus Halogenalkanen durch Substitution

Bei Gegenwart von Lauge (OH^--Ionen) kann in Halogenalkanen das Halogen durch die OH-Gruppe ersetzt werden:

Beispiel:

$$C_3H_7Br + KOH \rightarrow C_3H_7OH + KBr$$
Brom-propan → Propanol

Die Reaktion verläuft auch beim Kochen mit Wasser (Protolyse), aber nur langsam, da im Wasser zu wenig OH^--Ionen vorliegen; es entsteht dabei Halogenwasserstoffsäure. In Lauge ist das Angebot von OH^--Ionen wesentlich größer.

RM Die Umwandlung der Halogenalkane in Alkanole ist eine **nukleophile Substitution.**

Die (C-Halogen)-Bindung wird **heterolytisch** gespalten, d. h. das bindende Elektronenpaar verbleibt beim Halogen. Es entsteht ein reaktionsfähiges **Carbenium-Kation:**

$$H_3C—CH_2 \vdots —Br \rightarrow H_3C—CH_2^{\oplus} \quad |\overline{Br}|^{\ominus}$$

Im nächsten Schritt können OH^--Ionen als nukleophile Teilchen mit einem freien Elektronenpaar die Elektronenlücke des Carbonium-Kations füllen, wobei die OH-Gruppe gebunden wird:

$$H_3C—CH_2^{\oplus} + {}^{\ominus}|\overline{O}H \rightarrow H_3C—CH_2—OH$$

Br^--Ionen reagieren mit z. B. K^+-Ionen (aus der Lauge) zu KBr.

Da die **Polarisierbarkeit** der (C-Halogen)-Bindung vom Substituenten Chlor über Brom zum Iod zunimmt, d. h. die heterolytische Spaltung der Bindung in dieser Richtung erleichtert wird, ist für Iodalkane die Reaktionsgeschwindigkeit der Substitution am größten.

Die **Triebkraft** der Reaktion folgt aus energetischen Überlegungen. Bei der Spaltung einer (C—Br)-Bindung werden 285 kJ/mol gebraucht, bei der Bildung einer (C—O)-Bindung werden 353 kJ/mol frei.

Substitution zeigen besonders die unverzweigten Halogenalkane. Bei verzweigten Molekülen (sekundäre und tertiäre C-Atome) wird bevorzugt **Eliminierung** von Halogenwasserstoff unter Bildung von Alkenen beobachtet.

Je nach Molekülstruktur und Reaktionsbedingungen können aus Halogenalkanen in Gegenwart von Laugen unterschiedliche Produkte entstehen:

$$R—CH_2—CH_2—X \xrightarrow{OH^-} R—CH_2—CH_2—OH \quad \text{Substitution}$$
$$R—CH_2—CH_2—X \xrightarrow{OH^-} R—CH{=}CH_2 \quad \text{Eliminierung von HX}$$

19.4.2 Aus Alkenen durch Hydratisierung

Die Anlagerung von Wasser an Alkene wird mittels Schwefelsäure vorgenommen. Die sich anfangs bildende Alkylschwefelsäure (ein Ester) wird dann durch Wasser zerlegt, wobei der Alkohol erhalten wird (s. S. 45). Es bilden z.B.: Ethylen → Ethanol, Propylen → i-Propanol, 1-Buten → sek. Butanol usw.

3. Aus Estern durch Hydrolyse (s. S. 227).

4. Aus Aldehyden, Ketonen oder Carbonsäuren durch Reduktion (s. S. 186).

5. Durch Grignard-Synthese (s. S. 242); beste und gebräuchlichste Methode im Laboratorium.

19.5 Phenole

Phenol und seine Derivate enthalten als funktionelle Gruppe die OH-Gruppe, die an den Benzolring gebunden ist. Die ganze Verbindungsgruppe faßt man auch unter dem Namen aromatische Hydroxy-Verbindungen zusammen.

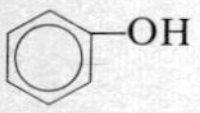

C_6H_5—OH

Derselbe Benzolring kann mehrere OH-Gruppen tragen. Man nennt diese Verbindungsgruppe dann mehrwertige Phenole.

Neben einer oder mehreren OH-Gruppen können gleichzeitig andere Substituenten in demselben Molekül vertreten sein, z. B. —Cl, —NO_2, —CH_3, —NH_2 oder —SO_3H. Eine OH-Gruppe am Benzolring (Substituent 1. Ordnung), macht die H-Atome in o- und p-Stellung reaktionsfähig, so daß neu eintretende Substituenten in diese Stellungen gelenkt werden.

19.6 Darstellung aromatischer Hydroxy-Verbindungen (Phenole)

Die OH-Gruppe kann nicht direkt mit dem aromatischen Ring verknüpft werden. Aber andere, bereits vorhandene Substituenten, z. B. —Cl, —SO_3H oder —NH_2, lassen sich in die OH-Gruppe umwandeln.

Bei den nachfolgend beschriebenen Methoden muß berücksichtigt werden, daß einige Reaktionen nur mit den Bedingungen der Technik durchgeführt werden können, wobei diese gewöhnlich der Darstellung wichtiger spezieller Produkte dienen.

Die wichtigste Verbindung unter den Phenolen ist das Phenol selbst, das eines der bedeutendsten organischen Grundstoffe ist. Für seine Gewinnung benötigt man daher technische Verfahren.

Beispiel: Phenol aus Chlorbenzol

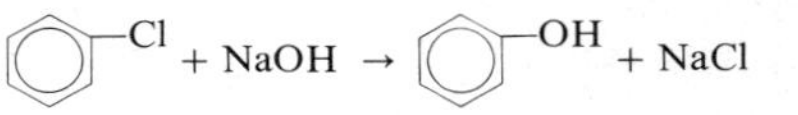

$$C_6H_5\text{—Cl} + NaOH \rightarrow C_6H_5\text{—OH} + NaCl$$

Alkylphenole. Alkylierung von Phenol. Wie beim Benzol werden auch hier für die Übertragung einer Alkylgruppe auf den aromatischen Ring entweder Chloralkane oder Alkene eingesetzt. Da die im Phenol vorhandene OH-Gruppe die weitere Ringsubstitution erleichtert, verläuft die Alkylierung leicht und glatt; die Alkylgruppe wird überwiegend in die o- und p-Stellung gelenkt:

Beispiel:

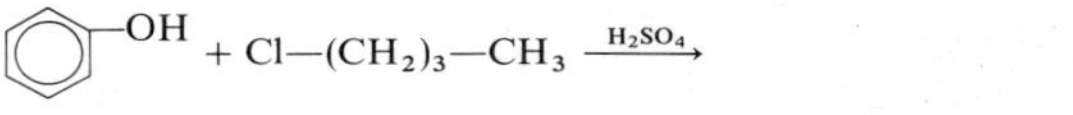

$$C_6H_5\text{—OH} + Cl\text{—}(CH_2)_3\text{—}CH_3 \xrightarrow{H_2SO_4}$$

Phenol 1-Chlor-butan

$$HO\text{—}C_6H_4\text{—}(CH_2)_3\text{—}CH_3 + H_3C\text{—}(CH_2)_2\text{—}C_6H_4\text{—OH}$$

o-Butyl-phenol p-Butyl-phenol

In der Technik wird die Alkylierung mit Olefinen (Alkenen) durchgeführt:

Beispiel:

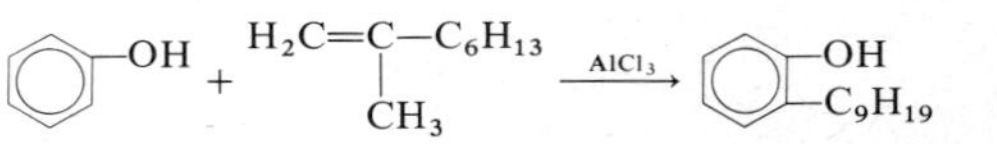

$$C_6H_5\text{—OH} + H_2C{=}C(CH_3)\text{—}C_6H_{13} \xrightarrow{AlCl_3} HO\text{—}C_6H_4\text{—}C_9H_{19}$$

Phenol Tripropylen C_9H_{18} o-Nonyl-phenol

(ebenso entsteht auch p-Nonyl-phenol)

Das nach dieser Reaktion aus Phenol und Tripropylen gewonnene Nonylphenol-Gemisch ist ein wichtiger Waschrohstoff.

Chlorphenole. Die Chlorierung des Phenols geht wegen der aktivierenden Wirkung der OH-Gruppe sehr leicht vonstatten:

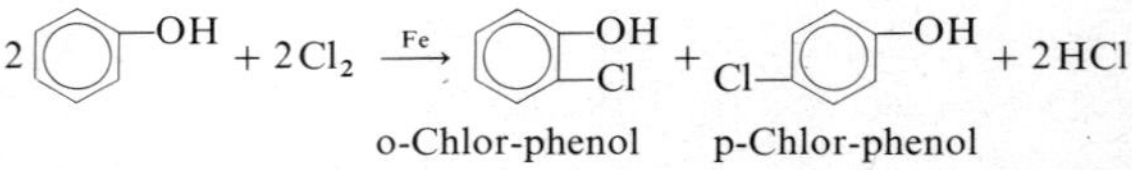

$$2\,C_6H_5\text{—OH} + 2\,Cl_2 \xrightarrow{Fe} HO\text{—}C_6H_4\text{—Cl} + Cl\text{—}C_6H_4\text{—OH} + 2\,HCl$$

o-Chlor-phenol p-Chlor-phenol

Wegen der leichten Reaktion entstehen auch höherchlorierte Verbindungen. – m-Chlorphenol kann durch Chlorieren von Phenol nicht hergestellt werden.

19.7 Physikalische Eigenschaften

Alkohole sind **farblose, flüssige** oder **feste** Stoffe mit zum Teil charakteristischem Geruch. Phenole sind **feste, kristalline** Stoffe; nur einige Alkylphenole sind flüssig. Phenol ist durch Zugabe von wenig Wasser zu verflüssigen.

Die physikalischen Daten zeigt Tabelle 135.1.

Die **Schmelzpunkte** steigen mit der Molekülmasse, etwa ab C_{12} sind die Alkanole fest. Treten Verzweigungen im Molekül auf, setzt die Verfestigung viel früher ein, siehe tert. Butanol. Unter den Isomeren des Phenols hat die o-Verbindung durchweg den tiefsten Schmelzpunkt, er steigt über die m- zur p-Verbindung an.

Die **Siedepunkte** liegen wesentlich höher als die der Kohlenwasserstoffe mit vergleichbarer Molekülmasse.

Beispiele:

C_2H_6	−88 °C	CH_3OH	+64 °C
Benzol	78 °C	Phenol	182 °C

Durch den Eintritt der polaren OH-Gruppe in die Moleküle kommt es zur Wechselwirkung zwischen ihnen und zur Ausbildung von H-Brückenbindungen zwischen O- und H-Atomen benachbarter Moleküle. Durch diese **Assoziation** steigt der Siedepunkt des Stoffes. Beim Erwärmen müssen zunächst diese Bindungskräfte gelöst werden, bevor es zum Verdampfen kommt. Die Bindungsenergie dieser **zwischenmoleku-**

Name	Formel	molare Masse g/mol	Smp. °C	Sdp. °C	Dichte in g/ml bei 20 °C
Methanol	$CH_3—OH$	32,04	− 97,9	64,7	0,7915
Ethanol	$CH_3—CH_2—OH$	46,07	−114,5	78,3	0,7894
n-Propanol	$CH_3—(CH_2)_2—OH$	60,10	−126,2	97,4	0,8035
i-Propanol	$CH_3—CH(CH_3)—OH$	60,10	− 89,5	82,4	0,7851
n-Butanol	$CH_3—(CH_2)_3—OH$	74,12	− 89,3	117,5	0,8099
i-Butanol	$CH_3—CH(CH_3)—CH_2—OH$	74,12	−108	108	0,8027
sek. Butanol	$CH_3—CH_2—CH(CH_3)—OH$	74,12	−115	99,5	0,8069
tert. Butanol	$CH_3—C(CH_3)_2—OH$	74,12	+ 24,3	82,6	0,7867
n-Amylalkohol	$CH_3—(CH_2)_4—OH$	88,15	− 78,9	138	0,8148
Phenol	$C_6H_5—OH$	94,11	41	182	
o-Kresol	$CH_3—C_6H_4—OH$	108,14	32	191	
m-Kresol	$CH_3—C_6H_4—OH$	108,14	11	203	
p-Kresol	$CH_3—C_6H_4—OH$	108,14	36	203	
o-Chlor-phenol	$Cl—C_6H_4—OH$	128,56	9	176	
m-Chlor-phenol	$Cl—C_6H_4—OH$	128,56	31	214	
p-Chlor-phenol	$Cl—C_6H_4—OH$	128,56	43	220	
Brenzcatechin	$C_6H_4(OH)_2$ (1,2)	110,11	104	246	
Resorcin	$C_6H_4(OH)_2$ (1,3)	110,11	110	281	
Hydrochinon	$C_6H_4(OH)_2$ (1,4)	110,11	170		
Benzylalkohol	$C_6H_5—CH_2—OH$	108,14		205	1,0500

135.1 Physikalische Daten von Alkoholen

$$
\begin{array}{l}
\text{H} \quad\quad\quad \text{H} \cdots \text{O}(\text{CH}_3) \\
\text{CH}_3\text{—O} \quad\quad \text{O} \\
\quad\quad \cdots \text{H} \quad \text{CH}_3
\end{array}
$$

laren Bindungen wird mit etwa 25 kJ/mol angegeben. Die zwischenmolekularen Kräfte zwischen Alkanol-Molekülen sind schwächer als die zwischen Wasser-Molekülen. Wasser besteht ebenfalls aus Assoziat-Molekülen, was seinen hohen Siedepunkt erklärt (s. Teil 2, S. 146).

Löslichkeit in Wasser: In den Molekülen der niederen Alkohole überwiegt der Einfluß der polaren OH-Gruppe, sie verhalten sich wasserähnlich. Die Verbindungen sind gut in Wasser löslich. Mit zunehmender Kettenlänge nähern sich die Moleküle den Eigenschaften von Kohlenwasserstoffen, die Löslichkeit längerkettiger Alkanole in Wasser nimmt ab.

Die Löslichkeit der Phenole in Wasser ist wesentlich größer als die des Benzols. Die Löslichkeit steigt mit der Zahl der OH-Gruppen im Molekül.

Auch Salze und Hydroxide haben in den wasserähnlichen niederen Alkanolen eine gewisse Löslichkeit. In Methanol und Ethanol ist KOH relativ gut löslich (alkoholische Kalilauge).

19.8 Chemische Eigenschaften und Reaktionen

19.8.1 Allgemeines

Eigenschaften und Art der Reaktionen werden durch die funktionelle OH-Gruppe bestimmt.

Infolge größerer **Elektronegativität** des Sauerstoffs ist die **(C—O)-Bindung polar:**

$$\overset{\delta+}{\text{R—CH}_2}\text{—}\overset{\delta-}{\text{O}}\text{—}\overset{\delta+}{\text{H}}$$

Ist die OH-Gruppe an den Benzolring gebunden, treten die nichtanteiligen Elektronenpaare des Sauerstoffs in Wechselwirkung **(Konjugation)** mit den π-Elektronen des Ringes. Die Elektronendichte im Ring wird **erhöht.** Als Folge davon

$$\text{C}_6\text{H}_5\text{—}\overline{\text{O}}\text{—H} \leftrightarrow \text{C}_6\text{H}_5^{\ominus}\text{=}\overline{\text{O}}\ \text{H}^{\oplus} \quad \text{(Grenzform)}$$

kann unter geeigneten Reaktionsbedingungen das H^+-Ion abspalten.

Die möglichen Reaktionen der OH-Gruppe können in zwei Gruppen eingeteilt werden:

- **Spaltung der OH-Gruppe**

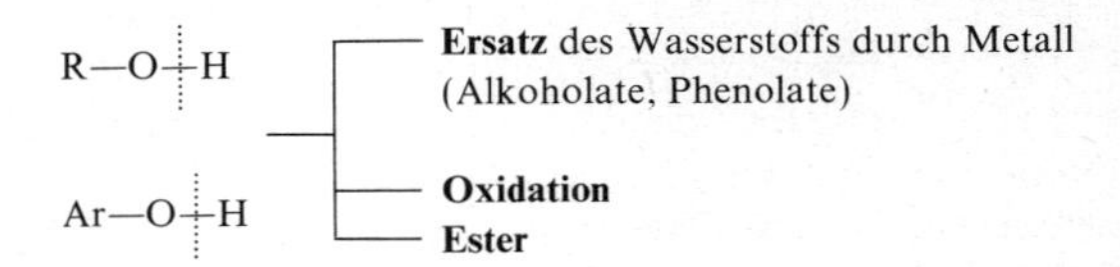

- **Spaltung der (C—O)-Bindung**

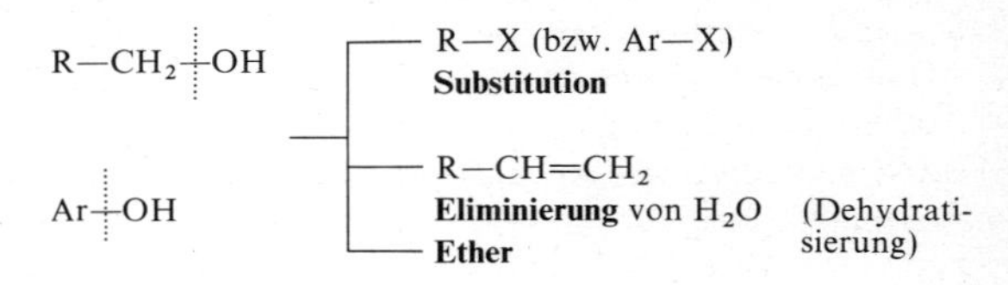

19.8.2 Metall-Verbindungen

In der Säurestärke zeigen Alkanole und Phenole deutliche Unterschiede, siehe pK_s-Werte in Tab. 136.1.

Verbindung	pK_s
Ethanol	16
Phenol	10
Essigsäure	4,7

136.1 pK_S-Werte

(Je kleiner der pK_s-Wert ist, desto stärker ist die Säure).

Die Ablösung **von H^+-Ionen** und ihr Ersatz durch Metall-Atome (Ionen) d. h. eine Salzbildung ist daher bei Alkanolen erschwert, bei Phenolen etwas erleichtert (Vergleich der Säurestärke des Phenols mit der der Essigsäure).

Bei Alkanolen sind drastische Reaktionsbedingungen mit metallischem Natrium notwendig, Phenole reagieren bereits mit starken Laugen.

Metall-Verbindungen der Alkohole und Phenole Alkoholate

Werden kleine Natrium-Stückchen mit Methanol zur Reaktion gebracht, läuft eine ähnliche Umsetzung wie mit Wasser ab:

$$CH_3OH + Na \rightarrow CH_3ONa + \tfrac{1}{2} H_2$$

Es bildet sich Natriummethylat unter H_2-Entwicklung. Die Reaktionswärme ist beträchtlich, führt aber nicht wie beim Wasser zur Entzündung des Methanols oder des gebildeten Wasserstoffs. Das sehr reaktionsfähige metallische Natrium ist in der

Lage, den Wasserstoff der OH-Gruppe der Alkohole abzulösen und zu ersetzen.

Die Metallverbindungen der Alkohole heißen **Alkoholate.** Diese sind Salze und bilden Ionen: Na^+ CH_3O^-; sie sind deswegen in Wasser löslich. Na-methylat und Na-ethylat können auch als farblose Pulver erhalten werden, wenn obige Reaktion in trockenem Ether durchgeführt wird, in dem die Alkoholate als Salze unlöslich sind.

Weitere für organische Synthesen wichtige Alkoholate sind **Aluminium-isopropylat** $Al(C_3H_7O)_3$ und **Aluminium-tert.-butylat** $Al(C_4H_9O)_3$. Diese werden dargestellt, indem man Al-Amalgam mit den entsprechenden Alkoholen bei höherer Temperatur zur Reaktion bringt.

Durch Wasser werden Alkoholate teilweise hydrolysiert; es entsteht dabei ein Gleichgewicht:

$$C_2H_5ONa + H_2O \rightleftharpoons C_2H_5OH + NaOH$$

Die wäßrigen Lösungen von Alkali-alkoholaten reagieren daher basisch.

Die Reaktion mit Metallen verläuft mit steigender Molekülmasse der Alkohole immer langsamer. Kalium, das reaktionsfähiger als Natrium ist, reagiert z. B. mit n-Butanol nur langsam. Deswegen kann man Reste der Alkalimetalle durch Übergießen mit Butanol gefahrlos vernichten.

Phenolate

Bedingt durch den benachbarten Benzolring zeigt die phenolische OH-Gruppe schwach saure Reaktion. Das H-Atom der OH-Gruppe kann zu einem geringen Teil als H^+-Ion abgegeben werden. Der saure Charakter der Phenole ist aber schwächer als der von Carbonsäuren (siehe Tab. 136.1).

Die **Salzbildung** ist daher nur mit starken Laugen möglich:

$$C_6H_5\text{—}OH + NaOH \rightarrow C_6H_5\text{—}ONa + H_2O$$

Na-phenolat

Die entstehenden Salze heißen Phenolate; sie sind in Wasser leicht löslich. Auf dieser Salzbildung beruht die leichte Löslichkeit der Phenole in Laugen.

In Soda-Lösung dagegen bilden sich keine Phenolate, weil Na_2CO_3 in Wasser nicht genügend alkalisch reagiert, um die nur schwach sauren Phenole zu neutralisieren. – Carbonsäuren bilden dagegen schon mit Na_2CO_3-Lösung Salze.

Diese Unterschiede im Verhalten der Phenole und Carbonsäuren können herangezogen werden, um Gemische von Phenolen und Carbonsäuren zu trennen. Zunächst stellt man durch Zugabe von NaOH die Salze der Phenole und der Carbonsäuren her; beide sind wasserlöslich. In die Lösung leitet man anschließend CO_2 ein; dabei bildet sich Na_2CO_3, mit dem nur Carbonsäure, nicht aber Phenole Salze bilden, so daß letztere unlöslich werden und abgetrennt werden können.

Färbungen mit $FeCl_3$. Phenole liefern beim Schütteln mit verdünnter $FeCl_3$-Lösung charakteristische Färbungen, die zum Nachweis der Phenole dienen können. Hervorgerufen wird die Färbung durch Komplexverbindungen des Eisens mit Phenolen, deren Struktur nicht genau bekannt ist.

Folgende Färbungen werden beobachtet: Phenol: violett, Kresole: blau, Brenzcatechin und Resorcin: tiefviolett.

19.8.3 Oxidation

Bei Einwirkung von Oxidationsmitteln werden Alkohole, bis auf einige Ausnahmen, leicht oxidiert. Gebräuchlichstes Oxidationsmittel ist Chromsäure (CrO_3) in Eisessig; auch $K_2Cr_2O_7$ oder $KMnO_4$ können angewandt werden.

Primäre Alkohole

Wirkt ein Oxidationsmittel auf Ethylalkohol ein, wird der Sauerstoff zunächst angelagert, entzieht dann aber dem Molekül zwei H-Atome (Dehydrierung) unter Bildung von Wasser:

$$CH_3\text{—}CH_2\text{—}OH + [O] \rightarrow CH_3\text{—}CHO + H_2O$$

Alkanal, Aldehyd

Die Oxidation bleibt aber nicht auf dieser Stufe stehen, da der gebildete Aldehyd seinerseits oxidationsempfindlich ist. Es wird dabei ein weiteres O-Atom aufgenommen:

$$CH_3\text{—}CHO + [O] \rightarrow CH_3\text{—}COOH \quad \text{Carbonsäure}$$

Die Reaktionsfolge bei primären Alkoholen lautet also:

$$\underset{\text{Ethylalkohol}}{CH_3\text{—}CH_2\text{—}OH} \xrightarrow[-H_2O]{+[O]} \underset{\text{Acetaldehyd}}{CH_3\text{—}CHO} \xrightarrow{+[O]} \underset{\text{Essigsäure}}{CH_3\text{—}COOH}$$

Andere primäre Alkohole zeigen entsprechende Reaktionsprodukte:

1. Stufe: Aldehyde (funktionelle Gruppe: —CHO),
2. Stufe: Carbonsäuren (funktionelle Gruppe: —COOH).

Bei der Reaktion bleibt die C-Zahl der Verbindungen erhalten.

Sekundäre Alkohole

Hier gibt es nur eine Stufe der Oxidation, weil dabei ein Produkt entsteht, das oxidationsbeständig ist. Zunächst wird Sauerstoff angelagert, der unter Bildung von Wasser dem Molekül 2 H-Atome entzieht (Dehydrierung):

$$\underset{\text{i-Propanol}}{CH_3-\underset{CH_3}{\underset{|}{C}}H-OH} + [O] \rightarrow \underset{\text{Aceton}}{CH_3-\underset{CH_3}{\underset{|}{C}}=O} + H_2O$$

Die Reaktion führt zu einem Keton, charakteristische Gruppe $>C=O$.

Tertiäre Alkohole

Diese werden unter normalen Bedingungen von den erwähnten Oxidationsmitteln nicht angegriffen, da am tertiären C-Atom kein Wasserstoff mehr gebunden ist, der mit dem Sauerstoff des Oxidationsmittels als Wasser abgespalten werden kann. Energische Oxidationen spalten das Molekül.

$$CH_3-\overset{CH_3}{\overset{|}{\underset{CH_3}{\underset{|}{C}}}}-OH$$

Gegenüberstellung:

Verhalten der einwertigen Alkohole bei Oxidation:

a) primäre Alkohole:	Aldehyde und Carbonsäuren
b) sekundäre Alkohole:	Ketone
c) tertiäre Alkohole:	keine Veränderung

Bei Einwirkung von Luft oder anderen Oxidationsmitteln auf Phenole bilden sich komplizierte Gemische von Oxidationsprodukten. Eines der an der Luft entstehenden Oxidationsprodukte des Phenols ist das Benzochinon (s. S. 200), das mit unverändertem Phenol eine leuchtendrote Anlagerungsverbindung bildet. Diese Anlagerungsverbindung ist die Ursache für die rötliche Färbung, die Phenol bei längerer Lagerung bekommt.

19.8.4 Esterbildung

Alkohole reagieren mit anorganischen und organischen Säuren zu Estern unter Wasserabspaltung (s. S. 225).

Beispiel:

$$\underset{\text{Propanol}}{C_3H_7OH} + \underset{\text{Ameisensäure}}{H-COOH} \rightarrow \underset{\text{Ameisensäure-propyl-ester}}{H-COOC_3H_7} + H_2O$$

Zur Herstellung von Phenolestern kann man nicht vom Phenol und Carbonsäuren ausgehen, sondern muß Phenol und Carbonsäurechloride oder -anhydride in Gegenwart eines basischen Katalysators (K_2CO_3, Pyridin) miteinander umsetzen:

Beispiel:

$$C_6H_5-O-H + \underset{\text{Essigsäureanhydrid}}{O(CO-CH_3)_2} \rightarrow \underset{\text{Essigsäure-phenyl-ester (Phenylacetat)}}{C_6H_5-O-\overset{O}{\overset{||}{C}}-CH_3} + CH_3-COOH$$

Essigsäureanhydrid — Essigsäure-phenyl-ester, Phenylacetat

Phenylacetat ist eine Flüssigkeit mit dem Siedepunkt 196 °C.

19.8.5 Substitution der OH-Gruppe durch Halogen

Die OH-Gruppe von Alkanolen kann bei Reaktion mit Phosphorhalogeniden (PCl_3, PCl_5, PBr_3, PI_3) durch Halogen ersetzt werden.

Beispiel:

$$3C_2H_5OH + PBr_3 \rightarrow 3C_2H_5Br + H_3PO_3$$

Hierbei läßt man das Phosphor(III)bromid durch Eintragen von rotem Phosphor und Zutropfen von Brom erst in der Reaktionslösung entstehen und destilliert das Reaktionsprodukt ab.

Reaktionsprodukte dieser Substitution sind Halogenalkane.

19.8.6 Eliminierung von Wasser (Dehydratisierung)

Für die Wasserabspaltung aus Alkoholen verwendet man gewöhnlich Schwefelsäure und arbeitet bei 170 °C. Der Vorgang wird so gedeutet, daß sich zunächst Alkylschwefelsäure bildet, die aber bei 170 °C nicht beständig ist und zerfällt:

$$1.\ CH_3-CH_2-\boxed{OH + H}O-SO_2-OH \rightarrow$$

$$\underset{\text{Ethylschwefelsäure}}{CH_3-CH_2-O-SO_2-OH} \quad (\text{oder } C_2H_5HSO_4)$$

2. $$\underset{\boxed{H\quad O-SO_2-OH}}{CH_2-CH_2} \xrightarrow{170\,°C} CH_2{=}CH_2 + H_2SO_4$$

Vereinfacht kann man dafür schreiben:

$$\underset{\boxed{H\quad OH}}{CH_2-CH_2} \xrightarrow[-H_2O]{170\,°C/H_2SO_4} H_2C{=}CH_2$$

Diese **intramolekulare Wasserabspaltung** (Dehydratisierung) gehört zu den Eliminierungsreaktionen. Als Nebenprodukt entsteht hier etwas Diethylether.

Die Bildung von Nebenprodukten kann man vermeiden, wenn die Wasserabspaltung bei 400 °C katalytisch vorgenommen wird. Katalysator ist aktiviertes Al_2O_3; Alkohol-Dampf wird dabei durch ein 400 °C heißes Rohr mit Al_2O_3 geleitet:

$$H_3C-CH_2-OH \xrightarrow[-H_2O]{400\,°C/Al_2O_3} H_2C{=}CH_2$$

Die H_2O-Abspaltung aus Alkoholen zur Herstellung von Alkenen hat in der Technik keine Bedeutung, da umgekehrt durch H_2O-Anlagerung Alkohole aus Alkenen (Olefinen) gewonnen werden (s. S. 140).

19.8.7 Etherbildung

Die Reaktion von Alkohol mit Schwefelsäure kann auch zu Ethern führen. Das sind Verbindungen, die zwei Alkylreste über ein O-Atom gebunden enthalten, z. B. $C_2H_5-O-C_2H_5$ Diethylether. Siehe dazu Seite 150.

Die Etherbildung wird begünstigt bei Temperaturen unter 130 °C und im Alkohol-Überschuß.

Übersicht:

Bei Einwirkung von Schwefelsäure auf Alkohole können bei bestimmten Reaktionsbedingungen verschiedene Produkte entstehen:

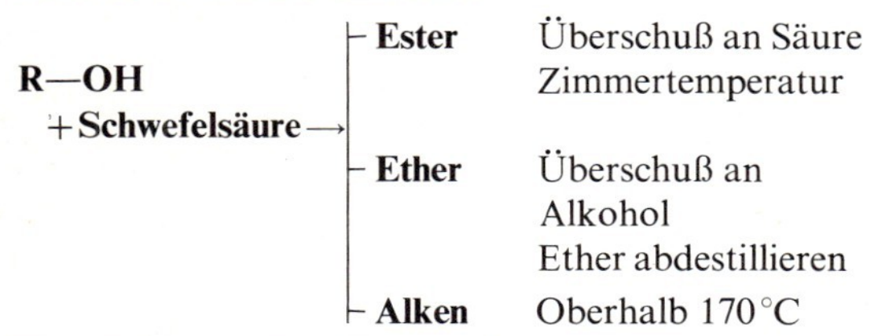

Phenolether (s. S. 153) entstehen, wenn der Wasserstoff der OH-Gruppe von Phenolen durch eine aliphatische oder aromatische Gruppe ersetzt wird. Man erhält dabei eine Sauerstoffbrücke zwischen zwei C-Atomen, wie es für die Verbindungsgruppe der Ether charakteristisch ist.

19.9 Einzelne wichtige Alkohole und Phenole

19.9.1 Methanol

Methanol, Methylalkohol oder Holzgeist ist eine farblose Flüssigkeit mit charakteristischem Geruch, die mit Wasser in jedem Verhältnis mischbar ist. Sogar Salze sind etwas in Methanol löslich (Ähnlichkeit mit Wasser).

Verwendung: a) als Lösungsmittel, b) Ausgangsprodukt für die Herstellung von Formaldehyd H—CHO (s. S. 190) und Dimethylsulfat $(CH_3)_2SO_4$ (s. S. 228) und c) als Gefrierschutzmittel in Mischung mit Wasser (s. S. 143). Für die Zukunft ist Methanol als umweltfreundlicher Motortreibstoff vorgesehen.

Methanol ist ein Großprodukt der organisch-chemischen Technik. Im Jahre 1979 wurden in der Bundesrepublik 871 000 t hergestellt.

Technisches Verfahren
Methanol-Synthese

Methanol wird aus Synthesegas $CO + H_2$ (Mischungsverhältnis 1 : 2) gewonnen:

$$CO + 2H_2 \rightarrow CH_3OH$$

Katalysator: ZnO/Cr_2O_3

Reaktionsbedingungen: 250 bar und 380 °C

Nebenreaktionen führen zu Dimethylether (bis 3%) und höheren Alkoholen (Propanol und Isobutanol), die im Rohmethanol nach der Synthese enthalten sind; daneben können bis 5% Wasser vorliegen.

Reinmethanol wird durch Destillation aus dem Rohmethanol gewonnen. Setzt man dem Katalysator etwas Alkalioxid, z. B. K_2O, zu, wird die Bildung höherer Alkohole begünstigt.

Technische Durchführung der Methanol-Synthese (Bild 140.1): Das kalte Synthesegas durchströmt zunächst einen Wärmeaustauscher, wo es durch die abziehenden heißen Reaktionsgase (Methanoldämpfe) vorgewärmt wird. Im Reaktionsofen, der weitgehend dem der Ammoniak-Synthese entspricht, findet dann die Bildung des Methanols statt. Die heißen Methanoldämpfe werden im Wärmeaustausch gegen kaltes Synthesegas gekühlt, passieren einen Kühler und trennen sich im Abscheider in Flüssigkeit (Rohmethanol: Methanol + Nebenprodukte) und nicht umgesetztes Gas $CO + 2H_2$, das wieder neu eingesetzt wird (Rückgas). Nach Entspannung wird das Rohmethanol durch Destillation in Reinmethanol und Nebenprodukte zerlegt.

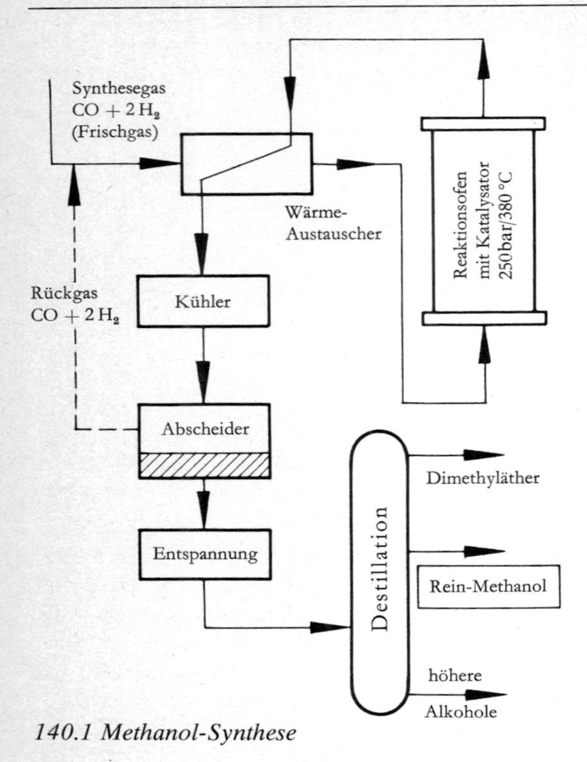

140.1 Methanol-Synthese

19.9.2 Ethanol

Ethanol ist eine farblose Flüssigkeit mit brennendem Geschmack und charakteristischem Geruch. Weitere Namen sind Ethylalkohol, Alkohol (vereinfacht), Weingeist, Sprit oder Spiritus.

Ethylalkohol ist in jedem Verhältnis mit Wasser mischbar. Beim Mischen beobachtet man leichte Erwärmung und eine Volumenkontraktion, d. h. die Mischung besitzt ein kleineres Volumen als die Summe der Volumina des gemischten Wassers und Ethylalkohols.

Gewöhnlicher Ethylalkohol enthält $\varphi = 0{,}92$ bis 0,95 reinen Alkohol; der Rest ist Wasser. Absoluter Alkohol ist wasserfrei und enthält $\varphi(C_2H_5OH) > 0{,}999$.

Verwendung des Ethylalkohols

Man unterscheidet hier gewöhnlich zwischen dem Gärungsalkohol und technischem Alkohol.

Der Gärungsalkohol dient in Deutschland fast ausschließlich Genußzwecken (alkoholische Getränke). Bei der Gärung entstehende Geschmackstoffe gelangen in kleiner Menge mit in den Alkohol, so daß dabei besondere Sorten, je nach Herkunft, entstehen. Aus diesem Grunde wird der technische Alkohol nicht zu Genußzwecken verwandt.

Bei den **alkoholischen Getränken** unterscheidet man destillierte (Branntweine) und nicht destillierte Sorten (Bier, Wein, Champagner, Likör).

Branntweine werden durch Vergären von stärke- oder zuckerhaltigen Materialien erhalten, z. B. Kornbranntwein aus Getreide (Roggen, Weizen), Rum aus Rohrzucker, Arrak aus Reis, Whisky aus Mais und Kognak (Weinbrand) aus Weintrauben. – Der Alkoholgehalt dieser Getränke beträgt $\varphi = 30$ bis 50. Bier gewinnt man aus der Stärke der Gerste, die zur Maltose verzuckert und dann vergoren wird. Alkoholgehalt $\varphi = 5$ bis10.

Weine werden durch Gärung von Traubenzucker erhalten. Der aus den Trauben abgepreßte Traubensaft (Most) wird nach Hefezusatz vergoren. Alkoholgehalt: $\varphi = 8$ bis 10%.

Alkoholische Getränke unterliegen der Getränkesteuer. Um reinen, hochprozentigen Alkohol für Genußzwecke unbrauchbar zu machen, wird er durch Zusätze „vergällt" oder denaturiert, die einen unangenehmen Geschmack haben und nicht leicht zu entfernen sind, aber in kleiner Menge die anderen Verwendungen des Ethylalkohols nicht beeinträchtigen. Übliche Vergällungsmittel sind Pyridin, Methanol, Petrolether oder Phenol.

Der **technische Alkohol** hat andere wichtige Verwendungen, weshalb er z. B. in den USA zu einem der größten petrochemischen Zwischenprodukte zählt. Ethanol ist Ausgangsprodukt für die Herstellung von a) 1,3-Butadien, b) Acetaldehyd (s. S. 191) und Estern (s. S. 228), letztere sind wichtige Lösungsmittel.

In der Bundesrepublik wurden 1979 etwa 91000 t technischen Ethanols hergestellt.

Hartspiritus ist Ethylalkohol, der durch Zusätze, z. B. bis 5% Celluloseester, in harte oder gallertartige Form gebracht wird und dann als fester Brennstoff Verwendung findet.

Technische Verfahren
Ethanol aus Ethen C_2H_4

Aus C_2H_4 wird durch Wasseranlagerung Ethanol erhalten:

$$H_2C{=}CH_2 + H{-}OH \xrightarrow{H_2SO_4} H_3C{-}CH_2{-}OH$$

Der wahre Reaktionsablauf folgt nicht dieser einfachen Gleichung. Ethylen wird bei 100 °C in konz. H_2SO_4 eingeleitet; dabei entsteht ein Gemisch von Ethylschwefelsäure und Diethylsulfat. Durch Wasser werden beide Verbindungen anschließend gespalten:

$$C_2H_5{-}O{-}SO_2{-}OH + H_2O \rightarrow C_2H_5OH + H_2SO_4$$
$$C_2H_5{-}O{-}SO_2{-}O{-}C_2H_5 + 2H_2O \rightarrow 2C_2H_5OH + H_2SO_4$$

Alkohol wird aus dem Gemisch herausdestilliert; die verdünnte Schwefelsäure läuft ab, wird wieder aufkonzentriert und neu eingesetzt.

Als Nebenprodukt entstehen etwa 5% Diethylether, der vom Alkohol destillativ getrennt wird. – In den USA hat die Gewinnung von Ethanol aus C_2H_4 große Bedeutung.

Ethanol durch Gärung

Unter alkoholischer Gärung versteht man die Umwandlung bestimmter höherer organischer Verbindungen, vor allem Kohlenhydrate $C_6H_{12}O_6$ in Ethylalkohol und CO_2 unter der Wirkung von Enzymen (Hefe):

$$C_6H_{12}O_6 \xrightarrow[\text{(Hefe)}]{\text{Enzyme}} 2C_2H_5OH + 2CO_2$$

Einsatzprodukte bei der alkoholischen Gärung sind: Zucker (Trauben- und Fruchtzucker), Rückstände der Zuckerraffination (Melasse) sowie verschiedene Stärkearten, wie in USA: Mais, in Europa: Kartoffel und in Asien: Reis.

Die zugesetzten Enzyme oder Fermente sind Eiweißkörper (Proteine oder Proteide), die (wie Hormone) in der lebenden Zelle gebildet werden und hier bestimmte chemische Umwandlungen steuern; sie sind also spezifische Katalysatoren. Enzyme, Hormone und Vitamine, letztere nur in Pflanzen gebildet und mit der Nahrung aufgenommen, gehören zu den lebensnotwendigen Substanzen. – Die Hefe, die die alkoholische Gärung einleitet und unterhält, enthält eine Reihe verschiedener Enzyme.

Zucker kann direkt mit Hefe vergoren werden; das hier wirksame Enzym heißt Zymase:

$$C_6H_{12}O_6 \xrightarrow[\text{(Hefe)}]{\text{Zymase}} 2C_2H_5OH + 2CO_2$$
Glukose, Fruktose

Alle stärkehaltigen Produkte sind nicht direkt vergärbar und müssen zunächst in gärungsfähige Zucker umgewandelt werden. Dieses wird durch Zusatz von Malz (keimende Gerste) erreicht, die das Enzym Diastase enthält; dabei entsteht ein Zucker, Maltose genannt.

$$\underset{\text{Stärke}}{2(C_6H_{10}O_5)_n} + n\,H_2O \xrightarrow[\text{(Malz)}]{\text{Diastase}} \underset{\text{Maltose}}{n\,C_{12}H_{22}O_{11}}$$

Nach Zusatz von Hefe wird die Maltose unter Anlagerung von Wasser durch das Enzym Maltase in Glukose überführt:

$$\underset{\text{Maltose}}{C_{12}H_{22}O_{11}} + H_2O \xrightarrow{\text{Maltase}} \underset{\text{Glukose}}{2C_6H_{12}O_6}$$

Die Glukose wird dann mittels Zymase in Alkohol umgewandelt. Die alkoholische Gärung wird in wäßriger Lösung w = 0,10 durchgeführt; die Temperatur darf 40 °C nicht überschreiten. Nach rund 60 Stunden ist der Prozeß beendet. – Als Nebenprodukte entstehen etwas Acetaldehyd (durch Oxidation von Alkohol) und „Fuselöl", bestehend aus höheren Alkoholen (C_3, C_4, C_5).

Der Ethylalkohol wird aus dem Reaktionsgemisch herausdestilliert und nach erneuter Reindestillation mit einem Gehalt von $\varphi(C_2H_5OH) = 0{,}95$ erhalten.

Durch Destillation kann dieser Alkohol nicht weiter konzentriert werden, weil er mit Wasser ein azeotropes Gemisch aus $\varphi(C_2H_5OH) = 0{,}956$ und $\varphi(H_2O) = 0{,}044$ bildet, das bei 78,15 °C etwas tiefer siedet als reiner Alkohol mit 78,3 °C.

Herstellung von absolutem (wasserfreiem) Alkohol:

1. Im Laboratorium: Der normale Alkohol wird über CaO destilliert; letzteres zieht das Wasser an sich und bildet $Ca(OH)_2$; Alkohol reagiert nicht mit CaO. Als Destillat wird wasserfreier Alkohol erhalten.

2. In der Technik: Die Entwässerung wird hier durch Zusatz von Benzol (in bestimmter Menge) erreicht. Bei der Destillation entsteht ein Gemisch, das bei 64,8 °C siedet und $\varphi(C_2H_5OH) = 0{,}185$, $\varphi(C_6H_6) = 0{,}741$ und $\varphi(H_2O) = 0{,}074$ enthält; mit diesem Gemisch wird das Wasser vollständig durch Destillation entfernt. Die Siedetemperatur steigt dann auf 68,2 °C an, wobei ein Gemisch aus $\varphi(C_6H_6) = 0{,}802$ und $\varphi(C_2H_5OH) = 0{,}198$ überdestilliert, bis alles Benzol entfernt ist. Zum Schluß geht dann reiner, entwässerter Alkohol bei 78,3 °C über.

n-Propanol $CH_3{-}CH_2{-}CH_2{-}OH$ oder 1-Propanol hat nur als Lösungsmittel einige Bedeutung. Darstellung gewöhnlich aus Propionaldehyd (Reduktion).

i-Propanol oder 2-Propanol ist nicht nur ein wichtiges

$$CH_3{-}\underset{\displaystyle OH}{\underset{|}{CH}}{-}CH_3$$

Lösungsmittel, sondern auch ein großtechnisches Zwischenprodukt für die Herstellung von Aceton (s. S. 198).

Ausgangsprodukt für i-Propanol ist Propylen, an das bei 20 °C Schwefelsäure (w = 0,80) addiert und das Anlagerungsprodukt mit Wasser hydrolysiert wird.

$$CH_3{-}CH{=}CH_2 \xrightarrow{H_2SO_4} \underset{\displaystyle O{-}SO_3H}{CH_3{-}CH{-}CH_3} \xrightarrow{H_2O}$$

Propylschwefelsäure

$$\underset{\displaystyle OH}{CH_3{-}CH{-}CH_3}$$

i-Propanol

Nebenprodukt ist Di-isopropylether.

n-Butanol $CH_2{-}CH_2{-}CH_2{-}CH_2{-}OH$ oder **1-Butanol** ist ein gutes Lösungsmittel, z.B. für Lacke, weil es ein gutes Antrocknen der Lacke bedingt, oder als Zusatz zu anderen Lösungsmitteln, um z.B. Nitrocellulose zu lösen.

Als Zwischenprodukt ist n-Butanol wichtig für die Herstellung von Estern, z. B. Butylacetat (Lösungsmittel) und Dibutylphthalat (Weichmacher).

n-Butanol ist ein Produkt der Oxo-Synthese (s. S. 192).

Sek.-Butanol oder **2-Butanol** hat als Lösungsmittel und Zwischenprodukt Bedeutung.

$$CH_3{-}CH_2{-}\underset{\displaystyle OH}{CH}{-}CH_3$$

Es wird aus 1-Buten oder 2-Buten durch H_2SO_4-Anlagerung und Hydrolyse des Anlagerungsproduktes hergestellt.

Aus Sek.-Butanol wird in einer Folgereaktion Ethylmethylketon gewonnen (s. S. 198).

Amylalkohol oder **Pentanol** besitzt acht Isomere. Besonders bekannt sind zwei Isomere, die als Nebenprodukt der alkoholischen Gärung gebildet werden und sich im Fuselöl anreichern:

$$CH_3{-}\underset{\displaystyle CH_3}{CH}{-}CH_2{-}CH_2{-}OH \quad \text{und}$$

3-Methyl-1-butanol 85%

$$CH_3{-}CH_2{-}\underset{\displaystyle CH_3}{CH}{-}CH_2{-}OH$$

2-Methyl-1-butanol 15%

2-Methyl-1-butanol ist optisch-aktiv (s. S. 148).

19.9.3 Fettalkohole

Unter dieser Bezeichnung faßte man alle geradkettigen, gesättigten und ungesättigten Alkohole zusammen, die 8 bis 22 C-Atome und eine primäre OH-Gruppe enthalten.

Diese Alkohole wurden durch Reduktion aus den entsprechenden Carbonsäuren (s. S. 237) mit gleicher C-Zahl erhalten, die ihrerseits durch Hydrolyse von natürlichen Fetten und Ölen gewinnbar sind (s. S. 237); Fettalkohole werden also aus den Fettsäuren der natürlichen Fette erhalten. In beiden Fällen soll der Name die Rohstoffbasis kennzeichnen. Auffällig ist, daß die „natürlichen" Fettsäuren und damit auch die Fettalkohole nur eine gerade Anzahl von C-Atomen enthalten (6, 8, 10, 12 . . . 22 C-Atome). Fettalkohole, aus natürlichen Fetten hergestellt, sind immer Gemische.

Auch die Oxo-Synthese (s. S. 192) liefert langkettige Alkohole. Fettalkohole, ursprünglich nur auf Fettbasis hergestellt, sind heute also auch durch Synthese zugänglich.

Bei Zimmertemperatur sind C_6— bis C_{12}— Alkohole flüssig, die höheren Glieder feste, wachsartige Substanzen.

Die bedeutendste Verwendung der Fettalkohole ist ihre Überführung in die Natriumsalze der sauren Schwefelsäureester, die wichtige Rohstoffe für Waschmittel und Haushaltsspülmittel sind.

Daneben dienen feste Fettalkohole als Grundstoffe für Salben (in der Pharmazie) und Cremes (Kosmetik, Schuhcrem, Bohnerwachs).

Cyclohexanol $C_6H_{12}O$ (molare Masse 100,16 g/mol)

(Cyclohexanring)—OH

ist der wichtigste cycloaliphatische Alkohol, der sich vom Cyclohexan ableitet. Es ist eine ölige Flüssigkeit, die sich teilweise mit Wasser mischt. Smp. 25,5 °C, Sdp. 161 °C.

Cyclohexanol zeigt Reaktionen wie aliphatische, sekundäre Alkohole. Ester sind leicht darstellbar. Bei energischer Wasserabspaltung erhält man Cyclohexan. Technisch wichtig ist die mäßige Oxidation zu Cyclohexanon und die starke Oxidation zu Adipinsäure.

Verwendung: Als Lösungsmittel wird Cyclohexanol für spezielle Zwecke eingesetzt. Als Zwischenprodukt hat es für die Gewinnung von Cyclohexanon und Adipinsäure technische Bedeutung.

Herstellung: Katalytische Hydrierung von Phenol.

19.9.4 Mehrwertige Alkohole

Diese Verbindungsgruppe enthält zwei oder mehrere OH-Gruppen in demselben Molekül.

Glykol, Ethylenglykol oder **1,2-Ethandiol** ist der einfachste zweiwertige Alkohol und stellt eine farblose, geruchlose, süßschmeckende Flüssigkeit dar; Sdp. 197 °C, Smp. −12 °C, Dichte 1,1132 g/ml bei 20 °C. Glykol ist in jedem Verhältnis mit Wasser, Alkoholen und Aceton mischbar. Schwer löslich ist Glykol dagegen in Ether, Benzol und Benzin.

$$\begin{array}{l} CH_2{-}OH \\ | \\ CH_2{-}OH \end{array}$$

Technische Herstellung: Glykol ist ein technisches Großprodukt. Es wird aus Ethylenoxid gewonnen, das mit Wasserdampf bei 20 bar und 200 °C umgesetzt wird:

$$\begin{array}{c} CH_2{-}CH_2 \\ \diagdown\;\diagup \\ O \end{array} + H_2O \rightarrow \begin{array}{cc} CH_2{-} & CH_2 \\ | & | \\ OH & OH \end{array}$$

Bei dieser Synthese entstehen noch einige Nebenprodukte (siehe weiter unten), von denen das Glykol durch Destillation abgetrennt werden muß.

Verwendung: 1. Als Gefrierschutzmittel in Kraftfahrzeugmotoren. In Deutschland wird fast ausschließlich Glykol für diesen Zweck eingesetzt. In den USA steht es im Wettbewerb mit Methanol, das billiger ist, aber größere Verluste bedingt, weil es leichter flüchtig ist. Die Gefrierpunkterniedrigung von Wasser ist bei Zusatz von Methanol größer als bei Glykol (Tab. 143.1). 2. Als ein Ausgangsprodukt für Polyesterfasern und -kunststoffe. 3. Zur Herstellung von 1,4-Dioxan (s. S. 153).

w in % in H_2O	10	20	30
CH_3OH	−6,5 °C	−15,0 °C	−26,0 °C
Glykol	−3,5 °C	− 7,8 °C	−13,7 °C

143.1 Erstarrungspunkte von Gykol-Wasser-Mischungen

Diglykol. Bei der Synthese des Glykols aus Ethylenoxid kann gebildetes Glykol mit noch vorhandenem Ethylenoxid zu Diglykol weiterreagieren:

$$HO{-}CH_2{-}CH_2{-}OH + \begin{array}{c} CH_2{-}CH_2 \\ \diagdown\;\diagup \\ O \end{array} \rightarrow$$

$$HO{-}CH_2{-}CH_2{-}O{-}CH_2{-}CH_2{-}OH$$

Diglykol gibt nach derselben Reaktion Triglykol usw.

Glycerin oder **1,2,3-Propantriol** ist ein dreiwertiger Alkohol, wobei die OH-Gruppen an zwei primäre und ein sekundäres C-Atom gebunden sind. Seine physikalischen Daten sind: Smp. 18 °C; Sdp. 290 °C; Dichte 1,260 g/ml bei 20 °C.

$$\begin{array}{l} CH_2{-}OH \\ | \\ CH{-}OH \\ | \\ CH_2{-}OH \end{array}$$

Glycerin ist eine farblose, geruchlose, viskose, süßschmeckende Flüssigkeit, die mit Wasser und den meisten organischen Lösungsmitteln mischbar ist, mit Ausnahme von Aceton, Estern und Ethern. Zur Reinigung wird Glycerin wegen seines hohen Siedepunktes meist im Vakuum destilliert. – Glycerin bildet sich in geringer Menge bei der alkoholischen Gärung.

Verwendung: Glycerin ist ein wichtiger Rohstoff für viele Industriezweige. Der größte Verbraucher (30% des Gesamtverbrauchs) ist die Kunststoff- und Lackindustrie, die Glycerin für die Herstellung von Alkyd- und Esterharzen benötigt, die zum Lackieren von Kraftwagen viel verwendet werden. – Die Tabakindustrie verbraucht größere Glycerinmengen (12%), die dem Tabak in geringer Menge zugemischt werden, um diesen feucht zu halten und nicht austrocknen zu lassen; Glycerin ist hygroskopisch. – Die Sprengstoffindustrie benötigt Glycerin (12%), um daraus den Explosivstoff Nitroglycerin herzustellen. – Die restlichen Mengen des Glycerins verteilen sich auf eine große Zahl anderer Verwendungszwecke.

Gewinnung bzw. Herstellung von Glycerin

Aus natürlichen Fetten. Glycerin ist Bestandteil aller Fette und fetten Öle. Bei der Herstellung von Seifen aus pflanzlichen und tierischen Fetten und Ölen fällt Glycerin in großen Mengen als „Nebenprodukt" an. Der Anfall von Glycerin als Nebenprodukt der Seifenfabrikation reichte früher aus, den Bedarf zu decken. Neuerdings werden aber immer mehr synthetische Seifen hergestellt; dadurch sinkt die Produktion von Seife aus natürlichen Fetten und, damit verbunden, auch der Glycerinanfall. Da der Glycerinbedarf aber ständig ansteigt, mußte eine synthetische Methode, ausgehend von billigen Petrochemikalien, zur Glycerinherstellung herangezogen werden.

Aus Propylen durch Synthese.

$$\underset{\text{Propylen}}{\begin{array}{l} CH_3 \\ | \\ CH \\ \| \\ CH_2 \end{array}} \xrightarrow[Cl_2]{500\,°C} \underset{\text{Allylchlorid}}{\begin{array}{l} CH_2{-}Cl \\ | \\ CH \\ \| \\ CH_2 \end{array}} \xrightarrow{HOCl} \begin{array}{l} CH_2{-}Cl \\ | \\ CH{-}OH \\ | \\ CH_2{-}Cl \end{array} + \begin{array}{l} CH_2{-}Cl \\ | \\ CH{-}Cl \\ | \\ CH_2{-}OH \end{array}$$

1,3- + 1,2-Dichlorhydrin
30% 70%

$$\xrightarrow[60\,°C]{Ca(OH)_2} \underset{\text{Epichlorhydrin}}{\begin{array}{l} CH_2{-}Cl \\ | \\ CH\diagdown \\ |\quad\; O \\ CH_2\diagup \end{array}} \xrightarrow[\text{NaOH Lösung}]{10\,\%\text{ige}} \underset{\text{Glycerin}}{\begin{array}{l} CH_2{-}OH \\ | \\ CH{-}OH \\ | \\ CH_2{-}OH \end{array}}$$

Propylen wird durch Hochtemperaturchlorierung in Allylchlorid überführt. Durch Addition von HOCl an die Doppelbindung entsteht im nächsten Schritt ein Gemisch aus 1,2- und 1,3-Dichlorhydrin, aus dem dann mittels Kalkmilch HCl abgespalten wird unter Bildung von Epichlorhydrin. Durch Verseifen mit 10%iger NaOH-Lösung entsteht daraus leicht Glycerin. Die verdünnte Lösung wird eingedampft, bis der Glyceringehalt 80% beträgt; dabei fällt gleichzeitig das bei der Verseifung gebildete NaCl aus. Durch Destillation wird ein Glycerin mit 99%iger Reinheit erhalten.

Derivate des Glycerins

Die drei OH-Gruppen des Glycerins sind durch organische oder anorganische Reste ersetzbar. Dabei entstehen aber vielfach Isomere, die schwer voneinander zu trennen sind.

Bedeutung haben besonders die Ester des Glycerins. Die Ester mit organischen Säuren nennt man Glyceride. Die Fette sind z.B. Glyceride.

Der Ester mit Salpetersäure ist der bekannte Sprengstoff **Trinitroglycerin** oder einfach Nitroglycerin genannt. Es handelt sich hier aber um keine echte Nitro-Verbindung, sondern um einen Ester, den **Trisalpetersäureglycerinester,** auch Glycerintrinitrat genannt.

$$\begin{array}{lcl} CH_2-\boxed{OH\quad H}O-NO_2 & & CH_2-O-NO_2 \\ | & & | \\ CH-\boxed{OH + H}O-NO_2 & \xrightarrow[0\,C]{H_2SO_4} & CH-O-NO_2 + 3\,H_2O \\ | & & | \\ CH_2-\boxed{OH\quad H}O-NO_2 & & CH_2-O-NO_2 \end{array}$$

Nitroglycerin ist eine farblose, ölige Flüssigkeit, die bereits bei geringem Schlag explodiert. Um einen praktisch verwertbaren Sprengstoff zu erhalten, adsorbiert man Nitroglycerin an Kieselgur; das Mischungsverhältnis beträgt 3 : 1. Dieser Sprengstoff ist schlagunempfindlich und muß durch einen Zündsatz zur Explosion gebracht werden.

19.9.5 Ungesättigte Alkohole

In diese Gruppe gehören alle Verbindungen, die neben der OH-Gruppe im Molekül noch eine Doppel- oder Dreifachbindung enthalten.

Vinylalkohol $CH_2{=}CH{-}OH$ gibt es nicht, da diese Verbindung, falls sie bei Reaktionen entsteht, sich sofort in Acetaldehyd umlagert. Ester des Vinylalkohols sowie der Polyvinylalkohol sind beständige Verbindungen.

Allylalkohol $CH_2{=}CH{-}CH_2{-}OH$ oder **2-Propen-1-ol** ist eine farblose, leicht bewegliche Flüssigkeit (Sdp. 97 °C, Dichte 0,8520 bei 20 °C), die bei Zimmertemperatur mit Wasser und den üblichen organischen Lösungsmitteln in jedem Verhältnis mischbar ist. Allylalkohol ist giftig. Seine Dämpfe reizen stark die Augen. Die Flüssigkeit darf nicht auf die Haut gebracht werden.

Die chemischen Eigenschaften des Allylalkohols werden durch die Doppelbindung und die primäre OH-Gruppe bedingt. Bei normaler Temperatur ist Allylalkohol stabil. Bei längerem Erhitzen bis auf den Siedepunkt verändert er sich infolge Polymerisation zu einer viskosen Flüssigkeit.

Verwendung: Neben einer geringen Anwendung als spezielles Lösungsmittel tritt Allylalkohol bei mehreren Synthesen als Ausgangs- oder Zwischenprodukt auf.

Propargylalkohol $CH{\equiv}C{-}CH_2{-}OH$ oder **2-Propin-1-ol** ist eine Flüssigkeit (Smp. −48 °C, Sdp. 115 °C, Dichte 0,9478 g/ml bei 20 °C). Er enthält eine Dreifachbindung im Molekül und entsteht aus Formaldehyd und Acetylen, ist also ein wichtiges Zwischenprodukt bei Reppe-Synthesen (s. S. 245).

19.9.6 Aromatische Hydroxy-Verbindungen

Phenol $C_6H_5{-}OH$ Hydroxy-benzol bildet in reinem Zustand farblose, eigenartig riechende Kristalle.

C_6H_5-OH (Strukturformel: Benzolring–OH)

Reines Phenol bleibt, verschlossen aufbewahrt, lange Zeit farblos. An der Luft und unter Lichteinwirkung färbt sich das handelsübliche Produkt rötlich, hervorgerufen durch die Anwesenheit farbiger Oxidationsprodukte.

Phenol ist giftig. Auf der Haut kann es schwere Verbrennungen verursachen. Bakterien aller Art werden von Phenol getötet (Desinfektionsmittel).

Der Schmelzpunkt des reinen Phenols (41 °C) wird durch geringe Mengen Wasser stark erniedrigt. Phenol mit etwa $w(H_2O) = 0{,}05$ ist bereits bei Zimmertemperatur flüssig, diese Lösung nennt man auch Carbolsäure.

Die Löslichkeit des Phenols in Wasser beträgt 9 g bei 25 °C; 100 g Phenol lösen umgekehrt bei derselben Temperatur 29 g Wasser. Über 66 °C ist Phenol mit Wasser in jedem Verhältnis mischbar. In Alkohol und Ether ist Phenol leicht löslich.

Phenol liefert mit einer wäßrigen $FeCl_3$-Lösung eine charakteristische, violette Farbreaktion.

Verwendung: Phenol ist ein wichtiger Grundstoff der organischen Chemie, der große Bedeutung als Zwischenprodukt zur Darstellung von Sprengstoffen, pharmazeutischen Produkten, Farbstoffen, Gerbstoffen und Pflanzenschutzmitteln hat. Als Desinfektionsmittel wird Phenol heute im Gegensatz zu früheren Jahren kaum noch verwendet.

Für die Kunststoff-Erzeugung ist Phenol besonders wichtig. Durch Kondensation von Phenol mit Formaldehyd entstehen die Phenolharze. Aus Phenol kann man Cyclohexanon gewinnen, das seinerseits Zwischenprodukt für die Polyamid-Fasern ist. Auch bei der Synthese von Polykarbonaten wird vom Phenol ausgegangen.

19.9.7 Aromatische Alkohole

Aromatische Alkohole enthalten die funktionelle OH-Gruppe in der Seitenkette eines Benzolringes und unterscheiden sich dadurch von den Phenolen, deren OH-Gruppe mit einem C-Atom des aromatischen Ringes verknüpft ist. Das bedingt Unterschiede in den Reaktionen der Phenole und aromatischen Alkohole.

Die Reaktionen und Eigenschaften der aromatischen Alkohole gleichen im großen und ganzen denen normaler aliphatischer Alkohole. Die Bezeichnung aromatische Alkohole soll lediglich andeuten, daß im Molekül ein Benzolring vorhanden ist.

Benzylalkohol ist der einfachste und wichtigste Ver-

$C_6H_5{-}CH_2{-}OH$

treter dieser Stoffklasse und stellt eine farblose, ölige Flüssigkeit mit angenehmen Geruch dar (molare Masse 108,14 g/mol, Siedepunkt 205 °C, Dichte 1,050 g/ml bei 15 °C). In Wasser ist Benzylalkohol etwas, in Alkohol und Ether leicht löslich.

Hinsichtlich der Molekülstruktur des Benzylalkohols kann man von zwei verschiedenen Grundmolekülen ausgehen. Vom Toluol leitet sich Benzylalkohol durch Eintritt der OH-Gruppe in die Seitenkette (Substitution) ab. Aber auch der Methylalkohol CH_3OH kann zugrunde gelegt und hier ein H-Atom der CH_3-Gruppe durch den Benzolring ersetzt werden, wobei ein aromatischer Alkohol entsteht.

Reaktionen. Die OH-Gruppe ist reaktionsfreudiger als in rein aliphatischen Alkoholen; das bedingt die Nachbarschaft des aromatischen Ringes. Im allgemeinen werden aber dieselben Reaktionen wie bei aliphatischen Alkoholen beobachtet. Als primärer Alkohol wird Benzylalkohol leicht oxidiert (bereits an der Luft von selbst). Oxidationsprodukte sind zunächst Benzaldehyd und dann Benzoesäure.

Ester und Ether bilden sich sehr leicht.

Herstellung von Benzylalkohol. Durch alkalische Verseifung von Benzylchlorid (s. S. 127); Chlor wird dabei durch die OH-Gruppe ersetzt. Nebenprodukt ist Dibenzylether.

$$C_6H_5{-}CH_2{-}Cl + H_2O \xrightarrow{Na_2CO_3} C_6H_5{-}CH_2{-}OH + HCl\ (NaCl)$$

Verwendung: Lösungsmittel für Lacke und Duftspender (blumenartig) in der Riechstoff-Industrie.

Technische Verfahren

Phenol ist ein **Folgeprodukt der Kohlenveredlung** und kann aus Kohlenwertstoffen gewonnen werden: a) aus Steinkohlen-Teer (s. S. 110), b) aus Kokerei-Abwässern (s. S. 109).

Cumol-Verfahren (nach Hock). Cumol (Isopropylbenzol), hergestellt aus Benzol und Propylen (s. S. 84), wird mittels Luft über Katalysatoren zum Cumolhydroperoxid oxidiert, das sich nach Zugabe von H_2SO_4 ($w = 0{,}10$) in Phenol und Aceton zersetzt:

$$C_6H_5{-}CH(CH_3)_2 \xrightarrow[\text{Luft}]{\text{Oxidation}} C_6H_5{-}C(CH_3)_2{-}O{-}OH \xrightarrow{H_2O} C_6H_5{-}OH + (CH_3)_2C{=}O$$

Cumol — Cumol-hydroperoxid — Phenol — Aceton

Beim technischen Verfahren entstehen: 76% Cumol, das unverändert bleibt und in den Prozeß zurückgeführt wird, 14% Phenol, 8% Aceton, 1% α-Methylstyrol und 1% Acetophenon. Dieses Gemisch muß getrennt werden.

Kresole $CH_3{-}C_6H_4{-}OH$ oder Methylphenole existieren in drei Stellungsisomeren:

o-Kresol	m-Kresol	p-Kresol
(Smp. 32 °C)	(Smp. 11 °C)	(Smp. 36 °C)

Alle Mono-methyl-phenole sind farblose Verbindungen, die sich aber mit der Zeit gelb bis braun färben. Ihr Geruch entspricht dem des Phenols. o- und p-Kresole sind in reinem Zustand kristallin, m-Kresol ist ein viskoses Öl. Kresole wirken als Flüssigkeit und Dampf haut- und atmungsschädigend.

In Wasser und $NaHCO_3$-Lösung sind Kresole schwer, in Alkoholen, Ether, Chloroform und anderen organischen Lösungsmitteln dagegen leicht löslich. Kresole sind mit Wasserdämpfen flüchtig.

Gewinnung der Kresole: Kresole werden nicht durch Synthese hergestellt. Die Folgeprodukte der Braunkohlen- und Steinkohlenveredlung, die Kohlenwertstoffe, liefern ausreichende Kresolmengen. Kresole finden sich in Steinkohlen-Verkokungsprodukten (Verkokungswasser, Mittelöl der Teerdestillation, s. S. 110). Aus diesen wird durch Extraktion ein Phenolgemisch (Rohphenol genannt) erhalten, das neben Phenol die Kresole und Xylenole enthält. Durch Destillation trennt man das Rohphenol in Phenol, Rohkresol (Gemisch der Kresole) und Rohxylenol (Gemisch der Xylenole).

Verwendung der Kresole: Die meisten Anwendungen beziehen sich daher auf das Gemisch der Kresole. 1. Die wichtigste Verwendung ist der Einsatz der Kresole bei der Herstellung von Kunstharzen (Phenoplaste. Bevorzugt werden hier die m- und p-Verbindung. 2. Das Rohkresol-Gemisch dient wegen seiner fäulnisschützenden Wirkung zum Imprägnieren von Holz. 3. Eine Emulsion aus Rohkresol in Seifenlösungen ist ein wirksames Desinfektionsmittel (Lysol).

Xylenole $(CH_3)_2—C_6H_3—OH$ oder Dimethyl-phenole (molare Masse 122,2 g/mol) kommen in mehreren Isomeren vor (Tab. 146.1). Sie werden nicht durch Synthese hergestellt, sondern aus Kohlenwertstoffen gewonnen (s. beim Kresol). Die Rohxylenol-Fraktion (s. S. 109) wird durch erneute Destillation weiterzerlegt.

Verwendung: Einige reine Xylenole sind Ausgangsverbindungen für die Synthese von Arzneimitteln,

Verbindung	Smp.	Sdp.
2,3-Xylenol	75	218
2,4- „	26	211
2,5- „	75	211
2,6- „	49	203
3,4- „	65	227
3,5- „	64	222

146.1 Physikalische Daten von Xylenolen

Desinfektionsmitteln und Farbstoffen. Bei der Herstellung von Kunstharzen wird 3,5-Xylenol gebraucht.

Chlorphenole sind Zwischenprodukte für Farbstoffe, Schädlingsbekämpfungs- und Desinfektionsmittel. o-Chlorphenol ist eine farblose Flüssigkeit mit unangenehmem Geruch; es entsteht besonders, wenn Phenol bei höherer Temperatur chloriert wird. p-Chlorphenol bildet farblose Nadeln. Es entsteht im Gemisch mit der o-Verbindung, wenn Phenol bei normaler Temperatur chloriert wird. m-Chlorphenol hat keine Bedeutung.

Mehrwertige Phenole

Mehrwertige Phenole sind solche Verbindungen, die am aromatischen Ring mehr als eine OH-Gruppe besitzen. Unter diesen sind es besonders die zweiwertigen Phenole, die bedeutsam sind. Sie besitzen Trivialnamen oder werden auch als Dihydroxy-benzole bezeichnet. Drei Isomere sind möglich:

OH
OH
Brenzkatechin
o-Dihydroxy-benzol

OH
OH
Rescorcin
m-Dihydroxy-benzol

OH
HO
Hydrochinon
p-Dihydroxy-benzol

Die synthetische Darstellung dieser Verbindungen benutzt weitgehend dieselben Reaktionen, die auch zum Phenol führen.

Die charakteristischen Reaktionen des Phenols, z. B. Salzbildung, Veretherung, Veresterung usw., zeigen auch die zweiwertigen Phenole. Sie sind Reduktionsmittel und daher oxidationsempfindlich (Verfärbung).

Brenzcatechin oder 1,2-(o-)-Dihydroxy-benzol ist eine farblose, kristalline Verbindung (Smp. 104 °C), die in Wasser leicht löslich ist und in alkalischer Lösung stark reduzierend wirkt, z. B. gegenüber Fehlingscher oder Tollensscher Lösung. – Mit $FeCl_3$-Lösung entsteht eine grüne Färbung.

Darstellung: Alkalischmelze von Phenol-o-sulfonsäure (s. S. 145) oder Hydrolyse von o-Chlorphenol oder o-Dichlorbenzol (mit Natronlauge $w = 0{,}20$, unter Druck, bei 200 °C und $CuSO_4$ als Katalysator).

Resorcin oder 1,3-(m-)-Dihydroxy-benzol ist eine farblose, kristalline, in Wasser leicht lösliche Verbindung (Smp. 110 °C). – Mit $FeCl_3$-Lösung bildet sich eine violette Färbung.

Darstellung: Alkalischmelze von m-Benzoldisulfonsäure.

Hydrochinon oder 1,4-(p-)-Dihydroxy-benzol bildet farblose, nadelförmige Kristalle, die in Wasser leicht löslich sind (Smp. 170 °C). Wegen seiner reduzierenden Eigenschaften dient Hydrochinon in der Photographie als Entwickler. Die Kristalle sind oxidationsempfindlich und färben sich an der Luft, besonders wenn sie feucht sind, braunrot.

Darstellung: Reduktion von p-Benzochinon (s. S. 199).

Naphthole

Naphthole sind Hydroxy-naphthaline, d. h. an das aromatische System des Naphthalins ist eine OH-Gruppe als funktionelle Gruppe gebunden. Zwei Verbindungen haben besondere Bedeutung:

α-Naphthol, 1-Naphthol oder 1-Hydroxy-naphthalin

OH

$C_{10}H_8O$ (molare Masse 144,17 g/mol) kristallisiert in Nadeln (Smp. 95 °C, Sdp. 278 bis 280 °C), die in Wasser nur wenig, aber in organischen Lösungsmitteln gut löslich sind. α-Naphthol zeigt bei Zugabe einer $FeCl_3$-Lösung eine violette Färbung.

β-Naphthol, 2-Naphthol oder 2-Hydroxy-naphthalin

—OH

ist wichtiger als α-Naphthol. Es bildet tafelförmige Kristalle (Smp. 122 °C, Sdp. 255 °C), die dasselbe Löslichkeitsverhalten wie α-Naphthol haben. β-Naphthol ist giftig, sein Staub reizt zum Niesen.

β-Naphthol liefert mit $FeCl_3$-Lösung eine grüne Färbung.

Die Reaktionen der Naphthole entsprechen denen der Phenole. Die OH-Gruppe ist aber etwas reaktionsfähiger; sie läßt sich leicht verethern und verestern.

Naphthole sind schwach sauer, so daß mit Natronlauge in Wasser leicht lösliche Salze entstehen, die Naphtholate.

Bei weiterer Substitution lenkt die OH-Gruppe in β-(2-)Stellung den neuen Substituenten in die 1-Stellung, während die OH-Gruppe in α-(1-)Stellung in die 2- und 4-Stellung dirigiert.

Verwendung: Naphthole sind Zwischenprodukte für Farbstoffe.

19.9.8 Phenoplaste

Phenoplaste (Phenol-Formaldehyd-Harze) entstehen durch Polykondensation von Formaldehyd und Phenol (oder seinen Derivaten). Als monomere Ausgangsverbindungen werden eingesetzt:

a) Formaldehyd
b) Phenole, Kresole, Xylenole, Resorcin.

Durch Erhitzen der Komponenten setzt die Kondensation ein. Je nach Reaktionsbedingungen (sauer oder alkalisch) und Mischungsverhältnis erhält man verschiedene Produkte (Harzstufen).

Selbsthärtende Harze sind solche, die durch Erhitzen auf 180 °C oder durch Zugabe von Säure (Kalthärtung) von selbst erhärten (Resole). Sie sind dann unschmelzbar, d.h. in der Wärme nicht mehr zu verformen (Resite). Auch die Löslichkeit in Alkohol oder Aceton geht bei diesem Übergang verloren; Resitole, der Zwischenzustand, sind nur noch erweichend und quellbar. **Nichthärtende Harze,** die Novolake, erhärten nicht von selbst, sondern können nur durch Zugabe eines Härters, gewöhnlich Hexamethylentetramin, gehärtet werden. Auch sie gehen dabei über Resitole in die Resite über.

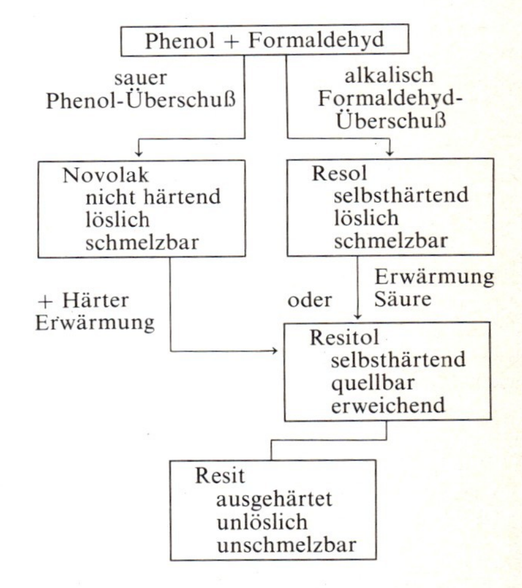

Reaktionen bei der Polykondensation

Die erste, sich bildende Verbindung ist immer ein Phenolalkohol, der durch Anlagerung von Formaldehyd an Phenol (in o- oder p-Stellung) entsteht. Von diesem ausgehend setzen dann verschiedene Polykondensationen ein:

OH + H—CHO → OH, —CH_2OH

Zum Beispiel: $\xrightarrow{+\text{Phenol}}$ OH —CH_2— OH + H_2O

Verwendung und Einsatz: Ausgegangen wird von Resolen (wäßrig-flüssig, in alkoholischer Lösung oder fest) sowie Novolaken (nur fest). Die Lagerfähigkeit der Resole ist begrenzt, da eine langsame Aushärtung bereits bei normaler Temperatur stattfindet. Novolake sind unbegrenzt beständig.

Einsatzgebiete sind: Preßmassen (Schalter, Steckdosen, Griffe, Möbelbeschläge usw.), Gießharze, Lackharze und Klebstoffe.

20 Optische Aktivität

Unter optischer Aktivität versteht man die Fähigkeit gewisser Stoffe, die Schwingungsebene des **polarisierten Lichtes** zu drehen. Für die organische Chemie hat diese physikalische Erscheinung deswegen Bedeutung, weil hierdurch der Nachweis einer neuen Art von Isomeren, der **optisch aktiven Isomere** mit besonderem Molekülaufbau, ermöglicht wird.

Zuerst beobachtet wurde die optische Aktivität an einigen festen kristallinen Stoffen, z. B. Quarz, Kaliumchlorat und -bromat. Beim Schmelzen verlieren diese Verbindungen aber ihre optische Aktivität; daraus kann gefolgert werden, daß diese hier an eine bestimmte Ordnung und Orientierung der Teilchen im Kristall gebunden ist und verschwindet, sobald der Kristallverband aufgehoben wird.

Die überwiegende Zahl optisch aktiver Verbindungen gehört der organischen Chemie an. Als **Flüssigkeit** oder **in Lösung** ist die optische Aktivität hier eine Eigenschaft, die von den einzelnen Molekülen hervorgerufen wird und von der Ordnung oder Orientierung der Moleküle unabhängig ist. Für die optische Aktivität einer Verbindung ist hier allein die Struktur des Einzelmoleküls verantwortlich.

Voraussetzung für das Auftreten optischer Aktivität ist ein sogenanntes **asymmetrisches C-Atom,** das durch einen Stern gekennzeichnet wird. Seine vier Valenzen sind durch vier verschiedene Gruppen besetzt.

Beispiele:

C_2H_5	CHO	CH_3
$H-\overset{*}{C}-CH_2OH$	$H-\overset{*}{C}-OH$	$H-\overset{*}{C}-COOH$
CH_3	CH_2OH	OH
2-Methyl-1-butanol Amylalkohol	Glycerinaldehyd	Milchsäure

Auch Weinsäure und die Zucker enthalten asymmetrische C-Atome und sind daher optisch aktiv.

Von den optisch aktiven Molekülen mit asymmetrischen C-Atomen gibt es zwei verschiedene Anordnungen, die sich wie Bild und Spiegelbild verhalten. Beide Verbindungen lassen sich weder durch Drehung noch Verschiebung zur Deckung bringen. Es handelt sich hier also um zwei verschiedene Molekülstrukturen mit derselben Summenformel, d. h. um zwei Isomere (Bild 148.1).

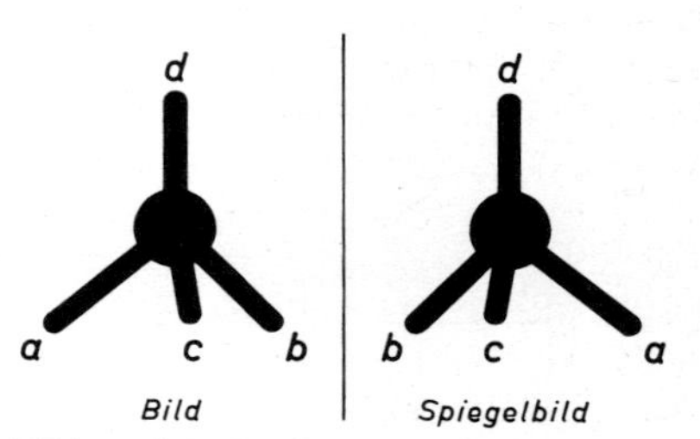

148.1 Bild und Spiegelbild

Jede **optisch aktive Verbindung** besteht demnach aus **zwei Isomeren,** die man durch einen polarisierten Lichtstrahl voneinander unterscheiden kann, weil die eine Verbindung die Polarisationsebene des Lichtes nach rechts (Kennzeichen: +), die andere nach links (−) dreht.

Die beiden Isomere einer optisch aktiven Verbindung bezeichnet man auch als **optische Antipoden;** beide drehen die Polarisationsebene um denselben Winkel, nur im Drehsinn unterscheiden sie sich. – Sind optische Antipoden in einem Gemisch in gleichen Mengen vertreten, nennt man dieses Gemisch ein Racemat. Eine Drehung der Polarisationsebene wird hier nicht beobachtet, weil sich die rechts- und linksdrehenden Eigenschaften der Moleküle ausgleichen. Racemate sind also optisch inaktiv, aber nur scheinbar, da sie aus gleichen Mengen zweier Isomere bestehen, von denen jedes für sich eine Drehung nach links bzw. rechts hervorrufen würde.

Der **Drehsinn** (rechts: +, links: −), den die optisch aktive Substanz zeigt, wird vom Beobachter aus beurteilt, d.h. der polarisierte Lichtstrahl, mit dem die Probe durchstrahlt wird, muß auf den Beobachter zukommen. Der bei der Zuckergärung gebildete Gärungsamylalkohol ist ein (−) 2-Methyl-1-butanol, also linksdrehend.

Der **Betrag der Drehung** (Drehungswinkel α) ist abhängig von der Zahl der optisch aktiven Moleküle, die sich im Strahlengang befinden. Gewöhnlich wird eine verdünnte Lösung der optisch aktiven Verbindung in einem optisch inaktiven Lösungsmittel vermessen. Der Drehungswinkel α ist dann abhängig von der Konzentration der Lösung und der durchstrahlten Weglänge der Lösung (Schichtdicke des Meßgefäßes):

$$\alpha = [\alpha] \frac{l \cdot c}{100} = [\alpha] \frac{l \cdot p \cdot \varrho}{100}$$

c = Konzentration in g/100 ml Lösung
l = Schichtdicke in dm (= 10 cm)
p = Anteil w in g/100 g Lösung
ϱ = Dichte der Lösung (bei Meßtemperatur)
[α] = Spezifische Drehung; das ist der Drehungswinkel, der für die betreffende optisch aktive Verbindung bei einer Konzentration von 1 g in 1 ml Lösung und einer Schichtdicke von 1 dm = 10 cm gemessen wird.

Wenn keine Lösung, sondern eine reine Flüssigkeit vermessen wird, so daß die Konzentrationsangabe wegfällt, lautet die Formel:

$$\alpha = [\alpha] \cdot l \cdot \varrho$$

Der **Drehungswinkel** ist ferner von der Temperatur und der Wellenlänge des polarisierten Lichtes abhängig. Die Angabe des Drehungswinkels α erfordert daher die Beifügung der Temperatur und der Wellenlänge des verwendeten polarisierten Lichtes.

Wenn die spezifische Drehung [α] einer Verbindung bekannt ist und α gemessen wird, kann die Konzentration der Lösung berechnet werden. Besonders bei Zuckerlösungen wird dieses Verfahren zur **Konzentrationsbestimmung** herangezogen.

Polarimeter sind Instrumente zur Messung des Drehwinkels α optisch aktiver Verbindungen. Eine Polarimeter-Anordnung zeigt Bild 149.1. Als Lichtquelle dient bei vergleichenden Messungen eine Natriumlampe. Man kann auch eine normale Glühbirne verwenden und ein Filter einsetzen, das nur solches Licht, das im Bereich des gelben Natriumlichtes liegt, hindurchläßt. Auf die Lichtquelle folgt der Polarisator (Nicolsches Prisma), der das normale Licht in polarisiertes umwandelt. Dieses durchdringt dann das Gefäß mit der Lösung, die Meßküvette, und gelangt schließlich in den Analysator, der ebenfalls ein Nicolsches Prisma ist. Der Analysator kann aber nur dann das polarisierte Licht hindurchlassen, wenn die Lage seiner Polarisationsebene mit der des Polarisators übereinstimmt. Der Polarisator ist fest angeordnet, der Analysator drehbar und mit einer runden Scheibe verbunden, die eine Winkelteilung auf dem Umfang besitzt.

Ausführung einer Messung: Zunächst bringt man die Küvette mit dem reinen Lösungsmittel in den Strahlengang. Der Analysator wird nun solange gedreht, bis maximale Helligkeit im Beobachterauge erscheint. In diesem Falle stehen Polarisator und Analysator parallel, d.h., die vom Polarisator ausgewählte Schwingungsebene des polarisierten Lichtes stimmt mit der des Analysators überein, so daß hier das Licht ungehindert hindurchtreten kann. Völlige Dunkelheit herrscht dagegen, wenn der Analysator soweit gedreht wird, daß seine Polarisationsebene und die des Analysators senkrecht aufeinander stehen. Die Nullstellung des Analysators ist also der Wert, der bei maximaler Helligkeit abgelesen wird.

Dann wechselt man die Küvette mit dem Lösungsmittel gegen die mit der Lösung aus, in der der optisch-aktive Stoff enthalten ist. Dieser dreht die Schwingungsebene des Lichtes. Um wieder maximale Helligkeit zu erreichen, muß der Analysator nachgedreht werden, und zwar genau um den Winkel, um den die Polarisationsebene durch die optisch-aktive Substanz gedreht wurde. Am Analysator kann der Drehungswinkel α und der Drehsinn (+ oder −) abgelesen werden.

Polarimeter, die zur Konzentrationsbestimmung von Zuckerlösungen eingesetzt werden, nennt man auch Saccharimeter.

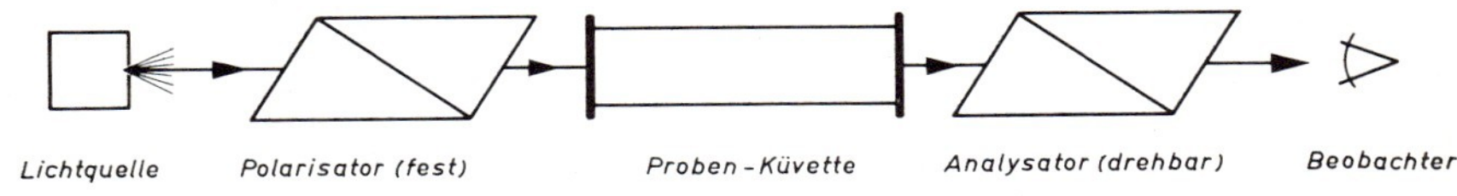

149.1 Polarimeter-Anordnung

21 Ether

Werden zwei gleiche oder verschiedene organische Gruppen, z.B. Alkyl- oder Phenylgruppen über ein Sauerstoffatom miteinander verbunden, entsteht eine neue Verbindungsklasse, die Ether. Die sogenannte Sauerstoffbrücke —O— ist das Charakteristikum der Ether; der Sauerstoff ist mit zwei C-Atomen verbunden.

Ether: **R—O—R** oder **R—O—R'**

Einfache oder symmetrische Ether R—O—R enthalten zwei gleiche Gruppen, z.B. CH_3—O—CH_3, C_2H_5—O—C_2H_5 oder C_6H_5—O—C_6H_5.
Gemischte Ether R—O—R' besitzen zwei verschiedene Gruppen R und R', z.B. CH_3—O—C_2H_5, CH_3—O—C_3H_7 oder C_6H_5—O—CH_3.

Ether mit Alkylgruppen haben die Summenformel $C_nH_{2n+2}O$. Sie sind deswegen mit Alkanolen isomer.
Ferner gibt es:
Cyclische Ether, wenn sich der Sauerstoff zwischen den C-Atomen eines ringförmigen Moleküls (eines Cycloalkans) befindet.

Beispiel:

```
CH2—CH2
 |    |
CH2  CH2
  \  /
   O
```

Ungesättigte Ether, wenn die Gruppen der Alkene oder Alkine über eine Sauerstoffbrücke verbunden sind.

Beispiel:

CH_3—O—CH=CH_2

21.1 Struktur der Ether

Die Ether kann man formell vom Wasser ableiten, wenn beide H-Atome durch Alkyl- oder Phenylgruppen ersetzt werden. Besser betrachtet man sie aber als Derivate der Alkohole oder Phenole, aus denen sie gewöhnlich auch hergestellt werden.

H—O—H
Wasser

R—O—H
Alkohole

C_6H_5—O—H
Phenol

R—O—R
bzw.
R—O—R'
Ether

Ether haben keine gestreckten Moleküle, sondern der Valenzwinkel des Sauerstoffs im Wasser (rund 105°) bleibt auch bei den Ethern erhalten.

Beispiel:

```
      O
     / \
 H3C     C3H7
    105°
```

Um die (C—O)-Bindung besteht als Einfachbindung freie Drehbarkeit.

21.2 Nomenklatur der Ether

Von den Ethern haben nur Verbindungen mit einer beschränkten Zahl von C-Atomen Bedeutung. Deshalb kommt man bei ihrer Benennung mit Trivialnamen aus: Man erwähnt die jeweiligen Gruppen in alphabetischer Reihenfolge und hängt die **Nachsilbe -ether** an. Bei symmetrischen Ethern, die zwei gleiche Gruppen enthalten, setzt man gewöhnlich die **Vorsilbe di-.**

Beispiele:

CH_3—O—C_2H_5	Ethyl-methyl-ether
CH_3—O—CH=CH_2	Methyl-vinyl-ether
C_2H_5—O—C_2H_5	Di-ethyl-ether
C_6H_5—O—C_6H_5	Di-phenyl-ether

Die **Genfer-Nomenklatur** ist weniger gebräuchlich. Danach bezeichnet man z.B. die Gruppen als CH_3—O— Met-oxy-, C_2H_5—O— Eth-oxy- usw., allgemein $C_nH_{2n+1}O$— Alkoxy- und C_6H_5—O— Phen-oxy-.

Die Ether sind dann **Alkoxy-** bzw. **Phenoxy-Derivate** von Alkanen (Alkenen, Alkinen) oder Benzol.

Beispiele:

$\underbrace{CH_3}-O-\underbrace{CH_3}$

Methoxy-methan

$\underbrace{CH_3}-O-\underbrace{C_3H_7}$

Methoxy-propan

$\underbrace{C_6H_5}-O-\underbrace{C_2H_5}$

Phenoxy-ethan

$\underbrace{C_6H_5}-O-\underbrace{C_6H_5}$

Phenoxy-benzol

$\underbrace{CH_3-CH_2}-O-\underbrace{CH{=}CH_2}$

Ethoxy-ethen

21.3 Physikalische Eigenschaften

Ether sind, bis auf die beiden Anfangsglieder, wasserklare, leichtbewegliche, farblose Flüssigkeiten mit charakteristischem, „etherischem“ Geruch. Die wichtigsten Ether haben niedrige Siedepunkte und daher große Flüchtigkeit. Sie sind **stark brennbar.** Ihre Dämpfe bilden **mit Luft explosible Gemische.**

Während die Alkohole noch manche Eigenschaften des Wassers zeigen, ist das bei Ethern nicht mehr der Fall, weil an Sauerstoff gebundene H-Atome fehlen. Eine Assoziation der Ether-Moleküle untereinander über Wasserstoffbrücken kann daher nicht stattfinden.

Daraus folgen einige weitere wichtige physikalische Eigenschaften der Ether: Die **Siedepunkte** liegen wegen fehlender Assoziation wesentlich tiefer als die vergleichbarer Alkohole:

Beispiele:
Diethylether: +35 °C und n-Butanol: +118 °C
Dimethylether: −25 °C und Ethylalkohol: + 78 °C

Die **Mischbarkeit mit Wasser** ist sehr gering. Technischer Ether enthält aber immer etwas Wasser gelöst. Um völlig trockenen, „absoluten“ Ether herzustellen, gibt man Natriumdraht (aus einer Natriumpresse) in die Flüssigkeit, der letzte Wasserreste bindet. Gegen Natriummetall sind alle Ether beständig. Der trockene Ether wird anschließend abdestilliert.

21.4 Chemische Eigenschaften und Reaktionen

Ether sind wegen fester Bindungen in den Molekülen (siehe Tab. 13.1) **reaktionsträge** und in dieser Hinsicht mit Alkanen vergleichbar. Sie reagieren nicht mit metallischem Natrium und werden bei mäßigem Erwärmen auch nicht von den meisten konz. Säuren oder Laugen angegriffen.

Etherspaltung. Gegen Iodwasserstoffsäure HI (Dichte: 1,7 g/ml) sind Ether nicht beständig. Beim Erhitzen spaltet die Etherbindung zwischen Kohlenstoff und Sauerstoff:

$$C_2H_5-O-CH_3 + 2\,HI \rightarrow CH_3I + C_2H_5I + H_2O$$

Es entstehen dabei die entsprechenden Iodalkane. Bei längerem Erhitzen wird diese Reaktion auch von HBr eingeleitet.

Wegen des häufigen Umgangs mit Diethylether sei auf einige wichtige Punkte hingewiesen, die beachtet werden müssen. Der niedrige Siedepunkt bedingt große Flüchtigkeit und starke Verdunstung. Etherdämpfe sind schwerer als Luft und sammeln sich deswegen an tiefergelegenen Stellen, z.B. auch in Abflußbecken. Sie sind leicht entflammbar. Mit Luft entstehen explosible Gemische. An der Luft (beim Umfüllen) und im Licht entstehen die gefährlichen Etherperoxide, deren Bildung auch durch Metallspuren und andere Verunreinigungen begünstigt wird. Beim Umfüllen größerer Ethermengen

Name	Formel	molare Masse g/mol	Sdp. °C	Dichte in g/ml bei 20 °C
Dimethyl-ether	CH_3-O-CH_3	46,7	−25	gasförmig
Ethyl-methyl-ether	$CH_3-O-C_2H_5$	60,10	7	gasförmig
Diethyl-ether	$C_2H_5-O-C_2H_5$	74,12	34,5	0,714
Methyl-i-propyl-ether	$CH_3-O-C_3H_7$	74,12	32	0,715
Di-i-propyl-ether	$C_3H_7-O-C_3H_7$	102,18	68	0,725
Methyl-phenyl-ether	$C_6H_5-O-CH_3$	108,14	154	0,995
Ethyl-phenyl-ether	$C_6H_5-O-C_2H_5$	122,17	171	0,969
Diphenyl-ether	$C_6H_5-O-C_6H_5$	170,21	252	1,073

151.1 Physikalische Daten von Ethern

ist daran zu denken, daß sich strömender Ether elektrisch auflädt (Abfülleitungen erden!).
Vor jeder Etherdestillation **Peroxid-Gehalt** prüfen und entfernen!

Sehr reiner Ether ist ein wichtiges Narkosemittel bei Operationen. φ(Ether) = 0,01 in Luft ruft eingeatmet einen Rauschzustand hervor; φ(Ether) = 0,03 bis 0,05 in Luft führen zu einer tiefen Narkose und Erschlaffung der Muskulatur. φ(Ether) = 0,07 bis 0,10 in Luft können tödlich wirken, da es zur Lähmung von Kreislauf und Atmung kommt. – Der eingeatmete Ether wird mit der verbrauchten Atmungsluft wieder ausgeschieden.

Peroxid-Bildung. Etherperoxide sind eine beträchtliche Gefahr beim Arbeiten mit Ethern.

Bei längerem Aufbewahren von Ethern an der Luft und im Licht bilden sich mit dem Sauerstoff sogenannte Etherperoxide. Diese sind gewöhnlich schwer flüchtig, aber beim Erwärmen leicht unter heftiger Explosion zersetzlich. Beim Destillieren von Ethern reichern sich die Etherperoxide im Rückstand an, der gewöhnlich am Ende der Destillation überhitzt wird, so daß die Peroxide sich zersetzen. Dabei ist es schon zu äußerst heftigen Explosionen gekommen.

Ether sollen daher nur dann bei chemischen Reaktionen eingesetzt werden, wenn die Peroxide vollständig entfernt sind.

Nachweis von Etherperoxiden: 1. Mit saurer KI-Lösung (5 g KI in 100 ml Wasser, dazu 3 ml konz. H_2SO_4): 2 ml Ether werden mit 2 ml der KI-Lösung geschüttelt. Je nach Peroxidmenge tritt Gelb- bis Braunfärbung auf. Die Reaktion kann durch Zugabe von Stärke noch empfindlicher gemacht werden.
2. Mit Titanylsulfat $TiO(SO_4)_2$: (5 g in 100 ml Wasser + 3 ml konz. H_2SO_4). Peroxide erzeugen hier Gelbfärbung.

Entfernung von Etherperoxiden: Schütteln des Ethers mit konz. Lösung von Fe-II-sulfat $FeSO_4$.

21.5 Einzelne wichtige Ether

Ether haben keine Bedeutung als Zwischenprodukte bei Reaktionen, da sie zu reaktionsträge sind. Ihre Bedeutung liegt auf anderen Gebieten.

Dimethylether $CH_3—O—CH_3$ entsteht als Nebenprodukt (5%) bei der Methanol-Synthese (s. S. 139) und wird durch Destillation vom Methanol abgetrennt; die so gewonnene Menge deckt den Bedarf. Lagerung und Transport geschieht als verflüssigtes Gas in Stahlflaschen.

Diethylether $C_2H_5—O—C_2H_5$ ist der wichtigste Ether und wird technisch hergestellt.

Die Qualitäten der Handelssorten des Ethers sind: 1. Ether technisch, enthält etwas Alkohol und 0,2% Wasser, 2. Ether DAB 6 mit weniger als 0,1% H_2O und Spuren Alkohol, 3. Narkose-Ether mit besonderen Anforderungen.

Der Wasser- und Alkoholgehalt ist bisweilen störend. Durch Aufbewahren über Natriumdraht und anschließendes Abdestillieren des Ethers wird sowohl Wasser als auch Alkohol entfernt, da entstehendes NaOH bzw. Na-ethylat unlöslich sind und im Rückstand verbleiben (Reinigen und Absolutieren des Ethers).

Verwendungen:

Als Lösungsmittel für Fette, Öle und Riechstoffe. Vielfach werden aber hier bereits ungefährlichere Lösungsmittel, z.B. Chloralkane oder -alkene, eingesetzt. – Wegen seiner Beständigkeit gegen viele Reagenzien und der guten Löseeigenschaften wird Ether im Laboratorium, vielfach in wasserfreier Form, als Lösungsmittel bei Reaktionen verwendet. – Auch als Extraktionsmittel beim Ausethern (Ausschütteln) ist Ether besonders geeignet, weil er gut löst und mit Wasser nicht mischbar ist. Zu berücksichtigen ist aber hier, daß bei Zimmertemperatur 100 Teile Wasser 7,5 Teile Ether und 100 Teile Ether 1,5 Teile Wasser lösen. Bei Extraktionen kann Ether durch andere Flüssigkeiten, z.B. Methylenchlorid (Chlormethan), ersetzt werden.

Die Verdunstungskälte (Abkühlung beim Verdunsten) ist beim Ether hoch.

Di-iso-propyl-ether fällt als Nebenprodukt bei der

```
CH3           CH3
   \         /
    CH—O—CH
   /         \
CH3           CH3
```

Gewinnung von Isopropanol aus Propylen nach dem H_2SO_4-Verfahren (s. S. 141) an.

Er besitzt sehr gute Löseeigenschaften, z.B. für Harze, Lacke und Gummi. – Wegen seiner hohen Octanzahl (96) wird er bisweilen Benzinen zugemischt. – Das Peroxid des Diisopropylethers ist äußerst gefährlich!

Tetrahydrofuron (oder **Oxolan,** s. S. 247) ist eine

```
H2C———CH2
 |     |
H2C    CH2
  \   /
    O
```

farblose Flüssigkeit (Siedepunkt 65,5 °C, Dichte 0,888 g/ml bei 20 °C). Es besitzt gute Löseeigenschaften, z.B. für Polyvinylchlorid, Kautschuk, Buna und Lackrohstoffe, und ist deswegen ein interessantes Lösungsmittel geworden. Mit Wasser ist Tetrahydrofuran mischbar.

Auch als Zwischenprodukt hat es Bedeutung. Im Laboratorium dient Tetrahydrofuran als Lösungsmittel für Grignard-Synthesen. Peroxide beachten!

Dioxan oder **Diethylendioxid** ist eine farblose, mit

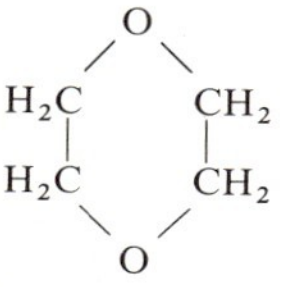

```
       O
     /   \
H2C       CH2
 |         |
H2C       CH2
     \   /
       O
```

Wasser mischbare Flüssigkeit (Siedepunkt 101,5 °C, Dichte 1,0336 bei 20 °C, Erstarren bei 12 °C). Weil Dioxan ein hervorragendes Lösungsmittel ist, z.B. für Celluloseether und -acetat, mineralische und pflanzliche Öle sowie Naturharze und Chlorkautschuk, hat es vielseitige Verwendung gefunden.
Dioxan ist chemisch indifferent, bildet aber Peroxide. Es ist leicht brennbar; seine Dämpfe sind bei längerem Einatmen giftig.

Diphenylether $C_{12}H_{10}O$ bildet farblose, niedrig

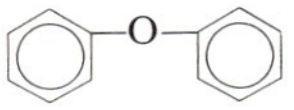

$C_6H_5—O—C_6H_5$

schmelzende Kristalle (Smp. 28 °C). Neben der Synthese aus Phenol und Chlorbenzol entsteht Diphenylether als Nebenprodukt bei der Phenolsynthese durch Hydrolyse von Chlorbenzol (s. S. 145).

Dibenzylether wird hergestellt wie andere Ether

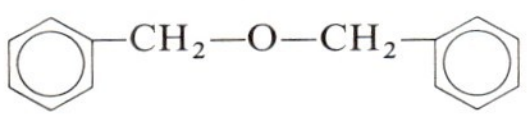

$C_6H_5—CH_2—O—CH_2—C_6H_5$

(s. S. 153). Benzylalkohol wird mit Schwefelsäure w = 0,30 auf 200 °C erhitzt, wobei die Etherbildung unter H_2O-Abspaltung stattfindet.
Als Weichmacher für Kunststoffe hat Dibenzylether geringe Verwendung gefunden.

Phenolether sind Flüssigkeiten mit angenehmem Geruch. In Wasser sind Phenolether praktisch unlöslich; dafür lösen sie sich gut in Benzol, Alkohol, Ether und anderen organischen Lösungsmitteln.
Anisol oder Methyl-phenyl-ether C_7H_8O wird vor-

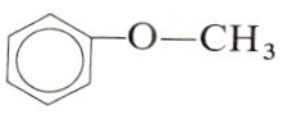

$C_6H_5—O—CH_3$

wiegend als Zwischenprodukt verwendet. Die Darstellung des Anisols geht von Phenol und Dimethylsulfat aus.

Phenetol oder Ethyl-phenyl-ether $C_8H_{10}O$ ist ebenfalls Zwischenprodukt für organische Synthesen.

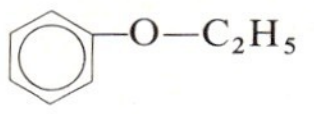

$C_6H_5—O—C_2H_5$

Hergestellt wird es aus Phenol und Diethylsulfat $(C_2H_5)_2SO_4$.

In der präparativen organischen Chemie werden Phenolether häufig hergestellt, um die phenolische OH-Gruppe zu „schützen", d.h. vor Oxidation oder anderen möglichen Nebenreaktionen zu bewahren. Beispiel: Soll in einem Methyl-phenol die CH_3-Gruppe oxidiert werden, muß die OH-Gruppe vor dieser Reaktion geschützt werden, wenn sie erhalten bleiben soll. – Phenolether werden wieder gespalten, indem man sie mit Iodwasserstoffsäure am Rückfluß einige Zeit erhitzt.

Technische Verfahren

Diethylether aus Ethanol

Ethanol wird mit Schwefelsäure zur Reaktion gebracht. Da nach dieser Reaktion nicht nur Ether, sondern auch Ester und Ethylen erhalten werden können (s. S. 138), müssen bestimmte Reaktionsbedingungen eingehalten werden: Die Temperatur beträgt etwa 100 °C und Ethanol wird im Überschuß angeboten.
Im technischen Verfahren geht man so vor, daß zunächst Ethanol und Schwefelsäure im gleichen Verhältnis gemischt werden. Dabei entsteht Ethylschwefelsäure. Diese läßt man in Ethanol einfließen, dabei reagiert Ethylschwefelsäure mit überschüssigem Ethanol:

$$C_2H_5-\boxed{O-SO_3H + H}O-C_2H_5 \rightarrow C_2H_5-O-C_2H_5 + H_2SO_4$$

Der entstehende Ether destilliert wegen seines niedrigen Siedepunktes (35 °C) ab.
Die vereinfachte Reaktion kann man so schreiben:

$$2\,C_2H_5OH \xrightarrow[130\,°C/H_2SO_4]{-H_2O} C_2H_5-O-C_2H_5$$

RM Die **Etherbildung aus Ethanol** mittels Schwefelsäure ist eine **Katalyse durch H^+-Ionen.**
Im ersten Schritt wird ein Proton an die OH-Gruppe des Alkohols angelagert:

$$C_2H_5-\overline{\underline{O}}-H + H^{\oplus} \rightarrow C_2H_5-\overline{O}^{\oplus}(H)-H$$

Es entsteht ein **Oxonium-Ion,** dessen (C—O)-Bindung stark **polar** ist (das Bindungselektronenpaar ist zum Sauerstoff hin verschoben), was die H_2O-

Abspaltung begünstigt. Das Wasser wird von der Schwefelsäure aufgenommen.

$$C_2H_5-\overline{O}^{\oplus}(H)-H \rightarrow C_2H_5^{\oplus} + |\overline{O}(H)-H$$

Das gebildete Ethyl-Kation lagert sich an ein Ethanol-Molekül an; Ethanol ist im Überschuß vorhanden.

$$C_2H_5^{\oplus} + C_2H_5-\overline{\underline{O}}-H \rightarrow C_2H_5-\overline{O}^{\oplus}(C_2H_5)-H$$

Dieses Diethyloxonium-Ion stabilisiert sich, in dem ein H^+-Ion abgespalten wird, das erneut in die Reaktion eingreifen kann (Katalyse):

$$C_2H_5-\overline{O}^{\oplus}(C_2H_5)-H \rightarrow C_2H_5-\overline{O}|(C_2H_5) + H^{\oplus}$$

21.6 Epoxide (Oxirane)

Epoxide sind etherähnliche Verbindungen mit Sauerstoff als Ringatom in einem Dreiring (cyclischer Ether).
Zwei Beispiele mit technischer Bedeutung:

H_2C——CH_2 \ O / — Ethylenoxid, Oxiran

H_3C—CH——CH_2 \ O / — Propylenoxid, Methyloxiran

Die Bezeichnung Oxirane entspricht der neuen Nomenklatur für heterocyclische Verbindungen (s. S. 247).
Oxirane sind sehr **reaktionsfähige** Verbindungen wegen starker **Ringspannung** in dem Dreiring (s. S. 36). Sie reagieren leicht mit anderen (nukleophilen) Stoffen, wie H_2O, NH_3 oder HCN sowie den funktionellen Gruppen —OH, —COOH oder —NH_2. Dabei öffnet sich der Dreiring und es entstehen **bifunktionelle** Moleküle (zwei funktionelle Gruppen in einem Molekül).

Beispiele:

H_2C——CH_2 (\ O /) $+ H_2O \rightarrow$ H_2C——CH_2 (OH, OH) — Glykol, 1,2-Ethandiol

H_2C——CH_2 (\ O /) $+ HCN \rightarrow$ H_2C——CH_2 (OH, CN) — Ethan-cyanhydrin

Ethylenoxid ist ein farbloses Gas (oder Flüssigkeit,

H_2C——CH_2 \ O /

Sdp. 11 °C) mit süßlichem Geruch. Es ist giftig und selbstzersetzlich zu CO und CH_4, was mit starker Wärmeentwicklung und Drucksteigerung verbunden ist.

Verwendung des Ethylenoxids:

$(CH_2)_2O + H_2O \rightarrow$ Glykol (s. S. 142)
$+ NH_3 \rightarrow$ Ethanolamine (s. S. 175)
$+ HCN \rightarrow$ Acrylnitril (s. S. 230)

In der Bundesrepublik wurden 1981 400000 t Ethylenoxid erzeugt, davon wurden etwa 50% auf Glykol weiterverarbeitet.

Technische Verfahren

Ethylenoxid aus Ethylen durch Direktoxidation

Die Einsatzprodukte Ethylen und Sauerstoff werden auf 10 bar komprimiert, vorgewärmt und dem Reaktor zugeleitet. Im Reaktor befindet sich der gekörnte Katalysator – feinverteiltes Silber auf einem Trägermaterial-, untergebracht in einer großen Zahl von Röhren (Röhrenreaktor).

Die Hauptreaktion ist:

$$2\,C_2H_4 + O_2 \rightarrow H_2C\text{——}CH_2\ (\backslash O /) + 210\ kJ$$

In einer Nebenreaktion wird CO_2 gebildet:

$$C_2H_4 + 3\,O_2 \rightarrow 2\,CO_2 + 2\,H_2O + 317\ kJ$$

Beide Reaktionen sind stark exotherm. Damit die Reaktionstemperatur von 250 bis 300 °C nicht überschritten wird, wird der Reaktor intensiv gekühlt und dabei Hochdruckdampf erzeugt. Die heißen Reaktionsgase aus dem Reaktor geben ihre Wärme an Einsatzgas ab.

Bei einem Durchgang wird ein Umsatz von etwa 10% Ethylen erreicht. Nicht umgesetztes Gas geht nach Abtrennung der Reaktionsprodukte und Auswaschen des CO_2 in den Reaktor zurück (Rückgas).

In der Kolonne I wird Ethylenoxid mittels Wasser aus dem Reaktionsgas ausgewaschen. Das Ethylenoxid/Wasser-Gemisch wird in Kolonne II getrennt. Wasser geht in den Prozeß zurück, Roh-Ethylenoxid wird schließlich in Kolonne III reindestilliert.

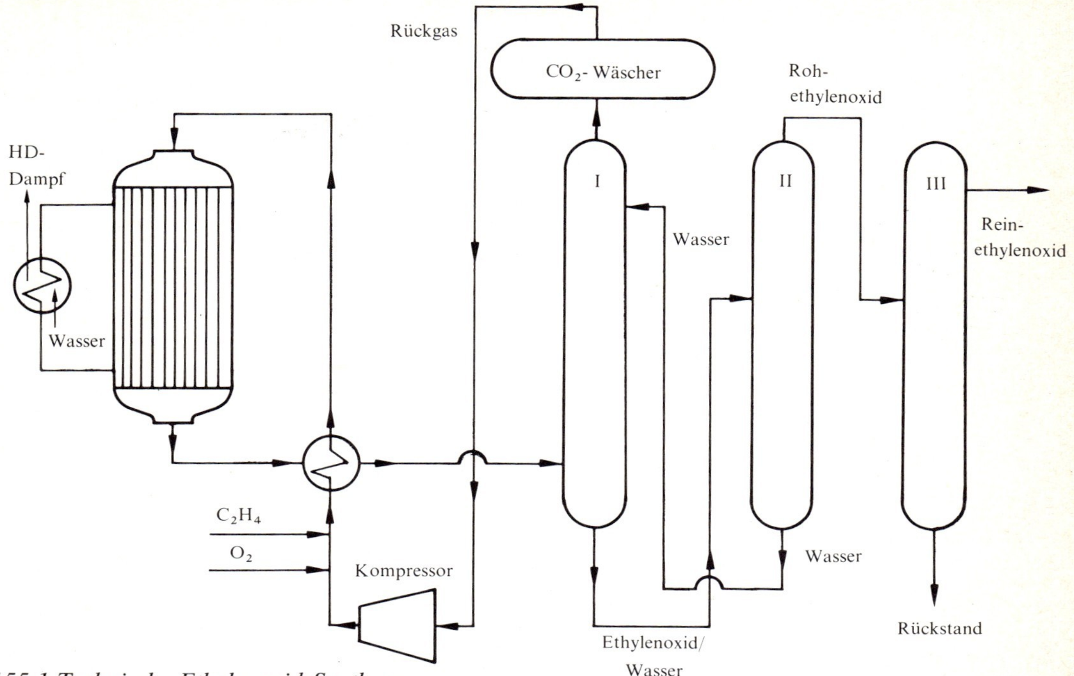

155.1 Technische Ethylenoxid-Synthese

21.7 Gießharze

Gießharze sind flüssige (gelöste) oder durch mäßiges Erwärmen verflüssigbare Kunststoffe, die z. B. in Formen gegossen werden und dort nach Erwärmen oder nach Zusatz weiterer Komponenten (z.B. Katalysatoren) erhärten. Die bekanntesten Gießharze sind Resole, ungesättigte Polyester und Epoxidharze.

Ungesättigte Polyester-Harze

Darunter versteht man im allgemeinen die Lösung eines ungesättigten Polyesters in einem flüssigen Monomeren, die miteinander copolymerisieren können. Von Bedeutung ist der Polyester der Maleinsäure mit Glykol, gelöst in Styrol als Monomeren.

Herstellung in zwei Stufen:

a) Maleinsäureanhydrid und Glykol werden durch Erhitzen auf über 120 °C zum Polyester kondensiert. Dieser besteht überwiegend aus Kettenmolekülen und ist nicht sehr hochmolekular, sodaß er ölig und löslich anfällt.

b) Der Polyester wird in Styrol zu einer Lösung mit $w = 0{,}70$ aufgelöst. Nach Zugabe von Benzoylperoxid (Katalysator) und Erhitzen auf 100 °C beginnt die Copolymerisation, die unter starker Vernetzung zu einem harten, durchsichtigen Produkt führt, das unschmelzbar und unlöslich ist (Duroplast).

Epoxiharze

Diese sind flüssige oder leicht schmelzbare, in den üblichen Lösungsmitteln lösliche Harze, die nach Zusatz anderer geeigneter Verbindungen gehärtet werden können.

Epoxiharze sind Kondensationsprodukte von mehrbasigen Phenolen mit Epichlorhydrin,

z. B.

$$HO-C_6H_4-C(CH_3)_2-C_6H_4-OH$$

4,4′-Dihydroxy-2,2-diphenyl-propan

$$H_2C\underset{O}{-}CH-CH_2-Cl$$

Epichlorhydrin

Die Polykondensationen verlaufen nicht einheitlich, führen aber unter Bildung von HCl und Aufspaltung des Epoxidringes zu vorwiegend kettenförmigen Harzmolekülen.

Durch Additionsreaktionen mit

a) Anhydriden zweibasiger Carbonsäuren oder

b) Aminen, die zugesetzt werden, können die Harze heiß oder kalt gehärtet werden (Duroplaste).

Verwendung: Epoxiharze sind ausgezeichnete Klebstoffe, die außerordentliche Haftung auf fast allen Werkstoffen, auch Metallen, besitzen. Als Gießharze können sie nach dem Gießverfahren zu Formkörpern verarbeitet werden.

22 Organische Schwefel-Verbindungen

22.1 Thioalkohole (Mercaptane)

Diese Verbindungsgruppe hat die allgemeine Formel

R—**SH**

Wie die Alkohole R—OH vom Wasser H—OH kann man die Mercaptane R—SH vom Schwefelwasserstoff H—SH ableiten. Man kann auch sagen: In der funktionellen OH-Gruppe der Alkohole ist der Sauerstoff durch Schwefel ersetzt; dadurch entsteht die funktionelle SH-Gruppe der Mercaptane.

Der SH-Gruppe hat man den Namen **Mercapto-** gegeben. Verbindungen mit dieser Gruppe haben einen äußerst unangenehmen Geruch.
Methylmercaptan CH_3—SH ist gasförmig, die höheren Mercaptane sind flüssig. – Die Siedepunkte der Mercaptane liegen tiefer als die entsprechender Alkohole. – Die Löslichkeit der Mercaptane in Wasser ist geringer als die der Alkohole.

Der „saure" Charakter des Wasserstoffs der SH-Gruppe ist stärker als der der OH-Gruppe. Mercaptane reagieren schwach sauer. Aus diesem Grunde sind Mercaptane in starken Laugen löslich und bilden Salze, die Mercaptide; Alkohole zeigen nicht diese Reaktion:

$$C_2H_5\text{—SH} + NaOH \rightarrow C_2H_5\text{—SNa} + H_2O$$

Mercaptide sind in wäßriger Lösung dissoziiert: $C_2H_5\text{—}S^-\ Na^+$. Quecksilbermercaptide $Hg(RS)_2$ sind in Wasser schwer- bis unlöslich.

Durch Luftsauerstoff oder andere Oxidationsmittel werden Mercaptane zu **Disulfiden** R—S—S—R oxidiert.

Mercaptane sind z.B. im rohen Erdöl enthalten und verleihen diesem seinen unangenehmen Geruch. Bei der Destillation des Erdöls finden sich die Mercaptane in den Erdölprodukten (Benzin, Dieselkraftstoff) usw. wieder; aus diesen müssen sie entfernt werden, da sie selbst und ihre Verbrennungsprodukte (SO_2) Korrosion im Motor hervorrufen.

22.2 Thioether oder organische Sulfide

Die den normalen Ethern entsprechenden Thioether kann man, wie dort vom Wasser, hier vom Schwefelwasserstoff H—S—H ableiten, indem die H-Atome durch Alkylgruppen ersetzt werden. Je nachdem, ob die beiden Gruppen gleich oder verschieden sind, unterscheidet man einfache und gemischte Thioether:

einfache Thioether: R—S—R

gemischte Thioether: R—S—R′

Zwei Alkylgruppen sind hier über eine Schwefel-„Brücke" miteinander verbunden.

Die Thioether benennt man mit Trivialnamen, indem die Alkylgruppen in alphabetischer Reihenfolge zuerst genannt und die Nachsilben: -thioether oder -sulfide angehängt werden.

Beispiel:

$CH_3\text{—S—}C_2H_5$
Ethyl-methyl-thioether oder Ethyl-methyl-sulfid.

Wie die Mercaptane sind auch Thioether häßich riechende Flüssigkeiten. Beide treten häufig zusammen auf, z.B. im rohen Erdöl.

22.3 Sulfoxide

Thioether werden bei normaler Temperatur durch HNO_3, CrO_3 oder H_2O_2 zu Sulfoxiden oxidiert:

$$\underset{\text{Dimethylthioether}}{CH_3\text{—S—}CH_3} + [O] \rightarrow \underset{\text{Dimethylsulfoxid}}{CH_3\text{—}\overset{}{\underset{\underset{O}{\|}}{S}}\text{—}CH_3} \text{ oder } (CH_3)_2SO$$

Dimethylsulfoxid $CH_3\text{—SO—}CH_3$ ist ein interessantes neues Lösungsmittel mit ausgezeichneten Löseeigenschaften. Es ist eine klare, farblose, brennbare Flüssigkeit mit schwachem Geruch. Die physikalischen Daten sind: Smp. 18,4 °C; Sdp. 189 °C,

Dichte 1,100 g/ml bei 20 °C. Dimethylsulfoxid ist unbegrenzt mischbar mit Wasser, Alkoholen, Ketonen und Aromaten, aber nicht mit flüssigen Paraffinen.

Verwendung: Dimethylsulfoxid löst Campher, Harze, Fette sowie die Fasern Polycrylnitril (Orlon, Dralon, PAN), Polyethylenglykolterephthalat (Trevira, Diolen, Terylen), Celluloseacetat und Nitrocellulose. Als Lösungsmittel ist es besonders interessant für Polyacrylnitril, an Stelle von Dimethylformamid. – Zur Trennung von Aromaten und Paraffinen ist Dimethylsulfoxid gut geeignet, da es nur Aromaten löst. – Außerdem ist seine Lösekraft für Acetylen 35% höher als die von Aceton, so daß man bei gleicher Lösungsmittelmenge mehr Acetylen in eine Stahlflasche bringen kann (s. S. 60). – Im Gemisch mit Wasser ist Dimethylsulfoxid ein besseres Frostschutzmittel als die heute allgemein üblichen Ethylenglykol-Wasser-Mischungen.

22.4 Sulfone

Energische Oxidationsbedingungen, z.B. in Eisessig, rauchender HNO_3 oder Kaliumpermanganat bei erhöhter Temperatur, überführen Thioether in Sulfone.

Gegenüberstellung:

Oxidationsstufe des Schwefels:

II	IV	VI
R—S—R	R—S(=O)—R	R—S(=O)(=O)—R
Thioether	Sulfoxid	Sulfon

Die Oxidation überführt also den Schwefel des Thioethers in die IV-wertige und, unter energischen Bedingungen, in die VI-wertige Stufe.

22.5 Alkansulfonsäuren

Alkansulfonsäuren haben die allgemeine Formel:

Alkansulfonsäuren R— **SO_3H**

mit der funktionellen (—SO_3H)-Gruppe. Der Schwefel ist an ein C-Atom der Alkankette gebunden. Die homologe Reihe der Alkansulfonsäuren entsteht, wenn für R nacheinander die bekannten Alkylreste eingesetzt werden.

22.5.1 Struktur der Alkansulfonsäuren

Den Aufbau dieser Verbindungen kann man sich vom Molekül der Schwefelsäure abgeleitet denken, wenn eine OH-Gruppe durch einen Alkylrest R ersetzt wird.

$(O)_2S(OH)_2$	$(O)_2S(OH)$—	$(O)_2S(OH)(CH_2—CH_3)$
H_2SO_4	$—SO_3H$	$C_2H_5—SO_3H$

In der funktionellen Gruppe setzt man das H-Atom an den Schluß und hebt es dadurch hervor, da es die wesentlichen Eigenschaften dieser Verbindungsgruppe bedingt.

Die Alkansulfonsäuren müssen von den Schwefelsäure-mono-estern (Alkylschwefelsäuren) und den -di-estern (Alkylsulfaten) unterschieden werden.

Gegenüberstellung:

$CH_3—CH_2—SO_3H$
$C_2H_5—SO_3H$
Ethan-sulfonsäure

$CH_3—CH_2—O—SO_3H$
$C_2H_5HSO_4$
Ethyl-schwefelsäure

$CH_3—CH_2—O—SO_2—O—CH_2—CH_3$
$(C_2H_5)_2SO_4$
Diethyl-sulfat

Der wesentliche Unterschied liegt in der Bindung des Schwefels an den Kohlenwasserstoffrest. Bei

Verbindung	Formel	Smp. °C	Dichte in g/ml bei 25 °C
Methan-sulfonsäure	$CH_3—SO_3H$	20	1,484
Ethan-sulfonsäure	$C_2H_5—SO_3H$	−17	1,334
Methan-disulfonsäure	$CH_2—(SO_3H)_2 \cdot 2\,H_2O$	90,5	
Ethan-1,2-disulfonsäure	$CH_2(SO_3H)—CH_2(SO_3H)$	104	

151.1 Physikalische Daten von Alkansulfonsäuren

Alkansulfonsäuren ist der Schwefel direkt an Kohlenstoff gebunden; die beiden anderen Verbindungen sind Ester der Schwefelsäure, d.h. der Schwefel ist über ein O-Atom mit dem organischen Rest verknüpft. Die gegenübergestellten Verbindungen unterscheiden sich auch in der Summenformel.

Die Anfangsglieder der homologen Reihe der Alkansulfonsäuren sind:

$CH_3—SO_3H$ Methan-sulfonsäure und $C_2H_5—SO_3H$ Ethan-sulfonsäure

Die **Genfer Nomenklatur** schreibt für die Benennung vor, daß die **Endsilbe -sulfonsäure** verwendet wird und davor der Name des Alkans steht.

Physikalische Eigenschaften: Die freien Sulfonsäuren sind leicht bewegliche bis viskose Flüssigkeiten. Ethan-1,2-disulfonsäure und die kristallwasserhaltige Methandisulfonsäure sind fest.

22.5.2 Chemische Eigenschaften und Reaktionen

Sulfonsäuren zeigen wie echte Säuren Dissoziation in Wasser und kommen bezüglich ihrer Säurestärke den Mineralsäuren nahe. Besonders starke Säuren sind die Disulfonsäuren.

$$R—SO_3H \rightarrow R—SO_3^- \; H^+$$

Weil Sulfonsäuren nicht oxidierend oder verkohlend auf organische Verbindungen wirken, werden sie häufig der Schwefelsäure vorgezogen.

Charakteristisch ist ferner ihre Salzbildung mit Laugen unter Bildung von Sulfonaten:

$$R—SO_3H + NaOH \rightarrow R—SO_3Na + H_2O$$

Sämtliche Salze der Sulfonsäuren, auch die der Schwermetalle, sind leicht wasserlöslich. Auf dieser Tatsache beruht zum Teil die Bedeutung der Sulfonsäuren; will man die wasserunlöslichen Alkane wasserlöslich machen, führt man in die Moleküle die SO_3H-Gruppe ein und stellt davon die Salze her.

Durch Chlorierung der Sulfonsäuren (mit PCl_5) entstehen die Sulfonsäurechloride (abgekürzt häufig Sulfochloride genannt) $R—SO_2—Cl$.
Mit Ammoniak entstehen die Sulfonamide $R—SO_2—NH_2$, die wichtige Heilmittel sind.

$$\mathrm{O{=}S(=O)(R)—[Cl + H]—NH_2} \rightarrow \mathrm{O{=}S(=O)(R)—NH_2} + HCl$$

Darstellung von Alkansulfonsäuren

Im Laboratorium: Umsetzung von Halogenalkan mit Natriumsulfit in wäßriger Lösung:

$$C_2H_5—Cl + Na_2SO_3 \xrightarrow{150\,°C} C_2H_5—SO_3Na + NaCl$$

Durch Einleiten von HCl-Gas in die Lösung erhält man die freie Sulfonsäure.

In der Technik: Durch Sulfochlorierung von Alkanen (s. S. 31). Diese Reaktion bildet zunächst Sulfochloride, die dann in die Sulfonsäuren überführt werden.

Verwendung der Alkylsulfonsäure: Im Laboratorium dienen die niederen Glieder als Katalysatoren bei Veresterungen, wenn empfindliche Carbonsäuren und Alkohole miteinander umgesetzt werden sollen.
– In der Technik in großen Mengen hergestellte synthetische Alkylsulfonsäuren mit 10 bis 20 C-Atomen (C_{10} bis C_{20}) finden ausgedehnte Verwendung als Waschrohstoffe.

22.6 Benzolsulfonsäuren

Benzolsulfonsäuren enthalten als funktionelle Gruppe die einbindige ($—SO_3H$)-Gruppe, die mit dem Schwefel als Zentralatom an den aromatischen Ring gebunden ist. Die einfachste Verbindung dieser

$C_6H_5—SO_3H$ (Benzolring—SO_3H)

Stoffklasse ist die **Benzolsulfonsäure** mit einer funktionellen Gruppe im Molekül. Ein Benzolring kann bis zu drei Sulfonsäuregruppen tragen.

Da die SO_3H-Gruppe am aromatischen Ring ein Substituent 2. Ordnung ist, lenkt sie einen neu eintretenden Substituenten in die m-Stellung.

In größerer Zahl sind auch **Derivate** der Benzolsulfonsäuren bekannt, wobei entweder noch andere Substituenten ($—Cl$, $—NO_2$, $—CH_3$ usw.) an den Benzolring gebunden sind oder Veränderungen in der SO_3H-Gruppe vorgenommen wurden.

Die Struktur der Benzolsulfonsäure kann man formal von der Schwefelsäure ableiten, wenn eine OH-Gruppe durch den C_6H_5-Rest ersetzt wird:

$$\mathrm{O{=}S(=O)(OH)—OH} \rightarrow \mathrm{O{=}S(=O)(OH)—\boxed{C_6H_5}} \quad \text{oder} \quad C_6H_5—SO_3H$$

22.6.1 Darstellung aromatischer Sulfonsäuren

Aromatische Verbindungen werden wesentlich leichter sulfoniert als aliphatische.

Sulfonierung von Benzol: Darstellung der Benzolsulfonsäure. Benzol wird mit konz. oder rauchender H_2SO_4 bei 170 °C zur Reaktion gebracht:

$$C_6H_5-H + HO-SO_3H \xrightarrow{170\,°C} C_6H_5-SO_3H + H_2O$$

Zu guten Ausbeuten gelangt man, wenn mit einem Überschuß von H_2SO_4 gearbeitet wird, um das Reaktionswasser zu binden, oder wenn Benzol-Dämpfe durch das Reaktionsgefäß geleitet werden, die das Wasser mitnehmen.

Nach beendeter Reaktion wird der Reaktionslösung $Ca(OH)_2$ zugesetzt, wobei die überschüssige Schwefelsäure als $CaSO_4$ ausfällt, das abfiltriert wird. Das Ca-Salz der Sulfonsäure ist wasserlöslich und bleibt daher in Lösung. – Soll das Na-Salz der Sulfonsäure hergestellt werden, wird Na_2CO_3 zugesetzt, wobei $CaCO_3$ gefällt und durch Filtration entfernt wird. Das Eindampfen der Lösung liefert dann Na-sulfonat.

m-Benzol-disulfonsäure entsteht unter den gegebenen Reaktionsbedingungen nicht, da eine SO_3H-Gruppe am Benzolring den Eintritt einer zweiten erschwert. Auch andere Gruppen werden schwerer aufgenommen.

RM **Reaktionsmechanismus der Sulfonierung von Benzol.**

Sulfonierungsmittel ist konz. oder rauchende Schwefelsäure, sulfonierendes Agenz ist SO_3. SO_3-Moleküle sind in rauchender Schwefelsäure vorhanden oder bilden sich aus konzentrierter Schwefelsäure nach der Reaktion

$$2\,H_2SO_4 \rightleftharpoons SO_3 + H_3O^{\oplus} + HSO_4^{\ominus}$$

Aufgrund seiner Struktur ist das SO_3-Molekül am zentralen Schwefelatom stark **elektrophil,** sodaß der Reaktionsmechanismus – wie bei Chlorierung oder Alkylierung von Benzol – eine **elektrophile Substitution** ist.

$$O{=}S^{\oplus\oplus}(-\underline{O}|^{\ominus})_2$$

Im ersten Schritt bildet sich ein π-Komplex zwischen der Elektronenwolke des Benzolmoleküls und dem SO_3-Molekül. Aus diesem Komplex folgt die Bindung von SO_3 (σ-Komplex):

$$C_6H_6 \cdot SO_3 \rightarrow [C_6H_6SO_3]^{\oplus}\ (\text{H, } SO_3)$$

Der σ-Komplex stabilisiert sich unter Protonenwanderung innerhalb des Moleküls vom C-Atom zu einem O-Atom:

$$[C_6H_6SO_3]^{\oplus}\ (\text{H, } SO_3) \rightarrow C_6H_5-SO_3H$$

Weitersulfonierung: Um eine zweite oder sogar dritte SO_3H-Gruppe einzuführen, muß man rauchende Schwefelsäure (Oleum) anwenden und bei höherer Temperatur arbeiten:

$$C_6H_5-SO_3H + \underset{\text{(rauchend)}}{H_2SO_4} \xrightarrow{250\,°C} C_6H_4(SO_3H)_2 + H_2O$$

m-Benzol-disulfonsäure

Sulfonierung von Toluol. Eine schon am Benzolring vorhandene Methylgruppe erleichtert als Substituent 1. Ordnung die weitere Substitution. Deswegen wird Toluol leicht sulfuriert:

$$2\,C_6H_5-CH_3 + 2\,H_2SO_4 \rightarrow o\text{-}C_6H_4(CH_3)(SO_3H)$$

o-Toluol-sulfonsäure

$$+\ HO_3S-C_6H_4-CH_3\ (p) + 2\,H_2O$$

p-Toluol-sulfonsäure

Phenolsulfonsäuren. Die Sulfonierung des Phenols mit Schwefelsäure gelingt sehr leicht, und zwar erhält man bei Raumtemperatur vorwiegend die o-Verbindung und bei 100 °C das p-Isomere:

$$C_6H_5-OH + H_2SO_4 \xrightarrow{30\,°C} o\text{-}C_6H_4(OH)(SO_3H)$$

$$C_6H_5-OH + H_2SO_4 \xrightarrow{100\,°C} p\text{-}HO_3S-C_6H_4-OH$$

$$\xrightarrow{H_2SO_4} C_6H_3(OH)(SO_3H)_2$$

Phenol-2,4-disulfonsäure

Läßt man auf Phenol-2,4-disulfonsäure konz. HNO_3 einwirken, wird die noch freie 6-Stellung nitriert und werden gleichzeitig die (SO_3H)-Gruppen gegen NO_2-Gruppen ausgetauscht:

$HO_3S-C_6H_2(OH)-SO_3H + 3HNO_3 \rightarrow$

$O_2N-C_6H_2(NO_2)(OH)-NO_2 + 2H_2SO_4 + H_2O$ — 2,4,6-Trinitrophenol, Pikrinsäure

Pikrinsäure, eine wichtige Verbindung (s. S. 168), wird nach diesem Verfahren technisch hergestellt.

Sulfonierung von Chlorbenzol oder Nitrobenzol. Beide Substituenten erschweren den Eintritt neuer Substituenten, so daß drastische Reaktionsbedingungen notwendig sind. Chlorbenzol wird in o- und p-Stellung, Nitrobenzol in m-Stellung sulfuriert.

22.6.2 Eigenschaften und Reaktionen

Säurestärke und Salzbildung. Aromatische Sulfonsäuren sind in Wasser leicht löslich und gehören zu den starken Säuren, da sie vollständig dissoziieren:

$$C_6H_5-SO_3H \rightarrow C_6H_5-SO_3^- + H^+$$

Wäßrige Sulfonsäuren sind etwa so stark wie wäßrige Schwefelsäure; sie reagieren daher mit starken Basen und bilden Salze, die in wäßriger Lösung neutrale Reaktion zeigen. Die sulfonsauren Salze schwacher Basen reagieren sauer.

Im Gegensatz zu den entsprechenden Sulfaten sind die Ca-, Ba- und Mg-Salze der Sulfonsäuren in Wasser löslich.

Die gute Löslichkeit der Sulfonsäuren und ihrer Salze in Wasser hat diesen Verbindungen technische Bedeutung verschafft, weil es möglich ist, unlösliche organische Verbindungen durch Sulfurierung wasserlöslich zu machen. Das gilt besonders für Waschrohstoffe und Farbstoffe.

Hydrolyse. Durch Kochen mit viel Wasser (besser in Gegenwart schwacher Säuren) wird aus aromatischen Verbindungen die SO_3H-Gruppe langsam wieder abgespalten. Viel schneller läuft diese Reaktion unter Druck und bei 150 °C ab:

$$C_6H_5-SO_3H + H_2O \rightarrow C_6H_6 + H_2SO_4$$

Oxidationsvermögen. Sulfonsäuren wirken viel schwächer oxidierend als Schwefelsäure; daher werden sie häufig dort eingesetzt, wo eine starke Säure notwendig, eine Oxidation aber unerwünscht ist.

Austausch-Reaktion. Im Na-benzolsulfonat wird beim Schmelzen mit NaOH die (SO_3H)-Gruppe durch die OH-Gruppe ersetzt:

$$C_6H_5-SO_3Na + 2NaOH \xrightarrow{\text{Schmelzen}} C_6H_5-ONa + Na_2SO_3 + H_2O$$

Dies ist die wichtigste Reaktion der Salze der Benzolsulfonsäure.

Einzelne wichtige aromatische Sulfonsäuren

Benzolsulfonsäure. $C_6H_5-SO_3H$ (molare Masse

$C_6H_5-SO_3H$

158,18 g/mol) bildet zerfließliche Kristalle (mit 3/2 Mole Kristallwasser). Der Schmelzpunkt der wasserfreien Verbindung ist 51 °C, sonst liegt er zwischen 44 und 46 °C.

Die Kristalle sind in Wasser und Alkohol leicht löslich, schwer löslich in Benzol und unlöslich in Ether und Schwefelkohlenstoff.

Verwendung: Die Hauptmenge der erzeugten Benzolsulfonsäure wird zu Phenol weiterverarbeitet (s. S. 145) und ist Vorprodukt für eine Reihe anderer, z.B. nitrierter oder chlorierter Verbindungen, die der Synthese von Farbstoffen dienen.

m-Benzoldisulfonsäure $C_6H_4-(SO_3H)_2$ oder Benzol-

$C_6H_4(SO_3H)_2$ (1,3)

1,3-disulfonsäure (molare Masse 238,24 g/mol) bildet zerfließende Kristalle und ist von technischer Bedeutung für die Herstellung von Resorcin (s. S. 146).

Derivate aromatischer Sulfonsäuren

Benzolsulfochlorid ist das Chlorid der Sulfonsäure. Es kann formal von der Schwefelsäure abgeleitet werden, wenn eine OH-Gruppe durch die C_6H_5-Gruppe und die andere durch Chlor ersetzt wird:

$$O_2S(OH)_2 \rightarrow O_2S(C_6H_5)Cl \quad \text{oder} \quad C_6H_5-SO_2-Cl$$

Benzolsulfonamid. Ausgangsprodukt ist Benzolsulfochlorid, das mit Ammoniak umgesetzt wird:

$$C_6H_5-SO_2-\boxed{Cl + H}-NH_2 \rightarrow C_6H_5-SO_2-NH_2 + HCl(NH_4Cl)$$

Benzolsulfonamid (funktionelle Gruppe: $-SO_2-NH_2$) ist eine beständige, gut kristallisierende Verbindung.

22.7 Naphthalinsulfonsäuren

Diese werden aus Naphthalin durch Sulfonierung gewonnen. Technisches Sulfonierungsmittel ist wie beim Benzol Schwefelsäure oder Oleum. Durch die Konzentration der Schwefelsäure und die Reaktionstemperatur kann man die Sulfonierung zu bestimmten Endprodukten lenken. In der Kälte wird bevorzugt die α-Stellung des Naphthalins besetzt, in der Hitze die β-Stellung.

Naphthalinsulfonsäuren sind starke Säuren, die leicht in Wasser löslich sind, wie auch ihre Alkalisalze. Schwer löslich sind sie dagegen in verdünnten Mineralsäuren.

Naphthalinsulfonsäuren, auch solche mit mehreren SO_3H-Gruppen, sind Ausgangsprodukte für technisch wichtige Verbindungen, besonders für Farbstoffzwischenprodukte.

Naphthalin-1-sulfonsäure (α-Naphthalin-sulfonsäure) ist eine weiße, feste Substanz mit dem Schmelzpunkt 90 °C. Sie wird hergestellt durch Sulfonieren von Naphthalin mit Schwefelsäure (w = 0,96) bei 20 bis 50 °C.

Beim Schmelzen mit NaOH wird die (SO_3H)- gegen die OH-Gruppe ausgetauscht und es entsteht 1-Naphthol (s. S. 147).

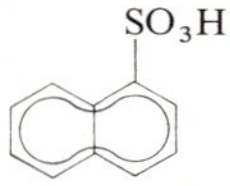

SO_3H

Beim weiteren Sulfonieren sowie beim Nitrieren oder Chlorieren der Naphthalin-1-sulfonsäure werden bevorzugt die 5- und 8-Stellung besetzt, so daß 1,5- oder 1,8-Derivate des Naphthalins entstehen, z.B. 5-Nitro-naphthalin-1-sulfonsäure oder Naphthalin-1,8-disulfonsäure.

Naphthalin-2-sulfonsäure (β-Naphthalin-sulfonsäu-

$-SO_3H$

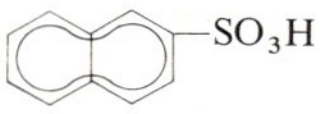

re) ist ebenfalls eine feste, weiße Substanz, die bei 91 °C schmilzt. Hergestellt wird sie aus Naphthalin und Schwefelsäure (w = 0,96) bei 160 °C.

Die Alkalischmelze liefert 2-Naphthol (s. S. 147). Beim weiteren Sulfonieren mit H_2SO_4 entstehen Naphthalin-2,6- und -2,7-disulfonsäure. Beim Nitrieren mit HNO_3 bilden sich 6-Nitro-naphthalin-2-sulfonsäure oder 7-Nitro-naphthalin-2-sulfonsäure.

22.8 Kunststoffe

Poly-Styrol

Monomeres Ausgangsprodukt: Styrol.

Die Polymerisation zum Polystyrol verläuft nach folgender Reaktion:

Die **technische Polymerisation** erfolgt nach zwei Verfahren:

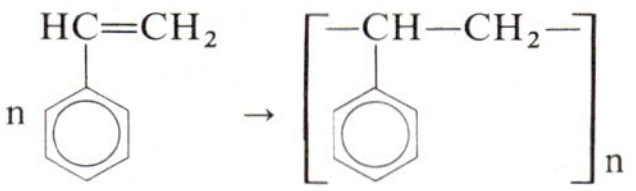

$$n\ HC{=}CH_2(C_6H_5) \rightarrow [-CH(C_6H_5)-CH_2-]_n$$

a) **Emulsionspolymerisation.** In Wasser werden Na-stearylsulfat (als Emulgator) und Kaliumpersulfat (als Katalysator) aufgelöst. Nach Zusatz von Styrol und Aufheizen auf 70 °C beginnt die Polymerisation. Das entstehende Polymerisat wird mit Methanol gefällt, abfiltriert, gewaschen und getrocknet. Dabei wird ein feines Pulver erhalten.

b) **Suspensionspolymerisation.** Styrol mit gelöstem Katalysator (Dibenzoylperoxyd) wird in die wäßrige Aufschlämmung des Suspensionsmittels (Polyvinylalkohol) eingeleitet. Die feinen, flüssigen Styroltröpfchen polymerisieren zu festen Polystyrolperlen, die anschließend abfiltriert, gewaschen und getrocknet werden.

Das nach beiden Verfahren erhaltene Polymerisat kann geschmolzen und zu Strängen (0,5 bis 1 cm Durchmesser) gepreßt werden, die man anschließend durch Schneidvorrichtungen auf gewünschte Körnung (Granulat) zerkleinert.

Eigenschaften: Polystyrol ist ein glasklarer Kunststoff; sein Erweichungspunkt liegt mit etwa 95 °C unterhalb der Siedetemperatur des Wassers. Der Erweichungspunkt kann aber durch Copolymerisation mit Acrylnitril oder α-Methylstyrol heraufgesetzt werden. Beständig ist Polystyrol gegen Säuren und Laugen, Öle und Alkohole, unbeständig gegen Ether, Ester, Ketone, Benzin, Benzol und Chloralkane.

Schaum-Kunststoffe. Darunter versteht man lockere Kunststoffmassen, die viele gegeneinander abgeschlossene Bläschen enthalten (zum Unterschied von Schwamm-Kunststoffen, wo die Bläschen miteinander in Verbindung stehen). Vorteile sind ihr elastischer Charakter und ihre geringe Dichte (bis 0,05 g/cm^3).

Herstellung: Polystyrol wird mit einem Treibmittel, das bei höherer Temperatur Gase abgibt, gemischt und in Formen erhitzt. Dabei vergrößert sich das Volumen des Kunststoffs unter Ausbildung der Bläschen. Nach dem Erkalten bleibt diese Zellstruktur erhalten.

23 Organische Stickstoff-Verbindungen

Hier sollen behandelt werden:

- Nitro-Verbindungen NO_2-Gruppe
- Amino-Verbindungen (Amine) NH_2-Gruppe
- Diazonium-Verbindungen

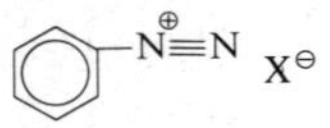

$$C_6H_5-\overset{\oplus}{N}\equiv N \quad X^{\ominus}$$

23.1 Nitro-Verbindungen

23.1.1 Allgemeines

Nitro-Verbindungen haben die funktionelle NO_2-Gruppe. Da der Stickstoff maximal vierbindig sein kann, ist der Sauerstoff einmal durch Doppelbindung und einmal durch Einfachbindung (semipolare Bindung) an Stickstoff gebunden.

$$-N\begin{matrix} \nearrow\!\!\!\!= \overline{\underline{O}}| \\ \searrow \overline{\underline{O}}| \end{matrix}$$

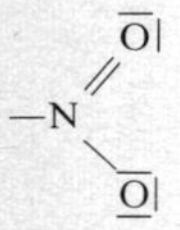

In Wirklichkeit unterscheiden sich die beiden Bindungen des Sauerstoffs an Stickstoff nicht, weil zwischen ihnen **Mesomerie** besteht, die durch die beiden Grenzformeln wiedergegeben werden kann:

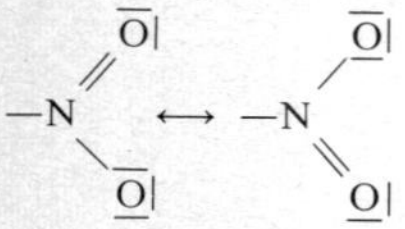

$$-N\begin{matrix} // \overline{O}| \\ \backslash \underline{\overline{O}}| \end{matrix} \longleftrightarrow -N\begin{matrix} / \underline{\overline{O}}| \\ \backslash\backslash \overline{O}| \end{matrix}$$

Die beiden O-Atome sind unter einem Valenzwinkel von 127° an Stickstoff gebunden.

Die Nitro-Gruppe ist ein **Dipol,** weil Sauerstoff elektronegativer als Stickstoff ist. Von der gebundenen polaren NO_2-Gruppe geht ein Elektronenzug aus, der die Elektronenstruktur und die Reaktionsfähigkeit des Moleküls, an das die NO_2-Gruppe gebunden ist, beeinflußt (s. S. 76 und S. 78). Die NO_2-Gruppe ist hinsichtlich dieser Eigenschaft mit der Carbonylgruppe (s. S. 184) vergleichbar.

23.1.2 Nitroalkane

Wird in einem Alkanmolekül ein H-Atom durch die NO_2-Gruppe (Nitro-Gruppe) substituiert, entstehen Nitroalkane. Die allgemeine Formel lautet:

Nitroalkane: $C_nH_{2n+1}-\boxed{NO_2}$

Wenn nacheinander die Alkylgruppen eingesetzt werden, entsteht die homologe Reihe der Nitroalkane:

$$\overset{n=1}{CH_3-NO_2} \quad \overset{n=2}{C_2H_5-NO_2} \quad \overset{n=3}{C_3H_7-NO_2} \quad \ldots \text{ usw.}$$

Charakteristisch für Nitroalkane ist, daß der Stickstoff der NO_2-Gruppe direkt mit einem C-Atom der Alkankette durch Einfachbindung verknüpft ist.

In ein Alkan-Molekül können auch mehrere NO_2-Gruppen eintreten. Einige solcher Verbindungen haben technische Bedeutung.

Nach der Bindung der NO_2-Gruppe an ein primäres, sekundäres oder tertiäres C-Atom unterscheidet man primäre, sekundäre und tertiäre Nitroalkane:

primär	sekundär	tertiär
H_3C-NO_2	$H_3C-CH(CH_3)-NO_2$	$H_3C-C(CH_3)_2-NO_2$

Nitroalkane sind isomer mit Alkylnitriten (Alkylester der salpetrigen Säure). Beide unterscheiden sich in ihrer Struktur:

1. $R-NO_2$	2. $HO-N=O$	$R-O-NO$
Nitro-alkan	salpetrige Säure	Alkylnitrit

Im Nitroalkan ist der Stickstoff direkt an Kohlenstoff, im Alkylnitrit über ein O-Atom an Kohlenstoff gebunden. Die unterschiedliche Struktur bedingt einen tieferen Siedepunkt der Alkylnitrite gegenüber den Nitroalkanen und ein völlig verschiedenes chemisches Verhalten.

Nomenklatur der Nitroalkane

Bei der Benennung der Verbindungen wird der Name des Alkans zugrunde gelegt und mit der **Vorsilbe: Nitro-** versehen.

Beispiele: Nitromethan, Nitroethan.

Sind Isomere vorhanden, wird die Stellung der NO_2-Gruppe im Molekül mit der Ziffer des C-Atoms gekennzeichnet.

Beispiel:

$$\overset{4}{C}H_3-\overset{3}{C}H_2-\overset{2}{C}H(NO_2)-\overset{1}{C}H_3$$

2-Nitro-butan

Darstellung von Nitroalkanen

Ursprünglich hatten die Nitroalkane keine Bedeutung, da ihre Herstellung aus Alkanen große Schwierigkeiten bereitete. Gegenüber HNO_3, dem Nitrierungsmittel, sind die Alkane sehr widerstandsfähig. Nur bei hoher Temperatur ist die Nitrierung, die Einführung der NO_2-Gruppe, möglich.

Eine Nitrierung in flüssiger Phase in kleinerem Maßstab ist im Bombenohr oder Autoklaven möglich, wenn das Alkan mit HNO_3 ($w = 0{,}30$ bis $0{,}70$) in diesen Gefäßen auf höhere Temperatur und höheren Druck gebracht wird. Nebenreaktionen vermindern aber die Ausbeute.

Ein Verfahren, das sich technisch bewährt hat, ist die Nitrierung des Propans bei hoher Temperatur im Dampf. Methan und Ethan lassen sich nach diesem Verfahren nur mit schlechter Ausbeute nitrieren.

Propan C_3H_8 und HNO_3 ($w = 0{,}80$) werden im Verhältnis 3 :1 im Dampf bei 450 °C zur Reaktion gebracht. Dabei entstehen:

$$C_3H_8 + HNO_3 \xrightarrow{450\,°C} \begin{cases} 25\%\ \text{Nitromethan} \\ 10\%\ \text{Nitroethan} \\ 25\%\ \text{1-Nitropropan} \\ 40\%\ \text{2-Nitropropan} \end{cases}$$

Reaktionsverlauf:

$$CH_3-CH(\boxed{H + HO}-NO_2)-CH_3 \rightarrow CH_3-CH(NO_2)-CH_3 + H_2O$$

Propan + HNO_3 2-Nitro-propan

Unter den energischen Reaktionsbedingungen tritt also nicht nur eine Nitrierung, sondern teilweise auch eine Spaltung des eingesetzten Propans ein.

23.1.3 Aromatische Nitroverbindungen

Aromatische Nitro-Verbindungen enthalten als funktionelle Gruppe die NO_2-Gruppe, deren N-Atom an ein C-Atom des aromatischen Ringes gebunden ist. Nitro-benzol ist die einfachste Ver-

$C_6H_5-NO_2$

bindung. Auch mehrere NO_2-Gruppen an einem Benzolring sind möglich.

Die Nitro-Gruppe ist ein **Substituent 2. Ordnung.** Ihre Anwesenheit am Benzolring macht die H-Atome in der m-Stellung besonders reaktionsfähig, so daß Zweitsubstituenten dorthin dirigiert werden.

Darstellung aromatischer Nitro-Verbindungen

Nitrierung von Benzol. Aromatische Nitro-Verbindungen werden durch Nitrierung dargestellt, d.h. man läßt das Nitrierungsmittel, die Salpetersäure, auf die Verbindung einwirken. Die Nitrierung ist eine Substitution; ein H-Atom des Benzolringes wird durch die NO_2-Gruppe ersetzt.

Beispiel: Darstellung von Nitrobenzol

$$C_6H_5-\boxed{H + HO}-NO_2 \rightarrow C_6H_5-NO_2 + H_2O$$

Benzol Nitrobenzol

Als **Nitrierungsmittel** dient gewöhnlich keine reine Salpetersäure, da diese durch das bei der Reaktion entstehende Wasser laufend verdünnt wird und ihre Wirksamkeit verliert. Allgemein verwendet man ein Nitriergemisch aus $HNO_3 + H_2SO_4$. Die Konzentration dieses Gemisches ist maßgebend für die Art der Nitrierung, die nicht bei allen Verbindungsgruppen gleich ist. Beispiel für ein **Nitriergemisch:** $w(HNO_3) = 0{,}11$ $w(H_2SO_4) = 0{,}45$, $w(H_2O) = 0{,}14$.

RM **Reaktionsmechanismus der Nitrierung von Benzol.**

Nitrierungsmittel ist eine Mischung aus Salpetersäure und Schwefelsäure. Nitrierendes Agenz ist die NO_2-Gruppe. Diese entsteht aus Salpetersäure nach Aufnahme eines Protons (Protonierung) und Abspaltung von Wasser:

$$H-\overline{O}-NO_2 + H^+ \rightarrow H-\underset{+}{\overset{H}{O}}-NO_2 \rightarrow H_2O + {}^{\oplus}NO_2$$

Das H^+-Ion liefert die Schwefelsäure.

Die Schwefelsäure des Nitriergemisches nimmt nicht nur das Reaktionswasser auf, sondern liefert auch H^+-Ionen für die Protonierung der Salpetersäure und Bildung des **elektrophilen** NO_2-Teilchens.

Der Reaktionsmechanismus folgt dann einer **elektrophilen Substitution.**

Zunächst bildet sich aus dem NO_2-Teilchen und einem Benzol-Molekül ein π-Komplex, der in einem σ-Komplex unter Bindung der NO_2-Gruppe übergeht. Das aromatische System wird dabei aufgehoben und es entsteht ein Carbonium-Kation:

$$C_6H_6 + {}^{\oplus}NO_2 \rightarrow [C_6H_6NO_2]^{\oplus}$$

Unter Abspaltung eines H^+-Ions, das neu in die Reaktion eingreifen kann, stabilisiert sich das Carbonium-Kation zu einer aromatischen Verbindung:

$$[C_6H_6NO_2]^{\oplus} \rightarrow C_6H_5NO_2 + H^+$$

Weiter-Nitrierung. Die Nitrogruppe als Substituent 2. Ordnung lenkt einen neuen Substituenten in die m-Stellung, erschwert aber seinen Eintritt. Deswegen entsteht bei der normalen Nitrierung des Benzols fast kein m-Dinitrobenzol. Um dieses zu erhalten, muß bei höherer Temperatur und mit konzentrierterer HNO_3 nitriert werden:

$$C_6H_5NO_2 + HNO_3 \rightarrow C_6H_4(NO_2)_2 + H_2O$$

m-Dinitro-benzol

o- und p-Dinitrobenzol sind auf diese Weise nicht darstellbar.

Es ist sehr schwierig, durch direkte Nitrierung eine dritte Nitrogruppe in den Benzolring einzuführen. Dabei würde das untenstehende 1,3,5-Trinitrobenzol entstehen. Alle NO_2-Gruppen stehen hier in m-Stellung zueinander, wie es die Substitutionsregel fordert.

$$C_6H_3(NO_2)_3 \text{ (1,3,5)}$$

Nitrierung von Toluol. Toluol wird wesentlich leichter nitriert als Benzol, weil die schon vorhandene CH_3-Gruppe eine weitere Substitution erleichtert; es entsteht ein Gemisch aus o- und p-Nitrotoluol:

$$2\,C_6H_5CH_3 + 2\,HNO_3 \rightarrow o\text{-}CH_3C_6H_4NO_2 + p\text{-}O_2NC_6H_4CH_3 + 2\,H_2O$$

Bei der technischen Nitrierung entstehen: 63% o-Nitrotoluol, 33% p-Nitrotoluol und 4% m-Nitrotoluol. Durch Kombination verschiedener Trennverfahren, z.B. Destillation und Kristallisation, kann man die drei Isomere voneinander trennen (physikalische Eigenschaften s. S. 165).

Bei weiterer Nitrierung gelangt man zum 2,4-Dinitrotoluol und schließlich zum 2,4,6-Trinitrotoluol (**TNT** genannt).

$$o\text{-}/p\text{-}CH_3C_6H_4NO_2 \xrightarrow{+HNO_3} CH_3C_6H_3(NO_2)_2 \xrightarrow{+HNO_3} CH_3C_6H_2(NO_2)_3$$

2,4-Dinitrotoluol — 2,4,6-Trinitrotoluol (TNT)

Nitrierung von Chlorbenzol. Chlor erleichtert nicht die weitere Substitution, dirigiert aber als Substituent 1. Ordnung in o- und p-Stellung. Daher entsteht beim Nitrieren von Chlorbenzol ein Gemisch:

$$2\,C_6H_5Cl + 2\,HNO_3 \rightarrow o\text{-}ClC_6H_4NO_2 + p\text{-}O_2NC_6H_4Cl + 2\,H_2O$$

Chlorbenzol — o-Nitro-chlor-benzol — p-Nitro-chlor-benzol

Anmerkung: Um m-Nitro-chlor-benzol darzustellen, muß man von Nitrobenzol ausgehen und dieses chlorieren. Die NO_2-Gruppe dirigiert dann das Chlor in die m-Stellung.

$$C_6H_5NO_2 + Cl_2 \rightarrow m\text{-}ClC_6H_4NO_2 + HCl$$

m-Nitro-chlor-benzol

Die drei isomeren Nitro-chlor-benzole sind mit den üblichen Reaktionen darstellbar.

Nitrierung des Phenols. Auch die Nitrierung des Phenols ist eine glatte Reaktion, so daß mit HNO_3 (w = 0,20) bei Zimmertemperatur nitriert werden kann.

$$2\,C_6H_5OH + 2\,HNO_3 \rightarrow o\text{-}HOC_6H_4NO_2 + p\text{-}O_2NC_6H_4OH + 2\,H_2O$$

Phenol — o-Nitro-phenol — p-Nitro-phenol

Die beiden Isomeren werden durch Wasserdampf-Destillation getrennt, da nur o-Nitrophenol wasserdampfflüchtig ist.

m-Nitrophenol wird durch Diazotieren von m-Nitro-anilin und Verkochen des Diazoniumsalzes gewonnen (s. S. 179).

Bei der Einwirkung von starker Salpetersäure auf o- und p-Nitrophenol entsteht 2,4-Dinitro-phenol. Eine weitere Nitrierung läßt sich auch durch energische Bedingungen nicht mehr erreichen.

23.1.4 Physikalische Eigenschaften der Nitroverbindungen

Nitroalkane sind farblose, beständige Flüssigkeiten. Eine Ausnahme bildet Nitromethan, das bei Schlag explodieren kann.

Aromatische Nitroverbindungen sind gewöhnlich farblose oder schwach gelbe, **feste Substanzen.** Nur einige Verbindungen sind bei Zimmertemperatur flüssig.

Die **Siedepunkte** sind im Vergleich zu anderen Verbindungen ähnlicher Molekülmasse extrem hoch. Das läßt auf eine starke Anziehung der Moleküle untereinander (Assoziation) schließen.

Die hohen Siedepunkte – die einfachste Verbindung, das Nitrobenzol, siedet bei 212°C – werden verursacht durch die starken Anziehungskräfte, die die polaren NO_2-Gruppen verschiedener Moleküle aufeinander ausüben.

Die Dichten der Nitroalkane zeigen ebenfalls hohe Werte, da durch die Einführung der NO_2-Gruppe in Alkane die Molekülmasse stark ansteigt.

Die Löslichkeit in Wasser ist äußerst gering. Dagegen sind die flüssigen Nitrobenzole selbst gute Lösungsmittel für andere organische Stoffe.

23.1.5 Chemische Eigenschaften und Reaktionen

Ein Austausch der NO_2-Gruppe gegen andere Substituenten, wie das vom Chlor bekannt ist (s. S. 122), ist nicht möglich.

Reduktion

Bei Einwirkung von naszierendem oder katalytisch aktiviertem Wasserstoff kann der Sauerstoff der NO_2-Gruppe durch Wasserstoff ersetzt werden:

$$R—NO_2 + 6[H] \rightarrow R—NH_2 + 2H_2O$$

Dabei entstehen Verbindungen, die eine neue funktionelle Gruppe, die NH_2-Gruppe, enthalten und Amine (s. S. 168) genannt werden.

Als **Reduktionsmittel** sind für die Reduktion der Nitroalkane zu Alkanaminen geeignet: H_2 mit Ni- oder Pt-Katalysator sowie naszierender Wasserstoff aus Fe, Sn oder Zn und Salzsäure.

Verbindung	Formel	molare Masse g/mol	Smp. °C	Sdp. °C	Dichte in g/ml bei 20°C
Nitromethan	$CH_3—NO_2$	61,04		101	1,322
Nitroethan	$CH_3—CH_2—NO_2$	75,07		114	1,053
1-Nitropropan	$CH_3—CH_2—CH_2—NO_2$	89,09		132	1,009
2-Nitropropan	$CH_3—CH(NO_2)—CH_3$	89,09		120	1,020
Nitrobenzol	$C_6H_5—NO_2$	123,11	6	211	
o-Dinitro-benzol	$C_6H_4(NO_2)_2$ (1,2)	168,11	116		
m-Dinitro-benzol	$C_6H_4(NO_2)_2$ (1,3)	168,11	90		
p-Dinitro-benzol	$C_6H_4(NO_2)_2$ (1,4)	168,11	172		
1,3,5-Trinitro-benzol	$C_6H_3—(NO_3)_3$ (1,3,5)	213,11	122		
o-Chlor-nitrobenzol	$Cl—C_6H_4—NO_2$ (1,2)	157,56	33	245	
m-Chlor-nitrobenzol	$Cl—C_6H_4—NO_2$ (1,3)	157,56	46	236	
p-Chlor-nitrobenzol	$Cl—C_6H_4—NO_2$ (1,4)	157,56	83	239	
o-Nitro-toluol	$H_3C—C_6H_4—NO_2$ (1,2)	137,14	–5	222	
m-Nitro-toluol	$H_3C—C_6H_4—NO_2$ (1,3)	137,14	16	232	
p-Nitro-toluol	$H_3C—C_6H_4—NO_2$ (1,4)	137,14	52	239	
2,4,6-Trinitro-toluol	$H_3C—C_6H_2(NO_3)_3$ (2,4,6)	227,13	81		

165.1 Physikalische Daten von Nitroverbindungen

Mit Hilfe dieser überaus wichtigen Reaktion wird aus Nitrobenzol ein primäres aromatisches Amin:

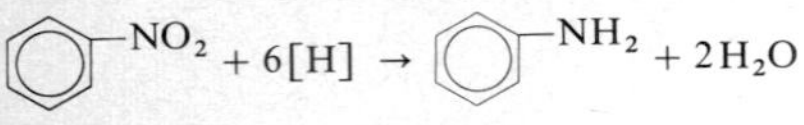

$$C_6H_5-NO_2 + 6[H] \rightarrow C_6H_5-NH_2 + 2H_2O$$

Nitrobenzol Anilin

Technisch wird diese Reaktion mit Eisen (oder Zinn) und Salzsäure als Reduktionsmittel durchgeführt.

Einfluß der Nitro-Gruppe auf die Reaktionsfähigkeit von Verbindungen

Nitroalkane

Die gebundene polare NO_2-Gruppe übt einen Elektronenzug (−I-Effekt) auf das übrige Molekül aus:

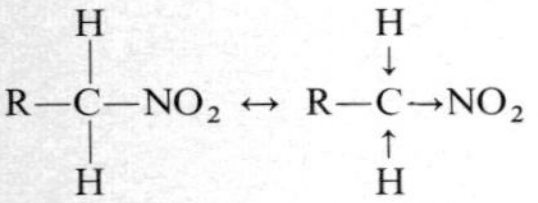

$$R-CH_2-NO_2 \leftrightarrow R-C(\downarrow H)(\uparrow H)\rightarrow NO_2$$

Am C-Atom, an das die Nitrogruppe gebunden ist (α-C-Atom) tritt Elektronenmangel auf, der dadurch ausgeglichen wird, daß die Bindungselektronenpaare des Wasserstoffs zum C-Atom hin verschoben werden. Das erleichtert die Ablösung der H-Atome.

Zwei Beispiele für dieses Verhalten:

- Nitroalkane reagieren in Wasser schwach sauer. Erklärung: Ein H-Atom vom α-C-Atom wandert innerhalb des Moleküls an ein O-Atom der NO_2-Gruppe. Dabei entsteht eine Säure mit der funk-

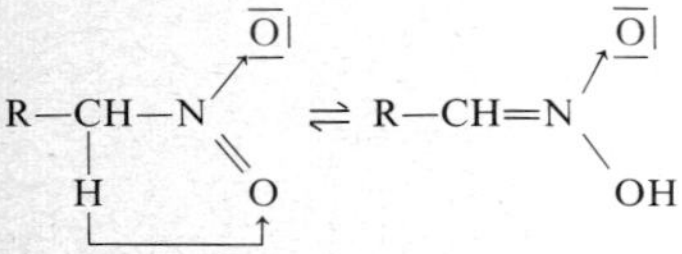

$$R-CH(H)-N(=O)(\rightarrow O) \rightleftharpoons R-CH=N(\rightarrow O)-OH$$

Nitro-Form Säure-Form

tionellen Gruppe —NOOH (vergleichbar mit —COOH). Die NOOH-Gruppe ist etwas dissoziiert, es entstehen H^+-Ionen, die die saure Reaktion bedingen.

Es handelt sich hier also um ein Gleichgewicht. Man spricht von einer **Tautomerie.** Damit werden alle Vorgänge benannt, bei denen ein H-Atom im Molekül wandert unter gleichzeitiger Verschiebung einer Doppelbindung.

- Primäre Nitroalkane reagieren mit salpetriger Säure (Stickstoff(III)säure), wobei das H-Atom vom α-C-Atom an der Reaktion teilnimmt:

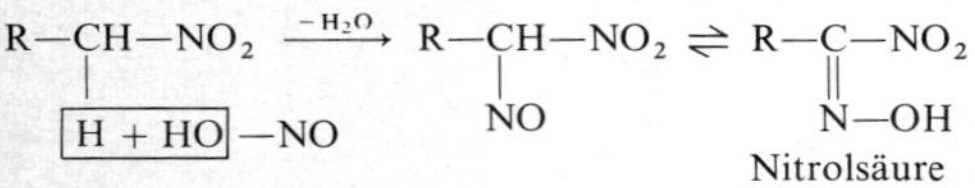

$$R-CH(H)-NO_2 + HO-NO \xrightarrow{-H_2O} R-CH(NO)-NO_2 \rightleftharpoons R-C(=N-OH)-NO_2$$

Nitrolsäure

Der reaktionsfähige Wasserstoff des Nitroalkans reagiert mit der OH-Gruppe der salpetrigen Säure unter Abspaltung von Wasser. In der entstehenden Verbindung wandert ein H-Atom unter Bildung einer Doppelbindung; es entsteht eine Nitrolsäure. Die Alkalisalze, die sich bei Zugabe von Lauge bilden, sind blutrot gefärbt und wasserlöslich. Nachweis primärer Nitroalkane.

Nitroaromaten

Die Nitro-Gruppe am Benzolring verändert dessen Reaktionsfähigkeit, weil die π-Elektronen der NO_2-Gruppe und die des Benzolringes in Wechselwirkung treten (s. S. 76).

23.1.6 Einige wichtige Nitro-Verbindungen

Nitroalkane sind gute Lösungsmittel für andere organische Verbindungen. Durch Zusätze von Nitroalkanen zu Motorkraftstoffen werden diese verbessert. Etwa 60% der hergestellten Nitroalkane gehen in den Kraftstoffsektor, 20% werden als Lösungsmittel verbraucht. – Nitroalkane können Zwischenprodukte sein, wenn man aus Alkanen die Alkylamine herstellen will.

Tetra-nitro-methan $C(NO_2)_4$, das nach einem besonderen Verfahren hergestellt wird, ist ein wertvolles Reagenz für den Nachweis ungesättigter Verbindungen.

Gibt man eine verdünnte Lösung des Tetranitromethans in Chloroform zu einer ungesättigten Verbindung, tritt je nach Verbindung eine gelbe bis rote Färbung auf.

Anmerkung: Nur verdünnte Lösungen von Tetranitromethan in Chloroform verwenden, da beide zusammen in konzentrierter Form explodieren können. Auf keinen Fall die Lösung erhitzen.

Nitrobenzol $C_6H_5-NO_2$ ist eine klare, leicht gelb

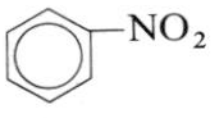

$$C_6H_5-NO_2$$

gefärbte, stark lichtbrechende Flüssigkeit mit bittermandelartigem Geruch. Sie ist brennbar. Smp. 5,7 °C, Sdp. 211 °C, Dichte 1,2037 g/ml bei 20 °C.

Nitrobenzol ist in Wasser wenig löslich, dagegen mischbar mit fast allen organischen Lösungsmitteln.

Nitrobenzol ist giftig. Es kann vom Körper durch Einatmen oder auch durch die Haut aufgenommen werden und führt bei größerer Konzentration zu chronischen Vergiftungen.

Herstellung von Nitrobenzol: Es wird nur synthetisch durch Nitrieren von Benzol gewonnen (s. S. 163).

Verwendung:

- Lösungsmittel. Wegen seines guten Lösungsvermögens wird ein geringerer Teil als Lösungsmittel eingesetzt, z.B. beim Umkristallisieren sonst schwerlöslicher Verbindungen.
- Zwischenprodukt für die Herstellung von Anilin (s. S. 170).
- Zwischenprodukt für andere Verbindungen, z.B. m-Nitrochlorbenzol oder m-Nitrobenzolsulfonsäure.

m-Dinitro-benzol oder 1,3-Dinitrobenzol wird durch

$-NO_2$

NO_2

Weiternitrieren von Nitrobenzol unter energischen Reaktionsbedingungen (s. S. 164) gewonnen.

Es bildet schwach gelbliche, tafelartige Kristalle (Smp. 90 °C), die in Wasser unlöslich sind.

m-Dinitro-benzol ist ein Zwischenprodukt; bei vollständiger Reduktion entsteht Diamino-benzol (m-Phenylendiamin s. S. 176), bei teilweiser Reduktion m-Nitroanilin (s. S. 170).

o- und p-Dinitrobenzol, die durch direkte Nitrierung nicht zugänglich sind, haben deswegen keine technische Bedeutung.

1,3,5-Trinitro-benzol ist ein wirksamerer Sprengstoff als TNT. Da es aber technisch nicht leicht zu gewinnen ist, hat es keine besondere Bedeutung. Smp. 122 °C.

o-Nitro-toluol oder 2-Nitro-1-methyl-benzol ist eine

$-CH_3$
$-NO_2$

gelbe Flüssigkeit (Sdp. 222 °C, Dichte 1,168 g/ml bei 20 °C), die durch Nitrieren von Toluol gewonnen wird.

o-Nitrotoluol ist ein wichtiges Zwischenprodukt, z.B. für Farbstoffe. Reduktion der NO_2-Gruppe führt zum o-Toluidin (s. S. 170) und Oxidation der CH_3-Gruppe zum o-Nitrobenzaldehyd.

m-Nitro-toluol oder 3-Nitro-1-methyl-benzol ist eine

$-CH_3$

NO_2

gelbe Flüssigkeit (Smp. 16 °C, Sdp. 232 °C, Dichte 1,1581 g/ml bei 15 °C).

Oxidation liefert m-Nitrobenzoesäure (s. S. 205) und Reduktion m-Toluidin (s. S. 170).

p-Nitro-toluol oder 4-Nitro-1-methyl-benzol bildet farblose Kristalle (Smp. 52 °C, Sdp. 239 °C).

O_2N- $-CH_3$

Durch Reduktion erhält man p-Toluidin (s. S. 170). Die Oxidation führt je nach Wahl des Oxidationsmittels zum p-Nitrobenzaldehyd oder zur p-Nitrobenzoesäure.

2,4,6-Trinitro-toluol, gewöhnlich TNT genannt, ist

CH_3

O_2N- $-NO_2$

NO_2

ein wichtiger Sprengstoff, der zur Füllung von Bomben und Granaten verwendet wird.

TNT schmilzt bei 81 °C und explodiert nicht unterhalb 280 °C. Es wird daher in geschmolzenem Zustand in die Granaten eingegossen, verfestigt sich hier und ist dann relativ beständig gegen Stoß oder Schlag. Nur durch Initialzünder kann es zur Explosion gebracht werden.

Bei der Herstellung von TNT geht man vom Toluol aus und nitriert stufenweise (s. S. 164).

o-Nitrophenol ist eine gelbe, stechend riechende,

$-OH$
$-NO_2$

feste Substanz, die in Wasser wenig löslich, aber im Gegensatz zu p-Nitrophenol mit Wasserdämpfen flüchtig ist. – o-Nitrophenol ist stärker sauer als Phenol, daher in Alkali-Laugen löslich und bildet hier tiefrot gefärbte Salze.

Herstellung: a) Nitrierung von Phenol (s. S. 164). Aus dem entstehenden Gemisch wird das o-Nitrophenol durch Wasserdampfdestillation abgetrennt. b) Hydrolyse von o-Chlor-nitrobenzol mit verd. Laugen.

p-Nitrophenol ist eine farblose feste Substanz und wird durch Hydrolyse von p-Chlor-nitro-benzol mit verd. Laugen gewonnen.

m-Nitrophenol ist ebenfalls farblos und muß aus m-Nitranilin hergestellt werden (s. S. 170).

Nitrophenole sind wichtige Zwischenprodukte für die Farbstoff-Synthese.

2,4-Dinitrophenol bildet hellgelbe, in Wasser wenig

$-OH$
O_2N- $-NO_2$

lösliche, aber wasserdampfflüchtige Kristalle, die giftig sind und deren Dämpfe die Schleimhäute angreifen.

Herstellung: a) Starke Nitrierung von o- oder p-Nitrophenol oder deren Gemisch. b) Nitrierung von Chlorbenzol zu 2,4-Dinitrochlor-benzol und anschließende Hydrolyse zu 2,4-Dinitrophenol (CI durch OH ersetzt!).

2,4,6-Trinitrophenol oder **Pikrinsäure** (Molekülmasse

NO_2 — O_2N — OH — NO_2

229,11 u) kristallisiert aus Wasser in hellgelben Blättchen (Smp. 122 °C), die giftig sind. – Pikrinsäure reagiert ebenso sauer wie Carbonsäure, d.h. durch die benachbarten NO_2-Gruppen (Elektronenzug) wird die Säurestärke der phenolischen OH-Gruppe wesentlich gesteigert.

Pikrinsäure bildet mit organischen Basen Verbindungen, die Pikrate genannt werden; diese sind schwer löslich, kristallisieren gut und haben exakte Schmelzpunkte, so daß sie zur Charakterisierung vieler organischer Verbindungen dienen können.

Verwendung: Zeitweise wurde Pikrinsäure als gelber Farbstoff eingesetzt. – Weil die freie Säure und das NH_4-Salz im trockenen Zustand durch Schlag explodieren, dient Pikrinsäure auch als Sprengstoff.

Herstellung:

Chlor-benzol (C₆H₅–Cl) $\xrightarrow{\text{Nitr.}}$ O_2N–C₆H₃(Cl)–NO_2 $\xrightarrow{\text{Hydr.}}$ O_2N–C₆H₃(OH)–NO_2 $\xrightarrow{\text{Nitr.}}$ O_2N–C₆H₂(NO_2)(OH)–NO_2

Pikrinsäure

23.2 Amino-Verbindungen (Amine)

Amine haben die einbindige funktionelle NH_2-Gruppe, die mit ihrem Stickstoff-Atom an ein C-Atom gebunden ist. Das Stickstoff-Atom besitzt ein nichtanteiliges Elektronenpaar. Die H-Atome der NH_2-Gruppe können substituiert werden.

$-\overline{N}$(H)(H)

Das freie, nichtanteilige Elektronenpaar bedingt, daß Moleküle mit der NH_2-Gruppe nukleophile Reaktionspartner sind.

23.2.1 Aminoalkane

Die aliphatischen Amine leiten sich vom Ammoniak NH_3 ab, indem die H-Atome nacheinander durch Alkylgruppen ersetzt werden. Man unterscheidet dabei nach der Zahl der eingeführten Substituenten.

R—NH_2	R—NH(—R) R_2NH	R—N(—R)—R R_3N
primäres Amin	**sekundäres** Amin	**tertiäres** Amin

Eine weitere Stickstoff-Verbindung, die obige Reihe fortsetzt, kann formal von den entsprechenden Ammoniumsalzen abgeleitet werden, wenn vier H-Atome durch organische Gruppen ersetzt werden. Man nennt sie, in Fortsetzung der Bezeichnungen primär, sekundär und tertiär, **quartäre Ammonium-Verbindungen;** diese sind, wie auch aus dem Namen hervorgeht, nur als Salze beständig.

R—N(R)(R)—R$^+$ I^- oder: R_4N^+ I^-

Die Bezeichnungen primäres, sekundäres und tertiäres N-Atom werden wie bei C-Atomen gebraucht (s. S. 115). Ein primäres C-Atom ist mit einem weiteren C-Atom verbunden; ein primäres Amin besitzt eine Alkylgruppe, d.h. ein primäres N-Atom ist ebenfalls mit einem C-Atom direkt verknüpft.

Weitere Bezeichnungen: Die einwertige Gruppe **—NH_2** nennt man **Amino-,** die zweiwertige Gruppe **>NH Imino.** Die entsprechenden Verbindungen sind Amine und Imine.

Primäre Amine kann man sich auch dadurch entstanden denken, daß in Alkanen ein H-Atom durch die funktionelle NH_2-Gruppe ersetzt worden ist.

Di-amine haben zwei NH_2-Gruppen im Molekül.

Struktur der Amine

Ähnlich wie Alkohole und Ether als Derivate des Wassers aufgefaßt werden und dessen Strukturelemente, z.B. den Bindungswinkel des Sauerstoffs, mit in ihre Verbindungen übernehmen, leitet sich die Molekülstruktur der Amine vom Ammoniak ab.

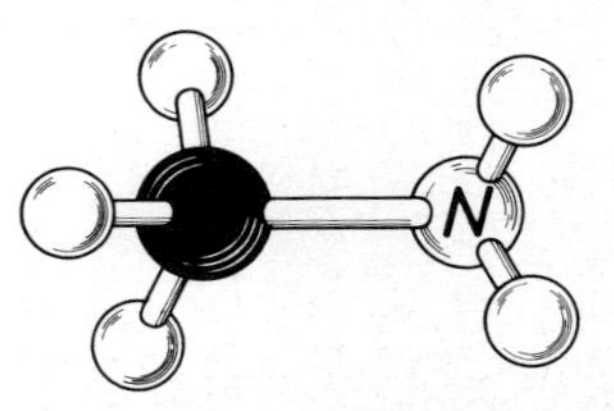

168.1 Molekülmodell des Methylamins

Das Ammoniak-Molekül hat die Form einer Pyramide mit dem Stickstoff als Zentralatom an der Spitze. Die Valenz- oder Bindungsrichtungen des Stickstoffs zeigen in die anderen drei Ecken der Pyramide; damit sind die Valenzwinkel festgelegt.

Werden im Ammoniak-Molekül die H-Atome durch Alkylgruppen ersetzt, bleiben die Valenzrichtungen und -winkel des Stickstoffs erhalten. Bild 168.1 zeigt das Molekülmodell des Methylamins. Der Atomabstand vom N- zum C-Atom beträgt 0,147 nm.

Nomenklatur der Amine

Trivialnamen. Diese werden bei den einfachen Verbindungen angewandt. Als Grundbezeichnung wählt man **-amin,** das als Schlußsilbe gesetzt wird. Davor steht der Name des Alkylrestes. Die Zahl der Alkylgruppen wird durch die Vorsilben Mono, Di, Tri oder Tetra gekennzeichnet; damit ist auch angegeben, ob es sich um ein primäres, sekundäres usw. Amin handelt.

Beispiele:

$C_3H_7—NH_2$	Mono-propylamin oder Propylamin (primäres Amin)
$(C_2H_5)_2NH$	Diethyl-amin (sekundäres Amin)
$(CH_3)_4N^+Cl^-$	Tetramethyl-ammonium-chlorid

Die Genfer Nomenklatur ist bei den einfachen Verbindungen weniger gebräuchlich, dafür aber bei höheren Verbindungen, die mehrere Isomere bilden. Sie legt den entsprechenden Kohlenwasserstoff zugrunde und kennzeichnet die funktionelle NH_2-Gruppe als Substituenten, dessen Stellung im Molekül durch eine Ziffer angegeben wird.

Beispiel:

$$\overset{1}{H_3C}—\overset{2}{\underset{\underset{NH_2}{|}}{CH}}—\overset{3}{CH_2}—\overset{4}{CH_3}$$

2-Amino-butan

Darstellung von Aminen

- Aus **Halogenalkanen und Ammoniak** (Alkylierung von Ammoniak).

  Beim Kochen einer wäßrigen oder alkoholischen Lösung eines Halogenalkans und Einleiten von Ammoniak entsteht zunächst ein primäres Amin.

  Beispiel:

  $$C_2H_5—I + NH_3 \rightarrow C_2H_5—NH_2 + HI$$

  Dieses kann aber mit einem weiteren Halogenalkan zum sekundären Amin weiterreagieren:

  $$C_2H_5—NH_2 + C_2H_5I \rightarrow (C_2H_5)_2NH + HI$$

  Die Reaktion läuft schließlich bis zur quartären Verbindung.

  Die Alkylierung von Ammoniak liefert also die verschiedenen Amine nebeneinander. Das Verfahren eignet sich deswegen nur dann zur Herstellung von Aminen, wenn gleichzeitig die Möglichkeit der Trennung z.B. durch Destillation, gegeben ist.

  Primäres Amin kann nur dann bevorzugt erhalten werden, wenn im Überschuß vom Ammoniak gearbeitet wird.

  Von den Halogenalkanen reagieren die Iodalkane am leichtesten mit Ammoniak; die Reaktionsfähigkeit nimmt über die Bromalkane zu den Chloralkanen ab.

- Aus **Nitroalkanen** (s. S. 162) durch Reduktion mit $Sn + HCl$, $SnCl_2$ oder H_2 (Ni-Katalysator):

  Beispiel:

  $$C_2H_5—NO_2 + 6[H] \xrightarrow{Ni} C_2H_5—NH_2 + 2H_2O$$

  Dabei entstehen nur primäre Amine.

- Aus **Oximen** (s. S. 188) durch Reduktion mit Natriumamalgam oder Natrium in Alkohol:

  Beispiel:

  $$C_3H_7—CH{=}N—OH + 4[H] \rightarrow C_4H_9—NH_2 + H_2O$$

  Mittels dieser Reaktion ist es möglich, Aldehyde und Ketone in primäre Amine zu überführen.

- Aus **Nitrilen** durch Reduktion (s. S. 229).

23.2.2 Aminobenzole (Aromatische Amine)

Aromatische Amine oder Amino-benzole sind Verbindungen, deren funktionelle NH_2-Gruppe mit ihrem N-Atom an ein C-Atom des Benzolringes geknüpft ist. Anilin mit nebenstehender Strukturformel ist die einfachste Verbindung dieser Gruppe.

$$C_6H_5—NH_2$$

Die Bedeutung der aromatischen Amine ist größer als die der aliphatischen, besonders für die Synthese von Farbstoffen, weil z.B. Anilin, die Grundverbindung, aus Nitrobenzol leicht darstellbar ist. Ferner zeigen aromatische Amine eine Reihe interessanter Reaktionen, die bei aliphatischen nicht eintreten.

Die NH_2-Gruppe ist ein **Substituent 1. Ordnung,** der die H-Atome des Ringes in o- und p-Stellung besonders reaktionsfähig macht, so daß weitere Ringsubstituenten in diese Stellungen dirigiert werden. Neben aromatischen Diaminen (mit zwei NH_2-

Gruppen am Ring) gibt es Chlor-amino-benzole, Nitro-amino-benzole (Nitraniline), Hydroxy-amino-benzole usw.

Wie bei aliphatischen Aminen muß auch zwischen aromatischen, primären, sekundären und tertiären Verbindungen unterschieden werden.

Übersicht:

primär: $C_6H_5{-}NH_2$

sekundär: $C_6H_5{-}N(H){-}C_6H_5$ rein-aromatisch

tertiär: $(C_6H_5)_3N$ rein-aromatisch

$C_6H_5{-}N(H){-}CH_3$ aliphatisch-aromatisch

$C_6H_5{-}N(CH_3)_2$ aliphatisch-aromatisch

Neben den rein-aromatischen Aminen gibt es die gemischt aliphatisch-aromatischen Amine, die ein sekundäres oder tertiäres N-Atom besitzen können.

Darstellung aromatischer Amine

Das gebräuchlichste Verfahren, um aromatische NH_2-Gruppen zu erhalten, ist die Reduktion der NO_2-Gruppe. Primäre aromatische Amine werden daher gewöhnlich durch Reduktion entsprechender aromatischer Nitroverbindungen dargestellt. Neben dieser Umwandlung der NO_2- in die NH_2-Gruppe kann unter geeigneten Reaktionsbedingungen auch der Substituent Chlor gegen die NH_2-Gruppe ausgetauscht werden (Aminolyse).

Aromatische Amine werden ausschließlich durch Synthese gewonnen. Das Anilin ist die bei weitem wichtigste Verbindung. Die Darstellung sekundärer und tertiärer Amine, die eine Substitutionsreaktion in der NH_2-Gruppe ist, wird auf Seite 169 beschrieben.

Gewinnung des Anilins. Da Anilin ein organisches Großprodukt ist, werden zwei Verfahren in technischem Maßstabe durchgeführt:

Reduktion von Nitrobenzol. Als Reduktionsmittel dienen Eisenspäne in verdünnter Salzsäure, die miteinander $FeCl_2$ bilden:

$$4\,C_6H_5{-}NO_2 + 9\,Fe + 4\,H_2O \xrightarrow{HCl} 4\,C_6H_5{-}NH_2 + 3\,Fe_3O_4$$

Beim technischen Verfahren wird in die Aufschlämmung der Eisenspäne in verd. HCl Nitrobenzol eingetragen. Dabei findet fast quantitative Reduktion statt. Nach beendeter Reduktion wird das saure Reaktionsgemisch mit Kalk neutralisiert, wobei freies Anilin entsteht, das anschließend mit Wasserdampf abdestilliert wird. Nach Abtrennung des Wassers aus dem Kondensat folgt die Reindestillation des Anilins. – Die Löslichkeit des Anilins in Wasser beträgt 3 g. Um Anilinverluste zu vermeiden, wird das anilinhaltige Wasser bei neuen Reduktionen wieder eingesetzt.

Aminolyse von Chlorbenzol. Chlorbenzol wird in einem Druckgefäß mit überschüssigem Ammoniak zur Reduktion gebracht:

$$C_6H_5{-}Cl + NH_3 \xrightarrow[200\ C,\ 70\ bar]{Cu_2Cl_2} C_6H_5{-}NH_2 + HCl$$

Als Nebenprodukt entstehen etwa 5% Phenol und 2% Diphenylamin.

Darstellung substituierter, primärer Amine

Darstellung der Toluidine (Methyl-aniline). Eine Methylierung des Anilins am Benzolring kann nicht ohne weiteres durchgeführt werden, weil dabei auch die H-Atome der NH_2-Gruppe substituiert würden. Ausgangsprodukte für die Darstellung der drei isomeren Toluidine sind daher die entsprechenden Nitrotoluole (s. S. 167), deren NO_2-Gruppe (wie beim Anilin beschrieben) reduziert wird.

Beispiel:

$$o\text{-}CH_3{-}C_6H_4{-}NO_2 \xrightarrow[H_2O\,(HCl)]{Fe} o\text{-}CH_3{-}C_6H_4{-}NH_2$$

o-Nitrotoluol → o-Toluidin (o-Methyl-anilin)

Darstellung der Nitraniline (Nitro-aniline). Bei der Einwirkung von konz. HNO_3 (Nitrierungsmittel) auf aromatische Amine tritt neben der Nitrierung auch Oxidation ein, die die Ausbeute stark vermindert. Man muß daher von Verbindungen mit „geschützter" NH_2-Gruppe ausgehen; das kann man z.B. durch Acetylierung (Ac) erreichen (s. S. 174).

Bei der Nitrierung von Anilin entsteht p- und o-Nitranilin nebeneinander:

$$2\,C_6H_5{-}NH{-}Ac + 2\,HNO_3 \rightarrow o\text{-}O_2N{-}C_6H_4{-}NH{-}Ac + p\text{-}O_2N{-}C_6H_4{-}NH{-}Ac + 2\,H_2O$$

o-Nitro-anilin (5%) p-Nitro-anilin (90%)

m-Nitranilin gewinnt man durch partielle Reduktion von m-Dinitrobenzol mit Na- oder NH_4-sulfid:

$$m\text{-}C_6H_4(NO_2)_2 + 3\,Na_2S + 4\,H_2O \rightarrow m\text{-}O_2N{-}C_6H_4{-}NH_2 + 6\,NaOH + 3\,S$$

m-Dinitro-benzol → m-Nitro-anilin

Auch durch Umsetzung der Nitrochlorbenzole mit Ammoniak unter Druck (Aminolyse s. beim Anilin) werden die entsprechenden Nitraniline erhalten:
Beispiel:

$$C_6H_4(NO_2)Cl + NH_3 \xrightarrow[\text{Druck}]{Cu_2Cl_2} C_6H_4(NO_2)NH_2 + HCl$$

o-Nitro-chlorbenzol o-Nitranilin

Diese Reaktion verläuft leichter als die Aminolyse des Chlorbenzols zum Anilin, da eine NO_2-Gruppe in o- oder p-Stellung aktivierend wirkt.

Darstellung der Chloraniline. Bei der Chlorierung des Anilins ist die aktivierende Wirkung der NH_2-Gruppe so groß, daß kein Katalysator notwendig ist. Die Chlorierung verläuft außerdem so schnell, daß sich sofort 2,4,6-Trichlor-anilin bildet.

Aminophenole können nur auf Umwegen über die entsprechenden Nitrophenole und Reduktion der NO_2-Gruppe dargestellt werden.

Darstellung aromatischer Diamine (Diamino-benzole oder Phenylendiamine). Da bei der Substitution zweier H-Atome am Benzolring der aromatische Rest C_6H_4- (genannt: Phenylen-) bleibt, spricht man hier bei zwei NH_2-Gruppen am Ring von Phenylen-diaminen.

Zur Darstellung von o- und p-Phenylendiamin geht man von den entsprechenden Nitranilinen aus, deren NO_2-Gruppe reduziert wird. m-Phenylendiamin gewinnt man durch Reduktion des leicht zugänglichen m-Dinitrobenzols.

Beispiele:

$$C_6H_4(NO_2)NH_2 \xrightarrow{\text{Red.}} C_6H_4(NH_2)_2$$

o-Nitranilin 1,2-Diamino-benzol o-Phenylendiamin

$$C_6H_4(NO_2)_2 \xrightarrow{\text{Red.}} C_6H_4(NH_2)_2$$

m-Dinitro-benzol 1,3-Diamino-benzol m-Phenylen-diamin

23.2.3 Physikalische Eigenschaften der Amino-Verbindungen

Die physikalischen Daten von Aminen, die zum Teil technische Bedeutung haben, zeigt Tabelle 171.1.

Name	Formel	molare Masse g/mol	Smp. °C	Sdp. °C	Dichte in g/ml bei 20 °C
Methylamin	CH_3NH_2	31,06	− 93	− 6	gasförmig
Ethylamin	$C_2H_5NH_2$	45,08	− 83	17	gasförmig
Dimethylamin	$(CH_3)_2NH$	45,08	− 96	7	gasförmig
Diethylamin	$(C_2H_5)_2NH$	73,14	− 48	56	0,710
Trimethylamin	$(CH_3)_3N$	59,11	−124	− 3	gasförmig
Triethylamin	$(C_2H_5)_3N$	101,19	−115	89	0,727
Anilin	$C_6H_5—NH_2$	93,13	− 6	184	1,021
Methylanilin	$C_6H_5—NH—CH_3$	107,16	− 57	196	0,987
Dimethyl-anilin	$C_6H_5—N(CH_3)_2$	121,18	2	194	0,956
Diethyl-anilin	$C_6H_5—N(C_2H_5)_2$	149,24	39	217	0,935
o-Toluidin	$H_3C—C_6H_4—NH_2$ (1,2)	107,16	− 28	201	0,998
m-Toluidin	$H_3C—C_6H_4—NH_2$ (1,3)	107,16	− 32	203	0,989
p-Toluidin	$H_3C—C_6H_4—NH_2$ (1,4)	107,16	− 44	200	0,934
o-Nitranilin	$O_2N—C_6H_4—NH_2$ (1,2)	138,13	71,5		fest
m-Nitranilin	$O_2N—C_6H_4—NH_2$ (1,3)	138,13	113		fest
p-Nitranilin	$O_2N—C_6H_4—NH_2$ (1,4)	138,13	147,5		fest
o-Chlor-anilin	$Cl—C_6H_4—NH_2$ (1,2)	127,57	− 14	209	1,213
m-Chlor-anilin	$Cl—C_6H_4—NH_2$ (1,3)	127,57	− 10	231	1,216
p-Chlor-anilin	$Cl—C_6H_4—NH_2$ (1,4)	127,57	70	232	fest
o-Phenylen-diamin	$C_6H_4(NH_2)_2$	108,14	104	252	fest
m-Phenylen-diamin	$C_6H_4(NH_2)_2$	108,14	63	287	fest
p-Phenylen-diamin	$C_6H_4(NH_2)_2$	108,14	142	267	fest
Diphenylamin	$NH(C_6H_5)_2$	169,23	53	302	fest
Triphenylamin	$N(C_6H_5)_3$	245,33	127	365	fest

171.1 Physikalische Daten von Aminen

Aggregatzustand: Die drei Methylamine und Ethylamine sind bei normaler Temperatur Gase. Die höheren Alkylamine sind überwiegend Flüssigkeiten, nur einige sind fest. Aromatische Amine sind flüssige oder feste Stoffe.

Die **Siedepunkte** der Alkyl-Amine liegen in normaler Höhe, d.h. Amine sind nicht oder nur wenig assoziiert. Methylamin siedet nicht viel höher als Ammoniak (Sdp. −33 °C).

Der Eintritt der NH_2-Gruppe in das Benzolmolekül erhöht den Siedepunkt um mehr als 100 °C (Vergleich: Benzol 80 °C, Anilin 184 °C); eine geringe Assoziation, bedingt durch anziehende Kräfte der NH_2-Gruppen verschiedener Moleküle aufeinander, ist sicherlich auch hier vorhanden. – Auffällig ist, daß sich Anilin, Methylanilin und Dimethylanilin im Siedepunkt nur sehr wenig unterscheiden.

Bei den **Schmelzpunkten** erkennt man, daß unter den Isomeren die p-Verbindung, d.h. die Verbindung mit der größten Molekülsymmetrie, den höchsten Schmelzpunkt besitzt.

Löslichkeit: Amine bis zu fünf C-Atomen sind wasserlöslich, die höheren Glieder sind dann nur noch teilweise oder schwer in Wasser löslich. Die Löslichkeit aller aromatischen Amine in Wasser ist gering. Der Geruch der Amine ähnelt dem des Ammoniaks, ist aber weniger stechend und fischartig. Amine sind im Gegensatz zum Ammoniak brennbar.

23.2.4 Chemische Eigenschaften und Reaktionen

Basische Eigenschaften

Die basische Eigenschaft der Amine, z.B. in wäßriger Lösung, ist wie die des Ammoniaks zu erklären. Das N-Atom der NH_2-Gruppe hat ein freies, nichtanteiliges Elektronenpaar, das Protonen binden kann:

$$R{-}\overset{\displaystyle H}{\underset{\displaystyle H}{\overset{|}{\underset{|}{N}}}}| + H^{\oplus} \rightarrow R{-}\overset{\displaystyle H}{\underset{\displaystyle H}{\overset{|}{\underset{|}{N}}}}{}^{\oplus}{-}H$$

Die basische Eigenschaft der Amine beruht also auf der Umsetzung mit einem elektrophilen Agenz, z.B. H^+-Ionen. Die NH_2-Gruppe ist **nukleophil.**

Die **Basenstärke** der Amine hängt davon ab, wie weit das Elektronenpaar am Stickstoff für Reaktionen, z.B. mit Protonen, zur Verfügung steht, Substituenten am Stickstoff, die Elektronendruck ausüben, z.B. Alkylgruppen, erhöhen die Basenstärke im Vergleich zum Ammoniak, weil die Elektronendichte am N-Atom erhöht wurde (siehe pK-Werte in Tab. 172.1). Die Basenstärke steigt mit der Zahl der Alkylgruppen.

Verbindung	pK-Wert
NH_3	4,75
$CH_3{-}NH_2$	3,36
$(CH_3)_2NH$	3,23
$(CH_3)_3N$	4,20
$C_6H_5{-}NH_2$	9,42

172.1 pK-Werte

Beim Trimethylamin geht die Basenstärke wieder leicht zurück, weil hier das freie Elektronenpaar auch gebraucht wird für die Solvatation mit Lösungsmittel-Molekülen.

Ist die NH_2-Gruppe an den Benzolring gebunden (Anilin), tritt das freie Elektronenpaar der NH_2-Gruppe mit den π-Elektronen des aromatischen Ringes in Wechselwirkung. Die Elektronendichte im Benzolring wird erhöht (+M-Effekt), die Elektronendichte am N-Atom entsprechend verringert. Anilin ist merklich schwächer basisch als Alkylamine und Ammoniak.

Salzbildung: Fügt man zur wäßrigen Lösung eines Amins Säure hinzu, bilden sich die entsprechenden Salze, die in reinem Zustand feste Verbindungen sind, sich als echte Salze leicht in Wasser auflösen.

Beispiel:

$$C_2H_5{-}NH_2 + H^+ + Cl^- \rightarrow CH_5{-}\overset{+}{N}H_3 \quad Cl^-$$

Ethyl-ammonium-chlorid

Die Salzbildung bedingt die viel größere Löslichkeit der Amine in Säuren als in Wasser.

Die festen Salze kann man rein gewinnen, wenn man trockenes HCl-Gas in die Lösung eines Amins in Ether einleitet. Da Salze in Ether unlöslich sind, kommt es zur quantitativen Abscheidung des entsprechenden Alkylammoniumsalzes.

Die Salze von Aminen zeigen in Wasser nahezu neutrale Reaktion, da bei der Protolyse die basische Reaktion der Amine größer ist als die des Ammoniaks. Die anorganischen Ammoniumsalze reagieren dagegen in wäßriger Lösung sauer.

Ein weiterer Unterschied: Alkylammoniumsalze sind in Alkohol löslich, normale Ammoniumsalze dagegen nicht. Durch Extraktion mit Alkohol kann man also beide Salzarten voneinander trennen.

Eine ältere Bezeichnung für die Salze der Amine, die auch eine andere Schreibweise für die Verbindungen zugrundelegt, soll noch erwähnt werden.

Beispiel:

$$C_2H_5{-}NH_2 + HCl \rightarrow C_2H_5{-}NH_2 \cdot HCl$$

Ethyl-amin-hydro-chlorid

An Stelle von Hydrochlorid (H—Cl) lautet die bessere Bezeichnung und Schreibweise Ethylammoniumchlorid $C_2H_5{-}NH_3^+\ Cl^-$.

Aus den Salzen kann man durch Zugabe von Alkalilauge die freien Basen bzw. das Amin zurückgewinnen. In alkalischen Lösungen sind Amine unlöslich.

Gegenüberstellung: Löslichkeit der Amine:

In Wasser: gering;
in Säuren: gut;
in Laugen: unlöslich.

Auch die quartären Alkylammonium-Verbindungen sind Salze. Sie werden hergestellt aus tertiären Aminen und Halogenalkanen durch Erhitzen:

Beispiel:

$$(C_2H_5)_3N + C_2H_5{-}Br \rightarrow (C_2H_5)_4N^+\ Br^-$$

Es sind feste, farblose Produkte, die in Wasser leicht, in Ether unlöslich sind. Zum Unterschied von den anderen Alkylammoniumverbindungen wird aus den quartären Salzen durch Alkalilauge nicht das freie Amin erhalten.

Erst durch Kochen mit einer wäßrigen Lösung von Silberhydroxid wird die freie Base erhalten, weil schwerlösliches AgBr gefällt wird.

Beispiel:

$$(C_2H_5)_4N^+\ Br^- + AgOH \rightarrow (C_2H_5)_4N^+ + OH^- + AgBr$$

Die freie Base ist ein kristalliner, farbloser Stoff. In wäßriger Lösung ist sie vollständig dissoziiert und hat daher in Wasser die gleiche Basizität wie die Alkalilaugen.

Auch Anilin, Toluidin usw. lösen sich aufgrund ihres basischen Charakters leicht in verdünnten Mineralsäuren.

Beispiel:

$$C_6H_5{-}NH_2 + HCl \rightarrow C_6H_5{-}NH_3^+\ Cl^-$$

Anilin — Phenyl-ammonium-chlorid

oder $C_6H_5{-}NH_2 \cdot HCl$

Anilin-hydrochlorid

Reaktion mit salpetriger Säure. Gegenüber salpetriger Säure zeigen die drei Arten von Aminen ein unterschiedliches Verhalten. Man kann diese Reaktion daher heranziehen, um die Amine zu unterscheiden.

Primäre Amine. Als Endprodukte entstehen Alkohol und Stickstoff:

$$R{-}NH_2 + HO{-}N{=}O \xrightarrow{-H_2O} [R{-}NH{-}N{=}O] \rightarrow$$

$$[R{-}N{=}N{-}OH] \rightarrow R{-}OH + N_2$$

Die Reaktionslösung muß stark sauer sein. Die beiden Zwischenprodukte (eckige Klammern) sind instabil und reagieren sofort weiter. Der entwickelte Stickstoff entspricht quantitativ der Menge des vorliegenden Amins. Wird das Gas aufgefangen und sein Volumen genau gemessen, hat man eine Methode, um primäre Amine quantitativ zu bestimmen.

Sekundäre Amine. Endprodukt ist ein Nitrosamin (Nitroso-amin):

$$R_2NH + HO{-}N{=}O \rightarrow R_2N{-}N{=}O + H_2O$$

Nitrosamine besitzen gelbliche Färbung und sind in Wasser wenig lösliche Öle.

Tertiäre Amine reagieren nicht mit salpetriger Säure, weil für eine Kondensation (H_2O-Abspaltung) im Amin der Wasserstoff fehlt.

Gegenüberstellung: Reaktion der Amine mit salpetriger Säure HNO_2:

primäre Amine: Alkohol + N_2 (Gasentwicklung)
sekundäre Amine: Nitrosamin (gelbe Färbung)
tertiäre Amine: keine Reaktion.

Bei aromatischen Verbindungen werden besonders die primären Amine, z.B. Anilin, mit salpetriger Säure umgesetzt, weil dabei neue wichtige Verbindungen, die Diazoniumsalze (s. S. 177), entstehen. Diese Reaktion nennt man Diazotierung.

Isonitril-Reaktion. Als Nachweisreaktion für primäre Amine kann die Reaktion mit Chloroform und Alkalilauge dienen, wobei die unangenehm riechenden Isonitrile entstehen:

$$R{-}NH_2 + CHCl_3 + 3\,NaOH \rightarrow R{-}N{=}C + 3\,NaCl + 3\,H_2O$$

Oxidation. Während aliphatische Amine ziemlich beständig gegen Oxidation sind, werden primäre und sekundäre aromatische Amine leicht oxidiert.

Beispiel: Frisch destilliertes Anilin ist ein farbloses Öl, das beim Stehen und bei Luftzutritt allmählich eine rotbraune Färbung annimmt.

Die Oxidation greift sowohl an der NH_2-Gruppe als auch an den C-Atomen des Ringes an, deren H-Atome durch die Anwesenheit der NH_2-Gruppe reaktionsfähig sind (o- und p-Stellung). Einige der zahlreichen Oxidationsprodukte, die die Farbänderung bedingen, sind bekannt, z.B. Azobenzol, Phenylhydroxylamin, Nitrobenzol, Nitrosobenzol und Chinon; andere Oxidationsprodukte sind sehr verwickelt aufgebaut.

Besonders oxidationsempfindlich sind die freien aromatischen Amine. Deren Salze werden aber kaum oxidiert. Auch die substituierte NH_2-Gruppe wird nicht oxidiert, so daß diese Verbindungen beständig sind. Bei tertiären aromatischen Aminen kann keine Oxidation stattfinden.

Reaktionen besonders der aromatischen Amine

Da bei aromatischen Aminen eine Substitution am Ring oder in der NH_2-Gruppe möglich ist, muß im Namen der entstehenden Verbindungen diese Unterscheidung hervorgehoben werden. Substituenten der NH_2-Gruppe kennzeichnet man durch den vorgesetzten Buchstaben N- (Stickstoff), d.h. dieser Substituent ist an Stickstoff gebunden.

Beispiele:

C_6H_5—NH—CH_3 N-Methyl-anilin

$C_6H_4(NH_2)(CH_3)$ o-Methyl-anilin

Acetylierung. Beim Erhitzen des Anilins mit Essigsäureanhydrid wird ein H-Atom der NH_2-Gruppe leicht durch den Acetyl-Rest ersetzt:

C_6H_5—NH_2 + O(CO—CH_3)$_2$ →

Anilin Essigsäureanhydrid

C_6H_5—NH—CO—CH_3 + CH_3—COOH

Acetanilid

Diese Reaktion wird häufig durchgeführt, um die NH_2-Gruppe zu schützen; damit sie bei weiteren Reaktionen nicht angegriffen wird. Acetanilid ist z.B. im Gegensatz zum Anilin oxidationsbeständig.

Die Anilide schmelzen höher als die freien Amine und haben exakte Schmelzpunkte (Charakterisierung aromatischer Amine durch Acetylierung).

Acetanilid kann man auch auffassen als N-Phenylacetamid, wobei im Acetamid ein H-Atom der NH_2-Gruppe durch den Phenylrest substituiert ist.

Alkylierung, Darstellung gemischt aliphatisch-aromatischer, sekundärer oder tertiärer Amine. Beim Erhitzen von Anilin mit Iodmethan wird ein H-Atom durch die CH_3-Gruppe ersetzt:

C_6H_5—NH_2 + I—CH_3 → C_6H_5—NH—CH_3 + HI

Anilin Iodmethan N-Methyl-anilin

Das andere H-Atom wird mittels dieser Reaktion nur schwer ersetzt. Technische Verfahren zur Herstellung von Methylanilin (sekundäres Amin) und Dimethylanilin (tertiäres Amin) siehe unten.

Phenylierung oder **Arylierung,** Darstellung rein-aromatischer, sekundärer und tertiärer Amine. Diese Reaktion zur Einführung einer weiteren Phenylgruppe in die NH_2-Gruppe läuft beim Erhitzen von Anilin mit Anilinhydrochlorid ab:

C_6H_5—$NH_2 \cdot HCl$ + H_2N—C_6H_5 $\xrightarrow{200\,°C}$ C_6H_5—NH—C_6H_5 + NH_4Cl

Anilin-hydrochlorid Anilin N,N-Diphenyl-amin

Es entsteht das sekundäre Diphenylamin mit zwei Benzolringen im Molekül. Auch Triphenylamin $N(C_6H_5)_3$ ist auf diese Weise darstellbar.

Einige wichtige Amine

Aliphatische Amine besitzen vielseitige Verwendung als Zwischenprodukte bei der Herstellung von Farbstoffen, Heilmitteln, Textilhilfsmitteln usw. Sie werden daher technisch hergestellt.

Methylamine entstehen, wenn ein Gemisch aus Methanol-Dampf und Ammoniak unter Druck über heiße Tonerde (wasserabspaltender Katalysator) geleitet wird:

$$CH_3OH + NH_3 \xrightarrow[Al_2O_3]{500\,°C,\ 50\,bar} CH_3—NH_2 + H_2O$$

Methylamin

daneben: $(CH_3)_2NH$ Dimethylamin und $(CH_3)_3N$ Trimethylamin.

Primäre, sekundäre und tertiäre Amine entstehen bei dieser Synthese immer nebeneinander. Aber durch geeignete Wahl des Mischungsverhältnisses der Ausgangskomponenten können bestimmte Produkte bevorzugt erhalten werden; ein Überschuß an NH_3 liefert bevorzugt Monomethylamin, ein Überschuß an Methanol Trimethylamin. Die Trennung der drei Verbindungen ist durch Destillation und Extraktion möglich. Trimethylamin findet nur beschränkte Verwendung. Mono- und Dimethylamin liefern mit Phosgen die wichtigen Isocyanate (s.S. 235).

Ethylamine. Unter diesen hat das Diethylamin für die Arzneimittelsynthese besondere Bedeutung.

Fettamine sind primäre Amine mit längerer C-Kette, z.B. $CH_3—(CH_2)_{14}—NH_2$. Sie haben Bedeutung als Sammler bei der Flotation.

Wie der Name ausdrückt, wählt man bei ihrer Herstellung Fettsäuren als Rohstoffe, die durch Spaltung von Fetten erhalten werden. Die Fettamine gewinnt man durch katalytische Hydrierung der Fettsäurenitrile (s. S. 229).

Diamine

Von besonderer Bedeutung sind Diamine, deren NH_2-Gruppe endständig gebunden sind.

Dimethylendiamin oder 1,2-Diaminoethan oder

$H_2N{-}(CH_2)_2{-}NH_2$

Ethylendiamin (Molekülmasse 60,10 u) ist eine farblose, an der Luft rauchende, in Wasser mit stark basischer Reaktion lösliche Flüssigkeit (Smp. 8,5 °C, Sdp. 116,5 °C, Dichte 0,8995 g/ml bei 20 °C).

Gewinnung: Aus 1,2-Dichlorethan und Ammoniak:

$$\underset{Cl\quad\ Cl}{CH_2{-}CH_2} + 2\,NH_3 \xrightarrow[150\,°C]{90\,bar} \underset{NH_2\quad NH_2}{CH_2{-}CH_2} + 2\,HCl$$

Verwendung: Ausgangsstoff für die Synthese von Komplexonen, die im Laboratorium für komplexometrische Titrationen und in der Technik zur Wasserenthärtung eingesetzt werden, da sie Erdalkaliionen (Ca^{2+}, Mg^{2+}) durch Komplexbildung bindet.

Hexamethylendiamin oder 1,6-Diamino-hexan (Mole-

$H_2N{-}(CH_2)_6{-}NH_2$

külmasse 116,21 u) ist das technisch wichtigste Amin überhaupt. Es ist eine farblose, feste Verbindung mit ammoniakartigem Geruch (Smp. 40 °C, Sdp. 204 °C). In Wasser, Alkohol und Kohlenwasserstoffen ist Hexamethylendiamin löslich.

Herstellung: Durch katalytische Hydrierung von Adipinsäuredinitril (s. S. 230):

$$\underset{CN\qquad\qquad\ CN}{CH_2{-}(CH_2)_2{-}CH_2} + 4\,H_2 \xrightarrow[200\,bar]{150\,°C} \underset{CH_2{-}NH_2\qquad CH_2{-}NH_2}{CH_2{-}(CH_2)_2{-}CH_2}$$

Katalysator: Nickel auf Kieselgel; Gegenwart von Ammoniak!

Verwendung: Hexamethylendiamin ist Vorprodukt für die Synthese von Polyamiden und Polyurethanen.

Alkoholamine

In dieser Gruppe werden alle Verbindungen zusammengefaßt, deren Moleküle die NH_2- und die OH-Gruppe gleichzeitig enthalten. Neben Alkoholaminen kann man auch von Amino-alkoholen sprechen.

Bei Reaktionen dieser Verbindungen ist interessant, daß sie als Alkohole und als Amine reagieren können, da beide funktionelle Gruppen vertreten sind.

Die Amine des Ethylalkohols, die Ethanolamine, sind die wichtigsten Verbindungen.

Mono-ethanol-amin oder 2-Amino-1-ethanol ist eine

$$\underset{NH_2}{CH_2}{-}CH_2{-}OH$$

viskose, farblose Flüssigkeit (Sdp. 171 °C), die aus der Luft Feuchtigkeit anzieht. In Wasser, Alkohol und Chloroform ist sie leicht, in Benzinen und aromatischen Kohlenwasserstoffen sowie Ether unlöslich.

Technische Herstellung: Aus Ethylenoxid und wäßrigem Ammoniak:

$$\underset{\diagdown O \diagup}{CH_2{-}CH_2} + NH_3 \rightarrow \underset{NH_2}{CH_2}{-}CH_2{-}OH$$

Di-ethanol-amin $(HO{-}CH_2{-}CH_2)_2NH$ (farblose, kristalline Verbindung, Smp. 28 °C) und

Tri-ethanol-amin $(HO{-}CH_2{-}CH_2)_3N$ (farbloses Öl, Smp. 21 °C) werden technisch nach der gleichen Reaktion hergestellt, wobei Ethylenoxid im Überschuß ist, so daß es mit gebildetem Mono-ethanolamin weiterreagieren kann.

23.2.5 Einige wichtige aromatische Amine

Anilin C_6H_5-NH_2, Phenylamin oder Aminobenzol

$C_6H_5{-}NH_2$ (Benzolring mit NH_2)

ist ein farbloses Öl, wenn es rein und frisch destilliert ist. Im Licht und an der Luft tritt aber schnell Braunfärbung ein (Autoxydation). Der Geruch ist unangenehm.

Anilin ist mischbar mit Ethanol, Ether, Benzol und den meisten organischen Lösungsmitteln. In Wasser ist es nur wenig löslich; 100 g Wasser von 25 °C lösen 3,5 g Anilin. Die wäßrige Lösung reagiert schwach alkalisch. Mit Wasserdämpfen ist Anilin flüchtig.

Anilin und die übrigen aromatischen Amine sind giftig. Die Flüssigkeiten können durch die Haut, die Dämpfe durch Einatmen aufgenommen werden. In beiden Fällen wird zunächst Schwindelgefühl hervorgerufen. Bei Einwirkung über längere Zeit können schwere Vergiftungen auftreten, wobei das Blut und das Nervensystem geschädigt werden.

Darstellung des Anilins (s. S. 170).

Verwendung: Anilin ist Ausgangsprodukt für eine große Zahl anderer Verbindungen, die durch Acetylierung, Alkylierung oder Diazotierung hergestellt werden. Die meisten dieser Verbindungen sind Zwischenprodukte für Farbstoffe.

In der Bundesrepublik wurden 1979 etwa 166000 t Anilin synthetisch hergestellt.

Phenylammoniumchlorid (**Anilinhydrochlorid** **$C_6H_5{-}NH_2 \cdot HCl$** oder Anilinchlorhydrat) (Mole-

$C_6H_5{-}\overset{+}{N}H_3\ Cl^-$ (Benzolring mit $\overset{+}{N}H_3$, Cl^-)

külmasse 129,59 u, Smp. 199 °C, Sdp. 245 °C) ist das wichtigste Salz des Anilins (daher häufig Anilinsalz genannt); es kristallisiert in weißen Kristallen und ist in Wasser leicht löslich.

Methylanilin oder N-methyl-amino-benzol ist eine

C_6H_5—NH—CH_3

schwach gelbe Flüssigkeit, die sich im Licht und an der Luft braun färbt. In Wasser ist Methylanilin nur wenig löslich, leicht dagegen in verd. HCl oder organischen Lösungsmitteln.

Das feste Hydrochlorid des Methylanilins schmilzt bei 122 °C.

Verwendung: Vor- oder Zwischenprodukt für Farbstoffe.

Dimethylanilin oder N.N-dimethyl-aminobenzol

C_6H_5—N(CH_3)$_2$

ist eine gelbliche, ölige Flüssigkeit, die in Wasser praktisch unlöslich ist. Sie ist aber löslich in verdünnter HCl sowie in organischen Lösungsmitteln.

Verwendung: Zwischenprodukt für Farbstoffe (Malachitgrün, Michlers Keton).

Diphenylamin bildet weiße Kristalle mit angeneh-

C_6H_5—NH—C_6H_5

mem Geruch, die leicht löslich in organischen Lösungsmitteln, unlöslich in Wasser sind. Diphenylamin ist wesentlich schwächer basisch als Anilin und bildet daher keine Salze.

In stark schwefelsaurer Lösung beobachtet man mit HNO_3 und HNO_2 eine intensive Blaufärbung. Analytischer Nachweis von Nitraten und Nitriten!

Verwendung: Zwischenprodukt für Farbstoffe. – Wenn Diphenylamin in Mengen von 1 bis 8% Sprengstoffen oder Schießpulver zugesetzt wird, verläuft deren Explosion rauchlos.

Acetanilid oder N-acetyl-anilin (Molekülmasse 135 u,

C_6H_5—NH—CO—CH_3

Smp. 115 °C, Sdp. 305 °C) ist in organischen Lösungsmitteln außer Benzin leicht löslich und kann aus Wasser umkristallisiert werden.

Unter dem Namen Antifebrin ist es als Heilmittel bekannt.

Nitraniline sind kristalline, gelbe Verbindungen, die

$C_6H_4(NH_2)(NO_2)$

o-Nitranilin

schwächer basisch als Anilin sind und daher nur im Überschuß von Mineralsäure Salze bilden. Die Salze sind farblos. o- und p-Nitranilin sind wasserdampfflüchtig.

Verwendung: Ausgangsprodukt für Phenylendiamine.

Phenylen-diamine sind farblose, kristalline Verbin-

H_2N—C_6H_4—NH_2

p-Phenylendiamin

dungen, die in Alkohol und Ether leicht, in Wasser unlöslich sind. An der Luft und im Licht werden sie langsam unter Zersetzung und Verfärbung oxidiert. Die Salze dagegen sind oxidationsbeständig.

m-Phenylendiamin wird besonders bei Azofarbstoffen eingesetzt, da es aus m-Dinitro-benzol leicht hergestellt werden kann.

Aminophenole haben große technische Bedeutung als Zwischenprodukte für Farbstoff-Synthesen, weil die NH_2-Gruppe diazotiert werden kann und die Verbindung dann kupplungsfähig ist. – p-Aminophenol ist ein photographischer Entwickler.

H_2N—C_6H_4—OH

p-Amino-phenol

Aminophenole bilden farblose Kristalle, die in Wasser etwas, besser in Alkohol und Ether löslich sind. Sie sind wegen ihrer OH- und NH_2-Gruppe amphoter, d.h. lösen sich in Säuren und Laugen. Aminophenole sind oxidationsempfindlich und daher nur unter Luftabschluß haltbar.

Herstellung: Aus den entsprechenden Nitrophenolen durch Reduktion der NO_2-Gruppe.

Amino-benzolsulfonsäuren. Von diesen gibt es drei isomere Verbindungen:

$C_6H_4(NH_2)(SO_3H)$ (ortho)	$C_6H_4(NH_2)(SO_3H)$ (meta)	$C_6H_4(NH_2)(SO_3H)$ (para)
2-Amino-benzol-1-sulfonsäure Ortanilsäure	3-Amino-benzol-1-sulfonsäure Metanilsäure	4-Amino-benzol-1-sulfonsäure Sulfanilsäure

Alle sind weiße, kristalline Substanzen, die in kaltem Wasser schwer, in heißem Wasser leichter löslich sind. In Alkohol, Ether und Benzol sind sie unlöslich.

Amino-benzolsulfonsäuren sind amphotere Verbindungen. Sie enthalten die basische NH_2-Gruppe und die saure SO_3H-Gruppe. Aus diesem Grunde sind sie sowohl in Säuren als auch in Laugen leicht löslich.

Die wichtigste Verbindung dieser Reihe ist die Sulfanilsäure; sie ist ein wichtiges Zwischenprodukt für Azofarbstoffe. Sulfanilsäure wird technisch nach einem besonderen Verfahren gewonnen, nämlich durch 6 Stunden dauerndes „Verbacken" eines Gemisches von Anilin und konz. Schwefelsäure bei 220 °C.

Naphthylamine

Diese aromatischen Amine leiten sich vom Naphthalin ab, an das die funktionelle NH_2-Gruppe gebunden ist.

α-Naphthylamin oder 1-Amino-naphthalin (Molekül-

NH_2

masse 143,19u, Smp. 50 °C, Sdp. 301 °C) bildet Kristalle, die schwer löslich in Wasser, leicht löslich in Ether und Alkohol, mit Wasserdämpfen flüchtig und sublimierbar sind. Die Salze sind in Wasser leicht, in Säuren schwer löslich.

Darstellung: Durch Nitrierung von Naphthalin mit Nitriersäure $w(HNO_3) = 0{,}33$ bei 50 °C erhält man überwiegend α-Nitronaphthalin, das anschließend mit Eisen und Salzsäure zum α-Naphthylamin reduziert wird.

Verwendung: Nach Diazotierung ist α-Naphthylamin eine wichtige Kupplungskomponente für Azofarbstoffe. Hier haben besonders die Naphthylaminsulfonsäuren, genannt Naphthionsäuren, Bedeutung, die durch Sulfonieren des Naphthylamins gewonnen werden. Es sind kristalline Substanzen, z. B. α-Naphthylamin-2-sulfonsäure, α-Naphthylamin-4-sulfonsäure, α-Naphthylamin-5-sulfonsäure und α-Naphthylamin-8-sulfonsäure.

β-Naphthylamin oder 2-Amino-naphthalin (Smp.

$-NH_2$

111 °C, Sdp. 306 °C) ist leicht löslich in heißem und schwer löslich in kaltem Wasser so daß es daraus umkristallisiert werden kann.

β-Naphthylamin hatte früher dieselbe Bedeutung wie das α-Isomere. Seine Produktion ist aber inzwischen eingestellt worden, da es eine äußerst gefährliche Verbindung ist, die nachweislich beim Menschen zu Blasenkrebs führt.

23.3 Diazonium-Verbindungen

23.3.1 Allgemeines

Eine besondere charakteristische Reaktion der primären aromatischen Amine ist ihre Umsetzung mit salpetriger Säure (Stickstoff(III)-säure). Wird diese, zuerst von Grieß 1858 gefundene Reaktion in saurer Lösung bei 0 °C durchgeführt, erhält man eine Diazonium-Verbindung:

$$C_6H_5-NH_2 + HNO_2 + HCl \xrightarrow{0\,°C} [C_6H_5-N\equiv N]^+ \, Cl^- + 2\,H_2O$$

Anilin salpetrige Säure

Benzol-diazonium-chlorid

Der Name dieser Verbindungen ist folgendermaßen zu erklären: Die Bezeichnung azo stammt von dem französischen Wort azote für Stickstoff. Diazo sind also zwei miteinander verbundene Stickstoffatome. Da eines dieser Stickstoffatome eine positive Ladung trägt und bezüglich seiner Struktur mit Ammonium-Verbindungen vergleichbar ist, nennt man die neue Verbindungsgruppe **Diazonium-Verbindungen.**

Die obige Reaktion, die zu den Diazonium-Verbindungen führt, heißt **Diazotierung.** Dieser Reaktion sind alle primären aromatischen Amine, besonders die des Benzols und Naphthalins, zugänglich.

Struktur: Die allgemeine Formel für Diazonium-Verbindungen lautet:

Diazonium: 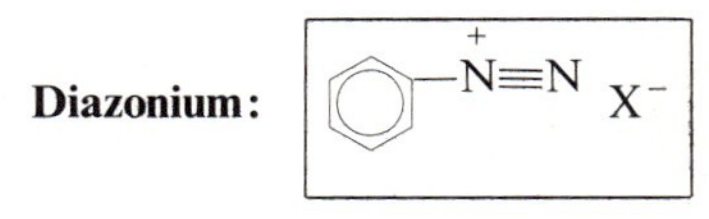

Der vierfach gebundene (vierbindige) Stickstoff trägt die positive Ladung und ist mit dem aromatischen Ring verknüpft. Diazonium-Verbindungen sind in wäßriger Lösung Salze, weil sie hier dissoziieren; die Lösungen leiten den elektrischen Strom. Dem Diazonium-Kation steht ein beliebiges Anion, gewöhnlich Cl^-, SO_4^{2-}, NO_3^-, gegenüber.

Primäre aliphatische Amine reagieren ebenfalls mit salpetriger Säure; es entsteht dabei ein Alkohol und N_2 (s. S. 173). Dieselbe Reaktion beobachtet man bei aromatischen Aminen, wenn die Temperatur über 5 °C ansteigt; hier entstehen dann Phenol und N_2. Der Reaktionsablauf ist also bei beiden Verbindungsgruppen gleich, aber die Stabilität der entstehenden Diazonium-Verbindungen bei 0 °C ist unterschiedlich;

bei dieser Temperatur sind nur aromatische Diazonium-Verbindungen beständig.

Die Stabilität aromatischer Diazoniumsalze wird durch den benachbarten Benzolring bedingt (Dreifachbindung der (N≡N)-Gruppe in Konjugation zum aromatischen Bindungssystem).

Durchführung der Diazotierung (Darstellung von Diazonium-Verbindungen): Die als Reaktionspartner benötigte salpetrige Säure HNO_2 wird in der Reaktionslösung aus $NaNO_2$ und HCl erzeugt. Nach der Reaktionsgleichung

$$C_6H_5{-}NH_2 + HNO_2 + HCl \rightarrow C_6H_5{-}N{\equiv}N]^+ \, Cl^- + 2\,H_2O$$

werden theoretisch auf 1 mol primäres Amin 2 mole Säure gebracht. Allgemein arbeitet man aber mit einem Säureüberschuß.

Man löst 1 mol primäres aromatisches Amin in 3 mol Salzsäure, eventuell unter Erwärmen, kühlt auf 0 °C ab, wobei ein Teil des Amin-Salzes wieder ausfallen kann, und fügt in der Kälte 1 mol $NaNO_2$ als Lösung zu.

1 mol der Salzsäure wird zur Salzbildung des Amins verbraucht, 1 mol macht aus dem $NaNO_2$ die salpetrige Säure frei und das überschüssige mol Salzsäure schafft stark saure Bedingungen. Die Reaktionslösung muß am Schluß der Diazotierung noch deutlich sauer sein. In schwach saurer Lösung würde in einer Nebenreaktion entstandenes Diazonium-Salz mit unverbrauchtem aromatischem Amin „kuppeln" (s. S. 179).

Die wesentlichen Reaktionsbedingungen sind also: stark saure Lösung, Temperatur nicht höher als +5 °C.

Das entstandene Diazoniumsalz wird nicht aus der wäßrigen Lösung in reiner Form isoliert. Gewöhnlich setzt man dieselbe Lösung sofort bei weiteren Reaktionen ein. – Die Abscheidung der festen Diazoniumsalze aus wäßriger Lösung ist möglich, wenn Ether oder absoluter Alkohol zugesetzt werden.

23.3.2 Physikalische Eigenschaften

Feste Diazoniumsalze sind farblose, kristalline Verbindungen, die sich an der Luft dunkel färben.

Im trockenen Zustand zersetzen sie sich beim Erhitzen oder durch Schlag explosionsartig. Besonders explosiv sind die Diazoniumnitrate und die -perchlorate.

Bedingt durch ihre Salzstruktur sind Diazonium-Verbindungen in Wasser leicht löslich. In Ether, absolutem Alkohol und anderen organischen Lösungsmitteln sind sie unlöslich.

23.3.3 Chemische Eigenschaften und Reaktionen

Diazonium-Verbindungen und Grignard-Verbindungen sind die vielseitigsten und wandlungsfähigsten Produkte der organischen Chemie. Diazoniumsalze sind leicht zugänglich, da die aromatischen primären Amine, aus denen sie hergestellt werden, vorhanden oder darstellbar sind.

Diazonium-Verbindungen stehen von ihrer Darstellung her als Salze in wäßriger, saurer Lösung zur Verfügung. Von diesen muß man ausgehen und sofort nach ihrer Darstellung die geplanten Reaktionen anschließen.

Die Umsetzungen der Diazonium-Verbindungen lassen sich in zwei Gruppen einteilen:

a) Die Diazo-Gruppe verbleibt im Molekül, wird aber verändert oder umgelagert. Beispiele: Bildung von Diazotaten, Reduktion, Kupplung.

b) Die Diazo-Gruppe wird aus dem Molekül als N_2 abgespalten; ihren ursprünglichen Platz besetzt Wasserstoff oder eine andere funktionelle Gruppe. Beispiele: Reduktion, Verkochen, Sandmeyer-Reaktion.

Bildung von Diazotaten. Schüttelt man eine gekühlte, wäßrige Diazoniumsalz-Lösung mit Ag_2O (oder konz. NaOH), entsteht eine alkalisch reagierende Flüssigkeit, weil sich zunächst Diazoniumhydroxid bildet:

$$C_6H_5{-}\overset{+}{N}{\equiv}N \; Cl^- \xrightarrow{Ag_2O} C_6H_5{-}\overset{+}{N}{\equiv}N \; OH^- \xrightarrow{\text{Umlagerung}}$$

Benzol-diazonium-hydroxid

$$C_6H_5{-}N{=}N{-}OH \xrightarrow{NaOH} C_6H_5{-}N{=}N{-}ONa$$

Benzol-diazo-hydroxid Benzol-Na-diazotat

Dieses lagert sich aber nach einiger Zeit in das schwach sauer reagierende Diazohydroxid um, das sofort mit der Natronlauge ein Salz, das Na-diazotat, bildet. Diazotate kann man aus der Lösung gewinnen, sie sind aber nicht lange beständig.

Verkochen der Diazoniumsalze. Während die Diazoniumsalze bei tiefer Temperatur relativ beständig sind, spalten sie beim Erhitzen (Sieden) ihrer sauren Lösung N_2 ab und an die Stelle der Diazoniumgruppe tritt die OH-Gruppe (Austausch von $-\overset{+}{N}{\equiv}N$ gegen —OH):

Beispiel:

$$C_6H_5-\overset{+}{N}\equiv N\ Cl^- + H_2O \rightarrow C_6H_5-OH + N_2 + HCl$$

Benzol-diazonium-chlorid Phenol

Aromatische Hydroxy-Verbindungen lassen sich also auch aus entsprechenden Aminen über deren Diazoniumsalze herstellen.

Reduktion zum aromatischen Kohlenwasserstoff. Austausch der Diazoniumgruppe gegen Wasserstoff. Erwärmt man ein Diazoniumsalz in Gegenwart eines Reduktionsmittels, am besten phosphoriger Säure H_3PO_3, wird N_2 abgespalten und Wasserstoff tritt an den aromatischen Ring.

Beispiel:

$$C_6H_5-\overset{+}{N}\equiv N\ Cl^- + H_3PO_3 + H_2O \rightarrow$$

Benzol-diazonium-chlorid phosphorige Säure

$$C_6H_5-H + H_3PO_4 + N_2 + HCl$$

Benzol

Mit Hilfe dieser Reaktion kann eine aromatische NH_2-Gruppe nach ihrer Diazotierung vom Benzolring entfernt werden.

Sandmeyer-Reaktion. Austausch der Diazonium-Gruppe gegen Halogen unter Mitwirkung der entsprechenden Cu(I)-salze. Erwärmt man eine Lösung des Diazoniumsalzes in Gegenwart des Cu(I)-salzes mit gleichem Anion, tritt unter N_2-Abspaltung das Halogen an den aromatischen Ring.

Beispiel: Darstellung von Chlorbenzol

$$C_6H_5-\overset{+}{N}\equiv N\ Cl^- \xrightarrow[\text{Erwärmen}]{Cu_2Cl_2} C_6H_5-Cl + N_2$$

Iodbenzol, das sonst schwer zugänglich ist, wird vom Anilin ausgehend, ausschließlich nach der Sandmeyer-Reaktion hergestellt; dabei setzt man Kaliumiodid KI und etwas $CuSO_4$ zu, so daß sich Cu_2I_2 bilden kann.

$$C_6H_5-NH_2 \xrightarrow{\text{Diazotierung}} C_6H_5-\overset{+}{N}\equiv N\ Cl^- + KI \xrightarrow[\text{Erwärmen}]{Cu_2I_2} C_6H_5-I + N_2 + KCl$$

Die Sandmeyer-Reaktion kann allgemein zur Darstellung von Halogenbenzolen dienen.

Ein **Sonderfall der Sandmeyer-Reaktion** ist die Umsetzung des Diazoniumsalzes mit KCN, wobei $Cu_2(CN)_2$ als Katalysator notwendig ist und aromatische Nitrile entstehen.

Beispiel: Darstellung von o-Tolu-nitril:

$$o\text{-}CH_3-C_6H_4-NH_2 \xrightarrow{\text{Diazotierung}} o\text{-}CH_3-C_6H_4-\overset{+}{N}\equiv N\ Cl^- + KCN \xrightarrow{Cu_2(CN)_2} o\text{-}CH_3-C_6H_4-CN + N_2 + KCl$$

o-Toluidin

Reduktion zu Hydrazinen. Bei dieser Reaktion wird die Diazoniumgruppe nicht als N_2 abgespalten. Mit Zinkstaub in verdünnter Säure bei tiefer Temperatur erhält man Phenylhydrazin:

$$C_6H_5-\overset{+}{N}\equiv N\ Cl^- + 4[H] \xrightarrow{Zn} C_6H_5-NH{=}NH_2 + HCl$$

Phenylhydrazin

Andere Reduktionsmittel sind: $NaHSO_3$ oder $SnCl_2$.

Phenylhydrazin (Smp. 19,6 °C) Reagenz auf Carbonylgruppen (Aldehyde und Ketone).

Kupplungs-Reaktionen

Unter Kupplung versteht man die Verknüpfung von Diazonium-Salzen mit anderen Verbindungen, besonders aromatischen Aminen und Phenolen. Dabei entstehen Azo-Verbindungen.

Bei **Azo-Verbindungen** steht die (—N=N—)-Gruppe zwischen zwei aromatischen Ringen. Die einfachste Verbindung dieses Typs ist das Azobenzol.

Azo:

$$C_6H_5-N{=}N-C_6H_5$$

Azo-benzol

Diazo:

$$C_6H_5-N{=}N-ONa \qquad C_6H_5-\overset{+}{N}\equiv N\ Cl^-$$

Benzol-Na-diazotat Benzol-diazonium-chlorid

Diazo-Verbindungen unterscheiden sich von den Azo-Verbindungen dadurch, daß bei letzteren nur ein Benzolring mit dem einen N-Atom der (—N=N—)-Gruppierung verknüpft ist. Beispiele: Na-Diazotat oder Diazoniumchlorid.

Der **Reaktionsablauf der Kupplung** ist entscheidend abhängig vom pH-Wert der Lösung. Gekuppelt wird in schwach saurer (Amine), neutraler oder schwach alkalischer Lösung (Phenole). Da das Diazoniumsalz, der eine Reaktionspartner, in stark saurer Lösung hergestellt wird, muß für die anschließende Kupplung, die in derselben wäßrigen Lösung stattfinden soll, die Säure abgestumpft werden (mit Na-acetat). Das Acetat puffert gleichzeitig die Lösung, was ebenfalls notwendig ist, da bei der Kupplung Säure gebildet wird.

Kupplung mit aromatischen Aminen

1. Mit **Anilin.** Die mit Na-Acetat gepufferte Lösung des Diazoniumsalzes wird mit Anilin umgesetzt:

$C_6H_5-\overset{+}{N}{\equiv}N\ Cl^- + H-NH-C_6H_5 \rightarrow C_6H_5-N{=}N-NH-C_6H_5 + HCl$

Benzol-diazonium-chlorid   Anilin

Beim Erwärmen (auf 40 °C) oder mit geringen Mengen Anilinhydrochlorid schon in der Kälte lagert sich die Diazo- in eine Azo-Verbindung um:

$C_6H_5-N{=}N-NH-C_6H_5 \rightarrow C_6H_5-N{=}N-C_6H_4-NH_2$

p-Amino-azo-benzol

Den Beginn und den Ablauf der Kupplungsreaktion kann man leicht verfolgen, da sich farbige Produkte bilden.

Die Darstellung des p-Amino-azobenzols, d.h. Diazotierung und anschließende Kupplung, führt man in der Praxis in einer Reaktion durch: Eine saure Anilinlösung (Anilinhydrochlorid) versetzt man bei 0 °C mit soviel $NaNO_2$, daß nur die Hälfte des Anilins diazotiert wird, und fügt Na-Acetat zu, wobei das verbliebene Anilin mit dem vorher entstandenen Diazoniumsalz kuppelt.

2. Mit **Dimethylanilin** (tertiäres Amin). Da am Stickstoff des Dimethylanilins kein Wasserstoff mehr vorhanden ist, der an der Kupplung teilnehmen kann, kuppelt hier das in p-Stellung befindliche, reaktionsfähige H-Atom des Ringes, so daß sofort das Endprodukt entsteht:

$C_6H_5-\overset{+}{N}{\equiv}N\ Cl^- + H-C_6H_4-N(CH_3)_2 \rightarrow C_6H_5-N{=}N-C_6H_4-N(CH_3)_2 + HCl$

Dimethylanilin

p-Dimethylamino-azobenzol

Kupplung mit Phenolen

Diese Kupplung in schwach alkalischer Lösung geht schneller vonstatten als die der Amine. Die Azogruppe kuppelt hier sofort in p-Stellung zur phenolischen OH-Gruppe oder wenn diese besetzt ist, in o-Stellung.

$C_6H_5-\overset{+}{N}{\equiv}N\ Cl^- + H-C_6H_4-OH \rightarrow C_6H_5-N{=}N-C_6H_4-OH$

Phenol   p-Hydroxy-azobenzol

Eigenschaften der dargestellten Verbindungen

Diazo-amino-benzol: goldgelbe Kristalle, Smp. 100 °C, unlöslich in Wasser, löslich in Ether, reagiert sehr schwach basisch, explodiert beim Erhitzen.

p-Amino-azobenzol: orange-gelbe Nadeln, Smp. 127 °C, in Wasser wenig löslich, gut löslich in heißem Ethanol, Ether, Benzol und Chloroform, reagiert basisch und bildet Salze, die wasserlöslich sind.

p-Dimethyl-amino-azobenzol: orangefarbene Kristalle, Smp. 117 °C, unlöslich in Wasser, löslich in Alkohol.

p-Oxy-azobenzol: orangefarbene Kristalle, Smp. 152 °C, wenig löslich in Wasser, löslich in Alkohol und Ether.

Azo-Farbstoffe. Azo-Verbindungen sind farbig. Ausgehend von Azobenzol kann man durch Einführung (Substitution) von $-NH_2$, $-SO_3H$, $-NO_2$ oder $-OH$ zu verschieden gefärbten Verbindungen kommen, die als Azo-Farbstoffe technische Bedeutung besitzen. Alle werden durch Kupplung synthetisiert. Das oben erwähnte p-Aminoazobenzol ist unter dem Namen Anilingelb der einfachste Azofarbstoff.

23.3.4 Farbigkeit und Farbstoff

Verbindungen sind **farbig,** wenn ihre Moleküle Mehrfachbindungen enthalten, besonders in Konjugation. Durch die π-Elektronen wird aus dem sichtbaren Teil des Spektrums ein gewisser Wellenlängenbereich absorbiert. Die Farbe des Stoffes ist dann die jeweilige Komplementärfarbe. Atomgruppen, die sichtbares Licht absorbieren, nennt man **Chromophore,** dazu zählen besonders

$>C{=}O,\quad >C{=}N-,\quad -N{=}O,\quad -N{=}N-.$

Verbindungen, die chromophore Gruppen enthalten, sind **Chromogene.** Von einem **Farbstoff** spricht man dann, wenn er in der Lage ist, Textilfasern licht- und waschecht zu färben. Dieses wird durch die Einführung **auxochromer Gruppen** in ein Molekül erreicht. Zu diesen Gruppen zählen

$-NH_2,\quad -NHR,\quad -NR_2,\quad -OH,\quad -OCH_3.$

24 Aldehyde

Aldehyde haben die **einbindige** funktionelle Gruppe

—CHO oder $-\overset{\displaystyle H}{\overset{|}{C}}=O$

die – mit Ausnahme beim Formaldehyd – immer an Kohlenstoff gebunden ist.

Als neue Gruppe tritt hier die **Carbonylgruppe** mit einer Kohlenstoff-Sauerstoff-Doppelbindung auf. Am Sauerstoff befinden sich zwei freie Elektronenpaare.

$>C=\overline{O}|$

Aldehyde zählen daher zu den Carbonyl-Verbindungen, eine der beiden Bindungen ist durch Wasserstoff ersetzt, die andere bindet andere organische Gruppen.

Der Name Aldehyd ist von einer einfachen Bildungsweise, nämlich der Dehydrierung von Alkoholen, abgeleitet: **Al**kohol **dehyd**rogenatus, wobei die Anfangssilben beider Wörter zusammengefaßt wurden.

Bei **gesättigten** Aldehyden ist die Aldehyd-Gruppe mit einem Alkylrest verbunden, diese Verbindungsgruppe heißt dann Alkanale (s. Nomenklatur auf S. 182).

Ungesättigte Aldehyde enthalten Doppel- und Dreifachbindungen in den Kohlenwasserstoffgruppen (Alkenale und Alkinale).

Alkanale, Alkenale und Alkinale zählen zu den **aliphatischen** Aldehyden, im Gegensatz zu den aromatischen Aldehyden.

Mehrwertige Aldehyde haben in einem Molekül mehrere funktionelle CHO-Gruppen.

Bei aromatischen Aldehyden ist die Aldehydgruppe an den Benzolring gebunden.

24.1 Alkanale (Alkan-Aldehyde)

Die homologe Reihe der Alkanale beginnt mit dem Formaldehyd H—CHO und wird fortgesetzt, wenn sich die Alkylgruppen mit steigender C-Zahl mit der CHO-Gruppe verbinden.

Die allgemeine Formel lautet $\boxed{R—CHO}$

24.1.1 Struktur der Alkanale

Aus der Elementaranalyse folgt für die Alkanale immer die Summenformel R—COH. Eigenschaften und Reaktionen der OH-Gruppe, wie diese in Alkoholen vorkommt, zeigen die Aldehyde jedoch nicht. In der Aldehydgruppe ist daher der Wasserstoff nicht an Sauerstoff, sondern direkt an Kohlenstoff gebunden. Man schreibt daher nicht —COH, das zu Verwechslungen mit Alkoholen führen könnte, sondern besser —CHO. Die Formel R—C—OH wäre ohnehin mit der Vierbindigkeit des Kohlenstoffs unvereinbar.

Alkanale reagieren wie **ungesättigte** Verbindungen, z.B. wie Alkene. Das ist auf die Doppelbindung in der funktionellen Gruppe zurückzuführen.

Formaldehyd H—CHO

Formaldehyd oder Methanal (s. S. 190) ist das erste Glied der homologen Reihe der Alkane und stellt eine Ausnahme dar, da die Aldehydgruppe nicht an Kohlenstoff, sondern an Wasserstoff gebunden ist; die Carbonylgruppe trägt hier also zwei H-Atome. Diese Besonderheit bedingt ein gewisses abweichendes Verhalten der Reaktionen des Formaldehyds von denen der übrigen Aldehyde.

```
      O
     //
H—C          H—CHO
     \
      H
```

Acetaldehyd CH_3—CHO (Ethanal)

Hier ist die Aldehydgruppe mit einer CH_3-Gruppe verknüpft; das Molekülmodell zeigt Bild 181.1. Die Atome der CHO-Gruppe und der Kohlenstoff der CH_3-Gruppe liegen in einer Ebene.

Die weiteren Glieder der homologen Reihe unterscheiden sich durch die Kohlenwasserstoffreste, an die die Aldehydgruppe gebunden ist.

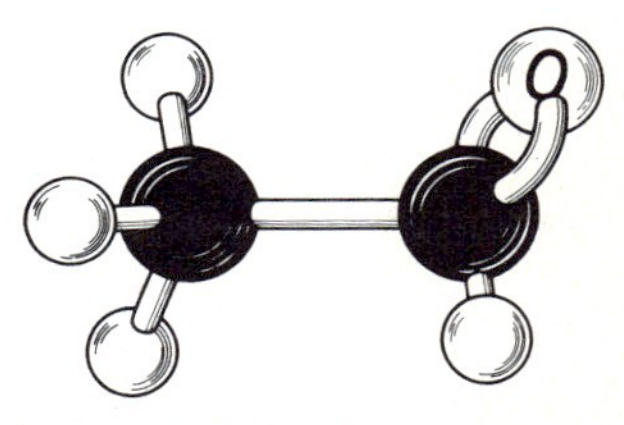

181.1 Molekülmodell des Acetaldehyds

24.1.2 Nomenklatur der aliphatischen Aldehyde

Durch Trivialnamen werden gewöhnlich die niederen Aldehyde benannt. Dabei wird der Name der Carbonsäure zugrundegelegt, in die der betreffende Aldehyd durch Oxidation (s. S. 185) überführt werden kann; die Endsilbe -aldehyd wird angehängt. Sich entsprechende Aldehyde und Carbonsäuren haben gleiche C-Zahl.

Beispiele:

C_2H_5—CHO Propion-aldehyd (von Propion-säure)
C_3H_7—CHO n-Butyr-aldehyd (von Butter-säure)

Die **Genfer Nomenklatur** hat für Aldehyde die Endsilbe: **-al.** Die Aldehyde heißen danach Alkan-ale.

Wie üblich wird auch hier die längste Molekülkette benannt, in der, möglichst am Ende, die Aldehydgruppe liegen muß. Die Stellung von Substituenten und funktionellen Gruppen wird durch Ziffern festgelegt; gezählt wird vom C-Atom der Aldehydgruppe aus; dieses bekommt die Ziffer 1, die im Namen weggelassen wird.

Beispiele:

CH_3—CH_2—CHO
Propan-al, Propionaldehyd

$\overset{3}{C}H_3$—$\overset{2}{C}H$(CH_3)—$\overset{1}{C}HO$
2-Methyl-propanal

$\overset{3}{C}H_2$=$\overset{2}{C}H$—$\overset{1}{C}HO$
Propen-al
Acrolein

$\overset{4}{C}H_3$—$\overset{3}{C}H$=$\overset{2}{C}H$—$\overset{1}{C}HO$
2-Buten-al
Crotonaldehyd

OHC—CHO
Ethan-di-al, Glyoxal

24.1.3 Darstellung von Aldehyden (Alkanalen)

- **Aus primären Alkoholen durch Oxidation bzw. Dehydrierung:**
- **durch Oxidation** (s. S. 185): Nicht nur primäre Alkohole, sondern auch die durch Oxidation aus ihnen entstehenden Aldehyde sind ihrerseits oxidationsempfindlich. Bei der Oxidation von Alkoholen zu Aldehyden müssen daher geeignete Oxidationsmittel ausgewählt und bestimmte Reaktionsbedingungen eingehalten werden, damit keine Weiteroxidation stattfindet.

  Besonders wichtig ist, bei richtiger Temperatur zu arbeiten. Diese muß höher sein als der Siedepunkt des Aldehyds, damit dieser sofort nach seiner Entstehung abdestilliert, aber niedriger als der Siedepunkt des Ausgangsalkohols, damit dieser zurückbleibt und oxidiert werden kann.

  Beispiel für eine Oxidation: Acetaldehyd hergestellt aus Ethanol.

  CH_3—CH_2—OH + [O] → CH_3—CHO + H_2O

  Oxidationsmittel $K_2Cr_2O_7$ in verd. H_2SO_4.
  Temperatur: 50 bis 60 °C.

  Die Arbeitstemperatur liegt also über dem Siedepunkt des Acetaldehyds (21 °C), aber unter dem des Ethanols (78 °C). Daher destilliert der Acetaldehyd sofort nach seiner Bildung ab und wird so vor Weiteroxidation geschützt.

  Da die Temperatur nicht beliebig gesteigert werden kann, gestattet dieses Verfahren die Darstellung nur der niederen Aldehyde.
- **durch Dehydrierung:** Hier ist eine Weiteroxidation des Aldehyds ausgeschlossen. – Man leitet den Aldehyd-Dampf über 300 °C heißes Kupfer; dabei wird Wasserstoff abgespalten.

  CH_3—CH_2—CH_2—OH $\xrightarrow[300\,°C]{Cu}$ CH_3—CH_2—CHO + H_2

  Ein besonders wirksamer Dehydrierungs-Katalysator ist Kupferchromit, das in H_2-Atmosphäre reduziert wurde.
- Aus **Grignard-Verbindungen** (s. S. 241; allgemein anwendbare Methode).
- Aus **Carbonsäurechloriden** (s. S. 222), Rosenmund-Reaktion!

24.2 Aromatische Aldehyde

Aromatische Aldehyde liegen vor, wenn die funktionelle (CHO)-Gruppe mit dem Benzolkern verbunden ist.

Der **Benzaldehyd** ist der wichtigste aromatische

C_6H_5—C(H)=O

Aldehyd. Von Bedeutung sind aber auch Aldehyde mit anderen Substituenten am Ring, z.B. Chlor-, Nitro-, Amino- und Hydroxybenzaldehyde.

Die Aldehydgruppe ist ein **Substituent 2. Ordnung,** so daß ein weiterer, neu eintretender Substituent in die m-Stellung gelenkt wird. Sie erschwert die Zweitsubstitution.

Darstellung aromatischer Aldehyde

Das allgemein übliche Verfahren ist, andere Substituenten in die Aldehydfunktion umzuwandeln.

Synthese von Benzaldehyd

Aus Benzalchlorid durch Hydrolyse. Benzalchlorid wird in der Technik mit Wasser und Fe-Pulver auf 100 °C erhitzt:

$$C_6H_5\text{–}CHCl_2 + H_2O \xrightarrow[100\,°C]{Fe} C_6H_5\text{–}CHO + 2\,HCl$$

Die saure Reaktionslösung wird mit Ätzkalk neutralisiert und der Benzaldehyd mit Wasserdampf überdestilliert.

Aus Toluol durch Oxidation. Die CH_3-Seitenkette des Toluols ist infolge der Nachbarschaft des Benzolringes etwas reaktionsfähiger als normale CH_3-Gruppen. Ein selektives Oxidationsmittel, das nur bis zur Aldehydstufe oxidiert (nicht bis zur Carbonsäure), ist Braunstein MnO_2 in schwefelsaurer Lösung (Laboratoriums-Verfahren):

$$C_6H_5\text{–}CH_3 + 2[O] \xrightarrow[H_2SO_4]{MnO_2} C_6H_5\text{–}CHO + H_2O$$

Die technische Oxidation erfolgt in der Gasphase: Toluol-Dampf wird mit Luft bei 500 °C über Uranoxid auf Bimsstein als Katalysator geleitet.

Darstellung substituierter Benzaldehyde

Reimer-Tiemann-Synthese. Diese läßt sich nur auf Phenole anwenden und dient der Darstellung von Hydroxy-aldehyden (Phenolaldehyden).

Beispiel: Phenol wird mit Chloroform und Alkalilauge auf 70 °C erhitzt:

$$C_6H_5\text{–}OH + CHCl_3 + NaOH \rightarrow C_6H_4(OH)\text{–}CHCl_2 \xrightarrow{H_2O} C_6H_4(OH)\text{–}CHO$$

Phenol Chloroform

o-Hydroxy-benzaldehyd
Salicylaldehyd

Die Reaktion umfaßt die beiden Stufen: Substitution und Hydrolyse (Protolyse). Die Substitution findet überwiegend in o-Stellung statt.

Gattermann-Koch-Synthese. Diese dient der Darstellung alkylierter aromatischer Aldehyde.

Beispiel: Trockenes HCl-Gas und Kohlenmonoxid werden in wasserfreies Toluol eingeleitet; Katalysatoren sind $AlCl_3$ und Cu_2Cl_2:

$$H_3C\text{–}C_6H_5 + HCl + CO \xrightarrow[Cu_2Cl_2]{AlCl_3} H_3C\text{–}C_6H_4\text{–}CHO + HCl$$

p-Methyl-benzaldehyd

Weitere Substitutionen:

Die Aldehydgruppe ist ungeachtet ihrer Reaktionsfähigkeit beständig genug, um Substitutionsreaktionen unverändert zu überstehen, z.B. Chlorierung, Nitrierung oder Sulfonierung. Der neue Substituent wird zur Hauptsache in die m-Stellung gelenkt. Häufig wählt man aber auch andere Reaktionen, um die Aldehydgruppe zu schonen.

Chlorbenzaldehyde werden gewöhnlich aus den entsprechenden Chlortoluolen gewonnen, indem diese in der Seitenkette chloriert und dann hydrolysiert werden:

Beispiel:

$$C_6H_4(Cl)\text{–}CH_3 \xrightarrow{Cl_2} C_6H_4(Cl)\text{–}CHCl_2 \xrightarrow{H_2O} C_6H_4(Cl)\text{–}CHO$$

o-Chlor-toluol o-Chlor-benzaldehyd

m-Nitrobenzaldehyd erhält man durch direkte Nitrierung des Benzaldehyds. o- und p-Nitrobenzaldehyd werden aus o- und p-Nitrotoluol dargestellt, indem die CH_3-Gruppe oxidiert wird.

Amino-benzaldehyde sind unbeständig; das m-Isomere ist nicht bekannt. Die beiden anderen Isomeren stellt man durch Reduktion der Nitrogruppe entsprechender Nitrobenzaldehyde her.

24.3 Physikalische Eigenschaften

Formaldehyd ist ein farbloses Gas, das praktisch nur in wäßriger Lösung oder als festes Polymeres verwendet wird (s. S. 190). Die anschließenden Glieder sind farblose Flüssigkeiten; ab C_7 werden diese ölig. Von C_{12} an sind Alkanale fest.

Niedere Alkanale besitzen einen stechenden Geruch; die Dämpfe reizen die Schleimhäute. Mit steigender C-Zahl nimmt der stechende Geruch ab; höhere Alkanale sind sogar gesuchte Riechstoffe.

Aromatische Aldehyde sind, von wenigen flüssigen Verbindungen abgesehen, überwiegend feste Substanzen, da ihre Schmelzpunkte (Tab. 184.1) oberhalb Zimmertemperatur liegen.

Die Verknüpfung der Aldehydgruppe mit dem aromatischen Ring erhöht stark den Siedepunkt der Verbindung (Vergleich: Benzol 78 °C, Benzaldehyd 179 °). Das ist durch eine Assoziation der Moleküle

Name	Formel	molare Masse g/mol	Smp. °C	Sdp. °C	Dichte in g/ml bei 20 °C
Formaldehyd Methanal	H—CHO	30,03	− 92	−21	gasförmig
Acetaldehyd Ethanal	CH_3—CHO	44,05	−123	20	0,781
Propionaldehyd Propanal	CH_3—CH_2—CHO	58,05	− 81	49	0,806
n-Butyraldehyd Butanal	CH_3—$(CH_2)_2$—CHO	72,11	− 97	75	0,817
i-Butyraldehyd 2-Methyl-propanal	CH_3—CH(CH_3)—CHO	72,11	− 66	65	0,794
Valeraldehyd (Pentanal)	CH_3—$(CH_2)_3$—CHO	86,13	− 92	104	0,814
Capronaldehyd (Hexanal)	CH_3—$(CH_2)_4$—CHO	100,16	—	128	0,834
Benzaldehyd	C_6H_5—CHO	106,13	− 56	179	
o-Methyl-benzaldehyd	CH_3—C_6H_4—CHO (1,2)	120,14		197	
m-Methyl-benzaldehyd	CH_3—C_6H_4—CHO (1,3)	120,14		199	
p-Methyl-benzaldehyd	CH_3—C_6H_4—CHO (1,4)	120,14		204	
o-Chlor-benzaldehyd	Cl—C_6H_4—CHO (1,2)	140,57	11	214	
m-Chlor-benzaldehyd	Cl—C_6H_4—CHO (1,3)	140,57	17	214	
p-Chlor-benzaldehyd	Cl—C_6H_4—CHO (1,4)	140,57	49	214	
o-Nitro-benzaldehyd	O_2N—C_6H_4—CHO (1,2)	151,12	44		
m-Nitro-benzaldehyd	O_2N—C_6H_4—CHO (1,3)	151,12	58		
p-Nitro-benzaldehyd	O_2N—C_6H_4—CHO (1,4)	151,12	106		
o-Amino-benzaldehyd	H_2N—C_6H_4—CHO (1,2)	121,14	40		
p-Amino-benzaldehyd	H_2N—C_6H_4—CHO (1,4)	121,14	71		
o-Hydroxy-benzaldehyd	HO—C_6H_4—CHO (1,2)	122,12	− 7		
m-Hydroxy-benzaldehyd	HO—C_6H_4—CHO (1,3)	122,12	106		
p-Hydroxy-benzaldehyd	HO—C_6H_4—CHO (1,4)	122,12	116		

184.1 Physikalische Daten von Aldehyden

untereinander zu deuten, wobei die polare Aldehydgruppe beteiligt ist.

Aromatische Aldehyde sind nicht oder nur sehr wenig in Wasser löslich. Dagegen lösen sie sich leicht in den gebräuchlichen organischen Lösungsmitteln.

24.4 Besondere Merkmale der Carbonyl-Gruppe

Kohlenstoff kann Doppelbindungen bilden, nicht nur mit sich selbst (s. S. 40), sondern auch mit anderen Elementen, wie Sauerstoff (s. Teil 2, S. 77, **Doppelbindungsregel**).

Kohlenstoff bildet mit Sauerstoff die **zweibindige Carbonyl-Gruppe:**

$$\rangle C{=}\overline{\underline{O}}$$

Dabei verbindet sich ein sp^2-hybridisiertes C-Atom mit einem sp^3-hybridisierten O-Atom (s. Teil 2, S. 138). Die Doppelbindung besteht – wie auch die Doppelbindung zwischen C-Atomen – aus einem **σ- und einem π-Elektronenpaar.** Am O-Atom befinden sich noch zwei freie, an Bindungen nicht anteilige Elektronenpaare.

Die beiden am Kohlenstoff noch freien Bindungen können durch Wasserstoff, die OH-Gruppe oder einen organischen Rest, z.B. Alkylgruppen oder den Benzolring, abgesättigt werden, wobei verschiedene Verbindungsgruppen entstehen:

H, H: C=O
Formaldehyd
Methanal

H, R: C=O
Aldehyde

R, R: C=O
Ketone

HO, R: C=O
Carbonsäuren

Die **Carbonyl**-Gruppe ist **polar,** weil Sauerstoff elektronegativer als Kohlenstoff ist.

Die π-Bindung ist stärker polar als die σ-Bindung, weil das Dipolmoment der (C—O)-Einfachbindung geringer ist als das der (C=O)-Doppelbindung.

$C^{\delta+}=\overline{O}^{\delta-}$

In Gegenwart polarer Reaktionspartner kann die π-Bindung polarisiert werden, d.h. die π-Elektronen verschieben sich zum Sauerstoff hin. Das führt zu einer Verstärkung des Dipols und zu höherer Reaktivität der Carbonyl-Gruppe.

$C^{\delta+}=\overline{O}|^{\delta-}$

Die Bindungsenergien und Bindungsabstände zeigt Tabelle 185.1.

Bindung	Bindungsenergie kJ/mol	Bindungsabstand nm
C—O	359	0,143
C=O	740	0,121
C—C	347	0,154
C=C	594	0,134

185.1 Bindungsenergien und -abstand

Die (C=O)-Doppelbindung erreicht nicht die doppelte Bindungsfestigkeit der (C—O)-Einfachbindung. Durch die zusätzlichen Bindungskräfte der π-Elektronen wird der Bindungsabstand verkürzt. Zum Vergleich sind die Werte der entsprechenden Kohlenstoff-Bindungen aufgeführt.

24.5 Chemische Eigenschaften und Reaktionen

Die typischen Reaktionen der Aldehyde sind

Addition und **Kondensation**

Beide Reaktionsarten gehen von der Carbonyl-Gruppe aus.

Die Reaktionsfähigkeit der Carbonyl-Gruppe (Carbonyl-Reaktivität) hängt ab von

- der **Polarität** der (C=O)-Doppelbindung, aufgrund der höheren Elektronegativität des Sauerstoffs
- der **Polarisierbarkeit** während einer Reaktion mit geeigneten Reaktionspartnern
- dem **Grad der Positivierung** des C-Atoms, hervorgerufen von Substituenten, die im Molekül außerdem vorhanden sind.

  Substituenten mit Elektronendruck **(Elektronen-Donatoren)** vermindern die Reaktivität am C-Atom der Carbonyl-Gruppe, weil die Positivierung mehr oder weniger ausgeglichen wird.

  Substituenten mit Elektronenzug **(Elektronen-Akzeptoren)** erhöhen die Reaktivität, weil sie die Positivierung am C-Atom verstärken.

Alkylgruppen haben geringen Elektronendruck **(+I-Effekt).** Formaldehyd hat daher in der nachstehenden Reihe die größte Reaktionsfähigkeit, die Ketone die geringste:

H, H: C=O — R, H: C=O — R, R: C=O

Benzolringe haben einen **+M-Effekt** (Elektronendruck), der stärker ist als der +I-Effekt. Aromatische Aldehyde (Benzaldehyd) sind weniger reaktionsfähig als aliphatische Aldehyde.

Oxidation

Die Aldehyd-Gruppe kann zur Carboxyl-Gruppe der Carbonsäuren oxidiert werden (s. S. 203).

Aktivierter Wasserstoff am α-C-Atom

Weitere Reaktionen mit Aldehyd-Molekülen werden dadurch ausgelöst, daß die Carbonyl-Gruppe als solche Elektronenzug hat, hervorgerufen durch den elektronegativen Sauerstoff am „Ende" des Moleküls:

$R-CH_2^{\alpha}-CH=O$ $C_6H_5-CH=O$

Elektronenverschiebung →

Am α-C-Atom, das auf die Carbonyl-Gruppe folgt, sind die H-Atome gelockert (aktiviert), weil die Bindungselektronenpaare zum C-Atom hin verschoben sind, das seinen Elektronenmangel – hervorgerufen durch den Elektronenzug der Carbonyl-Gruppe – ausgleichen will.

Solche aktivierten H-Atome können z. B. durch Basen als Protonen abgetrennt werden (s. S. 187, Aldol-Addition).

Ein ähnliches Verhalten wie die Carbonylgruppe zeigt auch die NO_2-Gruppe (s. S. 162).

Bei aromatischen Verbindungen wird die Zweitsubstitution am Benzolring durch die vorhandene Carbonyl-Gruppe erschwert, weil sich hier – aus der Sicht der Carbonyl-Gruppe ein −I- und ein −M-Effekt addieren.

24.5.1 Einzelne Additions-Reaktionen

RM Nukleophile Reaktionspartner (mit freien Elektronenpaaren) lagern sich an das positivierte C-Atom; hier findet eine **nukleophile Addition** statt.

Entsprechend addieren sich Protonen oder andere Kationen am negativierten Sauerstoffatom.

$$\overset{|}{\underset{\delta+}{-C}}=\underset{\delta-}{\overline{O}} + H^+\ X^- \rightarrow -\underset{X}{\overset{|}{C}}-\overline{O}-H$$

Addition von Wasserstoff (Hydrierung, Reduktion)

Aldehyde entstehen durch Oxidation primärer Alkohole; umgekehrt kann man daher Aldehyde zu primären Alkoholen reduzieren. Der Wasserstoff wird dabei an die Doppelbindung der Carbonylgruppe addiert:

$$R-CHO + 2[H] \rightarrow R-CH(OH)-H \quad \text{oder} \quad R-CH_2-OH$$

primärer Alkohol

Als **Reduktionsmittel** kommen in Frage:

- Katalytisch angeregter Wasserstoff: H_2/Raney-Ni; H_2/Pt oder H_2/PtO_2 (s. S. 46).
- Naszierender Wasserstoff: Na-Amalgam in wäßriger Lösung, Natrium in Alkohol, Lithiumaluminiumhydrid $LiAlH_4$ in Ether und Natriumborhydrid $NaBH_4$ in Wasser.

Bei der Reduktion geht Benzaldehyd in Benzylalkohol über:

$$C_6H_5-CHO + 2[H] \rightarrow C_6H_5-CH_2-OH$$

Benzaldehyd Benzylalkohol

Addition von Natriumhydrogensulfit $NaHSO_3$

Werden Aldehyde mit einer konz. $NaHSO_3$-Lösung geschüttelt, fällt ein kristalliner Niederschlag der Anlagerungsverbindung aus:

$$R-CHO + H^+\ Na^+\ SO_3^{2-} \rightarrow R-CH(OH)-SO_3^-\ Na^+$$

Da Na^+-Ionen erhalten bleiben, hat die Anlagerungsverbindung den Charakter eines in Wasser löslichen Salzes. Unlöslich ist sie in konz. $NaHSO_3$-Lösung und wegen ihres Salzcharakters in organischen Lösungsmitteln. Löst man daher den Aldehyd zunächst in Alkohol oder einem anderen organischen Lösungsmittel und schüttelt erst dann mit der $NaHSO_3$-Lösung, scheidet sich die Anlagerungsverbindung quantitativ ab, kann abfiltriert, mit Ether gewaschen und auf diese Weise in reiner Form isoliert werden.

Nach der beschriebenen Methode können aus Gemischen verschiedener Stoffe die Aldehyde (und Ketone, s. S. 195) abgetrennt (ausgefällt) werden; Alkane, Alkene, Alkine, Halogenalkane, Carbonsäuren und deren Derivate zeigen nicht diese Reaktion.

Das Anlagerungsprodukt kann durch Säure wieder zersetzt werden.

Addition von Cyanwasserstoff HCN

Wasserfreier Cyanwasserstoff (Blausäure, größte Vorsicht) wird von Aldehyden in glatter Reaktion addiert, wenn ein basisch reagierender Katalysator, z.B. wenig NaCN, zugesetzt wird. Säure dagegen hemmt die Anlagerung beträchtlich.

$$CH_3-CHO + H-CN \xrightarrow{NaCN} CH_3-CH(OH)-CN$$

Acetaldehyd-cyanhydrin

Die durch Addition von HCN an Aldehyde entstehende Verbindungsklasse nennt man Cyanhydrine oder Hydroxynitrile, weil eine OH-(Hydroxy-) und eine CN-(Nitril-)gruppe im gleichen Molekül vorhanden sind. Cyanhydrine sind wichtige Zwischenprodukte bei der Darstellung anderer Verbindungen.

Um das sehr gefährliche Hantieren mit wasserfreier Blausäure zu umgehen, gibt es zwei andere Möglichkeiten der **Darstellung der Cyanhydrine:**

a) Blausäure wird nicht in reiner Form zugesetzt, sondern erst im Reaktionsgemisch aus NaCN + H_2SO_4 erzeugt. Dazu versetzt man den Aldehyd mit einer wäßrigen NaCN-Lösung und fügt dann

H_2SO_4 (w = 0,20) zu (äußerste Vorsicht, unter dem gutziehenden Abzug arbeiten!).

b) Eine bessere Methode geht über die Hydrogensulfit-Additionsverbindung, die mit NaCN umgesetzt wird:

$$R{-}C(OH)(H){-}\boxed{SO_3Na + Na}{-}CN \rightarrow R{-}C(OH)(H){-}CN + Na_2SO_3$$

Cyanhydrine können zerlegt werden, wenn sie mit einer Aufschlämmung von Ag_2O in Wasser geschüttelt werden. Dabei bildet sich schwerlösliches AgCN und der Aldehyd wird frei.

Addition von Grignard-Verbindungen

Diese sehr wichtigen Additionsreaktionen werden bei den Grignard-Verbindungen (s. S. 241) erläutert.

Addition von Acetylen C_2H_2

Diese Addition ist eine wichtige Reaktion der Reppe-Synthesen (s. S. 245).

Polymerisation

Die Polymerisation der Aldehyde ist auf die beiden Anfangsglieder, Formaldehyd und Acetaldehyd, beschränkt. Je nach Wahl der Reaktionsbedingungen erhält man verschiedene Produkte.

Formaldehyd

Neutral: Paraformaldehyd (s. S. 190)
Konz. H_2SO_4: Trioxan (s. S. 190).
Verd. Lauge: Zuckergemisch.

Acetaldehyd:

Konz. H_2SO_4: Paraldehyd (s. S. 191).
HBr (−20 °C): Metaldehyd (s. S. 191).
Verd. Lauge: Aldol (s. unten).

Aldol-Addition des Acetaldehyds

Bei vorsichtiger Zugabe von Na_2CO_3-Lösung reagieren zwei Moleküle miteinander (Dimerisation) zum Acetaldol, kurz Aldol genannt:

$$CH_3{-}CH{=}O \quad + \quad H{-}CH_2{-}CHO \rightarrow$$

$$CH_3{-}CH(OH){-}CH_2{-}CHO \xrightarrow{-H_2O} CH_3{-}CH{=}CH{-}CHO$$

Aldol, 3-Hydroxy-butanal — Crotonaldehyd

Der Name **Aldol** wurde abgeleitet aus **Ald**ehyd-Alkoh**ol,** weil beide funktionelle Gruppen im Molekül vertreten sind.

Aldol ist nur bei −100 °C beständig; bei Zimmertemperatur wandelt er sich unter H_2O-Abspaltung in Crotonaldehyd (s. S. 192) um.

RM Bei der **Aldolisierung** wird an das positivierte C-Atom der Carbonyl-Gruppe eines Acetaldehyd-Moleküls das aktivierte Wasserstoff-Atom am α-C-Atom (s. S. 185) eines anderen Acetaldehyd-Moleküls addiert.

Aldol kann nicht wieder in zwei Moleküle Acetaldehyd zurückverwandelt (depolymerisiert) werden, da vorher ein H-Atom vom Kohlenstoff an den Sauerstoff des Nachbarmoleküls gewandert ist und eine OH-Gruppe gebildet hat; diese Bindung kann nicht wieder rückgängig gemacht werden.

Die **Aldol-Addition** wird häufig als Aldol-Kondensation bezeichnet, wenn berücksichtigt wird, daß die Dimerisation des Acetaldehyds (bei Gegenwart verd. Alkalien) beim Crotonaldehyd unter H_2O-Abspaltung, wie bei allen Kondensationen, endet. Der erste Reaktionsschritt vom Acetaldehyd zum Aldol ist eine **Addition** und erst in der Folgereaktion wird Wasser abgespalten, weil Aldol unbeständig ist.

24.5.2 Kondensations-Reaktionen

Hierzu gehören bei Aldehyden solche Reaktionen, bei denen zunächst eine Addition stattfindet, diese aber nicht auf der Stufe des Additionsproduktes stehenbleibt, sondern eine H_2O-Abspaltung als Folgereaktion eintritt, wobei der Sauerstoff der Carbonyl-Gruppe eliminiert wird.

Unter **Kondensation** versteht man die Zusammenlagerung gleicher oder verschiedener Moleküle unter **intermolekularer Abspaltung,** meistens von Wasser. Die bekannteste Kondensations-Reaktion ist die Veresterung (s. S. 226).

Aldehyde gehen mit Aminen Kondensationen ein. Diese Reaktionen haben besondere Bedeutung für den **analytischen Nachweis** von Aldehyden und Ketonen, weil der Reaktionsablauf einheitlich ist (keine Nebenreaktionen) und die entstehenden Verbindungen feste, gut kristallisierende Stoffe sind, die sich durch Umkristallisieren leicht reinigen lassen und exakte Schmelzpunkte haben. Aldehyde und Ketone werden also dadurch identifiziert, daß man sie mit Aminen kondensiert und von den erhaltenen kristallisierten Verbindungen den Schmelzpunkt bestimmt. Die Amine Hydroxylamin, Hydrazin und Semicarbazid sind Nachweisreagenzien für Aldehyde und Ketone.

Beispiel: Reaktion eines Aldehyds mit Hydroxylamin.

Das freie Elektronenpaar am Stickstoff des Hydroxylamins, das als nukleophiler Reaktionspartner auftritt, dient zur Bindung an den positivierten Kohlenstoff des Aldehyd-Moleküls. Durch Wanderung eines H-Atoms innerhalb des Moleküls verschwinden die innermolekularen Ladungen (Gleichgewicht). Durch Wasserabspaltung stabilisiert sich das Molekül.

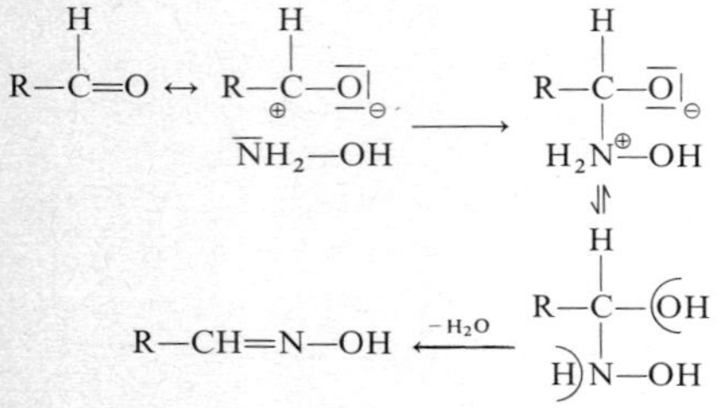

$$\text{R—CH(=O)} \leftrightarrow \text{R—CH}^{\oplus}\text{—}\overline{\underline{O}}|^{\ominus} \xrightarrow{\overline{N}H_2\text{—OH}} \text{R—CH(—}\overline{\underline{O}}|^{\ominus}\text{)—H}_2\text{N}^{\oplus}\text{—OH} \rightleftharpoons \text{R—CH(OH)—HN—OH} \xrightarrow{-H_2O} \text{R—CH=N—OH}$$

Die Reaktion kann vereinfacht so dargestellt werden (siehe unten), daß die Stufe der Addition weggelassen und die Kondensation direkt zwischen dem Sauerstoff der Carbonyl-Gruppe und dem Wasserstoff der NH_2-Gruppe stattfindet.

Einzelne Kondensationsreaktionen

mit **Hydroxylamin $H_2N—OH$**

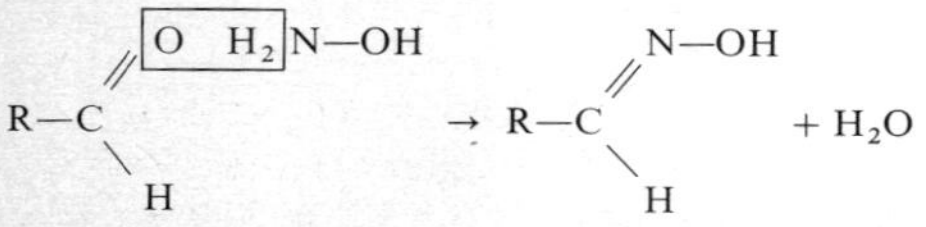

$$\text{R—C(H)=}\boxed{\text{O H}_2}\text{N—OH} \rightarrow \text{R—C(H)=N—OH} + H_2O$$

Die Kondensation mit Hydroxylamin liefert Oxime, von Aldehyden auch Aldoxime genannt. Das Oxim des Acetaldehyds, genannt Acetaldoxim, ist eine gut kristallisierende Verbindung mit dem Schmelzpunkt 47 °C.

Die meisten Aldoxime sind fest, einige auch flüssig. Durch Kochen mit verd. HCl werden Oxime in die Ausgangsverbindungen gespalten. Über die Oxime kann man daher Aldehyde aus Reaktionsgemischen abscheiden und dann durch Spaltung der Oxime die reinen Aldehyde erhalten.

mit **Hydrazin $H_2N—NH_2$**

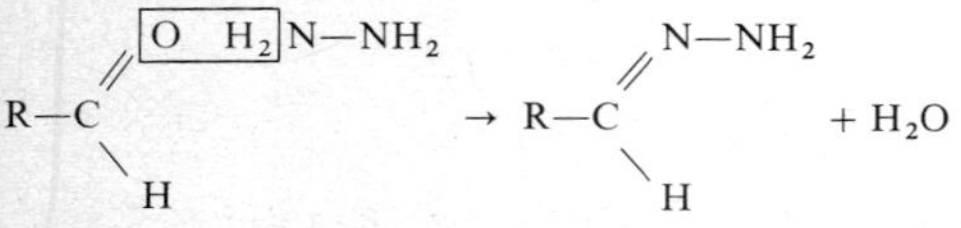

$$\text{R—C(H)=}\boxed{\text{O H}_2}\text{N—NH}_2 \rightarrow \text{R—C(H)=N—NH}_2 + H_2O$$

Die entstehenden Hydrazone sind kristalline Verbindungen. Zur Identifizierung von Aldehyden sind sie aber nicht immer geeignet, da Nebenreaktionen möglich sind. Ursache dafür ist die zweite NH_2-Gruppe des Hydrazins, die mit einem weiteren Molekül Aldehyd kondensieren kann (doppelte Kondensation).

mit **Phenylhydrazin $H_2N—NH—C_6H_5$**

Bei diesem Derivat des Hydrazins ist eine doppelte Kondensation unmöglich, da nur noch eine NH_2-Gruppe vorhanden ist.

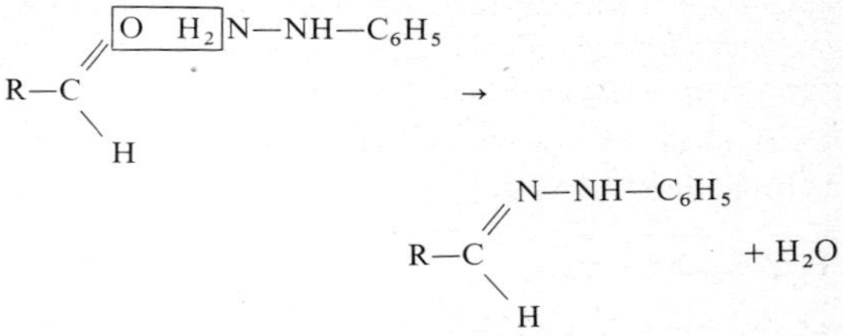

$$\text{R—C(H)=}\boxed{\text{O H}_2}\text{N—NH—C}_6\text{H}_5 \rightarrow \text{R—C(H)=N—NH—C}_6\text{H}_5 + H_2O$$

Die Phenylhydrazone kristallisieren sehr gut; aus diesem Grunde ist Phenylhydrazin das gebräuchlichste Reagenz auf Aldehyde. Auch Phenylhydrazone werden durch Kochen mit verd. HCl gespalten.

Das Phenylhydrazon des Acetaldehyds schmilzt bei 99 °C, das entsprechende Oxim bei 47 °C. Mit der Vergrößerung des Moleküls geht also eine Erhöhung des Schmelzpunktes parallel.

Noch besser kristallisierende Eigenschaften haben Dinitrophenyl-hydrazone. Das Reagenz, mit dem hier die Aldehyde kondensiert werden, ist 2,4-Dinitrophenylhydrazin, also ein Derivat des Phenylhydrazins, mit nachstehender Strukturformel.

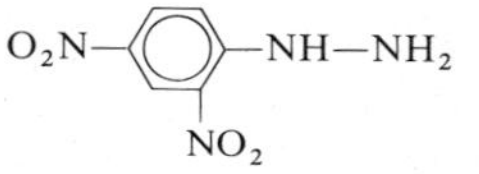

$$O_2N\text{—}C_6H_3(NO_2)\text{—NH—NH}_2$$

mit **Semicarbazid $H_2N—NH—CO—NH_2$**

Diese Verbindung ist auch ein Derivat des Hydrazins. Seiner Anwendung liegt der Gedanke zugrunde, durch Vergrößerung des Moleküls die Abscheidung zu erleichtern und den Schmelzpunkt zu erhöhen:

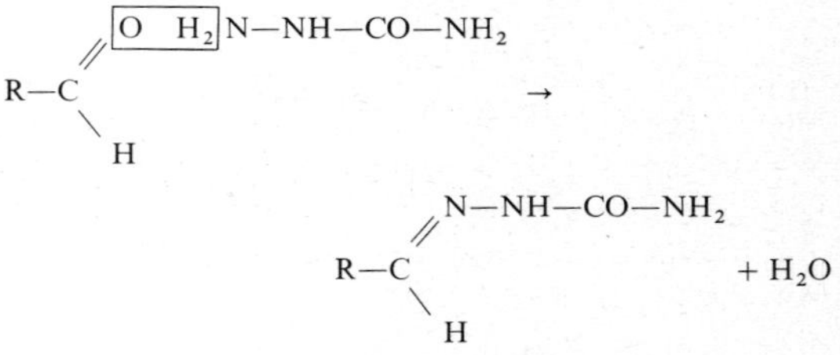

$$\text{R—C(H)=}\boxed{\text{O H}_2}\text{N—NH—CO—NH}_2 \rightarrow \text{R—C(H)=N—NH—CO—NH}_2 + H_2O$$

Diese Semicarbazone werden ebenfalls durch Kochen mit verd. HCl gespalten.

Oxidation

Aldehyde sind oxidationsempfindlich und werden bereits durch milde Oxidationsmittel in Carbonsäuren mit gleicher C-Zahl überführt, d.h. Acetaldehyd geht in Essigsäure und Propionaldehyd in Propionsäure über. Mit $KMnO_4$ als Oxidationsmittel läuft in saurer Lösung folgende Reaktion ab:

$$5\,R{-}CHO + 2\,KMnO_4 + 3\,H_2SO_4 \rightarrow$$
$$5\,R{-}COOH + 2\,MnSO_4 + K_2SO_4 + 3\,H_2O$$

Die leichte Oxidierbarkeit ist gleichbedeutend mit einem kräftigen Reduktionsvermögen der Aldehyde, von dem sehr häufig Gebrauch gemacht wird, z.B. für den qualitativen Nachweis der Aldehyde.

Entfärbung von schwach saurer $KMnO_4$-Lösung (siehe oben).

Fehlingsche Lösung

Diese Reagenzlösung enthält $CuSO_4$, KOH und $NaKC_4H_4O_6$ (Kaliumnatriumtartrat oder Seignettesalz). Um in der alkalischen Lösung eine Ausfällung von $Cu(OH)_2$ zu verhindern, sind Tartrat-Ionen notwendig, die Cu^{2+}-Ionen zu einem löslichen Komplex binden.

Aldehyde reduzieren in der Fehlingschen Lösung Cu^{2+}- zu Cu^{1+}-Ionen, die keinen löslichen Tartrat-Komplex bilden und daher als charakteristisch rotes Cu_2O ausfallen:

$$R{-}CHO + 2\,CuSO_4 + 5\,KOH \rightarrow$$
$$R{-}COOK + Cu_2O + 2\,K_2SO_4 + 3\,H_2O$$

Der Aldehyd oxidiert sich zur Carbonsäure, die in der alkalischen Lösung das Salz bildet.

Die Fehlingsche Lösung ist nicht sehr beständig; daher wird sie kurz vor Gebrauch aus $CuSO_4$- und alkalischer Tartrat-Lösung hergestellt.

Tollenssche Lösung

Diese Reagenzlösung enthält $AgNO_3$ in überschüssigem NH_4OH, die miteinander den löslichen Komplex $[Ag(NH_3)_2]OH$ bilden, so daß kein braunes Ag_2O ausfallen kann.

Aldehyde reduzieren Ag^+-Ionen zum metallischen Silber, das als braunschwarzer feiner Niederschlag ausfällt oder meistens, wenn die Glaswandung des Gefäßes sehr rein ist und die Reduktion langsam abläuft, sich als glänzender Silberspiegel auf der Wandung abscheidet:

$$R{-}CHO + 2\,[Ag(NH_3)_2]OH + 2\,H_2O \rightarrow$$
$$R{-}COONH_4 + 2\,Ag + 3\,NH_4OH$$

Tollenssche Lösung wird vor Gebrauch immer frisch bereitet und nach Gebrauch verworfen, da sich beim Aufbewahren explosible Ag-Verbindungen bilden: $AgNH_2$ Silberamid, Ag_2NH Silberimid und Ag_3N Silbernitrid.

Kupfer(II)- und Silbersalze sind also geeignete Oxidationsmittel, um in alkalischer Lösung Aldehyde in Carbonsäuren zu überführen; in neutraler und saurer Lösung verläuft hier die Oxidation zu langsam.

Autoxidation

Bereits beim Stehen an der Luft reagieren Aldehyde mit dem Sauerstoff der Luft. Diese langsame „Selbstoxidation“ nennt man Autoxidation. Dabei entstehen nicht wie bei normaler Oxidation Carbonsäuren, sondern andere, zum Teil recht verwickelte Reaktionsprodukte. Die Autoxidation wird durch Metallspuren (Cu, Co, Mn, Fe) gefördert; daher sollten Aldehyde nicht in metallischen Gefäßen aufbewahrt werden.

Benzaldehyd geht leicht in Benzoesäure über; diese Autoxidation wird durch Licht und Metallionen beschleunigt.

Durch Lösungen von Oxidationsmitteln, z.B. $KMnO_4$ oder $K_2Cr_2O_7$ in Wasser, wird Benzaldehyd schwerer zur Carbonsäure oxidiert als aliphatische Aldehyde. Deswegen wird Benzaldehyd durch Fehlingsche Lösung nicht reduziert, im Gegensatz zu aliphatischen Aldehyden.

Reaktionen, die nur aromatische Aldehyde zeigen

Cannizzaro-Reaktion

Diese Reaktion ist für aromatische Aldehyde besonders charakteristisch. Bei Einwirkung von konz. Natronlauge lagern sich zwei Moleküle Benzaldehyd um in Benzylalkohol und Benzoesäure:

$$2\,C_6H_5{-}CHO \xrightarrow[+H_2O]{NaOH} C_6H_5{-}CH_2{-}OH + C_6H_5{-}COOH$$

Benzaldehyd — Benzylalkohol — Benzoesäure

Benzoin-Reaktion

Aus 2 Molekülen Benzaldehyd entsteht unter der katalytischen Wirkung von KCN in wäßriger Lösung durch Anlagerung (Dimerisation) Benzoin:

$$C_6H_5{-}CHO + OHC{-}C_6H_5 \xrightarrow{KCN} C_6H_5{-}CO{-}CH(OH){-}C_6H_5$$

Benzoin

Benzoin ist eine kristalline Substanz (Smp. 137°C), die die Eigenschaften eines Alkohols und eines Ketons in sich vereinigt.

Gegenüberstellung: Vergleicht man den Reaktionsablauf der Cannizzaro- und Benzoin-Reaktion, wird besonders deutlich, daß unter den möglichen Reaktionswegen der zugesetzte Katalysator die Auswahl trifft.

24.6 Einige wichtige Aldehyde

24.6.1 Formaldehyd H—CHO

Formaldehyd oder **Methanal** ist bei Raumtemperatur ein stechend riechendes Gas, das sich leicht verflüssigen läßt (Siedepunkt −21 °C).

Gasförmiger Formaldehyd ist leicht in Wasser löslich. Der Handel führt Lösungen mit φ (HCHO) = 0,30 bis 0,40 unter der Bezeichnung Formalin oder Formol. Hier liegt der Formaldehyd teils monomer, teils polymer oder als Hydrat $H—CH(OH)_2$ vor.

Damit der polymere Anteil in Wasser nicht ausfällt, enthalten Formalin-Lösungen bis 10% Methanol. Die häufig saure Reaktion (pH = 3) dieser Lösungen ist auf einen geringen Gehalt an Ameisensäure zurückzuführen, die durch Oxidation von Formaldehyd entstanden ist.

Formaldehyd ist sehr reaktionsfähig und zeigt große Neigung zur Polymerisation; darauf sind auch sein besonderes Verhalten und einige herausragende Eigenschaften zurückzuführen.

Paraformaldehyd. Beim Eindampfen von Formalin-Lösungen wird nur ein Teil des gelösten Formaldehyds als Dampf abgegeben; der größere Teil polymerisiert zu einer festen weißen Verbindung, dem Paraformaldehyd oder Polyoxymethylen.

$$H_2C{=}O + H_2C{=}O + \ldots \rightarrow —CH_2—O—CH_2—O—$$

$$\text{oder} \quad n\, H—CHO \rightarrow (—CH_2O—)_n$$

n liegt zwischen 10 und 100; bis n = 15 ist Paraformaldehyd in Wasser, Ether und Aceton löslich, höhere Polymere sind unlöslich.

Beim Erwärmen mit verd. HCl wird Paraformaldehyd gespalten und monomeres H—CHO zurückerhalten; in dieser Form zeigt er dieselben Umsetzungen wie eine Formalin-Lösung. Der feste Paraformaldehyd ist also die geeignete Form, Formaldehyd aufzubewahren und zu transportieren. – Auch beim Erhitzen auf 200 °C zerfällt Paraformaldehyd, so daß auf diese Weise wasserfreier, gasförmiger Formaldehyd erhalten werden kann.

Trioxan. Destilliert man eine Formalin-Lösung w = 0,60, die 2% H_2SO_4 enthält, bildet sich ein ringförmiges Polymerisat aus drei Molekülen, das aus dem übergegangenen Destillat z.B. mit Methylenchlorid extrahiert werden kann.

$$3\, H_2C{=}O \xrightarrow{H_2SO_4} (CH_2O)_3 \text{ (Ring aus } CH_2\text{–O–}CH_2\text{–O–}CH_2\text{–O)}$$

Trioxan oder Trioxymethylen ist eine farblose, kristalline Substanz, die bei 62 °C schmilzt und bei 115 °C ohne Zersetzung siedet. Der Geruch ist ähnlich dem des Chloroforms. Reduzierende Eigenschaften werden nicht beobachtet, da durch den Ringschluß die Aldehyd-Funktion aufgehoben wurde. In Wasser, Alkohol und Aceton ist Trioxan leicht löslich, unlöslich dagegen in Petrolether.

Wie alle Aldehyd-Polymerisate wird auch Trioxan beim Kochen mit Wasser zerlegt und monomeres H—CHO erhalten.

Hexamethylentetramin (Urotropin). Werden konz. Ammoniak und Formalin zusammen eingedampft, scheidet sich eine feste weiße Substanz aus, die eine komplizierte Bildungsweise hat:

$$6\, H—CHO + 4\, NH_3 \longrightarrow (CH_2)_6N_4 + 6\, H_2O$$

Urotropin bildet farblose, leicht wasserlösliche Kristalle. Verwendung findet es z.B. in der analytischen Chemie, weil es beim Kochen der wäßrigen Lösung langsam NH_3 abgibt, das zur Fällung von Hydroxiden dient. Dieses Fällungsverfahren bietet besondere Vorteile.

Verwendung von Formaldehyd

Direkte Verbindung findet Formaldehyd als Desinfektionsmittel und als Hilfsmittel der Textil- und Lederindustrie. Größer ist seine Bedeutung als Zwischenprodukt für Synthesen.

H—CHO: + NH_3 → Hexamethylentetramin
+ C_2H_2 → Propargylalkohol, Butindiol (s. S. 244)
+ Phenol, + Harnstoff → Kunstharze

Formaldehyd dient häufig als Reduktionsmittel bei der Silberspiegel-Herstellung.

Technische Gewinnung von Formaldehyd

Ausschließlich aus Methanol. Die Alkohol-Dämpfe werden mit Luft bei 600 °C über Silberkontakte geleitet. CH_3OH wird dabei dehydriert; der abgespaltene Wasserstoff reagiert mit dem Sauerstoff der Luft zu H_2O.

$$CH_3OH + \tfrac{1}{2}O_2 \xrightarrow[600\,^\circ C]{Ag} H{-}CHO + H_2O$$

24.6.2 Acetaldehyd CH_3—CHO

Acetaldehyd oder **Ethanal** ist eine farblose, leichtbewegliche Flüssigkeit mit stechendem und erstickendem Geruch. Wegen seines Siedepunktes von 21 °C kann Acetaldehyd nur gekühlt aufbewahrt werden. Er ist in Wasser und organischen Lösungsmitteln leicht löslich.

Die Neigung zur Polymerisation ist auch beim Acetaldehyd besonders ausgeprägt.

Paraldehyd

Setzt man wasserfreiem Acetaldehyd einen Tropfen konz. H_2SO_4 zu, wird er augenblicklich zu Paraldehyd polymerisiert, indem drei Monomeren-Moleküle miteinander reagieren. Diese Reaktion ist äußerst heftig und kann soviel Wärme entwickeln, daß sie explosionsartig verläuft und der Aldehyd aufsiedet:

$$3\,CH_3{-}CHO \rightleftharpoons (CH_3{-}CHO)_3$$

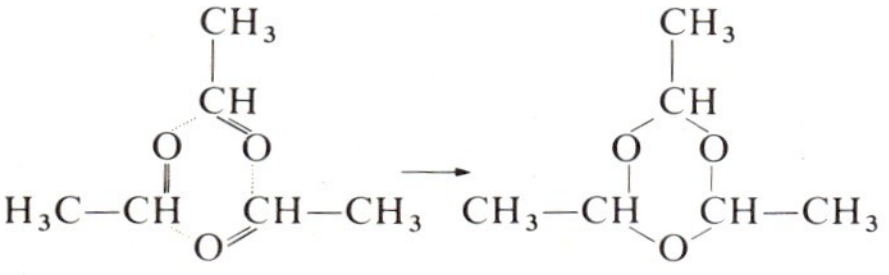

```
          CH3                              CH3
          |                                |
          CH                               CH
        O    O           --->            O    O
        ‖                                |    |
H3C—CH      CH—CH3         CH3—CH      CH—CH3
        O                                O
```

Paraldehyd ist eine beständige Flüssigkeit, die bei 124 °C siedet. Reduzierende Eigenschaften und Reaktionen der Carbonylgruppe zeigt Paraldehyd nicht, weil bei der Ringstruktur des Moleküls keine Aldehyd-Eigenschaften mehr vorhanden sind.

Paraldehyd wird beim Kochen mit verdünnter Säure (wäßr. H_3PO_4) leicht gespalten und kann deswegen als Quelle für den sonst bei Zimmertemperatur leicht flüchtigen Acetaldehyd dienen. Gegen Alkalien ist Paraldehyd beständig.

Metaldehyd

Fügt man geringe Mengen konz. H_2SO_4 (technisch verwendet man HBr) dem auf −20 °C abgekühlten Acetaldehyd zu, entsteht ein ringförmiges Polymeres aus 4 Monomeren-Molekülen, der Metaldehyd:

$$4\,CH_3{-}CHO \rightarrow (CH_3{-}CHO)_4$$

Am Ringaufbau sind 8 Atome beteiligt. Metaldehyd ist fest und sublimiert bei 150 °C. Oberhalb 100 °C wird er teilweise depolymerisiert. Wie Paraldehyd hat auch Metaldehyd keine Aldehyd-Eigenschaften mehr.

```
            CH3
            |
            CH—O
          O      CH—CH3
          |      |
   H3C—CH        O
          O—CH
            |
            CH3
```

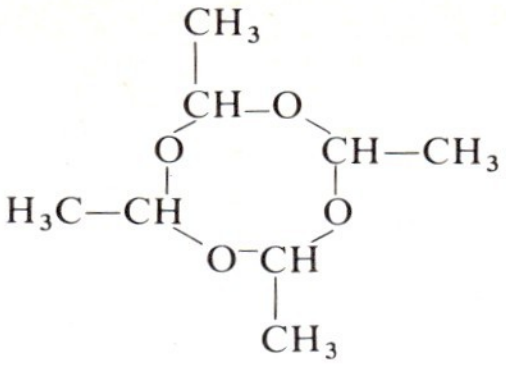

– Im Handel ist Metaldehyd als fester Brennstoff, häufig Hartspiritus genannt.

Verwendung des Acetaldehyds

Direkte Verwendung findet Acetaldehyd nicht; dagegen hat er größere Bedeutung als Zwischenprodukt.

CH_3—CHO:	Oxidation	→ Essigsäure (s. S. 211)
	Reduktion	→ Ethylalkohol (s. S. 140)
	Polymerisation	→ Paraldehyd, Metaldehyd
	Dimerisation	→ Acetaldol (s. S. 187)
	Dimerisation	→ Ethylacetat (s. S. 228)

Technische Gewinnung von Acetaldehyd

1. Aus Ethylen durch Direktoxidation:

$$C_2H_4 + [O] \rightarrow CH_3{-}CHO$$

Katalysator: Wäßrige Lösung von $PdCl_2/FeCl_2$ ($c = 0{,}1$ mol/l).

2. Aus Ethylalkohol durch Dehydrierung:

$$CH_3{-}CH_2{-}OH \rightarrow CH_3{-}CHO + H_2$$

300 °C; Katalysator: Kupfer (mit Chrom aktiviert).

Nach diesem Verfahren wird Acetaldehyd in den USA auf petrochemischer Basis gewonnen:

$$C_2H_4 \rightarrow C_2H_5OH \rightarrow CH_3\,CHO$$

24.6.3 Ungesättigte Aldehyde (Alkenale und Alkinale)

Neben der funktionellen Aldehydgruppe sind Doppel- oder Dreifachbindung im Molekül vorhanden.

Acrolein CH_2=CH—CHO oder **Propenal** ist der einfachste ungesättigte Aldehyd und damit das erste Glied dieser Reihe.

Acrolein ist eine giftige, stark reizende Flüssigkeit mit unerträglichem, durchdringenden Geruch (Siedepunkt: 52 °C, Schmelzpunkt: −88 °C, Dichte: 0,8447 g/ml bei 15 °C.) Bei Zimmertemperatur lösen sich 18% Acrolein in Wasser und 9% Wasser in Acrolein.

Wenn Fette anbrennen, bemerkt man den reizenden Geruch des Acroleins, das durch Wasserabspaltung aus Glycerin entsteht.

Weil eine Vinyl- und Carbonylgruppe in Nachbarschaft sind, ist Acrolein äußerst reaktionsfähig und vielen Reaktionen zugänglich. Beim Aufbewahren tritt Polymerisation zu einer vollkommen unlöslichen Masse ein; sehr kleine Mengen Hydrochinon verhindern die Polymerisation (Stabilisator).

Verwendung: Die weitaus größte Menge des hergestellten Acroleins wird zu Acrylsäure (s. S. 214) oxidiert.

Herstellung von Acrolein: Durch Addition von Formaldehyd und Acetaldehyd:

$$H{-}C(H){=}O + H{-}CH_2{-}CHO \xrightarrow{300\,°C} CH_2{-}CH_2{-}CHO\ (OH) \xrightarrow{-H_2O} CH_2{=}CH{-}CHO$$

Katalysator: Natriumsilikat (w = 0,10) auf Silicagel.

Crotonaldehyd $CH_3{-}CH{=}CH{-}CHO$ oder **2-Butenal** ist eine stechend und erstickend riechende Flüssigkeit (Siedepunkt: 104 °C, Schmelzpunkt: −69 °C, Dichte: 0,848 g/ml bei 20 °C, keine Löslichkeit in Wasser).

Wegen der mittelständigen Doppelbindung gibt es von Crotonaldehyd ein cis- und trans-Isomeres. Das technische Produkt ist ein Gemisch beider Isomere.

Verwendung: In seinen chemischen Eigenschaften ähnelt Crotonaldehyd dem Acrolein. Je nach Oxidationsbedingungen und Katalysatoren kann man zwei Produkte erhalten: Crotonsäure oder Maleinsäure.

Die größte Menge wird durch Hydrierung bzw. Reduktion in 1-Butanol überführt (s. S. 142). Bei teilweiser Hydrierung kann auch Butanal erhalten werden.

Herstellung von Crotonaldehyd: Aus Acetaldehyd durch Aldoladdition (s. S. 187):

$$\underset{2 \times \text{Acetaldehyd}}{CH_3{-}CHO + CH_3{-}CHO} \xrightarrow{OH^-} \underset{\text{Aldol}}{CH_3{-}CH(OH){-}CH_2{-}CHO}$$

$$\xrightarrow{-H_2O} \underset{\text{Crotonaldehyd}}{CH_3{-}CH{=}CH{-}CHO}$$

Propargylaldehyd $CH{\equiv}C{-}CHO$ oder **Propinal** ist der einfachste Aldehyd mit einer Dreifachbindung. Er ist eine Flüssigkeit (Siedepunkt ~60 °C) mit stechendem Geruch.

24.6.4 Mehrwertige Aldehyde

Diese enthalten mehrere funktionelle Aldehydgruppen im Molekül.

Glyoxal oder Ethan-di-al ist der einfachste Di-

$$OHC{-}CHO$$

aldehyd. Die monomere Verbindung (gelbe Kristalle, Smp. 15 °C, Sdp. 51 °C) ist nur kurze Zeit beständig und polymerisiert zu einer festen weißen Masse (Polyglyoxal). Glyoxal ist als Lösung mit w = 0,30 im Handel, die die monomere Verbindung enthält. Es gibt auch festes Polyglyoxal, das unschmelzbar und wasserunlöslich ist.

Methylglyoxal oder **2-Oxo-propanal** ist ein Derivat

$$H_3C{-}CO{-}CHO$$

des Glyoxals und eine gelbe Flüssigkeit, die leicht polymerisiert. Methylglyoxal ist ein Keto-Aldehyd.

24.6.5 Aromatische Aldehyde

Benzaldehyd ist der wichtigste aromatische Aldehyd. Seine Derivate mit den verschiedenen Substituenten werden hauptsächlich bei der Synthese von Farbstoffen eingesetzt.

Benzaldehyd $C_6H_5{-}CHO$ ist die einfachste Verbin-

$$C_6H_5{-}CHO$$

dung dieser Stoffklasse. Die stark lichtbrechende Flüssigkeit riecht nach bitteren Mandeln und ist mit Wasserdämpfen flüchtig. In Wasser ist Benzaldehyd nur sehr wenig löslich und an der Luft unbeständig, da er infolge Autoxidation in Benzoesäure übergeht.

Darstellung: (s. S. 183).

Verwendung: Reinster Benzaldehyd kann in kleineren Mengen als Geruchs- oder Geschmackstoff dienen. Er ist Ausgangspunkt für eine Reihe anderer Verbindungen und für Triphenylmethanfarbstoffe ein wichtiger Grundstoff.

Aromatische Aldehyde von einiger Bedeutung sind ferner: Chlorbenzaldehyde, Nitrobenzaldehyde und Hydroxybenzaldehyde.

Technische Verfahren

24.6.6 Oxo-Synthese

Die Oxo-Synthese ist das großtechnische Verfahren zur Herstellung von **Alkanalen und Alkanolen,** die – wenn nach diesem Verfahren gewonnen – als Oxo-Aldehyde und Oxo-Alkohole bezeichnet werden.

Ausgangsstoffe sind das **Gasgemisch $CO + H_2$** (im Volumenverhältnis 1 : 1, Oxo-Gas) und **Alkene** mit endständiger Doppelbindung verschiedener Kettenlänge (C_3 bis C_{12}). Propen C_3H_6 ist das bei technischen Verfahren am häufigsten eingesetzte Alken.

Bei der Oxo-Reaktion bilden sich Wasserstoff und die Formyl-Gruppe, die an die Doppelbindung des Alkens

$$CO + H_2 \rightarrow \cdot H + \cdot C(=O)H$$

addiert werden. Man nennt die Oxo-Reaktion daher auch Hydroformylierung. Reaktionsprodukt ist immer ein Isomerengemisch, weil die Formylgruppe an dem einen oder dem anderen C-Atom der Doppelbindung angelagert werden kann:

$H_3C{-}CH{=}CH_2 + H_2 + CO$ (Propen)
→ (70%) $H_3C{-}CH_2{-}CH_2{-}CHO$ n-Butyraldehyd, Butanal
→ (30%) $H_3C{-}CH(CHO){-}CH_3$ i-Butyraldehyd, Methyl-propanal

Katalysator: Kobalt-Metall auf Träger (als Suspension).

Reaktionsbedingungen: 150 bis 300 bar, 120 bis 200 °C.

Die Reaktion ist exotherm; die Reaktionswärme dient zum Vorwärmen von Frischgas und zur Dampferzeugung.

Oxo-Aldehyde sind die Primärprodukte der Oxo-Synthese. Sind nicht diese, sondern Alkohole als Endprodukte erwünscht, werden die primär gebildeten Aldehyde in einem weiteren Verfahrensschritt zu den entsprechenden Alkoholen hydriert.

Ein wichtiges **Folgeprodukt** des Oxo-Aldehyds Butanal, entstanden aus Propen, ist **2-Ethylhexanol.** Dieser Alkohol wird folgendermaßen hergestellt: Butanal wird durch Aldol-Addition (s. S. 187) in 2-Ethylhexanal übergeführt, das dann zu 2-Ethylhexanol hydriert wird:

$2\,CH_3{-}CH_2{-}CH_2{-}CHO \rightarrow$
Butanal

$CH_3{-}CH_2{-}CH_2{-}CH{=}C(C_2H_5){-}CHO$

↓ $+H_2$

$CH_3{-}CH_2{-}CH_2{-}CH_2{-}CH(C_2H_5){-}CH_2OH$
2-Ethyl-1-hexanol

2-Ethylhexanol ist das Vorprodukt für die Herstellung von Di-(2-ethylhexyl-) phthalat oder Di-octyl-phthalat (DOP), dem Standardweichmacher für den Kunststoff Polyvinylchlorid PVC.

Werden langkettige Alkene bei der Oxo-Synthese eingesetzt, entstehen die entsprechenden langkettigen Alkohole, die Rohstoffe für synthetische waschaktive Substanzen (WAS) sind.

24.6.7 Fischer-Tropsch-Synthese

Bei diesem technischen Verfahren entstehen aus Kohlenmonoxyd CO und Wasserstoff H_2 unverzweigte, gesättigte, aliphatische Kohlenwasserstoffe verschiedener Kettenlängen:

$$n\,CO + (2n+1)\,H_2 \rightarrow C_nH_{2n+2} + n\,H_2O$$

Katalysator: Kobalt-Metall.

Reaktionsbedingungen: Normaldruck und 250 °C.

Einsatzprodukt: Synthesegas CO/H_2 in der Zusammensetzung $CO : H_2 = 1 : 2$.

Werden dem Katalysator kleine Mengen ThO_2 und MgO beigemischt und die Temperatur erhöht, entstehen mehr langkettige Verbindungen.

Endprodukte der Fischer-Tropsch-Synthese nach Zerlegung (Destillation) des Reaktionsgemisches in bestimmte Fraktionen sind:

1. **Gasförmige Kohlenwasserstoffe** (C_1 bis C_4); Siedebereich bis 25 °C (Methan, Ethan, Propan, Butan, Isobutan).
2. **Benzin** (C_5- bis C_9-Fraktion), Siedebereich: 25 bis 180 °C. Als Vergaserkraftstoff nicht geeignet, weil überwiegend geradkettige Alkane enthalten sind (geringe Octanzahl). Rohstoff für die Herstellung von Alkenen durch Cracken.
3. **Kogasin** (C_{10}- bis C_{18}-Fraktion), Siedebereich: 180 bis 300 °C. Sehr guter Dieseltreibstoff, weil geradkettige Verbindungen enthalten sind (hohe Cetanzahl, Zündwilligkeit).
4. **Paraffin**
Grundmasse für die Herstellung von Kerzen, Schuhcremes oder Bohnerwachs.

Das Massenverhältnis, in dem die Produkte entstehen, hängt von den Reaktionsbedingungen und der Katalysator-Zusammensetzung ab.

25 Ketone

25.1 Struktur

Ketone enthalten die zweibindige funktionelle Carbonyl-Gruppe

Ketone: $R-\underset{\underset{O}{\|}}{C}-R$ oder $R-\underset{\underset{O}{\|}}{C}-R'$

deren C-Atom immer mit zwei anderen C-Atomen verbunden ist. Die Carbonylgruppe, verbunden mit zwei anderen organischen Gruppen, ist das Merkmal der Ketone.

Einfache oder **symmetrische Ketone** besitzen zwei gleiche Gruppen R, z.B. $C_2H_5-CO-C_2H_5$.

Gemischte Ketone enthalten zwei verschiedene Gruppen R und R', z.B. $CH_3-CO-C_2H_5$.

Die Kohlenwasserstoffgruppen R bzw. R' können gesättigt oder ungesättigt sein; danach unterscheidet man dann gesättigte und ungesättigte Ketone.

Cyclische Ketone. Das C-Atom der Carbonylgruppe gehört hier dem Ringmolekül eines Cycloalkans (oder auch Cycloalkens) an. Angetroffen werden vorwiegend C_5- und C_6-Ringe.

CH_2-CH_2
H_2C $C=O$
CH_2-CH_2

Aromatische Ketone liegen dann vor, wenn die Carbonylgruppe an mindestens einen aromatischen Ring gebunden ist.

$C_6H_5-\underset{\underset{O}{\|}}{C}-CH_3$ oder $C_6H_5-\underset{\underset{O}{\|}}{C}-C_6H_5$

aromatisch-aliphatisches Keton — rein aromatisches Keton

25.2 Nomenklatur der Ketone

Trivialnamen: Genannt werden die Alkyl-, Phenyl- oder andere Gruppen, die mit der (CO)-Gruppe verbunden sind, und die Endsilbe -keton angehängt. Bei einfachen symmetrischen Ketonen mit zwei gleichen Alkylgruppen setzt man die Vorsilbe Di-; bei gemischten Ketonen nennt man die Gruppen – alphabetisch geordnet – nacheinander.

Beispiele:

$H_3C-CO-CH_3$
Di-methylketon, Aceton

$H_3C-CO-C_2H_5$
Ethyl-methyl-keton

Symmetrische Ketone bezeichnet man bisweilen nach den Carbonsäuren, aus denen sie (durch Erhitzen der Ca-Salze, s. S. 210) gebildet werden können und hängt die Endsilbe -on an:

Beispiele:

$C_2H_5-CO-C_2H_5$ Propi-on (Rest der Propionsäure)

$C_3H_7-CO-C_3H_7$ Butyr-on (Rest der Buttersäure)

Genfer Nomenklatur: Die Namen der Ketone tragen die **Endung: -on.** Aliphatische Ketone sind demnach Alkan-one, Alken-one oder Alkin-one.

Es wird die längste gerade Molekülkette zugrunde gelegt, in der auch die (CO)-Gruppe liegen muß, deren Stellung im Molekül durch eine Ziffer (möglichst niedrig) gekennzeichnet wird:

Beispiele:

$CH_3-CO-CH_3$
Propan-on, Dimethylketon, Aceton

$CH_3-CO-C_3H_7$
2-Pentan-on

$\overset{6}{C}H_3-\underset{\underset{CH_3}{|}}{\overset{5}{C}H}-\overset{4}{C}H_2-\underset{\underset{O}{\|}}{\overset{3}{C}}-\overset{2}{C}H_2-\overset{1}{C}H_3$
5-Methyl-3-hexan-on

$\overset{1}{C}H_3-\underset{\underset{CH_3}{|}}{\overset{2}{C}}=\overset{3}{C}H-\underset{\underset{CH_3}{|}}{\overset{4}{C}H}-\underset{\underset{O}{\|}}{\overset{5}{C}}-\overset{6}{C}H_2-\overset{7}{C}H_3$
~~2,4-Dimethyl-2-hepten-5-on~~

Cyclopentanring mit $C=O$ und C_2H_5: 2-Ethyl-cyclopentanon

25.3 Darstellung von Ketonen

- **Aus sekundären Alkoholen durch Oxidation bzw. Dehydrierung.**
- **durch Oxidation:** Ketone sind gegenüber Oxidationsmitteln stabiler als Aldehyde; daher kann man Ketone leicht und ohne besondere Reaktionsbedingungen aus sekundären Alkoholen darstellen.

$$CH_3{-}CH_2{-}CH(OH){-}CH_3 + [O] \rightarrow CH_3{-}CH_2{-}C(=O){-}CH_3 + H_2O$$

sek. Butanol → Ethyl-methyl-keton

Oxidationsmittel: CrO_3 in Eisessig.

- **durch Dehydrierung:** Der Alkoholdampf wird über einen heißen Dehydrierungskatalysator geleitet.

Beispiel:

$$(CH_3)_2C\boxed{H}{-}O\boxed{H} \xrightarrow[325\ ^\circ C]{Cu} (CH_3)_2C{=}O + H_2$$

Isopropanol → Aceton

- **Aus Grignard-Verbindungen** (s. S. 243), sehr gute Methode für Darstellung beliebiger Ketone.
- **Aus Ca-Salzen von Carbonsäuren** (s. S. 210).
- **Friedel-Crafts-Synthese.** Nach dieser Reaktion werden technisch die rein-aromatischen und auch die gemischt-aliphatisch-aromatischen Ketone vorwiegend dargestellt.

Der aromatische Kohlenwasserstoff (Benzol oder auch substituierte Benzole) wird mit einem aliphatischen oder aromatischen Carbonsäurechlorid bei Gegenwart von wasserfreiem $AlCl_3$ umgesetzt:

Beispiele:

$$C_6H_5\boxed{H} + \boxed{Cl}{-}C(=O){-}CH_3 \xrightarrow{AlCl_3} C_6H_5{-}C(=O){-}CH_3 + HCl$$

Acetylchlorid → Methyl-phenyl-keton

$$C_6H_5\boxed{H} + \boxed{Cl}{-}C(=O){-}C_6H_5 \xrightarrow{AlCl_3} C_6H_5{-}C(=O){-}C_6H_5 + HCl$$

Benzoylchlorid → Diphenyl-keton

Methyl-phenyl-keton (Acetophenon) und Diphenylketon (Benzophenon) sind die einfachsten und wichtigsten Vertreter der aromatischen Ketone.

Gegenüberstellung: Die Friedel-Crafts-Synthese hat Bedeutung für die Darstellung von zwei Verbindungsgruppen:

- Benzol + Chloralkane → Alkylbenzole
- Benzol + Carbonsäurechloride → aromatische Ketone.

25.4 Physikalische Eigenschaften

Ketone sind **farblose Flüssigkeiten;** das Anfangsglied der homologen Reihe der Ketone, das **Aceton,** siedet oberhalb Zimmertemperatur.

Die **Siedepunkte** der Ketone liegen auf normaler Höhe. Eine Assoziation, die den Siedepunkt erhöhen könnte, ist nicht oder nur gering ausgebildet; Assoziation über H-Brückenbindungen ist unmöglich, da geeignete Wasserstoff-Atome fehlen.

Die niederen Ketone sind **wasserlöslich,** von C_5 an werden sie wenig und schließlich unlöslich in Wasser. In dieser Eigenschaft gleichen Ketone weitgehend den Aldehyden.

25.5 Chemische Eigenschaften und Reaktionen

Ketone sind weniger reaktionsfähig als Aldehyde.

Die Carbonylgruppe ist aber auch bei Ketonen die entscheidende funktionelle Gruppe. Aldehyde und Ketone zeigen daher viele gleiche oder ähnliche Reaktionen. Es werden aber auch Unterschiede beobachtet.

Ketone können nicht mehr oxidiert werden. Wegen ihrer verminderten Reaktionsfähigkeit zeigen sie keine Neigung zur Polymerisation. Kondensationen verlaufen dagegen leicht und glatt.

25.5.1 Oxidation

Ketone werden durch die bei Aldehyden aufgeführten Oxidationsmittel ($KMnO_4$, Cu^{2+}, Ag^+) nicht verändert; sie sind oxidationsstabil. Auch Autoxidation wird bei ihnen nicht beobachtet.

Die Beständigkeit der Ketone gegenüber den üblichen Oxidationsmitteln dient zur Unterscheidung von Aldehyden.

Bei Einwirkung heißer konz. HNO_3 sind auch Ketone nicht mehr beständig; ihre Moleküle werden dabei je nach Aufbau in verschiedene Bruchstücke zerlegt (oxidative Spaltung).

25.5.2 Additions-Reaktionen

mit **Wasserstoff** (Hydrierung, Reduktion)

Ketone sind die Oxidationsprodukte sekundärer Alkohole; umgekehrt lassen sich daher aus Ketonen

Name	Formel	molare Masse g/mol	Smp. °C	Sdp. °C	Dichte in g/ml bei 20 °C
Aceton Propanon	$CH_3-C(=O)-CH_3$	58,08	−96	56	0,791
Ethyl-methyl-keton Butanon-(2)	$CH_3-C(=O)-C_2H_5$	72,11	−87	80	0,805
Methyl-n-propyl-keton Pentanon-(2)	$CH_3-C(=O)-C_3H_7$	86,13	−78	102	0,809
Methyl-i-propyl-keton 3-Methyl-2-butanon	$CH_3-C(=O)-CH(CH_3)_2$	86,13	−92	95	0,803
Diethylketon 3-Pentanon	$C_2H_5-C(=O)-C_2H_5$	86,13	−42	102	0,815
Di-n-propyl-keton 4-Heptanon	$C_3H_7-C(=O)-C_3H_7$	114,19	−34	144	0,822
Cyclopentanon	$(CH_2)_4CO$	84,18	−53	130	0,950
Cyclohexanon	$(CH_2)_5CO$	98,20	−31	156	0,946
Methyl-phenyl-keton	$C_6H_5-C(=O)-CH_3$	120,15	20	202	1,028
Diphenylketon	$C_6H_5-C(=O)-C_6H_5$	182,22	48		

196.1 Physikalische Daten von Ketonen

durch Reduktion wieder sekundäre Alkohole erhalten. Die Reduktionsmittel sind dieselben, mit denen auch Aldehyde reduziert werden. Auch der Reaktionsablauf ist derselbe; der Wasserstoff wird an die Carbonylgruppe addiert:

$$R_2C{=}O + 2[H] \rightarrow R_2CH{-}OH \quad \text{sekundärer Alkohol}$$

Die Reduktion bietet eine Möglichkeit, Aldehyde und Ketone zu unterscheiden:

Aldehyde $\xrightarrow{\text{Red.}}$ primäre Alkohole

Ketone $\xrightarrow{\text{Red.}}$ sekundäre Alkohole

Besonderer Hinweis: Die Reduktion der Ketone verläuft nur mit katalytisch angeregtem Wasserstoff einheitlich, mit nascierendem Wasserstoff werden häufig Nebenprodukte erhalten.

Clemmensen-Reduktion

Nach dieser Methode können Ketone zu Alkanen reduziert werden, wobei der Wasserstoff den Sauerstoff der Carbonylgruppe ersetzt. Die Reduktion wird in salzsaurer Lösung mit Zn-Amalgam durchgeführt:

Beispiele:

$$R{-}C(=O){-}R' + 4[H] \xrightarrow[HCl]{Zn(Hg)} R{-}CH_2{-}R' + H_2O$$

$$C_6H_5{-}C(=O){-}C_6H_5 \xrightarrow{2[H]} C_6H_5{-}CH(OH){-}C_6H_5 \xrightarrow{2[H]} C_6H_5{-}CH_2{-}C_6H_5$$

Diphenyl-keton, Diphenyl-carbinol, Diphenyl-methan

mit **Natriumhydrogensulfit $NaHSO_3$**

Auch Ketone bilden eine $NaHSO_3$-Additionsverbindung, wobei, wie bei Aldehyden, die Carbonylgruppe reagiert:

$$\begin{array}{l} CH_3 \\ \quad \diagdown \\ \quad C{=}O + SO_3^{2-} \rightarrow \\ \quad \diagup \\ C_2H_5 \end{array} \quad (H^+\ Na^+) \qquad \begin{array}{l} CH_3 \quad SO_3^-\ Na^+ \\ \quad \diagdown \ \diagup \\ \quad\ C \\ \quad \diagup \ \diagdown \\ C_2H_5 \quad OH \end{array}$$

Der Charakter dieser Verbindungen wurde bei den Aldehyden erläutet (s. S. 187). Obige Reaktion hat aber bei Ketonen nur beschränkte Bedeutung, da die Ketone beim Schütteln mit $NaHSO_3$ nur sehr langsam reagieren. Aceton hat z.B. nach einstündigem Schütteln nur zu etwa 50% die Additionsverbindung gebildet.

Die Bildung der Hydrogensulfit-Additionsverbindung ist, wie auch andere Reaktionen, bei Ketonen gehemmt. Ursache dieser Reaktionshemmung sind die beiden Alkylgruppen, die durch ihre Größe die funktionelle Carbonylgruppe „abschirmen", so daß sich die zu addierenden Moleküle nicht mehr ungehindert nähern können. Die Folge davon sind verlängerte Reaktionszeiten und schlechtere Ausbeuten.

Je größer die Alkylgruppen werden, desto langsamer verlaufen Additionsreaktionen an der Carbonylgruppe, weil diese immer mehr abgeschirmt wird (sterische Hinderung).

Aldehyde reagieren schnell und in guter Ausbeute, weil das „kleine" H-Atom am Kohlenstoff der Carbonylgruppe keine räumliche Hinderung bewirken kann.

mit **Cyanwasserstoff HCN**

Ketone addieren wasserfreie Blausäure wie Aldehyde:

$$\begin{array}{l} CH_3 \\ \quad \diagdown \\ \quad C{=}O + H{-}C{\equiv}N \\ \quad \diagup \\ CH_3 \end{array} \xrightarrow{NaCN} \begin{array}{l} CH_3 \quad CN \\ \quad \diagdown \ \diagup \\ \quad\ C \\ \quad \diagup \ \diagdown \\ CH_3 \quad OH \end{array}$$

Aceton-cyanhydrin oder -hydroxynitril

Um nicht mit wasserfreier Blausäure hantieren zu müssen, werden für die Darstellung der Keton-cyanhydrine dieselben Umwege wie bei Aldehyden beschritten (s. S. 186).

Die bei der Addition von $NaHSO_3$ an Ketone durch die Alkylgruppen verursachte Reaktionshemmung ist auch hier vorhanden, aber viel weniger ausgeprägt, da das kleinere CN^--Ion bei der Annäherung an die Carbonylgruppe räumlich nicht so stark behindert wird wie das größere SO_3^{2-}-Ion.

mit **Grignard-Verbindungen.** Wichtige Reaktionen, s. S. 242.

mit **Acetylen C_2H_2** (s. S. 245).

25.5.3 Kondensations-Reaktionen

Ketone kondensieren leicht mit anderen, geeigneten Reaktionspartnern, z.B. Aminen. Der Sauerstoff der Carbonylgruppe verbindet sich mit dem Wasserstoff der NH_2-Gruppe zu Wasser, das abgespalten wird:

$$\rangle C{=}\boxed{O + H_2}N{-} \rightarrow \rangle C{=}N{-} + H_2O$$

Wie für Aldehyde werden Amine auch für den analytischen Nachweis der Ketone eingesetzt. Die ablaufenden Reaktionen (Kondensationen) sind für Aldehyde und Ketone gleich. Auch die Amine, die mit Ketonen kristallisierte Reaktionsprodukte mit exakten Schmelzpunkten liefern, sind dieselben:

Hydroxylamin, Hydrazin sowie dessen Derivate, Phenylhydrazin und 2,4-Dinitrophenylhydrazin und Semicarbazid.

Beispiel: Kondensation von Ethylmethylketon mit Hydroxylamin:

$$\begin{array}{l} CH_3 \\ \quad \diagdown \\ \quad C{=}O + H_2N{-}OH \rightarrow \\ \quad \diagup \\ C_2H_5 \end{array} \begin{array}{l} CH_3 \\ \quad \diagdown \\ \quad C{=}N{-}OH + H_2O \\ \quad \diagup \\ C_2H_5 \end{array}$$

Ethyl-methyl-ket-oxim

Ketoxime zeigen eine interessante Reaktion, die **Beckmannsche Umlagerung,** die bei cyclischen Ketonen (s. S. 199) erläutert werden soll, weil sie dort technische Bedeutung besitzt.

Aldehyde reagieren schneller und vollständiger als Ketone. Aldehyde sind im Gegensatz zu Ketonen Reduktionsmittel.

Reaktion	Aldehyde geben	Ketone geben
Oxidation	Carbonsäuren (mit gleicher C-Zahl)	keine Reaktion
Reduktion	primäre Alkohole (glatte Reaktion)	sekundäre Alkohole (Nebenprodukte)
Addition ($NaHSO_3$, HCN usw.)	glatte Reaktion	gehemmte Reaktion
Polymerisation	verschiedene Produkte	keine Reaktion
Schiffsches Reagenz	Rotfärbung	keine Reaktion

197.1 Gegenüberstellung des reaktiven Verhaltens von Aldehyden und Ketonen

25.6 Einige wichtige Ketone

Die technische Bedeutung der Ketone liegt auf dem **Lösungsmittelgebiet,** weil sie beständige, nicht sehr reaktionsfähige Verbindungen sind. Während in Deutschland die Ester die größte Menge an Lösungsmitteln stellen, sind es in den USA die Ketone, die dort auf petrochemischer Basis, von Olefinen ausgehend, hergestellt werden. Ketone sind auch wichtige Zwischenprodukte. Die reinen handelsüblichen Ketone greifen Metalle nicht an und werden auch von diesen nicht zersetzt; daher werden Ketone in Gefäßen aus Eisen, Stahl oder Aluminium aufbewahrt oder transportiert.

25.6.1 Aceton

Aceton $CH_3—CO—CH_3$, 2-Propanon oder Dimethylketon ist das einfachste, aber wichtigste Keton. Es ist eine farblose, leicht flüchtige Flüssigkeit mit eigenartigem Geruch. Flüssigkeit und Dämpfe sind leicht entflammbar. Luft mit φ(Acetondampf) = 0,016 bis 0,153 bildet ein explosives Gasgemisch.

Bei normalen Bedingungen ist Aceton gegen Oxidationsmittel und Säuren beständig. Im alkalischen Medium bilden sich Kondensationsprodukte.

Verwendung des Acetons. Als Lösungsmittel findet Aceton wegen seiner guten Löseeigenschaften fast auf allen Gebieten Verwendung; gelöst werden Farben und Lacke sowie Acetylcellulose, Nitrocellulose und Acetylen.

Aceton ist Ausgangsprodukt bei der Synthese mehrerer Verbindungen, z.B. Methacrylsäureester (s. S. 228).

Herstellung von Aceton

- Aus Isopropanol durch Dehydrierung bei 300 °C (Cu-Katalysator) oder Oxidation bei 400 °C (Ag oder Metalloxide als Katalysator):

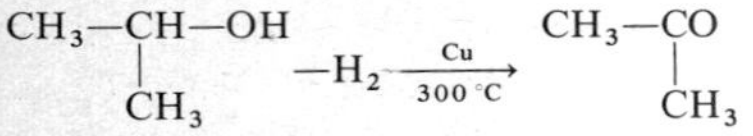

$$CH_3—CH(CH_3)—OH \xrightarrow[300\,°C]{Cu} -H_2 \quad CH_3—CO—CH_3$$

Dieses Verfahren wird besonders in den USA ausgeführt, weil man vom Propylen ausgehen kann; Reaktionsfolge: C_3H_6 → Isopropanol → Aceton.

- Cumol-Verfahren (s. S. 145).

Ethyl-methyl-keton $CH_3—CO—C_2H_5$ oder **2-Butanon** hat neben Aceton die größte Bedeutung unter den Ketonen und ist eine klare, farblose Flüssigkeit mit acetonähnlichem Geruch.

Ethyl-methyl-keton löst Nitrocellulose, Celluloid, Öle, Fette, Vinylharze und zusammen mit etwas Alkohol auch Acetylcellulose; sein Einsatz liegt daher in der Klebstoff- und Lackindustrie. Im allgemeinen hat es ähnliche Löseeigenschaften wie Aceton, wird aber wegen seines höheren Siedepunktes manchmal bevorzugt. – Auch zur Entparaffinierung von Schmierölen dient MEK.

MEK wird hergestellt durch Oxidation bzw. Dehydrierung von sek. Butanol:

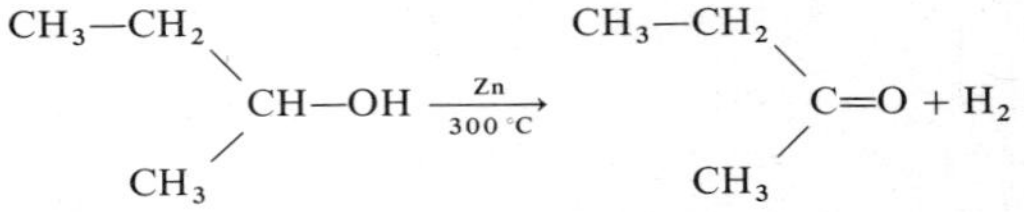

$$CH_3—CH_2—CH(CH_3)—OH \xrightarrow[300\,°C]{Zn} CH_3—CH_2—C(CH_3)=O + H_2$$

Da sek. Butanol aus 1-Buten gewonnen wird, ergibt sich die Produktfolge: 1-Buten → sek. Butanol → Ethyl-methyl-keton.

25.6.2 Cyclische Ketone

Das C-Atom der funktionellen Carbonylgruppe gehört einem Ringmolekül mit gesättigten Bindungen (Cycloalkan) an. Unter den cyclischen Ketonen haben nur 5- und 6-Ringe Bedeutung.

Die Reaktionen der cyclischen Ketone haben große Ähnlichkeit mit denen aliphatischer Ketone. So findet z.B. eine Addition an die Carbonylgruppe mit Blausäure, Grignard-Verbindungen usw. statt. Kondensationen sind mit den üblichen Reagenzien Hydrazin, Hydroxylamin und Semicarbazid durchführbar.

Cyclopentanon ist eine farblose Flüssigkeit. Bedeutung

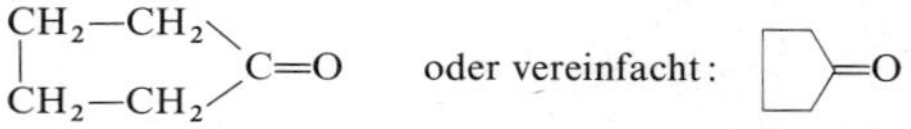

$CH_2—CH_2$ / $CH_2—CH_2$ > C=O oder vereinfacht: (Fünfring)=O

hat Cyclopentanon als Ausgangsstoff zur Herstellung von Riechstoffen.

Cyclohexanon ist eine farblose, leicht bewegliche

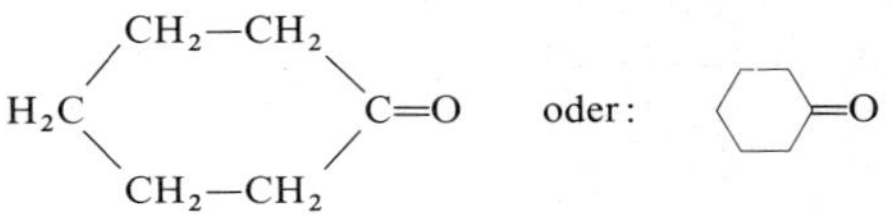

H_2C (—$CH_2—CH_2$—)₂ > C=O oder: (Sechsring)=O

Flüssigkeit mit acetonähnlichem Geruch. Die Löslichkeit in Wasser ist gering.

Cyclohexanon ist Zwischenprodukt für die Gewinnung von Polyamidfasern (Perlon, Nylon) und wird daher technisch in größeren Mengen hergestellt. Ausgangsprodukt ist fast immer Cyclohexanol, das mit Cu/Zn-Katalysatoren bei 300 °C dehydriert wird:

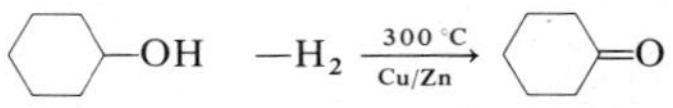

$$C_6H_{11}—OH \xrightarrow[Cu/Zn]{300\,°C} -H_2 \quad C_6H_{10}=O$$

Verwendung des Cyclohexanons:

- Darstellung von Cyclohexanonoxim (s. S. 199).
- Oxidation mit HNO_3 zu Adipinsäure.

Cyclohexanonoxim ist eine weiße, kristalline Substanz (Smp. 89 °C, Sdp. 204 °C), die in Wasser wenig, aber gut in Alkohol und Ether löslich ist. Sie entsteht aus Cyclohexanon und Hydroxylamin durch Kondensation:

$$C_6H_{10}{=}O + H_2N{-}OH \rightarrow C_6H_{10}{=}N{-}OH + H_2O$$

Cyclohexanon-oxim

Mit konz. Schwefelsäure zeigt Cyclohexanonoxim eine interessante Umlagerung (Beckmannsche Umlagerung), die zum ε-Caprolactam, dem Ausgangsprodukt der Perlonfaser, führt.

$$CH_2(CH_2{-}CH_2)_2C{=}N{-}OH \xrightarrow{H_2SO_4} \varepsilon\text{-Caprolactam}$$

ε-Caprolactam

Acetophenon oder Methyl-phenyl-keton bildet farb-

$$C_6H_5{-}CO{-}CH_3$$

lose, angenehm riechende Kristalle, die unlöslich in Wasser, aber mischbar mit anderen organischen Lösungsmitteln. Acetophenon wird technisch durch Oxidation von Ethylbenzol mit Luft gewonnen; Katalysator sind Mangansalze:

$$C_6H_5{-}CH_2{-}CH_3 + 2[O] \xrightarrow[130\,^\circ C,\ 4\,bar]{Mn\ acetat} C_6H_5{-}CO{-}CH_3 + H_2O$$

Verwendung: In der Riechstoff-Industrie und als Lösungsmittel für Celluloseether und -ester, ferner Zwischenprodukt.

Benzophenon oder Diphenylketon bildet große, farb-

$$C_6H_5{-}CO{-}C_6H_5$$

lose Kristalle, die einen milden, aromatischen Geruch haben. Es ist unlöslich in Wasser, leicht löslich in Alkohol und Ether.

Aus Benzophenon entsteht bei der Hydrierung am Ni/Cu-Kontakt bei 200 °C Diphenylmethan.

Verwendung in der Riechstoff-Industrie und als Zwischenprodukt.

Michlers Keton oder 4,4'-Bis(dimethylamino)-benzophenon

$$(CH_3)_2N{-}C_6H_4{-}CO{-}C_6H_4{-}N(CH_3)_2$$

(molare Masse 268,36 g/mol) besteht aus silbrig glänzenden Kristallen (Smp. 179 °C), die in Alkohol und Ether leicht löslich sind. Michlers Keton ist ein wichtiges technisches Zwischenprodukt bei der Herstellung von Triphenylmethan-Farbstoffen.

25.7 Chinone

Chinone sind keine aromatischen Verbindungen. Sie lassen sich aber aus ihnen ableiten und herstellen.

Benzochinon, das einfachste Chinon, ist ein Diketon, genauer ein Diketon-Derivat des Cyclohexadiens, d.h. eines teilweise hydrierten Benzols. Dabei sind die Carbonylgruppen in den Ring eingebaut. Es existieren zwei Isomere, die sich durch die Stellung der beiden Ketogruppen zueinander unterscheiden:

p-Benzochinon

o-Benzochinon

Chinone dürfen nicht mit den aromatischen Ketonen verwechselt werden, die aromatische Verbindungen sind. Chinone dagegen sind ungesättigte cyclische Diketone.

Darstellung der Chinone. Chinone sind Oxidationsprodukte zweiwertiger Phenole und zwar des Brenzcatechins und des Hydrochinons. Die Oxidation kann mit Ag_2O in etherischer Lösung vorgenommen werden:

$$\text{Brenzcatechin} \xrightarrow[Ag_2O]{Oxidation} \text{o-Benzochinon}$$

Brenzcatechin — o-Benzochinon

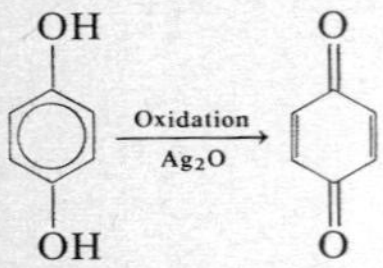

Hydrochinon p-Benzochinon

Bei der Oxidation wird das aromatische Bindungssystem aufgehoben; es bildet sich ein sogenanntes chinoides Bindungssystem, das besonders stabil ist, wenn Doppelbindung, Einfachbindung, Carbonylgruppe usw. regelmäßig aufeinander folgen.

Reaktionen. Hier verhalten sich die Chinone wie Ketone. Vom Benzochinon ist z.B. ein Mono- und ein Di-oxim bekannt, wobei eine oder beide Ketogruppen mit Hydroxylamin reagiert haben.

o-Benzochinon oder **1,2-Benzochinon** läßt sich aus Brenzcatechin durch Oxidation mit Ag_2O zwar herstellen, ist aber sehr unbeständig.

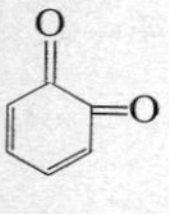

Es bildet leuchtendrote, tafelförmige Kristalle, die nicht flüchtig sind, sich aber nach kurzer Zeit zersetzen.

p-Benzochinon, 1,4-Benzochinon oder einfach Chinon (Molekülmasse 108,10u) ist das wichtigere der beiden Isomeren. Aus Wasser kristallisiert es in goldgelben, nadelförmigen Kristallen (Smp. 116 °C), die in Alkohol und Ether leicht löslich sind. Die Kristalle haben einen heftig stechenden Geruch und sind sehr flüchtig (Sublimation). p-Benzochinon ist auch mit Wasserdämpfen flüchtig.

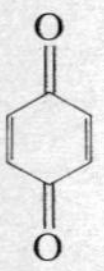

Herstellung: Aus Anilin durch Oxidation mit MnO_2 oder $K_2Cr_2O_7$ und H_2SO_4:

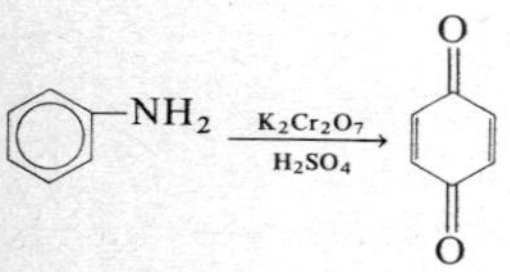

Der Reaktionsablauf ist sehr kompliziert und umfaßt mehrere Stufen. An Stelle von Anilin können auch andere Verbindungen, z.B. Sulfanilsäure, p-Aminophenol und Hydrochinon eingesetzt werden.

Verwendung: p-Benzochinon findet Anwendung in der Ledergerberei und dient zur Herstellung von Hydrochinon und Chinhydron.

Chinhydron. 1,4-Benzochinon kann leicht, z.B. mit schwefliger Säure, wieder zu Hydrochinon reduziert werden; dabei tritt ein interessantes Zwischenprodukt, das Chinhydron auf, das als eine Verbindung gleicher Teile Chinon und Hydrochinon anzusprechen ist:

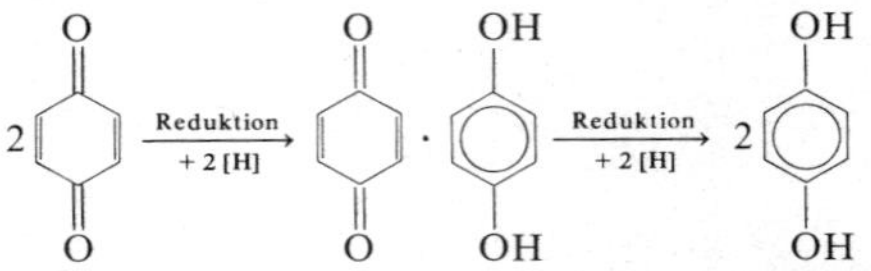

1,4-Benzochinon Chinhydron Hydrochinon

Im Gegensatz zu seinen reinen Komponenten ist Chinhydron tief schwarzgrün gefärbt und hat einen Schmelzpunkt von 171 °C.

Chinhydron stellt man gewöhnlich her, indem gleiche Mengen einer gelben Lösung von Chinon und einer farblosen Lösung von Hydrochinon gleicher Konzentration gemischt werden. Die Farbe der Mischung vertieft sich sofort nach braunschwarz, wobei schwarzgrüne Kristalle mit metallischem Glanz ausfallen.

Verwendung: Da Chinhydron eine Mischung aus zwei Verbindungen ist, die sich bei Oxidation oder Reduktion ineinander überführen lassen, stellt sich beim Eintauchen einer Pt-Elektrode in eine Chinhydronlösung eine konstante Aufladung ein. Die Chinhydron-Elektrode fungiert daher in der Potentiometrie als Vergleichselektrode (+ 699,4 mV gegenüber der Normal-H_2-Elektrode).

Naphthochinon $C_{10}H_6O_2$ oder genauer 1,4-Naphthochinon (Molekülmasse 158u) bildet hellgelbe Kristalle (Smp. 125,5 °C), die wie Benzochinon riechen, mit H_2O-Dämpfen flüchtig und in kaltem Wasser praktisch unlöslich sind. 1,4-Naphthochinon ist Nebenprodukt bei der katalytischen Oxidation von Naphthalin zum Phthalsäureanhydrid (s. S. 216) und wird für den Aufbau einiger Farbstoffe verwendet.

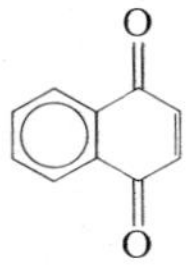

Anthrachinon $C_{14}H_8O_2$ (Molekülmasse 208,22u) ist das 9,10-Diketon des Anthracens; es enthält ein aromatisches und chinoides Bindungssystem nebeneinander.

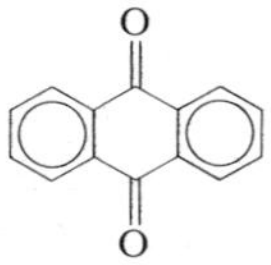

Anthrachinon kristallisiert in hellgelben Nadeln (Smp. 286 °C), die leicht sublimierbar und in Wasser und den meisten organischen Lösungsmitteln schwer- bis unlöslich sind.

Umkristallisieren kann man Anthrachinon aus Pyridin, Anilin oder Nitrobenzol. – Die Ketogruppen reagieren nur schwer mit den üblichen Ketonreagenzien.

25.8 Kunststoffe

Silicone

Silicone sind hochpolymere Verbindungen, in denen die Si-Atome über O-Atome miteinander verknüpft sind und die freien Si-Valenzen außerdem ein, zwei oder drei organische Gruppen ($—CH_3$, $—C_6H_5$) gebunden haben. Man zählt deswegen die Silicone zu den organischen Kunststoffen.

Wie alle Kunststoffe werden auch die Silicone vollsynthetisch aus geeigneten Monomeren aufgebaut. Die wichtigsten unter diesen sind organische Chlorsilane, z. B. $(CH_3)_2SiCl_2$ oder $(CH_3)SiCl_3$.

Synthese von Chlorsilanen: Rochow-Verfahren

Ausgangsprodukte sind Methylchlorid CH_3Cl und Silicium-Pulver. Kupfer-Pulver dient als Katalysator. Bei 300 °C läuft folgende Reaktion ab:

$$Si + 2\,CH_3Cl \xrightarrow[300\,°C]{Cu} (CH_3)_2\,SiCl_2$$

In ähnlich verlaufenden Nebenreaktionen bilden sich außerdem: CH_3SiCl_3, $(CH_3)_3SiCl$ und $SiCl_4$. Das Rochow-Verfahren liefert also stets Gemische aller Chlorsilane. Durch Destillation kann man die reinen Verbindungen gewinnen. – Auch Phenyl-chlorsilane können hergestellt werden, wenn man von Chlorbenzol ausgeht.

Herstellung der Silicone

Die Gewinnung der hochmolekularen Produkte aus den Monomeren zerfällt in zwei Reaktionsschritte. Eingesetzt wird ein ausgewähltes Gemisch der einzelnen Methylchlorsilane. Das Mischungsverhältnis richtet sich nach dem Endprodukt, das hergestellt werden soll.

1. **Hydrolyse der Methylchlorsilane.** Beim Eintropfen der Chlorsilane in Wasser findet eine sofortige Hydrolyse statt.

Beispiel:

$$(CH_3)_2SiCl_2 + 2\,H_2O \rightarrow (CH_3)_2\;Si\,(OH)_2 + 2\,HCl$$

Es entsteht hier das Dimethyl-silan-diol. Bei der Hydrolyse des Chlorsilan-Gemisches bildet sich ein Gemisch der Silanole. Diese werden aber nicht isoliert, sondern reagieren sofort nach ihrer Entstehung unter Kondensation weiter.

2. **Kondensation der Silanole zu Polysiloxanen**

a) Verbindungen mit zwei OH-Gruppen, d.h. Dimethylsilandiole, kondensieren zu Fadenmolekülen:

$$\boxed{H}O-\underset{CH_3}{\overset{CH_3}{|}}{Si}-\boxed{OH\quad H}O-\underset{CH_3}{\overset{CH_3}{|}}{Si}-\boxed{OH\quad H}O-\underset{CH_3}{\overset{CH_3}{|}}{Si}-\boxed{OH} \rightarrow$$

$$-O-\underset{CH_3}{\overset{CH_3}{|}}{Si}-O-\underset{CH_3}{\overset{CH_3}{|}}{Si}-O-\underset{CH_3}{\overset{CH_3}{|}}{Si}-$$

b) Methylsilan-triole mit drei OH-Gruppen kondensieren zu einem Molekülnetz (räumliche Vernetzung). Die **Vernetzung** kann gesteigert werden durch Zusatz von $Si(OH)_4$, das aus $SiCl_4$ entsteht, und kann abgebrochen werden durch $(CH_3)_3SiOH$, das nur einmal reagieren kann. Durch Wahl des Reaktionsgemisches kann also erreicht werden, daß Fadenmoleküle oder Molekülnetze, lange oder kurze Makromoleküle oder entsprechende Gemische entstehen.

Die Aufbaueinheit der Polymerenkette $(CH_3)_2SiO$, die für sich nicht beständig ist, bezeichnet man als Siloxan-Gruppe. Die Silicone sind daher **Polysiloxane.**

Produkte der Polykondensation

a) **Silicon-Öle** (leicht- oder zähflüssig). Silicone mit Fadenstruktur sind Flüssigkeiten. Mit zunehmender Kettenlänge wächst die Viskosität bis zum zähflüssigen Öl. Hergestellt werden die Siliconöle aus den kettenbildenden Dichlor-silanen mit Monochlorsilanen zum Kettenabbruch.

b) **Silicon-Kautschuk.** Dieser ist aus extrem langen Kettenmolekülen aufgebaut. Polymerisationsgrad bis 4000.

c) **Silicon-Harze** sind räumliche Molekülnetze, die je nach Vernetzungsgrad aus einer Mischung der Di- und Trichlorsilane, eventuell unter Zusatz von $SiCl_4$, hergestellt werden.

d) **Silicon-Fette** werden aus Siliconölen hergestellt, die durch Zusatz feinverteilter Kieselsäure eingedickt werden. Sie dienen als Schmiermittel.

26 Carbonsäuren

Carbonsäuren sind die **organischen Säuren.** Ihr saurer Charakter wird wie der der anorganischen Säuren (Mineralsäuren) durch H^+-Ionen bestimmt, die beim Lösen in Wasser gebildet werden können. Carbonsäuren sind schwächere Säuren als die gebräuchlichen Mineralsäuren.

Die funktionelle Gruppe der Carbonsäuren ist die **Carboxyl-Gruppe —COOH,** deren C-Atom – mit Ausnahme der Ameisensäure – immer mit einem anderen C-Atom, z.B. eines Alkylrestes, verbunden ist.

```
                          O
                         //
—COOH      oder      —C
                         \
                          OH
```

Die Carboxylgruppe ist eine Kombination der Carbonyl- und Hydroxylgruppe mit einem gemeinsamen C-Atom; daher kommt auch ihr Name:

Carbonyl-Hydr**oxyl**- → **Carboxyl.**

Gesättigte oder **Alkan-carbonsäuren** liegen vor, wenn der Kohlenwasserstoffrest, mit dem die (COOH)-Gruppe verknüpft ist, gesättigt ist, d.h. einem Alkan entstammt. Diese Carbonsäuren kann man daher von Alkanen ableiten, wenn ein H-Atom durch die Carboxylgruppe ersetzt wird.

Mono-carbonsäuren haben nur eine funktionelle COOH-Gruppe.

Fettsäuren entstammen den Fetten. Dieser Name ist nur für Carbonsäuren mit mehr als zehn C-Atomen gerechtfertigt.

Die **Kohlensäure H_2CO_3** ist ebenfalls zu den organischen Säuren zu rechnen, obgleich die Carbonate, die Salze der Kohlensäure, wegen ihrer Eigenschaften den anorganischen Verbindungen zugeordnet werden. Von der Kohlensäure existieren mehrere Derivate, die interessante und wichtige organische Verbindungen sind.

Mehrbasige Carbonsäuren enthalten in einem Molekül zwei oder mehr COOH-Gruppen. Auch bei anorganischen Säuren spricht man von der Basizität und meint damit die Zahl der H^+-Ionen, die pro Molekül abgegeben werden können, ebenso ist es auch bei Carbonsäuren.

Ungesättigte Carbonsäuren: Der Kohlenwasserstoffrest, mit dem die Carboxylgruppe verknüpft ist, ist nicht gesättigt, sondern enthält Doppel- oder Dreifachbindungen.

Bei **aromatischen Carbonsäuren** ist die Carboxyl-Gruppe an den Benzolring gebunden.

Die OH-Gruppe in der Carboxyl-Gruppe kann durch andere Substituenten ersetzt werden. Die dabei entstehenden Verbindungen oder Verbindungsgruppen bezeichnet man als Carbonsäure-Derivate (s. S. 217ff).

26.1 Alkansäuren, Carbonsäuren

Die homologe Reihe beginnt mit der Ameisensäure H—COOH und wird fortgesetzt, indem die Alkylgruppen mit steigender C-Zahl die COOH-Gruppe binden:

Die **Ameisensäure H—COOH** zeigt von den übrigen Carbonsäuren abweichende Eigenschaften, weil die Carboxylgruppe nicht mit einem anderen C-Atom, sondern mit einem H-Atom verknüpft ist, das allerdings sehr fest gebunden wird und nicht dissoziieren kann.

```
     O
    //
H—C
    \
     OH
```

Die **Kohlensäure** besitzt ebenfalls eine Carboxylgruppe, an die eine weitere OH-Gruppe gebunden ist. Da eine Verbindung mit zwei OH-Gruppen an demselben C-Atom nicht beständig ist, wird H_2O abgespalten und es entsteht das beständige Kohlendioxid CO_2. Obwohl die freie Kohlensäure nicht beständig ist, gibt es einige wichtige, beständige Derivate dieser Säure.

```
       O
      //
HO—C          —H2O→   CO2
      \
       OH
```

Nomenklatur der Carbonsäuren

Organische Säuren wurden schon sehr früh aus Fetten, fetten Ölen und Wachsen gewonnen und tragen daher den alten Namen Fettsäuren. Solange über ihren

Aufbau nichts bekannt war, wurden **Trivialnamen** eingeführt, die nach ihrer Herkunft von Naturstoffen abgeleitet wurden und zum Teil heute noch eingebürgert sind, z.B. Ameisensäure, Essigsäure, Buttersäure oder Palmitinsäure.

Die **Genfer Nomenklatur** hat andere Bezeichnungen eingeführt, die sich an die bisherige Namengebung für organische Verbindungen anschließen und berücksichtigen, daß hier Säuren vorliegen.

- An den Namen des Kohlenwasserstoffs, der die gleiche C-Zahl wie die Hauptkette des Säuremoleküls hat, d.h. einschließlich des C-Atoms der (COOH)-Gruppe, wird die **Endung:** -säure angehängt (Alkansäuren).

Beispiele:

H—COOH	(C_1)	Methan-säure (Ameisensäure)
C_2H_5—COOH	(C_3)	Propan-säure (Propionsäure)
C_5H_{11}—COOH	(C_6)	Hexan-säure (Capronsäure)

- An den Namen des Kohlenwasserstoffrestes R, mit dem die (COOH)-Gruppe verknüpft ist, wird die **Endung: -carbonsäure** angehängt; das C-Atom der Carboxylgruppe wird hier in der Hauptkette nicht mitgezählt.

Beispiele:

CH_3—COOH	C_3H_7—COOH
Methan-carbonsäure	Propan-carbonsäure
(Ethansäure, Essigsäure)	(Butansäure, Buttersäure)

Darstellung von einfachen Carbonsäuren

- **Aus primären Alkoholen durch Oxidation** (oder aus Aldehyden).

Die Oxidationsprodukte der Alkohole wurden auf Seite 138 gegenübergestellt. Danach kann man nur primäre Alkohole zu Carbonsäuren oxidieren.

Die Oxidation verläuft ohne Abspaltung eines C-Atoms. Als Oxidationsmittel sind geeignet: $KMnO_4$, HNO_3, $Na_2Cr_2O_7$ in H_2SO_4, CrO_3 in Eisessig.

Beispiel:

$$\underset{\text{n-Butanol}}{CH_3—CH_2—CH_2—CH_2—OH} + 2[O] \rightarrow \underset{\text{Buttersäure}}{CH_3—CH_2—CH_2—COOH} + H_2O$$

Als Zwischenprodukt tritt während der Oxidation der entsprechende Aldehyd auf. Deswegen kann man auch von Aldehyd ausgehen und diesen zur Carbonsäure oxidieren.

Auch bei der Oxidation organischer Verbindungen ist es möglich, eine genaue stöchiometrische Red-Ox-Gleichung aufzustellen:

$$3\,R—CH_2—OH + 2\,Na_2Cr_2O_7 + 8\,H_2SO_4 \rightarrow 3\,R—COOH + 2\,Cr_2(SO_4)_3 + 2\,Na_2SO_4 + 11\,H_2O$$

- **Aus Grignard-Verbindungen und CO_2** (s. S. 242).
- **Aus Nitrilen durch Hydrolyse** (s. S. 205).

26.2 Mehrbasige Carbonsäuren

Verbindungen, die im Molekül mehrere COOH-Gruppen besitzen und deswegen mehrere H^+-Ionen beim Auflösen abgeben können, bezeichnet man als mehrbasige Carbonsäuren. Von der Basizität einer Säure spricht man auch in der anorganischen Chemie; H_2SO_4 ist eine zweibasige Säure, weil sie beim Lösen in Wasser zwei H^+-Ionen abgibt.

Wichtig und von technischer Bedeutung sind Verbindungen mit zwei COOH-Gruppen im Molekül, die zweibasigen Carbonsäuren. Unter diesen sind es besonders diejenigen, bei denen jeweils eine COOH-Gruppe an die beiden Enden der Molekülkette gebunden sind. Diese COOH-Gruppen verleihen den Verbindungen eine besondere Reaktionsfähigkeit an den Enden des Moleküls.

Zweibasige Carbonsäuren der genannten Molekülstruktur bilden eine homologe Reihe (s. Tab. 207.2). Ihre allgemeine Formel lautet

$$HOOC—(CH_2)_n—COOH \qquad n = 0, 1, 2, 3 \ldots$$

Die zwischen den endständigen COOH-Gruppen befindliche Molekülkette von C-Atomen ist gesättigt, enthält also keine Doppelbindungen. Es gibt aber auch ungesättigte, mehrbasige Carbonsäuren (s. S. 204).

Nomenklatur

Bei zweibasigen Carbonsäuren sind **Trivialnamen** vorherrschend. Der Name ist gewöhnlich von dem Naturstoff abgeleitet, in dem die betreffende Carbonsäure bevorzugt vorkommt oder aus dem sie zuerst isoliert wurde.

Die **Genfer Nomenklatur** spricht hier in Anlehnung an die Bezeichnung der einfachen Alkansäuren von **Di**-säuren. Die systematischen Namen werden von den entsprechenden Alkan-Grundmolekülen abgeleitet. Die Stellung der COOH-Gruppen wird mit der Ziffer des C-Atoms in der Kette gekennzeichnet.

Beispiele:

HOOC—COOH
Ethan-disäure, Dicarbonsäure, Oxalsäure

$HOOC-CH_2-COOH$
Propandisäure, Malonsäure

$HOOC-CH_2-CH_2-COOH$
Butandisäure, Bernsteinsäure

$HOOC-(CH_2)_4-COOH$
Hexandisäure, Adipinsäure

26.3 Ungesättigte Carbonsäuren

Ungesättigte Carbonsäuren enthalten neben der COOH-Gruppe **eine oder mehrere Doppelbindungen** (seltener auch Dreifachbindungen) im Molekül. Das Vorhandensein zweier funktioneller Gruppen verleiht diesen Verbindungen ein besonderes reaktives Verhalten als ungesättigte Verbindung und als Carbonsäure. Von den ungesättigten Bindungen geht die bekannte Polymerisationsfreudigkeit aus und die Carboxylgruppe ist den üblichen Reaktionen zugänglich (Ester, Amide, Nitrile usw.).

Die wichtigsten Verbindungen sind (s. S. 214).

$CH_2{=}CH-COOH$
Propensäure, Acrylsäure

$CH_2{=}C(CH_3)-COOH$
2-Methyl-propensäure, Methacrylsäure

$CH_3-(CH_2)_7-CH{=}CH-(CH_2)_7-COOH$
Ölsäure

Ungesättigte Dicarbonsäuren

Diese besitzen eine ungesättigte Bindung sowie zwei (COOH)-Gruppen im Molekül. Die beiden wichtigsten Verbindungen dieser Stoffgruppe sind die Isomere Malein- und Fumarsäure (s. S. 214).

26.4 Naphthensäuren

Unter der Bezeichnung Naphthensäuren werden alkylierte Cyclopentan- und Cyclohexan-carbonsäuren zusammengefaßt.

Beispiele:

H_3C-CH_2- (Cyclopentanring, Positionen 1, 2, 3) $-COOH$

3-Ethyl-1-cyclopentan-carbonsäure

$CH_3-HC(H_3C)-$ (Cyclohexanring, Positionen 1, 2, 3) $-COOH$

3-Isopropyl-1-cyclohexan-carbonsäure

26.5 Aromatische Carbonsäuren

Bei aromatischen Carbonsäuren ist diese Carboxylgruppe direkt mit dem Benzolring verknüpft, so daß auch von Benzolcarbonsäuren gesprochen wird. Die Benzoesäure (nebenstehende Formel) ist die einfachste aromatische Carbonsäure und die Grundverbindung dieser Gruppe.

$C_6H_5-C(=O)-OH$

Nach der Zahl der COOH-Gruppen, die an den aromatischen Ring gebunden sind, unterscheidet man Mono-, Di- bis Hexa-benzolcarbonsäuren. Bei mehr als einer COOH-Gruppe spricht man von mehrbasigen Carbonsäuren.

Die COOH-Gruppe kann auch am Ende einer Seitenkette des Benzolringes stehen. Diese Carbonsäuren werden zwar bei aromatischen Verbindungen eingeordnet, weil sie einen Benzolring enthalten, sie sind aber im strengen Sinne keine aromatischen, sondern aliphatische Carbonsäuren.

Beispiel:

$C_6H_5-CH_3-CH_2(COOH)$

Derivate der aromatischen Carbonsäuren können auf zwei Arten entstehen:

- Der Benzolring, an den die COOH-Gruppe gebunden ist, wird durch weitere Gruppen (z.B. —Cl, $-NH_2$, $-NO_2$ usw.) substituiert; die COOH-Gruppe bleibt dabei unverändert. Als Substituent 2. Ordnung dirigiert die COOH-Gruppe neu eintretende Gruppen in die m-Stellung.
- Durch Veränderung der COOH-Gruppe, indem hier die OH-Funktion ersetzt wird, z.B. durch —Cl, $-NH_2$ usw.

Darstellung aromatischer Carbonsäuren

Die COOH-Gruppe kann nicht wie —Cl oder $-NO_2$ durch eine einfache Reaktion mit dem Benzolring verknüpft werden. Es ist vielmehr notwendig, andere Substituenten in die COOH-Gruppe umzuwandeln. Ausgangsverbindungen für aromatische Carbonsäuren sind daher andere Benzolderivate.

Darstellung der Benzoesäure (Aufbau der COOH-Gruppe am Benzolring).

1. **Oxidation der CH_3-Seitenkette.** Während die CH_3-Gruppe aliphatischer Verbindungen nur schwierig

oxidiert wird, kann eine mit dem Benzolring verbundene CH_3-Gruppe in guter Ausbeute zur Carboxylgruppe oxidiert werden:

$$C_6H_5-CH_3 \xrightarrow{\text{Oxidation}} C_6H_5-COOH$$

Toluol — Benzoesäure

Oxidationsmittel:

Im Laboratorium: $KMnO_4$, CrO_3, HNO_3.

In der Technik: HNO_3, Luft mit Katalysatoren (Co- oder Mn-naphthenat).

Die Oxidation der Xylole (Dimethylbenzole) liefert die entsprechenden Benzol-dicarbonsäuren, die Phthalsäuren.

2. **Alkalische Hydrolyse von Benzotrichlorid**

$$C_6H_5-CCl_3 + 2\,Na_2CO_3 \rightarrow C_6H_5-COO\cdot Na + 3\,NaCl + 2\,CO_2$$

Benzotrichlorid — Na-benzoat

Benzotrichlorid wird aus Toluol durch vollständige Chlorierung gewonnen, so daß auch für diese Benzoesäure-Synthese Toluol das Ausgangsprodukt ist.

3. **Saure oder alkalische Verseifung (Hydrolyse) von Benzonitril**

Laboratoriums-Verfahren:

$$C_6H_5-CN + H_2O \xrightarrow{NaOH} C_6H_5-COONa + NH_3$$

$$C_6H_5-CN + H_2O \xrightarrow{HCl} C_6H_5-COOH + NH_4Cl$$

Benzonitril

Benzonitril wird aus Anilin durch Diazotierung und nachfolgende Sandmeyer-Reaktion mit KCN hergestellt. Ausgangsprodukte ist hier also Anilin (s. S. 179).

4. **Aus Halogenbenzol über die Grignard-Synthese** (s. S. 242).

(Laboratoriums-Verfahren)

Darstellung ring-substituierter aromatischer Carbonsäuren

Die direkte Chlorierung, Nitrierung oder Sulfonierung, z.B. von Benzoesäure, die unter geeigneten Reaktionsbedingungen durchgeführt werden kann, ohne die COOH-Gruppe zu beeinträchtigen, führt nur zu den m-Verbindungen, z.B. m-Nitrobenzoesäure. Um die o- und p-Isomeren zu erhalten, müssen andere Reaktionen herangezogen werden.

Bei der Synthese ring-substituierter aromatischer Carbonsäuren müssen immer zwei Möglichkeiten beachtet werden. Entweder geht man von einer Carbonsäure aus und führt die anderen Substituenten (—Cl, $—NO_2$, $—CH_3$, $—NH_2$ usw.) ein oder man wählt Nitro-, Chlor-, Aminobenzol usw. als Ausgangsprodukte und führt hier geeignete neue Substituenten ein, die sich in die COOH-Funktion umwandeln lassen.

Von der Vielzahl der hierbei möglichen Reaktionen lassen sich einige nur im Laboratorium, andere nur in der Technik und weitere auf beiden Gebieten durchführen.

Darstellung von Alkyl-benzoesäuren. Als Beispiel wird die Synthese der Methyl-benzoesäuren, der Toluylsäuren (abgeleitet vom Toluol) gewählt.

- Nitrotoluol (s. S. 164) (o-, m-, p-) $\xrightarrow{\text{Red.}}$ Aminotoluol (o-, m-, p-) $\xrightarrow[\text{Sandmeyer KCN}]{\text{Diazot.}}$ Toluol-nitril (o-, m-, p-) $\xrightarrow{\text{Verseif.}}$ Toluylsäuren (o-, m-, p-)
- Chlortoluol (s. S. 119) (o-, m-, p-) $\xrightarrow[+CO_2 \text{ Verseifung}]{+Mg \text{ (Grignard)}}$ Toluylsäuren (o-, m-, p-)
- Methyl-benzaldehyd (o-, m-, p-) $\xrightarrow{\text{Oxid.}}$ Toluylsäuren (o-, m-, p-)

Darstellung von Chlor-benzoesäuren (allgemein: Halogen-benzoesäuren)

- Direkte Chlorierung der Benzoesäure → m-Chlorbenzoesäure
- Chlortoluol (s. S. 119) (o-, m-, p-) $\xrightarrow[CH_3 \text{ Gruppe}]{\text{Oxid. der}}$ Chlor-benzoesäure (o-, m-, p-)
- Nitro-benzoesäure (o-, m-, p-) $\xrightarrow{\text{Red.}}$ Amino-benzoesäure (o-, m-, p-) $\xrightarrow[\text{Sandmeyer KCl}]{\text{Diazotier.}}$ Chlor-benzoesäure (o-, m-, p-)

  Auf demselben Wege kann man auch Brom- und Iod-benzoesäure herstellen.
- Chlor-benzaldehyd (o-, m-, p-) $\xrightarrow{\text{Oxid.}}$ Chlor-benzoesäure (o-, m-, p-)

Darstellung von Nitro-benzoesäuren

- Direkte Nitrierung der Benzoesäure → m-Nitrobenzoesäure

● Nitrotoluol (s. S. 164) $\xrightarrow[\text{CH}_3\text{-Gruppe}]{\text{Oxidation}}$ Nitro-benzoesäure
(o-, m-, p-) (o-, m-, p-)

● Nitro-chlor-benzol (s. S. 164) $\xrightarrow[+\text{CO}_2\text{, Verseifung}]{+\text{Mg (Grignard)}}$ Nitro-benzoesäure
(o-, m-, p-) (o-, m-, p-)

● Nitro-benzaldehyd $\xrightarrow{\text{Oxid.}}$ Nitro-benzoesäure
(o-, m-, p-) (o-, m-, p-)

Darstellung von Amino-benzoesäuren

● Nitro-benzoesäure $\xrightarrow{\text{Red.}}$ Amino-benzoesäure
(o-, m-, p-) (o-, m-, p-)

● Chlor-benzoesäure $\xrightarrow{+\text{NH}_3}$ Amino-benzoesäure (Reaktion s. S. 170)
(o-, m-, p-) (o-, m-, p-)

● Besondere Reaktionen (s. S. 215).

Darstellung von Sulfo-benzoesäuren

● Direkte Sulfonierung der Benzoesäure → m-Sulfo-benzoesäure

● Toluol-sulfonsäuren $\xrightarrow[\text{CH}_3\text{ Gruppe}]{\text{Oxidation}}$ Sulfo-benzoesäuren
(o-, m-, p-) (o-, m-, p-)

Darstellung von Hydroxy-benzoesäuren (Phenol-carbonsäuren)

● Amino-benzoesäure $\xrightarrow[\text{Verkochen}]{\text{Diazot.}}$ Hydroxy-benzoesäure
(o-, m-, p-) (o-, m-, p-)

● Chlorphenole $\xrightarrow[+\text{CO}_2\text{, Verseifen}]{+\text{Mg (Grign.)}}$ Hydroxy-benzoesäure
(o-, m-, p-) (o-, m-, p-)

● Hydroxy-benzaldehyd $\xrightarrow{\text{Oxid.}}$ Hydroxy-benzoesäure
(o-, m-, p-) (o-, m-, o-)

● Besondere Reaktionen (s. S. 215).

26.6 Physikalische Eigenschaften

Die ersten Glieder der Alkansäuren bis C_9 sind **farblose Flüssigkeiten,** die höheren **feste Verbindungen.** Ameisensäure, Essigsäure und Propionsäure haben einen stechenden Geruch, die übrigen flüssigen Carbonsäuren riechen ranzig. Die festen Carbonsäuren sind geruchlos.

Die **Siedepunkte** (Bild 207.1) steigen mit wachsender Molekülmasse der Verbindungen, d.h. wenn eine neue CH_2-Gruppe hinzukommt, fast gleichmäßig (rund 20 °C) an. Die Höhe der Siedepunkte der Carbonsäuren ist anormal. Das zeigt folgender Vergleich zweier Verbindungen mit ähnlicher Molekülmasse: n-Butan (Molekülmasse 58u) ist bei Zimmertemperatur gasförmig, Essigsäure (Molekülmasse 60u) siedet bei 118 °C. Selbst von den Alkoholen, die bereits einen relativ hohen Siedepunkt zeigen, unterscheiden sich noch die Carbonsäuren. Vergleich: Ethylalkohol, Molekülmasse 46u, Siedepunkt 78 °C und Ameisensäure, Molekülmasse 46u, Siedepunkt 101 °C.

Die **Ursache dieser hohen Siedepunkte** ist, wie bei den Alkoholen (s. S. 135), die Assoziation der Carbonsäuremoleküle über **Wasserstoffbrücken-Bindungen.**

```
          O·····HO
        //        \
CH3—C              C—CH3
        \         //
          OH·····O
```

Name	Formel	molare Masse g/mol	Smp. °C	Sdp. °C	Dichte in g/ml bei 20 °C
Ameisensäure	H—COOH	46,03	8,4	100,5	1,220
Essigsäure	CH_3—COOH	60,05	16,6	118,5	1,049
Propionsäure	CH_3—CH_2—COOH	74,08	−20	141	0,992
Buttersäure	CH_3—$(CH_2)_2$—COOH	88,11	− 5	163,5	0,955
Valeriansäure	CH_3—$(CH_2)_3$—COOH	102,13	−34,5	186	0,939
Capronsäure	CH_3—$(CH_2)_4$—COOH	116,16	3	208	0,929
Heptylsäure	CH_3—$(CH_2)_5$—COOH	130,19	− 9	223,5	0,920
Caprylsäure	CH_3—$(CH_2)_6$—COOH	144,22	16,5	239	0,910
Pelargonsäure	CH_3—$(CH_2)_7$—COOH	158,24	12,5	254	0,908

206.1 Physikalische Daten von Alkansäuren

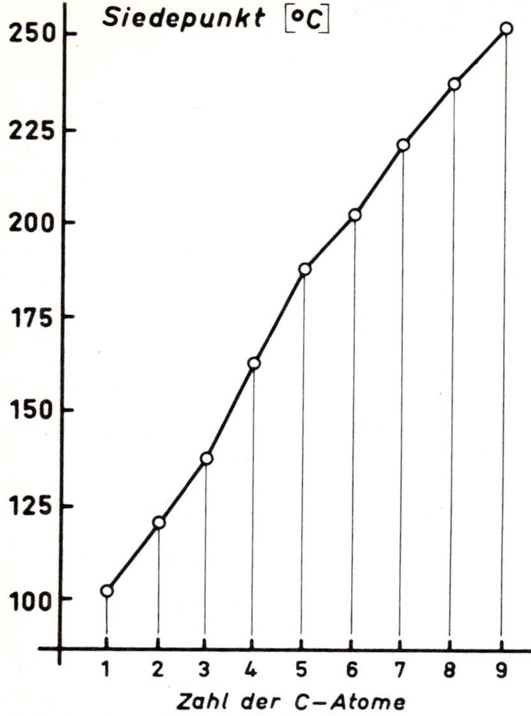

207.1 Siedepunkte der Carbonsäuren

In den flüssigen Carbonsäuren liegen durchweg Doppelmoleküle vor, die sich durch Zusammenlagerung zweier Einzelmoleküle über die COOH-Gruppen bilden. Bei der Essigsäure hat man sogar im Dampf vorwiegend Doppelmoleküle gefunden.

Die Wasserstoffbrücken-Bindung zwischen den Molekülen ist fester als bei Alkoholen; daraus erkärt sich der höhere Siedepunkt der Carbonsäuren gegenüber vergleichbaren Alkoholen.

Nimmt man für die Essigsäure ein Doppelmolekül mit der Molekülmasse 120u an und vergleicht die

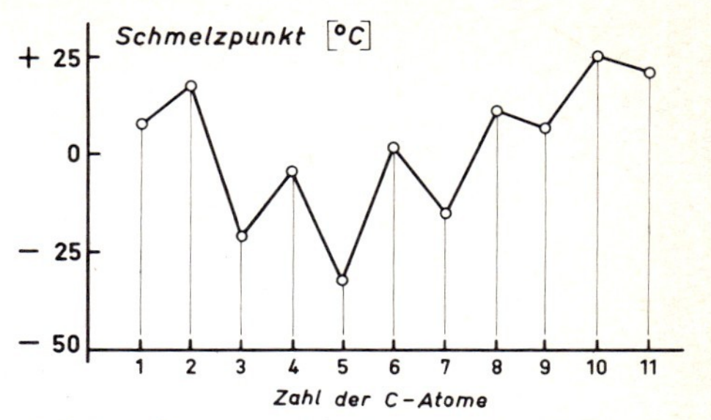

207.3 Schmelzpunkte der Carbonsäuren

Siedepunkte mit einem Alkan etwa gleicher Molekülmasse, z.B. n-Octan mit 114u, erhält man ähnliche Werte: Essigsäure 118 °C, n-Octan 126 °C.

Die flüssigen Carbonsäuren (bis C_9) sind unzersetzt destillierbar. Die höheren Verbindungen zersetzen sich beim Erhitzen bis zum Siedepunkt und können daher nur im Vakuum destilliert werden.

Die **Schmelzpunkte** der Carbonsäuren steigen zu den höheren Gliedern der homologen Reihe an, zeigen aber auffällige Unregelmäßigkeiten. So schmilzt eine Verbindung mit gerader Anzahl von C-Atomen immer höher als die beiden Nachbarn mit ungerader Zahl an C-Atomen im Molekül (Bild 207.3).

Löslichkeit der Carbonsäuren in Wasser: Ameisensäure, Essigsäure und Propionsäure mischen sich in jedem Verhältnis mit Wasser. Zu den höheren Verbindungen nimmt die Löslichkeit in Wasser schnell ab. Carbonsäuren mit mehr als fünf C-Atomen lösen sich nicht mehr in Wasser. Sie verhalten sich wie Alkane, d.h., der Einfluß der (COOH)-Gruppe auf die Eigenschaften der ganzen Verbindung wird mit zunehmender C-Kette immer geringer. In organischen Lösungsmitteln (Alkohole, Ether) sind Carbonsäuren leicht löslich.

Dicarbonsäuren sind feste, gut kristallisierende Verbindungen mit festliegenden Schmelzpunkten.

Name	Formel	molare Masse g/mol	Smp. °C
Oxalsäure	HOOC—COOH	90,04	190
Malonsäure	HOOC—CH_2—COOH	104,06	135
Bernsteinsäure	HOOC—$(CH_2)_2$—COOH	118,09	183
Glutarsäure	HOOC—$(CH_2)_3$—COOH	132,12	98
Adipinsäure	HOOC—$(CH_2)_4$—COOH	146,14	153
Pimelinsäure	HOOC—$(CH_2)_5$—COOH	160,17	106
Korksäure	HOOC—$(CH_2)_1$—COOH	174,20	140
Azelainsäure	HOOC—$(CH_2)_7$—COOH	188,23	107
Sebacinsäure	HOOC—$(CH_2)_8$—COOH	202,25	134

207.2 Physikalische Daten von Dicarbonsäuren

Verbindung	Formel	molare Masse g/mol	Smp. °C
Benzoesäure	C_6H_5—COOH	122,12	122
o-Methyl-benzoesäure	H_3C—C_6H_4—COOH (1,2)	136,15	107
m-Methyl-benzoesäure	H_3C—C_6H_4—COOH (1,3)	136,15	112
p-Methyl-benzoesäure	H_3C—C_6H_4—COOH (1,4)	136,15	180
o-Chlor-benzoesäure	Cl—C_6H_4—COOH (1,2)	156,57	140
m-Chlor-benzoesäure	Cl—C_6H_4—COOH (1,3)	156,57	155
p-Chlor-benzoesäure	Cl—C_6H_4—COOH (1,4)	156,57	241
o-Nitro-benzoesäure	O_2N—C_6H_4—COOH (1,2)	167,12	148
m-Nitro-benzoesäure	O_2N—C_6H_4—COOH (1,3)	167,12	142
p-Nitro-benzoesäure	O_2N—C_6H_4—COOH (1,4)	167,12	240
o-Hydroxy-benzoesäure	HO—C_6H_4—COOH (1,2)	138,12	159
m-Hydroxy-benzoesäure	HO—C_6H_4—COOH (1,3)	138,12	202
p-Hydroxy-benzoesäure	HO—C_6H_4—COOH (1,4)	138,12	214
o-Amino-benzoesäure	H_2N—C_6H_4—COOH (1,2)	137,14	146
m-Amino-benzoesäure	H_2N—C_6H_4—COOH (1,3)	137,14	178
p-Amino-benzoesäure	H_2N—C_6H_4—COOH (1,4)	137,14	188
Phthalsäure	$C_6H_4(COOH)_2$ (1,2)	166,13	—
Isophthalsäure	$C_6H_4(COOH)_2$ (1,3)	166,13	348
Terephthalsäure	$C_6H_4(COOH)_2$ (1,4)	166,13	—

208.1 Physikalische Daten von aromatischen Carbonsäuren

Innerhalb der homologen Reihe der Dicarbonsäuren zeigen die Schmelzpunkte der Verbindungen dieselbe Eigentümlichkeit, die schon bei normalen Carbonsäuren beobachtet wurde. Die Verbindungen mit gerader C-Zahl haben einen höheren Schmelzpunkt als die benachbarten Glieder mit ungerader C-Zahl.

Malonsäure und Glutarsäure sind gut in Wasser löslich. Die Löslichkeit der übrigen Dicarbonsäuren in Wasser ist sehr gering und nimmt mit steigender Molekülmasse weiter ab.

Die Siedepunkte von Dicarbonsäuren liegen sehr hoch. Eine Destillation ohne Zersetzung ist kaum noch durchführbar. Die Zersetzung beginnt gewöhnlich bereits, wenn die Verbindungen wenig über ihren Schmelzpunkt erhitzt werden (siehe bei Reaktionen).

Aromatische Carbonsäuren sind überwiegend **feste** Substanzen; die **Schmelzpunkte** der wichtigsten einbasigen Carbonsäuren und ihrer Derivate sowie der zweibasigen Phthalsäure zeigt Tabelle 208.1. Auffällig ist, daß die p-Verbindung unter den Isomeren wesentlich höher schmilzt.

Die **Siedepunkte** liegen allgemein über 200 °C; eine Destillation ist in einigen Fällen nur im Vakuum möglich.

Die **Löslichkeit in Wasser** ist für alle aromatischen Carbonsäuren gering.

26.7 Chemische Eigenschaften und Reaktionen

26.7.1 Allgemeines

Die von der funktionellen Gruppe der Carbonsäuren, der COOH-Gruppe, ausgehenden Reaktionen sind für aliphatische und aromatische Carbonsäuren weitgehend gleich.

Säure-Eigenschaften / Salzbildung

Carbonsäuren reagieren in wäßriger Lösung sauer. Ursache dafür ist die Abspaltung eines H^+-Ions aus der Carboxylgruppe:

$$R-C(=O)-OH \rightleftharpoons R-C(=O)-O^{\ominus} \quad H^{\oplus}$$

Säure-Rest-Anion

Carbonsäuren sind **schwache Säuren.** Das Dissoziationsgleichgewicht liegt auf der Seite der undissoziierten Moleküle. Carbonsäuren sind stärkere Säuren als Kohlensäure oder Schwefelwasserstoffsäure, aber schwächer als Phosphorsäure oder Schweflige Säure. Ein Vergleich der **pK-Werte** zeigt Tab. 209.1, daß

Carbonsäuren stärker dissoziiert sind als Methanol oder Phenol. Aus der Carboxylgruppe wird das Proton leichter abgespalten, weil der Elektronenzug des Sauerstoffs der Carbonylgruppe eine Verschiebung der Bindungselektronenpaare zum Kohlenstoff hin verursacht.

$$\rightarrow \overset{\delta+}{C}(=\overset{\delta-}{O})\text{—}O \leftarrow H$$

Der Benzolring begünstigt zusätzlich die Dissoziation. Benzoesäure ist etwas stärker dissoziiert als Essigsäure und Propionsäure.

Verbindung	pK-Wert
CH_3OH	15,5
C_6H_5OH	9,9
H—COOH	3,75
CH_3—COOH	4,76
C_2H_5—COOH	4,88
C_6H_5COOH	4,18
o-Phthalsäure	2,95

209.1 pK-Werte

Wegen ihres sauren Charakters können die Carbonsäuren mit Laugen **Salze** bilden, z.B.

$$R\text{—}C(=O)\text{—}OH + NaOH \rightarrow R\text{—}C(=O)\text{—}ONa + H_2O$$

Die Carbonsäuren setzen ebenso wie Mineralsäuren, unabhängig von ihrer Löslichkeit in Wasser, unter Salzbildung aus einer Soda-Lösung CO_2 in Freiheit:

$$2\,CH_3\text{—}COOH + Na_2CO_3 \rightarrow 2\,CH_3\text{—}COONa + H_2O + CO_2$$

Die Na- und K-Salze der Carbonsäuren sind in Wasser leicht löslich, weil sie weitgehend in ihre Ionen zerfallen. Als Salze einer schwachen Säure und starken Lauge reagieren sie in wäßriger Lösung infolge Protolyse alkalisch. Auch wenn die freien Säuren wasserunlöslich sind, sind die Salze wasserlöslich. Die Alkalisalze sind feste Verbindungen, auch wenn die zugehörigen Carbonsäuren flüssig sind. Wegen ihres ionischen Charakters sind sie dagegen in Ethern oder flüssigen Alkanen (Benzin oder Petrolether) unlöslich.

Gegenüberstellung:

Carbonsäuren: wasser-unlöslich, ether-löslich.

Salze der Carbonsäuren: wasser-löslich, ether-unlöslich.

Diese Löslichkeitsunterschiede kann man ausnutzen, wenn Carbonsäuren von anderen organischen Verbindungen getrennt werden müssen.

Alkalisalze höherer Carbonsäuren ($> C_{10}$) sind Seifen. Erdalkalisalze dieser Carbonsäuren sind dagegen wasserunlöslich.

Durch Zugabe von Mineralsäuren werden die Salze der Carbonsäuren zerstört und die freien Säuren gebildet.

Carbonsäuren können durch Titration mit einer Laugen-Maßlösung quantitativ bestimmt werden. Indikator ist dabei Phenolphthalein.

26.7.2 Oxidation

Gegen Oxidationsmittel sind alle Carbonsäuren mit Ausnahme der Ameisensäure beständig.

Auf die Ausnahmestellung der Ameisensäure wurde bereits bei der Erklärung der Struktur dieser Verbindung hingewiesen. Das Ameisensäure-Molekül kann als Säure und als Aldehyd angesehen werden.

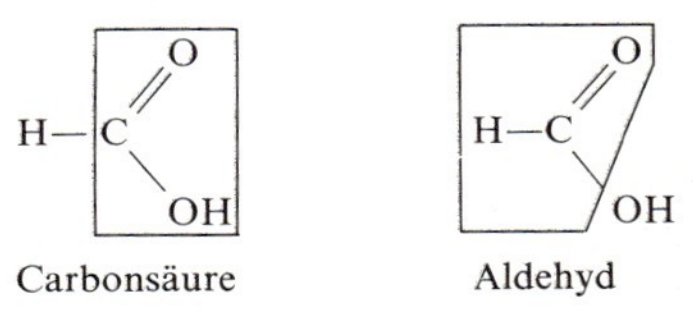

Carbonsäure Aldehyd

Daraus ist zu erklären, daß Ameisensäure oxidierbar ist (wie ein Aldehyd) und daher als Reduktionsmittel, z.B. gegenüber ammoniakalischer Silbersalzlösung, auftreten kann.

Mit Ausnahme der Oxalsäure sind alle Dicarbonsäuren **oxidationsbeständig.**

26.7.3 Reduktion

Carbonsäuren sind die Oxidationsprodukte von Aldehyden oder primären Alkoholen. Umgekehrt kann man aus Carbonsäuren durch Reduktion primäre Alkohole herstellen.

Im **Laboratorium** sind zwei Methoden gebräuchlich:

- Aus der zu reduzierenden Carbonsäure wird ihr Ester hergestellt, der sich leicht reduzieren läßt (s. S. 227).
- Die Carbonsäure wird in Ether gelöst und mit Lithiumaluminiumhydrid $LiAlH_4$ reduziert; diese Reaktion liefert den primären Alkohol in guter Ausbeute:

$$R\text{—}COOH + 4[H] \xrightarrow{LiAlH_4} R\text{—}CH_2\text{—}OH + H_2O$$

In der **Technik** wird die Hochdruckhydrierung durchgeführt, z.B. bei der Reduktion des Fettsäuregemisches (aus Fetten und Ölen) zu den entsprechenden Fettalkoholen. Reaktionsbedingungen: 250 °C, 200 bar, Katalysator: Kupfer oder Kobalt.

26.7.4 Thermische Zersetzung (Pyrolyse) von Salzen der Carbonsäuren

Durch starkes Erhitzen von festen, reinen Salzen von Carbonsäuren oder ihrer Gemische kann man einfache und gemischte Ketone sowie Aldehyde herstellen.

- **Pyrolyse eines reinen Ca-Salzes:** Endprodukt ist ein einfaches Keton.

  Beispiel: Calcium-acetat $(CH_3—COO)_2Ca$

$$(CH_3—COO)_2Ca \rightarrow \underset{\text{Aceton}}{(CH_3)_2C{=}O} + CaCO_3$$

  Diese Reaktion war früher Grundlage eines technischen Verfahrens, um Aceton zu gewinnen. Das Ca-acetat, auch Graukalk genannt, wurde aus Holzessig erhalten (s. S. 212).

- **Pyrolyse eines Gemisches zweier verschiedener Ca-Salze:** Endprodukte sind einfache und gemischte Ketone. Hier sind drei Reaktionsprodukte zu erwarten; jedes Salz kann für sich allein zersetzt werden, oder es findet eine Reaktion zwischen ihnen statt.
- **Pyrolyse eines Gemisches aus Na-Formiat und anderen Na-Salzen von Carbonsäuren:** Endprodukt ist ein Aldehyd.

Interessant ist ein Vergleich des thermischen Verhaltens von Dicarbonsäuren, wenn diese längere Zeit über ihren Schmelzpunkt erhitzt werden. In allen Fällen tritt Zersetzung ein.

Oxalsäure:

$$HOOC—COOH \rightarrow CO_2 + CO + H_2O$$

Malonsäure:

$$HOOC—CH_2—COOH \rightarrow CO_2 + \underset{\text{(Essigsäure)}}{CH_3—COOH}$$

Bernsteinsäure und Glutarsäure: Abspaltung von Wasser unter Bildung der Carbonsäure-Anhydride.

Adipinsäure und Pimelinsäure: Abspaltung von CO_2 und H_2O unter Ringschluß und Bildung cyclischer Ketone (s. S. 198).

Adipinsäure → Cyclopentanon,

Pimelinsäure → Cyclohexanon

Diese Reaktionen verlaufen besonders glatt bei Anwesenheit von $Ba(OH)_2$ und Erhitzen auf 290 °C. Die Ausbeuten sind gut, da sich die stabilen 5- bzw. 6-Ringe bilden.

26.7.5 Decarboxylierung von Carbonsäuren

Unter bestimmten Reaktionsbedingungen kann die Carboxylgruppe wieder abgebaut werden, indem CO_2 abgespalten wird (Decarboxylierung).

Bei der Decarboxylierung geht man vom festen Na-Salz der entsprechenden Carbonsäure aus und erhitzt dieses mit festem NaOH auf höhere Temperaturen (trockene Destillation). Die dabei ablaufende thermische Zersetzung läßt sich durch folgende Reaktionsgleichung darstellen:

Beispiel:

$$\underset{\text{Na-valerat}}{C_4H_9—\boxed{COONa + NaO}H} \rightarrow \underset{\text{n-Butan}}{C_4H_{10}} + Na_2CO_3$$

Das Endprodukt ist ein Alkan, in diesem Beispiel n-Butan. Hier bietet sich also eine Methode, um Alkane aus Carbonsäuren herzustellen, wenn letztere leicht zugänglich sind. Dieser Weg wird beschritten, wenn höhere geradkettige Alkane erwünscht sind, wobei man dann von den entsprechenden Fettsäuren ausgehen muß.

Die Decarboxylierung verläuft unter **Verlust eines C-Atoms** aus der Molekülkette. In obigem Beispiel wurde von einer C_5-Carbonsäure ausgegangen und ein C_4-Alkan erhalten.

26.7.6 Substitution

Neben den bisher genannten gibt es eine große Zahl weiterer Reaktionen, mit deren Hilfe andere Gruppen in das Carbonsäuremolekül eingeführt werden können, so daß Carbonsäure-Derivate mit neuen funktionellen Gruppen entstehen, die jeweils eigene wichtige Verbindungsklassen darstellen (s. S. 204).

26.8 Einzelne wichtige Carbonsäuren

26.8.1 Ameisensäure H—COOH

Ameisensäure oder Methansäure ist eine farblose Flüssigkeit mit stechendem Geruch und hautreizender Wirkung. Die Säure erhielt ihren Namen durch ihr Vorkommen in bestimmten Ameisenarten; auch in Brennesseln ist sie vorhanden. Der brennende Reiz, der beim Anfassen von Brennesseln auf die Haut ausgeübt wird, kommt zum Teil daher, daß eine geringe Menge der Ameisensäure unter die Haut gelangt ist.

Ameisensäure ist eine stabile Verbindung, die ohne Zersetzung destillierbar ist. Die Dämpfe sind an der Luft entzündbar und brennen dann. Mit Wasser, Alkohol und Ether ist Ameisensäure in jedem Verhältnis mischbar.

Die Ameisensäure ist mit $w = 0{,}85$ bis 0,90 im Handel, weil sie bei der technischen Darstellung in dieser Zusammensetzung entsteht (siehe weiter unten) und meistens auch so verwendet wird. Durch normale Destillation kann Ameisensäure nicht konzentriert werden, da ihr Siedepunkt mit dem des Wasser fast übereinstimmt. Zur Entwässerung muß Ameisensäure daher sehr vorsichtig im Vakuum über konz. Schwefelsäure abdestilliert werden, wobei kein CO entstehen darf.

Auf das von den übrigen Carbonsäuren abweichende chemische Verhalten der Ameisensäure wurde bereits hingewiesen (s. S. 209). Ameisensäure ist in wäßriger Lösung eine 10mal stärkere Säure als ihre Homologen der Carbonsäure-Reihe. Sie besitzt reduzierende Eigenschaften, ist also oxidierbar. Alle anderen Carbonsäuren sind oxidationsbeständig.

Wenn Ameisensäure reduzierend wirkt, wird sie selbst zu CO_2 und H_2O oxidiert; ihr Reduktionsvermögen erstreckt sich auf folgende Verbindungen:

- Entfärbung von $KMnO_4$-Lösung:

$$2\,KMnO_4 + 11\,H{-}COOH$$
$$= 2\,H{-}COOK + 2\,(H{-}COO)_2Mn + 5\,CO_2 + 8\,H_2O$$

- Reduktion von $K_2Cr_2O_7$ zu Cr^{3+}-Verbindungen:

$$K_2Cr_2O_7 + 11\,H{-}COOH$$
$$= 2\,H{-}COOK + 2\,(H{-}COO)_3Cr + 3\,CO_2 + 7\,H_2O$$

- Reduktion einer ammoniakalischen $AgNO_3$-Lösung zu metallischem Silber (Silberspiegel) und Abscheidung von metallischem Quecksilber aus $HgNO_3$-Lösung.

Die Salze der Ameisensäure heißen **Formiate.** Die meisten Formiate sind wasserlöslich. Besonders erwähnenswert sind:

Natriumformiat H—COONa, über das die reine Ameisensäure hergestellt wird und das als Ausgangsprodukt für die Gewinnung von Oxalsäure (s. S. 213) dient.

Nickelformiat $(H{-}COO)_2Ni \cdot 2\,H_2O$ ist ein wichtiger Katalysator bei der Hydrierung organischer Verbindungen, besonders bei der Fetthärtung.

Technische Herstellung: Ameisensäure wird nur synthetisch gewonnen.

Aus pulverisiertem NaOH und CO (trockenes Verfahren):

$$CO + NaOH \xrightarrow[10\,bar]{150\,°C} H{-}C\begin{matrix}\diagup O\\ \diagdown ONa\end{matrix} \xrightarrow{H_2SO_4} H{-}COOH + Na_2SO_4$$

Beim letzten Schritt dieser Reaktion wird Na-Formiat unter Rühren in H_2SO_4 eingetragen, wobei eine Ameisensäure mit $w = 0{,}85$ bis 0,90 im Vakuum abdestillert.

Verwendung der Ameisensäure

Ihre Verwendung beruht auf ihren besonderen chemischen Eigenschaften. Ihr Säurecharakter ist schwächer als der von Mineralsäuren, aber stärker als der der übrigen Carbonsäuren. Ameisensäure ist eine Säure mit Reduktionsvermögen.

Die einzelnen Verwendungsarten sind: 1. Auf Kautschukplantagen zum Ausflocken der Latexmilch. 2. Desinfizieren und Konservieren von Fruchtsäften usw. 3. In der Textilindustrie bei der Färberei; Ameisensäure ist flüchtig und verbleibt daher beim Trocknen nicht auf der Faser oder dem Gewebe. 4. Lösungsmittel in der Kunstfaser-Erzeugung (für Acetylcellulose). 5. In der Lederindustrie als Gerbereihilfsmittel. – Als Zwischenprodukt ist die Ameisensäure nur für die Gewinnung ihrer Ester bedeutsam.

26.8.2 Essigsäure CH_3—COOH

Die Essigsäure oder Ethansäure ist die wichtigste organische Säure.

Reine Essigsäure ist bei Zimmertemperatur eine farblose, klare Flüssigkeit mit stechendem Geruch. Sie ist in jedem Verhältnis mit Wasser, Alkohol, Ether und anderen organischen Lösungsmitteln mischbar.

Essigsäure mit einem Gehalt über 98% wird **Eisessig** genannt, weil sie in kalten Räumen unterhalb 16,5 °C (Erstarrungspunkt) zu eisartigen Kristallen erstarrt.

Im Laboratorium verwendet man sowohl Eisessig, z.B. bei organischen Reaktionen, als auch verdünnte Essigsäure, die Lösung von Eisessig in Wasser.

Die Salze der Essigsäure sind die **Acetate.** Diese sind typische Salze, die sich leicht in Wasser lösen (mit Ausnahme von Silberacetat) und auch sonst das Verhalten dieser anorganischen Verbindungsgruppe zeigen, z.B. in gut ausgebildeten Kristallen erhalten werden. Als Salze einer schwachen Säure unterliegen die Acetate in wäßriger Lösung der Hydrolyse (Protolyse). Mehrere Acetate haben größere Bedeutung.

Natriumacetat $CH_3—COONa \cdot 3H_2O$ ist das gebräuchlichste Acetat des Laboratoriums und findet hier viele Verwendungen. Auch die wasserfreie Verbindung wird gebraucht.

Blei(II)-acetat $(CH_3—COO)_2Pb \cdot 3H_2O$, auch Bleizucker genannt, bildet große wasserhelle Kristalle. Es wird eingesetzt zur Gewinnung anderer Bleiverbindungen, die als Anstrichfarben Bedeutung haben, z.B. Bleichromat $PbCrO_4$ (Chromgelb) und basischem Bleicarbonat $2PbCO_3 \cdot Pb(OH)_2$ (Bleiweiß). – Wichtig ist ferner eine farblose, alkalisch reagierende Lösung, die Bleiessig genannt und aus Bleiacetat und Bleioxid hergestellt wird.

Blei(IV)-acetat $(CH_3—COO)_4Pb$ wird hergestellt aus Mennige Pb_3O_4 durch Auflösen in Eisessig. Die Verbindung löst sich in Benzol, Chloroform, Eisessig und anderen Lösungsmitteln und dient in der organischen Chemie als starkes Oxidationsmittel.

Aluminiumacetat $(CH_3—COO)_3Al$ findet in Lösung als Beize in der Textilindustrie beim Färben von Geweben Verwendung. Basisches Aluminiumacetat $Al(CH_3—COO)_2OH$ wird in der Medizin als essigsaure Tonerde gebraucht.

Verwendung der Essigsäure

Essigsäure ist die wichtigste und technisch in der größten Menge hergestellte Carbonsäure. Bei der Verwendung unterscheidet man gewöhnlich zwischen Essig und Essigsäure.

Die Bezeichnung **Essig** war dabei ursprünglich dem Gärungsessig vorbehalten, der nur für Genußzwecke verbraucht wird, z.B. im Haushalt und der Lebensmittelindustrie zum Ansäuern von Speisen, zum Einmachen von Früchten und Gurken sowie zum Konservieren von Fisch.

Aus den alkoholischen Rohstoffen bringt der Essig besondere Aromastoffe mit, die ihn für Genußzwecke besonders geeignet machen. Je nach der Rohstoffart, aus der der betreffende Gärungsessig ausschließlich hergestellt sein muß, unterscheidet man: Sprit- oder Branntweinessig, echter Weinessig, Malzessig, Kartoffelessig und Obstessig.

Heute wird auch synthetische Essigsäure für Genußzwecke eingesetzt, nachdem das technische Produkt mit $KMnO_4$ und A-Kohle behandelt und dann aus Kupferbehältern und Silberkühlern destilliert wurde. Essig darf nur mit $w = 0{,}05$ bis $0{,}15$ gehandelt werden.

Essigessenz ist eine konzentrierte, eventuell mit Aroma- und Farbstoffen versetzte wäßrige Essigsäurelösung mit $w = 0{,}50$ bis $0{,}80$ Essigsäure. Essigessenz muß vor Gebrauch verdünnt werden.

Die **synthetische Essigsäure** deckt heute 90% des Bedarfs und wird für mehrere technische Zwecke eingesetzt:

- Ausgangs- oder Zwischenprodukt für sehr viele andere Stoffe, die in alle Sparten der Chemie gehen.
- Herstellung von Vinylacetat (Kunststoff, Klebstoff).
- Salze (Acetate), Anwendung in der Schädlingsbekämpfung und Färberei.

  Herstellung zahlreicher Ester (s. S. 228), die in Deutschland die wichtigste Lösungsmittelgruppe sind.

Technische Gewinnung der Essigsäure

Essigsäure und Essig kann sowohl aus Naturprodukten als auch durch Synthese gewonnen werden. Aus Naturprodukten werden heute nur noch 10%, durch Synthese 90% des Bedarfs an Essigsäure gedeckt.

Durch Gärung von alkoholhaltigen Lösungen

Um Ethylalkohol in Essigsäure zu überführen, ist eine doppelte Oxidation durchzuführen: Ethylalkohol → Acetaldehyd → Essigsäure. Oxidationsmittel ist Luft; die Katalysatoren sind biochemischer, mikrobiologischer Natur (Enzyme und Fermente, speziell Essigbakterien). Man arbeitet nach zwei Gärungsverfahren:

- Langsame Oxidation (Gärung)

  Ethylalkohol, in destillierter Form (s. S. 140) oder als Bestandteil vergorener Flüssigkeiten (Wein, Most), wird mit Essigbakterien und Nährstoffen (z.B. Ammoniumphosphat) gemischt. Letztere haben den Zweck, günstige Wachstumsbedingungen für die Essigbakterien zu schaffen, damit die Oxidation schneller vonstatten geht. Durch die Lösung geht ein dauernder Luftstrom. Nach einer gewissen Zeit ist die Oxidation beendet, Ethylalkohol ist vollständig in Essigsäure übergegangen.
- Schnellessig-Verfahren (Schützenbach-Verfahren)

Eine Flüssigkeit, die φ (Alkohol) = 0,06 bis 0,10 enthält, durchrieselt langsam hohe Türme, die mit Buchenholzspänen gefüllt sind. Von unten wird ein schwacher Luftstrom der herabrieselnden Flüssigkeit entgegengeleitet. Die Oxidationsfermente (Essigbakterien) liefert hier das Buchenholz. Aus den Türmen läuft ein Essig mit $w(CH_3COOH) = 0{,}10$ ab. Reine Essigsäure daraus zu gewinnen, ist unwirtschaftlich.

- Synthetisch durch Oxidation von Acetaldehyd

  Die Oxidation wird bei 50 bis 70 °C mit Luft oder Sauerstoff durchgeführt; Katalysator ist Manganacetat, das mit 0,1% dem Acetaldehyd zugesetzt wird.

$$CH_3{-}CHO + [O] \rightarrow CH_3{-}COOH$$

Da Acetaldehyd heute aus Ethylen zugänglich ist, heißt die Produktfolge: Ethylen → Acetaldehyd → Essigsäure.

26.8.3 Höhere Carbonsäuren (Fettsäuren)

Fettsäuren sind gewöhnlich C_{10}- bis C_{20}-Carbonsäuren, die, wie ihr Name Fettsäuren andeuten soll, in pflanzlichen und tierischen Fetten und Ölen vorkommen. Aus diesen können die Fettsäuren, allerdings nur als Gemische, durch Verseifung gewonnen werden. Reine Fettsäuren lassen sich daraus nur schwierig isolieren. – Auffällig ist, daß alle natürlichen Fettsäuren eine gerade Anzahl von C-Atomen (vorwiegend C_{14}, C_{16} und C_{18}) und einen unverzweigten Molekülbau besitzen.

Die Alkalisalze der natürlichen Fettsäure-Gemische sind Seifen. Aus dem Gemisch der Fettsäuren können durch Hochdruckhydrierung (s. S. 142) die entsprechenden Fettalkohole hergestellt werden, die wichtige Waschrohstoffe sind.

Auch durch Synthese sind höhere Carbonsäuren zugänglich; dabei entstehen aber auch Carbonsäure-Gemische, weil die Ausgangsprodukte nur als Gemische zur Verfügung stehen. Im Gegensatz zu den natürlichen Carbonsäuren haben die synthetischen Carbonsäuren einen verzweigten und unverzweigten Molekülbau mit geraden und ungeraden C-Zahlen.

26.8.4 Einige wichtige Dicarbonsäuren

Oxalsäure $H_2C_2O_4$ oder **Ethandisäure** ist die ein-

COOH
|
COOH

fachste Dicarbonsäure. Sie kommt in sehr vielen Pflanzen vor, besonders im Klee, Sauerampfer und Rhabarber.

Oxalsäure bildet farblose Kristalle, die in Wasser löslich sind. Aus wäßriger Lösung kristallisiert die Verbindung $(COOH)_2 \cdot 2H_2O$. Wenn man diese Verbindung in Tetrachlorkohlenstoff erhitzt, entsteht die wasserfreie Oxalsäure $(COOH)_2$. Sie ist außerdem in Ethanol löslich, unlöslich dagegen in Ether.

Die Salze der Oxalsäure sind die **Oxalate.** Es gibt normale und saure Oxalate, d.h. zwei Reihen von Salzen, weil Oxalsäure eine zweibasige Carbonsäure ist. Oxalate sind teilweise wasserlöslich, teilweise -unlöslich.

Die Oxalsäure unterscheidet sich von den übrigen Dicarbonsäuren dadurch, daß sie durch $KMnO_4$ leicht und rasch oxidiert wird:

$$HOOC{-}COOH + [O] \rightarrow 2CO_2 + H_2O$$

Auf dieser Reaktion beruht der Einsatz der Oxalsäure als Urtitersubstanz in der Maßanalyse zur Einstellung der Maßlösungen von Oxidationsmitteln, besonders Kaliumpermanganat $KMnO_4$.

Verwendung: Oxalsäure hat mehrere kleinere Anwendungsgebiete gefunden: als Textilhilfsmittel, z.B. beim Zeugdruck oder als Bleichmittel; in der Tintenbereitung und der Ledergerberei. Aus Kühlrohrsystemen kann Rost und Kesselstein mittels Oxalsäure entfernt werden, ebenso Rost und Tintenflecke aus der Kleidung.

Malonsäure oder **Propandisäure** ist eine weiße,

COOH
|
CH_2
|
COOH

kristalline Verbindung, die besonders in der präparativen organischen Chemie Eingang gefunden hat.

Beide (COOH)-Gruppen sind an dasselbe C-Atom gebunden. Die beiden H-Atome an diesem C-Atom sind daher besonders reaktionsfähig und können leicht durch andere Gruppen substituiert werden.

Hergestellt wird Malonsäure aus Mono-chloressigsäure (s. S. 217).

$$\underset{\text{Chlor-essigsäure}}{\begin{matrix} CH_2{-}COOH \\ | \\ Cl \end{matrix}} + KCN \rightarrow \underset{\text{Cyanessigsäure}}{\begin{matrix} CH_2{-}COOH \\ | \\ CN \end{matrix}} \xrightarrow[\text{kochen}]{\text{verd. } H_2SO_4} \underset{\text{Malonsäure}}{\begin{matrix} CH_2{-}COOH \\ | \\ COOH \end{matrix}}$$

Praktisch wird hauptsächlich der Malonsäure-diethylester, kurz Malonester genannt (s. S. 228), verwendet.

Adipinsäure oder **Hexandisäure** ist die technisch

$$\begin{array}{l} CH_2-CH_2-COOH \\ | \\ CH_2-CH_2-COOH \end{array}$$

weitaus wichtigste Dicarbonsäure und wird daher nach verschiedenen Verfahren in großen Mengen hergestellt.

Adipinsäure dient zur Synthese der wichtigen Polyamid-Fasern. Die Ester der Adipinsäure sind wichtige Weichmacher für Kunststoffe. Aus Adipinsäure kann auch Adipinsäuredinitril (s. S. 230) hergestellt werden, das auf Hexamethylendiamin (s. S. 175) weiterverarbeitet wird, welches ebenfalls zur Synthese von Fasern gebraucht wird.

Technische Gewinnung der Adipinsäure, Ausgangsprodukte sind Derivate des Cyclohexans, z.B. aus Cyclohexanol (s. S. 142) oder Cyclohexanon (s. S. 198), die ihrerseits aus Cyclohexan oder Phenol gewonnen werden können.

Oxidation von Cyclohexanol oder Cyclohexanon:

$$\begin{array}{ccc} & CH_2-CH_2 & \\ / & & \backslash \\ CH_2 & & C{=}O \\ \backslash & & / \\ & CH_2-CH_2 & \end{array} + 3[O] \rightarrow \begin{array}{l} \quad CH_2-COOH \\ / \\ CH_2 \\ \backslash \\ \quad CH_2-CH_2-COOH \end{array}$$

Als Oxidationsmittel werden angewandt: a) HNO_3 (w = 0,60) bei 65 °C; b) Luft bei 100 °C und Mangan-Salze als Katalysator.

Auch eine Kombination der beiden Oxidationsmittel ist möglich. So kann man z.B. Cyclohexan, das vorher durch Hydrierung von Benzol gewonnen wurde, mit Luft katalytisch über Cyclohexanol zum Cyclohexanon oxidieren, das dann mit HNO_3 zur Adipinsäure weiteroxidiert wird.

Adipinsäure kann zur Reinigung aus Wasser umkristallisiert werden.

26.8.5 Ungesättigte Carbonsäuren

Acrylsäure $CH_2{=}CH-COOH$ oder Propensäure ist die einfachste ungesättigte Carbonsäure und kann formal vom Ethylen abgeleitet werden, wenn hier ein H-Atom durch die COOH-Gruppe ersetzt wird.

Acrylsäure ist eine wasserhelle Flüssigkeit mit beißendem Geruch (Smp. 13 °C, Sdp. 141 °C, Dichte 1,052 g/ml bei 20 °C). Bei kühler und dunkler Lagerung, eventuell mit geringem Hydrochinon-Zusatz, ist Acrylsäure längere Zeit stabil.

Verwendung: Acrylsäure selbst hat nur geringe Bedeutung. Wichtiger dagegen sind die Ester (s. S. 228) und Acrylnitril $CH_2{=}CH-CN$ (s. S. 230). Letzteres wird aber nicht aus Acrylsäure, sondern auf anderen Wegen hergestellt.

Methacrylsäure oder **2-Methyl-propensäure** ist eine

$$\begin{array}{l} CH_2{=}C-COOH \\ \qquad | \\ \quad\;\; CH_3 \end{array}$$

wasserhelle Flüssigkeit (Smp. 15 °C, Sdp. 160 °C, Dichte 1,0153 g/ml bei 20 °C), die etwas in Wasser löslich ist.

Von großer technischer Bedeutung ist der Methylester der Methacrylsäure (s. S. 228), weil dessen Polymerisation zum Kunststoff Plexiglas führt.

Sorbinsäure $CH_3-CH{=}CH-CH{=}CH-COOH$ oder 2,4-Hexadiensäure ist eine feste, weiße Substanz (Smp. 134 °C) und wird heute technisch hergestellt. Sie ist zum modernen Konservierungsmittel geworden, weil sie desinfizierende Wirkung besitzt und Schimmel- und Fäulnisbildung verhütet.

Ölsäure $CH_3-(CH_2)_7-CH{=}CH-(CH_2)_7-COOH$ oder $C_{17}H_{33}-COOH$ (Molekülmasse 282,47u) ist die wichtigste ungesättigte Fettsäure und findet sich in größerer Menge in allen pflanzlichen und tierischen Ölen.

Die Ölsäure ist eine farblose, fast geruchlose Flüssigkeit (Smp. 13 °C), die sich nicht in Wasser, aber in Alkohol und Ether löst.

Die katalytische Hydrierung der Doppelbindung der Ölsäure liefert die feste Stearinsäure; wichtiges technisches Verfahren der Fetthärtung.

Propiolsäure $CH{\equiv}C-COOH$ oder Propinsäure ist die einfachste ungesättigte Carbonsäure mit einer Dreifachbindung im Molekül. Es ist eine Flüssigkeit, die nur im Vakuum ohne Zersetzung destillierbar ist.

26.8.6 Ungesättigte Dicarbonsäuren

Maleinsäure oder **cis-Butendisäure** bildet farblose

$$\begin{array}{ccc} HOOC & & COOH \\ & \backslash \quad / & \\ & C{=}C & \\ & / \quad \backslash & \\ H & & H \end{array}$$

Kristalle vom Schmelzpunkt 130 °C. Sie ist leicht löslich in Wasser, Alkohol und Aceton, wenig löslich in Ether und Benzol.

Hergestellt wird Maleinsäure aus seinem Anhydrid (s. S. 224), das in technischen Mengen erzeugt wird.

Fumarsäure oder **trans-Butendisäure** bildet ebenfalls

$$\begin{array}{ccc} H & & COOH \\ & \backslash \quad / & \\ & C{=}C & \\ & / \quad \backslash & \\ HOOC & & H \end{array}$$

farblose Kristalle, die aber bei 286 °C viel höher schmelzen als die Maleinsäure. Fumarsäure ist in Wasser schwer löslich. Bei 200 °C kann sie unzersetzt sublimiert werden; sie bildet kein Anhydrid.

Fumarsäure wird aus Maleinsäure durch längeres Kochen mit HCl (eventuell mit Katalysatoren) hergestellt. Die Umlagerung der cis- in die trans-Form geht nur langsam; die Umkehrung ist nicht möglich, d.h. die Fumarsäure ist die stabilere Verbindung der beiden Isomere.

Am Beispiel der Malein- und Fumarsäure wird besonders deutlich, daß die cis-trans-Isomere erhebliche Unterschiede in den Eigenschaften der Verbindungen bedingen.

26.8.7 Naphthensäuren

Naphthensäuren sind alkylierte Cyclopentan- und Cyclohexancarbonsäuren (s. S. 204).

Gewinnung: Derivate des Cyclopentans und Cyclohexans sind besonders in naphthenischen Erdölen (s. S. 92) anzutreffen; ein geringer Teil davon sind Naphthensäuren. Diese lassen sich daher aus ausgewählten Erdölfraktionen, deren Elementaranalyse einen vergleichsweise hohen O-Gehalt (bedingt durch die COOH-Gruppen) zeigt, durch Extraktion mit Laugen (Bildung von wasserlöslichen Na-Salzen der Naphthensäuren) gewinnen.

Verwendung: Die freien Naphthensäuren und ihre Salze, die **Naphthenate,** haben technische Bedeutung. Pb-, Mn-, Zn- und Fe-naphthenate sind **Sikkative;** das sind Substanzen, die in Mengen von 1 bis 5% trocknenden Ölen für Anstriche zugesetzt werden, wodurch der Prozeß des Trocknens und Verhärtens des Lackes wesentlich beschleunigt wird (technische Öle + Sikkative = Firnis). – Cu-naphthenat dient zum Imprägnieren von Holz, Sandsäcken und Schiffstauen, weil es Fäulnisbakterien zerstört. – Ein Gemisch aus Al-Salzen von Fettsäuren und Al-naphthenat ist die Füllung der **Napalm**-Bomben.

26.8.8 Einige wichtige aromatische Carbonsäuren und Derivate

Benzoesäure (Benzolcarbonsäure) bildet weiße, glän-

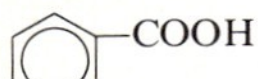

zende, nadelförmige Kristalle, die in kaltem Wasser schwer, in heißem Wasser sowie in Alkohol und Ether löslich sind. Benzoesäure ist wasserdampfflüchtig und sublimiert bei etwa 100 °C (Smp. 122 °C).

Herstellung: Siehe Synthesen auf Seite 204.

Verwendung: Die Hauptmenge (80%) der gewonnenen Benzoesäure geht in die Nahrungsmittelindustrie zur Konservierung von Lebens- und Genußmitteln, z.B. Marmeladen, Fruchtsäften, Fisch- und Fleischkonserven.

Für diese Zwecke wird aber häufig das Na-Salz, das **Natriumbenzoat,** auch Benznatron genannt, vorgezogen, weil es leichter löslich ist als Benzoesäure.

Anthranilsäure oder o-Amino-benzoesäure bildet

weiße, blättrige Kristalle, die in kaltem Wasser fast unlöslich sind.

Verwendung: Zwischenprodukt bei der Synthese von Farbstoffen (Indigo, Thioindigo).

Salicylsäure oder o-Hydroxy-benzoesäure ist die

wichtigste Hydroxy-benzoesäure. Sie bildet farblose, nadelförmige Kristalle, die wegen ihrer unterschiedlichen Löslichkeit in kaltem und heißem Wasser (0,18 g in 100 g Wasser von 20 °C, 1,32 g in 100 g Wasser von 70 °C) umkristallisiert werden können. Salicylsäure reagiert in Lösung stärker sauer als Benzoesäure.

Verwendung: a) Zwischenprodukt für die Synthese von Farbstoffen und Riechstoffen. b) Konservierung von Nahrungsmitteln, weil Sylicylsäure gärungshemmend und fäulnisverhütend wirkt. Für diese Zwecke wird gewöhnlich Na-salicylat eingesetzt. c) Acetylsalicylsäure ist das wichtige Heilmittel Aspirin, das fiebersenkend und schmerzlindernd wirkt.

Gallussäure oder **3,4,5-Trihydroxy-benzoesäure** (Mo-

HO— —COOH
HO—
OH

lekülmasse 170,12u) ist eine kristalline Substanz (Smp. 230 °C unter Zersetzung).

Technisch wird Gallussäure durch Hydrolyse des Gerbstoffs[1] Tannin gewonnen, der in den Galläpfeln der Eichen vorkommt.

Verwendung: Gallussäure dient zur Herstellung von Schreibtinten, weil mit Fe(III)-salzen eine schwarze, unlösliche Verbindung entsteht.

[1] Gerbstoffe sind Substanzen, die die Gelatine tierischer Häute unlöslich machen, wodurch die Haut in Leder übergeht.

Aromatische Carbonsäuren mit einer COOH-Gruppe in der Endstellung einer Seitenkette (aliphatisch-aromatische Carbonsäuren).

Phenylessigsäure (Molekülmasse 136,15u) ist eine

$C_6H_5-CH_2-COOH$

farblose, kristalline Substanz (Smp. 78 °C, Sdp. 266 °C), die in Wasser wenig, in Alkohol und Ether leicht löslich ist.

Mandelsäure oder **2-Hydroxy-2-phenyl-essigsäure**

$C_6H_5-\overset{*}{C}H(OH)-COOH$

(Molekülmasse 152,15u) ist eine feste Substanz (Smp. 120,5 °C), die aus bitteren Mandeln gewinnbar ist, aber auch synthetisch hergestellt wird.

Mandelsäure besitzt im Molekül ein asymmetrisches C-Atom und ist daher optisch aktiv.

Zimtsäure oder **3-Phenyl-propensäure** (Molekülmasse

$C_6H_5-CH=CH-COOH$

148,16u) ist eine feste Verbindung, die in zwei Isomeren auftritt, bedingt durch die cis-trans-Isomerie an der Doppelbindung der Seitenkette.

Schmelzpunkte: cis-Zimtsäure 68 °C, trans-Zimtsäure 135 °C. Zimtsäure kommt in etherischen Ölen und Harzen vor und wird auch synthetisch hergestellt.

Die drei isomeren aromatischen Dicarbonsäuren mit zwei (COOH)-Gruppen am Ring sind

26.8.9 Aromatische Dicarbonsäuren (Benzoldicarbonsäuren)

$C_6H_4(COOH)_2$

o-Benzol-dicarbonsäure
Phthalsäure

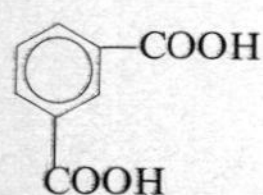

m-Benzol-dicarbonsäure
Isophthalsäure

HOOC—C_6H_4—COOH

p-Benzol-dicarbonsäure
Terephthalsäure

Phthalsäure oder Benzol-o-Dicarbonsäuren (Molekülmasse 166,13u) bildet weiße tafelartige Kristalle, die keinen exakten Schmelzpunkt haben, weil oberhalb 180 °C Wasser abgespalten wird und Phthalsäurehydrid entsteht.

Phthalsäureanhydrid (Molekülmasse 148u) ist das Anhydrid der Phthalsäure und bildet je nach Herstellungsart weiße Schuppen oder nadelförmige Kristalle (bei Sublimation). Es ist nur in der Siedehitze löslich in Benzol, Chlorbenzol und Nitrobenzol. Beim Kochen mit Wasser wird das Anhydrid gespalten und es entsteht Phthalsäure.

Technische Herstellung

- Oxidation von Naphthalin mit Luft:

$$C_{10}H_8 + 4\tfrac{1}{2}O_2 \xrightarrow[360\,^\circ C]{V_2O_5} \left[C_6H_4(COOH)_2\right] \xrightarrow{-H_2O} C_6H_4(CO)_2O$$

Da die Reaktionstemperatur weit über 180 °C liegt, spaltet die anfangs gebildete Phthalsäure sofort Wasser ab und bildet das Anhydrid.

- Oxidation von o-Xylol mit Luft:

$$C_6H_4(CH_3)_2 + 3O_2 \xrightarrow[500\,^\circ C]{V_2O_5} \left[C_6H_4(COOH)_2\right] \xrightarrow{-H_2O} C_6H_4(CO)_2O$$

Naphthalin ist billiger als o-Xylol, aber die Oxidation des o-Xylols ist technisch einfacher.

In der Bundesrepublik wurden 1979 etwa 270000 t PSA hergestellt.

Verwendung von Phthalsäureanhydrid und Phthalsäure:

1. Ausgangs- bzw. Zwischenprodukt für mehrere Farbstoffe. 2. Ester der Phthalsäure, z.B. Dioctylphthalat, als Weichmacher für Kunststoffe, besonders PVC. 3. Ausgangsprodukt für Alkydharze (Lackrohstoffe.

Terephthalsäure oder Benzol-p-dicarbonsäure (Molekülmasse 166,13u) bildet farblose, nadelförmige Kristalle, die bei 300 °C sublimieren und in Wasser und organischen Lösungsmitteln schwer löslich sind. Anhydridbildung ist wegen der p-Stellung der Carboxylgruppen nicht möglich.

Herstellung: Oxidation von p-Xylol mit konz. HNO_3 oder katalytisch mit Luft.

Verwendung: Terephthalsäure hat große technische Bedeutung für die Herstellung der Polyester-Chemiefasern.

26.9 Carbonsäure-Derivate

Carbonsäure-Derivate entstehen durch **Substitution,** wenn

- **in der Kohlenwasserstoffkette** der Carbonsäuren Wasserstoff durch z.B. die funktionellen Gruppen —Cl, —OH oder $—NH_2$ ersetzt wird. Die Carboxylgruppe —COOH bleibt dabei unverändert.

  Auf diese Weise entstehen die Verbindungsgruppen

  Halogen-carbonsäuren
  Hydroxy-carbonsäuren
  Amino-carbonsäuren (Aminosäuren)

  Die Moleküle dieser Verbindungen enthalten zwei funktionelle Gruppen, die jede für sich reagieren können. Innermolekular können sich beide Gruppen beeinflussen, wodurch ihre Reaktivität verändert wird.

- in der **Carboxylgruppe** die OH-Gruppe z.B. durch —Cl, $—NH_2$ oder Alkohol (Alkoxylgruppen) ersetzt wird.

  Dabei entstehen die neuen Verbindungsgruppen

  Carbonsäure-Halogenide
  Carbonsäure-Amide
  Carbonsäure-Ester (kurz Ester genannt)

  die durch den Substituenten veränderte Carboxylgruppe ist eine neue funktionelle Gruppe mit typischen Eigenschaften.

Auch die Nitrile rechnet man zu den Carbonsäure-Derivaten, wenn man formal davon ausgeht, daß der dreibindige Stickstoff der CN-Gruppe (s. S. 229) Sauerstoff und die OH-Gruppe der Carboxylgruppe ersetzen kann.

Nomenklatur

Trivialnamen: Die Stellung eines Substituenten in der Kette wird durch die griechischen Buchstaben α, β, γ, δ ... gekennzeichnet.

Beispiel:

$$\overset{\gamma}{C}H_3-\overset{\beta}{C}H_2-\overset{\alpha}{C}H_2-COOH$$

Ausgegangen wird von dem C-Atom, daß der Carboxylgruppe benachbart ist.

Die **Genfer Nomenklatur** gibt die Stellung der Substituenten mit Ziffern an, wobei das C-Atom der COOH-Gruppe mitgezählt wird und die Ziffer 1 trägt.

Beispiel:

$$\overset{4}{C}H_3-\overset{3}{C}H(Cl)-\overset{2}{C}H_2-\overset{1}{C}OOH$$

3-Chlor-butansäure
Trivialname: β-Chlor-buttersäure

26.10 Halogencarbonsäuren

H-Atome der C-Kette sind durch Fluor, Chlor, Brom oder Iod substituiert.

Monochloressigsäure ist eine farblose, feste hygro-

$$CH_2(Cl)-COOH$$

skopische Kristallmasse (Molekülmasse 94,5, Smp. 62 °C, Sdp. 189 °C). Sie ist in normalen und chlorierten Kohlenwasserstoffen nur wenig löslich, gut löslich dagegen in Alkohol, Aceton, Ether und auch Wasser. Auf der Haut verursacht sie Verätzungen.

Monochloressigsäure ist die wichtigste Halogencarbonsäure, besonders als Zwischenprodukt für andere substituierte Carbonsäuren.

$$CH_2(Cl)-COOH \xrightarrow{H_2O} \text{Hydroxy-essigsäure}$$
$$\xrightarrow{NH_3} \text{Amino-essigsäure}$$
$$\xrightarrow{KCN} \text{Cyan-essigsäure}$$

Herstellung der Chloressigsäure

- Direkte Chlorierung von Essigsäure bei höherer Temperatur, Belichtung und Gegenwart von 1% Schwefel als Katalysator:

  $$CH_3-COOH \xrightarrow[(S)]{80\,°C} CH_2(Cl)-COOH$$

  Daneben etwas Di- und Trichloressigsäure infolge Weiterchlorierung.

- Trichlorethylen-Verfahren

  Hydrolyse von Trichlorethylen mit 75%iger H_2SO_4 bei 140 °C:

  $$CH(Cl)=CCl_2 + 2\,H_2O \xrightarrow[140\,°C]{H_2SO_4} CH_2(Cl)-COOH + 2\,HCl$$

Dichloressigsäure ist eine klare, farblose, stark

$$Cl-CH(Cl)-COOH$$

ätzende Flüssigkeit (Smp. 13 °C, Sdp. 193 °C), die mit Wasser, Alkoholen, Ether, Chloroform und Benzol mischbar ist.

Sie entsteht, wenn die Chlorierung, die zur Monochloressigsäure führt, fortgesetzt wird. Ihre Bedeutung ist gering.

Trichloressigsäure ist eine farblose, stark wasseranziehende Kristallmasse (Smp. 59 °C, Sdp. 198 °C), die in Wasser und vielen organischen Lösungsmitteln leicht löslich ist. Sie ist darstellbar durch völlige Chlorierung der Essigsäure.

$$Cl{-}C(Cl)(Cl){-}COOH$$

Trichloressigsäure hat mehrere, kleinere Anwendungsgebiete gefunden. Das Na-Salz dient zur Unkrautbekämpfung. Mit wäßrigen Laugen findet Zersetzung statt:

$$Cl_3C{-}COOH + NaOH \xrightarrow{H_2O} \underset{\text{Chloroform}}{CHCl_3} + NaHCO_3$$

Fluor-essigsäure (Smp. 35 °C, Sdp. 165 °C), **Brom-essigsäure** (Smp. 50 °C, Sdp. 205 °C) und **Iod-essigsäure** (Smp. 83 °C) sind ebenfalls bekannt.

Höhere Carbonsäuren liefern bei der Chlorierung viele Isomere nebeneinander, die kaum noch zu trennen sind.

Die Halogen-essigsäuren sind **stärkere Säuren** als die Essigsäure, siehe pK-Werte in Tabelle 218.1.

Carbonsäure	pK-Wert
Essigsäure	4,76
Chlor-essigsäure	2,85
Di-Chlor-essigsäure	1,25
Tri-Chlor-essigsäure	0,66
Brom-essigsäure	2,89
Iod-essigsäure	3,16

218.1 pK-Werte

Die erleichterte Dissoziation des H^+-Ions wird hervorgerufen durch den Elektronenzug der Halogenatome.

$$\underset{\downarrow\atop Cl}{H_2C} \leftarrow C(=O) \nwarrow O \leftarrow H$$

Der Elektronenzug des Iods ist geringer als der des Chlors, daher ist Chloressigsäure stärker dissoziiert als Iodessigsäure. Mehrere Chloratome verstärken die Acidität der Säure. Mit zunehmender Entfernung des gebundenen Halogens von der Carboxylgruppe wird die elektronenziehende Wirkung und damit der Einfluß auf die Acidität schnell geringer.

26.11 Hydroxy-carbonsäuren

Hydroxy-carbonsäuren enthalten neben der funktionellen COOH-Gruppe noch eine OH-Gruppe (Hydroxy-), die an ein C-Atom der Molekülkette gebunden ist. Diese Verbindungen zeigen daher Eigenschaften von Carbonsäuren und Alkoholen, bedingt durch die beiden funktionellen Gruppen.

Der Eintritt der OH-Gruppe bringt eine Änderung der Eigenschaften der Carbonsäuren mit sich. Hydroxy-carbonsäuren sind meist kristallisierende Verbindungen, die in Wasser leicht, in Ether schwer- bis unlöslich sind und sich nur im Vakuum unzersetzt destillieren lassen. Steht die OH-Gruppe in Nachbarschaft zur COOH-Gruppe, erhöht sie wegen ihrer elektronenziehenden Wirkung die Säurestärke der Carbonsäure.

Für die allgemeine Herstellung von Hydroxy-carbonsäuren ist die Cyanhydrin-Synthese wichtig. An Aldehyde wird Blausäure addiert und das Anlagerungsprodukt hydrolysiert.

Beispiel:

$$\underset{\text{Propionaldehyd}}{H_3C{-}CH_2{-}CHO} \xrightarrow{+HCN} H_3C{-}CH_2{-}CH(CN)(OH) \xrightarrow{H_2O} CH_3{-}CH_2{-}CH(OH){-}COOH$$

α-Hydroxy-buttersäure
2-Hydroxy-butansäure

Glykolsäure oder **Hydroxy-essigsäure** ist die einfachste Hydroxy-carbonsäure. Sie schmilzt bei 78 °C und ist nur im Vakuum destillierbar. Ihre Salze heißen Glykolate.

$$CH_2(OH){-}COOH$$

Die Verwendung liegt auf verschiedenen Gebieten (z. B. in der Färberei oder Lederindustrie).

Herstellung: Hydrolyse von Mono-chlor-essigsäure mit Na_2CO_3-Lösung:

$$CH_2(Cl){-}COOH + H_2O \xrightarrow{Na_2CO_3} CH_2(OH){-}COOH + HCl\ (NaCl)$$

Thio-glykolsäure leitet sich von der Glykolsäure ab,

$$\begin{array}{l} CH_2-COOH \\ | \\ SH \end{array}$$

wenn der Sauerstoff der OH-Gruppe durch Schwefel ersetzt wird. Sie ist eine Flüssigkeit und findet Anwendung in der kosmetischen Industrie. – Bei der Herstellung wird Monochloressigsäure mit einer NaHS-Lösung umgesetzt.

Milchsäure oder **2-Hydroxy-propansäure** ist in der Na-

$$\begin{array}{l} CH_3-CH-COOH \\ \quad\quad\;\; | \\ \quad\quad\; OH \end{array}$$

tur weit verbreitet und bildet sich z.B. beim Sauerwerden der Milch durch Vergären des Milchzuckers (Laktose). In sauren Gurken und in der Magensäure ist Milchsäure enthalten.

Milchsäure enthält ein asymmetrisches C-Atom und ist daher optisch aktiv. Die durch Gärung gewonnene Milchsäure (siehe weiter unten) ist optisch rechtsdrehend, die durch Synthese hergestellte dagegen optisch inaktiv. Letztere ist also ein Racemat, das bei 26 °C schmilzt.

Die Salze der Milchsäure sind die **Lactate.** Aluminiumlactat ist Bestandteil von Mundpulvern.

Technische Herstellung. Durch Gärung: Kartoffel- oder Getreidestärke wird zunächst zur Maltose „verzuckert", die dann durch besondere Bakterienkulturen zur Milchsäure vergoren wird. – Durch Synthese wird nur wenig Milchsäure hergestellt.

Verwendung: 1. Für viele technische Zwecke. 2. Genuß-Milchsäure, die stark gereinigt wurde, dient als Zusatz zu Limonaden, Essenzen, Extrakten, Obst- und Fischkonserven, weil sie konservierenden Eigenschaften besitzt und angenehm sauer ist.

Ricinolsäure ist eine langkettige Hydroxy-carbonsäure und kommt in Ölen vor.

Mehrbasige Hydroxy-carbonsäuren

Äpfelsäure oder **Hydroxy-bernsteinsäure** findet sich

$$\begin{array}{l} \quad\quad CH_2-COOH \\ \quad\quad | \\ HO-CH-COOH \end{array}$$

besonders in unreifen Äpfeln, sonst in vielen Fruchtsäften. Ein asymmetrisches C-Atom bedingt die optische Aktivität der Äpfelsäure. Im Pflanzenreich kommt nur linksdrehende Äpfelsäure vor (Smp. 100 °C). – Die Salze der Äpfelsäure heißen **Malate.**

Weinsäure oder **Dihydroxy-bernsteinsäure** ist eine der

$$\begin{array}{l} HO-CH-COOH \\ \quad\quad | \\ HO-CH-COOH \end{array}$$

verbreitesten Carbonsäuren im Pflanzenreich. – Die Salze der Weinsäure sind die **Tartrate.** Das saure K-Tartrat findet sich im Traubensaft und kann aus diesem als **Weinstein** in zunächst unreiner Form isoliert werden.

Da das Weinsäuremolekül symmetrisch gebaut ist, gibt es nur drei verschiedene Weinsäuren, obwohl zwei asymmetrische C-Atome vorhanden sind. Es sind dieses: die linksdrehende (−) und rechtsdrehende (+) Weinsäure sowie deren Racemat, die **Traubensäure,** die in die beiden erstgenannten Weinsäuren zerlegt werden kann.

Zitronensäure oder **2-Hydroxy-propan-tricarbonsäure**

$$\begin{array}{l} \quad\quad CH_2-COOH \\ \quad\quad | \\ HO-C-COOH \\ \quad\quad | \\ \quad\quad CH-COOH \end{array}$$

bildet den sauren Bestandteil der Zitrusfrüchte und ist im Zitronensaft mit etwa 6% vorhanden. Aber auch in vielen anderen Früchten findet sich die Zitronensäure. – Ihre Salze heißen **Zitrate.**

26.12 Aminosäuren

Diese Verbindungen, die man genauer als Aminocarbonsäuren bezeichnen soll, enthalten (COOH)- und (NH_2)-Gruppe nebeneinander im Molekül; ein H-Atom der C-Kette ist durch die NH_2-Gruppe substituiert.

Aminosäuren sind in der Natur weit verbreitet, weil sie die einfachsten Bausteine der **Eiweißstoffe** (Proteine, Peptide) sind (s. unten). Eiweißstoffe enthalten gewöhnlich ein Gemisch verschiedener Aminosäuren, die aber alle die (NH_2)-Gruppe in Nachbarschaft zur (COOH)-Gruppe tragen, d.h. α-Aminosäuren sind.

Beispiele:

$$\begin{array}{l} CH_2-COOH \\ | \\ NH_2 \end{array} \qquad \begin{array}{l} H_3C-CH-COOH \\ \quad\quad\;\; | \\ \quad\quad NH_2 \end{array}$$

α-Amino-essigsäure — α-Amino-propionsäure

Die Stellung der NH_2-Gruppe im Molekül wird hier, wie auch sonst üblich, durch die griechischen Buchstaben α, β, γ ... usw. gekennzeichnet.

Die einfachsten Aminosäuren besitzen eine saure (—COOH)- und eine basische (—NH_2)-Gruppe nebeneinander, sind in Wasser löslich und zeigen hier neutrale, bisweilen sehr schwach saure Reaktion. In Lösung liegen die Moleküle als **Zwitterionen** vor, die die positive und negative Ladung getrennt, aber in demselben Molekül enthalten:

$$\begin{array}{l} H_3C-CH-COOH \\ \quad\quad\;\; | \\ \quad\quad NH_2 \end{array} \xrightarrow{\text{Lösung}} \begin{array}{l} H_3C-CH-COO^{\ominus} \\ \quad\quad\;\; | \\ \quad\;\; {}^{\oplus}NH_3 \end{array}$$

Das saure H-Atom der COOH-Gruppe ist an die basische NH_2-Gruppe gewandert. Solche Verbindungen nennt man **innere** Salze. Zwitterionen können in wäßriger Lösung im elektrischen Feld nicht wandern.

Beweise für den Salzcharakter der Aminosäuren sind: Hohe Schmelzpunkte, kaum unzersetzt destillierbar, in Wasser leicht löslich, unlöslich in Ether und anderen organischen Lösungsmitteln. Derartige Verbindungen wie die Aminosäuren nennt man auch Ampholyte, da sie in saurer Lösung Kationen, in alkalischer Anionen bilden (amphoteres Verhalten).

Alle natürlichen α-Aminosäuren enthalten ein asymmetrisches C-Atom und sind deswegen optisch aktiv.

Nachweis von Aminosäuren: Mit Ninhydrin entsteht beim Erhitzen der wäßrigen Lösung eine intensiv blauviolette Färbung.

Darstellung von α-Aminosäuren

- **Aus α-Chlor- oder α-Brom-carbonsäuren durch Aminolyse:**

  Beispiel:

$$H_3C-CH(Br)-COOH + NH_4OH \rightarrow$$

α-Brom-propionsäure

$$H_3C-CH(NH_2)-COOH + HBr + H_2O$$

α-Amino-propionsäure

Diese Reaktion vollzieht sich beim Schütteln der Brom-carbonsäure mit konz. Ammoniak im Überschuß:

- **Aus Aldehyden und HCN** (Streckersche Synthese):

  Beispiel:

$$H_3C-C(=O)H \xrightarrow{+HCN} H_3C-CH(OH)-CN \xrightarrow[-H_2O]{+NH_3}$$

Acetaldehyd — Acetaldehyd-cyanhydrin

$$H_3C-CH(NH_2)-CN \xrightarrow[-NH_3]{\text{Verseifung } +2H_2O} H_3C-CH(NH_2)-COOH$$

α-Amino-propionsäure

Das zunächst entstehende Cyanhydrin reagiert mit Ammoniak zum Aminonitril, das durch Kochen mit Wasser in die Carbonsäure umgewandelt wird.

Einige Amino-Carbonsäuren

Glycin, Glykokoll oder **α-Amino-essigsäure** $C_2H_5O_2N$

$$H_2C(NH_2)-COOH$$

(Molekülmasse 75,07u) schmilzt unter Zersetzung bei 232 bis 235 °C und ist in fast allen Eiweißstoffen vertreten. – Glycin ist optisch inaktiv wegen des Fehlens eines asymmetrischen C-Atoms.

Alanin oder **α-Amino-propionsäure** $C_3H_7O_2N$ (Mole-

$$H_3C-\overset{*}{C}H(NH_2)-COOH$$

külmasse 89,09u) enthält ein asymmetrisches C-Atom und tritt daher in optisch-aktiven Isomeren auf.

Serin oder **α-Amino-β-hydroxy-propionsäure**

$$H_2C(OH)-\overset{*}{C}H(NH_2)-COOH$$

$C_3H_7O_3N$ (Molekülmasse 105,08u) enthält im Molekül zusätzlich noch eine Hydroxy-Gruppe.

Isoleucin oder **α-Amino-β-methyl-valeriansäure**

$$H_3C-CH_2-\overset{*}{C}H(CH_3)-\overset{*}{C}H(NH_2)-COOH$$

$C_6H_{13}O_2N$ (Molekülmasse 131,11u) besitzt eine Kettenverzweigung im Molekül.

Saure Aminosäuren besitzen mehr (COOH)- als (NH_2)-Gruppen:

z.B. Asparaginsäure = α-Amino-bernsteinsäure
Glutaminsäure = α-Amino-glutarsäure

Basische Aminosäuren besitzen mehr (NH_2)- als (COOH)-Gruppen:

z.B. Lysin = α, ε-Diamino-capronsäure.

Proteine oder **Proteide** sind Eiweißstoffe. Es sind makromolekulare Verbindungen von äußerst kompliziertem Molekülaufbau. Bausteine der Proteine sind immer verschiedene α-Aminosäuren. Bei der Zerlegung von Eiweißstoffen (Hydrolyse) durch starke Säuren (Schwefelsäure oder Salzsäure) entsteht ein Gemisch verschiedener α-Aminosäuren, deren Trennung äußerst schwierig, heute aber mit modernen Methoden möglich ist.

Peptide sind Eiweißstoffe, deren Aminosäuren zu Kettenmolekülen über COOH- und NH_2-Gruppen miteinander verbunden sind (Peptid-Bindung):

R···—C—[OH H]—N—···R → (Carbonsäure: C=O; + Amin: N—H)

Carbonsäure   Amin

R···—C(=O)—NH—···R + H_2O

Peptid-Bindung

Solche Bindungen liegen in den tierischen Eiweißfasern Seide, Wolle, Haar usw. vor und spielen in der Technik bei der Synthese von Chemiefasern eine wichtige Rolle.

Verbindung	molare Masse g/mol	Sdp. °C	Dichte in g/ml bei 20 °C
Acetyl-fluorid	62,04	21	0,993
Acetyl-chlorid	78,50	51	1,104
Acetyl-bromid	122,95	77	1,54
Acetyl-iodid	169,95	108	1,99
Propionyl-chlorid	92,53	80	1,065
Butyryl-chlorid	106,55	102	1,028
Benzoyl-chlorid	140,57	198	1,211

221.1 Physikalische Daten von Carbonsäure-Halogeniden

26.13 Carbonsäure-Halogenide

Die Carbonsäure-Chloride sind die wichtigsten Verbindungen dieser Gruppe. In der COOH-Gruppe ist die OH-Gruppe durch Chlor (Halogen) ersetzt worden.

CH_3—C(=O)—Cl

Carbonsäure-Chlorid (Acetylchlorid)

Die direkte Verknüpfung des Chlors mit einer Carbonylgruppe bedingt die besonderen Eigenschaften der Carbonsäure-Chloride.

Das Anfangsglied dieser Verbindungsgruppe, das Chlorid der Ameisensäure (Formylchlorid) ist unbeständig; es zerfällt in CO + HCl. Für die weiteren Verbindungen kann man eine homologe Reihe aufstellen, wenn nacheinander die bekannten Carbonsäuren eingesetzt werden.

Nomenklatur: Zwei Benennungsarten sind gebräuchlich:

- Der Name der Carbonsäure wird vorangestellt und die **Endung: -chlorid,** -bromid, -iodid ergänzt. Beispiele: Essigsäure-chlorid, Propionsäure-bromid.
- Für die Carbonsäure-Reste R—C(=O)—, genannt **Acyl-Gruppen,** werden entsprechende Namen durch Einsetzen der **Zwischensilbe: -yl-** gebildet, z.B. Form-yl-, Acet-yl-, Propion-yl-, Butyr-yl-, Valero-yl- usw. Die Carbonsäure-Chloride heißen dann z.B. Acetylchlorid, Butyrylbromid usw.

Physikalische Eigenschaften

Die niederen Carbonsäure-Halogenide sind farblose Flüssigkeiten, die höheren kristalline Verbindungen.

Die Flüssigkeiten haben einen stechenden Geruch und rauchen an der Luft (HCl-Abspaltung infolge Protolyse). Die Siedepunkte liegen wesentlich tiefer als die der zugehörigen Säuren (Vergleich: Essigsäure 118 °C, Acetylchlorid 52 °C), weil OH gegen Cl ausgetauscht wurde und dadurch keine Assoziation mehr möglich ist.

Darstellung

Der Austausch der OH-Gruppe gegen Halogen (F, Cl, Br, I) kann auf ähnliche Weise erfolgen wie bei Alkoholen. Als **Chlorierungsmittel** kommen in Frage: PCl_3, PCl_5 und $SOCl_2$. Carbonsäure-Bromide werden mittels der entsprechenden Verbindungen PBr_3, PBr_5 und $SOBr_2$ gewonnen. Um Carbonsäure-Iodide herzustellen, geht man von den Chloriden aus und läßt diese mit wasserfreiem HI reagieren.

Beispiele:

$$3\,R{-}COOH + PCl_3 \rightarrow 3\,R{-}CO{-}Cl + H_3PO_3$$
$$R{-}COOH + PCl_5 \rightarrow R{-}CO{-}Cl + POCl_3 + HCl$$
$$R{-}COOH + SOCl_2 \rightarrow R{-}CO{-}Cl + SO_2 + HCl$$

Alle Carbonsäure-Halogenide sind sehr feuchtigkeitsempfindlich. Eine Reinigung ist daher nur durch Destillation möglich. – Um die Carbonsäure-Halogenide von den Nebenprodukten abtrennen zu können, müssen die Siedepunkte (z.B. bei der Auswahl eines der Chlorierungsmittel) berücksichtigt werden. – Wenn die Reaktionen zu heftig ablaufen, setzt man Benzol oder Chloroform als Verdünnungsmittel hinzu.

Reaktionen

Das Chlor der Carbonsäure-Chloride ist wesentlich reaktionsfähiger als in den Chloralkanen.

Mit **Wasser, Alkoholen und Ammoniak**

Beispiele:

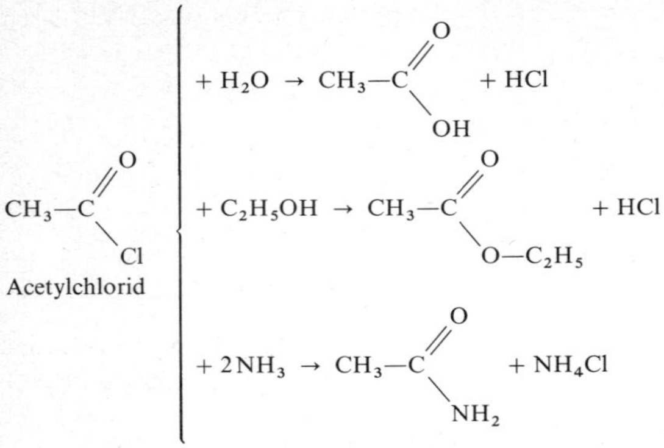

$$CH_3-C(=O)Cl \;\text{(Acetylchlorid)}\; \begin{cases} + H_2O \rightarrow CH_3-C(=O)OH + HCl & \text{Hydrolyse: freie Carbonsäure (Protolyse)} \\ + C_2H_5OH \rightarrow CH_3-C(=O)O-C_2H_5 + HCl & \text{Alkoholyse: Ester} \\ + 2NH_3 \rightarrow CH_3-C(=O)NH_2 + NH_4Cl & \text{Aminolyse: Amide} \end{cases}$$

Alkohole und Ammoniak wirken also wie Wasser zersetzend auf das Carbonsäure-Chlorid.

Acylierung bzw. **Benzoylierung.** Wegen seiner Reaktionsfähigkeit reagiert das Chlor leicht mit anderen Verbindungen, die „bewegliche" H-Atome (Alkohole, Amine) enthalten. Auf diese Weise kann man den Acylrest oder Benzoylrest auf andere Verbindungen übertragen; allgemein wird Acetylchlorid bzw. Benzoylchlorid verwandt (Reaktionen siehe unter 1.) Um die entstehende Salzsäure zu binden, arbeitet man gewöhnlich in Pyridin.

Mit **Salzen von Carbonsäuren.** Bildung von Carbonsäure-Anhydriden (s. S. 223).

Reduktion. Die Reduktion der Carbonsäurechloride führt je nach Reaktionsbedingungen und angewandtem Katalysator zu verschiedenen Endprodukten.

- **Reduktion** zu Alkoholen mit Lithium-aluminiumhydrid $LiAlH_4$:

  Zu der etherischen Lösung des $LiAlH_4$ gibt man das Carbonsäure-Chlorid und fügt nach der Reaktion Salzsäure zu:

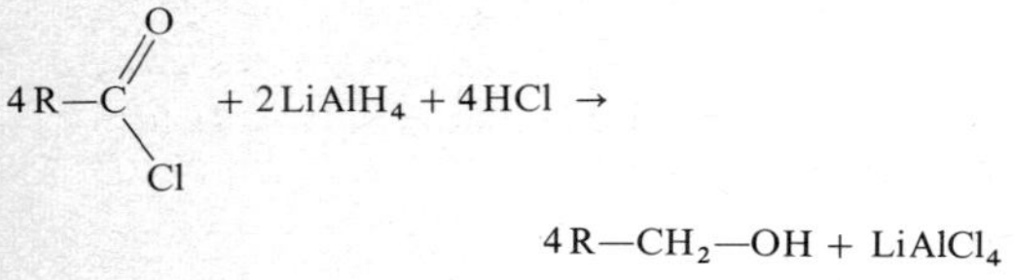

$$4\,R-C(=O)Cl + 2\,LiAlH_4 + 4\,HCl \rightarrow 4\,R-CH_2-OH + LiAlCl_4$$

- Reduktion zu Aldehyden mit Palladium (nach Rosenmund):

  Dem flüssigen Carbonsäurechlorid wird der besonders präparierte Palladium-Katalysator (auf $BaSO_4$ als Träger) zugegeben und H_2 eingeleitet:

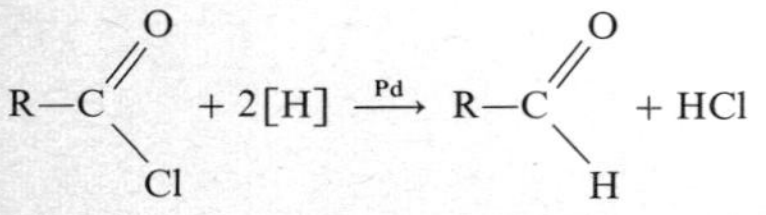

$$R-C(=O)Cl + 2[H] \xrightarrow{Pd} R-C(=O)H + HCl$$

Der Pd-Katalysator ist durch Zugabe einer geringen Menge einer schwefelhaltigen Substanz, z.B. Thioharnstoff oder Mercaptobenzthiazol „vergiftet" worden, so daß seine Reduktionskraft nicht mehr ausreicht, den gebildeten Aldehyd weiter zum Alkohol zu reduzieren.

Benzoylchlorid ist eine farblose, stechend riechende,

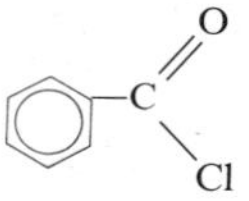

$$C_6H_5-C(=O)Cl$$

zu Tränen reizende Flüssigkeit, die in Wasser nur sehr wenig löslich ist und daher nicht hydrolysiert wird.

Technische Herstellung: aus Benzoesäure und Thionylchlorid (s. S. 221).

Verwendungszweck: Einführung der Benzoylgruppe in Alkohole, Phenole und Amine.

Beispiel:

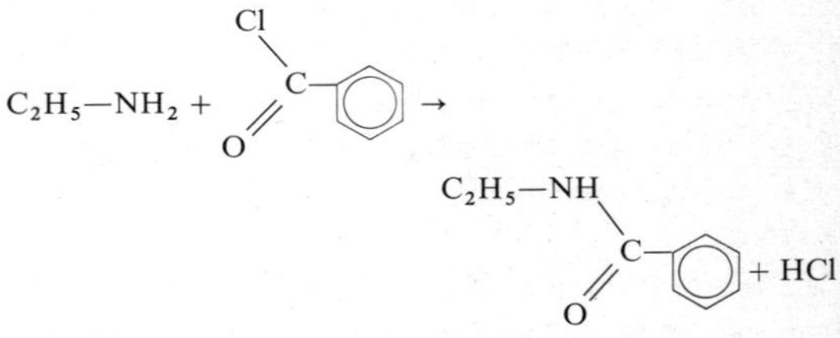

$$C_2H_5-NH_2 + Cl-C(=O)-C_6H_5 \rightarrow C_2H_5-NH-C(=O)-C_6H_5 + HCl$$

Diese Reaktion wird gewöhnlich in Pyridin durchgeführt, das als Base den entstehenden Chlorwasserstoff bindet.

Dibenzoylperoxid ist ein weißes Pulver und ein wichtiger Katalysator bei Polymerisationen.

Herstellung: Schütteln oder Rühren von Benzoylchlorid mit H_2O_2 in alkalischer Lösung.

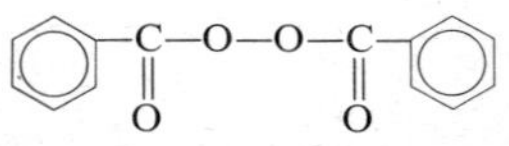

$$C_6H_5-C(=O)-O-O-C(=O)-C_6H_5$$

26.14 Carbonsäure-Amide

Wird in der (COOH)-Gruppe der Carbonsäuren die OH-Funktion durch die NH_2-Gruppe ersetzt, gelangt man zu den Carbonsäure-Amiden, gewöhnlich nur Amide genannt. Davon zu unterscheiden sind die Amino-Carbonsäuren, deren NH_2-Gruppe an Kohlenstoff der Kette gebunden ist.

Gegenüberstellung:

$$CH_3-CH(NH_2)-COOH$$

Amino-carbonsäure (Amino-propionsäure)

$$CH_3-C(=O)-NH_2$$

Carbonsäure-Amid (Acetamid)

Amine (s. S. 168) und Amide enthalten als gemeinsames Merkmal die NH_2-Gruppe. Aber in Amiden ist diese an eine Carbonylgruppe gebunden, während sie bei Aminen mit einem normalen C-Atom einer Kette verknüpft ist.

Nomenklatur: Zwei verschiedene Benennungen sind gebräuchlich: a) An den Namen der Carbonsäure hängt man die **Endsilbe: -amid.** Beispiel: Essigsäureamid. b) Der Name wird von der Acylgruppe der entsprechenden Carbonsäure abgeleitet, indem die **Silbe -yl-** durch -amid ersetzt wird. Beispiele: Formamid, Acet-amid.

In der NH_2-Gruppe der Amide können die H-Atome, wie auch sonst üblich, z.B. durch Alkylgruppen ersetzt werden. Man erhält dann Alkyl-carbonsäureamide, z.B. Dimethylformamid.

Physikalische Eigenschaften

Formamid und Dimethylformamid sind Flüssigkeiten; alle übrigen Amide sind feste, kristalline und farblose Substanzen, die unzersetzt destillierbar sind.

Die Siedepunkte der Amide liegen weit höher als die ihrer freien Carbonsäuren (Vergleich: Essigsäure 118 °C, Acet-amid 223 °C). Amide sind also stark assoziiert.

Die niederen Amide sind in Wasser leicht löslich; die Lösung reagiert neutral. Die flüssigen alkylierten Amide, z.B. Dimethylformamid, sind selbst ausgezeichnete Lösungsmittel.

Darstellung

- Aus Carbonsäure-Chloriden und Ammoniak.

Beispiel:

$$CH_3-C(=O)-Cl + NH_3 \rightarrow CH_3-C(=O)-NH_2 + HCl\,(NH_4Cl)$$

Durch einen Überschuß von Ammoniak wird das gebildete HCl abgefangen. Die Reaktion läuft schon bei Zimmertemperatur vollständig ab.

- Aus NH_4-Salzen von Carbonsäuren durch Erhitzen:

Beispiel:

$$CH_3-C(=O)-O-NH_4 \xrightarrow{\text{Erh.}} CH_3-C(=O)-NH_2 + H_2O$$

Durch Herausdestillieren des gebildeten H_2O wird eine vollständige Umsetzung erzwungen.

Reaktionen

Die wäßrige Lösung eines Amides reagiert neutral, d.h., die NH_2-Gruppe besitzt keine basischen Eigenschaften, so daß auch keine Salze entstehen können.

Durch Wasser, besonders aber durch Säuren und Laugen, kann die NH_2-Gruppe wieder abgespalten werden (im Gegensatz zu Aminen). Die Carbonsäure wird dabei zurückgebildet:

$$R-C(=O)-NH_2 + H_2O \xrightarrow{H^+ \text{ oder } OH^-} R-C(=O)-OH + NH_3$$

Durch energischen Wasserentzug (z.B. mit P_2O_5 beim Erhitzen), werden Amide dehydratisiert, und es entstehen Carbonsäure-Nitrile (s. S. 229).

26.15 Carbonsäure-Anhydride

Carbonsäure-Anhydride, kurz Anhydride genannt, bestehen aus zwei Carbonsäure-(Acyl-)Resten, deren Carbonyl-C-Atome über eine Sauerstoffbrücke miteinander verbunden sind. Mit Ausnahme der Ameisensäure können Carbonsäuren Anhydride bilden. Sie entstehen durch H_2O-Abspaltung zwischen zwei (COOH)-Gruppen.

Beispiele:

- $$CH_3-C(=O)-\boxed{OH \quad H}O-C(=O)-CH_3 \rightarrow$$

Essigsäure

$$CH_3-C(=O)-O-C(=O)-CH_3 + H_2O$$

Essigsäure-anhydrid

Einfaches Anhydrid, da zwei gleiche Carbonsäure-Moleküle.

$$CH_3{-}C(=O){-}\boxed{OH\quad H}{-}O{-}C(=O){-}C_2H_5 \rightarrow CH_3{-}C(=O){-}O{-}C(=O){-}C_2H_5 + H_2O$$

Gemischtes Anhydrid, da zwei verschiedene Carbonsäure-Moleküle.

$$\begin{matrix} CH_2{-}C(=O){-}O\boxed{H} \\ | \\ CH_2{-}C(=O){-}\boxed{O\,H} \end{matrix} \rightarrow \begin{matrix} CH_2{-}C(=O) \\ | \quad\quad \backslash \\ | \quad\quad O \\ | \quad\quad / \\ CH_2{-}C(=O) \end{matrix} + H_2O$$

Bernsteinsäure — Bernsteinsäure-anhydrid

Cyclisches Anhydrid, entstanden durch H_2O-Abspaltung zwischen zwei COOH-Gruppen, die an benachbarte C-Atome desselben Moleküls gebunden sind.

Nomenklatur: An den Namen der beteiligten Carbonsäure (oder Carbonsäuren bei gemischten Anhydriden) hängt man die Endsilbe: -anhydrid.

Physikalische Eigenschaften

Die einfachen Anhydride sind leicht-bewegliche bis ölige Flüssigkeiten, die höheren Verbindungen kristalline Substanzen.

Die Siedepunkte liegen gewöhnlich über 150 °C; sie liegen höher als die von Kohlenwasserstoffen, aber tiefer als die von Alkoholen vergleichbarer Molekülmasse. Anhydride sind also wenig assoziiert. Im Vakuum sind Anhydride unzersetzt destillierbar. Die Dämpfe von Anhydriden reizen stark die Schleimhäute. In Wasser sind Anhydride unlöslich; ihre Dichten liegen etwas über der des Wassers.

Reaktionen

- **Spaltung durch Wasser.** Carbonsäure-Anhydride sind gegen Wasser nicht so empfindlich wie Carbonsäure-Chloride, werden aber leichter hydrolysiert als Ester.

  Beispiel:

$$CH_3{-}C(=O){-}O{-}C(=O){-}CH_3 + H{-}OH \xrightarrow{100\,^\circ C} 2\,CH_3{-}COOH$$

- **Spaltung durch Alkohole.** Dabei bildet sich ein Ester und eine freie Carbonsäure.

  Beispiel:

$$CH_3{-}C(=O){-}O{-}C(=O){-}CH_3 + H{-}O{-}C_2H_5 \rightarrow CH_3{-}C(=O){-}O{-}C_2H_5 + CH_3{-}COOH$$

Da bei dieser Reaktion der Acetyl-Rest auf das Alkohol-Molekül übertragen wird, spricht man auch von der Acetylierung durch Essigsäureanhydrid. Dieses Verfahren ist bei komplizierten Alkoholen, z. B. Zuckern oder Cellulose, von besonderer analytischer Bedeutung, da nach der Acetylierung durch Bestimmung der Acetylgruppen im Molekül die Zahl der OH-Gruppen ermittelt werden kann.

Einige Carbonsäure-Anhydride

Hier sollen Verbindungen erwähnt werden, die technische Bedeutung haben.

Essigsäureanhydrid, auch **Acetanhydrid** genannt,

$$CH_3{-}C(=O){-}O{-}C(=O){-}CH_3$$

$C_4H_6O_3$ (Molekülmasse 102,1 u) ist eine wasserklare Flüssigkeit mit heftig stechendem Geruch und Tränenreiz. Physikalische Daten: Smp. −73 °C, Sdp. 139,5 °C, Dichte 1,082 g/ml bei 20 °C.

Die Löslichkeit in Wasser beträgt 12 g; in Alkohol und Ether ist Essigsäureanhydrid leicht löslich.

Verwendung: Als Acetylierungsmittel zur Herstellung von Estern, bei denen energische Reaktionsbedingungen notwendig sind, z. B. Celluloseacetat.

Maleinsäureanhydrid (Molekülmasse 98,06 u) bildet farblose, nadelförmige Kristalle, die in Chloroform

$$\begin{matrix} CH{-}C(=O) \\ \| \quad\quad \backslash \\ \| \quad\quad O \\ \| \quad\quad / \\ CH{-}C(=O) \end{matrix}$$

löslich sind (Smp. 53 °C, Sdp. 202 °C).

Verwendung: Große Mengen werden bei der Synthese der Alkydharze verbraucht.

Phthalsäureanhydrid ist ein weiteres, technisch wichtiges Anhydrid (s. S. 216).

26.16 Ester

26.16.1 Allgemeines

Ester bilden sich aus Säuren und Alkohol durch **Kondensation** (Abspaltung von Wasser). Die Säurekomponente im Ester kann eine anorganische (Mineralsäure) oder Carbonsäure sein.

Gegenüberstellung:

- Aus Halogenwasserstoffsäuren und Alkoholen bilden sich Ester, die auch als Halogenalkane angesprochen werden können und deren Eigenschaften bereits bekannt sind.

  Beispiel:

  $$C_2H_5\text{—}\boxed{OH + H}\text{—}Br \rightarrow C_2H_5\text{—}Br + H_2O$$

- Schwefelsäure und Alkohole bilden einen sauren und einen neutralen Ester, wenn in der zweibasigen Säure nur eine oder beide OH-Gruppen reagieren:

  Beispiele:

  $$O_2S(\boxed{OH \quad H}O\text{—}C_2H_5)(OH) \rightarrow O_2S(O\text{—}C_2H_5)(OH) + H_2O$$

  oder $C_2H_5HSO_4$ „saurer" Eester

  $$O_2S(\boxed{OH + H}O\text{—}C_2H_5)_2 \rightarrow O_2S(O\text{—}C_2H_5)_2 + 2\,H_2O$$

  oder $(C_2H_5)_2SO_4$ „neutraler" Ester

- Carbonsäuren und Alkohole bilden eine weitere Gruppe von Estern:

  Beispiel:

  $$H_3C\text{—}C(=O)\boxed{OH \quad H}O\text{—}C_2H_5 \rightarrow H_3C\text{—}C(=O)\text{—}O\text{—}C_2H_5 + H_2O$$

Die genannten Reaktionen bezeichnet man auch als Veresterung oder Esterbildung. Bemerkenswert ist, daß bei anorganischen „Sauerstoff"säuren (H_2SO_4 usw.) und den Carbonsäuren die OH-Gruppe der Säure und das H-Atom der OH-Gruppe des Alkohols zusammen als Wasser abgespalten werden. Ferner ist zu beachten, daß der Alkylrest des Alkohols allgemein (mit Ausnahme der Halogenalkane) über ein O-Atom mit dem Zentralatom der Säure (S oder C) verknüpft ist.

Nomenklatur der Ester. Zwei Benennungen sind hier gebräuchlich:

- Die Ester werden als **Alkyl-verbindungen der Säuren** aufgefaßt und entsprechend benannt. Beispiele: Ethylbromid, Methyl-hydrogen-sulfat, Dimethylsulfat, Ethylacetat.
- Der Name des Esters setzt sich aus folgenden drei Bestandteilen zusammen: Name der Säure, Name der Alkylgruppe des Alkohols, **Endsilbe: -ester.**

Verbindung	molare Masse g/mol	Smp. °C	Sdp. °C	Dichte in g/ml bei 20 °C
Ameisensäure-methyl-ester, Methylformiat	60,05	−100	32	0,974
Ameisensäure-ethyl-ester, Ethylformiat	74,08	− 80	54	0,916
Essigsäure-methyl-ester, Methylacetat	74,08	− 98	57	0,924
Essigsäure-ethyl-ester, Ethylacetat	88,11	− 83	77	0,901
Essigsäure-butyl-ester, Butylacetat	116,16	− 77	126	0,882
Essigsäure-amyl-ester, Amylacetat	130,19	− 71	149	0,876
Propionsäure-methyl-ester, Methylpropionat	88,11	− 88	80	0,915
Propionsäure-ethyl-ester, Ethylpropionat	102,13	− 74	99	0,891
Benzoesäure-methyl-ester, Methyl-benzoat	136,15	− 12	200	1,090
Benzoesäure-ethyl-ester, Ethyl-benzoat	150,18	− 34	213	1,051

225.1 Physikalische Daten von Estern

Beispiele: Bromwasserstoffsäure-ethyl-ester, Schwefelsäure-diethyl-ester, Essigsäure-ethyl-ester, Benzoesäure-methyl-ester.

Physikalische Eigenschaften (Tab. 225.1)

Ester sind farblose, leichtbewegliche **Flüssigkeiten;** sie sind wohlriechend und in geringen Mengen auch wohlschmeckend, was ihren Einsatz auf dem Riechstoff- und Essenzen-Sektor erklärt.

Ester sind nicht assoziiert. Ihre **Siedepunkte** liegen daher tiefer als die der Säuren, aus denen sie hergestellt werden (Gegenüberstellung: Essigsäure 118 °C, Essigsäuremethylester 57 °C, Essigsäureethylester 77 °C). Wenn Säuren gereinigt werden sollen, werden häufig ihre Ester dargestellt, weil sich diese leicht destillieren lassen.

Bei den **Schmelzpunkten** ist bemerkenswert, daß die Methylester höher schmelzen als die Ethylester.

Ester sind in **Wasser unlöslich,** lösen sich aber leicht in organischen Lösungsmitteln. – Die **Dichten** der Ester liegen unter der des Wassers.

26.16.2 Darstellung von Estern (Veresterung)

1. Aus **Carbonsäuren und Alkoholen**

Beispiel:

$$CH_3{-}C(=O){-}\boxed{OH\quad H}{-}O{-}C_2H_5 \xrightarrow{(H^+)} CH_3{-}C(=O){-}O{-}C_2H_5 + H_2O$$

Essigsäure + Ethanol → Essigsäure-ethyl-ester

Die Reaktion ist eine Kondensation. Das abgespaltene Wasser wird aus der OH-Gruppe der Carbonsäure und dem Wasserstoff der OH-Gruppe des Alkohols gebildet.

Die Veresterung ist eine **sehr langsame Reaktion** und ohne Katalysatoren auch in der Siedehitze erst nach Tagen beendet. Mit Katalysatoren kann die Reaktionszeit auf einige Stunden gesenkt werden.

Nach der Reaktion stellt man fest, daß keine quantitative Umsetzung stattgefunden hat. Bei der Veresterung äquimolekularer Mengen Essigsäure und Ethylalkohol beträgt die Ausbeute an Ester nur 66,5% von der theoretisch zu erwartenden Menge, d.h. nur $2/3$ der Alkohol- und Carbonsäuremengen haben zum Ester reagiert, $^1/_3$ dagegen gehen keine Reaktion ein und liegen unverändert nebeneinander vor.

Erklärung: Veresterungen sind **Gleichgewichtsreaktionen.** Wenn sich eine bestimmte Estermenge, in obigem Fall 66,7%, gebildet hat, kann das gleichzeitig entstandene Wasser Estermoleküle in Umkehrung der Bildungsreaktion wieder zerlegen (Hydrolyse):

$$CH_3{-}COOH + C_2H_5{-}OH \rightleftharpoons CH_3{-}COO{-}C_2H_5 + H_2O$$

Die Ausbeute ändert sich an diesem Punkt nicht mehr, weil gleichviel Estermoleküle gebildet werden und wieder zerfallen; die Reaktion ist im Gleichgewicht.

Wenn äquimolekulare Mengen Essigsäureethylester und Wasser gemischt werden, erreicht man dasselbe Gleichgewicht, d.h. $^1/_3$ der Estermenge wird durch Wasser hydrolysiert, $^2/_3$ bleiben erhalten.

Das Gleichgewicht ist **temperaturabhängig.** Durch Katalysatoren wird die Ausbeute nicht verändert, sondern lediglich die Einstellung des Gleichgewichts beschleunigt.

Die **Lage des Gleichgewichts** kann zu höheren Ester-Ausbeuten verschoben werden, wenn Carbonsäure oder Alkohol im Überschuß angewandt werden. So führt z.B. in obigem Beispiel die Verdoppelung der Alkohol- oder Carbonsäuremenge zu einer Ausbeutesteigerung auf 85%.

Um eine Veresterung nahezu quantitativ ablaufen zu lassen, muß das Wasser aus der Reaktionsmischung entfernt werden. Dazu haben sich zwei Methoden bewährt:

- Der Reaktionsmischung wird ein neuer Stoff zugesetzt, der nicht mitreagiert, aber bei der Reaktionstemperatur zusammen mit dem Wasser abdestilliert. Geeignet sind dazu Benzol, Trichlorethylen oder Tetrachlorkohlenstoff.
- Das entstehende Wasser wird chemisch gebunden, z.B. durch konz. Schwefelsäure.

Die Veresterung zwischen Carbonsäure und Alkohol ist vergleichbar mit der Neutralisation zwischen Säure und Lauge. Bei beiden Vorgängen entsteht Wasser; der Ester im ersten Fall entspricht dem Salz im zweiten. Der Reaktionsablauf ist aber grundverschieden. Die Neutralisation ist eine Ionenreaktion, die sehr schnell und mit vollständigem Umsatz abläuft. Die Veresterung dagegen ist eine Zeitreaktion und führt zu einem Gleichgewicht mit zum Teil unbefriedigenden Ausbeuten.

2. Aus **Halogenwasserstoffsäuren (HCl, HBr, HI) und Alkoholen**

Beispiel:

$$C_3H_7{-}\boxed{OH + H}{-}Br \rightarrow C_3H_7{-}Br + H_2O$$

Das abgespaltene Wasser (Kondensation) bildet sich hier aus der OH-Gruppe des Alkohols und dem H-

Atom der Säure (Unterschied gegenüber Carbonsäuren!). Auch diese Reaktion führt zu einem Gleichgewicht.

HI reagiert am leichtesten; bei HCl müssen höhere Temperatur und $ZnCl_2$ als Katalysator zur Beschleunigung der Reaktion angewandt werden. – Mit HBr und HI laufen aber auch Nebenreaktionen ab, die die Ausbeute an Ester weiter vermindern; für diese Fälle wählt man daher die Methode 3. Gute Ausbeuten kann man erzielen, wenn z.B. HBr dem Alkohol nicht zugesetzt, sondern in der Reaktionsmischung aus $NaBr + H_2SO_4$ erzeugt wird.

3. Aus **Alkoholen und Phosphorhalogeniden** PCl_3, PBr_3, PI_2

Diese Methode, die nur im Laboratorium angewandt wird, verläuft nach folgender Reaktionsgleichung:

$$3\,C_2H_5{-}OH + PBr_3 \rightarrow 3\,C_2H_5{-}Br + H_3PO_3$$

Das PBr_3 wird nicht fertig zugesetzt, sondern im Reaktionsgemisch erzeugt; dazu bereitet man eine Aufschlämmung von rotem Phosphor in Alkohol und tropft Brom zu; PBr_3 bildet sich augenblicklich.

4. Aus **Alkenen durch Addition von Mineralsäuren** (s. S. 45).

5. Auch **Essigsäureanhydrid** ist ein energisches Veresterungsmittel für solche Alkohole, die sich nur schwierig verestern lassen, z.B. Cellulose.

26.16.3 Reaktionen

1. **Esterspaltung** (Hydrolyse, Verseifung). Ester können in Umkehrung der Bildungsreaktion wieder gespalten werden; dabei erreicht man denselben Gleichgewichtszustand wie bei der Esterbildung (s. S. 226). Die Spaltung wird durch wenig Säure katalysiert.

Beispiel:

$$C_2H_5{-}C(=O){-}O{-}CH_3 + H_2O \rightleftharpoons C_2H_5{-}COOH + CH_3{-}OH$$

Propionsäure-methyl-ester — Propionsäure — Methanol

Praktisch geht man so vor, daß der Ester mit einem großen Überschuß von Wasser und etwas Salz- oder Schwefelsäure am Rückfluß gekocht wird. Eine alkalische Hydrolyse, Verseifung genannt, ist ebenfalls möglich; dabei entsteht das Salz der Carbonsäure.

2. **Alkoholyse** (Umesterung). Nicht nur durch Wasser, sondern auch durch Alkohol kann ein Ester gespalten werden, wobei allerdings ein neuer Ester entsteht, daher Umesterung genannt. Auch hier erreicht man ein Gleichgewicht. Die Umesterung kann der Darstellung „höherer" Ester dienen. Säuren und Laugen wirken beschleunigend.

Beispiel:

$$CH_3{-}C(=O){-}O{-}\boxed{C_2H_5 \quad HO}{-}C_5H_{11} \rightleftharpoons CH_3{-}C(=O){-}O{-}C_5H_{11} + C_2H_5OH$$

Essigsäure-ethyl-ester — Amylalkohol — Essigsäure-amyl-ester — Ethylalkohol

Um die Ausbeute an Amylester zu erhöhen, wird der Ethylalkohol aus der Reaktionsmischung herausdestilliert, so daß sich das Gleichgewicht nach rechts verschiebt.

3. **Reduktion.** Ester lassen sich leichter reduzieren als Carbonsäuren. Bei der Ester-Reduktion entsteht ein Gemisch zweier Alkohole.

Beispiel:

$$CH_3{-}C(=O){-}O{-}C_5H_{11} + 4[H] \rightarrow CH_3{-}CH_2{-}OH + C_5H_{11}OH$$

Essigsäure-amyl-ester — Ethylalkohol — Amylalkohol

Reduktionsmittel: Na in Ethanol (am Rückfluß kochen), $LiAlH_4$ in Ether oder katalytisch angeregter Wasserstoff mit CuO/Cr_2O_3-Katalysator bei höherem Druck und höherer Temperatur (in der Technik).

4. **Ester-Kondensation nach Claisen.** Unter der Wirkung stark alkalischer Reagenzien (Na-amid, Na-ethylat, Na-Metall) können sich zwei Estermoleküle zusammenlagern; die Reaktion führt zu einem Gleichgewicht.

Beispiel:

$$CH_3{-}C(=O){-}\boxed{O{-}C_2H_5 \quad H}{-}CH_2{-}C(=O){-}O{-}C_2H_5 \rightleftharpoons$$

2 × Essigsäure-ethyl-ester

$$CH_3{-}C(=O){-}CH_2{-}C(=O){-}O{-}C_2H_5 + C_2H_5OH$$

Acetessigester

Wenn der Ethylalkohol während der Reaktion abdestilliert wird, verschiebt sich das Gleichgewicht nach rechts, und es steigt die Ausbeute an Acetessigester.

Acetessigester ist eine farblose, angenehm riechende Flüssigkeit (Smp. −44 °C, Sdp. 181 °C, Dichte 1,021 g/ml bei 25 °C). – Dieser Ester ist wichtig für Synthesen, da der Wasserstoff, der an ein C-Atom zwischen zwei Carbonylgruppen gebunden ist, besonders „beweglich“ und reaktionsfähig ist.

26.16.4 Einige wichtige Ester

Ester werden auf vielen Gebieten der organischen Chemie eingesetzt. Die größte Menge der in der Bundesrepublik verwendeten Lösungsmittel sind Ester. Als Ausgangs- oder Zwischenprodukte für technisch wichtige Erzeugnisse (Kunststoffe, Chemiefasern, Lackrohstoffe usw.) haben die Ester ferner große Bedeutung.

Methylacetat $CH_3—COO—CH_3$ oder **Essigsäure-methyl-ester** ist eine Flüssigkeit mit erfrischendem Geruch, die in Wasser sehr wenig löslich ist, selbst aber ein gutes Lösungsvermögen für Celluloseether und -ester sowie Harnstoff- und Phenolformaldehydharze besitzt. Ein Gemisch aus Methylacetat, Methanol und Aceton ist wegen seiner besonderen Lösungseigenschaften im Handel.

Herstellung: Veresterung von Essigsäure mit Methanol.

Ethylacetat $CH_3—COO—C_2H_5$ oder **Essigsäure-ethyl-ester** wird als Lösungsmittel besonders in der Lackindustrie eingesetzt; es ist das wichtigste leichtflüchtige Lösungsmittel für Nitrolacke. Ethylacetat ist mit 6% in Wasser löslich. Auch als Ausgangsprodukt für Synthesen hat es Bedeutung, z. B. für Acetessigester.

Herstellung: Aus Acetaldehyd mit Al-alkoholat als Katalysator bei 0 bis 5 °C:

$$2CH_3—CHO \xrightarrow{0\,°C} CH_3—COO—C_2H_5$$

n-Butylacetat $CH_3—COO—C_4H_9$ oder **Essigsäure-butyl-ester** ist das wichtigste mittel-flüchtige Lösungsmittel für Nitrolacke. Ferner löst es Vinylharze und Polystyrol. In Wasser ist es praktisch unlöslich.

Herstellung: Veresterung von Essigsäure mit n-Butanol.

Als Ausgangsprodukt für Synthesen und Kunststoffe sind Ester mit Doppelbindungen oder anderen reaktionsfähigen Stellen im Molekül bedeutsam.

Vinylacetat $CH_3—COO—CH{=}CH_2$ (Sdp. 72 °C) ist Ausgangsprodukt für Polyvinylacetat (Lackrohstoff, Kleber); letzteres kann zu Polyvinylalkohol weiterverarbeitet werden.

Methyl-acrylsäure-methyl-ester (Smp. −48 °C, Sdp.

$$H_2C{=}C(CH_3)—C({=}O)—O—CH_3$$

100 °C, Dichte 0,9430 g/ml bei 20 °C) besitzt eine reaktionsfähige Doppelbindung. Durch Polymerisation wird daraus der harte, durchsichtige, glasklare und leicht bearbeitbare Kunststoff **Plexiglas** gewonnen.

Technische Herstellung von Methacrylsäuremethylester:

$$\underset{\text{Aceton}}{H_3C—C({=}O)—CH_3} \xrightarrow{+HCN} \underset{\text{Aceton-cyanhydrin}}{H_3C—C(OH)(CH_3)—CN} \xrightarrow[-H_2O]{KHSO_4}$$

$$\underset{\text{Methyl-acrylnitril}}{H_2C{=}C(CH_3)—CN} \xrightarrow[+CH_3OH]{\text{Verseifung } [H^+]} \underset{\text{Methacrylsäure-methylester}}{H_2C{=}C(CH_3)—COOCH_3}$$

Malonsäurediethylester ist eine Flüssigkeit mit ange-

$$H_2C(COO—C_2H_5)_2$$

nehm aromatischem Geruch (Smp. −50 °C, Sdp. 199 °C, Dichte 1,055 g/ml bei 20 °C), die bei Synthesen eingesetzt wird, weil der Wasserstoff am C-Atom zwischen zwei Carbonylgruppen besonders reaktionsfähig ist.

Herstellung: Verestern von Malonsäure mit Ethanol.

Ester mit anorganischen Säuren sind:

Dimethylsulfat $(CH_3)_2SO_4$ oder **Schwefelsäuredimethylester** ist eine farblose Flüssigkeit (Dichte 1,328 g/ml bei 20 °C) mit schwachem Geruch, die nur im Vakuum ohne Zersetzung destillierbar und in Wasser schwer löslich ist. Flüssigkeit und deren Dämpfe sind stark giftig. – Verwendung: Methylierungsmittel.

Diethylsulfat $(C_2H_5)_2SO_4$ oder **Schwefelsäure-diethyl-ester** ist eine Flüssigkeit, die giftig und in Wasser schwer löslich ist. Sie dient als Ethylierungsmittel.

Als **weitere Ester** mit technischer Bedeutung sind zu nennen:

Seife, H_2SO_4-Ester als Waschrohstoffe, Cellulose-Derivate, Glycerinester (s. S. 144) und Chemiefasern.

26.17 Nitrile

Die funktionelle Gruppe der Nitrile ist die (—C≡N)-Gruppe, die immer an ein C-Atom einer Kohlenstoffkette gebunden ist. Die allgemeine Formel lautet:

Nitrile **R—C≡N**

Für R können z.B. die bekannten Alkyl-Reste eingesetzt werden, wobei die homologe Reihe der Nitrile entsteht.

Den Aufbau der Nitrile kann man sowohl von Car-

$$R-C(=O)-OH \rightarrow R-C\equiv N$$

bonsäuren als auch von der Blausäure ableiten. Werden in der COOH-Gruppe der Carbonsäuren der doppelt gebundene Sauerstoff und die OH-Gruppe durch den dreifach gebundenen Stickstoff ersetzt, entsteht die Nitril-Gruppe. Durch Hydrolyse kann man die Nitrile in die entsprechenden Carbonsäuren überführen.

Von der Blausäure leiten sich die Nitrile ab, indem der Wasserstoff durch einen Alkyl-Rest ersetzt wird!

$$H-C\equiv N \rightarrow R-C\equiv N$$

Nomenklatur: a) Benennung nach den Carbonsäuren, in die sich das Nitril durch Hydrolyse überführen läßt. Beispiele:

$CH_3-C\equiv N$	$C_2H_5-C\equiv N$
Aceto-nitril	Propio-nitril
(Essigsäure)	(Propionsäure)

b) Benennung als Alkyl-cyanid, z.B. Ethylcyanid (Propio-nitril).

Physikalische Eigenschaften

Die einfachen Nitrile sind beständige, farblose Flüssigkeiten; höhere Verbindungen sind kristallin. – Nitrile riechen nicht unangenehm. – Die Siedepunkte der flüssigen Nitrile liegen im Vergleich zu ihrer Molekülmasse sehr hoch, was auf starke Assoziation wie bei Alkoholen schließen läßt. Vergleich: Acetonitril, Molekülmasse 41, Sdp. 82 °C; Ethanol, Molekülmasse 46, Sdp. 78 °C.

Acetonitril ist in Wasser löslich; mit steigender Molekülmasse nimmt die Löslichkeit der Nitrile in Wasser ab.

Reaktionen

Additionen. Die Dreifachbindung der Nitrile ist verschiedenen Additionen zugänglich.

- mit Wasser (Protolyse)

  Eine schonende Protolyse mit kochender, verd. Säure liefert Carbonsäureamide.

  Beispiel:

$$C_3H_7-C\equiv N + H_2O \rightarrow C_3H_7-C(=O)-NH_2$$

Butyronitril → Butyramid

  Die energische Protolyse mit halbkonz. H_2SO_4 oder starken Laugen führt zur Carbonsäure unter Abspaltung von NH_3.

  Beispiel:

$$C_2H_5-C\equiv N + 2H_2O \rightarrow C_2H_5-C(=O)-OH + NH_3$$

  Dieses ist eine wichtige Methode, um ein Nitril in eine Carbonsäure umzuwandeln. Erwähnt sei, daß man auf diese Weise die Kette einer Verbindung um ein C-Atom verlängern kann, wenn man z.B. von einem Halogenalkan ausgeht: R—Cl → R—CN → R—COOH.

- mit Grignard-Verbindungen (Keton-Synthese, s. S. 243).

Reduktion. Naszierender Wasserstoff (aus Zn + HCl oder Na + Alkohol) oder katalytisch angeregter Wasserstoff kann Nitrile zu einem primären Amin reduzieren.

$$C_2H_5-C\equiv N + 4[H] \rightarrow C_2H_5-CH_2-NH_2$$

Propionitril → Propylamin

Auch hier nimmt die C-Kette um ein C-Atom zu, wenn man vom Halogenalkan ausgeht: R—Cl → R—CN → $R-CH_2-NH_2$.

Fettamine (s. S. 174), die technisch wichtige Verbindungen sind, gewinnt man gewöhnlich aus langkettigen Carbonsäuren (Fettsäuren), indem man daraus zunächst Nitrile herstellt und diese dann katalytisch reduziert.

$$CH_3-(CH_2)_{16}-COOH + NH_3 \xrightarrow[SiO_2]{300\,°C}$$
Stearinsäure

$$CH_3-(CH_2)_{16}-CN + 4[H] \xrightarrow{Ni} CH_3-(CH_2)_{17}-NH_2$$
Stearylo-nitril — Octadecyl-amin

Reaktion mit H_2S. Acetonitril reagiert leicht mit H_2S zu Thioacetamid:

$$CH_3-C{\equiv}N + H_2S \rightarrow CH_3-C(=S)-NH_2$$

Dieses gibt beim Kochen in saurer oder alkalischer Lösung H_2S wieder ab. Anwendung in der qualitativen Analyse.

Einige wichtige Nitrile

Acetonitril CH_3-CN oder **Methylcyanid**. Molekülmasse 41,05u, Smp. −45 °C, Sdp. 82 °C, Dichte 0,783 g/ml bei 20 °C, leicht löslich in Wasser.

Propionitril C_2H_5-CN oder **Ethylcyanid.** Molekülmasse 55,08u, Smp. −92 °C, Sdp. 97 °C, Dichte 0,778 g/ml bei 20 °C, löslich in Wasser.

Acrylnitril $H_2C{=}CH-CN$ oder **Vinylcyanid** ist wegen seiner Doppelbindung polymerisierbar und hat deswegen technische Bedeutung als Ausgangsverbindung für Chemiefasern **(Polyacrylnitril)** oder bei der Mischpolymerisation mit 1,3-Butadien für eine spezielle Synthesekautschuk-Sorte.

Acrylnitril ist eine wasserklare Flüssigkeit mit bittermandelähnlichem Geruch, die sehr giftig ist (fast wie Blausäure) und in Wasser sehr wenig, aber in organischen Lösungsmitteln leicht löslich ist. Die reine Flüssigkeit ist äußerst polymerisationsfreudig; eine spontane Polymerisation setzt bereits im Sonnenlicht oder mit wenig Alkalilauge ein. Für die Lagerung werden deshalb zur Stabilisierung Alkylamine oder aromatische Nitroverbindungen zugesetzt.

Physikalische Daten: Smp. −82 °C, Sdp. 78 °C, Dichte 0,811 g/ml bei 20 °.

Technische Herstellung: Wegen der großen Bedeutung des Acrylnitrils sind mehrere technische Verfahren im Einsatz.

- Aus Ethylenoxid und Blausäure durch Addition und anschließende H_2O-Abspaltung:

$$\underset{\text{(Ethylenoxid)}}{H_2C-CH_2\text{ (über O verbrückt)}} + H-CN \longrightarrow \underset{\text{Ethylencyanhydrin}}{H_2C(OH)-CH_2(CN)} \xrightarrow[Bauxit]{280\,°C} \underset{\text{Acrylnitril}}{H_2C{=}CH-CN} + H_2O$$

- Aus Propylen, Ammoniak und Luft:

$$C_3H_6 + NH_3 + \tfrac{3}{2}O_2 \rightarrow H_2C{=}CH-CN + 3H_2O$$

450 °C, 3 bar; Katalysator: Bi-Metall auf Träger.
Nebenprodukte: Acetonitril, Blausäure, Acrolein.

Adipinsäure-dinitril $NC-(CH_2)_4-CN$ ist ein wichtiges Zwischenprodukt bei der Herstellung der **Polyamid-Chemiefasern,** weil es durch Reduktion in Hexamethylendiamin $H_2N-(CH_2)_6-NH_2$ (s. S. 175) überführt werden kann.
Physikalische Daten: Molekülmasse 108,14, Smp. 1 °C, Sdp. 299 °C, Dichte 0,950 g/ml bei 20 °C; die Flüssigkeit ist schwer löslich in Ether, Wasser, Benzin und Cyclohexan, leicht löslich in Alkohol, Chloroform, Benzol und Toluol.

Technische Herstellung:

- In geschmolzene Adipinsäure wird NH_3 eingeleitet:

$$HOOC-(CH_2)_4-COOH + 2NH_3 \xrightarrow{250\,°C} NC-(CH_2)_4-CN + 4H_2O$$

Katalysator: Phosphorsäureester (5%) auf einem Träger.

- Aus Tetrahydrofuran (s. S. 249) (über mehrere Stufen):

$$\text{Tetrahydrofuran} \xrightarrow[-H_2O]{+2\,HCl} Cl-(CH_2)_4-Cl \xrightarrow{+2\,KCN} NC-(CH_2)_4-CN$$

Benzonitril ist eine farblose, giftige Flüssigkeit mit schwachem Geruch nach bitteren Mandeln (Smp. −13 °C, Sdp. 191 °C, Dichte 1,009 g/ml bei 15 °C).

Herstellung: Aus Anilin nach Sandmeyer (s. S. 179).
Verwendung: Für Synthesen.

Chemiefaser

Poly-Acrylnitril

Acrylnitril polymerisiert leicht; gewöhnlich führt man die Suspensionspolymerisation durch, bei der das Polyacrylnitril als feines, weißes Pulver anfällt:

$$n\,\underset{CN}{\underset{|}{CH}}{=}CH_2 \rightarrow \left[-\underset{CN}{\underset{|}{CH}}-CH_2-\right]_n$$

Verspinnen: Polyacrylnitril wird in Dimethylformamid zu einer Lösung mit w = 0,15 aufgelöst und nach dem Trockenspinnverfahren versponnen, d.h. durch 0,08 bis 0,3 mm weite Düsen, von denen 30 bis 300 in einer Platte vorhanden sind, in den Spinnschacht gepreßt, der auf 200 °C geheizt wird, sodaß das Lösungsmittel verdampft und ein unendlicher Faden gebildet wird.

27 Kohlensäure und Derivate

Leitet man Kohlendioxid CO_2 in Wasser ein, könnte eine Anlagerung von H_2O-Molekülen an CO_2 stattfinden (Hydratisierung). Eine Verbindung folgender Struktur wäre möglich:

$$CO_2 + 2\,H_2O \rightarrow C(OH)_4 \quad \text{oder} \quad H_4CO_4$$

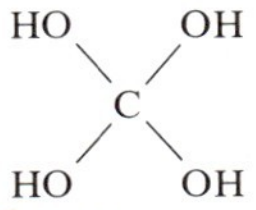

```
HO     OH
  \   /
    C
  /   \
HO     OH
```

o-Kohlensäure

Die Ortho-Kohlensäure kann aber aus wäßriger Lösung nicht isoliert werden, weil sie unbeständig ist. Verbindungen, die an einem C-Atom mehr als eine OH-Gruppe tragen, sind instabil und spalten Wasser ab:

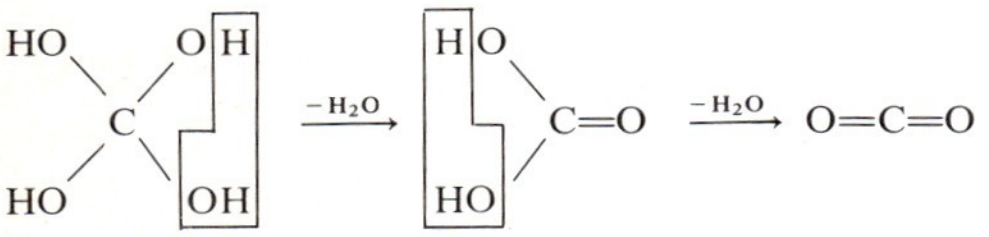

```
HO     O|H|                |H|O
  \   /  |     -H2O        |   \             -H2O
    C    |    ------>      |    C=O        ------>   O=C=O
  /   \  |                 |   /
HO     |OH|                |HO|
```

Obige Annahme der vollständigen Hydratisierung des CO_2 in Wasser ist also nicht gerechtfertigt. Es ist bekannt, daß beim Einleiten von CO_2 in Wasser weniger als 1% der Moleküle mit dem Wasser reagieren und dann dissoziieren:

$$CO_2 + H_2O \leftrightharpoons H_2CO_3 \qquad H_2CO_3 \rightarrow H^+ + HCO_3^-$$

Obwohl Ortho-Kohlensäure H_4CO_4 und normale Kohlensäure H_2CO_3 unbeständig sind, gibt es von beiden Derivate, die wichtige organische Verbindungen sind. Auf die oben entwickelten Strukturformeln muß daher noch öfter zurückgegriffen werden.

Anmerkung: Von Orthosäuren spricht man allgemein immer dann, wenn die der Wertigkeit entsprechende maximale Zahl von OH-Gruppen vorhanden, d.h. der Zustand höchster Hydratisierung erreicht ist. Orthosäuren sind unbeständig und können nicht isoliert werden, weil sie H_2O abspalten; in wäßriger Lösung sind sie aber zum Teil existenzfähig. Durchaus beständig sind dagegen mehrere Derivate von Orthosäuren.

27.1 Chloride der Kohlensäure

Von den beiden möglichen Chloriden der Kohlensäure ist das Mono-chlorid (1.) unbeständig, aber seine Ester sind beständige Verbindungen.

```
          Cl                    Cl
         /                     /
1. O=C                2. O=C
         \                     \
          OH                    Cl
```

Phosgen $COCl_2$ ist das Dichlorid der Kohlensäure (2.); beide OH-Gruppen sind durch Cl-Atome ersetzt worden. Dadurch erhält man eine beständige Verbindung.

```
      Cl
     /
O=C
     \
      Cl
```

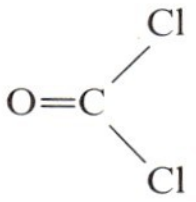

Phosgen ist ein süßlich riechendes Gas (Sdp. 8 °C), dessen charakteristischer Geruch schon bei sehr geringer Konzentration in Luft wahrnehmbar ist. Es ist ein äußerst **gefährliches Atmungsgift** (10mal so giftig wie Chlor). Da es sich leicht verflüssigen läßt, kommt es komprimiert in Stahlflaschen in den Handel. In vielen organischen Lösungsmitteln ist Phosgen leicht löslich. Von A-Kohle wird es in großen Mengen adsorbiert (wichtig für Gasmaskenfilter!).
Technische Herstellung: CO und Cl_2 werden bei 120 °C über A-Kohle geleitet:

$$CO + Cl_2 \xrightarrow[120\,°C]{\text{A Kohle}} COCl_2$$

Phosgen ist eine sehr reaktionsfähige Verbindung. Seine Reaktionsfähigkeit geht von den beiden Cl-Atomen aus, die besonders leicht mit „aktiven" H-Atomen reagieren können. Für die Darstellung von Derivaten der Kohlensäure geht man häufig von Phosgen aus.
Verwendung: Phosgen ist trotz seiner Giftigkeit auch in der Technik zu einem wichtigen Ausgangsprodukt geworden, z.B. für Kohlensäureester (s. unten), Isocyanate (s. S. 235) und Polycarbonate (Kunststoffe).

27.2 Kohlensäure-Ester

Die Mono- und Di-Ester der Kohlensäure sind im Gegensatz zur Kohlensäure beständige Verbindungen.

Kohlensäurediethylester oder **Diethylcarbonat** ist eine wasserhelle, angenehm riechende Flüssigkeit (Sdp. 126 °C, Dichte 0,9804 g/ml bei 15 °C). Die Synthese erfolgt aus Phosgen und Ethylalkohol nach folgender Reaktion:

$$O{=}C(Cl)_2 + 2\,H{-}O{-}C_2H_5 \rightarrow O{=}C(O{-}C_2H_5)_2 + 2\,H_2O$$

Kohlensäure-diethyl-ester

Diethylcarbonat ist ein interessantes Lösungsmittel und dient auch als Zwischenprodukt für weitere Synthesen.

27.3 Kohlensäure-Amide

Übersicht:

$$O{=}C(OH)_2 \rightarrow O{=}C(NH_2)(OH) \rightarrow O{=}C(NH_2)(O{-}R)$$

Kohlensäure — Kohlensäure-mono-amid, Carbaminsäure — Carbaminsäure-ester, Urethane

$$O{=}C(OH)_2 \rightarrow O{=}C(NH_2)_2 \rightarrow HN{=}C(NH_2)_2$$

Kohlensäure-di-amid, Harnstoff — Kohlensäure-diamid-imid, Guanidin

Im Molekül der Kohlensäure können eine oder beide OH-Gruppen durch die NH_2-Gruppe ersetzt werden. Dabei entstehen Carbaminsäure bzw. Harnstoff, von denen sich weitere Derivate ableiten.

Carbaminsäure oder **Carbamidsäure** $H_2N{-}COOH$

$$O{=}C(NH_2)(OH)$$

ist das Mono-amid der Kohlensäure. In freiem Zustand ist diese Säure unbekannt, weil meistens an Stickstoff gebundene COOH-Gruppen im Augenblick ihres Entstehens als CO_2 abgespalten werden. Beständig dagegen sind ihre Derivate (siehe unten) und die Salze, die Carbamate, von denen das wasserlösliche, kristalline Ammonium-carbamat als Zwischenprodukt bei der Harnstoff-Herstellung die bekannteste Verbindung ist.

Urethane sind die Ester der Carbaminsäure. Es sind

$$O{=}C(NH_2)(O{-}R)$$

gut kristallierende Verbindungen mit exakten Schmelzpunkten.

Darstellung:
Aus Isocyanaten durch Addition von Alkoholen.

Harnstoff $CO(NH_2)_2$ ist das Di-amid und wichtigste

$$O{=}C(NH_2)_2$$

Derivat der Kohlensäure. Beide OH-Gruppen sind durch je eine NH_2-Gruppe ersetzt.

Harnstoff ist ein wichtiges Stoffwechselprodukt aller Säugetiere. Es entsteht aus NH_3 und CO_2 in der Leber und ist das Endprodukt einer verwickelten Synthese. Ein erwachsener Mensch scheidet etwa 30 g Harnstoff am Tag aus.

Harnstoff (Molekülmasse 60,06u) bildet farb- und geruchlose, längliche Kristalle (Smp. 132 °C), die in Wasser und Alkohol löslich sind. 100 g Wasser lösen bei 20 °C 100 g Harnstoff.

Reaktionen des Harnstoffs:

Salzbildung: Harnstoff ist eine schwache Base. Mit Säuren bildet er Salze:

Beispiel:

$$H_2N{-}CO{-}NH_2 + HNO_3 \rightarrow H_2N{-}CO{-}NH_3^+NO_3^-$$

Harnstoff-nitrat

In konz. HNO_3 ist Harnstoffnitrat unlöslich und fällt aus.

Biuret-Reaktion (Nachweis des Harnstoffs): Wird Harnstoff zwei Stunden lang vorsichtig auf 150 °C erhitzt, wandelt er sich vollständig in Biuret um; die zuerst gebildete Isocyansäure lagert dabei ein unzersetztes Molekül Harnstoff an:

$$H_2N{-}CO{-}NH_2 \rightarrow HN{=}C{=}O + NH_3$$

Isocyansäure

$$HN{=}C{=}O + H{-}NH{-}CO{-}NH_2 \rightarrow$$

Isocyansäure Harnstoff

$$H_2N{-}CO{-}NH{-}CO{-}NH_2$$

Biuret

Nimmt man den Rückstand mit Wasser auf, setzt Kalilauge und dann wenig $CuSO_4$-Lösung zu, entsteht eine intensiv violett-rote Färbung (Nachweis des Harnstoffs). Die Farbe bedingt ein kompliziert gebauter Komplex des Biurets mit Kupfer als Zentralatom. Biuret (Molekülmasse 103u, Smp. 190°C) ist gewöhnlich ein unerwünschter Begleiter des Harnstoffs.

Mit salpetriger Säure HNO_2: Die NH_2-Gruppen aliphatischer Verbindungen entwickeln beim Kochen mit salpetriger Säure Stickstoff:

$$CO(NH_2)_2 + 2HNO_2 \rightarrow CO_2 + 2N_2 + 3H_2O$$

Durch Zugabe des gut wasserlöslichen Harnstoffs können in der anorganischen Analyse nach dieser Reaktion NO_2^--Ionen zersetzt und damit aus der Lösung entfernt werden.

Technische Herstellung

Aus CO_2 und NH_3: Flüssiges Kohlendioxyd und flüssiger Ammoniak werden bei 200°C zur Reaktion gebracht; durch Verdampfen steigt dabei der Reaktionsdruck auf über 500 bar an. Es bildet sich Ammoniumcarbamat, das anschließend bei 150°C und 35 bar durch H_2O-Abspaltung in Harnstoff umgewandelt wird.

$$2NH_3 + CO_2 \xrightarrow[>500\ bar]{200\,°C} H_2N{-}C({=}O){-}O{-}NH_4$$

$$\xrightarrow[35\ bar]{150\,°C} H_2N{-}C({=}O){-}NH_2 + H_2O$$

Verwendung des Harnstoffs:

- Als synthetischer Stickstoff-Dünger wird Harnstoff gewöhnlich nicht in reiner Form verwandt, sondern anderen Düngemitteln beigemischt. – Harnstoff ist Hauptbestandteil aller natürlichen Dünger.
- Für die Herstellung von Kunstharzen (Aminoplaste.
- Ausgangsprodukt für andere Verbindungen.
- In der Erdöl-Industrie zur Isolierung geradkettiger Kohlenwasserstoffe durch Bildung von Harnstoff-Einschlußverbindungen (siehe nächstes Kapitel).

Harnstoff-Einschlußverbindungen

Das Harnstoff-Kristallgitter besitzt kanalartige Hohlräume, in die viele geradkettige organische Verbindungen mit mehr als vier C-Atomen eingebaut werden können, z.B. Kohlenwasserstoffe, Alkohole, Ketone, Carbonsäuren und Ester. Diese Verbindungen füllen die Lücken im Kristallgitter des Harnstoffs aus, d.h., sie werden vom Kristall eingeschlossen (Einschlußverbindungen). Verzweigte und cyclische Verbindungen werden nicht aufgenommen, so daß hier eine Möglichkeit der Trennung der geradkettigen von verzweigten und cyclischen Kohlenwasserstoffen gegeben ist.

Das zu trennende Kohlenwasserstoffgemisch (Öl) wird in Aceton oder Methanol gelöst und dieser Lösung fester Harnstoff zugesetzt. Das Massenverhältnis der gemischten Komponenten soll Öl : Aceton : Harnstoff = 1 : 1 : 1 sein. Die Suspension wird eine Stunde lang kräftig gerührt und dann der feste Anteil (Harnstoff mit eingeschlossenen geradkettigen Verbindungen) abfiltriert. Auf dem Filter wird der Rückstand mit der dreifachen Menge Benzin (bezogen auf eingesetztes Öl) gewaschen.

Der Rückstand wird dann mit der doppelten Wassermenge bei 80°C zersetzt; Harnstoff löst sich auf, während das Öl ungelöst zurückbleibt. Umgekehrt kann mittels Ether das Öl aus dem Rückstand herausextrahiert werden, weil Harnstoff in Ether unlöslich ist.

Diese Eigenschaften des Harnstoffs haben zu technischen Anwendungen in der Erdölindustrie geführt:

- Verbesserung der Octanzahl von Benzinen. Durch Harnstoff-Einschlußverbindungen werden geradkettige Verbindungen, die die schlechtesten Octanzahlen besitzen, aus dem Benzin herausgeholt.
- Erniedrigung des Erstarrungspunktes (Schmelzpunktes) von Düsentreibstoffen. Normale, unverzweigte Kohlenwasserstoffe haben unter den isomeren Verbindungen die höchste Erstarrungspunkte. (Vergleich: n-Heptan: −91°C, 2,4-Dimethylpentan: −119°C.) Beim Aufsteigen von Düsenflugzeugen in große Höhen besteht wegen der hier herrschenden Kälte die Gefahr, daß Anteile des Düsentreibstoffs erstarren und damit die Treibstoffzufuhr ausfällt. Auch hier kann man durch Harnstoff-Einschlußverbindungen geradkettige Verbindungen aus dem Treibstoff vorher entfernen.
- Erniedrigung des Erstarrungspunktes von Schmierölen. Die schmierende Wirkung ist um so besser, je flüssiger und zusammenhängender ein Ölfilm ist.

Interessant ist, daß **Thioharnstoff $H_2N{-}CS{-}NH_2$** (Sauerstoff durch Schwefel ersetzt) im Gegensatz zum Harnstoff nur verzweigte aliphatische und cyclische Kohlenwasserstoffe in die Hohlräume seines Kristallgitters aufnimmt. Durch Thioharnstoff-Einschlußverbindungen können also diese Verbindungen aus Gemischen entfernt werden, was aber technisch nur von geringer Bedeutung ist.

Derivate des Harnstoffs

Guanidin oder Harnstoff-diamid-imid ist in freier

$$HN{=}C\begin{matrix}\diagup NH_2 \\ \diagdown NH_2\end{matrix}$$

Form nur schwer isolierbar, da es leicht zerfließliche Kristalle (Smp. 50 °C) bildet.

Guanidin ist besonders deswegen eine interessante Verbindung, weil es die stärkste bekannte organische Base ist, die in ihrer Basizität den Alkalilaugen gleicht.

Semicarbazid oder Aminoharnstoff ist eine kristal-

$$H_2N{-}\underset{\underset{O}{\|}}{C}{-}NH{-}NH_2$$

line Verbindung (Smp. 96 °C). In Wasser und Alkohol ist Semicarbazid löslich und dient als Nachweisregenz für Aldehyde und Ketone (s. S. 188).

27.4 Cyansäuren

Die in freiem Zustand bekannte Säure, als Cyansäure angesprochen, ist eine Flüssigkeit, die die beiden isomeren Verbindungen Cyansäure und Isocyansäure nebeneinander enthält:

HO—C≡N ↔ O=C=NH
Cyansäure Isocyansäure

Von der Cyansäure kennen wir als beständige Verbindungen ihre Salze, die Cyanate.

Von den Estern der Cyansäuren sind nur die Isocyansäure-ester, die Isocyanate, beständig. Isocyanate sind keine Salze wie Cyanate, obwohl die Namengebung analog ist, sondern Ester.

27.5 Isocyanate

Diese Verbindungsgruppe hat nicht nur im Laboratorium, sondern auch in der Technik Bedeutung erlangt. Ihre allgemeine Formel lautet:

Isocyanate: R—N=C=O

In der Isocyansäure ist also der an Stickstoff gebundene Wasserstoff durch eine beliebige Gruppe R ersetzt. Isocyanate werden aufgefaßt als Ester der Isocyansäure.

Technisch wichtige Verbindungen enthalten zwei (—N=C=O)-Gruppen im Molekül. Man nennt diese dann **Di-isocyanate.**

Sowohl die Mono- als auch die Di-isocyanate sind fast alle farblose, destillierbare Flüssigkeiten, deren Dämpfe die Augen und Atmungsorgane stark reizen. In trockenem Zustand sind die Flüssigkeiten lange haltbar.

Isocyanate sind sehr reaktionsfähig. Ihre charakteristische Reaktion ist die Addition von „aktivem“ Wasserstoff, wie ihn die Verbindungen H_2O, Alkohole, Phenole, Amine und Carbonsäuren besitzen. Isocyanate müssen deswegen vor Wasser geschützt werden.

Beispiel für eine Additionsreaktion:

$$R{-}N{=}C{=}O + R{-}H \rightarrow R{-}NH{-}\underset{\underset{R}{|}}{C}{=}O$$

Die Addition erfolgt an die (N=C)-Doppelbindung, wobei der aktive Wasserstoff sich in den meisten Fällen am Stickstoff anlagert.

Alkohole reagieren besonders leicht mit Isocyanaten, wobei substituierte Carbaminsäureester, d.h. substituierte Urethane, entstehen, die wichtige technische Produkte sind:

Beispiel:

$$C_2H_5{-}N{=}C{=}O + HO{-}C_3H_7 \rightarrow C_2H_5{-}NH{-}C\begin{matrix}{/\!\!/} O \\ \diagdown O{-}C_3H_7\end{matrix}$$

Darstellung von Isocyanaten. Die aus primären Aminen und Phosgen herstellbaren substituierten Carbaminsäurechloride zerfallen beim Erhitzen in Isocyanate:

Beispiel:

$$\underset{\text{Ethyl-amin}}{C_2H_5{-}NH_2} + COCl_2 \xrightarrow{-HCl} \underset{\text{Ethyl-carbaminsäure-chlorid}}{C_2H_5{-}NH{-}C\begin{matrix}\diagup Cl \\ \diagdown\!\!\diagdown O\end{matrix}} \xrightarrow[-HCl]{\text{Erhitzen}} \underset{\text{Ethyl-isocyanat}}{C_2H_5{-}N{=}C{=}O}$$

Ausgangsprodukte für Isocyanate sind also primäre Amine und Phosgen.

Verwendung: Isocyanate, besonders die mit zwei funktionellen Gruppen (Di-isocyanate), sind Ausgangsprodukte für eine wichtige Gruppe von Kunststoffen, die Polyurethane.

Eine wichtige Verbindung unter vielen anderen ist das 1,6-Hexan-di-isocyanat, das aus Hexamethylendiamin nach oben genannter Synthese hergestellt wird:

$$H_2N{-}(CH_2)_6{-}NH_2 + 2\,COCl_2 \xrightarrow{-2\,HCl} ClOC{-}NH{-}(CH_2)_6{-}NH{-}COCl$$

Hexamethylendiamin

$$\xrightarrow[-2\,HCl]{\text{Erhitzen}} O{=}C{=}N{-}(CH_2)_6{-}N{=}C{=}O$$

1,6-Hexan-di-isocyanat

Cyanamid $H_2N{-}C{\equiv}N$ ist als Amid der Cyansäure aufzufassen, wenn dessen OH-Gruppe durch die NH_2-Gruppe ersetzt wird.

Cyanamid ist eine farblose, kristalline Substanz vom Schmelzpunkt 43 °C, die sich in Wasser, Alkohol und Ether sehr leicht auflöst. In wäßriger Lösung beobachtet man amphotere Reaktion, d.h. es entstehen Salze sowohl mit Säuren als auch mit Laugen.

$$H_2N{-}C{\equiv}N + 2\,NaOH \rightarrow Na_2N{-}C{\equiv}N + 2\,H_2O$$
$$H_2N{-}C{\equiv}N + HCl \rightarrow HCl \cdot H_2N{-}C{\equiv}N$$

Das bekannteste Salz des Cyanamids ist das **Calciumcyanamid** $CaN{-}C{\equiv}N$ oder $CaCN_2$, das als Kalkstickstoff ein wertvoller Stickstoffdünger für kalkarme Böden ist.

Durch Trimerisation des Cyanamids entsteht eine cyclische Verbindung, das **Melamin,** das ein wichtiges Reaktionsprodukt bei der Herstellung synthetischer Harze ist.

$$C_3N_3(NH_2)_3$$

27.6 Blausäure

Cyanwasserstoff oder **Blausäure** $\boxed{H{-}C{\equiv}N}$

ist in reinem, wasserfreiem Zustand eine farblose, bewegliche Flüssigkeit, die leicht flüchtig ist (Sdp. 25,7 °C) und den elektrischen Strom nicht leitet. Danach ist reine Blausäure eine undissoziierte Verbindung.

Wird der Wasserstoff durch organische Reste, z.B. Kohlenwasserstoffgruppen R ersetzt, entstehen die Nitrile $R{-}C{\equiv}N$ (s. S. 229), von denen auch Isomere, die Isonitrile, bekannt sind. Nitrile sind also Derivate der Blausäure.

Mit Wasser, Alkohol und Ether ist Blausäure in jedem Verhältnis mischbar. Beim Lösen in Wasser entsteht eine schwache Säure, d.h. auch hier ist die Dissoziation nur gering.

Blausäure ist das stärkste und am schnellsten tödlich wirkende **Gift.** Bereits sehr kleine Mengen führen fast augenblicklich zum Tode, da das Atemzentrum gelähmt und jede Sauerstoffübertragung im Blut unmöglich wird. – Beim Transport von Gefäßen mit Blausäuren (besonders Glasflaschen) ist äußerste Vorsicht geboten. Mit Blausäure muß grundsätzlich unter einem gut ziehenden Abzug gearbeitet werden.

Einsatz der Blausäure in der organischen Chemie:

- Addition an Aldehyde und Ketone; dabei bilden sich Cyanhydrine (s. S. 186), die zum Nachweis dieser Verbindungsgruppen dienen können.
- Bei der Synthese von Hydroxy- und Aminocarbonsäuren (s. S. 205).
- Als Reaktionskomponente bei der Gewinnung des wichtigen Acrylnitrils (s. S. 230).

Technische Gewinnung von Blausäure:

- Aus Kohlenmonoxid CO und Ammoniak (über Formamid):

$$CO + NH_3 \xrightarrow{400\,°C} H{-}C(=O){-}NH_2 \xrightarrow[700\,°C]{Al_2O_3} H{-}C{\equiv}N + H_2O$$

Formamid

- Aus Methan CH_4 und Ammoniak NH_3:

$$CH_4 + NH_3 \xrightarrow[Pt]{1200\,°C} H{-}C{\equiv}N + 3\,H_2$$

Derivate des Kohlendioxids:

Schwefelkohlenstoff kann man formal vom Kohlen-

$S{=}C{=}S$ CS_2

dioxid ableiten, wenn dessen Sauerstoff durch Schwefel ersetzt wird.

Schwefelkohlenstoff ist eine farblose, stark lichtbrechende, sehr leicht entzündliche Flüssigkeit (Sdp. 46 °C, Dichte 1,263 g/ml bei 18 °C). Ihre Dämpfe sind ein starkes Gift; im Gemisch mit Luft liegen die Zündgrenzen bei $\varphi(CS_2) = 0{,}01$ bis 0,50.

Herstellung:

- Retorten-Verfahren: In von außen beheizten Kammern (Retorten) wird Schwefeldampf über glühende Holzkohle von 900 °C geleitet:

$$C + 2S \xrightarrow[900\,°C]{} CS_2$$

- Aus Methan und Schwefel

$$CH_4 + 4S \xrightarrow[700\,°C]{Al_2O_3} CS_2 + 2H_2S$$

Verwendung: Schwefelkohlenstoff ist ein hervorragendes Lösungsmittel für Schwefel, Phosphor, Iod sowie für Fette, Öle und Harze. Ein Nachteil ist seine leichte Entflammbarkeit. Ein weiteres Anwendungsgebiet ist die Fabrikation von Kunstseide nach dem Viskoseverfahren.

Kohlenoxisulfid COS läßt sich formal vom CO_2 $O{=}C{=}S$ ableiten, wenn nur ein O-Atom durch Schwefel ersetzt wird. Es ist ein geruchloses, giftiges Gas (Sdp. −47 °C).

27.7 Fette, Öle und Wachse

Fette, Öle und Wachse sind Ester von ausgewählten Carbonsäuren mit bestimmten Alkoholen. Sie sind überwiegend natürliche Produkte pflanzlicher oder tierischer Herkunft. Heutzutage werden auch synthetische Fette in technischem Maßstabe gewonnen.

Die Carbonsäuren, die in Fetten, Ölen und Wachsen als Esterkomponente vorkommen, enthalten gewöhnlich 12 bis 18 C-Atome; diese C_{12}- bis C_{18}-Carbonsäuren bezeichnet man wegen ihres Vorkommens in Fetten als Fettsäuren. Besonders auffällig ist, daß die natürlichen Fettsäuren immer eine gerade Zahl von C-Atomen (C_{12}, C_{14}, C_{16}, C_{18}) und einen unverzweigten, geradkettigen Molekülaufbau haben. Synthetische Fette können dagegen Fettsäuren mit ungerader C-Zahl enthalten und teilweise verzweigten Molekülaufbau besitzen.

Alkohole sind nur in geringer Zahl am Aufbau der Estermoleküle der Fette, Öle und Wachse beteiligt. Die Fette und Öle enthalten ausnahmslos den dreiwertigen Alkohol Glycerin. Die Wachse unterscheiden sich dadurch von den Fetten und Ölen, daß sie nicht Glycerin, sondern einwertige Alkohole mit längerer Molekülkette (C_{16} bis C_{30}) enthalten.

Fette

Fette sind Ester des dreiwertigen Alkohols Glycerin mit verschiedenen einwertigen, gesättigten Fettsäuren (vor allem C_{12}-, C_{14}-, C_{16}-, oder C_{18}-Säuren). Die Ester des Glycerins nennt man Glyceride, die Fette sind daher Glyceride oder auch Triglyceride, weil der dreiwertige Alkohol Glycerin bei der Esterbildung drei (tri) Fettsäurenmoleküle binden kann.

Die wichtigsten, in Fetten vorkommenden gesättigten Fettsäuren sind:

Palmitinsäure	C_{16}	$C_{15}H_{31}{-}COOH$
Stearinsäure	C_{18}	$C_{17}H_{35}{-}COOH$
Laurinsäure	C_{12}	$C_{11}H_{23}{-}COOH$
Myristinsäure	C_{14}	$C_{13}H_{27}{-}COOH$

Die Palmitinsäure ist die verbreiteste Fettsäure in tierischen und pflanzlichen Fetten.

Ein Fettmolekül kann ein einfaches oder gemischtes Glycerid sein:

Beispiele:

$$\begin{array}{l} H_2C{-}O{-}CO{-}C_{15}H_{31} \\ \;\;| \\ HC{-}O{-}CO{-}C_{15}H_{31} \\ \;\;| \\ H_2C{-}O{-}CO{-}C_{15}H_{31} \end{array}$$

Glycerin-Anteil | Fettsäure-Anteil
einfaches Glycerid

$$\begin{array}{l} H_2C{-}O{-}CO{-}C_{15}H_{31} \\ \;\;| \\ HC{-}O{-}CO{-}C_{17}H_{35} \\ \;\;| \\ H_2C{-}O{-}CO{-}C_{13}H_{27} \end{array}$$

Glycerin-Anteil | Fettsäure-Anteil
gemischtes Glycerid

In einfachen Glyceriden sind die drei OH-Gruppen des Glycerins mit derselben Fettsäure, in gemischten Glyceriden mit verschiedenen Fettsäuren verestert.

Die **natürlichen Fette** sind nicht Gemische einfacher Glyceride, sondern Gemische gemischter Glyceride, die mit zwei oder drei verschiedenen Fettsäuren verestert sind. Diese sind nur die genannten geradkettigen, unverzweigten Fettsäuren mit gerader Anzahl von C-Atomen.

Öle

Öle sind, wie auch Fette, Ester des Glycerins. Die beteiligten Fettsäuren sind aber ungesättigt, d.h. sie können eine oder auch mehrere Doppelbindungen im Molekül enthalten.

Die wichtigsten in Ölen vertretenen Fettsäuren sind:

Ölsäure C_{18} (9-Octadecensäure)

$$CH_3{-}(CH_2)_7{-}CH{=}CH{-}(CH_2)_7{-}COOH$$

Linolsäure C_{18} (9,12-Octadecadiensäure)

$$CH_3{-}(CH_2)_4{-}CH{=}CH{-}CH_2{-}CH{=}CH{-}(CH_2)_7{-}COOH$$

Linolensäure C_{18} (9,12,15-Octadecatriensäure)

$$CH_3{-}(CH_2{-}CH{=}CH)_3{-}(CH_2)_7{-}COOH$$

Auch eine ungesättigte Hydroxy-fettsäure ist gefunden worden:

Ricinolsäure C_{18} (12-Hydroxy-9-octadecensäure)

$$CH_3{-}(CH_2)_5{-}\underset{\displaystyle OH}{\underset{|}{CH}}{-}CH_2{-}CH{=}CH{-}(CH_2)_7{-}COOH$$

Von diesen ist die Ölsäure die am häufigsten in Ölen vorkommende Fettsäure.

28 Metallorganische Verbindungen

28.1 Struktur

In Molekülen organischer Verbindungen können auch Atome von Metallen gebunden sein.

Beispiele:

$LiCH_3$ $Mg(C_2H_5)_2$ CH_3MgBr $Al(C_2H_5)Cl_2$

Von einer metallorganischen Verbindung spricht man dann, wenn eine **Metall-Kohlenstoff-Bindung** vorliegt. Dieses ist eine Elektronenpaarbindung (Metall-Kohlenstoff-σ-Bindung). Solche Bindungen bilden bevorzugt die Metalle der Hauptgruppenelemente. Je nach Oxidationsstufe (Wertigkeit) des Metalles kann das Metallatom mit einem oder mehreren C-Atomen verbunden sein.

```
    H           H                  H
    |           |                  |
H—C— [Mg] —C—H          [Li] —C—H
    |           |                  |
    H           H                  H
```

Von den Metall-Kohlenstoff-σ-Bindungen (echte metallorganische Verbindungen) sind **Metall-Kohlenstoff-π-Komplexe** zu unterscheiden, zu deren Bildung besonders die Elemente der Nebengruppen befähigt sind, wenn deren Atome mit den Elektronenwolken von z.B. Doppelbindungen in Wechselwirkung treten. Diese Bindung ist wesentlich schwächer als die σ-Bindung.

Keine metallorganischen Verbindungen sind die Metallverbindungen der Carbonsäuren, z.B. Na-Acetat, oder die Alkoholate, z.B. Na-Methylat, weil hier das Metall an Sauerstoff gebunden ist.

Das Charakteristikum metallorganischer Verbindungen ist die **polare Metall-Kohlenstoff**-Bindung mit einer positiven Ladung am Metallatom und einer negativen Ladung am C-Atom. Solche C-Atome sind wegen ihrer erhöhten Elektronendichte **nukleophil** und können von elektrophilen Reaktionspartnern angegriffen werden. Die Elektronenverschiebung folgt aus den unterschiedlichen Elektronegativitäten von Metallen und Kohlenstoff.

$$\overset{\delta-}{-\mathrm{C}}-\overset{\delta+}{\mathrm{Me}}$$

Die polare Metall-Kohlenstoff-Bindung hat einen beachtlichen Anteil **Ionenbindungscharakter,** wie sich aus den Elektronegavitätsdifferenzen abschätzen läßt.

Beispiele:

Li—C-Bindung:	Δ EN = 2,5 − 1,0 = 1,5	45% IB-Anteil
Mg—C-Bindung:	Δ EN = 2,5 − 1,2 = 1,3	40% IB-Anteil
Si—C-Bindung:	Δ EN = 2,5 − 1,8 = 0,7	25% IB-Anteil

Wegen der Polarität ihrer Moleküle sind metallorganische Verbindungen sehr **reaktionsfähig.** Die Reaktivität wächst mit zunehmender Polarität der Bindung. Alkali-organische Verbindungen haben daher die größte Reaktivität.

Die hohe Reaktionsfähigkeit wird durch zwei Eigenschaften, die metallorganische Verbindungen zeigen, verdeutlicht:

- Durch Wasser werden sie zersetzt (Protolyse); es entstehen gewöhnlich die Hydroxide der Metalle und die freien Kohlenwasserstoffe. – Aus diesem Grunde müssen metallorganische Verbindungen bei Abwesenheit von Feuchtigkeit gehandhabt werden.

- Manche Verbindungen sind selbstentzündlich, d.h. sie reagieren spontan mit Sauerstoff. Das gilt besonders für die niedrigen Alkylverbindungen der Metalle der I., II., III. und IV. Gruppe. Die Neigung zur Selbstentzündung wird um so geringer, je länger die Kette des Kohlenwasserstoffrestes ist. – Beim Arbeiten mit metallorganischen Verbindungen ist daher Luftabschluß erforderlich.

Besonders typisch unter den Reaktionen metallorganischer Verbindungen ist ihre Addition an polare Gruppen mit Mehrfachbindungen, z.B. die **Addition** an die Carbonylgruppe >C=O oder die Nitrilgruppe.

RM Der **Reaktionsablauf** dieser Additionen ist für die vielen möglichen Fälle gleich. Es werden C—C-Bindungen hergestellt, weil Gruppen reagieren, deren C-Atom unterschiedlichen Ladungssinn haben. Solche Kohlenstoff-Verknüpfungen sind für den Aufbau organischer Moleküle besonders wichtig.

Beispiel:

$$\overset{\delta-}{-\text{C}}-\overset{\delta+}{\text{Me}} \quad + \quad >\overset{\delta+}{\text{C}}=\overset{\delta-}{\text{O}} \longrightarrow -\text{C}-\text{C}-\text{O}-\text{Me}$$

↑ neue Bindung

Es gibt eine sehr große Zahl metallorganischer Verbindungen. Nur einige davon haben Bedeutung, auch technische Bedeutung. Für die präparative organische Chemie sind die Grignard-Verbindungen besonders wichtig.

Einzelne wichtige metallorganische Verbindungen

Mg-organische Verbindungen

Magnesium kann zwei Gruppen von metallorganischen Verbindungen bilden:

- **R—Mg—R** **Magnesium-dialkyl-Verbindungen**

  Beide Bindungen des Magnesiums sind mit zwei Alkylgruppen (oder auch anderen Gruppen) besetzt, so daß das Mg-Atom mit zwei C-Atomen verbunden ist.

  Beispiel:

  $H_3C-CH_2-Mg-CH_2-CH_3$
  Magnesium-diethyl

  Die Bedeutung dieser Verbindungen ist gering.

- **R—Mg—X** **Grignard-Verbindungen.** Alkyl-magnesium-halogen-Verbindungen
  X = Cl, Br, I

28.2 Grignard-Verbindungen

Die allgemeine Formel der Grignard-Verbindungen lautet:

R—Mg—X X = Cl, Br, I

Die organische Gruppe R ist über ein C-Atom mit dem Magnesium verknüpft; die andere Bindung des Magnesiums ist durch Halogen ersetzt.

Grignard-Verbindungen sind etherlöslich. Es sind feste Verbindungen, die aber immer im gelösten Zustand gehandhabt werden. Sie sind extrem wasserempfindlich. Daher werden sie in etherischer Lösung hergestellt und auch in gelöstem Zustand mit anderen organischen Verbindungen zur Reaktion gebracht.

Die gute **Löslichkeit** der Grignard-Verbindungen in Ethern beruht auf der Wechselwirkung der polaren Moleküle des gelösten Stoffes und des Lösungsmittels, durch Solvatation entstehen Etherate. Der Vorgang ist vergleichbar mit der Löslichkeit von Salzen in Wasser, wobei Wassermoleküle die Ionen umgeben (Hydrate).

28.2.1 Darstellung von Grignard-Verbindungen

Die gebräuchlichste Methode ist die direkte Einwirkung einer organischen Halogen-Verbindung, z.B. eines Halogenalkans, auf metallisches Magnesium.

Beispiel:

$$C_2H_5-Br + Mg \rightarrow C_2H_5-Mg-Br$$

Praktisch geht man so vor, daß das Halogenalkan, in Ether gelöst, langsam zu ebenfalls mit Ether überschichtetem Magnesium zugetropft wird. Dabei löst sich das Magnesium auf. Das Halogenalkan darf nicht schneller zufließen als es umgesetzt wird. Als Lösungsmittel (Ether) kommen in Frage: Diethylether, höhere Ether und Tetrahydrofuran. – Magnesium wird in Spänen oder Körnchen angewandt.

Von den angewandten Halogenalkanen (Chloride, Bromide oder Iodide) reagieren die Iodide am leichtesten mit Magnesium. Mit Chloriden kommt die Reaktion nur schwer in Gang. Die reaktionsfähigen Iodide liefern aber die schlechtesten Ausbeuten, weil Nebenreaktionen ablaufen. Allgemein wird daher mit Bromiden gearbeitet.

Nebenreaktionen:

1. Das Halogenalkan kann an der Mg-Oberfläche eine Wurtzsche Reaktion erleiden (s. S. 122):
Beispiel:

$$2C_2H_5-Br + Mg \rightarrow H_5C_2-C_2H_5 + MgBr_2$$

Diese Nebenreaktion ist besonders bei den reaktionsfähigen Iodiden begünstigt.

2. Ein Überschuß von Halogenalkan kann mit schon gebildeten Grignard-Molekülen reagieren:
Beispiel:

$$C_2H_5-Mg-Br + C_2H_5-Br \rightarrow C_2H_5-C_2H_5 + MgBr_2$$

Diese Reaktion wird ablaufen, wenn das Halogenalkan schneller zugetropft wird als sich die Grignard-

Verbindung bilden kann, so daß ein Überschuß von Halogenalkan in der Lösung vorhanden ist.

Ferner sollte noch beachtet werden:

1. Wasser im Ether und eine Oxidschicht auf dem Magnesium verhindern das Anspringen der Reaktion.

2. Nur frische, sehr reine Mg-Späne einsetzen, die in besonderer Reinheit und Qualität für Grignard-Synthesen im Handel sind; vor Gebrauch eine Nacht im Trockenschrank bei 110 °C aufbewahren.

3. Der Ether muß völlig trocken und frei von Verunreinigungen sein. Am besten wird nur Ether, der über Natrium getrocknet wurde, eingesetzt.

4. Reaktionsgefäße vor dem Versuch extrem trocknen. – Apparatur beim Versuch mit Chlorcalcium-Röhrchen verschließen, damit keine Feuchtigkeit hinzutreten kann.

5. Wenn die Reaktion schlecht anspringt, können folgende Maßnahmen ergriffen werden: a) Das Reaktionsgemisch wird schwach erwärmt. b) Durch Zugabe eines Körnchens Iod kann das metallische Magnesium angeätzt werden, so daß von dieser Stelle ausgehend die Reaktion einsetzt.

6. Bisweilen kann die Reaktion so heftig ablaufen, daß die entwickelte Wärme zum Verdampfen des Ethers führt. Dann muß das Reaktionsgefäß von außen mit Eis gekühlt werden, aber nur so weit, daß die Reaktion nicht zum Stillstand kommt. In jedem Falle sollte das Reaktionsgefäß einen Rückflußkühler tragen, um Etherverluste zu verhindern.

28.2.2 Chemische Eigenschaften und Reaktionen

Grignard-Verbindungen sind äußerst reaktionsfähige Verbindungen.

Die Grignard-Synthese bietet eine große Vielfalt in den Reaktionsmöglichkeiten und ist sehr variationsfähig.

Da die Grignard-Verbindungen bevorzugt aus Halogenalkanen hergestellt werden, sind sie ein Zwischenprodukt bei der Überführung der Halogenalkane in viele neue Verbindungen, wie Alkohole, Aldehyde, Ketone, Carbonsäuren.

Man kann **drei Reaktionsarten der Grignard-Verbindungen** unterscheiden:

- Reaktionen mit Verbindungen, die **reaktionsfähige H-Atome** im Molekül enthalten z.B. Wasser, Alkohole, Carbonsäuren usw.
- Reaktionen mit **organischen und anorganischen Halogenverbindungen.**
- **Additions-Reaktionen:** Anlagerung an reaktionsfähige Doppel- und Dreifachbindungen.

1. Reaktion mit reaktionsfähigen H-Atomen

Hier können Grignard-Verbindungen umgesetzt werden mit Wasser, Alkoholen, Thioalkoholen, Phenolen, Carbonsäuren, Ammoniak, Aminen, Carbonsäureamiden, Acetylen usw.

a) mit **Wasser:** Dieses ist die einfachste Reaktion der Grignard-Verbindungen.

Beispiel:

$$\text{BrMg}-\boxed{\text{C}_2\text{H}_5 + \text{H}}-\text{OH} \rightarrow \text{C}_2\text{H}_6 + \text{Mg(OH)Br}$$

Es entsteht ein Alkan (Ethan) und ein basisches Mg-Salz.

RM

$$\text{Br}\overset{\delta+}{\text{Mg}}-\overset{\delta-}{\text{C}_2\text{H}_5} + \overset{\delta+}{\text{H}}-\overset{\delta-}{\text{OH}} \longrightarrow \text{C}_2\text{H}_6 + \text{Mg(OH)Br}$$

Auf ein „aktives" H-Atom entsteht ein Mol Alkan, das entweicht und volumetrisch gemessen werden kann. Höhere Alkane bleiben im Ether gelöst, können aber nach Abdampfen des niedrigsiedenden Ethers ebenfalls quantitativ bestimmt werden.

b) mit **Alkoholen**

Beispiel:

$$\text{BrMg}-\boxed{\text{C}_2\text{H}_5 + \text{H}}\text{O}-\text{C}_3\text{H}_7 \rightarrow \text{C}_2\text{H}_6 + \text{C}_3\text{H}_7\text{O}-\text{MgBr}$$

c) mit **Ammoniak:**

Beispiel:

$$\text{BrMg}-\boxed{\text{C}_2\text{H}_5 + \text{H}}-\underset{\text{Ammoniak}}{\text{NH}_2} \rightarrow \text{C}_2\text{H}_6 + \text{Mg(NH}_2\text{)Br}$$

d) mit **Ethin C_2H_2 (Acetylen):**

Auch der Wasserstoff im Ethin ist reaktionsfähig; er kann z.B. durch Natrium ersetzt werden (s. S. 59); dabei entsteht HC≡CNa. Der reaktionsfähige Wasserstoff des Ethins kann auch mit Grignard-Verbindungen reagieren:

Beispiel:

$$\text{HC}{\equiv}\text{C}\boxed{\text{H} + \text{C}_2\text{H}_5}-\text{MgBr} \rightarrow \underset{\text{Ethin-magnesiumbromid}}{\text{HC}{\equiv}\text{C}-\text{MgBr}} + \text{C}_2\text{H}_6$$

Es entsteht neben dem Alkan eine neue interessante Grignard-Verbindung, deren Kohlenwasserstoffrest eine Dreifachbindung enthält. Mit zwei Molekülen Grignard-Verbindungen kann das Acetylen auch doppelseitig reagieren:

$$\text{BrMg}-\boxed{\text{C}_2\text{H}_5 + \text{H}}\text{C}{\equiv}\text{C}\boxed{\text{H} + \text{C}_2\text{H}_5}-\text{MgBr} \rightarrow \text{BrMg}-\text{C}{\equiv}\text{C}-\text{MgBr} + 2\,\text{C}_2\text{H}_6$$

Beide Verbindungen mit einer Dreifachbindung sind weiteren Reaktionen zugänglich, z.B. nach den Reaktionstypen 2 und 3 (weiter unten). Für die Darstellung neuer Verbindungen mit Dreifachbindung oder die Übertragung einer Dreifachbindung auf eine gegebene Verbindung sind beide Grignard-Reaktionen in der modernen synthetischen Chemie von großer Bedeutung.

Zur quantitativen Bestimmung „aktiven“ Wasserstoffs in einer organischen Verbindung dient die **Methode nach Zerewitinow.** Die Verbindung wird mit Methylmagnesiumiodid CH_3MgI umgesetzt. Reaktionsprodukt ist CH_4, das volumetrisch gemessen wird.

2. Reaktionen mit Halogen-Verbindungen mit **organischen Halogen-Verbindungen**

Diese verlaufen ähnlich wie die unter 1. erwähnten Reaktionen. Es entsteht ein Alkan, wenn ein Halogenalkan eingesetzt wird.

Beispiele:

Gleiche Alkylgruppen und gleiche Halogene:

$$BrMg{-}C_2H_5 + C_2H_5{-}Br \rightarrow C_4H_{10} + MgBr_2$$

Verschiedene Alkylgruppen und verschiedene Halogene:

$$BrMg{-}C_2H_5 + C_3H_7{-}I \rightarrow C_5H_{12} + MgBrI$$

Ethin-magnesium-bromid:

$$BrMg{-}C{\equiv}CH + C_2H_5{-}Br \rightarrow C_2H_5{-}C{\equiv}CH + MgBr_2$$

Hier entsteht kein Alkan, sondern eine ungesättigte Verbindung, weil auch die Grignard-Verbindung ungesättigt war. Das letzte Beispiel zeigt, wie man aus einem C_2-Kohlenwasserstoff (C_2H_5Br) eine C_4-Verbindung mit Dreifachbindung im Molekül darstellt.

mit **anorganischen Halogen-Verbindungen**

Diese Reaktionen haben Bedeutung zur Darstellung anderer metallorganischer Verbindungen.

Beispiel: Siliciumorganische Verbindungen:

$$Si\boxed{Cl_4 + 4\,ClMg}{-}CH_3 \rightarrow \underset{\text{Tetramethyl-silan}}{Si(CH_3)_4} + 4\,MgCl_2$$

Wenn keine stöchiometrischen Mengen bei der Reaktion eingesetzt werden, sondern ein Unterschuß an Grignard-Verbindungen, erhält man Zwischenprodukte, z.B. $CH_3{-}SiCl_3$ Methylsilicium-trichlorid, $(CH_3)_2SiCl_2$ Dimethyl-silicium-dichlorid oder $(CH_3)_3SiCl$ Trimethyl-silicium-chlorid.

3. Additions-Reaktionen

Die am häufigsten genutzte Eigenschaft der Grignard-Verbindungen ist ihre Fähigkeit, sich an **Doppel- und Dreifachbindungen zu addieren.** Diese Reaktionen, die für die organische Synthese hervorragende Bedeutung haben, gehen leicht vonstatten, weil dabei zwei reaktionsfähige polare Verbindungen aufeinandertreffen.

Additionsfähig für Grignard-Verbindungen sind alle Gruppen mit Mehrfachbindungen, z.B. C=O, C≡N, C=S, N=O usw. Von besonderer Bedeutung ist die Addition an die Carbonyl- und Nitrilgruppe.

Die Reaktion ist für alle Additionen gleich:

$$-\overset{|}{C}{=}O + R{-}MgX \rightarrow -\underset{R}{\overset{|}{\underset{|}{C}}}{-}O{-}MgX$$

Die Grignard-Verbindung wird an die Doppelbindung addiert. Der Kohlenwasserstoffrest R geht an den Kohlenstoff, wobei eine neue (C—C)-Bindung entsteht.

Die gebildete Additionsverbindung wird gewöhnlich in einem zweiten Reaktionsschritt **durch Wasser zerlegt** (Protolyse):

$$-\underset{R}{\overset{|}{\underset{|}{C}}}{-}O{-}MgX \;\; H{-}OH \rightarrow -\underset{R}{\overset{|}{\underset{|}{C}}}{-}OH + Mg(OH)X$$

Bei der Protolyse entsteht als neue organische Verbindung ein Alkohol.

Das bei der Protolyse entstehende basische Mg-Salz neigt zum Ausfallen. Die Zersetzung der Grignard-Additionsverbindung wird daher an Stelle von Wasser besser mit verdünnter Säure vorgenommen; das basische Salz geht dann in ein normales Salz über: $Mg(OH)Cl + HCl \rightarrow MgCl_2 + H_2O$. Wahrscheinlich liegt aber eine echte Verbindung Mg(OH)Cl, wie der Einfachheit halber immer geschrieben wird, nicht vor, sondern ein Gemisch der beiden Verbindungen $Mg(OH)_2$ und $MgCl_2$.

Die folgende Übersicht zeigt, welche neuen Verbindungen erhalten werden können, wenn Grignard-Verbindungen an gegebene Verbindungen mit Carbonyl- oder Nitrilgruppen addiert werden:

Grignard-Verbindungen **R—Mg—X**

+ Formaldehyd	→ primäre Alkohole
+ Aldehyde	→ sekundäre Alkohole
+ Ketone	→ tertiäre Alkohole
+ Ameisensäureester	→ Aldehyde
+ Nitrile	→ Ketone
+ CO_2	→ Carbonsäuren

Die Bedeutung der Grignard-Synthese liegt darin, daß durch Wahl geeigneter Ausgangs- und Grignard-Verbindungen fast jeder gewünschte Alkohol, Aldehyd usw. synthetisiert werden kann.

Einzelne Additions-Reaktionen

1. mit **Formaldehyd**

Beispiel:

$$H_5C_2{-}MgBr + H{-}C(H){=}O \rightarrow C_2H_5{-}CH_2{-}O{-}MgBr \xrightarrow{+H_2O} C_3H_7{-}OH + Mg(OH)Br$$

n-Propanol

Der entstehende **primäre Alkohol** enthält ein C-Atom mehr als der Kohlenwasserstoffrest der Grignard-Verbindung; die Addition an Formaldehyd ist also mit einer Verlängerung der C-Kette (Kettenverlängerung genannt) verbunden.

2. mit **Aldehyden**

Beispiele:

$$CH_3{-}C(H){=}O + C_2H_5{-}MgBr \rightarrow CH_3{-}CH(C_2H_5){-}O{-}MgBr \xrightarrow{H_2O} CH_3(C_2H_5)CH{-}OH + Mg(OH)Br$$

2-Butanol

Es entsteht ein **sekundärer Alkohol.**

Phenylmagnesiumbromid reagiert mit einem aromatischen Aldehyd (Benzaldehyd):

$$C_6H_5{-}MgBr + O{=}C(H){-}C_6H_5 \rightarrow C_6H_5{-}CH(O{-}MgBr){-}C_6H_5 \xrightarrow{H_2O} C_6H_5{-}CH(OH){-}C_6H_5 + Mg(OH)Br$$

Es entsteht ein sekundärer Alkohol mit Phenylgruppen.

3. mit **Ketonen**

Beispiel:

$$C_2H_5{-}C(CH_3){=}O + C_2H_5{-}MgBr \rightarrow C_2H_5{-}C(CH_3)(C_2H_5){-}O{-}MgBr \xrightarrow{H_2O} C_2H_5{-}C(CH_3)(C_2H_5){-}OH + Mg(OH)Br$$

3-Methyl-3-pentanol

Endprodukt ist ein **tertiärer Alkohol.**

4. mit **Ameisensäureester**

Die Anlagerung von Ameisensäureester an eine Grignard-Verbindung ist eine spezielle Reaktion, die zum Aldehyd führt, während sonst aus Carbonsäureestern und Grignard-Verbindungen Ketone entstehen.

Beispiel:

$$H{-}C(=O){-}O{-}C_2H_5 + C_2H_5{-}MgBr \rightarrow H{-}C(C_2H_5)(O{-}MgBr){-}O{-}C_2H_5 \rightarrow H{-}C(C_2H_5){=}O + C_2H_5{-}O{-}MgBr$$

Ameisensäure-ethyl-ester; Propionaldehyd

Diese Reaktion ist nur im Überschuß von Ameisensäureester durchführbar, da der entstehende reaktionsfähige Aldehyd auch die Grignard-Verbindung addiert, was dann zu einem sekundären Alkohol führen würde.

5. mit **Kohlendioxid CO_2**

Mit Hilfe dieser wichtigen Reaktion können **Carbonsäuren** dargestellt werden.

Beispiel:

$$O{=}C{=}O + C_3H_7{-}MgBr \rightarrow C_3H_7{-}C(O{-}MgBr){=}O \xrightarrow{+H_2O} C_3H_7{-}C(OH){=}O + Mg(OH)Br$$

Buttersäure

Praktisch geht man so vor, daß reines CO_2 (aus einer Stahlflasche oder aus Trockeneis entwickelt) in die etherische Lösung der Grignard-Verbindung eingeleitet wird.

Wenn man berücksichtigt, daß die Grignard-Verbindung aus einem Halogenalkan hergestellt wird, ist es nach dieser Reaktion möglich, mit Hilfe von CO_2 das Halogenalkan in eine Carbonsäure (mit einem C-Atom mehr) zu überführen.

6. mit **Nitrilen R—C≡N**

Grignard-Verbindungen können nicht nur an die Carbonylgruppe, sondern auch an die reaktionsfähige (C≡N)-Gruppe addiert werden. Die Additionsreaktion verläuft nach demselben Mechanismus.

Beispiel:

$$C_2H_5{-}C{\equiv}N + C_2H_5{-}MgBr \rightarrow C_2H_5{-}C(C_2H_5){=}N{-}MgBr$$

$$\xrightarrow[-MgOHBr]{+H_2O} C_2H_5{-}C(C_2H_5){=}NH \xrightarrow[-NH_3]{+H_2O} C_2H_5{-}C(C_2H_5){=}O$$

Diethyl-ket-imid Diethyl-keton

Der (-MgBr)-Rest wandert hier an den Stickstoff. Bei der Hydrolyse der Anlagerungsverbindung entsteht kurzzeitig als Zwischenprodukt ein Keton-Imid, kurz Ketimid genannt, das aber bei Gegenwart von Wasser unbeständig ist und unter Abspaltung von NH_3 in ein Keton übergeht. Diese Reaktion ist eine sehr wichtige Keton-Synthese im Laboratorium, besonders auch deswegen, weil durch Wahl der geeigneten Ausgangsverbindungen einfache und gemischte Ketone hergestellt werden können.

Phenylmagnesiumbromid wird mit einem aliphatischen Nitril (Propionitril) umgesetzt:

$$C_6H_5{-}MgBr + N{\equiv}C{-}C_2H_5 \longrightarrow C_6H_5{-}C(C_2H_5){=}N{-}MgBr \xrightarrow{2\,H_2O} C_6H_5{-}C(C_2H_5){=}O + NH_3 + Mg(OH)Br$$

Es entsteht ein gemischtes, aliphatisch-aromatisches Keton.

28.3 Li-organische Verbindungen

Die alkali-organischen Verbindungen sind die reaktionsfähigsten metallorganischen Verbindungen überhaupt. Ihre Reaktionsfähigkeit steigt beträchtlich vom Lithium zum Cäsium an. Im Laboratorium haben daher nur Li-organische Verbindungen Bedeutung, weil sie einigermaßen gefahrlos zu handhaben sind.

Methyl-lithium $CH_3{-}Li$, **Ethyl-lithium** $C_2H_5{-}Li$ und die aromatischen Li-Verbindungen sind feste, salzartige Substanzen. Die höheren Verbindungen sind Flüssigkeiten.

Darstellung Li-organischer Verbindungen: Wie bei Grignard-Verbindungen geht man auch hier von Halogenalkanen aus und setzt diese in Lösung mit metallischen Lithium um:

Beispiel:

$$C_4H_9{-}Cl + 2\,Li \rightarrow C_4H_9{-}Li + LiBr$$

Als Lösungsmittel sind geeignet: Ether, (Diethylether, Tetrahydrofuran, Dioxan) Benzol, Cyclohexan, Benzin oder Petrolether.

Da sich die fertige Verbindung an der Luft sofort entzündet, muß die Darstellung in einer Atmosphäre trockenen Stickstoffs durchgeführt werden. Die Verbindung wird auch nicht aus der Lösung isoliert, sondern unter Schutzgas bei Reaktionen eingesetzt.

Nebenreaktionen sind auch hier möglich, z.B. die Wurtzsche Reaktion. Daher arbeitet man hier am besten mit Alkanchloriden; Bromide sind bereits zu reaktionsfähig und werden daher nur bei tiefer Temperatur mit Lithium umgesetzt.

Reaktionen: Li-organische Verbindungen reagieren wie Grignard-Verbindungen, nur etwas heftiger. Bei Umsetzung mit Aldehyden, Ketonen und CO_2 beobachtet man eine Anlagerung an die (C=O)-Gruppe, mit Nitrilen an die (C≡N)-Gruppe.

Beispiel:

$$C_2H_5{-}CH{=}O + Li{-}CH_3 \rightarrow C_2H_5{-}CH(CH_3){-}O{-}Li \xrightarrow{H_2O} C_2H_5{-}CH(CH_3){-}OH + LiOH$$

Propionaldehyd Li-Methyl

2-Butanol

28.4 Al-organische Verbindungen

Bei den metallorganischen Verbindungen des Aluminiums kann man drei Gruppen unterscheiden:

$$\text{R—Al}\begin{smallmatrix}\diagup X\\ \diagdown X\end{smallmatrix} \quad \begin{smallmatrix}R\diagdown\\ R\diagup\end{smallmatrix}\text{Al—X} \quad \begin{smallmatrix}R\diagdown\\ R\diagup\end{smallmatrix}\text{Al—R}$$

$RAlX_2$ R_2AlX R_3Al

Gewöhnlich ist: R = Alkyl- und X = Halogen (Cl)

Darstellung: Metallisches Aluminium (Späne) wird in Petrolether mit Halogenalkanen umgesetzt.

Beispiel:

$$2\,Al + 3\,C_2H_5Cl \rightarrow \underset{\text{Ethyl-Al-dichlorid}}{C_2H_5AlCl_2} + \underset{\text{Diethyl-Al-chlorid}}{(C_2H_5)_2AlCl}$$

Aluminium-organische Verbindungen sind farblose, flüssige oder feste Substanzen. Die niederen Glieder sind im Vakuum destillierbar. Sie sind in Benzin oder Petrolether leicht löslich.

Mit Sauerstoff (Luft) wird äußerst heftige Reaktion beobachtet. Die Verbindungen mit niedrigen Alkylgruppen entzünden sich an der Luft von selbst. Die vollständige Verbrennung führt zu Al_2O_3, CO_2 und H_2O. Beim Hantieren mit aluminiumorganischen Verbindungen muß daher stets für guten Luftabschluß gesorgt und unter N_2-Schutzgas gearbeitet werden. Bei Bränden nicht mit Wasser oder Tetra löschen, sondern Sand oder andere Trockenlöschmittel verwenden. Auf der Haut entstehen durch Al-organische Verbindungen schmerzhafte und schwerheilende Wunden.

Verwendung: Al-organische Verbindungen haben als **Polymerisations-Katalysatoren** (s. S. 79) und bei metallorganischen Synthesen größere Bedeutung erlangt. In technischen Anlagen werden z. B. hergestellt: Al-triethyl $Al(C_2H_5)_3$, **Al-triisobutyl** $Al(C_4H_9)_3$ und **Al-diethyl-monochlorid** $(C_2H_5)_2AlCl$.

28.5 As-organische Verbindungen

Aliphatische Arsenverbindungen haben keine Bedeutung. Dagegen haben aromatische As-Verbindungen Anwendung in der Chemotherapie gefunden.

Erwähnt sei hier das Kakodyloxid, das beim Erhitzen von Acetaten mit As_2O_3 entsteht und dessen unangenehmer Geruch als Nachweis für Arsen oder Acetat dienen kann:

$$As_2O_3 + 4\,CH_3\text{—}COONa \rightarrow (CH_3)_2As\text{—}O\text{—}As(CH_3)_2 + 2\,Na_2CO_3 + 2\,CO_2$$

28.6 Pb-organische Verbindungen

Von technischer Bedeutung ist eine Verbindung, das **Bleitetraethyl $Pb(C_2H_5)_4$.**

Es ist eine farblose, stark giftige Flüssigkeit (Sdp. 200 °C). $Pb(C_2H_5)_4$ ist ein bewährtes **Antiklopfmittel,** das Benzinen zugesetzt wird, um dessen Klopffestigkeit zu erhöhen. Seit dem 1. 1. 1976 ist im Fahrbenzin nur noch eine Bleitetraethylmenge zugelassen, die 0,15 g Pb/l Benzin entspricht, früher waren es 0,7 g Pb/l.

Bei der technischen Herstellung wird Ethylchlorid bei 400 °C auf eine geschmolzene Blei-Natrium-Legierung gesprüht:

$$4\,PbNa + 4\,C_2H_5\text{—}Cl \rightarrow Pb(C_2H_5)_4 + 4\,NaCl + 3\,Pb$$

Aus dem Reaktionsgemisch wird $Pb(C_2H_5)_4$ durch Wasserdampfdestillation abgetrennt; der zurückbleibende Schlamm wird zusammengeschmolzen, um metallisches Blei zurückzugewinnen.

28.7 Si-organische Verbindungen

Einige Verbindungen dieser Klasse werden technisch hergestellt und anschließend zu wachs- bzw. ölartigen Produkten polymerisiert, von technischer Bedeutung sind hier die **Silicone** (s. S. 201).

Ausgangsprodukt für die Herstellung der Silicone ist Silicium-Metallpulver, das in einem elektrischen Lichtbogenofen aus Quarzsand SiO_2 gewonnen wird (s. Teil 2, S. 89).

29 Reppe-Synthesen

Darunter werden bestimmte Reaktionen zusammengefaßt, die vom Ethin (Acetylen) C_2H_2 ausgehen und mit ausgewählten Reaktionspartnern in technischen Verfahren bei höherer Temperatur, bei höherem Druck und der Gegenwart geeigneter Katalysatoren zu verschiedenen Produkten führen.

Noch vor 40 Jahren waren technische Synthesen mit Acetylen wegen seiner Gefährlichkeit nicht durchführbar. Reppe hat in langjährigen Forschungen die Bedingungen ermittelt, unter denen eine Handhabung des Acetylens in der Technik möglich ist.

Reppe-Synthesen werden in vier Gruppen eingeteilt: Vinylierung, Ethinylierung, Carbonylierung und Cyclisierung.

Vinylierung. Diese Reaktion dient dem **Aufbau der Vinylgruppe** $—CH{=}CH_2$ in einem Molekül. Sie entsteht aus dem Acetylen, indem dessen Dreifachbindung aufgehoben wird und in eine Doppelbindung übergeht. Verbindungen mit Doppelbindungen im Molekül haben technische Bedeutung, da sie polymerisierbar sind.

Durch Vinylierung können verschiedene Verbindungen bzw. Verbindungsgruppen hergestellt werden:

$\mathbf{HC{\equiv}CH}$ + HCl	→ Vinylchlorid $H_2C{=}CH—Cl$
+ HCN	→ Vinylcyanid (Acrylnitril) $H_2C{=}CH—CN$
+ R—OH	→ Vinylether $H_2C{=}CH—O—R$
+ R—COOH	→ Vinylester $H_2C{=}CH—OOC—R$

Reaktionsbedingungen: 150 bis 200 °C, 5 bar, Katalysatoren: Na-Alkoholat oder KOH.

Beispiele:

a) Acetylen + Ethanol:

$$HC{\equiv}CH + HO—C_2H_5 \rightarrow H_2C{=}CH—O—C_2H_5$$

Ethyl-vinyl-ether

b) Acetylen + Essigsäure:

$$HC{\equiv}CH + HO—C({=}O)—CH_3 \rightarrow H_2C{=}CH—O—C({=}O)—CH_3$$

Vinyl-acetat

Ethinylierung. Darunter versteht man die **Addition von Acetylen an Aldehyde oder Ketone.** Die Dreifachbindung bleibt dabei erhalten; zwischen den beiden Reaktionspartnern wird eine neue (C—C)-Bindung hergestellt.

Das Acetylen kann dabei einseitig reagieren (Reaktionsprodukt: Alkinole) oder doppelseitig (Reaktionsprodukt: Alkin-diole).

Reaktionsbedingungen: 70 bis 120 °C, 5 bis 20 bar, Katalysator: Cu_2C_2 Kupferacetylid.

Beispiele:

- Einseitige Reaktion des Acetylens:

$$HC{\equiv}CH + H—C(H){=}O \rightarrow HC{\equiv}C—CH_2—OH$$

Acetylen Formaldehyd Propargylalkohol

- Doppelseitige Reaktion des Acetylens:

$$H—C(H){=}O + HC{\equiv}CH + O{=}C(H)—H \rightarrow H_2C(OH)—C{\equiv}C—CH_2(OH)$$

Formaldehyd Acetylen Formaldehyd 2-Butin-diol

Das nach der letzten Reaktion hergestellte 1,4-Butindiol kann zum 1,4-Butandiol hydriert werden. Dieses ist ein wichtiges Zwischenprodukt für die Herstellung weiterer Verbindungen: Nach innermolekularer H_2O-Abspaltung entsteht Tetrahydrofuran (s. S. 250) und aus diesem nach weiterer

Wasserabspaltung 1,3-Butadien. Auch Hexamethylendiamin (s. S. 175) kann aus 1,4-Butandiol gewonnen werden.

- Addition an ein Keton: Katalysator ist festes KOH.

$$(CH_3)_2C{=}O + HC{\equiv}CH \xrightarrow{KOH} CH_3{-}C(OH)(CH_3){-}C{\equiv}CH$$

2-Methyl-3-butin-2-ol

Carbonylierung. Nach dieser Reaktion gelangt man **zu ungesättigten Carbonsäuren oder -derivaten mit Doppelbindungen.** Acetylen wird hier mit Kohlenmonoxid CO und organischen Verbindungen, die „bewegliche" H-Atome besitzen, umgesetzt:

HC≡CH
$+CO+H_2O \rightarrow$ ungesättigte Carbonsäuren
$+CO+R{-}OH \rightarrow$ ungesättigte Carbonsäure-ester
$+CO+R{-}NH_2 \rightarrow$ ungesättigte Carbonsäure-amide

Reaktionsbedingungen: Ausgangs-Gasgemisch $C_2H_2 : CO = 1:1$, 170 °C, 30 bar. Katalysator: $NiBr_2$, aus dem sich $Ni(CO)_4$ Nickeltetracarbonyl bildet, das der wirksame Katalysator ist.

Beispiele:

$$HC{\equiv}CH + CO + H{-}OH \rightarrow H_2C{=}CH{-}COOH$$

Acrylsäure

$$HC{\equiv}CH + CO + CH_3OH \rightarrow H_2C{=}CH{-}COO{-}CH_3$$

Acrylsäure-methyl-ester

Technische Bedeutung hat die Carbonylierung für die Synthese der Acrylsäure-ester.

Cyclisierung. Acetylen kann mit geeigneten Katalysatoren zu Ringen polymerisiert werden (cyclisierende Polymerisation). Es entstehen dabei Cyclopolyolefine.

Beispiel:

$$4\ HC{\equiv}CH \rightarrow C_8H_8$$

4 Acetylen → Cyclo-octa-tetra-en

Reaktionsbedingungen:

C_2H_2 mit N_2 verdünnt;
Tetrahydrofuran als Lösungsmittel;
15 bis 20 bar; 70 °C;
Katalysator: $Ni(CN)_2$.

Chemiefasern

Chemiefasern bestehen aus Fadenmolekülen ohne Verzweigung. Durch eine besondere Auswahl der Monomeren kann man erreichen, daß Fadenmoleküle entstehen. Das wichtigste technische Verfahren ist die Polykondensation.

Poly-Caprolactam (Polyamid)

Polykondensation: Beim Erhitzen des ε-Caprolactams (Smp. 67 °C) mit etwas Wasser wird zunächst der Lactam-Ring aufgespalten:

$$(CH_2)_5\begin{matrix}CO\\ |\\ NH\end{matrix} + H_2O \rightarrow H_2N{-}(CH_2)_5{-}COOH$$

ε-Amino-capronsäure

Die ε-Aminocapronsäure kondensiert dann mit sich selbst:

$$\boxed{H}NH{-}(CH_2)_5{-}CO\boxed{OH + H}NH{-}(CH_2)_5{-}CO\boxed{OH} \rightarrow$$
$$-NH{-}(CH_2)_5{-}\underline{CO{-}NH}{-}(CH_2)_5{-}CO{-}$$

Peptid-Bindung (Perlon)

Jeweils fünf CH_2-Gruppen werden durch Peptid-Bindungen miteinander zu einem Kettenmolekül verknüpft (Polyamid). Das hier freiwerdende Wasser spaltet neues ε-Caprolactam, so daß die Polykondensation fortschreitet.

Poly-Hexamethylendiamin-adipinat (Polyamid)

Polykondensation:

$$H_2N{-}(CH_2)_6{-}NH_2 + HOOC{-}(CH_2)_4{-}COOH \rightarrow$$

Hexamethylendiamin Adipinsäure

$$[-NH{-}(CH_2)_6{-}NH{-}CO{-}(CH_2)_4{-}CO{-}] + H_2O$$

(Nylon)

Durch Peptid-Bindungen werden abwechselnd vier und sechs CH_2-Gruppen miteinander verknüpft. Im Polycaprolactam sind dagegen jeweils fünf CH_2-Gruppen zwischen den Peptid-Gruppen vorhanden. Die Summenformel der beiden Polymeren ist daher gleich. – Perlon wurde in Deutschland, Nylon in den USA etwa zu gleicher Zeit entwickelt.

Poly-Ethylenglykol-terephthalat (Polyester)

Polykondensation:

$$\boxed{HO}OC{-}C_6H_4{-}CO\boxed{OH + H}O{-}(CH_2)_2{-}O\boxed{H} \rightarrow$$

Terephthalsäure Glykol

$$[-OC{-}C_6H_4{-}CO{-}O{-}(CH_2)_2{-}O{-}] + H_2O$$

(Trevira, Diolen)

30 Heterocyclische Verbindungen

30.1 Allgemeines

Alle bisher besprochenen ringförmigen (cyclischen) Verbindungen, besonders die aromatischen Verbindungen, sind dadurch ausgezeichnet, daß am Aufbau des Ringes nur C-Atome beteiligt sind. Man hat daher für diese zusammenfassend die Bezeichnung carbo-cyclische Verbindungen eingeführt.

Neben diesen gibt es die große Gruppe der heterocyclischen Verbindungen, kurz Heterocyclen genannt, die außer Kohlenstoff noch andere Elemente als Ringglieder enthalten, am häufigsten Sauerstoff, Schwefel und Stickstoff. Diese bezeichnet man als Hetero-atome. Weiterhin zählt man Ringsysteme, in denen Benzolringe mit hetero-cyclischen Ringen kondensiert sind, zu dieser Verbindungsklasse.

Beispiele:

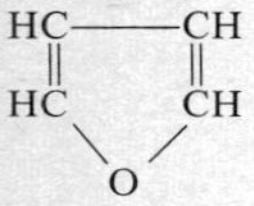

HC——CH, HC CH, O

Furan

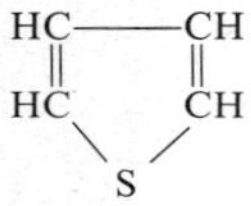

HC——CH, HC CH, S

Thiophen

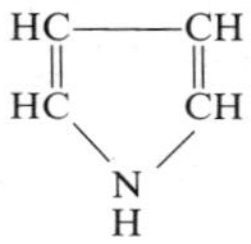

HC——CH, HC CH, N H

Pyrrol

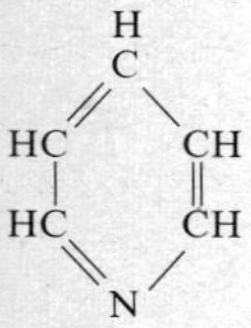

H C, HC CH, HC CH, N

Pyridin

H C, HC C——CH, HC C CH, C O, H

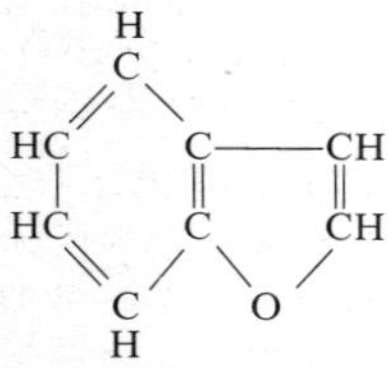

Cumaron

Wie diese Beispiele zeigen und auch schon von Cycloalkanen und Aromaten her bekannt ist, sind Moleküle mit 5 und 6 Ringatomen besonders stabil und werden bevorzugt gebildet. Das gilt auch für heterocyclische Verbindungen. – Es sind aber auch 3- und 4-Ringe bekannt und beständig. Zu erwähnen ist hier z. B. das Ethylenoxid (s. S. 154) mit einem 3-Ring und Sauerstoff als Heteroatom.

Viele heterocyclische Verbindungen finden sich als Bausteine von Stoffen des Tier- und Pflanzenreiches (Naturstoffe). Damit wird verständlich, daß Umwandlungsprodukte von Naturstoffen eine wesentliche Quelle für Heterocyclen sind, z. B. Steinkohlenteer und pflanzliche Stoffe (Kleie, Stroh). Heterocyclen sind aber auch durch Synthese zugänglich; wichtige Verbindungen werden nach technischen Verfahren hergestellt.

30.2 Nomenklatur

Einfache heterocyclische Verbindungen tragen Trivialnamen. Bei Substitution wird die Stellung der Substituenten, wie üblich, mit Ziffern gekennzeichnet. Das Heteroatom bekommt die Ziffer 1; hier beginnt die Zählung.

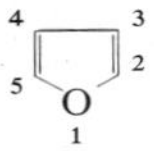

4 3, 5 2, O, 1

Üblich ist auch die Kennzeichnung der Substituenten durch griechische Buchstaben. Die Stellung 2 und 5, die gleichwertig sind, erhalten die Buchstaben α und α' usw.

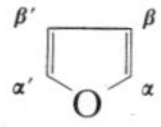

β' β, α' O α

Neue Nomenklatur

Danach werden die Heteroatome durch Vorsilben und die Ringgröße durch den Wortstamm bezeichnet:

Vorsilben für das Heteroatom sind:

Element	Vorsilbe
O	Oxa-
S	Thia-
Se	Selena-
Te	Tellura-
Si	Sila-
N	Aza-
P	Phospha-
As	Arsa-
Sb	Stiba-
Bi	Bismuta-

wobei das letzte a in Verbindung mit dem Wortstamm entfällt.

Wortstämme für die Ringgrößen sind:

Ring-glieder-zahl	N-enthaltende Ringe		Ringe ohne N	
	ungesättigt	gesättigt	ungesättigt	gesättigt
3	-irin	-iridin	-iren	-iran
4	-etin	-etidin	-eten	-etan
5	-ol	-olidin	-ol	-olan
6	-in	×	-in	-an
7	-epin	×	-epin	-epan

× bedeutet: Der gesättigte Charakter wird hier durch die Vorsilbe Perhydro- vor dem Wortstamm der ursprünglich ungesättigten Verbindung ausgedrückt.

Beispiele:

Oxiran
= Ethylenoxid

Oxolan
= Tetrahydrofuran

Azol
= Pyrrol

Azin
= Pyridin

1,3-Diazol
= Imidazol

1,3-Diazin
= Pyrimidin

30.3 Aromatischer Charakter heterocyclischer Verbindungen

Vergleicht man die Reaktionen des Furans, Thiophens oder Pyrrols mit denen des Benzols und seiner Derivate, stellt man weitgehende Ähnlichkeit dieser beiden Verbindungsgruppen fest. Auch heterocyclische Verbindungen zeigen Beständigkeit ihres Ringsystems und werden leicht substituiert, während die Addition zurücktritt.

Die **Kriterien** für das Vorliegen eines aromatischen Bindungssystems sind (s. S. 69):

- Ein cyclisches Molekül muß ein **konjugiertes π-Elektronensystem** enthalten.
- Die **Hückel-Regel** muß erfüllt sein:
  $(4n+2)$ π-Elektronen $n = 0, 1, 2 \ldots\ldots$
- Das Molekül muß **eben** gebaut sein, damit **Mesomerie** der π-Elektronen stattfinden kann.

Diese Bedingungen sind für die heterocyclischen Verbindungen Furan, Thiophen oder Pyrrol erfüllt. Zu den zwei π-Elektronenpaaren kommt das freie Elektronenpaar des Heteroatoms hinzu, sodaß das π-Elektronensystem aus drei konjugierten Elektronenpaaren besteht ($4n+2=6$ π-Elektronen für $n=1$).

Ein interessanter Beweis für diese Deutung ist in der Tatsache zu sehen, daß Pyrrol als cyclisches Amin nur sehr schwach basische Eigenschaften besitzt. Das nicht anteilige Elektronenpaar am Stickstoff, das bei der Reaktion von Aminen mit Säuren (Salzbildung) normalerweise zur Bindung des Anions verbraucht wird, ist beim Pyrrol nicht mehr vorhanden, da es in das aromatische Bindungssystem einbezogen worden ist.

Auch Pyridin besitzt ein aromatisches Bindungssystem.

Man unterscheidet π-elektronenreiche und π-elektronenarme Hetero-Aromaten. Hierbei bezieht man sich auf die Elektronendichte an den Atomen des Ringes, was für die Reaktivität von Bedeutung ist.

Furan, Thiophen und Pyrrol zählen zu den π-elektronenreichen Ringverbindungen. Das aromatische π-Elektronensechstett verteilt sich auf fünf Atome, sodaß die Elektronendichte je Atom größer als 1 ist.

Im Pyridin-Molekül verteilen sich 6 π-Elektronen auf 6 Ringatome. Diese Elektronen sind aber nicht gleichmäßig verteilt, weil der Stickstoff eine höhere Elektronegavität als Kohlenstoff hat, sodaß an den C-Atomen die Elektronendichte kleiner als 1 ist. Daher rechnet man Pyridin zu den π-elektronenarmen Hetero-Aromaten.

Das aromatische Bindungssystem in heterocyclischen Verbindungen kann aufgehoben werden, z.B. durch Hydrierung der Doppelbindungen, in ähnlicher Weise wie Benzol zum Cyclohexan hydriert wird.

In diesem Fall entsteht eine heteroaliphatisch-cyclische, abgekürzt heteroalicyclische Verbindung.

Beispiel:

HC—CH ⟶(4[H]) H_2C—CH_2
HC‹O›CH H_2C‹O›CH_2

Furan Tetrahydrofuran

30.4 Einige wichtige Heterocyclen

30.4.1 Furan und Derivate

Furan C_4H_4O (Molekülmasse 68,08u) ist eine farblose

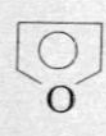

Flüssigkeit (Sdp. 32 °C, Dichte 0,9385 g/ml bei 20 °C). Ihr Geruch ist angenehm etherisch.

In Wasser ist Furan praktisch unlöslich, leicht löslich ist es dagegen in Ether, Alkohol oder Benzin.

Reaktionen: Furan ist reaktionsfähiger als Benzol, an der Luft und gegenüber Laugen aber beständig. In Gegenwart von Säuren dagegen polymerisiert es sich (unter Ringöffnung) zu einer unlöslichen Masse.

Aus diesem Grunde müssen Substitutionen vorsichtig durchgeführt, um eine Verharzung zu verhindern. Bei der Chlorierung und Nitrierung werden die Substituenten zunächst in 2- (α-) und dann in 5-Stellung (α′-) aufgenommen.

Beispiel:

Furan + HNO_3 → Furan–NO_2 + H_2O

Die katalytische Hydrierung führt quantitativ zum Tetrahydrofuran:

Furan + 2[H] ⟶(Ni, 50 °C) Dihydro-furan + 2[H] → Tetrahydrofuran

Das als Zwischenprodukt auftretende Dihydrofuran, eine beständige Flüssigkeit, ist während der Reaktion schwer zu fassen, da die Hydrierung von selbst weiterläuft.

Nachweis: Furan-Dämpfe färben einen Fichtenholz-Span, der mit Salzsäure befeuchtet ist, smaragdgrün.

Furfurol oder Furan-α-aldehyd, daher besser Fur-

Furan–CHO

fural genannt, ist das am leichtesten zugängliche Derivat des Furans und die wichtigste Verbindung dieser Gruppe überhaupt. Es wird technisch hergestellt. Furfurol ist eine farblose, aldehydartig riechende Flüssigkeit, die in Wasser etwas löslich, in organischen Lösungsmitteln, außer Kohlenwasserstoffen, gut löslich ist. Mit H_2O-Dämpfen ist Furfurol flüchtig; Smp. −36,5 °C, Sdp. 162 °C.

Nachweis: Furfurol liefert mit Anilin in Gegenwart von Essigsäure eine leuchtendrote Färbung.

Reaktionen: Im chemischen Verhalten gleicht Furfurol dem Benzaldehyd.

Verwendung: Furfurol ist ein gutes Lösungsmittel. Es ist zu technischer Bedeutung gelangt, weil es aus Crackgasen (Gasgemische mit ungesättigten Verbindungen) nur das wichtige 1,3-Butadien herauslöst.

Gewinnung von Furfurol. Ausgangsstoffe für das technische Verfahren sind landwirtschaftliche Abfallprodukte, wie Maiskolben und -stengel, Hafer-, Weizen- und Reisschalen, Sonnenblumen- und Baumwollsamenhülsen, Stroh und auch Laubhölzer (z.B. Buche). Diese Stoffe stehen in großen Mengen zur Verfügung.

Der Umwandlung dieser Rohstoffe in Furfurol liegt folgende Reaktion zugrunde: Aus Pentosen (C_5-Zucker) kann beim Kochen mit verd. H_2SO_4 Wasser abgespalten werden:

$CH_2(OH)$—CH(OH)—CH(OH)—CH(OH)—CHO ⟶(H^+) Furan–CHO + $3H_2O$

Freie Pentosen kommen in der Natur nicht vor. Aber die oben genannten Rohstoffe enthalten neben Cellulose 20 bis 35% Pentosane; das sind verwickelt zusammengesetzte Verbindungen, die sich mit verd. Säure leicht zu Pentosen hydrolysieren lassen.

Die Umwandlung umfaßt also zwei Stufen:

Pentosane ⟶($+H_2O$) Pentosen ⟶($-H_2O$) Furfurol

Technische Durchführung: Die zerkleinerten Rohstoffe werden mit verd. H_2SO_4 erhitzt. Dabei wird die Cellulose nicht angegriffen. Pentosane gehen in die wasserlöslichen Pentosen über, die unter Wasserabspaltung Furfurol bilden, das mit Wasserdampf abdestilliert wird.

Furfurylalkohol ist eine farb- und geruchlose Flüssig-

$-CH_2OH$

O

keit (Sdp. 172 °C), die in Wasser leicht löslich ist. An der Luft ist Furfurylalkohol unbeständig, da sich Oxidationsprodukte bilden, die zur Verharzung neigen.

Tetrahydrofuran ist keine aromatische Verbindung

mehr und kann als cyclischer Ether angesprochen werden (s. S. 152). Es ist eine farblose, giftige Flüssigkeit (Sdp. 66 °C), die mit Wasser und organischen Lösungsmitteln mischbar ist und selbst ein ausgezeichnetes Lösungsvermögen besitzt, z.B. bei Grignard-Synthesen im Laboratorium.

Cumaron oder 2,3-Benzofuran besteht aus einem

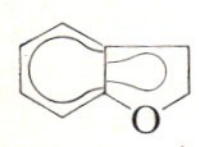

Benzol- und Furan-Ring, die in 2,3-Stellung miteinander kondensiert sind.

Cumaron ist ein aromatisch riechendes Öl (Sdp. 173 °C, Dichte 1,08 g/ml bei 25 °C), das in Wasser unlöslich, in Alkohol löslich und wasserdampfflüchtig ist.

30.4.2 Thiophen und Derivate

Thiophen C_4H_4S (Molekülmasse 84,14u) ist unter

allen heterocyclischen Verbindungen dem Benzol am ähnlichsten, obwohl hier ein 5-Ring mit einem Heteroatom vorliegt. Deswegen ist Thiophen ein ständiger Begleiter des Benzols (z.B. in Kohlenwertstoffen).

Die physikalischen Daten des Thiophens sind: Smp. −30 °C, Sdp. 84 °C, Dichte 1,066 g/ml bei 20 °C. Thiophen siedet also nur wenig höher als Benzol (Sdp. 80,5 °C, Toluol 110 °C. – Thiophen ist in Wasser unlöslich.

Nachweis (z.B. im technischen Benzol): Indophenin-Reaktion. Beim Schütteln des thiophenhaltigen Benzols mit einer Lösung von Isatin (s. S. 251) in konz. H_2SO_4 tritt eine Blaufärbung auf, die durch einen kompliziert aufgebauten Farbstoff bedingt wird.

Benzothiophen oder Thionaphthen ist aus denselben

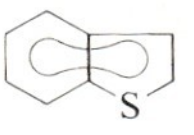

Gründen, die schon beim Thiophen erläutert wurden, ein ständiger Begleiter des Naphthalins, wenn dieses aus Folgeprodukten der Kohle gewonnen wird.

30.4.3 Pyrol und Derivate

Pyrrol C_4H_5N (Molekülmasse 67,09u) ist ein Bau-

stein vieler Naturstoffe. So findet sich das Pyrrol-Molekülgerüst im Hämoglobin, dem Farbstoff der roten Blutkörperchen, im Chlorophyll, dem grünen Blattfarbstoff, und im Farbstoff Indigo. Freies Pyrrol kommt im Steinkohlenteer vor und wurde hierin entdeckt.

Frisch destilliertes Pyrrol ist eine farblose Flüssigkeit, die etherisch riecht und in Wasser unlöslich ist. Seine physikalischen Daten sind: Sdp. 130 °C, Dichte 0,965 g/ml bei 20 °C. An der Luft verfärbt sich Pyrrol und verharzt schließlich zu einer braunen Masse.

Nachweis: Ein mit konz. Salzsäure befeuchteter Fichtenholzspan färbt sich mit Pyrroldämpfen kirschrot. Diese Erscheinung hat dem Pyrrol seinen Namen gegeben (pyr = Feuer).

Reaktionen: Pyrrol reagiert nur sehr schwach basisch und löst sich daher auch nicht in verd. Säuren. Beständige Salze werden ebenfalls nicht gebildet. Die Begründung für dieses von Aminen abweichende Verhalten wurde bereits auf Seite 248 gegeben. Das freie, nicht anteilige Elektronenpaar am Stickstoff steht nicht für eine Ionenbildung (Salze) zur Verfügung, da es in das aromatische Bindungssystem einbezogen ist.

Reduktion des Pyrrols mit HI + rotem Phosphor führt zum festen Pyrrolidin (Smp. 88 °C), einer basischen Verbindung, die wie andere sekundäre Amine Salze bilden kann.

$$\text{Pyrrol (N–H)} + 4[H] \xrightarrow{HI+P} \text{Pyrrolidin (N–H)}$$

Pyrrolidin

Indol oder 2,3-Benzopyrrol (Molekülmasse 117,15u)

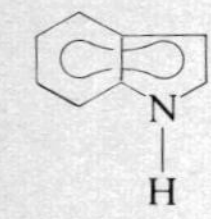

besteht aus einem Benzol- und Pyrrol-Ring, die miteinander kondensiert sind, und ist die Grundverbindung der Indigo-Farbstoffe.

Indol bildet glänzende Blättchen (Smp. 53 °C), die unangenehm riechen und mit Wasserdampf flüchtig sind.

Das chemische Verhalten des Indols entspricht dem des Pyrrols. In heißem Wasser ist es löslich.

Zwei Derivate des Indols:

Indoxil oder **3-Hydroxy-indol** (Molekülmasse 133,15u)

bildet hellgelbe Kristalle (Smp. 85 °C), die in Wasser etwas, in Aceton leicht löslich sind.

Mit Luft wird Indoxyl in alkalischer Lösung zum Indigo oxidiert.

Isatin (Molekülmasse 147,13u) bildet gelbrote, prismatische Kristalle, die in heißem Wasser löslich sind. Isatin ist auch in konz. KOH-Lösung mit violettroter Farbe löslich. Es wird verwendet zur Herstellung einiger Farbstoffe. Ein Gemisch aus Isatin und konz. H_2SO_4 dient zum Nachweis des Thiophens im Benzol.

Carbazol (Molekülmasse 167,21u) ist mit einem Anteil von über 1% im Steinkohlenteer vorhanden und findet sich bei dessen Aufarbeitung in der Siedefraktion 270 bis 320 °C im Anthracenöl. Daraus kann Carbazol abgetrennt werden.

Carbazol bildet farblose, blättrige Kristalle mit dem Smp. 247 °C, die in Wasser unlöslich sind. Verwendet wird Carbazol bei der Synthese einiger blauer Schwefel-Farbstoffe.

30.4.4 Pyridin und Derivate

Pyridin C_5H_5N (Molekülmasse 79,10u) kann man

formal vom Benzol ableiten, wenn eine CH-Gruppe durch Stickstoff ersetzt wird.

Es findet sich in geringen Mengen im Steinkohlenteer (< 0,1%) und reichert sich bei dessen Aufarbeitung im Mittelöl (s. S. 111) an, aus dem es dann auch gewonnen wird.

Pyridin ist eine farblose, widerlich und durchdringend riechende Flüssigkeit (Smp. −42 °C, Sdp. 115 °C, Dichte 0,9772 g/ml bei 25 °C). Sie ist mit Wasser in jedem Verhältnis mischbar und ist selbst ein gutes Lösungsmittel.

Verwendung: Pyridin ist ein ausgezeichnetes Lösungsmittel für organische Stoffe und auch anorganische Salze.

Picoline sind die Mono-methyl-pyridine, die in drei isomeren Verbindungen auftreten können: α-Picolin (Sdp. 129 °C), β-Picolin (Sdp. 144 °C) und γ-Picolin (Sdp. 143 °C). Alle Picoline sind Flüssigkeiten und mit Wasser mischbar.

Chinolin kann man formal vom Naphthalin ableiten,

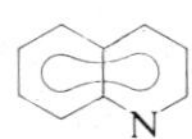

wenn hier eine CH-Gruppe durch Stickstoff ersetzt wird.

Es ist eine farblose Flüssigkeit (Smp. −15 °C, Sdp. 238 °C, Dichte 1,0929 g/ml bei 20 °C), die in heißem Wasser etwas und in Alkohol, Ether und Aceton leicht löslich ist.

Chinolin kommt als Baustein in Naturstoffen (Alkaloiden) vor.

Acridin bildet Kristalle, die bei 111 °C schmelzen, aber gewöhnlich bei etwa 100 °C sublimieren. In Wasser ist Acridin unlöslich, leicht löslich in Ether und Alkohol. Acridin ist die Grundverbindung zahlreicher Farbstoffe (Acridin-Farbstoffe).

Sachwörterverzeichnis

F

G

H

I